中国石化员工培训教材

石油石化企业环境保护技术

中国石化员工培训教材编审指导委员会　组织编写

本书主编　方向晨

中国石化出版社

内 容 提 要

《石油石化企业环境保护技术》为《中国石化员工培训教材》之一，是针对石油石化企业环境保护专业中初级专业技术人员知识更新需要而编写的培训教材。全书内容主要包括污染源及其特性、废水处理、废气处理、固体废物处理、噪声控制、环境风险与应急、清洁生产、环境监测、土壤及地下水污染防控与修复技术。教材内容围绕环保专业技术技能，从油气田生产到原油加工及石油石化生产过程，全面介绍了污染源及特性、“三废”治理、清洁生产、环境监测、风险与应急要求、污染防治及土壤和地下水的治理与修复，解析了典型应用案例，阐述了石油石化环保专业相关知识，并拓展了本专业的前沿技术。

本书读者定位于石油石化环境保护专业中初级技术管理人员、专职人员和运行人员。本书是石油石化行业中初级技术人员岗位培训的必备教材，也是企业环境保护工作者必备的参考书。

图书在版编目(CIP)数据

石油石化企业环境保护技术 / 方向晨主编 .
—北京：中国石化出版社，2016. 1
中国石化员工培训教材
ISBN 978-7-5114-3773-0

Ⅰ. ①石… Ⅱ. ①方… Ⅲ. ①石油企业-企业环境保护-技术培训-教材 ②石油化工企业-企业环境保护一技术培训-教材 Ⅳ. ①X74

中国版本图书馆 CIP 数据核字(2016)第 005387 号

中国石化出版社出版发行

地址:北京市东城区安定门外大街 58 号
邮编:100011　电话:(010)84271850
读者服务部电话:(010)84289974
http://www. sinopec-press. com
E-mail:press@ sinopec. com
北京柏力行彩印有限公司印刷
全国各地新华书店经销

*

787×1092 毫米 16 开本 25 印张 621 千字
2016 年 1 月第 1 版　2016 年 1 月第 1 次印刷
定价:75. 00 元

《中国石化员工培训教材》编审指导委员会

《石油石化企业环境保护技术》编委会

序

中国石化是上中下游一体化能源化工公司，经营规模大、业务链条长、员工数量多，在我国经济社会发展中具有举足轻重的作用。公司的发展，基础在队伍，关键在人才，根本在提高员工队伍整体素质。员工教育培训是建设高素质员工队伍的先导性、基础性、战略性工程，是加强人才队伍建设的重要途径。

当前，我们已开启了建设世界一流能源化工公司的新航程，加快转变发展方式的任务艰巨而繁重，这对进一步做好员工教育培训工作提出了新的更高要求。我们要以中国特色社会主义理论为指导，紧紧围绕企业改革发展、队伍建设和员工成长需要，以提高思想政治素质为根本，以能力建设为重点，积极构建符合中国石化实际的培训体系，加大重点和骨干人才培训力度，深入推进全员培训，不断提高教育培训的质量和效益，为打造世界一流提供有力的人才保证和智力支持。

培训教材是员工学习的工具。加强培训教材建设，能够有效反映和传递公司战略思想和企业文化，推动企业全员学习，促进学习型企业建设。中国石化员工培训教材编审指导委员会组织编写的这套系列教材，较好地反映了集团公司经营管理目标要求，总结了全体员工在实践中创造的好经验好做法，梳理了有关岗位工作职责和工作流程，分析研究了面临的新技术、新情况、新问题等，在此基础上进行了完善提升，具有很强的实践性、实用性和较高的理论性、思想性。这套系列培训教材的开发和出版，对推动全体员工进一步加强学习，进而提高全体员工的理论素养、知识水平和业务能力具有重要的意义。

学习的目的在于运用，希望全体员工大力弘扬理论联系实际的优良学风，紧密结合企业发展环境的新变化、新进展、新情况，学好用好培训教材，不断提高解决实际问题、做好本职工作的能力，真正做到学以致用、知行合一，把学习培训的成果切实转变为推进工作、促进改革创新的实际行动，为建设世界一流能源化工公司作出积极的贡献。

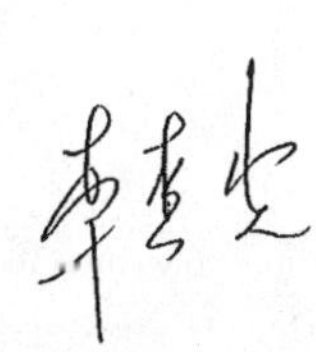

二○一二年七月十六日

前言

根据中国石化发展战略要求，为加强培训资源建设、推进全员培训的深入开展，集团公司人事部组织梳理了近些年培训教材开发成果，调研了企业培训教材需求，开展了中国石化员工培训课程体系研究。在此基础上，按职业素养、综合管理、专业技术、技能操作、国际化业务、新员工等六类，组织编写覆盖石油石化主要业务的系列培训教材，初步构建起中国石化特色的培训教材体系。这套系列教材围绕中国石化发展战略、队伍建设和员工成长的需要，以提高全体员工履行岗位职责的能力为重点，把研究和解决生产经营、改革发展面临的新挑战、新情况、新问题作为重要目标，把全体员工在实践中创造的好经验好做法作为重要内容，具有较强的实践性、针对性。这套培训教材的开发工作由中国石化员工培训教材编审指导委员会组织，集团公司人事部统筹协调，总部各业务部门分工负责专业指导和质量把关，主编单位负责组织培训教材编写。在培训教材开发和编写的过程中，上下协同、团结合作，各级领导给予了高度重视和支持，许多管理专家、技术骨干、技能操作能手为培训教材编写贡献了智慧，付出了辛勤的劳动。

《石油石化企业环境保护技术》是针对石油石化环境保护专业中初级专业技术人员知识更新需要而编写的培训教材。全书主要内容包括污染源及其特性、废水处理、废气处理、固体废物处理、噪声控制、环境风险与应急、清洁生产、环境监测、土壤及地下水污染防控与修复技术。教材内容围绕环保专业技术技能，从油气田生产到原油加工及石油石化生产过程全面介绍了污染源及特性、“三废”治理、清洁生产、环境管理和环境监测、风险与应急要求、污染防治、土壤及地下水的治理与修复，选取了成熟的典型案例，补充了石油石化环保专业相关知识，并适度拓展本专业的前沿技术；是石油石化行业中初级技术人员岗位培训的必备教材，也是企业环境保护工作者必备的参考书。

《石油石化企业环境保护技术》教材由集团公司能源管理与环境保护部牵头，抚顺石油化工研究院组织编写，主编方向晨，副主编李宝忠、赵景霞，除主编单位外参加编写的单位还有北京化工研究院、洛阳工程公司、工程建设公司、胜利油田、青岛安工院等。

抚顺石油化工研究院主要编写第2章(刘忠生)和第8章(闫松)，抚顺石油化工研究院、胜利油田及工程建设公司共同编写了第4章(赵景霞、祝威、王倩)，北京化工研究院编写第1章(栾金义)和第7章(齐红卫)，工程建设公司编写第5章(安景辉)，青岛安工院编写了第6章(牟桂芹、周志国)，洛阳工程公司和胜利油田编写了第3章和第9章(滕宗礼、申满对、祝威)，基础资料由协助单位提供。本教材由集团公司人事部组织审定，主审林大泉(宁波工程公司)和安景辉(工程建设公司)，参加审定人员有刘永斌(洛阳分公司)、陆鹏宇(金陵分公司)、肖春宝(九江分公司)、侯天明(镇海炼化)、郭宏山(抚顺石油化工研究院)、许倩(石化出版社)。中国石化出版社对教材的编写和出版工作给予了通力协作和配合，在此一并表示感谢。

由于本教材涵盖的内容较多，不同企业之间也存在着差别，编写难度较大，加之编写时间紧迫，不足之处在所难免，敬请各使用单位及个人对教材提出宝贵意见和建议，以便教材修订时补充更正。

目录

第1章　污染源及其特性

1.1　油气勘探开发

1.1.1　油气勘探开发过程中的环境污染

油气勘探开发是一项包含地下、地上等多种工艺的系统工程。主要包括勘探、钻井、井下作业、油气开采、油气集输和处理以及辅助配套工程。石油天然气开采主要包括建设期、运营期和服役期满等三个阶段。在前期的勘探工作结束后，建设期的主要内容为钻井和地面工程建设；运营期的主要内容为采油(气)、井下作业、油气集输及油气处理等。在这些生产活动中，不同工艺和不同开发阶段，其排放的污染物及构成是不尽相同的。

1.1.1.1　地球物理勘探

(1) 工艺简介

为了寻找和查明油气资源，需利用勘探手段了解地下的地质状况，认识生油、储油、油气运移、聚集、保存等条件，评价含油气远景，确定油气聚集的有利地区，找到储油气的圈闭，并探明油气田面积，明确油气层情况和产出能力。这种用不同的物理方法和仪器，探测天然的或人工的地球物理场变化，推断、解释地质构造和矿产分布情况的方法，称为地球物理勘探(简称物探)。

地球物理勘探主要包括重力勘探、磁法勘探、电法勘探、地震勘探等。重力勘探是通过研究地球表面的重力值(严格地说是重力加速度)来推断地质构造的一种物探方法。磁法勘探是利用地磁现象进行勘探的方法。电法勘探主要是利用岩石的电阻率特性进行勘探的方法。地震勘探是通过分析人工制造的地震波(或弹性波)来源就地下地质情况的勘探方法。

(2) 污染源分析

物探过程中对环境的污染主要来自地震勘探阶段。地震勘探通常通过炸药震源或非炸药震源(发射空气枪、电火花震源、蒸汽枪震源等)的方法激发地震波，因此，其主要污染源来自用作震源的炸药在井下爆炸时产生的振动和噪声。这种振动和噪声会影响野生动物的正常生活习性，有时会改变动物的迁徙路线，特别是在夜间对野生动物的影响更为严重。

物探过程中其他作业也会对环境造成影响。如踏勘测线，施工车辆会对地表植被、表土等造成破坏；各类生活、工业垃圾，车辆排放的废气，生活污水以及冲洗、冷却废水等等，这些污染物的无组织排放都会对环境造成影响。此外，在海上勘探过程中母船、放缆船、加油船等油料泄漏还会造成海水的油污染。

1.1.1.2　钻井

(1) 工艺简介

钻井是利用钻机设备及破岩工具破碎地层形成井筒的工艺过程，目的是进行地质评价、发现油气藏、开发油气藏。油气田勘探开发的各个阶段都离不开钻井。钻井一般分为钻探井和钻生产井，通过钻探井可以更深入地了解地下构造，并通过对岩芯进行分析，以确定储油层及含油面积大小、储量的多少、开采价值的有无等；对于有开采价值的含油构造，确定油田规模并投入开发，此时要钻生产井，以进行采油生产。钻井一般分为钻井工程设计、钻井施工和完井作业三大环节。

(2) 污染源分析

钻井过程中对环境的污染主要来自钻井施工阶段。钻井过程不仅会产生废水固体废物，还会产生废气和噪声。

① 废水

废水主要来自从废弃钻井液分离出的上层清液、柴油机冷却水、钻井平台、钻具、各类设备的冲洗水、洗井作业及井场生活污水等。废弃钻井液主要来源于被更换的不适于钻井工程和地质要求的钻井液，在钻井过程中因部分性能不合格而被排放的钻井液，钻井液循环系统跑、冒、滴、漏而排出的钻井液，岩屑和钻井液分离时形成的钻井液等。这些废弃钻井液通过静沉回收上清液，或在处理前投加一定数量的絮凝剂、混凝剂通过物理、化学方法实现固液分离，上清液通常与其他废水一起通过废水处理工艺进行处理。

② 固体废物

固体废物主要包括钻井岩屑、钻井废弃泥浆(废弃钻井液脱水后形成的泥浆，或钻井废水处理后形成的污泥)以及生活垃圾等。钻井岩屑主要是指钻井过程中钻头破坏地层，由钻井液携带出地面的地层岩屑。钻井岩屑的污染物主要是附着于其上的钻井液、石油类等物质。对环境产生污染的主要是钻井废弃泥浆，污染程度主要由泥浆的种类及所用的化学添加剂所决定。由于井深、地质条件及井型的差异，钻井过程中所使用的泥浆种类、性质及用量差异很大，对环境的污染程度也有所不同。

③ 废气

废气主要来自于动力设备(如大功率柴油机)运转过程中燃料燃烧所产生的燃烧废气和烟尘。

④ 噪声

钻井过程中的噪声主要包括机械噪声、空气动力性噪声两种。机械噪声主要包括柴油机、发电机、钻机、钻井泵及其他设备运转过程中所发出的振动噪声，以及起下钻具、下套管、跳钻使吊环与水龙头撞击所发出的噪声。空气动力性噪声主要包括气控钻机及快速放气阀工作时产生的气流噪声和发生井喷事故时高速油柱推动空气产生的噪声等。

1.1.1.3 测(录)井

(1) 工艺简介

测井是根据不同的岩石具有不同的物理特性(如导电性、放射性等物性)，利用电、磁、声、热、核等物理和化学原理制造的各种测井仪器，由测井电缆下入井内，使地面电测仪可沿着井筒连续记录随深度变化的各种参数，然后利用这些物理量与岩石的关系，研究钻井地质剖面、油、气储集层特性及其地下分布规律，评价油、气储集层的生产能力，为开发设计提供必要的资料。测井主要分为电法测井、声波测井、放射性测井、地层倾角测井。

录井主要是通过岩芯、岩屑、气测和综合录井等方法获取直接反映地下情况和施工情况的多项资料。录井工作是随钻采集资料，随钻进行评价，具有获取地下信息及时，分析解释快捷的特点，是发现和评价油气层最及时的手段。

（2）污染源分析

测井方法中对环境影响最大的是放射性测井，又称核测井，是根据岩石及空隙流体核物理性质，研究井地质剖面，勘探石油、天然气和其他矿物资源。由于使用放射性辐射源和放射性核素，因此，其主要污染物是放射性三废物质、挥发进入空气中的放射性气体、被污染的井筒和工具等。

除了放射源污染外，测井过程中还可能造成一系列其他污染。测井之前，在井场给马笼头加硅脂时很容易造成硅脂外溢；测井完毕后，在井台冲洗仪器并将附着在仪器外壁的钻井液冲到井口附近地面，污染地表；因为许多测井仪器内部灌有各类液压油，在现场仪器维修过程中可能会造成油类外溢。另外，测井施工车往往都配有大功率发电机，工作过程中会产生一定的废气和噪声。

录井作业产生的废水主要包括清洗砂样和工具产生的废水、分析化验产生化学品废液等；固体废物主要包括筛选砂样后剩余的砂样等。

1.1.1.4 井下作业

（1）工艺简介

井下作业是油气田勘探开发的重要环节之一。一般在采油井投产前及投产以后进行，主要包括射孔、酸化、压裂、下泵、试油、洗井、修井、除砂、清蜡等一系列工艺过程。

在钻井、测井后要进行射孔，将射孔枪下入井管中油层部位，用射孔弹或射孔液将井管射成蜂窝状孔，使原油流入井管并用抽油泵采出。试油是利用一套专门的设备和方法，对初步确定的油、气、水层进行直接测试，并取得目的层的产能、压力、温度和油、气、水性质等资料的工艺过程，其目的在于确定所试层位有无工业性油气流。

酸化、压裂作业是用不同的化学和物理方法对低渗透的油层进行处理，进一步提高原油产量。酸化是将要求配制的酸液注入到油层中，溶解井底附近地层中的堵塞物质，使地层恢复原有的渗透率，溶蚀地层岩石中的某些组分，增加地层孔隙，增大油流通道，降低阻力，从而实现增产。压裂是利用压裂液传压的方法把油层劈开形成一条或数条裂缝，加进支撑剂，使其不闭合，从而改造油层物性，达到油井增产、注水井增注的目的。

洗井、修井、除砂和清蜡作业均是在采油井使用一段时间后，因腐蚀、结垢、机具磨损和损坏等而采取的工艺措施。

（2）污染源分析

井下作业过程由于其工艺复杂、施工种类多，故形成的污染源也较为复杂。井下作业过程中的主要污染物主要来自试油、修井作业、压裂、酸化和穿插在各作业环节的洗井作业。

① 废水

废水主要包括压井、洗井、冲砂作业等产生的洗井废水；酸化、酸压后返排的废酸液；洗井产生的含有各种酸液或酸液添加剂的酸化废水；油井压裂施工后剩余压裂液以及从井口返排出的废压裂液等。

② 废气

井下作业过程中的废气污染主要有：一是井口敞开作业，造成烃类伴生气挥发，气井作业时有时还会含有硫化氢等有毒气体排放；二是酸液与井中的硫化物积垢作用产生的有毒气体硫化氢。三是制造压裂砂、粉碎矿石所产生的粉尘；四是通井机、修井机、压裂车、酸化车等设备、车辆产生的尾气等。

③ 固体废物

井下作业过程中的固体废物主要有压井和新井替浆时产生的废弃钻井泥浆，随着无固相压井液的使用，井下作业中泥浆的使用量逐步减少。此外，固体废物还有填砂、注灰、压裂施工遗留石英砂、陶粒砂及水泥于井场，冲砂、注灰等施工洗出的石英砂、陶粒砂、地层砂、水泥碎屑等；原油散落于井场而产生的落地油和油泥等。

④ 噪声

井下作业过程中的噪声主要包括通井机、修井机、压裂车、酸化车等施工设备产生的设备噪声，以及起、下钻具等施工时，钻具碰撞等产生的施工噪声。

井下作业过程中的主要产污环节如表 1-1-1 所示。

表 1-1-1　井下作业施工主要污染环节及污染物特征

施工工艺	污染物排放工序	污染源
新投、试油、试气	替浆、洗井、射孔、诱喷、洗压井、自喷等	废弃泥浆、废水、落地油、烃类挥发、噪声、酸性气体排放
检泵	洗井、压井、冲砂、喷提等	废水、落地油、烃类挥发、噪声
注塞	替浆、洗井等	废水、噪声、落地油
酸化	注酸、洗井等	废水、噪声、落地油
压裂	压裂等	压裂液、噪声、落地油
冲砂	洗井、冲砂等	油泥砂、落地油、废水、噪声
大修	磨铣、打捞、解卡等	废弃泥浆、废水、落地油、烃类挥发、噪声

1.1.1.5　采油(气)

(1) 工艺简介

采油(气)就是借助油(气)层的自身压力或者抽油泵等工艺方法，使油气从地下储油(气)层中产出的工艺过程。

一般来说依靠油(气)层自身压力进行采油的方法称为自喷采油(气)法，而需要用抽油泵等方法进行采油的则称为机械采油法。气井压力一般较大，采气多采用自喷方法。

在原油开采中为了保持油层的压力，达到稳产的目的，往往需要向油层注入一定的介质，用以驱替原油。根据注入介质的不同，常见有水驱、蒸汽驱、蒸汽吞吐、CO_2驱等方式。稀油、高凝油油田通常采用注水开采，稠油油田通常采用蒸汽吞吐和蒸汽驱开采。

(2) 污染源分析

注水采油是目前采用最为普遍的采油技术，注水开发水源主要是油田采出水，通过向油层注入处理合格的采出水给油层补充能量。因此，注水采油过程主要有采油和注水两个环节。

在采油(气)过程中，原油被举升到地面后，井口偏磨等原因造成密封器不严致使原油泄漏形成的落地原油；油井井口套管、采气井口天然气泄漏的烃类气体；抽油机运行过程中电机产生的噪声等。

注水系统包括注水站、配水间、注水管网和注水井口等。注水过程的污染源主要有生产过程中管线穿孔、设备维修造成的废水泄漏；储水罐清理过程中罐内排出的油泥砂；注水泵、增压泵运转电机产生的噪声等。

此外，在稠油蒸汽吞吐热采或蒸汽驱时，还会在蒸汽发生过程中产生注汽锅炉等加热设备的烟气排放。在三次采油注聚过程中，投加聚丙烯酰胺粉剂配置聚合物母液时还会产生的粉尘污染；投加杀菌剂甲醛过程中存在甲醛的无组织排放。

1.1.1.6 油气集输与处理

(1) 工艺简介

油气集输及处理就是把油井生产的油气收集、处理成合格原油、天然气的过程，从井口采油输出口到原油和天然气外输之间所有的油气生产过程均属油气集输范畴。

油气井产出的油、气和水，通过二级布站或三级布站等方式，经计量、接转等集输至油气集中处理站(联合站)，并在站内进行油气处理及水处理。油气集输从井口开始，将油井生产出来的原油、伴生天然气和水的混合物，在联合站进行集中处理，一般可得到四种合格产品：原油、天然气、轻烃、水。原油送往长距离输油管线的首站外输送往用户；合格的天然气集中到输气管线首站，再送往用户；经处理后的水回注地层、回用或外排。

集中处理站内的工艺一般包括油气分离、原油脱水、原油稳定、轻烃回收、天然气处理(脱水、脱硫)、采出水处理等。对于含硫天然气，天然气净化厂采用脱硫工艺，将原料天然气中硫化物等杂质分离，使天然气符合国家天然气气质标准，同时对脱硫产生的酸气进行硫回收(含尾气处理)和尾气灼烧等处理。

(2) 污染源分析

油气集输处理是油气田勘探开发过程中污染物排放最为集中的环节，污染物产生数量较大，主要有含油废水、污泥的排放、石油烃类的挥发等。

① 废水

油井采出液一般都含有一定量的水，经过沉降、热化学、电化学等油水分离工艺分离出来的水，称为油田采出水，它包括油田开采注入的水，注入蒸汽凝结的水，或原有地层存在的水又随着原油被开采出来的水等。采出水从原油处理系统的油气分离器、三相分离器、电脱水器、原油沉降罐等原油脱水设备中分离排出，经过除油、除悬浮固体处理后，绝大多数回注到地层用于注水采油或回灌处置。随着油田开发进入高含水期以及多种采油方式的应用，造成注采不平衡，部分油田采出水剩余，需要排放到环境中，这部分废水通常称为采油废水。

在采气过程中为防止水合物生成，自采气井口注入甲醇，由于甲醇与水互溶，采气过程中产生的地层水和井口注入的甲醇充分混和并在集气站内被气液分离器分离出来，由此产生了气田含甲醇废水。甲醇会通过呼吸道、胃肠道和皮肤吸收导致人体中毒。甲醇溶于水，对纳污水体的环境污染尤为突出。为了达到降低生产成本和保护环境的目的，通常需将废水中的甲醇回收，废水处理达标后回注地层。

含硫气田的天然气脱水、净化过程中会产生含硫废水，硫化氢的危险性极高，废水必须经过脱硫处理以达到回注地层、外排和安全处置的要求。

② 废气

油气集输处理系统的废气污染主要有烃类气体和燃烧废气排放。烃类气体排放，如储罐、油罐车、集气站、增压站、压气站、天然气净化厂等设备的油气损耗，以及轻烃加工敞开、停工和发生事故时的烃类气体排放；气井投产前试气排放的烃类气体等。燃烧气体排放主要是加热炉、放空火炬等尾气排放。此外，高含硫天然气井试气时会有 SO_2 的排放。

③ 固体废物

油气集输处理系统的废气污染主要有三相分离器、脱水沉降罐、电脱水等油气分离设备，含油废水处理设施、天然气净化装置底部清出的油泥砂；泵及管线跑、冒、滴、漏，管线穿孔刺漏形成的落地原油；废水过滤产生的废弃滤料；天然气净化站脱硫产生的废催化剂、废弃的活性炭以及机械过滤器过滤出的杂质；在检修、清洗油气集输管道时，从管道内壁排出的附着污垢，有时会含有硫化铁成分，在和空气接触后会起火燃烧、爆炸。其中含油泥砂的产生量最大，并且连续不断地产生，是油气集输处理典型的污染物。

④ 噪声污染源

集输过程中的噪声主要来自泵、电机、加热炉、压缩机、空压机、注水泵、锅炉引风机等产生的机械噪声。

油气田环境污染源的总体构成见图 1-1-1。

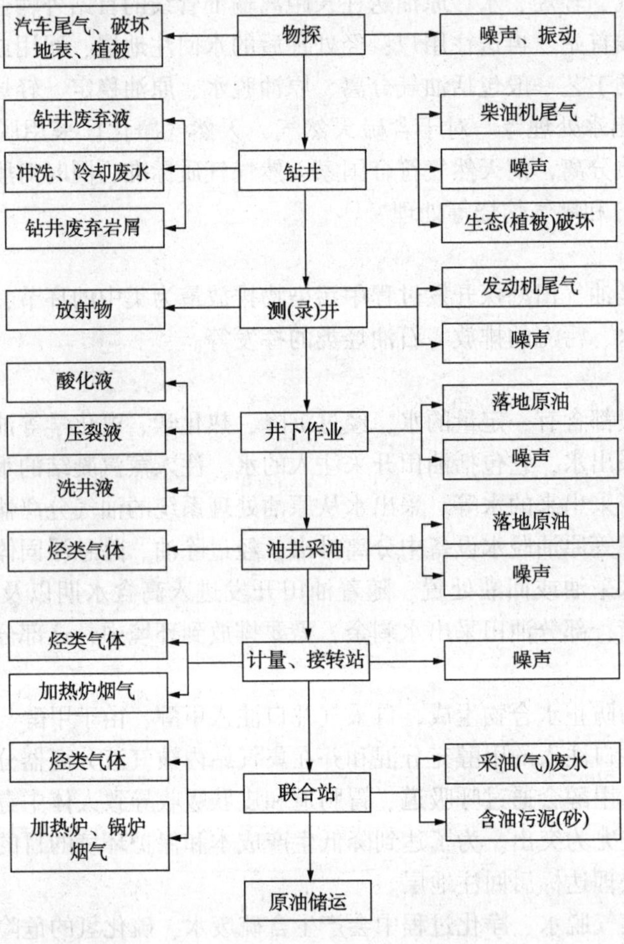

图 1-1-1　油田勘探开发生产工艺及污染物排放示意图

1.1.2　油气田环境污染的特点

油气田开发的特征，决定了油气田开发环境问题的多重性。油气田环境污染从环境影响分类看，既是生态型影响，又是污染型影响。如管道、道路、井场建设属生态型影响，而联合站排放的废水、废气、含油污泥则属污染型影响。从污染源空间分布看，既有面源，又有点源。整个油气田由几百至几千单井组成，属面源，而污染物排放又多集中在联合站，则属点源。从污染源时间分布看，既有固定源，又有变化源。

（1）污染源点多面广

油气田的矿区通常分布在数百甚至上千平方公里的范围内，区域内井场密布、管线纵横、站点分散，油气勘探开发的特点决定了污染源的分散性。

（2）污染物种类多，组成复杂

油气田的污染程度主要取决于勘探开发工艺和地下油气的组分、性质以及采出水的水质。钻井工艺、泥浆体系、采油(气)工艺、净化工艺以及原油的密度、黏度、含硫量、含砂率、伴生气量、采出水水质等，都直接影响到油气田废水、废气、固体废物的数量和组成。

（3）污染物排放不规律

油气田污染物排放呈现一定的不规律性，具有如下几个特点。第一，点源和面源排放兼有。对一个油气田而言，每口油气井就是一个点源，由众多的油气井组成的油气田则为面污染源，其污染物排放大多以点源排放为主。第二，无组织排放与有组织排放兼有。仅就油气田废气排放而言，大多以无组织形式排入环境，如井口伴生气的释放、储罐罐顶呼吸造成的烃类损失等，都属难以避免的无组织排放；加热炉、蒸汽锅炉的烟气排放则属于有组织排放。第三，正常生产排放和事故排放兼有，以正常生产排放为主，但事故排放污染严重，如井喷、输油管道泄漏、油气储存设施的火灾爆炸等。第四，连续排放与间歇排放兼有。钻井废水、泥浆、岩屑等废弃物排放、作业废水排放发生在施工过程中，属间歇性排放。油田采出水的排放等则属于连续性排放。

（4）油气勘探开发对环境影响明显

油气田开发过程的环境影响具有一定的阶段性。有的属于短期污染，如地震噪声、作业噪声、气体放空噪声等，在施工和作业时产生，施工停止即消失。有的属于一定时期内的污染，如钻井废水、钻井废弃泥浆及岩屑、落地原油等，是在施工作业中产生的，在作业后即停止排放，这些污染物滞留在现场，在一定时期内对环境产生不利影响。长期性的污染，如连续排放的采油(气)废水、燃烧废气、工艺尾气、机泵噪声等。油气勘探开发对环境的影响是全方位的，不仅对水体、大气、土壤环境造成污染，还表现在对地层和地表景观的破坏以及对原始自然生态环境的改变，乃至居住环境等诸多方面。

（5）污染治理难度不断增大

我国老油田相继进入开发中后期，采出液含水率的增加，造成采出水量的不断增加，同时，三次采油规模扩大更加大采油废水排放量和处理难度。新投入开发的油气田，多为低产、低渗、稠油等，造成单位产品的污染产生量上升。含硫天然气开采量的增加将导致二氧化硫产排量的大幅度上升。非常规油气田的开发，酸化压裂返排液的污染程度和污染物量随之增加，无论是集中处理还是分散处置都存在亟待解决的技术难题。油气田的长期开采形成的石油土壤实现修复处理仍需要技术和资金的支持。

1.1.3 主要污染物特性

1.1.3.1 废水污染及其特性

油气田勘探开发过程的废水主要有钻井废水、作业废水和采油(气)废水等。

（1）钻井废水

钻井废水主要是指废弃钻井液析出的废水及其他生产废水。为达到安全、快速钻井的目的，常使用添加了各类添加剂的钻井液。随着钻井深度增加和难度增大，钻井液中加入的化学添加剂的种类和数量也越来越多，使得钻井液的成分也变得越来越复杂。因此，钻井废水含有钻井液中的各种组分，组成复杂，其性质随钻井液体系不同而有所不同，其污染物主要是钻井液添加剂(如铁铬盐、褐煤、磺化酚醛)、岩屑、油等，通常呈红褐色或黑褐色，主要污染物是COD、悬浮物、重金属离子等。钻井过程中的冲洗水、冷却水等生产废水水量较少，以石油类、COD、悬浮物等污染物为主，通常与废弃钻井液析出的废水混合在一起进行处理。钻井废水的来源及污染物组成见表1-1-2。

表1-1-2 钻井废水的来源及污染物组成

序 号	名 称	主要污染物
1	钻井液析出水	COD、石油类、重金属、挥发酚、悬浮物、pH
2	冲洗水	泥砂、石油类、COD
3	冷却水	石油类、COD、悬浮物
4	井下返出水	COD、Cl^-、氨氮等

钻井废水具有pH值高，色度高，悬浮物含量高，COD_{Cr}高，且有机污染物的生物可降解性差等特点，某油田钻井废水主要水质指标表见1-1-3。绝大多数钻井废水pH值多在8.5~9.0之间，甚至达11以上。钻井废水悬浮物含量多在2000~2500 mg/L以上，主要包括钻井液中的胶态粒子(主要是膨钻井废水润土及有机高分子处理剂)、黏土、加重剂材料及分散的岩屑及其他废水流经地面时所携带的泥砂、表层土等。钻井液中含有的有机聚合物、油等污染物，使钻井废水COD_{Cr}含量高达1000 ~10000mg/L。高悬浮固体浓度、高有机物含量造成钻井废水稳定性强，难以沉淀分离。此外，采用盐水基钻井液时或地层水中矿化度较高的地区，废水中Cl^-的含量也会较高，可以到1000mg/L以上。钻井废水中还含有微量的重金属，如汞、铬、铜、铅、砷等。

表1-1-3 某油田钻井废水主要水质指标

水质指标	pH	COD_{Cr}/(mg/L)	悬浮物/(mg/L)	氯化物/(mg/L)	色度
原水	9.56	5890.1	2874	6698.8	>1024

(2) 作业废水

作业工艺种类多，主要形成洗井废水、酸化废水、压裂废水等三类废水。

① 洗井废水

洗井是指在地面向井筒内打入具有一定性质的洗井工作液，把井壁和油管上的结蜡、死油、铁锈、杂质等赃物混合到洗井工作液中带到地面的施工。洗井是井下作业施工的一项经常项目，在油井、注水井及结蜡严重的井施工时，一般都要洗井。油井结蜡时，使用溶蜡剂清除井口和井底积蜡，或用高温泡沫洗井液。溶蜡剂多为有机溶剂，主要为芳香烃、各类表面活性剂等，将已沉积的蜡溶胀变成有一定黏度的松软物质或将之完全溶解。在油井出砂时，通常采用的洗井液有油、水、表面活性剂等。水井结垢或含细菌时，使用酸液进行清洗，酸与垢层发生化学反应，使垢层脱落，随洗井工作液排出到地面。

因此，洗井水主要含有悬浮固体、石油类、有机物及酸、碱等。清洗出的悬浮固体中有泥砂、黏土、结垢及腐蚀产物；水中的石油类物质包括溶解油、乳化油、浮油、胶质、沥青质及蜡质等低凝固点重质油类物质。由这些污染物质形成的水中悬浮物质的粒径范围大，含有大量的纳米级胶体颗粒；水中低凝固点重质油类物质、胶质、沥青质及蜡质的浓度比一般的油田含油废水高，这些物质能强烈地粘附于水中悬浮颗粒表面，增强了水体的稳定性。水中的有机物来自洗井时因各种需要而加入的有机溶蜡剂、表面活性剂等。各油田的洗井废水水质因洗井对象、地层情况及原油性质的不同而差别较大。某油田洗井废水水质见表 1-1-4 。

表 1-1-4 某油田洗井废水水质

指标	pH	黏度/(mPa·s)	COD/(mg/L)	含油/(mg/L)	悬浮物/(mg/L)	总铁/(mg/L)	亚铁/(mg/L)
水质	6.71	2.5	1790	24.6	543.6	87	16

② 酸化废液

酸化废液主要为油井酸化、酸压后返排的废酸液。酸化所用的酸液(盐酸、氢氟酸等)，因此，酸化废液 pH 值低，具有强烈的腐蚀性，排入土壤后会使土壤酸化。由于酸化液配有咪唑啉类等缓蚀剂，多呈褐色或灰色，色度较高；酸化解堵时溶解地层中矿物质，使得酸化废液中离子含量高；酸液与含硫化物的垢反应产生硫化氢溶于残液中，多数酸化废液中含有硫化物等。据统计，每口酸化井产生废水约 20~80m^3。

酸化废液的主要污染物情况见表 1-1-5。

表 1-1-5 酸化废液主要污染物情况

序 号	指 标	范 围
1	pH	2~5
2	色度	30~200
3	悬浮物/(mg/L)	45~600
4	COD/(mg/L)	200~3860
5	S^{2-}/(mg/L)	6~35
6	石油类/(mg/L)	20~300

③ 压裂废液

压裂作为油田增产的主要措施已得到迅速发展和广泛应用。为了取得理想的压裂效果，压裂液须满足滤失少、携砂能力强、摩阻低、稳定性好、与油气层配伍性好、残渣少、易返排等性能，为此，压裂液体系往往需要十几个种类的添加剂，如杀菌剂、黏土稳定剂、聚合物、缓蚀剂、表面活性剂、苛性碱、延迟添加剂、高温稳定剂、铁离子稳定剂、交联剂、破胶剂等。因此，作业排出的残余压裂液中主要含有胍胶、甲醛、石油类及其他各种添加剂。

多种添加剂的加入使压裂液具有 COD 高、稳定性高、黏度高等特点，由于添加剂多为不易生物降解的亲水性有机添加剂，COD 的去除难度大。据统计，每口压裂井在常规压裂过程中会产生 50~200m^{3}的压裂返排废液。

压裂废液的主要污染物情况见表 1-1-6。

表 1-1-6 压裂废液主要污染物情况

指 标	范 围
pH	6.0~9.6
密度/(g/cm^3)	1.02
悬浮物/(mg/L)	43~4808
COD/(mg/L)	500~26000
石油类/(mg/L)	20~960
黏度/(mPa·s)	5.5
外观	灰色黏液

三种作业方式形成的废水性质差异较大，在实际处理工程中有的采用混合处理的方式，以降低压裂废液、酸化废液的处理难度；有的采用单独处理的方式，实现设备的小型撬装化。

(3) 采油废水

采油废水被原油所污染，含有从油层里带出的大量悬浮固体，在高温、高压的油层中溶解的各种盐类和气体以及采油、原油集输、脱水和废水处理过程中加入的各类化学药剂等。采油废水的特点具体体现在以下几个方面：

① 水温高。采油废水多来自地层深处，水温通常在40~70℃。

② 部分腐蚀性强。采油废水矿化度高，部分油田采出水矿化度在 1.0×10^4mg/L 以上，甚至高可达 1.0×10^5mg/L 以上。矿化度高的水电导率高，加速电化学方应，使腐蚀速率加快。而采油废水中溶解了 H_2S、CO_2、O_2 等气体，其中 O_2 是氧化剂，H_2S、CO_2 等酸性气体和 O_2 共同作用会使腐蚀速率成倍增长。

③ 具有一定的结垢性。采油废水中含有 Ca^{2+}、Mg^{2+}、Ba^{2+}、HCO_3^-、CO_3^{2-}、SO_4^{2-} 等离子，当水温、水压或 pH 值发生变化时，容易产生碳酸盐沉淀。当 Ba^{2+} 和 SO_4^{2-} 结合时，会产生溶解度极低的 $BaSO_4$ 沉淀，影响生产。

④ 有机物种类多。油田采出水本身含有多种有机物，如石油类、挥发酚、有机硫化物等。为保证油水分离，防止腐蚀、结垢等，采出水中添加了大量化学药剂，造成采出水成分复杂。油田废水的 B/C 通常小于 0.25，可生化性较差，加之高温、高盐等对微生物生长的影响，生物处理有一定的难度。

(4) 采气废水

采气废水中主要包括地层采出水、凝析水以及净化废水，具有与采油废水相似的温度高、矿化度高、石油类有机污染等特点，但采气废水也有其特殊性。

在天然气生产过程中，为防止水合物的形成，有的气田需向采气井中注入甲醇。井口注入的甲醇与地层水一起在集气站内被分离出来送入废水处理系统，形成了含甲醇废水。甲醇会通过呼吸道、胃肠道和皮肤吸收导致人体中毒。甲醇溶于水，对纳污水体的环境污染尤为突出。

对于高含硫气田，在天然气脱水、净化过程中会产生含硫废水，通常硫化氢含量控制在300mg/L 以下，进入废水处理系统。硫化氢的危险性极高，含硫废水必须经过脱硫处理以达到回注地层、外排和安全处置的要求。

1.1.3.2 固体废物污染及其特性

油气田生产过程中，排放的固体废物主要有钻井废弃物、含油污泥、落地原油等。

(1) 钻井废弃物

钻井废弃物包括钻井岩屑和废弃泥浆。携带岩屑的钻井液从井底返到地面后，一般通过钻井固控设备将可循环利用的泥浆进行回收，分离出的岩屑和废弃泥浆集中收集，就形成了钻井固体废弃物。因此，其污染特性主要决定于钻井泥浆的特性。

钻井泥浆的主要成分有水、油、黏土、加重材料、泥浆处理剂(有机处理剂、无机处理剂、表面活性剂)、堵漏材料等，某油田油基钻井废弃物样品分析结果见表 1-1-7。主要污染物有烃类、盐类、各种有机聚合物、木质素磺酸盐、某些重金属(如汞、铬、铜、铅、砷)及重晶石中的杂质。钻井泥浆(钻井液)分为水基钻井泥浆体系和油基钻井泥浆体系两大类。水基泥浆是以水为分散介质(连续相)，黏土等为主要分散相，可由海水、淡水、化学盐水调配而成。油基泥浆是以油为分散介质，有机土为主要分散相的泥浆，可由各种石油制品如柴油、沥青、矿物油调配而成，油基钻井液化学添加剂用量大，有毒、有害的物质较水基泥浆含量高。

废弃钻井泥浆通常呈碱性，pH 值较高，约为 8.5～12；含有石油类、毒性有机物(地层中有毒物质和添加剂中有毒物质等)等；含水率一般在 35%～90%之间外观一般呈黏稠流体状态，具有颗粒细小、级配差、黏度大、含水率高且不易脱水等特点。

表 1-1-7　某油田油基钻井废弃物样品分析

指标	pH	密度/($10^3kg/m^3$)	COD/(mg/L)	含油/%	含固/%	含水/%
样品	9.80	1.488	3.55×10^4	2.5	75.5	22

(2) 含油污泥

石油开采和原油加工过程中都产生含油污泥，这类含油污泥主要是由原油采出液带到地面的固体颗粒及容器内物质的反应产物形成的，主要来源于两部分：一是原油处理系统油泥，主要包括沉降罐底泥、三相分离器或油水分离器的底排污、原油储罐底泥等；二是废水处理产生的污泥，主要包括废水沉降罐底排污、气浮设备浮渣、过滤器反冲洗排污、加碱改性后形成的碱渣、废水(油)池清理产生的油泥等。

含油污泥成分随地质条件、生产工艺的不同而异，含有大量老化原油、固体悬浮物、细菌、盐类、腐蚀产物等，原油是含油污泥中的最主要污染物。此外，还含有少量重金属物质、生产过程中投加的化学处理剂等。含油污泥含油量通常在 5%～10%，虽然含油污泥中的原油与普通原油性质相似，但胶质、沥青质等重质成分有所增加，因此，乳化稳定性更强，油水乳化严重，油水分离处理较为困难。

(3) 落地原油

落地原油指油井中产生的未进入集输管线而散落在地面的原油。落地原油主要来源于以下几个方面。油井投产前，地面集输管网尚未建成，试喷时进入土油池的原油；探井试油、试采时进入土油池的原油；井下作业过程中散落在井场的原油；原油生产中，因管理不善产生的滴漏原油；井喷、管线断裂等生产事故造成的落地原油。

落地原油通常与被污染土壤一起收集处理，因此，其理化性质与土壤接近，含水率相对含油污泥低，固体颗粒不均匀等。由于经过石油烃轻组分挥发，其石油污染物中沥青质、胶体等重质组分含量高。

1.1.3.3　废气污染及其特性

油气田勘探开发生产中的大气污染源主要有两种：一为生产工艺废气，如井口挥发、储罐大小“呼吸”以及管线泄漏等。二为燃料燃烧排放的烟气污染源，如加热炉、锅炉、柴油机燃烧烟气等。

(1) 工艺废气

工艺废气主要来自采油井场、联合站和油气集输系统中轻烃的挥发。其主要产生的原因是产能建设不配套、油气分离不彻底、工艺流程密闭率低等，如有的油田没有完善的集气系统，油井伴生气不能全部回收；有些采用单井拉油的油田油气不能进入流程，烃类损耗相对较高。开式油气处理流程油罐呼吸气的排放以及储油温度高造成烃类的蒸发损失也是工艺废气的主要来源之一。

这些挥发出来的轻烃主要为成分为甲烷烃和非甲烷烃，其中毒性较大的非甲烷烃所占比例较大，是油田大气有机污染的主要原因，对大气环境影响较大。

（2）燃料燃烧废气

在原油开采及集输过程中，为保证原油脱水效果，需采用加热炉对原油进行加热。蒸稠油汽吞吐或蒸汽驱开发，需配套高压蒸汽炉。这些加热设备的燃料主要是原油、渣油、天然气或各种煤。燃烧废气的成分主要包括 CO_2、SO_2、NO_x、CO 和烟尘。不同燃料燃烧后产生的废气对环境的影响有所不同。

油田使用的燃料油多为原油和渣油，通常采用雾化方式燃烧，当其燃烧不充分时还会产生大量的黑色烟尘。天然气的主要成分是甲烷和少量的乙烷、丙烷，有时还含有少量的 H_2S、硫醇、N_2 和 CO_2 等。天然气是相对清洁的燃料，其燃烧的污染程度远小于燃料油燃烧的污染。

1.1.3.4 噪声污染及其特性

在石油开发生产过程中，其噪声类型主要是机械噪声，发声机械为大型柴油机发电机组、钻井泵、压气机以及水泥车、混砂车、泵车等，主要集中在钻井、作业过程中，施工过程结束噪声也随之消失。例如，钻井井场上露天摆放井架一座、绞车 1 台、钻井泵 2 台、柴油机 3 台、发电机 2 台、自动压风机 1 台、联动机 3 台等钻井设备，各种钻井设备同时启动，协调工作，多种高、中频噪声叠加形成的复合稳态噪声，在中心点声压级可高达 105dB(A)，起下钻具时绞车紧急刹车瞬时噪声最高可达 110dB(A)。钻井设备噪声详见表 1-1-8，表 1-1-9。

表 1-1-8　钻井(32 型钻机)设备噪声源一览表

噪声源	柴油机	钻井泵	发电机	压风机	钻机
功率/kW	882	956	300	55	800(绞车)
声压级/dB(A)	95~100	90~95	95~100	95~100	85~90

表 1-1-9　钻井(电动钻机)设备噪声源一览表

噪声源	主柴油发电机	辅助柴油发电机	钻井泵	螺杆压风机	钻机
功率/kW	1200	300	1177	37	1470
声压级/dB(A)	95~100	95~100	90~95	90~95	80~85

另外，油田生产还有油田地面设施，如抽油机、注水泵、输油泵、废水泵等设备连续运行产生的机械噪声，以及地震勘探炸药爆炸产生的瞬时空气动力噪声。

1.2 炼油生产

1.2.1 概述

炼油生产主要是将原油通过一次加工、二次加工生产各种石油产品。原油一次加工，主要采用物理方法将原油切割为沸点范围不同、密度大小不同的多种石油馏分。原油二次加工，主要用化学方法或化学—物理方法，将原油馏分进一步加工转化，以提高某种产品收率，增加产品品种，提高产品质量。石油炼厂的主要生产装置有：常减压蒸馏、催化裂化、加氢裂化、延迟焦化、催化重整、芳烃分离、加氢精制、烷基化、气体分馏、沥青、制氢、脱硫、制硫等，部分炼厂还有溶剂脱沥青、溶剂脱蜡、石蜡成型、溶剂精制、白土精制和润滑油加氢等装置。主要生产汽油、喷气燃料、煤油、柴油、燃料油、润滑油、石油蜡、石油沥青、石油焦和各种石油化工原料。典型的炼厂物料流程图见图 1-2-1。

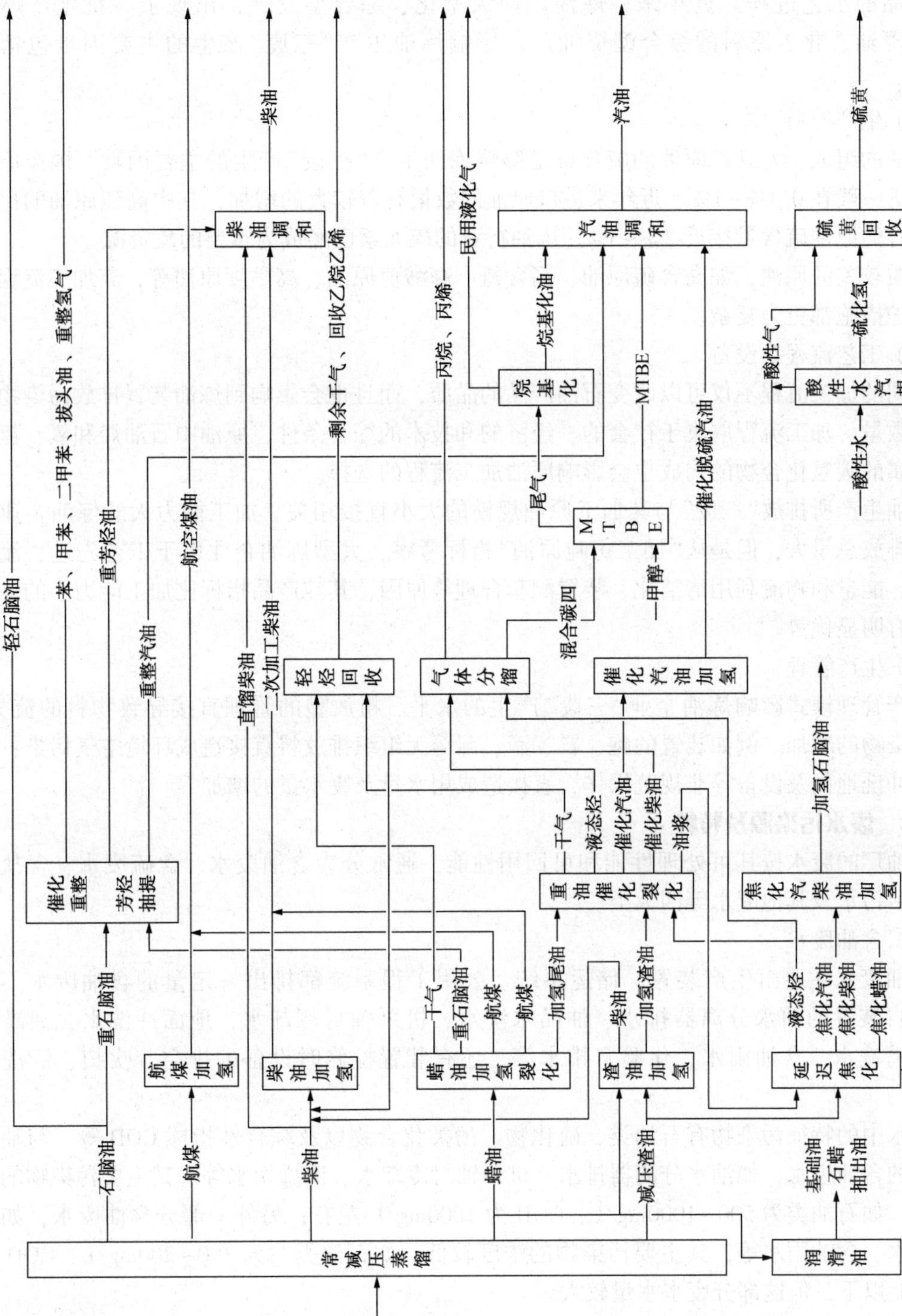

图1-2-1 炼油生产典型物料流向图

1.2.1.1 影响炼油生产“三废”产生的主要因素

石油炼制过程是根据原油特性和市场需要，将原油经过物理分离或化学反应，生产众多产品的工艺过程。近年来，炼油厂向大型化、综合型发展，出现了一批生产燃料油、润滑油、化工原料的综合型炼油厂。影响炼油生产“三废”产生的主要因素包括以下内容：

(1) 生产原料

原油的组成，尤其是原油的硫含量是影响炼油生产“三废”产生的主要因素。国产原油的硫含量一般在0.1%~1%。近年来进口原油的数量有着较大的增加，其中高硫原油的比例很大，有的原油硫含量接近2%~3%。炼油行业的硫元素已经成为重要的硫资源。

品质较差的原油，如高含硫原油、高含氮、高酸值原油、高黏度原油等，其加工流程和环境保护措施都更为复杂。

(2) 工艺流程及设备

不同的加工流程不仅可以改变石油产品的品质，而且也会影响到炼油装置排放污染物的种类和数量。加工流程取决于社会的、经济的和技术的综合条件，原油中石油烃和氧、氮及一些金属的碳氢化合物的构成也会影响原油加工流程的选择。

炼油生产所排放“三废”与其加工原油规模的大小直接相关。加工能力大的炼油企业其污染物排放总量大，但是从“加工每吨原油”指标考察，大型炼油企业由于工艺先进、流程集约化、能量和物流利用清洁化、装置配套合理等原因，其吨产品指标比加工能力小的炼油企业具有明显优势。

(3) 生产管理

生产管理模式影响炼油企业“三废”产生的水平。粗放型的管理直接导致物料的流失、外排污染物的增加。例如装置的跑、冒、滴、漏等无组织排放将直接造成环境空气污染；用新鲜水冲洗地面及设备等非规范操作，直接造成用水量及废水量的增加等。

1.2.1.2 废水污染源及特性

炼油厂的废水按其可处理性能和可回用性能，通常分为含油废水、含硫废水、含盐废水、生活污水及其他废水等四大类。

(1) 含油废水

含油废水主要由生产装置、储运系统、公用工程系统都排出一定量的含油废水。其主要来自装置的油水分离器排水、油品水洗水、机泵轴封冷却水，地面冲洗水、油罐的切水及清洗水，含油雨水、化验室排水等。还有装置检修时设备的排空、吹扫、清洗时的排水。

废水中的特征污染物有石油类、硫化物、酚类化合物以及综合性指标COD等。与油品相接触的含油废水，如油水分离器排水、机泵轴封冷却水、油罐切水等，其主要污染物的浓度较高，如石油类为500~1000mg/L、COD为1000mg/L左右；另外一部分含油废水，如地面冲洗水、含油雨水等，其主要污染物的浓度较低，如石油类约为100~200mg/L、COD为500mg/L以下，但这部分废水水量较大。

(2) 含硫废水

含硫含氨酸性废水主要来自加工装置的轻质油油水分离罐、富气水洗罐、液态烃水洗罐等。其特征污染物主要是硫化物、氨氮、氰化物、酚类化合物等，浓度较高，一般约占全厂废水中硫化物、氨氮总量的70%~80%以上。

(3) 含盐废水

主要包括电脱盐排水、碱渣综合利用后的中和水、油品碱洗后的水洗水、催化剂再生时的水洗水等。其中电脱盐排水量约占原油加工量的5%~8%，主要污染物COD、石油类、盐含量浓度较高，且普遍存在乳化特性。

(4) 其他废水及生活污水

主要来自循环冷却水排废水、化学水制水排废水、蒸汽发生器排废水、余热锅炉排废水等。这部分废水受污染的程度较轻，正常时其含油量少于10mg/L、COD值小于60mg/L。生活污水主要来自炼油企业生活辅助设施的排水，如办公楼卫生间、食堂等，这部分水量很少，其特征污染物主要是BOD、COD及悬浮物。

1.2.1.3 废气污染源及特性

炼油厂排放废气按排放形式分为两类：有组织排放源和无组织排放源。

有组织排放源包括燃烧烟气和工艺尾气，如加热炉烟气、锅炉烟气、焚烧炉烟气、催化剂再生烟气、焦化放空气、氧化沥青尾气、硫回收尾气等。无组织排放源如：油品在装卸油操作、储存过程中的挥发、设备管道、阀门的泄漏、敞口储存设施恶臭物质的散发、炼油过程(如装卸催化剂时)物料的损失等。

炼油厂主要大气污染物为SO_x、NO_x、TSP(颗料物)、CO_2、VOC(挥发性有机物)、非甲烷烃和恶臭物质。

(1) SO_x 排放源

炼油厂排放废气中的SO_x全部来自原油和燃料所携带的硫。硫在整个生产过程中及产出物中的分布，因原油中硫化物的类别不同而有区别，但总的流向规律是相似的。

炼油厂废气中硫污染物的形成有三条主要途径：①燃料燃烧产生的含SO_x的烟气；②催化裂化装置催化剂烧焦再生将焦炭里的硫带入到再生烟气中；③硫黄回收装置制硫后排放的尾气。

(2) NO_x 排放源

炼油厂NO_x主要产生于燃料燃烧过程，通过燃烧烟气排出，加热炉烟气中NO_x的量占全厂NO_x总量的大部分。

(3) TSP 排放源

炼油厂加热炉常以燃料油或燃料气为燃料，在燃烧充分的工况下，排放的TSP很少。炼油厂TSP主要来自催化裂化再生烟气。

(4) 烃类气体排放源

挥发性有机物烃排放。烃类产生于油品生产、输送、储存过程的挥发损失。其排放源有原油、轻质油储罐、装车台以及容易发生油品泄漏的工艺设备、法兰管道连接处、阀门等。

(5) 恶臭污染源

炼油厂主要恶臭物质包括硫化氢、有机硫、氨、胺、有机酸等物质。主要集中于油品精制回收装置、碱渣处理装置、酸性水汽提装置、延迟焦化装置、废水处理场等部分装置。

恶臭气体排放以低架源、无组织方式为主，一般集中在以下几类部位：工艺气体排放口、临时放空口、设备吹扫口、储罐呼吸口、采样口、敞口池挥发、废水喷溅口、脱水排凝口以及设备跑、冒、漏等等。

(6)二氧化碳

炼化企业 CO_2排放源分三种类型：燃烧排放、工艺排放和逃逸排放。

燃烧产生的 CO_2主要由燃烧燃料的设备排放。炼油企业燃烧排放设备主要有工艺加热炉、燃气透平、火炬、转化炉、焦化炉、焚烧炉等。炼油生产燃烧排放 CO_2量较大的装置主要包括：各类工艺加热炉(常减压、重整、焦化、加氢等)。

炼油生产工艺排放 CO_2量较大的装置主要包括催化裂化、催化重整、催化剂再生、制氢、氧化沥青等装置。

1.2.1.4　固体废物污染源及特性

炼油生产中产生多种固体废物，部分具有可燃、有毒、易反应的特性，其形态有固态、半固态、液态等不同类型。

固态废物主要产生于生产装置排出的废催化剂；半固态废物主要有废水处理厂三泥、储罐底泥等；液态废物主要有废碱液、废酸液、废溶剂等。

炼油厂固体废物排放源见表 1-2-1。

表 1-2-1　炼油厂固体废物排放源及性状

名　称	主要来源	性　质
废催化剂	加氢裂化(精制)、催化裂化、催化重整、硫黄回收等装置	多数催化剂和分子筛为硅、铝氧化物，少量贵金属废催化剂。形态为颗粒或球状
白土渣、废分子筛	白土精制装置、糠醛精制装置等	黑褐色含油或其他的半固体状物
酸渣	烷基化装置	黑、褐色黏稠液体
碱渣	常减压、催化裂化装置的碱洗工艺	多为棕色或乳白色或灰黑色的恶臭稀黏稠液
有机废液	抽提装置排出的废环丁砜溶剂	多数为含多种有机成分的液态状
罐底泥	各类油品储罐、污油罐、废水罐、中间原料罐的罐底沉积物，生产装置各类容器清洗时的尾油和杂质	大部分为带油、杂质的黑色黏稠液
	隔油池、池底沉积的油泥	油泥相对密度 1.0~1.1，含水率 99.0%~99.8%
污水处理场废渣	浮选时采用投加絮凝剂或气浮产生的浮渣	浮渣相对密度 0.97~0.99，含水率 99.1%~99.9%的糊状物
	生物处理时产生的剩余活性污泥	主要由细菌和菌胶团组成，结构松软，呈絮状，含水率 99.0%~99.5%
锅炉废渣	燃煤锅炉产生的粉煤灰、烟灰等以及离子交换用产生的废离子交换树脂	煤灰和烟灰呈灰状，废离子交换树脂呈颗粒状
检修废渣	生产装置检修时卸下的废保温材料，废钢材以及检修垃圾	

1.2.1.5　噪声源分析

炼油生产噪声源有各类风机、管道阀门及各种气体排放等产生的气体动力性噪声；电气设备的电磁噪声；加热炉、火炬等产生的燃烧噪声；机械加工及回转设备等产生的机械噪声。具有噪声强度高、噪声频率宽、连续性等特点。

1.2.2 装置污染源及其特性

1.2.2.1 常减压蒸馏

（1）工艺简介

常减压蒸馏装置包括电脱盐、初馏塔、常压塔、减压塔。常减压蒸馏装置的进料为原油，主要产品为干气、液化石油气、直馏石脑油、直馏柴油、蜡油及渣油等。

（2）污染源分析

常减压蒸馏装置排水主要包括三种。

电脱盐排水：电脱盐过程所排的废水，来自原油进装置时的自身携带水和溶解原油中的无机盐所注入的水。此外，加入破乳剂使原油在电场的作用下将其中的油和含盐废水分离。由于这部分水与油品直接接触，溶入的污染物较多，特别是电脱盐罐油水分离效率不高和冲洗时，这部分排水中石油类和 COD 均较高。

塔顶油水分离器排水：常减压蒸馏装置其初馏塔顶、常压塔顶、减压塔顶产物经冷凝后均分别进入各自的油水分离器，进行油水分离并排水。这部分水是由原油加工过程中的加热炉注水，常压塔和减压塔底注汽及产品汽提塔所用蒸汽冷凝水，大气抽空器冷凝水，塔顶注水，注缓蚀剂所含水分等组成。由于这部分水也是与油品直接接触，所以溶入污染物质较多，排水中硫化物、氨、COD 均较高。

机泵冷却水：机泵冷却水由两部分构成，一部分是冷却泵体用水，全部使用循环水冷却后进循环水回水管网循环使用。另一部分是泵端面密封冷却用水，随用随排入含油废水系统。

某常减压装置主要废水产生情况见表 1-2-2。

表 1-2-2 某常减压蒸馏装置废水产生情况

污染源名称	pH	石油类/（mg/L）	COD/（mg/L）	氨氮/（mg/L）	硫化物/（mg/L）	挥发酚/（mg/L）
电脱盐罐排水	8.7	163	1200	29.8	9.95	2.26
常压塔顶油水分离器排水	7.5	29.3	616	264	101.2	19.9
减压塔顶油水分离器排水	8	44.7	1164	210	451	88.2

常减压蒸馏装置排放的废气主要包括：加热炉烟气、停工排放废气和无组织排放废气等。烟气中的 SO_2 与燃料中硫含量有关，使用燃料气及低硫燃料油能有效降低 SO_2 的排放量。NO_x 的排放与燃料中的 N_2 含量及燃烧火嘴结构有关。常减压装置废气产生情况见表 1-2-3。

表 1-2-3 某常减压蒸馏装置废气产生情况

污染源名称	废气量/（Nm^3/h）	烟气污染物浓度/（mg/Nm^3）		
		SO_2	NO_x	烟尘
常减压炉	61000	88	109	23

1.2.2.2 催化裂化

（1）工艺简介

催化裂化装置是炼油厂最重要的二次加工装置。按处理的原料分类有蜡油催化裂化、重油催化裂化、催化裂解等类型。催化裂化装置由反应-再生系统、分馏系统、稳定系统、脱硫系统、三机及热工系统六部分组成。主要采用提升管反应器和催化剂连续(快速床-湍流床串联)工艺，主要原料为常压蒸馏装置的常压渣油或减压蜡油，主要产品为催化汽油、轻柴油、液化石油气、催化油浆、干气等。

（2）污染源分析

催化裂化装置主要水污染来源有三种。

粗汽油罐排水：这部分水与油气充分接触，吸收了反应中产生的硫化氢、氨、酚等物质，也称含硫废水。其污染物含量主要与加工原料种类有关。由于污染负荷大，不能直接送废水场处理，必须送含硫废水汽提装置进行脱硫、脱氨处理。

凝缩油罐排水：这部分来自压缩富气注水和少量油气中凝结水，一般将这股水与粗汽油罐的含硫废水混合后再送含硫废水汽提装置。

烟气脱硫脱硝水：这部分废水主要来自于催化烟气脱硫脱硝产生的废水。废水中污染物的组成与选择的脱硫脱硝工艺有着直接的关系。

某催化裂化装置废水产生情况见表 1-2-4。

表 1-2-4 某催化裂化装置主要废水产生情况

污染源	水量/(t/h)	pH	COD/(mg/L)	氨氮/(mg/L)	石油类/(mg/L)	硫化物/(mg/L)	挥发酚/(mg/L)
粗汽油罐排水	8~10	9.5	6300	1230	8.0	2550	723
凝缩油罐排水	0.5	9.0	1060	1600	15.0	2000	160
烟气脱硫废水	30	12	1200	101	59	88	0.1

催化裂化装置主要废气为催化再生烟气，主要由再生器燃烧待生催化剂上积炭所产生。这部分烟气经脱硫脱硝工艺处理后排放到大气。

某催化裂化装置废气产生情况见表 1-2-5。

表 1-2-5 某催化裂化装置废气产生情况

污染源名称	排放量/(Nm^3/h)	烟气组成/(mg/Nm^3)		
		SO_2	NO_x	烟尘
再生烟气	120000	403	121	23

催化裂化装置主要固体废物包括，碱渣和平衡催化剂。

碱渣：碱渣是强碱性，含有较高的酚和硫化物，其 COD 可达数十万毫克每升。催化汽油碱渣，应送碱渣处理装置进行预处理，处理后的废液送污水处理场处理。现工艺上已用溶剂脱硫技术代替了碱洗工艺，减少了污染物产生。有的炼厂仅将碱洗作为补充手段。

平衡催化剂：正常生产情况下，催化装置有少量催化剂被再生烟气和油浆带走。但是如果跑损太少，导致催化剂活性太低，会影响正常生产，需要将部分平衡催化剂卸出来，这样就产生了废催化剂。此外当装置更换催化剂时也需要人为卸出部分平衡催化剂。

1.2.2.3 催化重整

(1) 工艺简介

催化重整加工的原料一般是来自常压蒸馏装置生产的直馏石脑油、烃重组装置生产的烃重组石脑油、柴油加氢装置生产的加氢石脑油等，主要产品为高辛烷值汽油调合组分、苯、甲苯、芳烃原料等，同时副产 H_2、液化气等。催化重整将石脑油中的环烷烃、烷烃脱氢，异构化生成芳烃。主要采用固定床半再生、连续再生重整两种工艺。

(2) 污染源分析

催化重整装置主要废水包括：含硫废水、含油废水和含碱废水。

含硫废水：原料中的硫、氮等杂质经预加氢后，生成易堵塞设备的铵盐，为防止铵盐结晶堵塞设备造成系统压降增大影响生产，在预加氢进出换热器前增加了注水点。注入的水在油气分离器进行分离，水中含有氯化物、硫化物等污染物。

含油废水：主要是系统机泵冷却水、蒸汽凝结水、容器切水、地面冲洗过程中产生的含油废水。

含碱废水：重整催化剂再生中产生含氯酸性气体，在气体中注入水及 10% 的 NaOH 溶液，使之与酸性气发生中和反应，保证再生气循环使用而不致对再生器产生腐蚀。

某连续重整装置废水产生情况见表 1-2-6。

表 1-2-6 某连续重整装置废水产生情况

污染源	排水量/(t/h)	pH	石油类/(mg/L)	硫化物/(mg/L)	挥发酚/(mg/L)	COD/(mg/L)	氨氮/(mg/L)
含硫废水	3	6~9.5	35	1200	1.0	1800	1200
含油废水	6.0	6~8.0	60	0.8	0.5	280	1.9
含碱废水	2.0	7~9.0	12	60~80	碱度：2000~5000 mg/L		

连续重整装置产生的主要废气包括加热炉烟气、催化剂再生烟气和装置无组织排放废气等。废气污染源产生情况如表 1-2-7。

表 1-2-7 某连续重整装置废气产生情况

污染源名称	排放量/(Nm^3/h)	烟气组成/(mg/Nm^3)		
		SO_2	NO_x	烟尘
再生烟气	1800	10	100	20
加热炉烟气	90000	51	240	23

连续重整装置固体废物包括脱氯剂、废干燥剂、废白土、废溶剂、废催化剂。

脱氯剂：因原料含有机氯化物，经预加氢后生成无机氯，为防止对设备腐蚀，在预加氢反应后增加脱氯罐吸附其中的氯，此外在氢气出装置前设脱氯罐，当脱氯剂吸附饱和后必须更换脱氯剂，每次更换量 50t 左右，每年一次。

废干燥剂：催化剂再生单元的再生循环气碱洗后须经干燥才能循环使用，使用的干燥剂—硅胶经多次活化后效果下降，大约 4~6 个月更换一次，每次 6t。

废白土：抽提精馏单元的原料在工艺中经“白土”脱色处理，吸附其中的烯烃使产品合格。使用约 2~3 月后，白土塔需更换白土，更换量为 30t/次。排出的废白土含烃类和石油胶质，由厂家回收填埋处理。

废溶剂：抽提系统的环丁砜使用中接触氧产生降解反应，使之老化失去作用且腐蚀设备，必须定期排出老化溶剂，大约2个月一次，排出量2t/次，老化溶剂送专业厂家焚烧处理。

废催化剂：预加氢、重整部分的催化剂活性下降，需定期更换，废催化剂由厂家回收处理。

1.2.2.4 延迟焦化

（1）工艺简介

延迟焦化装置的生产原料主要是常减压装置产出的减压渣油，生产产品主要是脱硫干气、脱硫和脱硫醇液化气、汽油、柴油、蜡油、焦炭及少量甩油，分为延迟焦化、吸收稳定、冷焦水回用、除焦水回用、放空系统几部分。

延迟焦化是使重质油品通过加热裂解，聚合变成轻质油，中间馏分油和焦炭的加工过程，包括原料换热、加热炉、焦炭塔、分馏塔及换热、冷切焦水处理、焦炭塔吹汽放空、高压水泵及水力除焦等；吸收稳定为延迟焦化装置配套部分，主要是富气经压缩机压缩后进行吸收解吸，分别进行稳定和脱硫过程，包括焦化富气压缩、汽油吸收脱吸、汽油稳定及柴油吸收；脱硫部分主要包括干气脱硫、液化气脱硫及液化气脱硫醇等过程；冷焦水、除焦水回用均为经沉降后废水回用过程；放空系统为焦碳塔顶油气及水蒸气经循环冷水吸收油气的过程。

（2）污染源分析

延迟焦化装置产生的废水包括含油废水、含硫废水及其他废水。

含油废水：主要包括焦炭塔冷焦水、除焦水、油水分离器切水、机泵冷却水等。由于水与焦炭直接接触，焦炭塔内的少量残油进入冷焦水，冷焦需用水量约500~600t/塔，冷焦水中油经冷却、沉降回收浮油至污油罐，油罐脱水排入含油废水系统。冷焦水循环使用可减少新鲜水用量。除焦水是对焦炭塔内形成的焦炭采用高压水进行水力切割，带走焦炭表面的污染物而形成的废水。焦炭塔冷焦时产生的油气进入接触冷却塔冷却，顶部气体进入油水分离器，切水含油含酚等污染物较多，油水分离困难，排入冷焦水系统，回用可减少污染。

含硫废水：主要由加热炉注水、注汽、四通阀汽封、堵焦阀汽封、汽提塔蒸汽等几部分组成，在分馏塔顶分离罐分离形成的切水，由于这部分水与油气直接接触，所含污染物浓度较高。

延迟焦化装置废水产生情况见表1-2-8。

表1-2-8 延迟焦化装置废水产生情况

污染源名称	水量/(t/h)	污染物浓度/(mg/L)				
		COD	石油类	氨氮	硫化物	挥发酚
含硫废水	8.5	2890	91.0	318	992	267
含油废水	0.5	122	26.0	0.9	0.7	0.6
其他废水	0.9	41	1.0	0.4	0.2	0.1

延迟焦化装置产生的废气主要是加热炉烟气。某延迟焦化装置产生废气情况见表1-2-9。

表 1-2-9　某延迟焦化装置废气产生情况

排放点名称	排放量/(Nm^3/h)	污染物浓度/(mg/Nm^3)		
		SO_2	NO_x	烟尘
加热炉烟气	50000	19	91	1.0

延迟焦化装置正常生产时固体废弃物主要有粉尘和焦粉。装置停工检修打开塔及容器时有少量油泥及焦粉沉积物产生。

1.2.2.5　加氢裂化

(1) 工艺简介

加氢裂化装置根据原料与目的产品的不同，分为高压一段一次通过流程、高压一段串联全循环流程、高压二段全循环流程和中压一次通过流程 4 种流程。装置进料主要包括常减压装置产出的直馏轻蜡油、直馏重蜡油和减压渣油，主要产品为干气、液化气、轻石脑油、重石脑油、柴油及加氢尾油。

高压加氢裂化装置主要由反应器、分馏塔、酸性气处理系统和酸性水处理系统等组成。原料油升温后进入加氢反应器，蜡油中含硫、含氮化合物与氢反应生成 H_2S 和 NH_3，然后进入裂化反应器，在催化剂存在的条件下，烃分子裂解反应，经分馏得到燃料气、石脑油、柴油等产品。

中压加氢裂化装置主要由原料进料系统、加氢裂化反应器、分馏塔、脱硫系统等组成。混合原料油经升压、换热后与氢气混合依次进入加氢精制反应器和加氢裂化反应器，进催化剂作用下进行加氢脱硫、脱氮、裂解和饱和等反应。后经分馏塔分馏后得到柴油、航煤等各种产品。

(2) 污染源分析

加氢裂化装置废水污染源包括：含硫废水、含油废水。

含硫废水：加氢裂化反应过程中产生硫化氢和氨，为了防止硫氢化铵在冷却过程中结晶而堵塞工艺管线及设备，需在特定部位注入软化水冲洗溶解易结晶物，因而产生高含硫含氨废水从高压、低压分离器排出，随油品夹带进入分馏塔的少量水经分馏塔顶冷凝后从回流罐排出。含硫废水是加氢裂化装置一大污染源，含硫废水送含硫废水汽提装置处理。

含油废水：含油废水来自装置内的工艺管线导凝排液、原料罐切水、液面计排液、少量机泵冷却水、减压抽真空蒸汽冷凝水、机泵设备维修放空冲洗、采样口排放水等。

某加氢裂化装置废水产生情况如表 1-2-10 所示。

表 1-2-10　某加氢裂化装置废水产生情况

污染源	水量/(t/h)	COD/(mg/L)	氨氮/(mg/L)	石油类/(mg/L)	硫化物/(mg/L)	挥发酚/(mg/L)
含硫废水	6.5	25000	8000	150	19000	157
含油废水	3.5	14	1.4	15.0	0.8	0.3

加氢裂化装置废气产生污染源主要来自于加热炉烟气。具体情况见表 1-2-11。

表 1-2-11　某加氢裂化装置废气产生情况

排放点名称	排放量/(Nm^3/h)	污染物浓度/(mg/Nm^3)		
		SO_2	NO_x	烟尘
加热炉烟气	28000	15	123	23

加氢裂化装置固体废物包括废催化剂和废溶剂。

废催化剂：装置反应部分加氢精制反应器和加氢裂化反应器分别装入 HCK 镍钼和 DHC39 镍钨催化剂。一次装入量 200t 左右，催化剂使用寿命 6 年以上。另外反应器顶部，采用撇头的办法一次取出 6t 左右，每年一次。

废溶剂：加氢裂化装置使用二异丙醇胺脱硫溶剂，长周期运行易产生少量的老化溶剂，是一种 COD 浓度很高、生化较难处理的污染源。

1.2.2.6 制氢

(1) 工艺简介

制氢装置有轻油制氢、干气制氢、轻油与干气混合制氢三种工艺。干气制氢主要包括原料预处理、水蒸气转化、CO 中温变换、变压吸附提纯(PSA)等单元，原料为炼厂加氢处理干气、加氢裂化低分气、加氢裂化干气、加氢精制干气、焦化干气或天然气等，产品是高纯氢气。轻油制氢主要包括原料脱硫预处理、蒸汽转化、中低温变换、苯菲尔脱碳、甲烷化等单元，原料为炼厂脱硫轻油，产品是高纯氢气。

(2) 污染源分析

制氢装置产生的废水主要来自于机泵冷却、蒸汽凝结、余热锅炉排污等形成的含油废水。某制氢装置废水产生情况如表 1-2-12。

表 1-2-12 某制氢装置废水产生情况

水污染源名称	水量/(t/h)	pH	COD/(mg/L)	氨氮/(mg/L)	石油类/(mg/L)	硫化物/(mg/L)	挥发酚/(mg/L)
含油废水	3.5	6.5	48	0.5	5.7	0.3	0.05

制氢装置产生的废气主要为转化炉排出的烟气及脱气塔产生的工艺废气。某制氢装置废气产生情况如表 1-2-13。

表 1-2-13 某制氢装置废气产生情况

排放点名称	排放量/(Nm^3/h)	污染物浓度/(mg/Nm^3)		
		SO_2	NO_x	烟尘
转化炉烟气	96000	31	163	14

制氢装置的固体废弃物全部是失效催化剂，几年更换一次。处理的方法可供有回收能力的厂家进行回收再利用。

1.2.2.7 烷基化

(1) 工艺简介

烷基化装置是以炼厂气为原料，在酸催化剂的作用下反应生产工业异辛烷—高辛烷值汽油组分的加工装置。根据使用催化剂的不同，可分为氢氟酸法烷基化工艺、硫酸法烷基化工艺。下面重点介绍氢氟酸法烷基化工艺。

氢氟酸法烷基化的原料为来自 MTBE 装置或气分的 C_4 馏分，主要产品是烷基化油。原料经干燥脱水后，在氢氟酸催化剂的作用下，在反应器内进行反应，反应产物沉降分离，上层烃类产物经分馏后得到烷基化油、丙烷、丁烷，下层水溶液经氢氟酸再生系统处理后回用。

(2) 污染源分析

氢氟酸烷基化工艺产生废水主要包括干燥剂再生分水罐排水、CaF_2沉淀池排水、中和池排水、机泵冷却水等。

干燥剂再生分水罐排水：由丙烯、丁烯以及异丁烷组成的原料总硫、水含量都需要控制在一定范围之内，水分过多会对设备造成腐蚀，对酸耗带来影响。一般设进料干燥器及干燥剂再生分水器来脱除原料中含水。

CaF_2沉淀池排水：酸溶性油碱洗罐排放的废液、含酸气体中和器排放废液均含有氟化物，统一排入废碱混合槽内。在混合槽内注入$CaCl_2$溶液，生成CaF_2悬浮物。

中和池排水：所有的酸泵排液、液面计排液、围堰内设备的排空均可能含有氟化物，统一排入中和池内，用$NaCO_3$中和。然后间歇排入下水系统。

氢氟酸法烷基化工艺废水产生情况见表 1-2-14。

表 1-2-14　氢氟酸法烷基化装置废水产生情况

水污染源名称	水量/(t/h)	石油类/(mg/L)	COD/(mg/L)	硫化物/(mg/L)	氨氮/(mg/L)	氟化物/(mg/L)
烷基化废水	2.0	10	600	0.3	12.0	10.0

氢氟酸烷基化工艺产生废所主要是燃烧烟气。废气产生情况见表 1-2-15。

表 1-2-15　某氢氟酸烷基化装置废气产生情况

名称	排放量/(Nm^3/h)	烟气组成(mg/m^3)		
		SO_2	NO_x	烟尘
燃烧烟气	3220	15	219	19

氢氟酸法烷基化工艺产生的固体废物包括CaF_2废渣、脱氟剂废渣等。

CaF_2废渣：含酸气体中和器废碱液和酸溶性油碱洗的废碱液均含有氟化物，统一排入废碱混合槽内。在混合槽内注入$CaCl_2$溶液，生成CaF_2悬浮物。

脱氟剂废渣：主分馏塔丙烷产品和丁烷产品含一定量的氢氟酸和有机氟化物，需用活性氧化铝脱氟剂脱除氟化物，当脱氟剂使用一段时间失效后，更换新脱氟剂，排出的脱氟剂废渣。

丙烷、丁烷 KOH 处理废渣：丙烷、丁烷经脱氟剂处理后，进 KOH 处理器，其中所含的 HF 和 KOH 反应生成 KF 和水。水又溶解处理器中 KOH 床层，形成一种黏稠的淤渣沉淀到处理器底部。

1.2.2.8　润滑油酚精制

(1) 工艺简介

润滑油酚精制装置是润滑油选择性溶剂精制装置。因使用溶剂的不同，目前炼油厂常采用的工艺有糠醛精制工艺、酚精制工艺和 NMP 精制工艺三种。润滑油酚精制包括萃取系统、精制液回收系统、抽出液回收系统三部分。在萃取系统，利用酚对中理想组分和非理想组分溶解能力对润滑油馏分进行分离，改善油品的黏温性能和抗氧化安定性，降低油品残炭、酸值和色度。

(2) 污染源分析

润滑油酚精制装置产生的废水主要包括吸收塔顶排水和机泵冷却水等。

吸收塔顶排水：吸收塔进料是原料油及酚水共沸物气体，塔顶蒸汽经过水混合冷凝、冷却排入装置含油废水系统。

某润滑油酚精制装置废水产生情况见表2-2-16。

表1-2-16　某润滑油酚精制装置废水产生情况

排放位置	排量/(t/h)	pH值	石油类/(mg/L)	硫化物/(mg/L)	COD/(mg/L)	挥发酚/(mg/L)
吸收塔顶排水	20	7~8	4.55	0.02	139	0.1
机泵冷却排水	5	7~8	4.26	0.02	53	0.1

润滑油酚精制装置产生的废气主要是加热炉烟气，主要污染物含量：SO_2 12.5mg/m^3，NO_x 82 mg/m^3。

润滑油酚精制装置基本没有固体废弃物的排出。

1.2.2.9　分子筛脱蜡

(1) 工艺简介

分子筛脱硫装置分气相固定床和液相模拟移动床两种，其石蜡脱附主要分溶剂脱附和水蒸气脱附。气相固定床溶剂脱附分子筛脱蜡装置包括：原料预加氢、溶剂脱附、分子筛再生三个部分。分子筛脱蜡利用分子筛的选择吸附性将直馏煤油或粗柴油中的正构烷烃与非正构烷烃分离，被吸附在分子筛上的正构烷烃经溶剂脱附和必要的精制，得到产品液蜡。

(2) 污染源分析

分子筛脱蜡装置产生的废水包括含硫废水、油罐切水和机泵冷却水等。

含硫废水：主要来自装置原料预加氢系统注水。这部分水量不大，且间断排放，但硫化物、COD含量均比较高，应密闭送至综合利用装置。

油罐切水：主要来自罐区原料罐切水、燃料油罐切水。水量取决于罐中物料带水多少，切水方式一般为人工控制。

分子筛脱蜡装置废水产生情况见表1-2-17。

表1-2-17　分子筛脱蜡装置废水产生情况

水污染源名称	水量/(t/h)	pH值	污染物浓度/(mg/L)				
			石油类	COD	硫化物	挥发酚	氨氮
预加氢含硫废水	1.5	8.45	26.6	3200	816	105.9	18.2
燃料油罐切水	0.3	6.03	533	1726	14.7	2.5	6.0
原料罐切水	0.5	6.9	1880	2100	13.3	1.38	12.0

分子筛脱蜡装置产生的废气主要是加热炉烟气。某装置产生的烟气废气产生情况见表1-2-18。

表1-2-18　分子筛脱蜡装置废气产生情况

污染源名称	燃料种类	排放量/(Nm^3/h)	烟气污染物浓度/(mg/Nm^3)		
			SO_2	NO_2	烟尘
集合炉烟气	瓦斯	14824	1029	67.0	7.6

分子筛脱蜡装置固体废物为废分子筛，每5年更换一次，每次144t。废分子筛由供货厂家回收。

1.2.2.10 润滑油糠醛精制

(1) 工艺简介

润滑油糠醛精制装置由抽提系统、精制液回收系统、废液回收系统、水溶液回收系统、真空脱水系统、燃料系统和蒸汽发生系统七部分组成。在抽提系统，利用糠醛对理想组分与非理想组分溶解度的不同，进行润滑油分离，改善油品的粘温性能和抗氧化稳定性，降低油品的残炭、酸值和色度。

(2) 污染源分析

润滑油糠醛精制装置产生的废水主要是脱水塔排水。

脱水塔废水：脱水塔进料是水溶液分离罐内的糠醛水溶液，塔底通过重沸器加温并吹入水蒸气汽提，吹脱水中的糠醛。脱水塔底的水排到装置内含油废水系统。由于这股废水与糠醛溶剂直接接触溶入污染物质，其排水 COD 较高。

润滑油糠醛精制装置废水产生情况见表 1-2-19。

表 1-2-19 润滑油糠醛精制装置废水产生情况

排放位置	排量/(t/h)	pH	污染物/(mg/L)			
			石油类	硫化物	COD	挥发酚
脱水塔	5	6.7	19	0.56	136	0.2

润滑油糠醛精制装置产生的废气主要是加热炉烟气，产生情况见表 1-2-20。

表 1-2-20 润滑油糠醛精制装置废气产生情况

污染源	燃料	烟气排量/(Nm^3/h)	烟气组成/(mg/m^3)		
			SO_2	NO_x	烟尘
加热炉烟气	燃油瓦斯	14500	52	280	23

润滑油糠醛精制基本没有固体废弃物的排放，仅在检修时排出塔底泥脚，装置边沟底泥等污染物送工业垃圾堆埋场处理。

1.2.2.11 酮苯脱蜡

(1) 工艺简介

酮苯脱蜡装置根据选择溶剂的不同分为丁酮—甲苯型、甲乙酮—苯型、丙酮—苯型等类型。

以某丁酮—甲苯型酮苯脱蜡为例，装置由结晶单元、过滤和真空密闭单元、溶剂回收和干燥单元、冷冻单元四部分组成。在结晶单元，利用溶剂对油和蜡溶解度的不同，使原料中的油、蜡分离，得到低凝点的润滑油；在过滤和真空密闭单元，使滤液和蜡液两相分离；在溶剂回收和干燥单元，采用多段蒸发工艺回收溶剂并回用。

(2) 污染源分析

酮苯脱蜡装置产生的废水主要来自于溶剂回收部分。采用五塔三效蒸发工艺，经多次闪蒸后，溶剂含量降到很低，进入汽提塔后直接吹入水蒸气汽提，蒸汽和溶剂经冷凝形成水溶液，再进入酮回收塔汽提回收溶剂，该塔底部水排入含油废水系统。

酮苯脱蜡装置废水产生情况见表 1-2-21。

表 1-2-21　某酮苯脱蜡装置废水产生情况

水污染源名称	pH	COD/（mg/L）	NH_3-N/（mg/L）	石油类/（mg/L）	硫化物/（mg/L）	挥发酚/（mg/L）
轻油酮回收塔排水	6.05	1000	1.34	88	3.69	0.10
重油酮回收塔排水	4.86	835	5.80	70.4	5.61	0.10

酮苯脱蜡装置产生的废气主要是加热炉烟气，见表 1-2-22。

表 1-2-22　酮苯脱蜡装置废气产生情况

名称	排放量/（Nm^3/h）	烟气组成/（mg/m^3）			
		SO_2	NO_2	CO	烟尘
重蜡加热炉	50000	42.0	46.9	149.1	17.6

酮苯脱蜡装置在日常的生产过程中，没有固体废弃物产生。

1.2.2.12　硫黄回收

（1）工艺简介

硫黄回收装置采用克劳斯回收工艺处理炼厂生产中产生的酸性气回收制取硫黄。根据酸性气中 H_2S 含量的高低，制硫工艺分为部分燃烧法、分流法和直接氧化法三种方法。部分燃烧流程主要由制硫、尾气处理、尾气焚烧及液硫成型四部分组成。制硫部分主要采用常规二级或三级克劳斯硫回收工艺；尾气处理部分采用加氢还原吸收等工艺；尾气焚烧部分采用热焚烧工艺；液硫成型部分采用粒状成型工艺。装置的生产原料是上游各装置和废水汽提装置来的酸性气，生产产品是固体粒状硫黄。

（2）污染源分析

硫黄回收装置产生的废水主要包括分液罐和急冷塔底排出的含硫废水和机泵冷却、蒸汽凝结、地面冲洗等产生的含油废水。

硫黄回收装置废水产生情况见表 1-2-23。

表 1-2-23　某硫黄回收装置废水产生情况

水污染源名称	水量/（t/h）	石油类/（mg/L）	硫化物/（mg/L）	挥发酚/（mg/L）	COD/（mg/L）	NH_3-N/（mg/L）
含硫废水	8.5	12	1890	2.0	756	3000
含油废水	2.0	50	300	1.0	1200	125

硫黄回收装置废气主要为制硫尾气、催化剂再生及系统吹扫气和液硫脱气等。

制硫尾气：由于受克劳斯反应热力学平衡及可逆反应的限制，即使在设备及操作条件良好的情况下，装置总硫转化率最高也只能达到 96%~97%，尾气中仍有硫化物以 SO_2 等形态排入大气，目前对制硫尾气处理达标排放。

硫黄回收装置废气产生情况见表 1-2-24。

表 1-2-24　某硫黄回收装置废气产生情况

名称	排放量/（m^3/h）	SO_2/（mg/m^3）	NO_x/（mg/m^3）
制硫尾气	28000	500	16

硫黄回收装置主要固体废弃物为废制硫催化剂。硫黄回收装置采用 Al_2O_3 基制硫催化

剂，两台转化器中催化剂一次装填量20t，使用寿命2~3a，失效的催化剂进行安全掩埋或作水泥厂原料，还可送回催化剂生产厂回收利用。

1.2.2.13 丙烷脱沥青

(1) 工艺简介

主要采用溶剂抽提-蒸汽汽提溶剂回收工艺。装置进料为常减压蒸馏装置来的减压渣油，主要产品是脱沥青油。在抽提部分，利用丙烷对减压渣油中的润滑油组分和蜡有溶解度，对胶质和沥青质几乎不溶的特性，生成高黏度润滑油、裂化原料油和产品沥青；在回收系统，脱沥青油在临界条件下脱除其中的丙烷，得到产品脱沥青油。

(2) 污染源分析

丙烷脱沥青装置主要废水包括混合冷凝排水、压缩机冷凝水和机泵冷却水等。

丙烷脱沥青装置废水产生情况见表1-2-25。

表1-2-25 丙烷脱沥青装置废水产生情况

水污染源名称	水量/(t/h)	石油类/(mg/L)	硫化物/(mg/L)	挥发酚/(mg/L)	COD/(mg/L)	NH_3-N/(mg/L)
含油废水	3	120	13.2	1.5	450	1.32

丙烷脱沥青装置废气产生情况见表1-2-26。

表1-2-26 丙烷脱沥青装置废气产生情况

名　称	燃　料	排放量/(Nm^3/h)	烟气组成/(mg/m^3)		
			SO_2	NO_2	烟尘
沥青加热炉	燃料油燃料气	13200	250	100	70

丙烷脱沥青装置在正常生产中无固体废弃物产生。

1.2.2.14 汽油氧化脱硫醇

(1) 工艺简介

汽油氧化脱硫醇工艺主要包括“液-液抽提氧化法”和“固定床法”两种工艺流程。它利用碱液吸收油品中的硫化物，在钴催化剂的作用下，将溶于碱液中的硫醇钠氧化为二硫化物并脱除，得到低硫醇的油品。

汽油液-液抽提氧化法：汽油与循环碱液逆向接触，硫醇被碱液反应吸收；汽油中未被吸收的硫醇被氧化为二硫化物；硫醇被碱液吸收生成的硫醇钠盐被空气氧化呈二硫化物并分离，使碱液得到再生利用。

汽油固定床氧化法：由催化装置来的汽油，进入预碱洗罐进行沉降分离，从罐顶部出来的汽油与非净化风和活化剂通过静态混合器混合后，进入固定床反应器，原料中的硫醇在活化剂存在的情况下通过催化剂的作用，与空气中的氧发生反应被氧化成二硫化物。脱除硫醇的汽油，首先进入沉降罐进行沉降，再进入沙滤塔过滤，最后注入防胶剂混合后出装置。

(2) 污染源分析

装置产生的废水主要包括含硫废水和含油废水。废水产生情况见表1-2-27。

表 1-2-27 汽油脱硫醇装置废水产生情况

水污染源名称	水量/（t/h）	COD/（mg/L）	NH_3-N/（mg/L）	石油类/（mg/L）	硫化物/（mg/L）	挥发酚/（mg/L）
含硫废水	1.5	1500	49	300	22	32
含油废水	0.5	420	3.6	10	0.5	0.4

脱硫醇装置大气污染源包括氧化塔尾气和其他无组织排放气体。

脱硫醇装置固体废物产生情况见表 1-2-28。

表 1-2-28 氧化脱硫醇装置固体废物产生情况

固体废物名称	排放量/（t/a）	pH	废物组成/（mg/L）					
			石油类	游离碱	环烷酸	硫化物	挥发酚	COD
废碱液	700	>12	0.17%	3%~5%	0.85%	18750	116833	391917

催化剂碱液在装置中运行一段时间后，由于催化剂失活以及油品中的酚、硫化物等溶于其中，要定期补充新鲜催化剂碱液，排出一部分废碱液，即碱渣。这种碱渣不直接排放，须经碱渣处理装置回收粗酚后送污水处理场处理。

1.2.2.15 氧化沥青

（1）工艺简介

根据产品质量的不同要求，有蒸馏法、溶剂法（丙烷脱沥青）、氧化法三种沥青生产工艺。氧化法又分为釜式氧化法和连续塔式氧化法。

以连续塔式氧化法氧化沥青装置为例，该装置由原料加热、氧化、成型及尾气焚烧四部分组成。沥青加热到 260~280℃后进入氧化塔，与空气中的氧发生反应产生胶质和沥青，沥青冷却成型，尾气中的有害物质通过焚烧进行无害化处理。

（2）污染源分析

废水污染源主要包括污油罐排水、机泵冷却水和其他废水。

污油罐排水：氧化沥青生产过程中，为了控制氧化釜的温度，在气相和液相中注入一定量的水，其汽化后随同氧化沥青尾气进入气液分离罐，凝释出的水含有一定的石油类、硫化物、挥发酚和较高的 COD。

成型冷却水和输送沥青的水冲水：氧化沥青在成型过程中需要喷淋水进行冷却。由于和热沥青接触，一部分水蒸发，由引风机排入大气。一部分水进入沥青储存池，其水量很小，但也含有一定量的硫化物、挥发酚、COD 等。输送沥青的水由储存池抽出，连同沥青一起返回沥青储存池。

氧化沥青装置废水产生情况见表 1-2-29。

表 1-2-29 某氧化沥青装置废水产生情况

废水来源	排放量/（t/h）	pH	污染物组成及浓度/（mg/L）			
			含油量	硫化物	挥发酚	COD
污油罐排水	2.0	5.19	110	18.3	4.01	2200
成型冷却水	0.2	8.35	50	0.44	0.01	59.2

氧化沥青装置的废气主要有加热炉烟气和焚烧炉烟气。

加热炉烟气：加热炉烟气主要污染物为 SO_2，要减少 SO_2 排放量最有效的措施就是使用含硫低的燃料。

尾气焚烧炉烟气：沥青氧化尾气中有部分有害物质，如 H_2S、苯并(a)芘等，尾气不能直接排入大气中，必须进行焚烧处理，使 H_2S 转化成 SO_2、苯并(a)芘分解成 CO_2 和水。

氧化沥青装置基本没有固体废弃物产生。

1.2.2.16 加氢精制

(1) 工艺简介

加氢精制根据处理的原料可分为汽油加氢精制、柴油加氢精制和润滑油加氢精制。以柴油加氢为例，装置分为反应和分馏两部分。反应过程中，原料与氢气通过固定式床催化剂床层，通过化学反应将硫、氮、氧转化为烃类和易于除去的 H_2S、NH_3 和 H_2O，金属截留在催化剂床层中，同时烯烃和芳烃得到饱和。

(2) 污染源分析

加氢精制装置产生的废水主要包括含硫废水和含油废水等。

含硫废水：反应过程中生成硫化氢和氨，为了防止硫氢化氨在冷却过程中结晶而堵塞工艺管线及设备，需在特定部位注入软化水冲洗溶化易结晶物，因而产生含硫、含氨废水。

含油废水：来自装置内的工艺管线导凝排液、原料罐切水、液面计排液、部分机泵冷却水、机泵设备修理放空冲洗水、采样口滴液等集中流入装置内的隔油池，在隔油池中停留一定时间进行油水分离，并回收污油后排出装置，进入污水处理场处理。

加氢精制装置废水产生情况见表 1-2-30。

表 1-2-30 加氢精制装置废水产生情况

污染源	水量/(t/h)	COD/(mg/L)	硫化物/(mg/L)	氨氮/(mg/L)	石油类/(mg/L)
含硫废水	20~25	21000	29800	15200	71
含油废水	3	147	0.5	2.0	38

加氢精制装置大气污染源包括：加热炉烟气、含硫富气、工艺尾气。

含硫富气：反应生成油进入汽提塔通过汽提将油中的硫化物除去，以得到精制产品。在汽提塔顶回流罐产生含硫富气，排放量在 $300m^3/h$ 左右，硫化氢浓度在 25%~40%(体积)，是较强的废气污染源。

工艺尾气：高压、低压分离器工艺过程排出含硫烃类气体。含氢量比较高，经脱硫后作制氢原料。

某加氢精制装置加热炉烟气数据见表 1-2-31。

表 1-2-31 某加氢装置加热炉烟气产生情况

名　称	燃　料	排放量/(m^3/h)	烟气组成/(mg/m^3)		
			SO_2	NO_x	烟尘
原料加热炉	瓦斯气	4582	23	84	70

加氢精制使用的催化剂寿命 5 年以上，在使用到最低限度时需要全部更换，产生的废催化剂由催化剂厂家回收利用。

1.2.2.17 含硫废水汽提

(1) 工艺简介

含硫废水汽提装置采用水蒸气汽提法处理炼油厂二次加工装置产生的炼油废水。水蒸气汽提法又可分为单塔、双塔两种类型，包括单塔低压全吹出汽提、单塔加压侧线抽氨汽提、双塔加压汽提和双塔高低压汽提4种工艺流程。含硫废水汽提装置主要由脱油脱气、蒸汽汽提和气氨精制三部分组成。经汽提处理所得到的净化水可供工艺装置回用或进生化处理，分离出的副产物—硫化氢气体可送克劳斯装置回收硫黄，气氨可通过深度脱硫后生产液氨或氨水。

(2) 污染源分析

含硫废水汽提装置产生的废水主要包括酸性气凝结水、脱硫净化水、废氨液、机泵冷却水和蒸汽凝结水等。

酸性气凝结水：因硫化氢汽提塔操作波动及酸性气输送管路的温度降低，酸性气中往往会夹带有液相组分，这股液相中含有高浓度的硫化氢。在酸性气出装置前必须在密闭的条件下引入装置内的含硫废水储罐进行再处理。

脱硫净化水：含硫废水经双塔、单塔汽提后均可将NH_3-N脱除至30~120mg/L、H_2S含量10~50mg/L。可供工艺装置回用或进入污水处理场处理后达标排放。

废氨液：直接采用粗气氨生产的氨水，其中硫化氢含量经常高达0.5%以上，容易引起二次污染，必须进行氨精制。

某含硫废水汽提装置废水产生情况见表1-2-32。

表1-2-32 某废水汽提装置废水产生情况

水污染源名称	水量/(t/h)	pH值	COD/(mg/L)	石油类/(mg/L)	硫化物/(mg/L)	氨氮/(mg/L)	挥发酚/(mg/L)
酸性气凝结水	间断	9.0	50000	136	20000	30000	230
脱硫净化水	100	8.0	1500	16	12	45	100
废氨液	间断	11	44500	检不出	6720	100000	186

含硫废水汽提装置主要大气污染源主要包括酸性气和加热炉烟气。含硫废水经汽提后产生的酸性气送至硫黄装置回收硫黄。加热炉采用脱硫瓦斯作燃料，含有一定量的SO_2、CO和CO_2等污染物。

废水汽提装置氨精制系统中采用活性炭作吸附剂。两台吸附罐中吸附剂一次装填量为16吨，使用寿命为2年。失效后的废活性炭送回活性炭厂家回收利用。

1.2.2.18 S Zorb催化裂化汽油吸附脱硫

(1) 工艺简介

S Zorb技术通过吸附剂选择性吸附含硫化合物中的硫原子而达到脱硫目的，与加氢脱硫技术相比，具有脱硫率高(可将硫脱至10μg/g以下)、辛烷值损失小、氢耗低、操作费用低的优点。装置主要包括进料与脱硫反应、吸附剂再生、吸附剂循环和产品稳定4个部分。

(2) 污染源分析

S Zorb装置废水产生情况见表1-2-33。

表1-2-33 某S Zorb装置废水产生情况

水污染源	水量/(t/h)	pH	石油类/(mg/L)	硫化物/(mg/L)	COD/(mg/L)	氨氮/(mg/L)
含硫废水	1.0	9.0	300	20	5000	2000
含油废水	1.0	8	150	0.5	300	12

含硫废水为原料缓冲罐排放，这部分废水去汽体装置进行处理。含油废水要来自气液分

离罐、稳定塔回流罐，经含油废水系统排放至污水处理场统一进行处理。

S Zorb 装置主要大气污染源为加热炉烟气和再生尾气，废气产生情况见表 1-2-34。

表 1-2-34　某 S Zorb 装置废气产生情况

污染源名称	排放量/(Nm^3/h)	烟气组成/(mg/Nm^3)		
		SO_2	NO_x	烟尘
加热炉烟气	4000	30	20	60
再生烟气	1600	10	90	

S Zorb 装置固体废物排放源为主要是脱硫反应器和再生粉尘罐排放的废吸附剂，每周排 1~2 次，每次 1.5t，年排放量为 80t/a，由厂家回收。

1.3　化工生产

1.3.1　概述

石油化工生产主要是使用石油炼制后产生的轻质油品，或以天然气为原料，通过裂解制取乙烯、丙烯等有机化工原料，然后将这些基本有机化工原料经过特定的工艺进行加工，生产出合成树脂、合成橡胶、合成纤维以及其他精细化工产品。

石油化工中合成氨装置主要以天然气、石脑油、重油、焦炭和煤等为原料生产液氨，工艺过程随原料的不同而不同，特别是以天然气、气态烃或石脑油为原料的合成氨工艺和以重油、石油焦或煤为原料的合成氨工艺有显著不同。

石油化工生产的典型物料流向图见图 1-3-1。

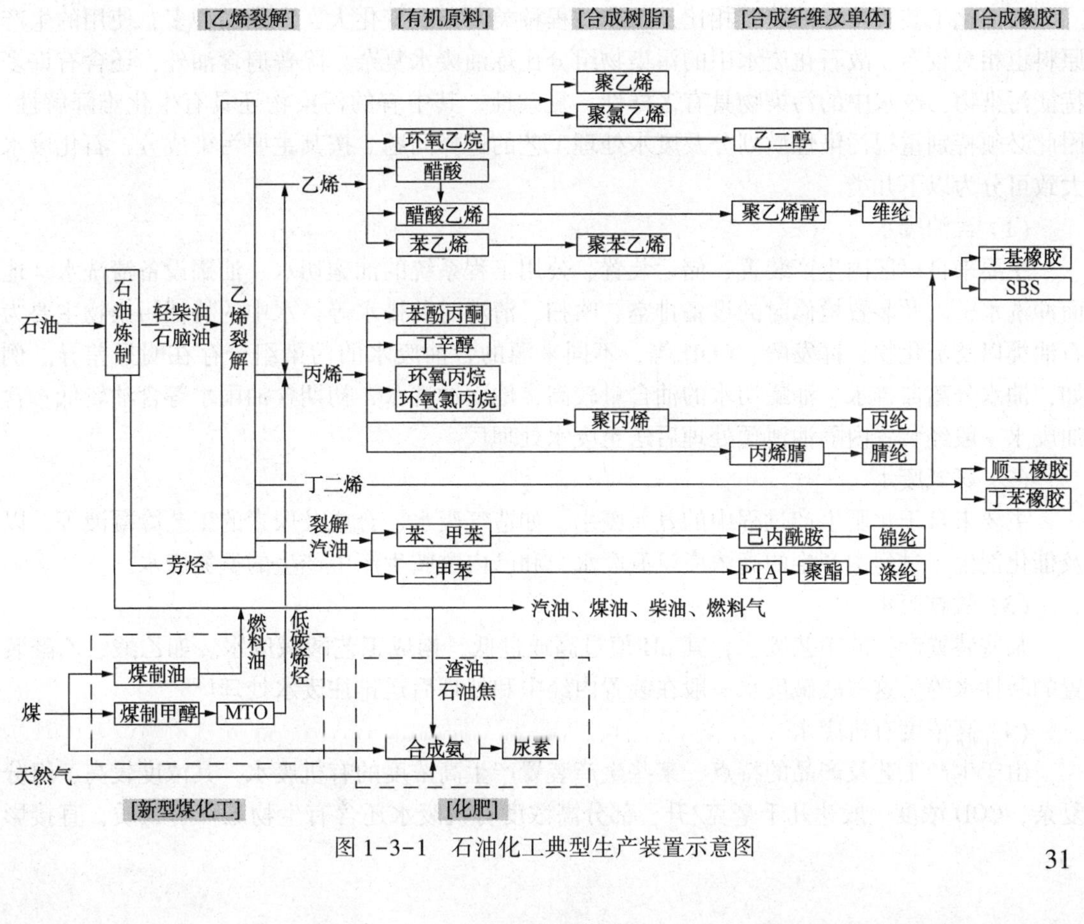

图 1-3-1　石油化工典型生产装置示意图

1.3.1.1 影响化工生产“三废”产生的主要因素

(1) 生产原料

石油化工行业的“三废”产生会受到生产原料的影响，主要是生产原料的种类和品质的影响。例如，合成氨装置原辅材料多种多样，且低价位原料的杂质含量一般很高，故合成氨装置原辅材料的性质和杂质含量是决定该装置污染物性质、污染负荷和污染治理难度的主要因素。生产原料的选择在很大程度上决定了装置的污染物排放水平及治理难度。

此外，石油化工行业中还有一些生产原料来源相对单一、成分相对确定的生产装置，其污染负荷基本不受原料因素的影响。例如，以乙烯裂解装置裂解产物为原料的合成树脂、合成橡胶、合成纤维及其他精细化工产品，由于原料相对单一，因此相关装置的污染负荷基本一致。

(2) 生产工艺及设备

生产工艺和设备的水平不仅决定了产品的质量，而且决定了与生产装置污染负荷相关的产品收率、物耗、能耗和水耗等生产要素。采用先进的技术路线及设备，能够减少原材料的消耗、提高转化率和收率，从而减少污染物产生。先进的技术路线及设备还能够充分合理的利用资源，从而减少能源及工业工程消耗，减少蒸汽消耗和用水量、降低废水排放量。

(3) 生产管理

粗放型的生产管理必然严重影响装置的产污和排污。例如，生产岗位的员工不严格执行工艺纪律，超温超压，必然降低反应收率，使副产物增多，进入大气和废水中的污染物增加；不认真执行巡回检查制度，跑、冒、滴、漏视而不见，都将引起异常排放。

1.3.1.2 废水污染源分析

石油化工装置与炼油装置相比，工艺过程种类复杂、变化大，产品品种多，使用的生产原料也相对较多，故石化废水中的污染物组分比炼油废水复杂，除普遍含油外，还含有许多特征污染物，废水中的污染物具有多样性、复杂性，其中有的污染物还具有生化难降解性，因此必须特别重视污染性质划分及废水处理工艺的选择问题。按其主要污染成分，石化废水大致可分为以下几类。

(1) 含油废水

主要来自厂区内生产装置、储运装置、公用工程系统的油罐切水、油罐设备清洗水、地面冲洗水，以及装置检修时的设备排空、吹扫、清洗时的排水等，水中的特征污染物主要为石油类以及硫化物、挥发酚、COD 等，不同来源的含油废水的污染组分存在明显差异。例如，油水分离器排水、油罐切水的油含量较高，地面冲洗水、初期含油雨水等含油较低。含油废水一般经装置内隔油池预处理后送至废水处理厂。

(2) 氨氮废水

主要来自于化肥生产过程中的氨氮废水，如造气废水、合成及尿素的工艺冷凝液等，以及催化剂生产过程中产生的高浓度氨氮废水，和己内酰胺生产中产生的氨氮废水。

(3) 酸碱废水

某些装置产生的工艺废水，其 pH 值过高或过低，构成工艺酸碱废水。如乙酸、乙醛装置的酸性水等。这些酸碱废水一般在装置内经中和处理后送排往废水处理厂。

(4) 高浓度有机废水

由于生产工艺及产品的特点，某些生产装置产生高浓度的有机废水，其浓度较高，组分复杂，COD 浓度一般达几千毫克/升，部分高浓度有机废水还含有生物难降解物质，直接影响了废水的处理。如 PTA 生产废水、己内酰胺生产废水等。

（5）生活污水

主要来自于厂内生活设施的排水，如办公楼卫生间、食堂等。这部分废水水量较少，其特征污染物是 COD、BOD_5和悬浮物等。

（6）其他生产废水

主要来自于锅炉排污、循环水排污、油罐喷淋水以及污染较轻的后期地面雨水等。这部分废水的污染程度相对较轻，但水量、水质波动较大，直接影响到企业的节水减排及废水处理厂的稳定运行。

1.3.1.3 废气污染源分析

石油化工企业排放的废气按排放方式分为有组织排放源和无组织排放源。有组织排放源包括燃烧烟气和工艺尾气。燃烧烟气产生于工艺炉、热工锅炉、焚烧炉和火炬等，烟气中的主要污染物是 SO_x、NO_x、TSP；工艺尾气包括各装置排放的尾气、安全阀排放的气体等，主要污染物是含有各种烃类、芳烃类的有机气体。无组织排放源主要是装置设备泄漏的烃类气体，碱渣处理装置、废水处理厂等散发的恶臭气体，主要污染物是各种无机和有机的恶臭气体。石油化工行业的废气污染物大致可分为以下几类。

（1）二氧化硫、氮氧化物、总悬浮颗粒物

石油化工企业的排放污染物 SO_x、NO_x、TSP 主要产生于锅炉、工艺加热炉、废热锅炉、焚烧炉和火炬燃料燃烧过程。

（2）烃类

烃类是石油化工企业特有的大气污染物，其排放具有点多面广、方式多样的特点。其一是来自于工艺尾气。其二来自于储罐呼吸损失。其三来自于工艺系统的跑、冒、滴、漏。

（3）恶臭

恶臭主要由烷烃、不饱和烃、芳烃、含氮化合物、含氧化合物、含硫化合物组成。恶臭气体排放以低架源、无组织排放为主，一般集中在以下部位：装置各种塔、器放空口、储罐呼吸口、工艺采样口、脱水排放口、废水井（池）、废水处理设施以及工艺跑、冒、滴、漏等。

（4）二氧化碳

炼化企业 CO_2排放源包括：燃烧排放、工艺排放和逃逸排放。

燃烧产生的 CO_2主要由燃烧燃料的设备排放。燃烧排放 CO_2的设备主要有：锅炉、工艺加热炉、燃气透平、火炬、转化炉、焦化炉、焚烧炉等。化工生产燃烧排放 CO_2量较大的装置主要包括：锅炉（发电、供热等）及乙烯蒸汽裂解炉等。

工艺排放 CO_2量较大的主要为各类氧化、再生、转化装置，包括：合成氨/甲醇（含煤化工），环氧乙烷/乙二醇，丙烯腈、PTA、PVC，苯酚/丙酮，苯酐、顺酐，醇/醛/酮/羧酸等。

逃逸排放，指生产过程中各个环节泄露导致的 CO_2排放，排放量小且比较分散。

1.3.1.4 固体废物污染源分析

石油化工企业固体废物主要包括粉煤灰、炉渣、脱硫石膏；碱渣和碱液（环己烷氧化废碱渣、乙烯废碱液、己内酰胺皂化废碱液、环己酮皂化废碱液等）；废催化剂；油泥、气浮浮渣、剩余活性污泥；罐底泥；高浓度有机废液；有机树脂类废物（聚酯废料和废树脂等）。

(1) 乙烯碱渣

乙烯碱渣一般含有大量的硫化物、COD、石油类等物质，其 pH 值约 14，COD 在 20000~100000mg/L，因而需要经过预处理后才能送到企业污水处理场作进一步处理。

(2) 废催化剂

废催化剂主要来源于有机原料、合成纤维及单体、化肥等生产装置，主要成分为三氧化二铁、二氧化硅、三氧化二铝和少量贵重金属(如银、铂、镍等)。目前废催化剂大部分由厂家回收或企业在填埋场处置。

(3) 高浓度有机废液

在石油石化生产过程中经常产生有机(废)物及其他污染物含量比较高的废液，其处理既不同于有机废水的处理，又不同于固体废物的处理与处置，其处理方法大多为回收有用组分或外委处理。

(4) 有机树脂类废物

在聚酯切片及涤纶短纤维生产过程以及合成树脂生产中，由于受工艺条件等多方面因素的影响，不可避免地产生一定数量的聚酯废料(聚酯块和废丝)以及废树脂。但这些固体废物均可以回收并再次用于生产。

(5) 三泥

废水处理过程中产生的“三泥”主要来源于污水处理场隔油池池底沉积的油泥、浮选池产生的浮渣和生化处理装置产生的剩余活性污泥。油泥和浮渣通常进行回收利用或外委进行处置，剩余活性污泥经脱水后进行安全填埋或外委处理。

1.3.1.5 噪声源分析

化工生产过程产生的噪声种类繁多，噪声源有各类风机、管道阀门及各种气体排放等产生的气体动力性噪声；电器设备的电磁噪声；加热炉、火炬等产生的燃烧噪声；纺织、产品成型、包装、物料输送、机械加工及回转设备等产生的机械噪声。一些化工装置还由于特定设备和生产过程产生噪声，例如，裂解装置的裂解炉、制冷机，聚丙烯/聚乙烯装置的混炼机、挤压机、造粒机，聚酯装置的切片包装机、铸带切机，合成橡胶装置炼胶机、压延机、压出机、成型机、干燥机、热风机等产生的噪音。化工生产噪声具有噪声强度高、噪声频率宽、连续性等特点。

1.3.2 有机原料

1.3.2.1 乙烯

(1) 生产装置工艺简介

乙烯装置是以轻柴油、石脑油、天然气、炼厂气及油田气等原料，通过高温裂解与深冷分离而制取乙烯、丙烯、氢气、甲烷、碳四、液化气以及裂解汽油、燃料油等产品。

整个生产过程分为高温裂解和裂解气深冷分离两大部分。高温裂解分为裂解反应单元和油系统循环、水系统循环单元。裂解反应单元使原料断链，生成富含烯烃和芳烃的小分子产物，并通过热虹吸原理回收热能生成高压蒸汽，再经油系统循环和水系统循环将裂解气降温并回收低位热能。裂解气深冷分离主要包括两个单元，一是裂解气的预处理，包括裂解压缩、酸性气体脱除、干燥、炔烃脱除等步骤，二是裂解气的分离精制。

(2) 生产装置污染源分析

乙烯装置的废水污染源主要包括稀释蒸汽排废水、废碱液、清焦废水等。

废碱液：废碱液来自于裂解气碱洗水洗塔碱洗段。碱洗的目的是脱除硫化氢等酸性气体，有利于裂解气的分离精制、防止设备腐蚀和防止反应器催化剂中毒。用碱洗脱除二氧化硫和硫化氢，废液的种类、组成是不同的。产生的废碱液可送至废碱液预处理装置进行处理。

清焦废水：清焦废水排放量与裂解炉运行周期有关，主要是烧焦所用中压蒸汽凝液和水力清焦所用的消防水，此类废水经过滤除焦后排入废水管线。

某乙烯装置废水产生情况见表 1-3-1。

表 1-3-1 某乙烯装置废水产生情况

废水名称	水量/（t/h）	COD/（mg/L）	石油类/（mg/L）	挥发酚/（mg/L）	硫化物/（mg/L）
稀释蒸汽排废水	15	350	2.6	31	39
清焦水	20	50	1.8	12	0.3
废碱液	5.6	3000	13	0.01	38

乙烯装置产生的废气主要包括：燃烧烟气、清焦废气等。

燃烧烟气：主要是裂解炉、蒸汽过热炉加热用燃料燃烧废气。现在裂解炉能同时使用重油、燃料气和天然气三种燃料，尽量使用清洁燃料，可减少废气中的 SO_2、烟尘和氮氧化物等有害物质的排放。另外可增设强制通风，提高燃料燃烧效率，降低烟尘的排放量。以某乙烯装置裂解炉燃烧废气为例，废气量为 $90000Nm^3/h$，SO_2 为 $11.5mg/Nm^3$，NO_x 为 $125mg/Nm^3$，TSP 为 $10mg/Nm^3$。

清焦废气：由于裂解料在反应过程中聚合，在废热锅炉和炉管内表面生成大分子的焦状物，影响工艺控制，所以裂解炉必须进行定期烧焦、清焦。在烧焦和清焦过程中生成二氧化碳、水蒸气排放大气。

乙烯装置的固体废物主要包括：乙烯碱渣、废干燥剂、废热锅炉/炉管废焦渣、废含钯/含镍催化剂、丙烯聚合物。

乙烯碱渣：乙烯碱渣一般含有大量的硫化物、COD、石油类等物质，其 pH 值约 14，COD 在 20000～100000mg/L，需要经过湿式氧化等预处理后才能排放到企业污水处理场作进一步处理。

废干燥剂：装置内所有的干燥器在正常生产时可切换使用，干燥剂可再生，因而只有在装置大检修期间才更换干燥剂，废干燥剂送工业废渣堆埋场。

废热锅炉、炉管废焦渣：裂解炉炉管和废热锅炉清焦废渣 1～2 月排出一次。在装置运转过程中，保证设备正常运转，工艺条件稳定，精心操作，则能达到延长裂解炉运行周期，减少清焦次数，从而减少清焦废渣。

废含钯、含镍催化剂：催化剂主要用于 C_2 加氢反应器、C_3 加氢反应器、甲烷化反应器，反应器正常生产时可切换使用，催化剂可再生，因而只有在装置大检修期间才更换催化剂，废催化剂由厂家回收利用。

1.3.2.2 芳烃(苯、甲苯、二甲苯)

（1）生产装置工艺简介

芳烃装置是以裂解汽油和含芳烃成分的石油炼制产物为原料，经抽提等过程得到苯、甲苯、二甲苯等产品，主要生产工艺包括：*N*-甲酰基吗啉抽提工艺、环丁砜液-液抽提工艺。

N-甲酰基吗啉工艺：裂解汽油经脱水后进入脱戊烷塔，塔釜液经预分馏后的馏分进行加氢反应，得到的 $C_6 \sim C_7$ 馏分。$C_6 \sim C_7$ 馏分经过切割塔、蒸馏塔，富集在溶剂相中的芳烃组分经汽提得到的芳烃组分再经精馏，侧线得到苯产品，塔釜液送脱除溶剂，得到甲苯。

环丁砜液-液抽提工艺：C_7 馏分油、苯馏分油进入抽提塔，芳烃溶解于溶剂中形成富溶剂从塔底流出，不溶于溶剂的非芳烃从塔顶流出。富溶剂进行抽提蒸馏后进入回收塔，回收塔顶馏出的混合芳烃送至芳烃分离单元，经精制后得到苯和甲苯产品。

（2）生产装置污染源分析

N-甲酰基吗啉工艺废水主要有：制苯隔油池出水，脱戊烷塔回流罐、预分馏塔回流罐、稳定塔回流罐、高低压闪蒸罐切水，蒸汽喷射器排水、进料缓冲罐排水。主要污染物为 COD、石油类、苯等。某芳烃装置排放废水水量 30 t/h，COD 220mg/L，石油类 8 mg/L。

N-甲酰基吗啉工艺废气主要有：加热炉烟气，主要污染物为 SO_2、NO_x 等。某芳烃装置废气中 SO_2 50mg/m³，NO_x 269mg/m³。

N-甲酰基吗啉工艺固体废物主要有：废白土、催化剂、废溶剂、废硫化剂等。

环丁砜液-液抽提工艺废水主要有：苯塔水包的脱水、机泵端面冷却水、溶剂再生塔高浓废水、废碱渣，主要污染物是 COD、石油类。以某芳烃装置排水为例，废水量为 26 t/h，COD204 mg/L、石油类 42 mg/L、氨氮 8.3 mg/L。

环丁砜液-液抽提工艺主要固体废物主要有废白土、废溶剂等。

1.3.2.3 丁二烯

（1）生产工艺简介

丁二烯生产工艺包括 DMF 萃取法、ACN 萃取法和 NMP 法，并以 DMF 萃取法、ACN 萃取法为主。

DMF 萃取法：原料裂解 C_4 馏分，以 DMF 作溶剂脱除丁烷、丁烯等组分；再以 DMF 作溶剂脱除乙烯基乙炔等组分。得到的粗丁二烯，在二甲胺萃取塔脱除 DMA；再经二级精馏塔脱除杂质，得到丁二烯产品。DMF 溶剂经处理后循环使用。

ACN 萃取法：原料裂解 C_4 馏分，以乙腈作萃取剂，分别除去丁烷、丁烯和乙基乙炔、乙烯基乙炔等组分，得到粗丁二烯；粗丁二烯经水洗，再经过脱轻塔、脱重塔，脱除甲基乙炔、水和丁二烯-1，2、顺丁烯-2 等杂质，得到丁二烯-1，3 产品；萃取剂经处理后可循环使用。

（2）生产装置污染源分析

DMF 萃取法产生的废水主要来自于溶剂精制塔回流罐废水，主要污染物为 COD、石油类。以某 DMF 法丁二烯装置为例，废水量为 2.45t/h，COD 为 55mg/L，石油类为 2.2mg/L。DMF 萃取法废气主要来自于第二汽提塔、第一精馏塔塔顶放空尾气，主要污染物为烃类。DMF 萃取法主要固体废物来自于溶剂再生釜排放的废焦油。

ACN 萃取法主要废水来自于溶剂回收塔塔釜废水，主要污染物为二聚物。以某 ACN 法丁二烯装置为例，废水量为 8t/h，COD 为 92mg/L，石油类为 0.7mg/L。ACN 萃取法废气主要来自于尾气水洗塔的工艺尾气，主要污染物为烃类。ACN 萃取法主要固体废物是系统产生的二聚物。

1.3.2.4 乙酸

（1）生产装置工艺简介

乙酸生产以乙烯、氧气为原料，主要采用双塔氧化工艺。乙烯和氧气进入反应器生成乙醛。乙醛和氧气按一定的配比经两个分别配有含乙酸锰、含乙酸的氧化液的氧化塔，在一定温度、压力下发生氧化，得到粗醋酸氧化液。粗乙酸经脱高塔和脱轻塔，塔釜得到高浓度的冰醋酸；冰醋酸经过蒸发，得到浓度为99.8%以上冰醋酸。

（2）生产装置污染源分析

乙酸装置废水主要污染物是COD，浓度在300~4000mg/L左右，经中和处理后排入废水处理厂。以某乙酸装置排水为例，废水量为43t/h，COD为4544mg/L。

乙酸装置废气污染源主要来自于氧化单元尾气和蒸馏单元尾气，主要污染物为乙酸、二氧化碳、甲酯等，经处理后高空排放。

乙酸装置固体废物主要是乙酸残液，来自于高沸物回收塔回流罐，主要污染物是乙酸、高聚物、乙酸锰。

1.3.2.5 乙酸乙烯

（1）生产装置工艺简介

乙酸乙烯的生产主要以乙酸、乙烯、乙炔为原料，其生产工艺有乙烯气相—拜耳法和天然气乙炔固定床气相合成法。

乙烯气相-拜耳法：乙烯、氧气和乙酸气体反应生成乙酸乙烯，经气体分离塔，未反应的乙烯气体经过精制后循环使用。冷凝的乙酸、水和乙酸乙烯混合液经精馏塔，得到乙酸乙烯。分离出来杂质提纯后送废液、废渣处理装置处理。

天然气乙炔气相法：乙炔经净化，除去饱和水、高级炔烃、二氧化碳后，进入合成反应器生成乙酸乙烯，反应气体经冷凝后得到液相粗乙酸乙烯，气相除去杂质和惰性气体后循环使用。粗乙酸乙烯脱出溶解性气体后，经过精馏，得到产品乙酸乙烯和乙酸，乙酸送合成单元循环使用。

（2）生产装置污染源分析

乙烯气相-拜耳法的废水包括精馏塔釜液、清洗水、机泵废水，主要污染物是COD。以某乙烯气相-拜耳法乙酸乙烯装置排水为例，废水量为8.35t/h，COD为400mg/L。废气包括解析塔废气、乙烯循环系统废气，主要污染物是乙烯、二氧化碳。固体废物包括精馏工序低沸液、高沸液，主要污染物是乙酸乙烯、乙酸。

天然气乙炔气相法的废水包括净化碱洗塔废水、排气回收碱洗塔废水、乙醛精馏塔废水、废水精馏塔废水、精馏机封水，主要污染物是COD。以某天然气乙炔气相法乙酸乙烯装置排水为例，废水量为15t/h，COD为1133mg/L。废气中的主要污染物是乙烯、二氧化碳等。固体废物包括合成精馏废焦油、废催化剂，主要污染物是乙酸乙烯为、$Zn(Ac)_2$、HAc等。

1.3.2.6 环氧乙烷/乙二醇

（1）生产装置工艺简介

氧气和乙烯混合后，通入装有含银催化剂的固定床反应器，进行氧化反应，生成环氧乙烷；然后经水洗除去弱有机酸和甲醛，在环氧乙烷吸收塔得到环氧乙烷溶液，塔顶气加压后返回反应器入口。环氧乙烷溶液进入解析塔脱除CO_2、乙烯、甲烷等不凝气，进入精制塔得到商品级环氧乙烷。精制的环氧乙烷溶液在水合反应器进行无催化加压水合，生成乙二醇溶液，经三效脱水和真空脱水提浓后，进入乙二醇精制系统得到乙二醇。

（2）生产装置污染源分析

环氧乙烷/乙二醇装置废水污染源主要有再生塔冷凝器凝液排水和醛脱除塔冷凝器凝液

排水，主要污染物是 COD。以某环氧乙烷/乙二醇装置排水为例，废水量为 56 t/h，平均 COD 为 373mg/L。

环氧乙烷/乙二醇装置的废气主要是再吸收塔尾气和解析塔顶尾气，废气中含有少量的烃类物质，如乙烯、甲烷、二氧化碳等。

环氧乙烷/乙二醇装置固体废物主要是废银催化剂和废脱醛树脂等。废催化剂一般 2~3 年更换一次，数量依生产能力不同，由生产厂家回收。废树脂经蒸煮、吹扫后送堆场处置。

1.3.2.7 环氧丙烷

（1）生产装置工艺简介

环氧丙烷主要以液态丙烯、氯气为原料，主要生产工艺为氯醇法。

液态丙烯进入丙烯蒸发器，加热蒸发成气相，与气相氯气反应，反应液进行气液分离。气相经碱洗、压缩、气液分离，大部分送入反应釜参与反应，小部分经水洗后进行丙烷回收。氯丙醇水溶液预热后进入皂化进料混合器，与石灰乳进行混合及预反应，然后在皂化塔内完成皂化反应生成环氧丙烷。

（2）生产装置污染源分析

环氧丙烷装置的主要废水污染源是皂化废水，具有高温、高盐、高 pH、高悬浮物的特点，其 COD 浓度一般为 700~1000mg/L。以某环氧丙烷装置排水为例，废水量为 520t/h，pH 为 12.5，COD 为 875mg/L。

环氧丙烷装置主要废气污染源是消化工序的含尘废气，主要含有石灰粉尘，通过消化除尘设施后排入大气。

环氧丙烷装置固体废物产生量较大，主要是增稠、消化工段产生的石灰泥、石灰渣，含有氢氧化钙、碳酸钙等主要成分。

1.3.2.8 丁辛醇

（1）生产装置工艺简介

丁辛醇生产主要采用低压羰基合成法工艺。

重油在高温和高压下部分氧化产生粗合成气，经过脱硫、脱羰基铁（镍）后与经过脱硫和汽化的丙烯、催化剂溶液一起进入羰基合成反应器，生成混合丁醛，然后经过催化剂分离塔将催化剂溶液和混合丁醛分离。塔顶的混合丁醛经过异购物塔分离，塔顶出异丁醛，塔釜出正丁醛。分离出的正丁醛一部分直接加氢、精馏得到产品正丁醇；另一部分正丁醛经过缩合、加氢、精馏得到产品辛醇；分离出的异丁醛经过加氢、精馏得到产品丁醇。

（2）生产装置污染源分析

丁辛醇装置主要废水污染源是造气工段炭回收单元的含氰废水和合成工段的含碱废水，含氰废水的主要污染物为氰化物、氨氮；含碱废水的主要污染物为 COD。含碱废水的 COD 浓度较高，一般可达 50000mg/L 左右，可通过酸化萃取或汽提及多效蒸发进行预处理以降低废水 COD 至 500mg/L 左右，再进入闪蒸罐汽脱氨，送污水处理场。

丁辛醇装置废气主要是造气工段的酸性气体，主要污染物是 SO_2。合成工段的羰基合成气尾气，主要含有丙烯、CO、CH_4，可作为燃料或送入火炬焚烧。

丁辛醇装置的固体废物主要是废催化剂和废吸附剂，一般两年以上更换一次，产生量依生产能力不同，废催化剂由生产厂家回收，不外排环境。

1.3.2.9 苯酚/丙酮

（1）生产装置工艺简介

苯酚/丙酮装置主要采用异丙苯法生产工艺。

在烃化反应器，苯和丙烯反应生成异丙苯；在反烃化反应器，苯和二异丙苯反应生成粗异丙苯；经沉降、水洗、中和后，再经多级精馏，得到高纯度的异丙苯。异丙苯经碱洗后送入氧化塔生成过氧化氢异丙苯(CHP)，CHP经过提浓后，进入分解反应器，在硫酸的作用下分解成苯酚、丙酮。中和后的分解液经两级分离得到丙酮产品，经粗苯酚塔、脱烃塔、精苯酚塔分离得到苯酚产品。精制系统的塔釜液经过油水分离，水相送废水处理系统，油相回收。

(2) 生产装置污染源分析

苯酚/丙酮装置废水主要有氧化工段含酚废水和精馏工段含酚废水，其主要污染物为苯、苯酚、丙酮和COD。以某苯酚/丙酮装置排水为例，废水量为1.8t/h，COD为2720mg/L，石油类为34mg/L，挥发酚为38mg/L。

苯酚/丙酮装置废气主要有烃化尾气和氧化尾气，其主要污染物为苯、异丙苯、丙烷等。

苯酚/丙酮装置固体废物主要包括废钯催化剂、废镍催化剂和废烃化催化剂等，可由催化剂厂家回收。

1.3.2.10 苯乙烯

(1) 生产装置工艺简介

苯乙烯生产通常采用乙苯脱氢的方法。来自裂解的乙烯和罐区的苯，加热到390℃后在烃化反应器中反应生产乙苯、多乙苯和其他的组分，反应流出物在精馏塔分离乙苯及多乙苯。乙苯经预热后与高温蒸汽混合，在脱氢反应器内发生脱氢反应，主要产物为苯乙烯，副产物为氢气等，反应物经冷却冷凝后在脱氢液/水分离罐中分离，水相经汽提处理后回收利用，油相送往苯乙烯精馏塔，得到产品苯乙烯。

(2) 生产装置污染源分析

苯乙烯装置废水主要污染源是脱氢单元脱氢凝液，含有硫化物、氰化物、挥发酚和氨氮等，经汽提塔回收有机物后，排放COD浓度约80~380mg/L，送入污水处理厂。

苯乙烯装置废气主要来自加热炉烟气，主要污染物为SO_2、NO_x和烟尘等，燃烧废气经处理后高位排放；工艺废气为脱氢尾气、抽真空系统废气和紧急排放气体等，主要污染物为烃类、苯类和氢气等，均排放到火炬系统。

苯乙烯装置固体废物主要是烷基化和脱氢废催化剂，及少量处理原料苯中杂质的白土。废催化剂每隔几年更换一次，废催化剂由生产厂家回收。

1.3.3 合成树脂

合成树脂是三大合成材料之一，主要品种有聚乙烯、聚丙烯、聚苯乙烯、聚氯乙烯等，此外还有部分环氧树脂、聚醚树脂、聚氨酯树脂、不饱和树脂等。在合成树脂中，聚乙烯和聚丙烯是占主导地位的两大品种。

1.3.3.1 聚乙烯

(1) 生产装置工艺简介

聚乙烯装置按产品分为三类：低密度聚乙烯(LDPE)、高密度聚乙烯(HDPE)、线型低密度聚乙烯(LLDPE)。HDPE装置有淤浆法工艺、气相法工艺和环管加气相法。LLDPE装置主要为气相法工艺。

低密度聚乙烯(LDPE)生产工艺：乙烯气体经过降温、增压后进入聚合单元的管式反应器。以有机过氧化物为引发剂，在高温高压下进行聚合。聚合产物经过急冷进入分离器，得到乙烯循环使用。聚乙烯与液体添加剂进入切粒空送单元的挤压机，经筛网后从模板中挤出被切成聚乙烯颗粒，再经脱水、干燥，送入掺混料仓，净化后包装为成品。

高密度聚乙烯(HDPE)生产工艺：以高纯度乙烯作为主要原料，丙烯或1-丁烯作为共聚单体，正己烷作为溶剂，在高效催化剂作用下，在72~85℃的条件下进行低压淤浆聚合，聚合淤浆进行分离干燥成聚乙烯粉末。聚乙烯粉末和固体、液体、水稳定剂在螺旋进料器中混合，在双螺杆混炼造粒机中熔化成熔融状，从模头挤出的熔融聚乙烯条被切成颗粒，在冷却水中固化，得到颗粒状的高密度聚乙烯产品。

线型低密度聚乙烯(LLDPE)生产工艺：聚合原料经过精制后与三乙基铝进入反应器，在一定温度、压力以及钛系催化剂的作用下，反应生成聚乙烯。聚乙烯粉料排到脱气仓中，脱除粉料中含有烃类物质。脱气后的粉料进入造粒系统，加入添加剂，经混炼机、熔融泵、切粒机后造粒成形，包装后得到聚乙烯产品。

(2) 生产装置污染源分析

聚乙烯装置排放的废水主要是造粒颗粒水池(水箱)废水；此外还有切粒水槽溢流废水、压缩机冷却水、低聚物冷却水等间歇排出的少量含油废水。废水中的主要污染物为COD和石油类。以某高压聚乙烯装置排水为例，废水量为4.3t/h，COD为93.9mg/L，石油类为2.2mg/L；以某高密度聚乙烯装置排水为例，废水量为4.5t/h，COD为101mg/L，石油类为3.0mg/L。

聚乙烯装置排放的废气主要有树脂脱气仓排气、料仓排气、压缩机气液分离器排气、切粒机尾端泄漏气、系统排放气缓冲罐集中排气等。聚乙烯工艺废气污染物主要为烃类。烃类组成以乙烯为主，还有丙烯、丙烷、丁烯、己烷等。

聚乙烯装置产生的固体废物主要是废分子筛、含催化剂、废矿物油。失活的分子筛每次数量不等，主要成分为三氧化二铝、二氧化硅等，一般均送专业固体废物处置场所填埋；催化剂几年一更换；废矿物油其数量依不同装置、不同工艺而不等。聚乙烯生产中产生的不合格聚乙烯料块、粉粒予以回收。

1.3.3.2 聚丙烯

(1) 生产装置工艺简介

聚丙烯的生产方法包括：液相本体环管法工艺、气相聚合法工艺、HYPOL(液相本体+气相流化床)工艺。

液相本体环管法(Spheripol)工艺：在环管反应器中，在催化剂的作用下，以氢气作为相对分子质量调节剂，丙烯发生聚合反应生成聚合物。脱除并回收未反应的丙烯单体，并迅速降低催化剂活性停止聚合反应。聚合物被加热沸腾的氮气干燥，脱除从汽蒸器中带来的水分后，送往挤出造粒单元。在聚合物中加入添加剂后造粒，经干燥处理、均化后送往产品包装。

气相聚合法工艺：丙烯经脱硫、脱砷、脱氧和脱水处理后，与主催化剂、三乙基铝和改性剂进入聚合单元。在一定的温度和压力下，以丙烯为主要原料，以氢气为相对分子质量调节剂。在催化剂体系的作用下，经气相反应聚合生成聚丙烯粉料。将脱活及干燥后的聚丙烯粉料送入造粒单元，加入稳定剂和添加剂，经混炼机加工成合格形状粒料，经过脱水、干燥及筛分处理后将粒料送至粒料仓。

HYPOL(液相本体+气相流化床)工艺：丙烯经干燥脱水后，与主催化剂、助催化剂进入反应釜，进行液相本体聚合，反应器出来的产物经过气固分离、加热干燥，去除聚合物中的挥发分后送造粒工序，在造粒机中聚丙烯粉末与一定配比的助剂混合进行水下切粒，送到粒料贮仓中进行掺合、包装出厂。

(2) 生产装置污染源分析

聚丙烯装置排放的废水主要是聚丙烯装置洗涤塔、洗蒸干燥、造粒、机泵等部位排出的少量含油废水。以某聚丙烯装置的排水为例，排水量为23.6t/h，COD为74.1mg/L，石油类为4.1mg/L。大部分均直接排往污水处理厂，处理达标后排放。

聚丙烯装置排放的废气主要有聚丙烯装置气蒸罐置换排气、循环气压缩机及反应工段无组织排气、粉料干燥排气、造粒混合气、造粒袋滤粉尘等。废气污染物主要为丙烯、丙烷、乙烯、乙烷、己烷等烃类。该类废气中烃类成分务约在10%~20%，其余主要为氮气。聚丙烯另一废气污染物为造粒粉尘。

聚丙烯装置产生的固体废物主要包括丙烯精制工段废分子筛，丙烯气吸附塔等部位产生的废油及废矿物油，更换的废旧脱水剂、脱硫剂、脱砷剂，不合格聚丙烯粉粒等。其数量依不同装置、不同工艺而不等。固体废物中主要污染物为铝或锌的氧化物、含烃类废油(泥)、微量有机硫等。

1.3.3.3 聚苯乙烯

(1) 生产装置工艺简介

聚苯乙烯装置主要的生产工艺为本体聚合法。原料苯乙烯单体经预料机切碎后送入浆液罐，再进入溶胶罐进行溶解，然后与矿物油及乙苯混合，经粗滤器、物料过滤器，物料经预热后进入反应器，大部分苯乙烯单体被转化成聚合物。脱除挥发物的聚合物经造粒，固化后的条料从水浴槽中拉出，经干燥管抽去表面的水分进入切粒机，切出的产品颗粒再经过筛子和磁铁除去过大的颗粒和金属碎屑输送至料仓。

(2) 生产装置污染源分析

聚苯乙烯装置工艺废水主要来源于造粒排水，主要污染物为苯乙烯、乙苯等，废水的COD浓度较低。以某聚苯乙烯装置排水为例，废水量为2.5t/h，COD为41mg/L。

聚苯乙烯装置废气主要来源于导生加热炉燃料燃烧时产生的废气，主要含有SO_2和NO_x，直接排空。此外还有，模头排烟机烟气、密封液罐排气等产生的废气直排大气。

聚苯乙烯装置固体废物主要是废过滤器滤芯，其纤维滤芯上有苯乙烯溶胶，送工业废渣堆埋场掩埋处置。

1.3.3.4 聚氯乙烯

(1) 生产装置工艺简介

聚氯乙烯装置主要生产工艺为悬浮聚合法。聚合釜内注入一定量的软水，再加入引发剂、分散剂，按比例加入回收单体和新鲜单体，通过加热升温，达到反应温度后开始聚合反应。反应完后的浆料排入浆料槽，用泵输送至汽提塔，使未反应的单体与聚氯乙烯浆料分离，单体送至回收工序。汽提塔来的浆料经干燥、筛分，成品聚氯乙烯送至料仓进行包装。

(2) 生产装置污染源分析

聚氯乙烯装置的废水污染源主要是聚合废水和干燥废水。以某聚氯乙烯装置排水为例，废水量为45t/h，COD为342mg/L。

聚氯乙烯装置废气污染源主要是聚氯乙烯干燥尾气、聚合釜排气，主要污染物为氯乙烯。以某聚氯乙烯装置排气为例，废气量为$10.2\times10^4 Nm^3/h$，氯乙烯为$200mg/Nm^3$。

聚氯乙烯装置固体废物污染源主要是聚氯乙烯废料、活性炭吸附塔的废活性炭等，回收利用。

1.3.4 合成纤维

合成纤维是使用化学合成方法制得的纺织用纤维材料。包括合成纤维原料、合成纤维聚合物、合成纤维以及合成纤维加工产品。

合成纤维原料有精对苯二甲酸、丙烯腈、己内酰胺、乙二醇等。合成纤维聚合物主要品种有聚酯、聚乙烯醇、聚己内酰胺等。合成纤维主要包括涤纶、锦纶、腈纶、维纶和丙纶等。

1.3.4.1 精对苯二甲酸（PTA）

（1）生产装置工艺简介

PTA 生产主要采用二甲苯氧化法。以醋酸、对二甲苯、钴锰催化剂和氢溴酸助剂配制的溶液和空气进入氧化反应器进行氧化反应，生成的浆料经减压、降温、过滤、干燥得到粗对苯二甲酸，母液通过蒸馏、汽提、精馏回收乙酸。粗对苯二甲酸配制成浆料，在加氢反应器中在钯碳催化剂的作用下除去其中的杂质，减压得到粗对苯二甲酸结晶，离心分离后，打浆、过滤，滤饼经干燥后送产品料仓，母液经冷却进入母固回收系统，回收的固体与乙酸再打浆后循环使用，滤液部分进行回收利用，部分送污水处理厂。

（2）生产装置污染源分析

PTA 装置的生产废水主要包括氧化过程产生的反应生成水和加氢精制单元的母固回收系统的分离水。氧化过程产生的反应生成水来自氧化溶剂脱水塔塔顶回流罐，主要含有对二甲苯、乙酸和乙酸甲酯等污染物。加氢精制单元的母固回收系统的分离水，主要污染物为对苯二甲酸和对甲基苯甲酸等。废水经过沉降、中和预处理后，排入污水处理场。某装置废水产生情况见表 1-3-2。

表 1-3-2 某 PTA 装置废水产生情况

排水位置	水量/(m^3/h)	主要污染物及其浓度
溶剂脱水塔	10~15	COD：5000~31500mg/L 对二甲苯：0.2%~0.4% 乙酸：0.1%~0.8%
PTA 母液	80~90	对苯二甲酸：0.05%~0.15% 对甲基苯甲酸：0.15%~0.25% COD：4000~6000mg/L
精制塔	60~80	COD：3000~7000mg/L 乙酸：0.15%~0.25% 乙醛：0.05%~0.15%
其他废水	10~40	COD：3000~12000mg/L

PTA 装置的废气污染源，主要是粗对苯二甲酸单元氧化塔排放尾气，主要污染物为苯、甲苯、二甲苯、乙酸及非甲烷总烃等，苯浓度 0.1~20mg/m^3，甲苯浓度 0.1~8mg/m^3。该废气经活性碳、分子筛吸附净化后送膨胀压缩机透平回收能量，再用于产品输送等用途，最后高空排放。

PTA 装置的固体废物，主要是精对苯二甲酸氧化单元的氧化残渣和精制单元的水洗残渣。主要含有粗对苯二甲酸、间苯二甲酸、对甲基苯甲酸和苯甲酸等。残渣产生量为 0.02~0.1t/t 产品。

1.3.4.2 己内酰胺

(1) 生产装置工艺简介

己内酰胺生产采用苯法和甲苯法。

甲苯法：原料甲苯与催化剂乙酸钴、空气一同送入氧化反应器，反应得到的苯甲酸，加氢后生成六氢苯甲酸。六氢苯甲酸和亚硝基硫酸进行酰胺化反应，并进一步水解，生成粗己内酰胺水溶液。经萃取脱除酰胺油中的杂质，再经蒸馏、高锰酸钾处理、NaOH 处理和精馏精制，得到纤维级己内酰胺产品。

苯法：以液体苯和氢气为原料经气相加氢反应和液相加氢反应制取环己烷。环己烷被空气氧化成环己基过氧化氢，然后在碱性条件下分解成环己酮、环己醇，再经中和脱除有机酸、皂化除去有机酯和醛，环己醇经脱氢转化为环己酮和氢气。精制的环己酮、氨和双氧水，在低压下用钛硅分子筛催化反应制备环己酮肟。环己酮肟在发烟硫酸作用下进行贝克曼重排反应生成己内酰胺，然后经提纯、精制，得到己内酰胺产品。

(2) 生产装置污染源分析

甲苯法己内酰胺装置的废水主要来自甲苯氧化单元苯甲酸蒸馏塔出来的含甲苯和醋酸的废水，COD 平均浓度较高，并含有一定浓度的氨氮。苯法己内酰胺装置的废水主要来自氨肟化单元的废水汽提塔排水，主要污染物浓度为 COD、氨氮。以某苯法己内酰胺装置装置排水为例，排水量为 200~230t/h，COD 为 2200mg/L，氨氮为 330mg/L；以某甲苯法己内酰胺装置装置排水为例，排水量为 100t/h，COD 为 7000mg/L，氨氮为 600mg/L。

甲苯法己内酰胺装置的废气主要是甲苯氧化尾气、硫酸装置尾气及亚硝基硫酸制备单元的 NO_x 脱除塔排放气，主要污染物有苯、甲苯、SO_2 和 NO_x。苯法己内酰胺装置的废气主要是环己酮氨肟化工段氨肟化反应器产生的废气，及叔丁醇回收系统排放的不凝气，主要污染物为 NO_x，经过尾气吸附塔吸收后排入大气，平均浓度为 $120mg/Nm^3$。还有硫酸装置排放的硫酸尾气，主要污染物为 SO_2。

甲苯法己内酰胺装置的固体废物主要为精制单元的有机废液，主要含有磺化副产物等各种杂质。苯法己内酰胺装置的固体废物主要是皂化废碱液。

1.3.4.3 丙烯腈

(1) 生产装置工艺简介

丙烯腈的主要生产工艺为丙烯氨氧化法。原料丙烯、氨和空气在催化剂的作用下，在流化床反应器中进行氧化反应，生成丙烯腈。反应气体经冷却后进入吸收塔，得到含丙烯腈大约 4%~6%水溶液。经复合萃取塔将丙烯腈、乙腈分离，得到含丙烯腈大约 80%的水溶液和含乙腈大约 70%的水溶液，乙腈由侧线抽出送至乙腈装置加工生成成品乙腈。将粗丙烯腈中的氰氢酸、水及其他微量轻重组分除去，得到合格的丙烯腈产品。

(2) 生产装置污染源分析

丙烯腈装置的生产废水有：反应单元急冷塔下段废水、粗乙腈精馏后的分离水、硫氨装置废水，废水的主要污染物为 CN^- 和氨氮，废水送废水焚烧炉焚烧处理。反应单元的丙烯腈、乙腈分离萃取塔塔釜液，送至四效蒸发处理后，送至废水场进一步处理。表 1-3-3 列出了某丙烯腈装置废水产生情况。

表 1-3-3　某丙烯腈装置废水产生情况

废水名称	水量/(m^3/h)	主要污染物及其浓度
回收塔釜液	9.3	COD 2250mg/L，NH_3-N 25 mg/L，氰化物 10 mg/L，丙烯腈 20mg/L
急冷塔下段废水	3.6	COD 6500mg/L，NH_3-N 50 mg/L，氰化物 150 mg/L，丙烯腈 50mg/L

丙烯腈装置的生产废气有：反应单元的吸收塔尾气，主要含有 AN、HCN、总烃、氮气、一氧化碳、二氧化碳及少量未反应丙烯，经焚烧炉焚烧或直接排入大气；废水焚烧炉的燃烧废气，含有蒸汽和少量 SO_2，经烟筒高空直接排入大气。

丙烯腈装置的固体废物主要是氧化浓缩残液，送焚烧处理。

1.3.4.4　聚酯

(1) 生产装置工艺简介

聚酯的主要生产工艺为直接酯化法。PTA、EG 两股物料同时加入到浆料罐中，配制成一定 EG/PTA 摩尔比的浆料，浆料送进酯化反应釜进行酯化反应。酯化物在酯化釜反应结束后，依次进入第一、第二预缩聚反应釜，在一定的真空度和逐步升高的温度下进行预缩聚。预聚物送终聚釜，物料进一步缩聚，达到一定的黏度要求后送到切粒系统。

(2) 生产装置污染源分析

聚酯装置的废水主要是酯化反应生成水，来自乙二醇/水的分离塔塔顶废水，主要含有乙二醇、乙醛等低沸物。工艺尾气淋洗塔的淋洗废水，主要污染物是乙二醇、乙醛。表 1-3-4 列出了某聚酯装置废水产生情况。

表 1-3-4　某聚酯装置废水产生情况

废水名称	水量/(m^3/h)	主要污染物及其浓度
聚酯废水	12.5	COD 576mg/L，NH_3-N 11 mg/L，石油类 9.0 mg/L

聚酯装置的废气主要是酯化、缩聚单元各工艺塔顶的工艺尾气，主要含有乙醛等烃类物质；还有汽提塔废气及热媒加热炉的燃烧废气，主要含有 SO_2及 NO_x。

聚酯装置的固体废物包括高温废料和高温放流块等，主要含有未反应的 PTA 原料、低聚物、聚对苯二甲酸乙二醇酯等。

1.3.4.5　腈纶

(1) 生产装置工艺简介

由丙烯腈、乙酸乙烯、甲基丙烯磺酸钠组成混合单体，以 $NaClO_3$—$NaHSO_3$ 氧化还原体系为引发剂，在聚合釜中共聚生成聚丙烯腈。再经终止、脱单、水洗、脱水、浆化、溶解、脱泡、压滤等工序制成纺丝原液。原液在凝固浴中经由喷丝板喷出细流，通过双扩散凝固成初生纤维，再经溶剂牵伸、水洗、热牵伸、调温调湿致密化、定型、上油、干燥等加工工序制成腈纶丝束。

(2) 生产装置污染源分析

湿法腈纶生产废水主要包括聚合废水、溶剂回收废水和纺丝废水。聚合废水主要由水洗滤液、脱水滤液和机泵水组成，主要污染物包括丙烯腈、乙酸乙烯脂等未反应单体，以及反应过程中产生的小分子聚合物、无机盐、氰基。溶剂回收废水包括树脂在酸洗、碱洗再生时产生的废水，蒸发线水洗水，以及蒸发线、滤机的碱洗水等。纺丝废水主要包括预热、热牵伸机溢流废水，废水罐直排废水，废水罐溢流废水，预热、热牵伸机溢流接收罐溢流废水等。表 1-3-5 列出了某腈纶装置废水产生情况。

表 1-3-5 某腈纶装置废水产生情况

废水名称	水量/(t/h)	COD/(mg/L)	氨氮/(mg/L)	石油类/(mg/L)	氰化物/(mg/L)
聚合废水	125	1391	5.2	—	7.5
纺丝废水	110	421	3.23	1.23	—
溶剂回收废水	40	445	2.67	0.86	0.56

腈纶在生产、储运物料过程中，针对丙烯腈、乙酸乙烯酯的易挥发的特性，设有废气吸收塔，通过塔内脱盐水喷淋吸收废气中的丙烯腈后排放，因此产生吸收塔尾气，主要污染物是丙烯腈和氢氰酸。另外还有焚烧炉烟气，主要含有 SO_2及 NO_x。

腈纶装置的主要固体废物包括聚合装置的聚合物疤块、粉料，以及正常生产过程中滤器(机)切换、清洗产生的废弃滤布(袋)，溶剂回收装置的废硅藻土、废滤袋废滤布等。

1.3.5 合成橡胶

合成橡胶是国民经济不可缺少的重要的原材料，也是重要的战略资源。主要品种有顺丁橡胶、丁苯橡胶、丁基橡胶和 SBS 等。

1.3.5.1 丁苯橡胶

(1) 生产装置工艺简介

丁苯橡胶的主要生产工艺为溶液聚合法。以丁二烯、苯乙烯为主要原料，过氧化氢二异丙苯为引发剂，甲醛次硫酸氢钠和乙二胺四乙酸铁钠盐为活化剂，歧化松香酸钾和脂肪酸钠混合皂液为乳化剂，水为分散介质，用共聚方法生产丁苯胶乳，然后经单体回收、胶乳掺合(或充油)、无盐凝聚与后处理生产块状丁苯橡胶。

(2) 生产装置污染源分析

丁苯橡胶装置的生产废水主要有苯乙烯篦析器废水、凝聚清浆槽排水等，污染物为 COD、氨氮等。某丁苯橡胶装置排水为例，排水量为 120t/h，COD 为 1700mg/L，氨氮为 51.35mg/L，石油类为 1.0mg/L。

丁苯橡胶装置工艺废气主要有吸收塔废气、干燥箱排气，主要污染物为丁二烯、苯乙烯等。

丁苯橡胶装置的固体废物主要来自于聚合釜、泄料槽、脱气塔和凝聚槽等单元的废胶渣。主要成分是丁苯橡胶和低分子聚合物等。

1.3.5.2 顺丁橡胶

(1) 生产装置工艺简介

顺丁橡胶的主要生产工艺为低温乳液聚合法。丁二烯、催化剂、溶剂油进行配位阴离子聚合，得到顺式聚丁二烯胶液，然后加入防老剂，经静态混合器送往胶液罐，聚合后顺丁橡胶溶液经凝聚、后处理工序得到顺丁橡胶产品。在回收单元，回收处理溶剂油和丁二烯，循环使用。

（2）生产装置污染源分析

顺丁橡胶装置的生产废水主要来自于丁二烯脱水塔回流罐、丁二烯回收塔回流罐、切塔回流罐和脱水塔回流罐的底部排水，凝聚水罐排水，凝聚油罐排水，碱洗塔排水凝聚热水罐排水，洗涤水罐排水，挤压脱水机排水等。主要污染物为COD和石油类。某顺丁橡胶装置排水为例，排水量为41.2t/h，COD为60mg/L，石油类为11.8mg/L。

顺丁橡胶装置的工艺废气主要来自于溶剂回收装置的丁二烯回收塔、脱水塔塔顶排气，后处理冷凝器排气，热水罐排气，干燥箱排气等。主要污染物为总烃。

顺丁橡胶装置的固体废物主要是聚合釜的废胶，丁二烯回收塔、丁二烯脱水塔等的自聚物，干燥箱废胶等。主要污染物为丁二烯自聚物。

1.3.5.3 丁基橡胶

（1）生产装置工艺简介

丁基橡胶生产主要采用阳离子聚合工艺。以异丁烯和异戊二烯为反应单体，以 $AlCl_3$ 为引发剂，以氯甲烷为稀释剂，发生共聚反应生成丁基橡胶。含有丁基橡胶颗粒的淤浆在脱气釜和汽提釜脱除未反应的单体和氯甲烷，由汽提釜出来的胶粒水，充分脱水，干燥后得到丁基橡胶产品。脱气釜和汽提釜脱除的氯甲烷和未反应单体经脱水后，在干燥塔除去水和二甲醚，回收的精氯甲烷和循环氯甲烷供聚合循环使用。

（2）生产装置污染源分析

丁基橡胶装置的生产废水主要来自于装置各蒸汽管线的汽包排水、振动筛排水和碱洗塔排水等。主要污染物是COD和氯甲烷等。某丁基橡胶装置排水为例，排水量为36.1t/h，COD为145mg/L，石油类为5.6mg/L。

丁基橡胶装置的废气主要来自于系统中不凝气的排放，压缩机封泄漏，干燥塔再生、钝化过程中的气体排放，后处理干燥器气体排放，设备检修的气体排放，装置停车时的放空，临时无序排放等。主要污染物是氯甲烷、异丁烯、丙烯、乙烯等。

丁基橡胶装置的固体废物主要是干燥塔更换出的废弃的干燥剂和瓷球。

1.3.5.4 SBS

（1）生产装置工艺简介

SBS生产主要采用锂系聚合工艺。苯乙烯与丁二烯以环己烷为溶剂、以四氢呋喃为活化剂、以烷基锂为引发剂在聚合釜中经阴离子嵌段聚合得到SBS胶液，胶液进入凝聚釜在蒸汽的作用下凝聚成小颗粒，送至干燥工段，经洗胶罐，振动筛，挤压机脱水后，进入膨胀干燥机，进一步脱水干燥，得到SBS产品。脱除的溶剂在油水分层罐分层，溶剂去溶剂回收罐，经脱水塔，脱重塔，得到的环己烷循环使用。

（2）生产装置污染源分析

SBS装置的废水主要包括各种罐的排水，主要污染物为COD。以某SBS装置排水为例，产生量为58t/h，COD为57.2mg/L，石油类为2.2mg/L。

SBS装置的废气包括少量的工艺废气，主要污染物为苯乙烯、丁二烯。

SBS装置的固体废物包括废苯乙烯渣、废分子筛、氧化铝及苯乙烯自聚物等。

1.3.6 煤化工

煤化工是指以煤为原料，经化学加工使煤转化为气体、液体和固体燃料以及化学品的过程，主要包括煤的汽化、液化、干馏，以及焦油加工和电石乙炔化工等。

新型煤化工以生产洁净能源和化学品为目标产品，通常指煤制气、煤制油、煤制甲醇、甲醇制烯烃等。以煤基生产化学品，主要是将煤先制成甲醇，再将甲醇制成其他化学产品。新型煤化工对于中国减轻燃煤造成的环境污染、降低中国对进口石油的依赖均有着重大意义。

1.3.6.1 煤制气

(1) 生产装置工艺简介

煤制气是煤化工的龙头和基础。以煤为原料、以氧气为主要气化剂、蒸汽作为辅助汽化剂，在汽化炉内在高温、高压下通过化学反应将煤炭转化为气体的过程。一般分为煤的干燥、热解、汽化和燃烧四个阶段，生成以 CO、H_2、CO_2、H_2S 和 CH_4 为主的粗合成气，同时煤炭中的灰分以渣或灰渣的形式排出。

根据物料流动方式，煤气化工艺可分为固定床汽化技术、流化床汽化技术、气流床汽化技术等。固定床汽化技术包括 Lurgi 汽化技术、BGL 等汽化技术和 YM 汽化技术等。流化床汽化技术代表性炉型为常压 Winkler 炉和加压 HTW 炉等。气流床汽化技术代表为 GE 水煤浆汽化技术、康菲 E-Gas 汽化技术、华东理工大学四喷嘴水煤浆汽化技术、Shell 粉煤气化技术、西门子 GSP 汽化技术、航天炉 HT-L 技术等。

根据汽化温度不同可分为中温汽化工艺和高温汽化工艺。中温汽化工艺，代表技术有 Lurgi 汽化技术、BGL 等汽化技术。高温汽化工艺，代表技术有 Texaco 水煤浆汽化、华东理工大学四喷嘴水煤浆汽化技术、Shell 粉煤气化技术、西门子 GSP 汽化技术、航天炉 HT-L 技术等。

固定床汽化技术也称移动床汽化技术，一般以块煤或焦煤为原料，煤(焦)由汽化炉顶部加入，自上而下经过干燥层、干馏层、还原层和氧化层，最后形成灰渣排出炉外，汽化剂自下而上经灰渣层预热后进入氧化层和还原层。固定床汽化的局限性是对床层均匀性和透气性要求较高，入炉煤要有一定的粒(块)度(6~50 mm)和均匀性。煤的机械强度、热稳定性、黏结性和结渣性等指标都与透气性有关，因此，固定床汽化炉对入炉原料有很多限制。

流化床汽化技术的汽化剂由炉底部吹入，使细粒煤(粒度小于 6 mm)在炉内呈并逆流反应，该技术通常称为流化床汽化技术。煤粒(粉煤)和汽化剂在炉底锥形部分呈并流运动，在炉上筒体部分呈并流和逆流运动，固体排渣。

气流床汽化技术采用粉煤或煤浆的进料方式，在汽化剂的携带作用下，两者并流接触，煤料在高于其灰熔点的温度下与汽化剂发生燃烧反应和汽化反应。为弥补停留时间短的缺陷，必须严格控制入炉煤的粒度(小于 0.1 mm)，以保证有足够大的反应面积，灰渣以液态形式排出汽化炉。

(2) 生产装置污染源分析

煤气化工艺的不同，生产过程产生的污染物的数量和种类也不同。

一般情况下，中温汽化炉型产生的汽化废水，由于反应温度低，废水中有机物的浓度高，成分复杂，含有较高的氨氮、酚、多元酚、脂肪酸及多环芳烃等难降解污染物，可生化性差，处理难度大；而高温汽化工艺由于汽化温度高，废水中有机物浓度就低，且污染物多为小分子化合物，可生化性也好。某鲁奇炉生产企业煤气化废水单元酚 2500~6500mg/L，多元酚 1000~2500mg/L，氨氮 4000~6000mg/L，石油类 200~1200 mg/L，必须采用酚氨回收预处理工艺，经预处理后的汽化废水 COD2000~3000 mg/L，氨氮 150mg/L，挥发酚

300mg/L。某 Shell 粉煤气化废水 COD 600~1500mg/L，氨氮 10~30mg/L，总氰 30~50mg/L，SS 400mg/L。

煤制气的大气污染源包括粉尘气体，如煤储仓、粉煤气化的粉煤仓及制粉系统过程中的粉尘；工艺气体，如合成弛放气、膨胀槽膨胀气、甲醇精馏不凝气等，主要组分为 H_2、CO、CH_4、甲醇等。

煤化工过程产生的固体废物主要是来源于汽化炉的炉渣和和除尘设备中的粉煤灰。炉渣和粉煤灰主要用于建材领域。炉渣和粉煤灰的主要成分是 SiO_2、Al_2O_3、CaO 和 Fe_2O_3，其中 SiO_2、Al_2O_3的含量在 70%左右，这些化学组成类似与黏土，因此可以代替黏土作生产水泥的原料，在某种程度上还可以改善水泥的性能。

1.3.6.2 煤制甲醇

(1) 工艺简介

煤制甲醇装置包括制气、变换、净化、压缩、合成和粗甲醇精制等加工工序。首先通过煤制气得到粗合成气。粗合成气经分离去除夹带的水分和杂质后进入变换炉，在耐硫变换催化剂作用下进行变换反应，将气体中的 CO 部分变换成 H_2。变换气进入甲醇吸收塔，依次脱除 H_2S+COS、CO_2、其他杂质和 H_2O。再进入管壳式反应器进行甲醇合成，CO、CO_2和 H_2在 Cu-Zn 催化剂作用下，合成粗甲醇。粗甲醇进入精馏系统，侧线采出甲醇、乙醇和水的混合物，送入汽提塔，汽提塔塔顶得到液体产品。

(2) 污染源分析

煤制甲醇废水主要包括煤气化过程废水和甲醇合成及精馏过程废水。煤气化过程废水的产生与污染情况与煤气化工艺相关，煤气化工艺不同，煤制甲醇装置产生的污染物的数量和种类也不同，主要污染物是 COD、氨氮、挥发酚、总氰、SS 等。甲醇合成及精馏过程主要产生的粗甲醇常压塔排水废水汽提塔排水等，主要污染物是 COD、甲醇、氨氮、总氰等。某煤制甲醇装置产生废水 COD 500~1000mg/L，BOD_5 300~600mg/L，NH_3-N 150~250mg/L，SS 100~300mg/L，CN^- 0.5~5.0mg/L。

煤制甲醇装置的大气污染源包括粉尘气体，如煤储仓、粉煤气化的粉煤仓及制粉系统过程中的粉尘；工艺气体，如甲醇合成弛放气、膨胀槽膨胀气、甲醇精馏不凝气等，主要组分为 H_2、CO、CH_4、甲醇等。

煤制甲醇装置的固体废物包括煤制甲醇产生的含贵金属的废催化剂。如变换反应废催化剂、甲醇合成装置的废催化剂、硫回收装置的废催化剂等；以及气化炉渣和燃煤蒸汽锅炉排放的锅炉炉渣、飞灰等。

1.3.6.3 甲醇制烯烃(MTO)

(1) 工艺简介

MTO 工艺技术主要有 UOP/Hydro、ExxonMobil 的技术，以及鲁奇(Lurgi)的 MTP 技术。ExxonMobil 和 UOP/Hydro 均采用流化床反应器，甲醇在反应器中反应，生成的产物经分离和提纯后得到乙烯、丙烯和轻质燃料等。国内自主开发的工艺主要包括 SMTO 和 DMTO 技术。

MTO 装置包括甲醇制烯烃单元和轻烃回收单元。MTO 单元由进料汽化、产品分离区和反应、再生区组成。新鲜甲醇部分气化后进入 MTO 反应器，水是 MTO 反应的副产品，甲醇原料中的大部分氧化物转化成水；焦炭也是 MTO 反应的副产物。轻烃回收单元由浓缩区、分馏区和制冷区组成。轻烃回收单元的作用是压缩、冷凝、分离和净化轻烯烃产品。

（2）污染源分析

MTO 装置的废水主要包括：急冷塔排水、汽提塔混合排水、废碱液等，主要污染物为COD。某 MTO 装置废水产生情况如表 1-3-6。

表 1-3-6　某 MTO 装置废水产生情况

废水来源	水量/(m^3/h)	COD/(mg/L)	悬浮物/(mg/L)	总碱度(以 NaOH 计)/(mg/L)
急冷塔	13~14	1500~2000	<100	—
汽提塔	55~62	500~1000	50~200	—
碱洗塔废碱液	1.2	3500	—	25000

MTO 装置的废气主要为再生烟气。

MTO 装置的固体废物主要为催化剂再生的渣浆，流失部分催化剂等。

1.3.6.4　合成氨

（1）工艺简介

合成氨生产是氢气和氮气在高温高压和催化剂的作用下合成为氨。氮气一般由空气分离制取，氢气则由天然气、炼厂气、石脑油、渣油、脱油沥清、焦炭或煤等原料通过水蒸气转化或部分氧化制得。

以天然气、炼厂气或石脑油为原料的合成氨装置主要包括水蒸气转化、高低温变换、净化脱碳、甲烷化、压缩合成和冷冻储存等工序。以渣油、脱油沥青、焦炭或煤等为原料的合成氨装置，其工艺流程较长，随原料和气化后粗原料气的净化工艺的不同而不同。其共性可归结为固(液)体原料的气化(部分氧化和水蒸气转化)、炭黑废水回收处理、CO 变换、变换气脱碳脱硫、气体精制、压缩合成、冷冻储存及硫黄回收等工序。

（2）污染源分析

合成氨生产废水受原料影响较大，以煤和渣油、石油焦为原料的合成氨装置的生产废水主要有变换工艺冷凝液、造气废水等，废水中的主要污染物是氨氮、COD。某合成氨装置废水产生情况见表 1-3-7。

表 1-3-7　某合成氨装置废水产生情况

废 水 名 称	水量范围/(t/h)	主要污染物及其浓度
碳黑废水	6~15	NH_3-N：50~500 mg/L CN^-：5~15 mg/L COD：300~1000 mg/L 硫化物：2~6mg/L 悬浮物：5~10 mg/L
工艺冷凝液	5~15	NH_3-N：50~1000 mg/L COD：300~1000 mg/L S^{2-}：10~30 mg/L

合成氨装置的工艺废气主要是合成氨装置合成弛放气、甲醇洗尾气等。合成驰放气的气量不大，但 NH_3浓度很高，每标立方米可达数万毫克；甲醇洗尾气的气量较大，其主要污染

物为 H_2S。某合成氨装置合成弛放气、甲醇洗尾气产生情况见表 1-3-8。

表 1-3-8　某合成氨装置废气产生情况

废气名称	气量范围/(m^3/h)	主要污染物	浓度范围/(mg/m^3)
合成弛放气	8000	NH_3	50~500
甲醇洗尾气	68000	甲醇	7.6~43.6

合成氨装置的固体废物主要来源于汽化炉炉渣、汽化炉炉灰、煤锅炉炉渣和煤灰，还有过程产生的废催化剂、废分子筛等固体废物。其中汽化炉炉渣、粉煤灰等具有利用价值，全部综合利用或由厂家回收。

1.3.7　催化剂生产

1.3.7.1　炼油催化剂

(1) 生产装置工艺简介

炼油催化剂主要包括裂化催化剂、催化重整催化剂、加氢催化剂、制氢催化剂等。

裂化催化剂：以分子筛、高岭土、铝溶胶、铝石、水等为原料，经过打浆、喷雾成型、活化、水洗、干燥、包装等工序，生产裂化催化剂。

加氢催化剂：以分子筛、干胶粉、酸等为原料，经过捏合成型、干燥、焙烧、浸渍、焙烧、包装等工序，生产加氢催化剂。

重整催化剂：载体和贵金属溶液，经过载体浸渍、干燥、焙烧、注氯、焙烧、还原、包装等工序，生产重整催化剂。

(2) 生产装置污染源分析

在分子筛合成的过滤工序，产生含碱废水；在分子筛合成的交换工序、裂化催化剂的水洗工序，加入大量的硫酸氨溶液，产生含氨废水，氨氮浓度高达几千毫克/升。对高浓度氨氮废水需回收利用，对低浓度氨氮废水经处理达标排放。某炼油催化剂生产厂主要生产分子筛、催化裂化催化剂等，废水产生量 154m^3/h，COD100~300mg/L，氨氮 100~1000mg/L，高浓度的氨氮废水经蒸汽汽提预处理后再排放污水处理场采用生化处理达标排放。

废气污染源主要有：分子筛合成的活化工序和催化剂生产的焙烧、干燥工序，产生燃烧废气和少量工艺废气，主要污染物是 SO_2、NO_x、粉尘、烟尘等。某催化剂厂排气量 16900Nm^3/h，其中 SO_2 44mg/m^3、NO_x 326mg/m^3、粉尘 100mg/m^3、烟尘 25mg/m^3。

在催化剂生产过程中产生少量废渣。

1.3.7.2　化工催化剂

(1) 生产装置工艺过程简述

化工催化剂主要包括聚乙烯催化剂、聚丙烯催化剂、裂解汽油加氢催化剂、C_2/C_3 加氢催化剂、乙苯脱氢催化剂、甲苯歧化催化剂、丙烯腈催化剂、环氧乙烷催化剂等。化工催化剂生产的特点是产品种类多、生产工艺各异、产量相对较小，单位产品排放的污染较高。

以聚丙烯 N 型催化剂为例说明化工催化剂的生产过程。甲苯、己烷等主要原料用固定床吸附等方法，脱水、脱氧精制。将无水氯化镁与苯酐等分散于甲苯溶液中，使氯化镁呈活性微晶粒析出，构成催化剂载体，加入四氯化钛液体进行载钛，然后升温使溶液反应，沉淀生成催化剂粒子。经溶剂洗涤、真空干燥、筛分、掺和即得成粉状的 N 型催化剂。合成单元产生的高沸物，如甲苯、己烷和未反应的四氯化钛混合物，经精馏塔蒸馏，合格的甲苯、己烷、四氯化钛循环使用。

(2) 生产装置污染源分析

以聚丙烯 N 型催化剂生产为例

在催化剂合成单元产生高沸物，为含钛高沸物残液。此废物一般进入水解釜进行水解，水解产生的氯化氢气体经冷凝器冷凝，再经水洗进一步去除氯化氢，残余的气体经碱液吸收后排放到污水处理场处理。经水解处理后可得到高浓度的含酸溶液，可回收利用。

在原料精制单元、催化剂合成单元产生间断排放的废气，主要含己烷、甲苯等，首先通过冷凝器冷凝部分甲苯和已烷，残余气进入冷冻盐水放空缓冲罐进一步回收，不凝气通过碱液吸收后排放。

催化剂生产过程中产生主要成分为 TiO_2的催化剂残渣。

1.4 公用工程及辅助设施

1.4.1 概述

1.4.1.1 公用工程及辅助设施构成

石油、石化行业除了原油开采、工艺装置等生产设施外，还要为其提供生产所必需的条件，如原料供应系统、产品储存及装卸系统、蒸汽系统、给水系统、供电系统、供风系统、排水系统、污染物治理系统、火炬系统等。此外，还需要设置维修服务部门及生产管理部门如：仪修、电修、设备维修、仓库、办公、化验、监测等；上述设施或系统统称为公用工程及辅助设施。

油田、炼油厂、石油化工厂的公用工程及辅助设施的组成见图 1-4-1。

1.4.1.2 公用工程及辅助设施特点

(1) 组成大同小异

无论是油田开采、石油炼制还是石油化工，其公用工程及辅助设施的组成大同小异，一般都包括供排水系统、动力系统、产品储运系统、火炬排放系统等，但设施规模、采用的工艺则因企业而已，一般油田开采配套的公用工程设施较简单，石油炼制和石油化工企业的公用工程设施复杂；公用工程采用的工艺更过的取决于外部条件，如可用燃料、给水水源、电力供应状况、污染排放标准等。

(2) 污染严重

公用工程的水、气、渣等污染物排放量往往超过生产装置，属于污染大户。例如：废气无组织排放主要来自储运系统、废水排放和处理系统，烟气排放量和二氧化硫、氮氧化物排放量的大部分由动力站产生；循环系统排污、储罐切水等占总排水量的相当比例；占固体废弃物比例 70%左右的“三泥”则来自废水处理系统。

(3) 设施分散

一般公用工程设施点多面广，供水排水、物料输送等呈条带状布置，导致污染源分散，不仅有点状污染源，还有线状污染源和面状污染源，如埋地废水管线属于线状污染源，填埋场则属于面状污染源。公用工程设施的污染物排放量通常占总排放量的大部分，但企业对公用工程设施的管理往往不重视、管理不到位，容易造成污染事故的发生。

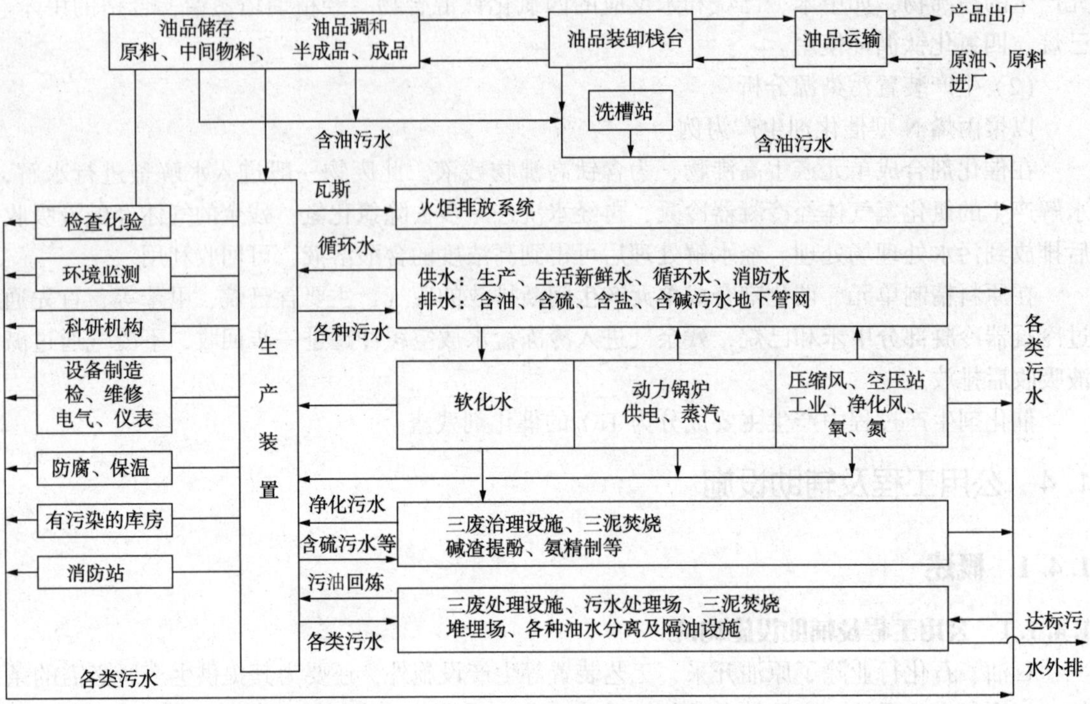

图 1-4-1　公用工程及辅助设施的组成

1.4.2　污染源及其特性

（1）动力站

动力站的功能是为生产装置提供蒸汽，有的还进行发电。其燃料有重油、天然气、煤、石油焦等。动力站通常由锅炉及发电、烟气处理、燃料供应、蒸汽系统、给水系统、除灰系统、循环冷却水系统等组成。

燃烧烟气是动力站最大的污染源，污染物包括二氧化硫、氮氧化物、TSP 等；废水则主要来自循环冷却系统排污、化水站中和排水和锅炉排污，采用湿法烟气脱硫时还产生脱硫废水；锅炉燃烧产生炉渣、烟气除尘系统产生飞灰；鼓风机、磨煤机、机泵、冷却塔等产生噪声。

（2）空分(压)站

空分站为工艺装置提供氮气和氧气。常用空气分离方法有深度冷却法和变压吸附法，深度冷却法空分装置由原料净化，除尘和压缩系统，空气分馏系统，产品贮存及加压输送系统组成；空压站的作用是提供动力用风及仪表用风，主要由空气过滤器、空气压缩机、后冷却器、油水分离器、空气干燥净化器等设备组成。

空分(压)站以噪声污染为主，包括空气动力噪声、机械噪声和电机噪声；各类冷却器还产生少量的含油废水；需要定期更换的硅胶干燥剂则属于固体废弃物。

（3）火炬排放系统

火炬是炼油厂和石油化工厂开停工和事故处理的安全措施，用于将必须排放的气体物料燃烧后排放。火炬排放系统主要设备有气柜、分液罐、水封罐，火炬筒、火炬头、蒸汽及燃料气系统等。

在火炬燃烧不完全时，会产生大量的尘烟，主要是烟尘和一氧化碳、二氧化碳，气柜一般为浮顶罐，密封不严时有漏气；气柜切水、分液罐切水排放含油废水；火炬燃烧时配给的蒸汽经过喷射器时产生噪声；火炬燃烧过程中产生热辐射和光辐射，个别情况有火雨产生。

（4）罐区及油品装卸

罐区主要是用来储存原料、产品和中间产品，主要由罐组和泵组组成。油品装卸包括水运装卸，铁路罐车装卸和汽车罐车装卸三类。

储罐大呼吸、小呼吸产生含挥发性有机物的气体，油品装卸过程也会产生油汽挥发；储罐切水、储罐清洗产生含油废水，罐区降雨也会产生含油雨水；储存原油的油罐则会产生油泥，需要定期清除。

（5）给水净化厂

以地表水为水源的给水净化场通常主要由沉砂、混凝沉淀澄清、过滤消毒三部分组成。

沉砂是将原水中的泥砂沉降下来进行固液分离；混凝是向原水中投加混凝药剂，使原水中胶体颗粒脱稳；沉淀是将脱稳后的胶体颗粒从水中沉淀分离；过滤是进一步去除胶体颗粒和细菌；消毒则是深度杀灭细菌。

沉淀池排泥、滤池反洗排水含有较高浓度的悬浮物；采用氯气消毒时可能产生的漏气。

（6）循环水场

石化企业通常采用敞开式循环冷却系统，主要由冷却塔、循环水旁滤、水质稳定加药、补水及排污等组成。

通常情况下循环系统排污悬浮物浓度较高，采用磷系水质稳定剂时，循环系统排污中磷可能超标；补充水采用再生水或COD较高的地表水时，循环系统排污中COD可能超标；冷却塔风机、循环水泵电机和水滴溅落产生噪声。

（7）废水收集及输送系统

该系统由排水泄放点、重力流管线及检查井、废水池及提升泵、压力输送管道等组成。

石化废水中通常含有挥发性有机物，因此排水泄放点、检查井、废水池有挥发性气体产生；埋地的管线、水池等可能有渗漏，存在污染土壤和地下水的隐患。

（8）污水处理场

石化企业污水处理场工艺流程主要由均质调节、中和、隔油、气浮、生化处理、深度处理、污泥处理、废气处理、药剂投加等单元组成。

均质调节、中和、隔油、气浮、生化处理、污泥处理等单元会产生恶臭气体，其中生化处理之前的单元产生的恶臭气体中通常含有较高浓度的挥发性有机物，生化处理及污泥处理单元产生的恶臭气体中通常含有硫化物、氨；均质调节、隔油产生含油污泥，气浮单元产生浮渣，生化单元产生剩余活性污泥；处理构筑物及埋地管线会产生渗漏；处理过程中会产生污泥浓缩上清液、污泥脱水清液、过滤反洗排水等废水，采用膜深度处理时还会产生酸碱废水；配套的鼓风机、水泵等产生噪声。

（9）废物焚烧设施

石化企业的废物焚烧设施用于处理具有一定热值的污泥、废渣液、废气等，可由污泥干化、废物储存、焚烧炉、烟气处理等单元组成。

焚烧炉烟气是最主要污染源烟气中污染物除了二氧化硫和氮氧化物外，还包括氯化氢、二噁英等；烟气处理可能排放废水，废物场地产生污染雨水；废液储存单元和污泥干化单元排放含有挥发性有机物、硫化物的废气；鼓风机、引风机、机泵产生噪声，设置有余热锅炉时会产生气流噪声。

1.5 储运及销售

1.5.1 概述

石油化工行业的原料是石油和天然气。产品主要包括燃料、润滑剂、石油沥青、石油蜡、石油焦、溶剂和化工原料等。这些原料及产品在储运和销售过程中会产生废水、废气、废渣和噪声污染，对环境造成不利的影响。

1.5.2 原料及产品储运

（1）工艺简介

① 炼化企业

原料及产品的储存场所主要有油库及罐区、库房等。油库及炼油厂、石化厂内的罐区主要是用来接收、储存和发放原油或石油产品的一个重要环节（以下简称油库及罐区），它是协调原油生产、加工、成品油石化产品供应及运输的纽带。目前炼化企业的原料油大部分采用外浮顶罐储存，少数企业少量采用固定顶罐储存；汽油、石脑油等轻油的产品罐和中间罐大部分采用浮顶罐储存，少数企业少量采用固定顶罐储存。

库房可分为原材料库房、产品库房。原材料库房主要是储存各生产装置及其化验、监测、科研等单位所需配件、原材料及药品。而产品库房主要是储存公司各生产装置生产的各类产品。根据所储存的物质性质不同，有的储存在室外，有的储存在室内，有的库房有污染源，会造成一定的污染，有的没有污染源，因此不会造成污染。其他产品如石油焦、液态硫黄则直接储存在焦池或液硫池中。原料及产品的运输方式主要有四种，原料油的运输以管道运输为主，以火车运输、汽车运输、船运为辅；石化产品的运输主要采用管输、铁路运输、汽车运输、船运等方式。原料及产品装卸包括水运装卸、铁路罐车装卸、汽车罐车装卸，原料及成品油的装卸主要采用液下装卸方式。

② 管道储运企业

为炼化企业服务的管道储运企业主要包括锅炉、加热炉、原油储存及管道输送、泵站以及其他辅助系统。

（2）污染源分析

① 废水

炼化企业储运系统的废水主要来自油品罐区脱水（罐的切水）、罐区机泵冷却排水、生活污水、地面初期雨水和由罐区储罐伴热、管线蒸汽保温等排放的蒸汽凝结水，主要污染物是石油类。废水呈现间断性排放特点。

管道储运企业的废水主要是来自油品罐区脱水（罐的切水）、罐区机泵冷却排水、站场生活污水和地面冲洗排水等，主要污染物是石油类、COD 等。

② 废气

炼化企业储运系统的废气主要来自于原油、成品油和中间产品(轻油)储存罐区的油品大、小呼吸损失，油品装车、卸车过程的油气挥发损失，特征污染物是非甲烷烃。炼化企业储存系统的非甲烷总烃排放量相对较大，一般占原油和轻油年储存量的万分之七以上，但由于绝大多数企业未配备油气回收设施，目前直接排放到空气环境中，造成非甲烷烃污染。

管道储运企业的废气主要是来自锅炉、加热炉等排放的燃料燃烧烟气，呈现有组织连续排放特点，主要污染物为 SO_2、NO_x、烟尘；在原油储存和输送过程排出的废气，呈无组织排放特点，特征污染物为非甲烷烃。

③ 固体废物

炼化企业储运系统的固体废物主要来自油品罐区的清罐底泥，一般 3~5 年排放一次，主要污染物是石油类。

管道储运企业的固体废物主要是来自油品罐区的清罐底泥、锅炉炉渣、生活垃圾、建筑垃圾、污水处理场活性污泥和打孔盗油污染的土壤等，主要污染物是石油类。

1.5.3 产品销售

(1) 工艺简介

成品油和燃气主要通过加油站、加气站进行销售。在此过程中会产生三废，对环境造成不利的影响。

① 加油站

加油站按其功能分可分为单纯型、复合型和综合型三类。单纯型加油站主要是为机动车加注燃料油，兼营润滑油：复合型加油站在加油的基础上增加为机动车加注液化石油气的功能；综合型加油站除了有上述功能外，并附有车辆小修、清洗、便利店的功能。加油站由油品储存、加油机、汽油罐车、操作室等设施构成。油品储罐是储存汽油、柴油等燃料商品油的，加油机本身带加油泵，是给汽车加油的专用工具，而汽车罐车是运送汽、柴油的专用车。

② 加气站

加气站，即加液化气站。这是新兴的清洁燃料，由液化气储罐、加液化气泵、加液化气机、液化气专用汽车罐车、压缩机操作室组成。储罐是储存液化气用的卧式压力罐。液化气泵是加液化气专用泵，一般放在储罐上面，泵体在卧式罐内。加液化气机，是给汽车加液化气专用工具。压缩机是卸液化气专用设备。液化气汽车罐车是运送液化气专用车。

(2) 污染源分析

① 加油站

加油站的污染主要来自汽车槽车卸车时油品损失，一是油储罐在进油时罐内油气跑损，汽车槽车卸完车管内残留油损失及气温高时油罐内油品蒸发损失。一般情况下加油站在卸油时储罐通过呼吸阀排出的油气量占储罐储存量的 0.2%左右。二是给用户车加油过程中的汽车油箱口处所排油气及油枪留液损失等，这些损失对大气都造成一定污染。

加装油气回收系统能够有效回收油品装卸过程中挥发的油气，该系统由卸油油气回收系统、汽油密闭储存、加油油气回收系统、在线监测系统和油气排放处理装置组成。

② 加气站

在正常情况下，加气站完全是压力下卸车和给用户车加液化气，没有气体逸出。液化气储罐内的气体是进压缩机入口，加压后进入汽车槽车，使槽车内压力升高，致使液体液化气卸入储罐，在卸车过程中储罐内气体并没有逸出，而是进入汽车槽车内被液化。在给用户车加气时，也是密闭的压力下把液化气装入液化气钢瓶中。而污染主要出自各连接口处，如不严或损坏，就会造成较大污染。因储罐压力超高，造成安全阀跳开，会逸出大量的液化气体，对大气会造成更大的污染。

第2章　废水处理

2.1　废水治理原则

2.1.1　废水治理概念

废水处理就是利用物理、化学和生物的方法对废水进行处理，使废水得到净化，减少污染，以至达到废水回收、利用或排放，充分利用水资源。从广义上讲是指在环境容量允许条件下，以环境科学理论为基础，运用技术、经济、法律、教育和行政的手段，对废水治理进行管理；从狭义上讲，是指管理者为了实现预期目标，对经济、社会发展过程中施加给环境的污染和破坏性影响进行调节和控制，实现经济、社会和环境效益的统一。

石油和石油化工企业内部要建立健全废水治理考核制度，完善指标评价机理和激励机理，严格管理，统筹优化各种水资源和监控水平、提高综合利用水平，降低用水和排水指标；外部就是在当地环境允许条件下(如环境容量、水资源条件等)，遵守法律要求(如污染物达标排放、满足污染物总量控制等)，运用管理手段使企业规范运行，实现经济与环境的协调发展、循环发展，走出一条水资源可持续利用的绿色、低碳石油化工发展之路。

(1) 各企业所处的地理条件、生产条件差异较大，要打破废水、废物处理独立作战的传统模式，建立废气、废水和固体废物一体化的处理思路和区域一体化的处理思路，实现资源的可持续性，提高资源利用效率，而不仅仅局限于末端处理。

(2) 要做好企业内部与外部的循环经济，企业水资源可持续循环利用、污染物排放指标交易、资源内部循环、环境友好是废水处理追求的四个目标，要做好区域的水资源平衡和水资源的综合利用，废水处理不能闷在行业小圈子里发展，需要社会资源的集成。

(3) 实行排污许可证管理将是重要的管理手段，是未来的发展趋势，要体现不同流域、不同区域治理的特点。

(4) 要做好污染源的治理，采用环保新工艺和新设备，要加强源头废水的预处理和局部处理，从源头上减少污染物的排放，确保废水处理设施运行的稳定。

(5) 废水治理项目的改造、建设项目要结合国家和地方环保标准的要求，做好管理、统筹规划、逐步实施，避免盲目性，避免处理技术和处理工艺上的混乱局面。

(6) 要对废水处理技术进行行业化管理，分阶段对相关技术进行研究与评估，为行业废水处理技术发展和使用提供建言，要大力发展高效、低耗的水处理技术。

2.1.2　废水分类及特征

石油化工企业生产过程中，直接或间接使用大量的水及水产品，同时也产生了不同性质的工业废水。石油化工企业产品种类繁多，工艺过程复杂，所用化工原料较多，因此所产生的废水中的污染物组分复杂，含有明显的特征污染物，典型的石油化工废水中含有石油类、COD、氨氮等常规污染物。不同企业因产品不同，所产生废水中还含有多种与产品相关的特征污染物，如酚、硫化物以及芳烃化合物等。构成了废水中污染物的多样性、复杂性，甚至有的污染物还具有难生物降解性、毒性、高含盐等，因此必须关注废水的来源、组分、水质特点。根据水质不同，严格废水体系的划分和处理工艺的选择，区别对待。

石油化工废水特点之一：加工工艺不同，其废水水质差别大，例如油品精制时采用加氢工艺和碱洗工艺水质差别很大，采用天然气制氢或是煤制氢水质差别很大；即使同一生产工序，生产过程中水质也会有很大变化，如煤制氢装置，不同的注水率和分散剂投加量，水质差别也很大；炼油废水普遍含油，化工废水普遍不含油。

石油化工废水特点之二：系统划分不同影响处理后排水水质，例如将企业全部废水混合处理与分系统处理水质就有不同，混合处理影响到废水的回用，需要进行除盐处理回用；分系统处理可以将影响回用的高含盐、高含难生物降解有机物的废水分离出来进行达标处理排放，低浓度废水适度处理回用于循环水系统作补充水。

石油化工废水特点之三：每一种生产废水都含有与原材料、产品有关的物质，而且在废水中的存在形态各不相同，因此有电脱盐废水、乙二醇废水、PTA 废水等，这些废水水质差别较大。

石油化工废水的水量取决于用水以及局部处理情况：石油化工行业用水量大，废水量也大，由于采取局部处理措施，水量将会减少，如含硫废水经过汽提处理后回用于电脱盐装置注水及工艺化学洗涤注水，总废水量减少；循环水采用回用水作为补充水，减少新水用量等。近年来由于节水减排措施的落实，吨原油加工用水量和外排废水量都有大幅下降。

2.1.3 废水的控制

2.1.3.1 实行清洁生产、节约用水

(1) 实施清洁生产，采用节水和水污染物产生量少的技术、工艺和设备，从根源上提高水的利用率和降低废水的排放量。

(2) 企业建立完整的考核标准、考核制度，对各装置(单元)排放废水的水质、水量进行考核和检查，确保排出的废水水质和水量符合企业规划的要求；对不能达标的装置(单元)进行治理。

(3) 根据工艺和用水水质要求，分质分级供水，在技术可靠的前提下，尽量少用新鲜水，尽可能多用经过适当处理的生产废水、回用水、清净废水和收集的雨水等。例如，厂区地面冲洗用水和绿化等用水就可以用上述非新鲜水水源，最理想的是设置回用水道，汇集上述非新鲜水水源，向一切低水质要求的用水点供应回用水。

(4) 做好区域的循环经济和分质分级供水，在经济合理的前提下，做好企业间的循环经济，实现企业废水和市政中水的指标互换，进一步降低新鲜水的用量和废水的排放量。

(5) 尽可能扩大空冷和循环水的使用范围，努力减少冷却水和新鲜水的总用量，减少或杜绝用新鲜水进行一次性直接冷却，减少补充水的用量。

① 减少冷却水用量首先要优化换热流程，对工艺过程的冷凝和冷却，选用工艺上需要冷却的热物流与低温位物流换热，这样既可以节能，又减少了冷却水用量；其次适当选择空冷代替水冷，最后再使用循环水冷却。

② 开发和使用高效的水质稳定剂，加强水质稳定管理及提高旁滤处理水平，提高浓缩倍数，是降低循环水的补充水量及减少循环水排污的重要措施。

③ 减少循环水补充水量的其他措施还有：一是提高循环水冷却器的防泄漏及防腐蚀的水平，避免因工艺介质泄漏使循环水质变坏而不得不用大量新鲜水补充置换；二是改进冷却

塔的收水和填料等设施，减少飞溅损失；三是按浓缩倍数大于5的要求，控制循环水的排污量，避免装置内循环水开路、非控制性排放循环水，甚至用循环水冲洗设备、地面等，导致循环水本身大量流失；四是对水质较差的循环水补充水进行预处理，提高循环水系统的浓缩倍数。

目前主要有三大问题制约循环水浓缩倍数的提高。第一，工艺介质泄漏，造成用新鲜水大量置换；第二，系统泄漏，造成循环水本身的流失，外排水量已超过了维持一定浓缩倍数所应当排放的废水总量；第三是补充水的水质太差。因此提高管理水平、加强水质稳定管理、降低循环水的补充水量，是减少循环水排污的主要措施。

(6) 水煤浆或石油焦水焦浆制备用水应尽可能用高浓度的有机废水或废液，这样既可以节约新鲜水用量，减少下游环保净化装置的污染物负荷，又可以充分利用有机污染物中C、H元素作为合成氨的造气原料。

① 尿素装置工艺冷凝液经深度处理后，其氨和尿素含量可降低到5mg/L以下，由于该冷凝液其他杂质含量较小，因此经离子交换处理后，可作为锅炉补充水或循环水的补充水。

② 以渣油、石油焦或脱油沥青为原料的气化炉排出的激冷水即炭黑废水，因无机灰分含量较少，经过处理后，大部分应回用至气化炉作激冷水。

③ 以煤为原料的合成氨装置排放的含粉煤灰含氨废水，经处理后，应作为煤锅炉冲灰渣的补充水。

(7) 尽可能多回收蒸汽冷凝液，经深度处理后，回用至锅炉用水及其他供水系统，提高蒸汽冷凝水回用率。

2.1.3.2 实行清污分流、污污分治，合理划分排水系统

(1) 清污分流、污污分流、污污分治、综合利用。排水系统的划分应根据废水的水质特征、处理方法和净化水回用的水质要求，科学合理地划分排水系统，才有利于分级控制，以及分别进行局部处理和集中处理，有利于废水处理工艺的确定，确保废水达标排放，也有利于废水资源的分级利用。如将高含盐量的循环水的外排废水、碱渣废水等与低含盐量的其他废水分流，形成两个序列的废水系统，既便于选择适宜的处理方法，也是为了分质处理和回用，如高含盐废水适当处理后可单独作为电站冲灰水、氧化沥青池补充水等，而不必进入循环水系统，避免出现盐类的累积问题。

(2) 严格控制雨水和含油废水的分流，如将罐区地面和外浮顶油罐罐顶雨水分离，外浮顶油罐罐顶雨水和油罐切水排入含油废水系统；用污染雨水与非污染雨水下水地漏高度不同的方法，限制流入含油废水系统的雨水流量；用人工或机械的方法，将后期雨水切换分流入排水沟；进行非雨水型雨水沟的治理，加高沟壁，尽可能加设盖板等；还应注意防止地下排水管道的渗漏，采用压力流输送或改变管道连接方式，使用整体型检查井等，消除漏水情况。

2.1.3.3 加强分级控制、预处理和综合利用

在石油化工企业，原油加工一般需要进行脱盐、脱水处理，在原油、汽油、柴油罐区的切水中石油类含量也较高，这些废水都应该进行除油、降温等预处理。

(1) 第一类污染物都是危害严重的物质，对环境容易造成很大的破坏，《污水综合排放标准》(GB 8978)规定，第一类污染物不分行业和排放方式，也不分受纳水体的功能类别，一律在车间或车间排放口取样，必须达标排放。

(2) 石油化工废水处理通常采用生物处理的方法，较高浓度不宜生物降解的废水，不能

得到有效的处理；有毒性的物质、高温废水、酸性碱性废水会对生化系统产生破坏，使生化系统生物处理能力降低，影响处理效果；废水生物处理时，曝气过程会使挥发性有毒、有害物质逸出，对人体会造成伤害。这些废水有必要进行预处理；

(3) 废水中可利用的物质在技术经济合理时进行回收利用。

2.1.3.4 废水指标控制

企业外排废水首先必须满足国家污水排放标准《污水综合排放标准》和行业排放标准如《石油炼制工业污染物排放标准》、《石油化学工业污染物排放标准》的要求，如有地方标准的尚需满足地方排放标准的要求，按上述几种标准中最严的执行。

《石油炼制工业污染物排放标准》(GB 31570—2015)中规定：新建企业自2015年7月1日起，现有企业自2017年7月1日起，直接排放口COD执行60mg/L、氨氮执行8.0mg/L、石油类执行5.0mg/L、硫化物执行1.0mg/L、挥发酚0.5mg/L、加工单位原(料)油基准排水量执行0.5m^3/t原油；间接排放口石油类执行20mg/L、硫化物执行1.0mg/L、挥发酚0.5mg/L、加工单位原(料)油基准排水量执行0.5m^3/t原油。

在国土开发密度已经较高、环境承载能力开始减弱，或水环境容量较小、生态环境脆弱，容易发生严重水环境污染问题而需要采取特别保护措施的地区，执行特别排放限值，其中直接排放口COD执行50mg/L、氨氮执行5.0mg/L、石油类执行3.0mg/L、硫化物执行0.5mg/L、挥发酚0.3mg/L、加工单位原(料)油基准排水量执行0.4m^3/t原油；间接排放口石油类执行15mg/L、硫化物执行1.0mg/L、挥发酚0.5mg/L、加工单位原(料)油基准排水量执行0.4m^3/t原油。

2.2 均化除油处理

2.2.1 均化设施

对于废水处理场的运行，均化的过程是十分重要的。所谓均化，就是通过调节设施尽量减小废水处理厂进水的水量和水质的波动。现在，一般将水量的均化称为调节；将水质的均化称为均质；将突发性排水出现的废水储存起来，待系统平稳时限量处理称为应急储存。均化设施具有三个功能：一是调节突发的超质、超量的废水及装置大修期间排放的大量高浓度废水，这些废水如果直接进入生化处理系统，将会对系统造成冲击，抑制微生物生长繁殖，导致生化处理效果降低；二是对周期性变化的废水水质起均和作用，使生化处理系统的水质均匀，保证系统平稳运行；三是除油，减少污油对后续设施的压力。

调节设施的作用是调节正常生产过程中进入污水处理场的水量，平衡进入污水处理场和进入废水处理设施之间的废水水量，对于超数量的废水，如初期雨水等，进行储存；对于超水质的废水，如检维修废水，进行储存，限量进入废水处理设施。正常生产情况下，调节设施通常采用低液位运行，确保水量波动时留出足够的容积对超量的废水进行储存。调节设施的容积是根据废水水质、水量变化规律，采用图解法计算；特殊废水是根据实际需要确定；当无废水水质、水量变化资料时，炼油废水可按16~24h的设计水量确定，化工废水可按24~48h的设计水量确定。污水处理厂应急储存设施的容积，炼油废水可按8~12h的设计水量考虑，化工废水可按实际需要确定。

石油化工企业生产装置多、工艺流程复杂、操作条件要求高，必然造成水质的大范围波动。根据一组石油化工废水处理厂进口COD的实测值，最大变化幅度可达2.96~3.8倍，污水处理厂的处理设施，尤其生物处理设施，难以适应如此变化幅度的废水水质。均质设施的作用是调节、均质后废水限量进入处理系统中进行处理，目的是避免或最大程度地降低冲击负荷，稀释抑制生物处理过程的物质，提高系统操作稳定性。因而，设置均质设施可以有效减小变化幅度，达到均衡水质的目的。均质的容积是根据正常情况下生产装置的废水排放规律和变化周期确定，当无实际运行数据时可按 8~12h 的设计水量确定，时间愈长混合越均匀。

特殊废水需在污水处理厂进行预处理，如碱渣废水、煤制氢废水、电脱盐废水、PTA 废水等，宜单独设置调节、均质设施，根据废水水质和流量变化的规律以及均化的需要程度来确定均化时间。鉴于有些石化装置的特殊情况，如存在水质、水量波动频繁、波幅较大的情况，则均化时间可延长到 5 天，甚至长达一周。当然，在这种情况下，更要注意污染源的控制，以免末端设施过于庞大。

通常有一种误解，认为水量和水质的均化都能在任何形式的处理构筑物内同时实现，还有人认为沉淀池、甚至事故池都会起到良好的调节均质的作用，这种观念弱化了对调节均化功能的重视。

调节和均质可以合并设置，其总容积为两者之和，为了检维修方便数量不少于两个。应急储存设施最好单独设置，避免正常生产过程中被占用。均化设施要考虑上部油和下部油泥的去除，若不及时排出，将影响后续处理效果。

2.2.2 多功能调节均质罐

2.2.2.1 工艺流程

多功能调节均质罐就是利用重力或旋流的方法，使调节均质罐的污油、油泥在水下造成泥沙下沉、污油上浮，油泥通过底部排泥口排出罐体，污油在水面形成漂浮物，通过水面排油口排出罐外。多功能调节均质罐较长的水力停留时间使得不同时间段进入罐内的废水得到混合，使水质得到均衡。

2.2.2.2 主要技术特点

（1）同时具有储罐的调节和均质功能，可以抗拒水力负荷及水质负荷冲击；

（2）具有较高的稳定性能，不仅具有除油功能，还具有除泥功能；

（3）较长的水力停留时间，通常出水含油量可小于 80mg/L，特别对于低浓度含油废水，出水可以直接进入两级微气泡加压溶气气浮工艺除油；

（4）任意水位，全程收油，收油含水量一般可控制在 50%；

（5）运行管理简单。

2.2.3 隔油

在石油、石油化工系统排放的废水中，石油是主要污染物之一，这些油以原油、(半)成品油、有机溶剂以及与泥沙、催化剂等共存的形式存在于废水中。

废水中的油通常以浮油、粗分散油、乳化油、溶解油和油/固体五种形态存在，按油珠粒径大体分布为：浮油一般在 100μm 以上，以连续相状态浮于水面；粗分散油和乳化油一般在 30~100μm 之间，粗分散油以分散相存在于水中，而乳化油则以油包水或以水包油的状态存在于水中，它们的可浮性很差，难以分离；溶解油一般在 0.1μm 以下(用 500 倍以上的显微镜才可分辨)，以分子态或胶溶的状态存在；油/固体是指润湿在悬浮固体粒子上的油珠。

根据水中油存在的形态，采取不同的方式去除。对于 30μm 以上的浮油及部分粗分散油，一般用重力分离的隔油设施去除，利用油与水的密度差，在重力作用下使油水分离，相对密度小于水的油上浮，相对密度大于水的固体物下沉。

2.2.3.1 平流式隔油池

（1）工艺

平流式隔油池是石油化工企业最常用的除油设施，池型一般为矩形。废水从一端进入，通过布水设施，经消能和整流以降低涡流和均匀地配水。废水以很低的、均匀的、恒定的水平流速(2~5mm/s)流向另一端，油颗粒在分离区以等速 u_t 上浮，而油颗粒在分离区的水平分速等于水平流速 V_H。图 2-2-1 为理想平流式隔油池的示意图。

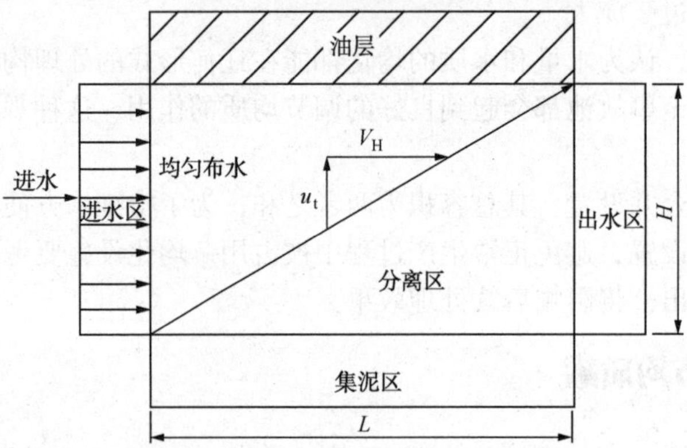

图 2-2-1　理想平流式隔油池的示意图

以图中上浮状态最不利的油珠颗粒来进行分析。若有效水深为 H，有效长度为 L，池宽为 B，水中 O 点的直径 d(或直径>d)的油珠颗粒能浮出水面的条件是：

$$L/V_H \geqslant H/u_t$$

$$u_t = H/t = Q/(LB) = Q/A$$

式中　t——油珠颗粒上浮至水面的时间，h，一般采用 2~2.5h；

A——分离池的表面面积，m^2；

Q/A——表面负荷率，单位表面面积、单位时间处理的水量，$m^3/(m^2 \cdot h)$；

V_H——水平流速，mm/s，一般采用 2~5mm/s；

u_t——油珠粒径的上浮速度，m/s。

从公式中可以得到：油珠粒径的上浮速度 u_t 等于表面负荷 Q/A，即理想隔油池的油的去除效率是表面负荷率的函数，也即表面积愈大，在相同时间内能浮升至水面的油珠粒径就愈小，隔油池的除油效率就愈高。油珠的上浮速度大于或等于表面负荷率，就可以被理想隔油池去除。

（2）处理效果

处理效果是指油(具有一定粒径的油珠)的去除率，因此，废水中油珠粒径的分布是关键的参数。例如废水中有80%的油粒径是在 150μm 以上，按去除油珠粒径为 150μm 进行设计计算，隔油池油含量的去除率可达 80%以上。

对隔油池的进水，必须尽量减少用泵提升，避免由于机械搅拌使油珠颗粒分散变小，或形成乳化液。实验结果证明，经过离心泵提升搅动后，直径 40μm 以下粒径油珠的比率可由原来的 34%上升至 66%，大大降低了隔油池的去除效率。因此，当含油废水必须提升时，宜采用容积式泵，或选用转速小于 1500r/min 的离心泵。

2.2.3.2 立式除油罐

立式除油罐在油田使用的较为普遍，用于脱除采出水中的石油类。

(1) 工艺

立式除油罐除油的机理见罐内油水运动示意图(图 2-2-2)。立式除油罐之所以具有很高的去除率，取决于罐内油水运动过程的特点，它包括：

① 上向速度推动浮升过程

除油罐配水管向上开口，当水从管口以一定的速度出流后，由于惯性作用，其流线如图 2-2-2 所示。在立式除油罐中，油层厚度一般控制在 1.5~2.0m，油粒上浮的终点为油层底面，配水管口与油底面的距离控制在小于 0.2m，因此油粒浮升的距离短，在水流向上垂直分速度 $V_{上}$ 的推动下能很快上浮至油层。通常，水中的浮油及分散油中颗粒较大的油粒是在上向流区被去除的。

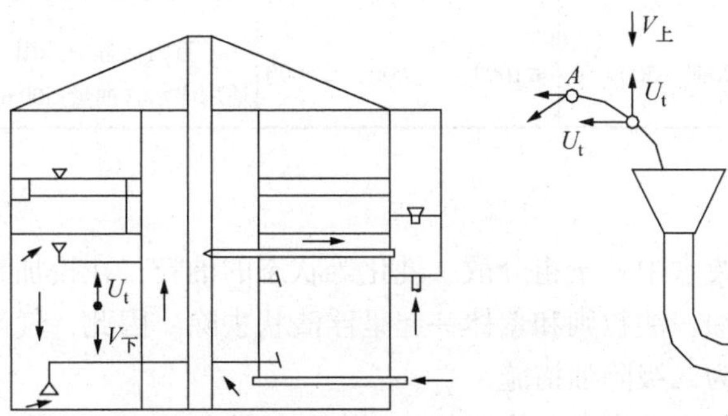

图 2-2-2 立式除油罐罐内油水运动示意图

② 对流碰撞聚结过程

在下向流区，因碰撞聚结而直径变大的上浮油粒与被水流夹带进入下向流区向下移动的油粒间，始终存在着对流碰撞聚结过程。这种过程对小颗粒的聚结十分有利。对流碰撞聚结及其效率取决于对流油粒的密度，密度越大，则碰撞聚结机会越多，效率越高。在配水管口以下一段高度内，由于上浮油粒与下移油粒对流密度大，所以碰撞聚结的效率很高。但随着高度的不断下移，水中含油量不断减少，油粒密度不断降底，碰撞聚结的机会越来越少，水中油的去除率也越来越低。

③ 油层过滤

立式除油罐与平流式隔油池同属重力分离型除油设施。在平流式隔油池中，水流动方向与油粒在静水中浮升方向互相垂直，油粒在浮升过程中随水流向前漂移，其运动轨迹是一条向上倾斜的直线。而立式除油罐中的下向流区，油粒浮升方向与水流方向相反，向下运动的水流速度对油粒在静水中的上浮速度有抵消作用。但是，立式除油罐中的下向流区，油粒对流碰撞聚结过程足以克服这种"抵消作用"。

立式除油罐有管式出口立式除油罐、固定堰立式除油罐、压力式立式除油罐、压力卧式除油罐、斜板除油罐等多种形式。

(2) 技术特点

油田含油废水处理多年统计结果表明，若除油罐进水含油量不超过 500mg/L，除油的效率可达 95%以上，而混凝除油的出水含油量不超过 100mg/L，油去除率可高达 98%以上。

各种除油罐的容积、处理量、材料消耗及适用范围如表 2-2-1 所示。

表 2-2-1　各种除油罐的适用范围

名　称	容积/m^3	单罐处理量/(m^3/d)	适用范围	钢材消耗(有效容积相同比较)
管式出水立式除油罐	1000、2000、5000	≤1000、≤2000、≤5000	重力流程中选用 适用大水量	小
固定堰出水立式除油罐	1000、2000、5000	≤1000、≤2000、≤5000	重力流程中选用 适用大水量	小
压力式立式除油罐	200	≤500	压力密闭流程中选用 适用小水量、泥含量高	大
压力式卧式除油罐	200	≤1000	压力密闭流程中选用 适用小水量污泥含量低	大
斜板除油罐	1000、2000、5000	≤1000、≤2000、≤5000	重力流程中选用 适用出水含油量<100mg/L	小(增加斜板材料)

2.2.4　气浮

气浮工艺可以去除废水中处于粗分散、乳化等状态的油粒，在投加絮凝剂时，还可以去除部分增溶状态的溶解油，油粒则和絮体一起呈浮渣状去除。因此，气浮除油一般设置在重力分离法除油之后，作为二级除油措施。

气浮工艺按其产生气泡的方式分为散气气浮和加压溶气气浮两大类。石油化工企业废水处理除油工艺一般采用两级气浮，一级采用散气气浮，二级采用加压溶气气浮，原因是散气气浮能耗低，先进行初级除油。微气泡加压溶气气浮技术使用以后，由于散气气浮+传统加压溶气气浮能耗大体与两级微气泡加压溶气气浮相当，除油效果好，两级微气泡加压溶气气浮逐步代替散气气浮+传统加压溶气气浮，除油效果好，运行更稳定。

2.2.4.1　散气气浮

（1）工艺

散气气浮是一种常压状态下空气通过微细孔扩散装置或微孔管或叶轮后，以微小气泡的形式分布在废水中进行气浮处理的过程。CAF 涡凹气浮设备是散气气浮的一种型式，其设置方式如图 2-2-3 所示，是国内生产加工、使用很广泛的一种气浮。

经过预处理后的废水流入装有涡凹曝气机的小型充气段，废水在上升的过程中通过充气段与曝气机产生的微气泡充分混合，曝气机将水面上的空气通过抽风管道转移到水下。曝气机的工作原理是利用空气输送管底部散气叶轮的高速转动在水中形成一个真空区，液面上的空气通过曝气机输入水中，填补真空，微气泡随之产生并螺旋形地上升到水面，空气中的氧气也随之溶入水中。

由于气水混合物和液体之间密度的不平衡，产生了一个垂直向上的浮力，将 SS 带到水面。上浮过程中，微气泡会附着到 SS 上，到达水面后 SS 便依靠这些气泡支撑和维持在水面。浮在水面上的 SS 间断地被链条刮泥机清除。刮泥机沿着整个液面运动，并将 SS 从气浮槽的进口端推到出口端的污泥排放管道中。污泥排放管道里有水平的螺旋推进器，将所收集的污泥送入集泥池中。净化后的废水流入溢流槽再自流至生化处理部分。

开放的回流管道从曝气段沿着气浮槽的底部伸展。在产生微气泡的同时，涡凹曝气机会在有回流管的池底形成一个负压区，这种负压作用会使废水从池底回流至曝气区，然后又返回气浮段。这个过程确保了40%左右的废水回流及没有进水的情况下气浮段仍可进行工作。

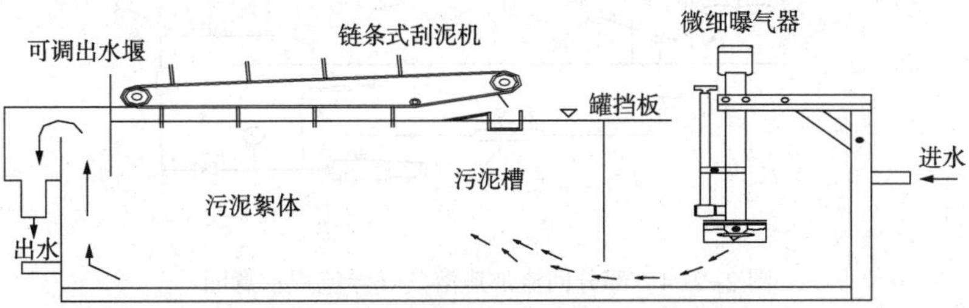

图2-2-3　散气式气浮池

浮在水面上的固体浮选物间断地被链条刮泥机清除。刮泥机沿着整个液面运行，浮物从出口端推到进口端污泥槽内。

(2) 技术特点

① 散气气浮将“微泡”直接注入废水中而不需要事先进行溶气，然后通过散气叶轮把“微泡”均匀的分布于废水中，所以整个运行过程不会发生阻塞现象，更不需要压力溶气、空压机和循环泵等设备，管理简单；

② 较传统加压溶气式气浮系统，省掉了溶气罐、空压机、高压水泵等设备，能耗较常规加压溶气气浮低，较微气泡加压溶气气浮相当；

③ 气浮气量大，尾气治理量大，气泡大，停留时间短；

④ 水流的机械剪切力与扩散板产生的气泡较大(直径达1mm左右)，不易与细小颗粒和絮凝体相吸附，反而易将絮体打碎。

散气气浮工艺的溶气率受水温和水中矿化度的影响小，比较适用于油田采出水的处理，溶气率高、停留时间短，便于预制橇装。由于不易堵塞的特点，对于处理含高黏原油的稠油油田采出水，散气气浮法进行一级气浮除油更为有效。当来水含油量高达850mg/L时，在投加气浮助剂后，除油率可以保持在80%~90%之间。

散气气浮水流的机械剪切力与扩散板产生的气泡较大(直径达1mm左右)，不易与细小颗粒和絮凝体相吸附，反而易将絮体打碎。因此，散气气浮不适用于处理含颗粒细小与含絮体的废水，不适合对废水进行深度除油。

2.2.4.2　加压溶气气浮

(1) 工艺

微气泡加压溶气气浮系统利用空压机提供的压缩空气或自然吸入的空气以及高扬程水泵提供的回流水流在溶气罐内形成高压，使空气以溶解态气体分子和非溶解态微小气核的形式分散在过饱和溶气水中。过饱和溶气水在经过系统末端的释放器时，以微气泡的形式释放，参与目标去除物的分离去除。

传统的加压溶气气浮在石油化工行业处理含油废水中应用最为广泛，特别是部分出水回流加压溶气气浮工艺，处理效果显著、稳定。因为采用处理后的净化水(对比原废水)加压溶气，故溶解气体多，溶气效率高，其流程见图 2-2-4。

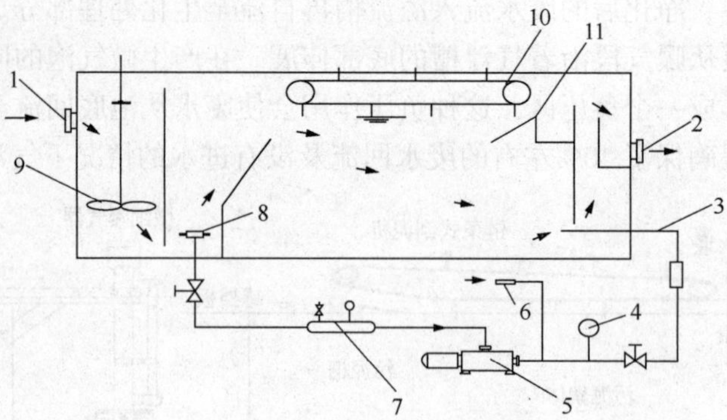

图 2-2-4　部分回流加压溶气气浮流程示意图

1—进水口；2—出水口；3—回流水；4—真空表；5—多相溶气泵；6—吸气口；
7—微气泡发生装置；8—容器释放器；9—搅拌器；10—刮渣机；11—浮渣收集槽

密闭循环吸气式微气泡加压溶气气浮是微气泡压力溶气气浮的一种，可以不向环境排放污染气体。设备采用密闭式结构，气浮过程采用的浮选气体汇集到气浮池顶部气相空间，微正压工作，浮选气被循环使用，不产生废气。为安全起见，密闭循环吸气式微气泡加压溶气气浮浮选气体可采用氮气；为避免溶解氧气对处理后废水产生的影响，浮选气体可以采用氮气或天然气。

（2）技术特点

① 微气泡细腻，浮升速度均匀，细小絮体得到很好的去除，出水含油量低，出水水质稳定；

② 回流加压的溶气水量少，动力消耗省，与散气气浮相当，比传统加压溶气气浮节能 30%～60%；

③ 溶气水气泡细小，对细小絮体有很好的积聚效果，节约药剂 15%～20%，减少排渣量；

④ 产生的尾气量少。

加压溶气气浮是将浮选气体在加压条件下通过特殊装置溶于水中，而在常压下析出。由于气泡细，运行稳定，适合于石油化工企业废水处理厂生化处理前除油处理，也适合于油田企业废水深度除油，也适合于生物处理后的废水悬浮物的去除。不适合于含高黏原油的稠油油田采出水的初级除油。

2.3　生物处理

废水生物处理是用生物学的方法处理废水的总称，是现代污水处理应用中最广泛的方法之一，主要借助微生物的分解作用把废水中有机物转化为简单的无机物，使废水得到净化。

按对氧气需求情况，废水生物处理可分为厌氧生物处理和好氧生物处理两大类。好氧生物处理是采用机械曝气或自然曝气（如藻类光合作用产氧等）为废水中好氧微生物提供活动能源，在有氧的条件下，促进好氧微生物的分解活动，把有机污染物、总氮等分解为二氧化碳、氮气和水等，使废水得到净化，如活性污泥、生物滤池、生物转盘、氧化塘等。厌氧生物处理系利用厌氧微生物，在无氧的条件下，把有机物转化为有机酸，甲烷菌再把有机酸分解为甲烷、二氧化碳和氢等，如厌氧塘、化粪池、污泥的厌氧消化和厌氧生物反应器等。

按照污泥的存在形式，废水生物处理可分为活性污泥生物处理和生物膜生物处理两大类。最先担当废水处理任务的是异氧菌和腐生性真菌，细菌特别是球状细菌起着最关键的作用，优良运转的活性污泥，是以丝状菌为骨架由球状菌组成的菌胶团，沉降性好。随着活性污泥的正常运行，细菌大量繁殖，开始生长原生动物，是细菌一次捕食者，活性污泥常见的原生动物有鞭毛虫、肉毛虫、纤毛虫和吸管虫。活性污泥成熟时，固着型的纤毛虫、种虫占优势；后生动物是细菌的二次捕食者，如轮虫、线虫等只能在溶解氧充足时才出现，所以当出现后生动物时说明处理水质好转标志。其性能指标包括：混合液悬浮固体（MLSS），污泥沉降比(SV)，污泥指数[污泥体积指数(SVI)，污泥密度指数(SDI)]。好氧生物膜是与活性污泥法并列的一类废水好氧生物处理技术，是一种固定膜法，废水中微生物沿固体(可称载体)表面生长的生物处理方法的统称，主要用于去除废水中溶解性的和胶体状的有机污染物，微生物群体沿固体表面生长成黏膜状。生物膜是由高度密集的好氧菌、厌氧菌、兼性菌、真菌、原生动物以及藻类等组成的生态系统，其附着的固体介质称为滤料或载体。生物膜自滤料向外可分为厌气层、好气层、附着水层、运动水层。生物膜法的原理是，生物膜首先吸附附着水层有机物，由好气层的好气菌将其分解，再进入厌气层进行厌氧分解，流动水层则将老化的生物膜冲掉以生长新的生物膜，如此往复以达到净化废水的目的。

废水生物处理效果好，费用低，技术较简单，应用广泛。当简单的沉淀和化学处理不能保证达到足够的净化程度时，就要用生物的方法作进一步处理。生物的方法不能完成废水处理要求或完成废水处理要求需要很长时间时，可以采用物理化学的方法。

2.3.1 生物处理技术原理

2.3.1.1 厌氧生物处理技术

厌氧生物反应涉及四类微生物：水解菌、酸化菌、产乙酸菌、产甲烷菌，对于复杂的有机物废水，厌氧生化降解过程可分为四个阶段：

(1) 水解阶段：大分子有机物不能通过细胞膜，因此不能被细菌直接利用，必须首先被细菌胞外酶分解为小分子，这一过程称为水解。具有水解功能的微生物很多为兼性菌，其生长速率比厌氧菌高，由于酶作用具有专一性，不是任何高分子有机物都能水解，可以认为，水解阶段不一定决定厌氧过程的快慢，但却决定该有机物能否被厌氧生化。

(2) 酸化阶段：小分子化合物在酸化细菌内转化为更简单的化合物并分泌到细胞外，形成的主要产物有挥发性脂肪酸(VFA)、醇类、乳酸、CO_2、H_2、H_2S 等。酸化过程是由大量的多种多样的发酵细菌组成的，除了1%的兼性菌，其余均为严格厌氧菌，如果在厌氧发酵中由于条件的改变使得 VFA 积累、pH 下降，则会使产甲烷菌活性下降，不能及时消耗氢，产生过量的丙酸，而丙酸又不能被甲烷菌直接利用，会进一步导致 pH 下降，产甲烷菌活性进一步降低，最终导致厌氧反应失败。

(3) 产乙酸阶段：酸化阶段的产物在产乙酸菌的作用下转化为乙酸，反应包括：

$$CH_3CH_2OH + H_2O \longrightarrow CH_3COO^- + H^+ + 2H_2$$

$$CH_3CH_2CH_2COO^- + 2H_2O \longrightarrow 2CH_3COO^- + H^+ + 2H_2$$

$$CH_3CH_2COO^- + 3H_2O \longrightarrow CH_3COO^- + HCO_3^- + H^+ + 3H_2$$

$$2HCO_3^- + H^+ + 4H_2 \longrightarrow CH_3COO^- + 4H_2O$$

(4) 产甲烷阶段：产甲烷菌可分为二类，一类以乙酸为基质，这类细菌产甲烷量占甲烷总量的 70%，另一类产甲烷菌为嗜氢甲烷菌，它利用 H_2 和 CO_2 形成甲烷，甲烷量占总量的 30%。两种产甲烷反应为：

$$CH_3COO^- + H_2O \longrightarrow CH_4 + HCO_3^-$$

$$HCO_3^- + H^+ + 4H_2 \longrightarrow CH_4 + 3H_2O$$

产甲烷菌对环境因素非常敏感，如 pH、温度、氧化还原电位、有毒物质等，每一项条件的改变都会影响产甲烷菌的活性，进而影响整个厌氧反应的效果。也正因为如此，产甲烷阶段往往是影响整个厌氧反应速率的关键。

在绝氧的条件下，或用如下方程式表述：

$$C_xH_yO_z + H_2O \longrightarrow CH_4 + CO_2 + H_2 + 能量$$

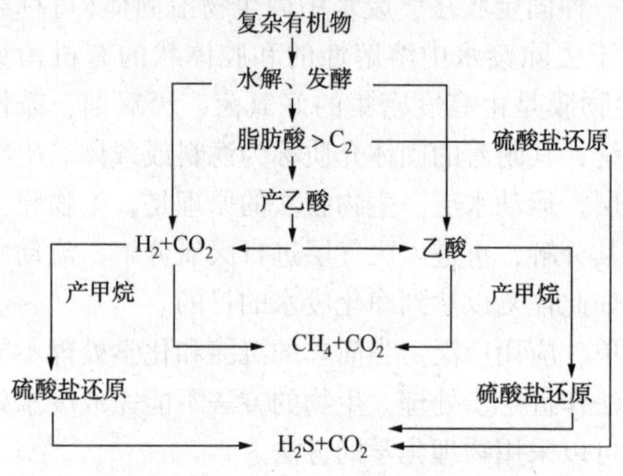

图 2-3-1　厌氧生物降解过程示意图

在上述四个阶段里，还包含着以下过程（见图 2-3-1）。

在绝氧（也称无氧）的条件下，借助厌氧菌的代谢作用将有机污染物转化为挥发性脂肪酸（简写为 VFA）、醇类、二氧化碳、氢气、氨、硫化氢，从而达到净化废水目的废水处理技术均属水解处理技术。水解处理技术不仅能够在无氧的条件下去除有机物，还可以提高废水的生化处理性能。

厌氧处理技术对废水的水质有选择性。石油化工企业大部分废水可以进行水解或酸化反应，在无氧的条件下去除有机物，例如炼油废水、乙烯废水等，称之为水解反应；部分废水可以进行产甲烷反应，例如 PTA 废水、煤制甲醇废水等，称之为厌氧反应。

废水厌氧处理技术效率高、能耗低，但不能使有机物完全氧化，需要与废水好氧处理技术配合使用。

2.3.1.2　好氧生物处理技术

在空气、温度、pH 值等一定的条件下，使好氧生物与废水充分接触，吸附和氧化废水中的有机污染物、无机污染物，使废水得到净化。

有机物的好氧分解可用图 2-3-2 表示，其方程式表述为：

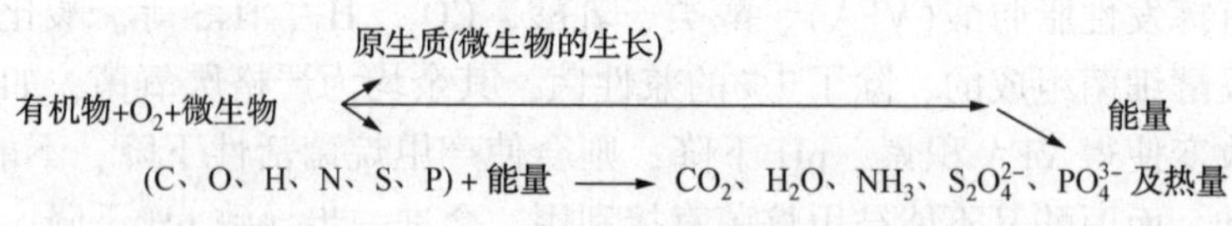

图 2-3-2　有机物好氧分解过程示意图

在有氧存在的条件，借助好氧微生物的作用达到净化废水的目的，目前大部分废水处理系统采用好氧生物处理。好氧生物处理按装置形式又可分为如下四种类型，见图 2-3-3。

（1）推流式：废水在廊道式的池子中沿池长流动，从一端进入，从另一端流出。特点是反应器中污染物的浓度沿池长方向逐步降低，如传统的好氧生化池；

（2）完全混合式：废水从池子中间进入，从侧面流出，由于鼓风机的搅拌，进水、出水相互混合，特点是反应器中污染物的浓度相同，如表面曝气池；

(3) 带选择器的完全混合式：在较低的基质浓度时，在完全混合式的池子前面设置一小混合容器，有利于絮状生物的生长，避免丝状菌的繁殖，如SBR生物反应池；

(4) 循环混合式：废水在一个圆形或椭圆形呈跑道状的的池子中循环流动，特点是沿跑道方向污染物的浓度逐步降低，兼具推流式和完全混合式反应器的特点，如氧化沟。

好氧处理按曝气方式又可分为鼓风曝气、机械曝气、射流曝气等。

A-推流式

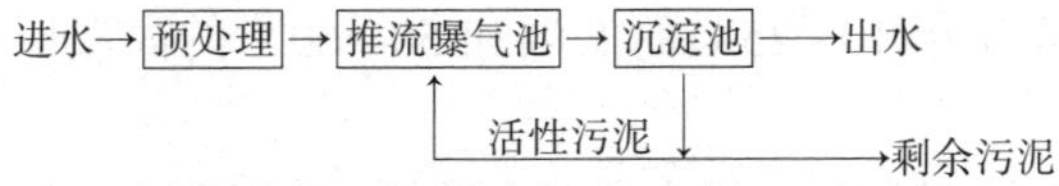

B-完全混合式

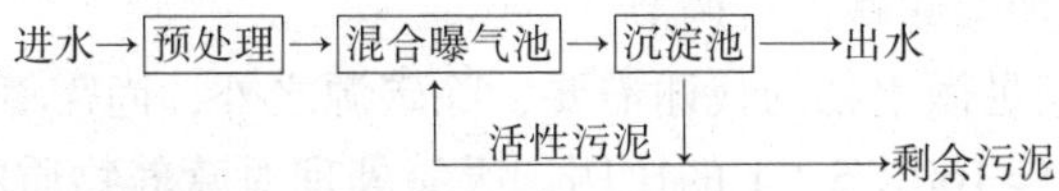

C-带选择器的完全混合式

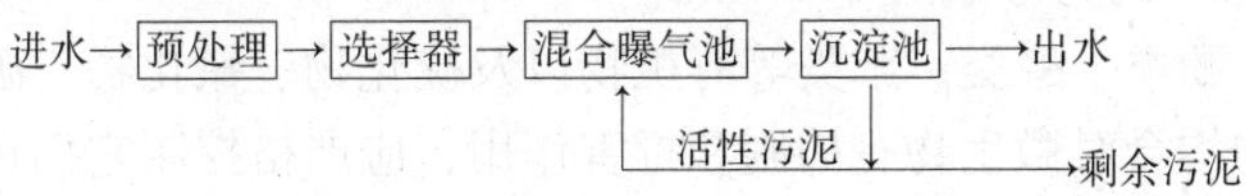

D-循环混合式

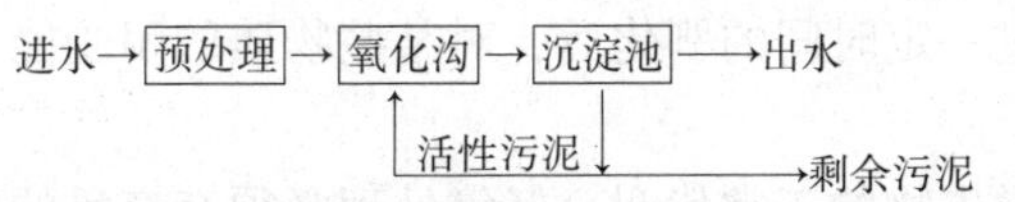

图 2-3-3　好氧处理的典型工艺示意图

2.3.1.3　生物脱氮处理技术

生物脱氮是将废水中的总氮转化为氮气的过程，包括氨化反应、硝化反应、反硝化反应三个过程。氨化反应是在氨化菌作用下，有机氮被分解转化为氨态氮，这一过程称为氨化过程，氨化过程很容易进行；硝化反应主要由好氧自养型微生物完成，在有氧状态下，利用无机碳为碳源将 NH_4^+ 化成 NO_2^-，然后再氧化成 NO_3^- 的过程。硝化过程可以分成两个阶段，第一阶段是由亚硝化菌将氨氮转化为亚硝酸盐(NO_2^-)，第二阶段由硝化菌将亚硝酸盐转化为硝酸盐(NO_3^-)；反硝化反应是在缺氧状态下，反硝化菌将亚硝酸盐氮、硝酸盐氮还原成气态氮(N_2)的过程，反硝化菌为异养型微生物，多属于兼性细菌，在缺氧状态时，利用硝酸盐中的氧作为电子受体，以有机物(废水中的BOD成分)作为电子供体，提供能量并被氧化。

缺氧—好氧生物处理系统简称为A+O工艺，它是随着废水脱氮要求的提高而出现的，是废水二级处理的新工艺。A+O工艺所完成的生物脱氮在机理上主要由硝化和反硝化两个生物过程构成，废水先在好氧反应器中进行硝化，使含氮有机物被细菌分解成氨，然后在亚硝酸菌的作用下氨转化为亚硝酸盐氮，再经硝化菌作用下转化为硝酸盐氮。硝酸盐氮进入缺氧反应器后，经过反硝化作用利用或部分利用废水中的碳源为电子供体，以硝酸盐代替分子氧作电子受体，进行“无氧”呼吸，分解有机质，同时将硝酸盐氮还原成气态氮。A+O工艺可以有很多典型工艺，如A/O工艺、SBR工艺、氧化沟工艺、同步硝化反硝化工艺等，不但能取得比较满意的脱氮效果，而且通过上述的缺氧—好氧循环操作，同样可取得高的COD和BOD去除率。

2.3.1.4　生物处理对环境的要求

在生物处理过程中必须保证微生物有一个适宜的生活条件，以取得预期的处理结果。

（1）水质　好氧处理的对象 COD 和 BOD 的浓度范围适宜，且应符合 BOD/COD>0.4，若 BOD/COD<0.2 时，应设法提高比值。好氧处理对象的 COD 一般为 200～1000mg/L；厌氧处理的对象通常是 COD 浓度大于 1000mg/L 的有机废水，水解处理可以采用较低的浓度。

COD 和 BOD 是为微生物的活动提供碳源。为避免负荷的冲击，在生物处理前需进行均质调节，以保证生物反应环境水质的稳定。

（2）水温　根据微生物的生长特点，好氧处理的最适温度通常为 20～35℃；厌氧处理通常为 35～37℃的中温，近几年 10～25℃的低温和 50～60℃的高温厌氧处理也取得了较大的进展。

（3）pH 值　好氧处理应控制反应器内的混合液的 pH 值为 6～9，厌氧处理应控制在 6.5～7.8，超过此范围必须投加酸或碱进行调节。

（4）营养物质　为满足微生物的代谢需要，除碳源之外，尚需氮和磷等微量元素，好氧处理应满足 BOD_5：N：P＝100：5：1 的比例，厌氧处理对营养物质的需要量为 BOD_5：N：P＝(200～400)：5：1，约为好氧的 1/4～1/2。

（5）毒性物质　酚类、醛类、苯类等有机物以及硫化物、氰化物、游离氨、重金属、高浓度的盐类等无机物均会对微生物有抑制和毒害作用，应严格控制它们在废水中的浓度。对于炼油和石油化工的废水，尤其要重视油含量，通常要控制在小于 20～30mg/L。由于微生物的适应能力较强，经过一定时间的驯化后，对某些物质的耐受能力和分解能力会有一定的提高。

（6）其他　为保证微生物的正常代谢，好氧处理必须有充足的氧气供应，而厌氧处理则要绝对避免氧的存在。

2.3.1.5　厌氧生物处理技术与好氧生物处理技术比较

好氧生物处理是在供氧的条件下利用好氧微生物降解 COD，其中大约 1/2 的 COD 分解为 CO_2、H_2O，剩余 1/2 的 COD 转化为生物体；厌氧生物处理则是在无氧的条件下利用厌氧微生物将可降解 COD 的 90%分解为沼气，剩余部分转化为生物体。好氧生物处理出水水质好，消耗大量的氧，能耗高；厌氧生物处理出水水质比好氧生物处理出水水质差些，水温有一定要求，但不耗氧，还将水中 COD 转化为甲烷，实现能量的再回收。厌氧工艺与好氧工艺的典型技术指标对比见表 2-3-1。

从另一个角度可以看出厌氧和好氧的差异：废水中的 COD 是污染物，COD 的生物降解过程是放热反应，因此也可将 COD 看作是一种能源。好氧生物处理过程是将 COD 视为污染物，通过外加能量，转化为另一种可以分离的污染物——污泥，外加能量和约 1/2 的 COD 能量作为热量损失掉了；厌氧生物处理过程是将 COD 视为能源，通过厌氧生化过程将其中的 90%转化为另一种可利用的资源——沼气，这个过程不需要外加能量，COD 中能量的损失率也很小。从能源和资源的角度看，厌氧生物处理比好氧生物处理有本质上的优势。

但是，不是厌氧生物技术可以替代所有好氧生物技术，厌氧生物技术的应用是有条件的，首先是有机物具有厌氧可生化性，也就是有机物能够厌氧处理，在这一点上与好氧生化处理的差异不大，能够好氧生化处理的基本上也能够厌氧生化处理，甚至厌氧生化有更宽的适用范围。其次是厌氧微生物对温度有适用范围，一般 35～37℃最佳，温度低时，反应速率下降很快，对低温废水采用厌氧处理时通常需要升温，消耗一部分能耗。第三，厌氧生化出水的 COD 通常比好氧高，难以满足严格的排放标准，这种情况下需要采用厌氧生化+好氧生化处理工艺；第四，由于只有 5%左右的可降解 COD 转化成了厌氧微生物（COD 的微生物转化率)，而微生物增殖速率与COD降解量、COD的微生物转化率成正比，由于出水中也要带出微生物，要使厌氧反应器中存留足够浓度的厌氧微生物，必须对应较高的COD降解量，或者说厌氧处理适用的进水COD浓度应较高，一般来讲，COD浓度越高，采用厌氧生物处理的优势越大，通常认为COD 2000mg/L是厌氧、好氧工艺选择的分界线，但随着厌氧技术的发展，较低COD的废水采用厌氧生物处理也越来越有竞争性，欧洲国家已有COD在500~600mg/L废水采用厌氧生物处理的成功案例。第五，有些不利反应在厌氧条件下同步发生，有时制约厌氧生化工艺的应用，例如废水中的硫酸盐一般不影响好氧生化过程，但在厌氧条件下，硫酸根被硫酸盐还原菌利用，转化为硫化氢，并与产甲烷菌竞争有机物；第六，有些化合物对厌氧生物反应有毒性，对好氧生物反应则没有影响。以上各种因素对厌氧生化过程都有不同程度的影响，可能制约厌氧技术的应用。

表2-3-1 厌氧工艺与好氧工艺的典型技术指标对表

工艺类型	进水COD/kg	曝气能耗/kW·h	污泥产量/kg	出水COD/kg	其他
好氧	100	100	30~60	10~12	热量损失
厌氧	100	0	5	10~20	沼气40~45m^3

2.3.2 厌氧生物处理技术

2.3.2.1 水解反应器

(1) 主要设施及参数

水解反应器有悬浮式反应器、接触式反应器和复合式反应器，类似于好氧生物反应器、厌氧生物反应器，水解微生物以凝聚形式形成泥粒悬浮于水中，属于悬浮式反应器；水解微生物附着在填料的表面，属于接触式反应器；二者的结合，属于复合式反应器。

水解反应器不产生沼气，因此不需要密闭，不需要设置气、液、固三相分离器。为了增加废水与污泥的混合，提高传质效率，避免废水在反应器内断路，需要增加循环泵、搅拌器、折流板、脉冲等设施。

水力停留时间是水解反应器的重要设计参数，不同的基质，其水力停留时间差别也较大。对于同一种基质，水力停留时间越长，反应越彻底。当水力停留时间超过一定的时间，效果会不明显，造成投资浪费。因此，针对不同的基质，水力停留时间需通过试验确定，或采用同类企业的数据，通常水力停留时间在6~12h。

水解反应器对pH值的适应性比较强，但当其大于9或小于4时，都会严重影响其处理效果。水温没有特别要求，与好氧微生物的环境温度基本匹配。上升流速通常采用1~2m/h，上流式厌氧过滤器见图2-3-4。

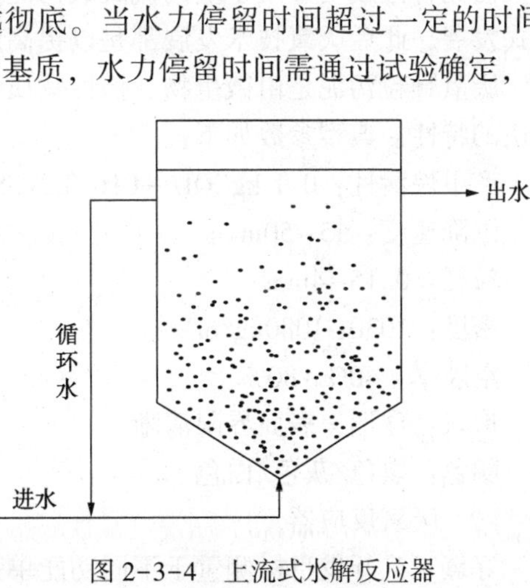

图2-3-4 上流式水解反应器

(2) 技术特点

① 水解池的启动采用了动力学控制措施，通过调整水力停留时间，利用水解细菌、产酸菌与甲烷菌生长速度不同的特点，利用水的流

动造成甲烷菌在反应器中难于繁殖的条件，在水力学控制条件下，系统中以水解和产酸菌为主。

② 较好的抗有机负荷冲击能力，进水浓度越高，COD 去除率越高，水解池对于进水浓度变化而引起的冲击负荷有很大的抵抗能力，对后续好氧生物处理提供稳定运行的条件。

③ 可改变废水中有机物形态及性质，在运转中经常出现水解池出水溶解性 COD、BOD 值高于进水的情况，这说明反应中有相当数量的不溶性有机物溶解于水中。但由于进、出水溶解性 COD、BOD 的数值相差不大，人们会误认为水解池仅仅起到物理截留作用。对水解池进、出水有机酸分析结果表明，出水的溶解性 COD 已不是原来的溶解性 COD，其中挥发性有机酸浓度大幅度上升，可以从占进水溶解性组分 9%上升到出水的 25%。因此，通过水解反应可以降解废水中的有机物，同时可以提高废水的可生化性。

④ 在低温条件下仍有较好的去除效果，即使在最低水温(10℃)时仍可稳定运行。水解反应器之所以在低温条件下仍有如此高的去除率，因为这种反应器保持大量的水解活性污泥，污泥平均浓度高，由于生物量大，大量水解活性污泥形成的污泥层，在有机物通过时将其吸附截留，这延长了污染物在池内的停留时间，从而保证了去除率。

⑤ 可以同时达到对剩余污泥的稳定，水解-好氧工艺的一个最显著的特点就是废水、污泥一次得到处理，可以稳定污泥，提高污泥的沉降与浓缩性能，在浓缩 8~12h 条件下，水解污泥的含水率可从 98.5%降至 90%左右，浓缩后污泥可直接进行脱水。

水解反应不仅能够在无氧的情况下去除有机物，而且可以提高废水的生化性能，达到节能减排的目的。该技术适合于炼油、乙二醇等大多石油化工有机废水，与好氧生物处理技术组合，达到低能耗废水处理的目的。

2.3.2.2 厌氧反应器

(1) 厌氧污泥形态

厌氧处理技术与厌氧污泥形态是密切关联的，20 世纪 70 年代之前，对厌氧污泥形态的认识与好氧污泥是一致的，或是絮体形态，或是生物膜形态，对应的厌氧处理工艺和好氧处理工艺是一致的，可划分为厌氧泥法和厌氧膜法两种。1976 年研究者在荷兰的一个厌氧反应器中发现了颗粒污泥，引起研究人员的关注，随后研究人员对此进行了大量研究，并基于颗粒污泥特性成功开发了上向流厌氧污泥床反应器(UASB)，使厌氧生物处理技术得到里程碑式发展，此后厌氧技术发展都是以提高颗粒污泥浓度、改善颗粒污泥性能为目标。

厌氧颗粒污泥是由微生物、惰性物质和胞外聚合物组成的颗粒状污泥，具有高活性和沉速快的特性，典型参数如下：

产甲烷活性：0.1 kgCOD—CH_4/kgVSS · d~2.0 kgCOD—CH_4/kgVSS · d

沉降速度：15~50m/h

粒径：0.15~4mm

密度：1030~1080kg/m^3

空隙率：40%~80%

形状：球形，表面界限清晰

颜色：黑色/灰色/白色

(2) 厌氧反应器

好氧工艺开发目标侧重于不同功能单元的组合实现多种污染物的同步去除，属于流程开发；厌氧工艺与此不同，由于厌氧污泥生长慢、厌氧过程产生大量沼气的反应特性，厌氧技术的开发更多地侧重于厌氧反应器构造，目标是尽可能提高厌氧污泥浓度和活性，提高反应效率。

第一个厌氧反应器是1905年研制的殷霍夫池，用于处理粪便废水，此类反应器负荷很低，随后很长时间内没有较大的发展。过去30余年的时间里，随着厌氧技术的发展，开发了多种类型的高效厌氧反应器，这里所说的厌氧反应器指高效厌氧反应器，厌氧处理根据反应器技术类型可分为以下几类：

① 厌氧滤池(AF)

20世纪60年代末美国开发，反应器中加装填料用于附着生长厌氧微生物，一般采用底部进水，上部出水，COD去除负荷5~12kgCOD/m^3·d，启动周期短，适合低悬浮物的废水处理，悬浮物高时易堵塞。厌氧滤池长期运行后，由于污泥量的增长可能导致部分填料区阻塞，导致局部水流不畅，进而产生水流短路，使处理效率下降。厌氧滤池在20世纪80年代和90年代应用较多，近些年应用数量下降。对于结构复杂的有机物，不同高度的填料层可对应生长不同类型的微生物，因此厌氧滤池适合复杂有机废水的处理，对于难以形成颗粒污泥的厌氧处理，采用厌氧滤池也是合理的。

② 上流式厌氧污泥床(UASB)

20世纪70年代荷兰开发，反应器内无填料，上部安装三相分离器。UASB是依据厌氧颗粒污泥机理开发，厌氧颗粒污泥密度大，沉降速度快，可以在实现泥水分离的条件下大大提高微生物量，进而提高厌氧处理负荷。废水由UASB底部进入，上部排出，反应器内上向的水流(流速0.5~2.5m/h)和厌氧所产沼气协同作用，使颗粒污泥处于浮动状态，形成所谓的污泥床，颗粒污泥和水流的相对运动也大大强化了传质，有利于反应效率的提高。当水流到达反应器顶部的三相分离器后，通过其特殊构造，将颗粒污泥截留，使废水过流并将沼气汇流后收集，实现“气、液、固”三相分离。UASB内主要存留颗粒污泥，污泥浓度大幅度提高，进而处理负荷也大大增加，可达到20kgCOD/m^3·d以上；由于反应器为空体，比厌氧滤池少产生堵塞和水流短路，处理效果稳定，该型厌氧反应器应用业绩最多，目前全球有近2000套UASB处理装置。

③ 厌氧膨胀床反应器(EGSB)

20世纪80年代后期荷兰开发，也是基于厌氧颗粒污泥的技术，与UASB相比，设置外部水流循环，维持反应器内水流上升流速在2.5~6.0m/h，反应器采用较大高径比(可达15~40)。这种技术特征使得反应器内颗粒污泥呈膨胀状态，颗粒粒径较大，沉降性能好，反应传质更充分，有效避免水流短路，比UASB处理负荷更高。由于外循环水流的稀释作用，可以处理超高浓度或有毒废水；由于上升流速高，传质不依赖于沼气产生量，对于低浓度和低温废水，EGSB也有很好的处理效果。由于反应内液流上升流速高，泥水分离的要求更高，否则会导致污泥流失，因此EGSB反应器的三相分离器是关系可否稳定运行的关键因素。国内外EGSB应用业绩数量增长很快，目前仅低于UASB和IC。

④ 内循环厌氧反应器(IC)

20世纪90年代荷兰帕克公司开发，专利技术，构造近似于垂直叠加的两个厌氧反应室，技术原理是厌氧形成颗粒污泥，所产沼气经一级三相分离器收集后进入上升管中向上流动，并带动下部反应室内液流一并向上流动，即形成气提作用，沼气和提升的液流进入反应器顶部的脱气罐后，沼气分离并排除，液流经过下降管回流到下部反应室，形成液流的内循环。在内循环的作用下，反应器内微生物和废水的混合更充分，强化了传质，提高了反应速率。经过下部厌氧反应室的处理后，废水通过一级三相分离器进入上部反应室进一步处理，最终经过二级三相分离器后由反应器顶部排出。上部厌氧反应室的作用：一是使上升管内产生压力差形成液流内循环；二是负荷波动时作为保安措施防止颗粒污泥的流失。IC厌氧反应器的COD负荷可达30~40kgCOD/(m^3·d)，国内外应用业绩数量已经与UASB相当。

(3) 技术特点

① 由于颗粒与流体相对运动速度较高，液膜扩散阻力小，传质作用强，因此生物化学过程进行得较快，废水在反应器内的停留时间较短；

② 容积负荷高，反应器容积少，占地面积小；

③ 能耗低，产出燃料；

④ 运行成本低，操作简单且易于控制；

⑤ 提高废水好氧生化处理特性。

厌氧反应器是目前国内外应用最为广泛的反应器，且仍有迅速增长之势。目前厌氧技术主要还是用于食品工业的高浓度废水的处理，以及剩余活性污泥的厌氧消化。在工业废水的处理上比较少见，对于石油化工废水，只是PTA、MTO等少部分废水的处理采用了此技术，已成功在多个PTA厂运行，并证实厌氧技术是具有高效、节能、占地小等优点且有较好发展前景的高浓度废水处理工艺。

2.3.3 好氧生物处理技术

2.3.3.1 A/O工艺

(1) 工艺流程

依据硝化—反硝化的脱氮机理，产生了多种形式的处理工艺，包括各种悬浮和附着生长生物技术，以及两者的组合。所谓的单级A/O工艺是最简单的脱氮工艺，指用一个缺氧反应器和另一个好氧反应器组成的联合系统，从好氧反应器出来的一部分混合液靠回流泵返回到缺氧反应器进水端，另一部分在分离活性污泥后其上清液作为出水。A/O工艺的流程如图2-3-5所示。

A/O工艺又分活性污泥法和生物膜法。对于由悬浮生长即活性污泥法所构成的A/O系统，一般是由缺氧池和好氧池(也可将一个池分成缺氧区和好氧区)组成。附着生长技术即膜法反应器所构成的A/O系统，是由相对独立的两个填料床反应器串联组成，其中一个保持缺氧状态，另一个保持好氧状态。反应器的填料包括颗粒填料、软性填料、立体填料等。膜法A/O工艺一般能获得比悬浮生长更好的脱氮效果，主要因为载体为生长速度缓慢的硝化和反硝化菌提供了适宜场所，特别是在缺氧反应器中，填充的软性或弹性立体填料是耐受毒物能力强和适应不良环境的反硝化菌的栖息地，因此对提高反硝化效果十分有益。

厌氧—缺氧—好氧组合工艺简称为A-A/O工艺，由三段生物处理所构成，是简单A/O工艺的改良形式。它与单级A/O工艺的不同之处在于前端设置一厌氧反应器，旨在通过厌氧过程使废水中的部分难降解有机物通过水解酸化作用得以降解或去除，改善废水的可生化性能并为后续的缺氧段提供适合于反硝化过程的碳源，最终达到高效去除COD、BOD、N、P的目的，因而这个工艺更适合处理高浓度COD和氨氮废水。A-A/O系统的工艺流程如图2-3-6所示。

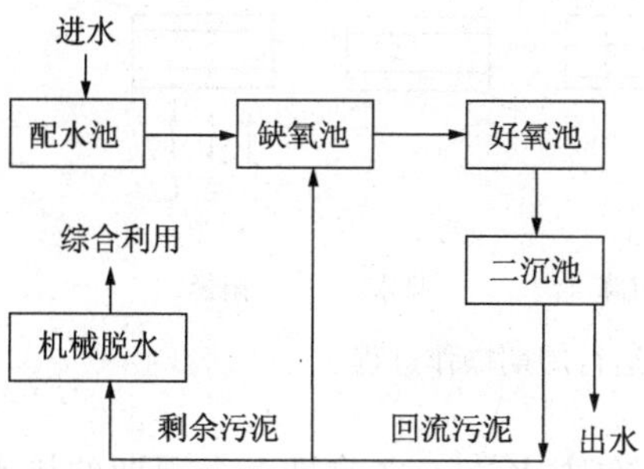

图 2-3-5 A/O 工艺流程示意图

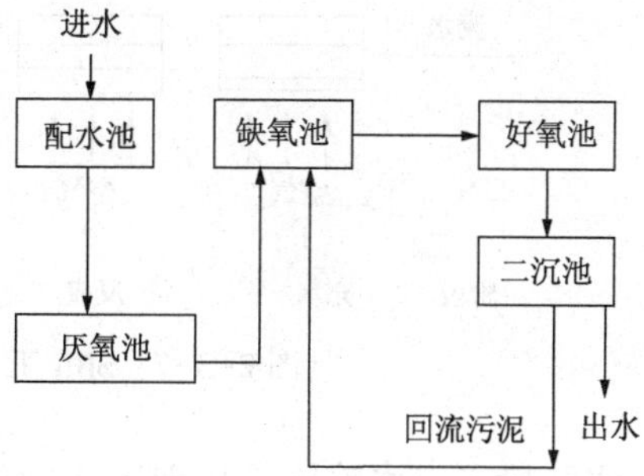

图 2-3-6 A-A/O 工艺流程示意图

废水经预处理后进入厌氧反应器，使高 COD 物质在该段得到部分分解，进入缺氧段，进行反硝化过程，而后是用于氧化降解有机物和进行硝化反应的好氧段。为确保反硝化的效率，好氧段出水一部分通过回流而进入缺氧段，并与厌氧段出水混合，以便充分利用废水中的碳源。另一部分出水进入二沉池，分离活性污泥后作为出水，污泥直接回流到缺氧段。

生物反应池有效容积应等于好氧反应池与缺氧反应池的有效容积之和。好氧生物反应池有效容积应按 BOD_5负荷和 NH_3-N 负荷分别计算，应取其大者作为好氧反应池的设计有效容积；缺氧反应池的有效容积应根据试验或同类厂实际运行数据确定，当无数据时可按好氧反应池有效容积的 1/3～1/4 选取；去除氨氮时，好氧反应池内混合液的剩余碱度不宜小于 80mg/L(以 $CaCO_3$计)；硝化液的回流比宜按 200%～300%选取，但要满足废水处理场的总氮达标要求；缺氧反应池池内宜设置液下搅拌或推流设施。

(2) 技术特点

① 效率高，A/O 工艺对废水中的有机物、氨氮等均有较高的去除效果，总氮去除率在 70%以上。

② 流程简单、投资省、操作费用低，A/O 工艺是以废水中的有机物作为反硝化的碳源，故不需要再另加甲醇等昂贵的碳源，在反硝化过程中产生的碱度相应地降低了硝化过程需要的碱耗。

③ 缺氧反硝化过程对污染物具有较高的降解效率，如 COD、BOD_5在缺氧段中去除率在 67%、38%，酚和有机物的去除率分别为 62%和 36%，故反硝化反应是最为经济的节能型降解过程。

④ 因为硝化液回流的作用，使的 A/O 工艺具有很好的耐负荷冲击能力，当进水水质波动较大或污染物浓度较高时，均能维持正常运行，故操作管理也很简单。

通过以上流程的比较，不难看出，生物脱氮工艺本身在脱氮的同时，也降解酚、氰、COD 等有机物，被石油化工企业广泛采用。

2.3.3.2 SBR 工艺

(1) 工艺流程

SBR(Sequencing Batch Reactor)工艺，又称序批法，是现行活性污泥法的一个变种，它的污染物去除机理与传统活性污泥法基本相同，仅仅运行操作模式不一样。图 2-3-7 为 SBR 的基本运行模式，其操作由充水、反应、沉淀、排水和闲置等 5 个基本过程组成，从废水流入开始到闲置时间结束作为一个周期。在一个周期内，全部过程都在一个设有曝气和搅拌装置的反应池内依次进行，这种操作周期周而复始反复进行达到废水处理目的，而这里不需要传统活性污泥法的沉淀池和污泥回流泵等。

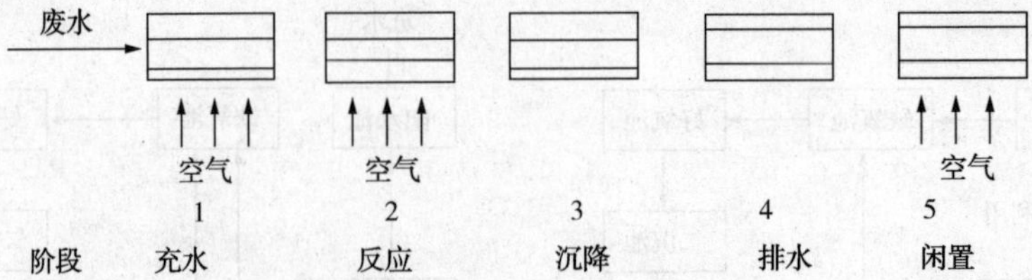

图 2-3-7　SBR 工艺一个运行周期操作过程

① 充水阶段　充水阶段是接纳废水的过程。在废水流入之前是上个周期的排水或闲置状态。反应池内有类似活性污泥法中的回流污泥的混合液。此时反应池内的水位最低。在所规定的进水时间内或者达到最高水位之前，反应池的排水口一直处于关闭状态。

② 反应阶段　在反应池充水时或充水后，进行曝气或搅拌，是达到反应目的(去除 BOD、硝化、脱氮、除磷)的主要工序。

③ 沉降阶段　沉降阶段相当于活性污泥法中的沉淀池。停止曝气和搅拌，使活性污泥静止沉淀，沉淀效果较好。

④ 排水阶段　排出沉淀后的上清液，恢复到处理周期开始的最低水位。池底沉降的活性污泥作为下个处理周期的回流污泥。如有剩余污泥则引出排放。池中剩余的部分处理水具有稀释水的作用。

⑤ 闲置阶段　沉淀排水后至下一个周期开始称为闲置阶段。也可根据需要进行搅拌或者曝气。在缺氧条件下搅拌比好氧要省能量，同时对保持污泥的活性也是有利的。

在一个运行周期中，各个阶段的运行时间、反应器内混合液体积以及运行状态等都可以据废水性质、出水水质等灵活控制。比如在进水阶段，可按只进水不曝气(搅拌或不搅拌)的限制性曝气或边进水边曝气的非限制性曝气方式运行；在反应阶段，可以始终搅拌，为了生物脱氮也可曝气后搅拌，即曝气搅拌交替进行；剩余污泥量可以在闲置阶段排放，也可以在排水阶段或反应阶段后期排放。可见，对于单一 SBR 来说，不存在空间上的控制障碍，只在时间上进行有效地控制与变换，既使实现操作灵活，又能达到各种功能的要求。

(2) 工艺特点

① 工艺简单，构筑物少，无二沉池和污泥回流系统，基建费和运行费都较低。SBR 用于工业废水处理，可不设置调节池。

② 在几乎完全静止的条件下进行固液分离，在污泥沉降过程中，不存在短路，污泥流失少，可保持较高的活性污泥量，能处理浓度较高的废水。

③ 污泥的 SVI 值较低，易于沉淀，一般不会产生污泥膨胀。

④ 在相同的水质条件下，与完全混合式和推流式相比，SBR 法具有更好的基质去除效果。在去除 BOD、COD 的同时，当 SBR 法处于缺氧—好氧状态，具有反硝化功能，可以获得较高的氮、磷去除率。如运行管理得当，处理水水质优于传统活性污泥法。

⑤ SBR 的运行操作、参数控制可实施自动化管理，以达到最佳运行状态。针对其间断进、出水的缺点，目前发展了一些连续运行方式的新型工艺过程，如 CASS 工艺、UniTANK 工艺等，都得到了广泛的应用。

2.3.3.3　氧化沟

(1) 工艺流程

氧化沟的基本处理流程如图 2-3-8 所示。氧化沟由沟体、曝气设施、进水分配井、出水溢流堰和自动控制等设备组成，见图 2-3-9。

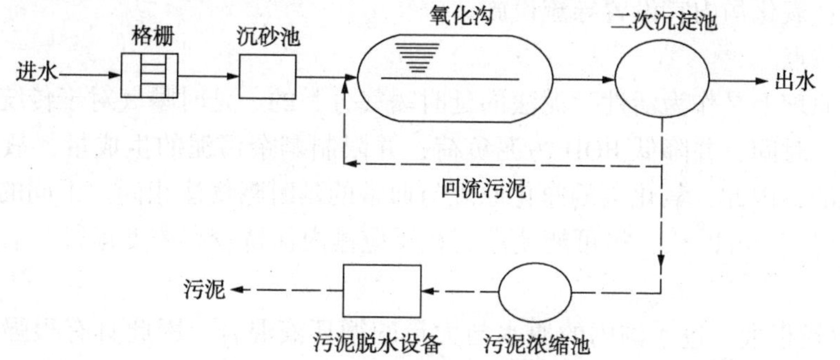

图 2-3-8　氧化沟工艺基本流程

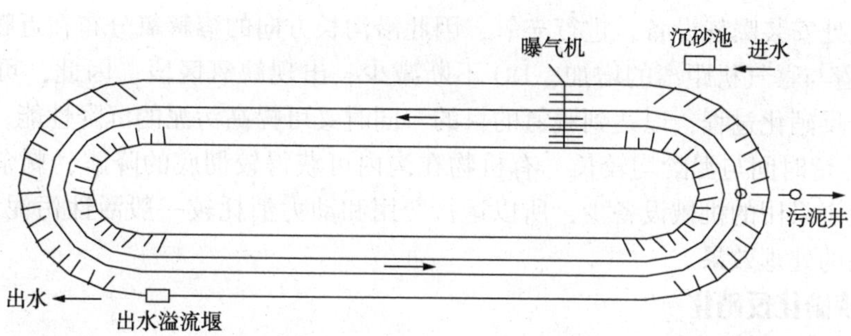

图 2-3-9　氧化沟基本组成部分

氧化沟沟体的平面形状呈环状沟渠，也可以是长方形、圆形或其他形状，断面形状多为矩形和梯形。

曝气设备是氧化沟的主要设施，它起着供氧、推动水流作为水平方向的流动和防止活性污泥沉淀等作用。常用的有表面曝气机、曝气转刷、射流曝气器、曝气转盘和导管曝气机等。曝气设备通常安装在沟体直线段的适当位置上，并通过改变曝气机的转速或淹没深度来调节曝气机的充氧能力，以适应运行的要求，节省电耗。当采用曝气转刷时，氧化沟水深一般不大于 2.5m；当采用表面曝气机时，由于其提升能力较强，沟深可采用 2.5~4.5m；当采用射流曝气器时，也可以采用较大的沟深。由于射流器安装在沟底，通过喷嘴可使回流污泥和废水获得良好的混合。当采用导管式曝气氧化沟时，由于它可以形成较大的底流速度，能采用较大的沟深。

当设有两组以上的氧化沟时，要设置配水井，以分配和控制进水量。

出水溢流堰的堰高一般为可调节的，改变曝气设备的淹没深度，适应各种充氧量的要求。

自动控制设备一般有溶解氧控制系统、进水分配井、闸门和出水堰等。

氧化沟是将经过格栅、沉淀槽处理的废水，用设有机械式曝气装置的循环流路反应槽，使废水和活性污泥的混合液在环状曝气渠道中循环流动进行生物处理的方法。预处理的沉淀槽也可以不设。

氧化沟曝气设备可采用曝气转碟、曝气转刷或表面曝气叶轮等；当采用曝气转碟、转刷时，氧化沟的超高宜为 0.5~1.0m；当采用叶轮表面曝气时，其设备平台宜高出设计水面 0.8~1.2m；氧化沟采用转刷曝气器时，其有效水深宜为 3~4m，采用转碟曝气器时，其有效水深不宜大于4.0m；氧化沟沟内水平流速不宜小于0.3m/s；氧化沟出水应设置可调节水位的出水堰板；氧化沟内宜设置导流设施。

（2）技术特点

氧化沟在原理上是作为活性污泥法的延时曝气分类的。延时曝气对于传统活性污泥法来说，是延长曝气时间，并降低BOD污泥负荷，并限制剩余污泥的生成量，氧化沟也是以此为目的而形成的，因此，氧化沟的净化原理与通常的延时曝气法相同。不同的是，氧化沟设定的污泥停留时间(SRT)长，尽可能使污泥在反应槽内保持较高浓度运行。氧化沟具有下述技术特征：

① 循环流量很大　进入沟内的原水与大量的循环液混合，因此具有很强的承受冲击负荷的能力。对不易降解的有机物也有较好的处理效果。

② 处理效果稳定可靠　除了BOD、SS的去除之外，还可以达到脱氮除磷的目的。氧化沟一般仅在几处安装曝气设备，进行充氧，因此沿沟长方向的溶解氧分布在近曝气机下游处DO最高，随着与曝气机距离的增加，DO不断减少，出现缺氧区段。因此，可以在沟中相继进行硝化、反硝化过程，以达到脱氮的目的，同时又可提高污泥的沉降性能。

③ 水力停留时间与泥龄均较长　有机物在沟内可获得较彻底的降解，剩余污泥量少且趋于稳定。由于采用的机械设备少，所以运行费用和动力消耗较一般活性污泥法低或相同，并能取得更高的处理效果。

2.3.3.4 同步硝化反硝化

（1）原理

通常所说的A/O工艺为连续进水、连续排水的缺氧反应池与好氧反应池分别独立的活性污泥系统或接触氧化系统。其特征是缺氧池与好氧池分别设置(空间分隔)，相互隔离互不影响，通常缺氧池设置在好氧池前，称为“前置反硝化生物脱氮工艺”。

传统缺氧-好氧脱氮工艺(A/O工艺)设置前置的反硝化池回流混合液进行总氮的脱除，回收消耗的50%的碱度和62%的耗氧量，因此得到广泛应用。但反硝化过程要求较高的回流比，回流比低，总氮的去除率低；需要较高的BOD_5/TKN>4比值，对C/N较低的高氨氮煤化工废水，因反硝化效率的降低，容易造成硝态氮的累积，影响处理效果和处理成本；需要较多的碱度，碱度不足会限制硝化反应的进行。同步硝化反硝化工艺因为是在一个反应器完成硝化和反硝化，这些问题都可得到很好解决。

同步硝化反硝化是采用射流+微孔的组合曝气方式，絮体周期性的经过喉管充氧传质，絮体内部周期性的经历好氧和缺氧状态，形成了同步硝化/反硝化的微观环境；采用设导流板的深水中层曝气的型式，鼓风机配变频器以控制生化池内DO(溶解氧)浓度，创造出同步硝化反硝化的宏观环境，实现了高氨氮废水同步硝化反硝化处理。

采用射流与鼓风混合曝气形式，把传统的鼓风曝气和射流曝气有机的结合起来，此好氧方式是借鉴物理学、流体力学的科研成果，是对传统的废水治理技术的突破，使废水处理技术达到模块化、标准化、产品化。

（2）工艺流程

依据硝化—反硝化的脱氮机理，同步硝化反硝化工艺是由无数个简单的A/O工艺组成。同步硝化反硝化工艺的流程如图2-3-10所示。

采用微孔和射流混合曝气，将处理完的废水回流液在循环泵的作用下输送至射流器，并从射流器快速喷射而出形成射流，而位于射流器中心的垂直向管末端的射流，自动将大气中的空气源源不断地吸入反应器内形成微小的气泡。同时导管内液体射流形成非常强的湍流，将空气、废水和微生物理想地混合在一起，使得不同相物质间交流达到极大化。结果，第一，微细气泡的形成和扩散促进了氧气向水中的融合，形成曝气过程；第二，将微生物团分成更小的团，增加了活性细菌数微生物团的比表面积。大部分处理水和微生物的混合液，将经过循环泵、喷嘴重新回到反应器内，在反应池内不断混合和曝气的过程。

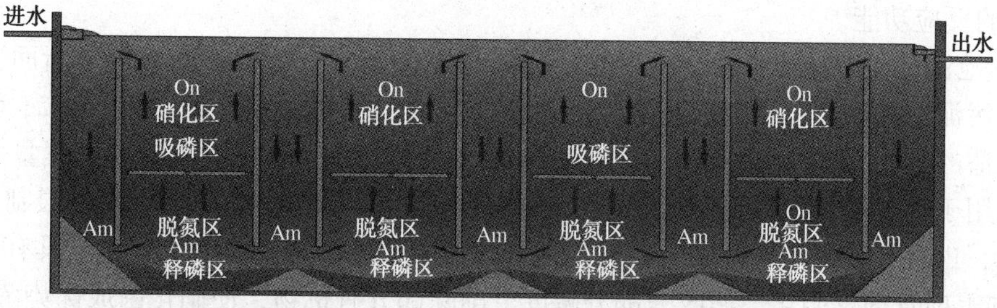

图 2-3-10　同步硝化反硝化工艺流程示意图

好氧池中部用可提升式微孔曝气管补气，通过微孔曝气，同时射流搅拌均匀，氧的利用率比单纯的射流或鼓风高。为了提高总氮的去除率，提高硝化反应的效率，通常在同步硝化反硝化的前端设置缺氧池；当氨氮的浓度较高时，可以采用两段缺氧+同步硝化反硝化组合工艺。

在缺氧池上部设置衍车来回移动进行搅拌，来回速度可控，在衍车下部设置射流器并通过射流泵抽吸缺氧的水进行循环搅拌，这样使得缺氧池上部的水打入下部，又通过射流器扩散装置在底部混合，使得废水形成 O1→A2→A1→O1 的大循环，这样的流场使得反硝化菌在兼氧和缺氧的条件下反复交替，反硝化效果更彻底。

缺氧区采用多级穿孔旋流的形式，射流循环泵从缺氧区末端吸水，利用射流循环泵吸水井与硝化区形成的水位差进行自循环，缺氧区过水流量即射流循环泵流量。液碱、磷酸进到射流循环泵吸水井，通过射流循环泵混合、稀释后，再通过射流曝气器分配到硝化区。高氨氮废水、回流污泥和外加甲醇泵送到穿孔旋流的缺氧区起端，与硝化区回流混合液混合后逐格推流到射流泵吸水井。

硝化菌对 pH 值变化非常敏感，最佳 pH 值是 8.0~8.4，在这一最佳 pH 值条件下，硝化速度，硝化菌最大的比值速度可达最大值。pH 对硝化反应的影响只是表观现象，实际起作用是硝化和反硝化两个碱度的平衡，因此在池中设置了 pH 在线分析仪，可以和池前端的液碱投加装置进行联锁，充分保证硝化菌在适宜的 pH 值下反应。

氧是硝化反应过程中的电子受体，反应器内溶解氧高低，必将影响硝化反应得进程。在活性污泥法系统中，大多数学者认为溶解氧应该控制在 1.5~2.0mg/L 内，低于 0.5mg/L 则硝化作用趋于停止。在 DO>2.0mg/L，溶解氧浓度对硝化过程影响可不予考虑。

在池末端设置了在线溶氧仪、在线 COD 分析仪，以便对系统的溶解氧和反应情况进行及时监测。将 DO 和 COD 两个参数与射流泵、风机联锁，通过变频控制射流泵和风机的开启，控制池中的溶解氧，并最大程度地节省能耗。

同时可以采用在线监测仪表，对反硝化效果进行实时监测，并将数据与风机联锁，实现变频控制，最大程度地节能与保证反应效果。

(3) 技术特点

① 反应池结构简单，基建成本低。

② 反应池采用好氧、厌氧及缺氧一体结构，功能齐全，内有短程硝化及反硝化功能，同时具有好氧氨氮的氧化功能。

③ 反应池可以具有很大的池深。本功能利用气提原理，水池中部设置曝气管，在曝气气泡上升过程中形成水流上升，带动污泥经历厌氧区、缺氧和好氧化区，此过程中形成了变形 A^2/O 的反应功能。

④ 本池池型构造能使各个部位的功能得到理想的发挥。第一，底部楔形断面上的斜坡既保证了污泥的顺利下滑，也保证了底部面积不致过大而造成污泥的沉积。第二，池面形成一个个合适的上升通道，利于上升气泡流的密集。第三，本池型不会受到处理量大小的制约，既适用于小型处理，也适用于大型处理。第四，本池型可不受地形条件的限制，既可设计成矩形，也可设计成圆形，既可做成地面式也可做成地下式或半地下式，更具有灵活性。

⑤ 加上前置的反硝化，回收一部分碱度，削除部分有机物，使硝化菌成优势菌种。

⑥ 对于高浓度含氨废水，采用两段缺氧+同步硝化反硝化，提高总氮去除率。

⑦ 煤气化、转换过程产生的废甲醇可以作为碳源补充，补充少量碱液。

2.3.3.5 MBBR 工艺

(1) 工艺流程

MBBR 工艺与传统的活性污泥法 A/O 工艺流程基本相同，只不过是在反应池中添加了生物载体，其典型的流程图如 2-3-11，其有三种模式：

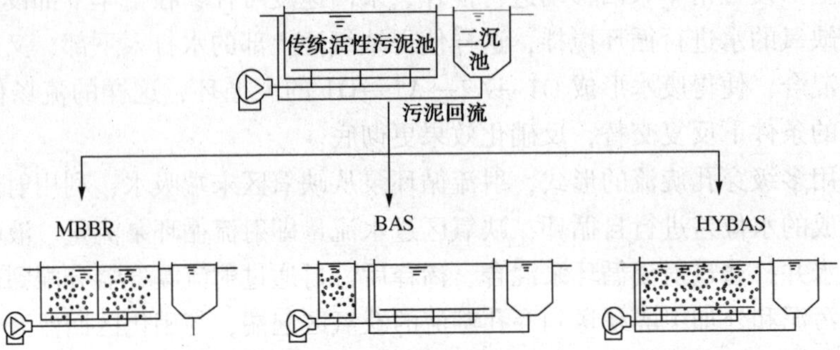

图 2-3-11 MBBR 工艺与相关工艺的关系

① MBBR 工艺：在反应池中添加填料，取消污泥回流；

② BAS 工艺：在活性污泥反应池前加一个高效的 MBBR 反应池；

③ HYBAS 工艺，在反应池中添加填料，保持污泥回流。

在实际工程应用中，可根据不同情况，灵活运用，填料可在 A 段投加，也可在 O 段投加，也可两段都加，有时为了节省工程费用，发挥填料的最大优势，在 O 段的首段和末段投加填料。MBBR 工艺与相关工艺的关系见图 2-3-11。

(2) 特点

载体生物膜流动床工艺适合于任何废水厂池体(大小、形状、深度)的新建或改造，因此，可以根据具体情况灵活选择，其工艺的基本构件包括：生物载体、曝气或搅拌系统、出水装置。

① 负荷高、占地省　容积负荷取决于生物载体的有效比表面积。由于巨大的有效比表

面积(内表面、受保护)及工艺的稳定性，容积负荷典型采用0.2~5kg BOD_5/(m^3·d)或在市政废水处理厂常用4~6h的水力停留时间去除碳源(COD、BOD)、硝化(NH_3和TKN)和脱氮。

② 耐冲击性强、性能稳定、运行可靠　冲击负荷以及温度变化对载体生物膜流动床工艺的影响要远远小于对活性污泥法或其他生物膜法的影响。当废水成分发生变化，或废水毒性增加时，生物膜对此的耐受力很强。

③ 曝气或搅拌系统操作方便，维护简单　曝气系统采用穿孔曝气管系统，不易堵塞。搅拌器采用具有香蕉形搅拌叶片，外形轮廓线条柔和，不损坏载体。整个曝气和搅拌系统很容易维护管理。

④ 无堵塞及死角、生物池容积得到充分利用　由于载体和水流在生物池的整个容积内得到有效混合，从根本上杜绝了生物池的堵塞可能。

⑤ 灵活方便　体现在两方面：一方面，可以采用各种池型(深浅方圆都可)，而不影响工艺的处理效果。另一方面，可以很灵活地选择不同的载体填充率，达到兼顾高效和长期扩大处理规模而无需增大池容的要求。对于原有活性污泥法污水处理场的改造和升级，载体生物膜流动床工艺可以很方便地与原有的工艺有效结合起来，形成活性污泥-生物膜集成工艺，以增强处理效果、改进出水水质和/或硝化和反硝化。

⑥ 使用寿命长　优质耐用的生物载体、曝气系统和出水装置可以保证整个系统长期使用(20年)而不需要更换。

2.3.3.6　生物滤池(BAF)

(1) BAF工艺流程

BAF池由前端的配水区，后端的集水区、集泥区和中部多个串、并联组成。每间单池底部设有曝气区，中间部分为填料区，上部配水槽和反冲排水槽。填料上表面保护水深一般为0.3~0.6m。每间单池设有曝气管、反冲洗气管、配水管、反冲排水管和放空管。废水一般为自流进入BAF，也可通过泵提升进入。集泥区的泥水混合物一般通过污泥泵排入污泥浓缩装置。BAF工艺流程示意见图2-3-12。

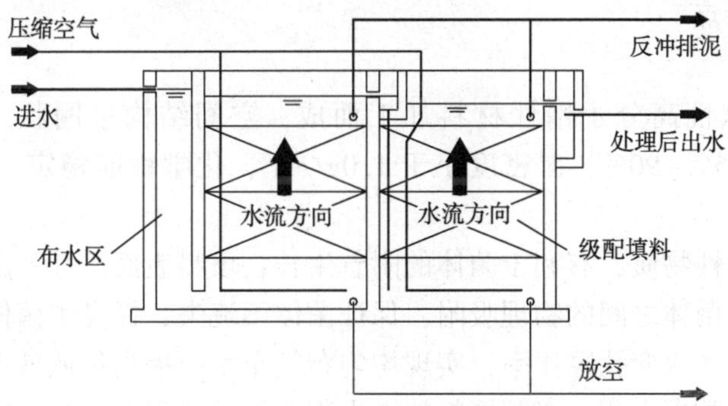

图2-3-12　BAF工艺流程示意图

经过预处理后的废水自流或水泵提升进入BAF池的配水区；废水经布水区均匀布水后，自底部进入第一级BAF池，由下至上通过级配填料床。通过第一级BAF池顶部的溢流孔洞进入第二级BAF池的布水槽，经布水管进入第二级BAF池的底部。级配填料床内接种工程菌，废水中的污染物被工程菌分解、代谢。后续各级水流方式与第一级BAF池相同。合格废水由最后一级 BAF 池池顶的溢流堰进入集水槽，通过集水区的外排管道排放。

BAF 池采用微孔曝气管，具有较高的充氧效率。但曝气设备的布气管道中通常会存有一定量的积水。积水主要来自三方面，一为压缩空气中水汽在布气管内凝结；二为管道接口渗漏，特别是鼓风机停止工作时上游管道接口渗入布气管道；三是废水通过曝气管的微孔流入配气管。积水会减少布气管道的面积，减少曝气风量，影响曝气效果。各单池的布气管系统均设有积水排水管，根据情况只需定期开启排水管的阀门排水即可。

BAF 池需要定期进行反冲排泥，采用压缩空气反洗的方式，各单池轮流反冲，交替进行。反冲洗时，开启反冲气阀，通过进水的推流作用将泥水经反冲排水管道、集泥区送至污泥浓缩池。BAF 池池底设置曝气系统。每个单池底部均匀布置微孔曝气器，为工程菌提供氧气。BAF 池内工程菌所需的氧气和反冲用气均由鼓风机提供。

BAF 采用空气反冲洗。由于级配填料的空间结构呈网状，孔隙率较高，采用空气反洗即可取得较好的清洗效果。反冲洗时进水阀、曝气阀仍然开启，反冲排水阀首先打开，池内的废水通过反冲排水管排出，水位迅速下降到反冲排水槽表面；此时反冲气阀打开，大量空气将 SS 物质和生物膜从填料表面剥离，被上升的水流、气流带至 BAF 的保护水层，并形成泥水混合物；由于进水阀仍然开启，这些泥水混合物随着水流通过反冲排水管排出池外。达到清洗效果后，先关闭反冲气阀，再关闭反冲排水阀，BAF 随即转入正常运行状态。

BAF 由自控系统控制进行。具体反冲洗周期与水质有关，一般通过调试确定。当出现以下情况之一时，应强制进行反冲洗：

① 池内水位超过设计值，甚至高于进水槽壁的顶部直接进入下一级池子；

② 池内曝气气泡不均匀，部分区域有大气泡而其他部分无气泡；或全池气泡较小，DO 小于 2mg/L；

③ BAF 出水 SS 升高，水质变差；

④ 滤池检修或停运前。

（2）BAF 技术特点

① 级配填料

级配填料为亲水性高分子惰性材料加工而成，空间结构呈网状，比表面积大于 $5\times10^4m^2/m^3$，孔隙率 65%~90%，湿密度小于 $1.0g/cm^3$，化学性能稳定，表面含有一定数量的活性基团。

级配填料为亲水性物质，有利于菌体的附着生长；填料表面活性基团与菌体之间形成的化学键，以及填料与菌体之间的物理吸附，保证菌体不流失，提高了菌体活性。

通过填料孔隙设计改变孔隙比率，实现均匀布气布水，提高传质效率和 DO 利用率；增加微生物浓度。实验数据表明，级配填料的微生物总量可达到 25~40g/L。

分解氨氮、芳烃类、杂环类等生化性较差物质的微生物，活性较低、繁殖速度慢，附着生长能力差，在普通填料表面很难生存。级配填料表面活性基团与微生物间可以形成具有较强的吸附、固定能力化学键，促使这些微生物在填料表面迅速挂膜，保持一定的生物浓度，从而提高对难降解物质的处理效率。

② 工程菌

工程菌是从各种土著菌中分离筛选出来，经过驯化和强化后而得，由细菌、丝状菌、放线菌、真菌等几十种微生物按比例构建的生物聚合体，菌类含量为30亿~50亿个/g。再加入相应的酶制剂和生物营养盐，可形成多种工程菌制剂。

工程菌制剂提供的微生物可以在短时间内形成活性污泥或生物膜，比传统的自然培养方法过程时间缩短了2/3；分解利用有机污染物降解速度快、去除效率高。

工程菌中含有专性菌，对难降解物质具有较强的分解能力，酶制剂则有助于增强微生物活性，提高分解速度。对芳香类、杂环类、卤代烃类、氨氮、氰化物等生化性较差的污染物质去除效果好，出水水质可达到或优于排放标准。

工程菌是针对不同水质特点以及污染物特点分离出的土著细菌加以驯化得到，具有极强的针对性。可依据污染源类型和主要污染物进行复配，形成了多种制剂产品，广泛适用于石油石化、煤化工、制革、造纸、医药等行业的废水治理，特别适用于高浓度废水的深度达标处理以及后置反硝化总氮的去除。

① 该产品无毒、无腐蚀、无污染，使用时不需增加保护和安全装置；

② 适应温度范围宽，在低温环境中也能有效发挥作用，生物活性高；

③ 所含菌类为全谱微生物组合，可在多种污染源存在时正常发挥作用；

④ 含有营养物质和多种酶，可以促进菌类新陈代谢，加快生化反应速度。

2.3.3.7 膜生物反应器(MBR)

(1) 膜生物反应器工艺原理

膜生物反应器是高效膜分离技术和传统活性污泥法的结合，几乎能将所有的微生物截留在生物反应器中，这使反应器中的生物污泥浓度提高，理论上污泥泥龄可以无限长，使出水的有机污染物含量降到最低，能有效地去除氨氮，对难降解的工业废水也非常有效。与传统生物处理工艺相比，膜生物反应器工艺具有出水水质好、占地面积少、设备集中、模块化等优点，并且具有升级改造的潜力，是一项很有发展前景的工艺。

膜生物反应器利用膜分离组件实现废水生物处理后污泥与水的分离，一般采用的分离膜为微滤膜、超滤膜和较大孔径的纳滤膜。

目前常用的膜生物反应器设置方式为浸没式膜生物反应器。浸没式生物反应器直接把膜组件置于生物反应器内，通过泵的抽吸，得到滤液。膜组件下方设有曝气装置，曝气有两种功能，一是为生物反应器提供氧气，二是提供上升气流冲刷膜丝，相互摩擦，混合液随气流向上流动，在膜表面产生剪切力，可以有效防止膜污染。

(2) 工艺流程

MBR废水处理工艺的主要构成单元包括：好氧池、膜池以及配套的曝气系统、膜清洗系统。

① 好氧池

将溶解氧浓度控制在2~4mg/L，提高氧转移速率及利用效率，同时节省曝气能耗。该单元中发生的主要生化反应为脱碳和氨氮的硝化。

② 膜池

膜池内安装膜组器，通过抽吸泵产生负压获得处理出水。膜池为最终的泥水分离单元，同时也是关键的水质保障单元。

③ 曝气系统

含鼓风机及空气管道等，主要为好氧池(生化反应供氧)及膜池(膜污染控制)提供所需的曝气量。

④ 膜清洗系统

包括配药间及加药泵等，采用不同的清洗药剂，对膜进行定期的在线或离线清洗，控制膜污染，维持工艺系统的稳定运行。

(3) 膜生物反应器的特点

在常规的活性污泥工艺中，因从沉淀池排放的处理液中含有残留的悬浮固体，因此常需进行三级处理，且在常规工艺中微生物浓度通常只能控制为 3~6g/L，限制了生物反应器的效率；而在 MBR 中，微生物浓度可高达 20 g/L 以上，COD 去除率大于98%，悬浮固体去除率达 100%。

MBR 技术应用于废水处理中，具有以下优点：

① 能高效进行固液分离，分离效果好于传统的沉淀池，出水水质好，可以直接回用。

② 负荷变化适应性强，耐冲击负荷。MBR 对水力负荷、有机负荷变化的适应性强。由于膜的高效截留作用，可使活性污泥完全截留在生物反应器内，使得反应器内污泥浓度很高，实现了反应器水力停留时间和污泥龄的完全分离，使运行控制更加灵活稳定。因此，MBR 系统不必考虑当系统水力负荷和有机负荷发生变化时传统水处理工艺容易出现的污泥膨胀等问题。

③ 污泥排放量小。MBR 技术除了作为废水深度处理及资源化技术之外，还可作为一种污泥减量和解决常规废水厂大量剩余污泥处置难题的重要技术。MBR 技术的污泥排放量较小。

污泥自降解和污泥水解可降低传统水处理系统的效率，但对 MBR 系统却非常有益。而且膜分离使得废水中的大分子难降解物质在容积有限的 MBR 内有足够长的停留时间，大大提高了难降解物质的降解效率。反应器在高容积负荷、低污泥负荷、长污泥龄的情况下运行，完全可以实现较长周期(如 6 个月或更长时间)内不排泥或排泥量很少。

④ 工艺流程短，系统设备简单紧凑，占地省。由于 MBR 无需在好氧污泥系统中产生絮体，因此生物反应器内污泥浓度可以很高，而生化反应速率又与反应物浓度有关。反应物浓度越高，反应速率越快，MBR 的容积负荷可高达 5 kg COD/(m^3·d)，生物反应池的容积可大大缩小。同时，MBR 省去了二次沉淀池、滤池及一系列辅助设备甚至污泥的处理设备及费用。

⑤ 易实现自动化控制，维护简单，节省人力。在传统的活性污泥法中，由于运行中经常出现波动和不稳定，为了确保良好的出水水质，必须对运行管理投入大量的人力、物力和财力。而 MBR 由于采用膜分离技术，省去了污泥的分离设施，很容易实现 MBR 系统的全程自动化控制。

⑥ 系统启动速度快，水质可以很快达到要求。由于可以很好地保持水中的污泥浓度，在运行初期没有排泥，能够迅速提高系统内的污泥浓度，整个 MBR 系统启动速度快，水质可以很快达到处理要求。

但 MBR 技术也存在一些不足：在运行过程中，膜易受到污染，产水量降低；膜的制造成本较高；膜材料及膜组件没有实现标准化，影响 MBR 技术的推广应用；氧的传质效率低。因为 MBR 系统内污泥浓度高，所以生物反应和维持污泥悬浮状态需要消耗的氧量高，而 MBR 内氧的传质效率较低，因此造成系统需氧量高，能耗高；剩余污泥难以处置。生物反应器内非活性物质的积累将导致微生物活性的抑制和降低、膜表面的污染，并使得剩余污泥的处理变得困难。同时因为 MBR 系统内高浓度活性污泥的过滤、沉降、絮凝性能均较差，且污泥不能用传统的板框压滤机脱水。

2.3.3.8 纯氧曝气

（1）技术原理

活性污泥法处理废水的重要条件之一是向曝气池混合液中连续供给充足的空气，以满足好氧微生物的生存、繁殖，从而对溶解性有机污染物质进行氧化分解，达到净化废水的目的。纯氧曝气与好氧处理在机理基本上是相同的。不同的是纯氧曝气是用氧气，氧的含量高达98%以上，提高了氧的传递性能，增加了活性污泥的浓度，提高了处理效率。

（2）工艺流程

纯氧曝气池有多种形式，图2-3-13是目前经常采用的UNOX系统。该图是四段式纯氧曝气池。池体为密封式钢筋混凝土结构，水面与池盖之间一般有0.8~1.0m的气体空间，原水、回流活性污泥和氧气依次通过各格间，各格间均采用表面曝气进行充氧。

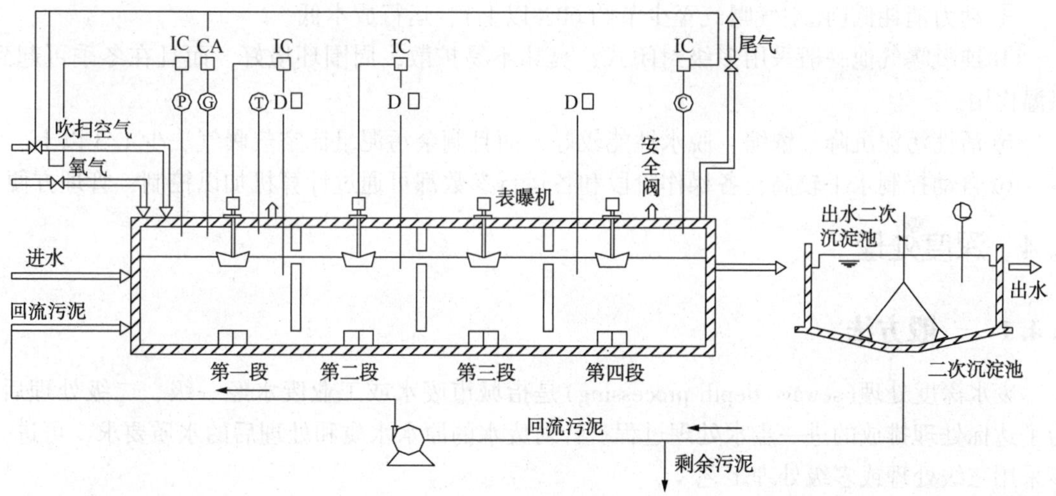

图2-3-13　四段式纯氧曝气池

① 曝气充氧　每一格间装有一台表面曝气机，第一与第二格间配备变速电动机，以适应纯氧量的变化，其转速根据混合液溶解氧（DO）浓度通过仪表自动控制。溶解氧浓度一般设定2~8mg/L。

② 氧量控制　氧气经计量仪表，通入第一格间的气体空间，借助表面曝气机首先与新鲜废水和回流活性污泥相接触，需氧量是很高的，气相的压力一般为40mm水柱，通过微压表与进气阀门相连，可自动调节进氧量，满足空间的压力设定值。各段格间气相氧的浓度依次降低，由第一段的98%左右降到第三段的40%~50%。然后通过尾气管排放。尾气管上装有氧浓度测定，调节阀门控制排放量。

③ 防爆措施　当第一格间的可燃气体浓度达到爆炸下限的25%时，通过可燃气探测仪，发出警报，自动关闭进氧阀门，同时启动鼓风机吹扫空气阀及尾气阀。扫除池内的可燃气体，如果可燃气体浓度继续增长，当达到爆炸上限的50%时，再次报警，并自动关闭曝气机。危险清除后，系统即可恢复正常运转。

④ 压力控制　为了保持池内压力，不论是正压或负压，都要在安全界限以内，以保证池体结构不受损害，在第一格间和第三格间装有双向安全阀，设定正压。第一格内一般为150mm（1471Pa）水柱。由于吹扫空气由第一格内吹人，经第三格内排出，所以第三格内设

定的正压值应小于150mm(1471Pa)水柱。设定的负压值一般为100mm水柱(981Pa)。此外，每一格内的表面曝气机水封也可用来调节压力。

⑤ 沉淀池　沉淀池一般采用圆形幅流式沉淀池，池上装有旋转的刮泥机，以平均处理量的50%~100%的流率通过吸泥管，直接从池底将泥清除，经回流污泥泵回流至曝气池的第一格内。剩余活性污泥的排放由池内装设的泥位探测仪来控制。由于混合液悬浮固体浓度较高，所以设计二次沉淀池时，除按水力负荷计算外，还应按固体负荷进行核算。

(3) 技术特点

① 曝气池污泥浓度高，抗冲击负荷能力强。适用于处理含有难降解有机物质的工业废水，如果氧源充足、便宜，可用于处理生活废水或各种工业废水。

② 曝气时间短，曝气池容积较小，占地面积少，基建投资少。

③ 动力消耗低(比空气曝气至少节约60%以上)，运行成本低。

④ 纯氧曝气池一般采用多级封闭式，臭味不易扩散，周围环境好，而且在冬季可起到保温作用。

⑤ 活性污泥沉降、浓缩、脱水性能较好，而且剩余污泥量比空气曝气法少1/3以上。

⑥ 自动控制水平较高，各操作阶段和各运行参数都可通过计算机加以控制，管理方便。

2.4　深度处理

2.4.1　一般方法

废水深度处理(sewage depth processing)是指城市废水或工业废水经一级、二级处理后，为了达标处理排放的进一步水处理过程。针对废水的原水水质和处理后的水质要求，可进一步采用三级处理或多级处理工艺。

深度处理不同于废水回用处理，常用于去除水中的微量难生物降解有机污染物质、SS及氮、磷高浓度营养物质，石油化工企业对采用微电解技术、催化氧化技术、混凝沉淀、稳定塘技术较多采用。

2.4.2　微电解技术

2.4.2.1　技术原理

微电解法又常称为内电解法，它集氧化还原、絮凝吸附、催化氧化、络合及电沉积等作用于一体。铸铁屑是由铁素体和碳渗体构成，在废水中形成许多微原电池。碳的电位高，形成无数微阴极；铁的电位低成为微阳极。为促进电化学反应，可在铁屑中混入部分含炭粒料，铸铁屑与含炭粒料接触，形成较大的原电池。这些原电池发生的电极反应为：

(1) 阳极(Fe)

$$Fe - 2e \rightarrow Fe^{2+} \qquad E^{\circ}_{(Fe^{2+}/Fe)} = -0.44V$$

(2) 阴极(C)

$$2H^{+} + 2e \rightarrow 2[H] \rightarrow H_2 \quad (酸性条件下) \qquad E^{\circ}_{(H^{+}/H_2)} = 0.00V$$

由于电化学反应在溶液中形成电场效应，破坏溶液中分散的胶体粒子的稳定体系，胶体粒子向相反电荷的电极移动，沉积或吸附在电极上，从而去除废水中的悬浮态和胶体态的污染物质。电极反应产物具有高的化学活性，其中新生原子态的[H]和新生态的Fe^{2+}能与废水中的许多组分发生氧化还原作用，破坏有机高分子的发色或助色基团，失去发色能力；新生态的Fe^{2+}、H^{+}它们具有高化学活性，能改变废水中许多有机物的结构和特性，使有机物发生断链、开环等作用，使大分子物质分解为小分子物质，使难降解的物质转变成易降解的物质。Fe^{3+}是良好的絮凝剂，能进一步吸附废水中的污染物以降低其表面能，最终聚结成较大的絮体而沉淀。

在难降解工业废水的处理技术中，微电解技术正日益受到重视，并已在工程实际中。废水的铁内电解法的原理非常简单，就是利用铁—炭颗粒之间存在着电位差而形成了无数个细微原电池。这些细微电池是以电位低的铁成为阴极，电位高的碳作为阳极，在含有酸性电解质的水溶液中发生电化学反应的。反应的结果是铁受到腐蚀变成二价的铁离子进入溶液。对内电解反应器的出水调节 pH 值到 9 左右，由于铁离子与氢氧根作用形成了具有混凝作用的氢氧化亚铁，它与污染物中带微弱负电荷的微粒异性相吸，形成比较稳定的絮凝物(也叫铁泥)而去除。为了增加电位差，促进铁离子的释放，在铁—碳床中加入一定比例铜粉或铅粉。

经微电解后，BOD/COD 升高了，那是因为一些难降解的大分子被碳粒所吸附或经铁离子的絮凝而减少，同时使大分子物质分解为小分子物质，使难降解的物质转变成易降解的物质。

如果要提高高铁碳床分解大分子能力，需要加入过氧化氢，酸性废水与铁反应生成亚铁离子，亚铁离子与过氧化氢形成 Fenton 试剂，生成羟基自由基具有极强的氧化性能，将大部分的难降解的大分子有机物降解形成小分子有机物等。同样，反应要在酸性的条件下才能进行。

2.4.2.2 技术特点

该工艺技术自诞生开始，即在美、前苏联、日等国家和地区引起广泛重视，20 世纪 70 年代应用到废水治理中的，而我国从 20 世纪 80 年代开始这一领域的研究。当时的微电解工艺所采用的材料主要是废铁屑和活性炭颗粒的混合物，虽然具有“以废治废”的意义，但是因为铁屑和活性炭的物理密度不同，导致水流冲击作用力之下，铁屑和活性炭出现分层现象。铁屑会沉底，活性炭颗粒会上浮到表层。这种分层现象一方面导致铁屑和活性炭颗粒接触不良从而导致效果下降；另一方面导致铁屑和铁屑之间接触太紧密从而形成铁屑结块。因为这种现象导致在当时这种良好的工艺没有得以大范围推广。

针对以上现象，铁及金属催化剂与炭包容在一起形成架构式铁炭结构填料应运而生，从而彻底消除了分层现象，也同时解决了由此导致的分层现象和结块现象。

(1) 反应速率快。一般工业废水只需要半小时至数小时；

(2) 作用有机污染物质范围广，如：含有偶氟、碳双键、硝基、卤代基结构的难生物降解有机物质等都有很好的降解效果；

(3) 工艺流程简单、使用寿命长、投资费用少、操作维护方便、运行成本低、处理效果稳定。处理过程中只消耗少量的微电解填料。填料只需定期添加无需更换，添加时直接投入即可；

(4) 废水经微电解处理后会在水中形成原生态的亚铁或铁离子，具有比普通混凝剂更好的混凝作用，无需再加铁盐等混凝剂，COD 去除率高，并且不会对水造成二次污染；

(5) 具有良好的混凝效果，色度、COD 去除率高，同量可在很大程度上提高废水的可生化性；

(6) 该方法可以达到化学沉淀除磷的效果，还可以除重金属。

该技术各单元可作为单独处理方法使用，又可作为生物处理的前处理工艺，利于污泥的沉降和生物挂膜，适合于油田、石油化工企业高浓度、难生物降解有机废水的处理。

2.4.3 高级氧化技术

2.4.3.1 高级氧化分类及原理

水环境保护是当前人类社会广泛关注的一个问题，随着我国国民经济的快速发展，高浓度的有机废水对我国宝贵的水资源造成了威胁。然而利用现有的生物处理方法，对可生化性差、相对分子质量从几千到几万的物质处理较困难，而高级氧化法(Advanced Oxidation Process，简称 AOPs)可将其直接矿化或通过氧化提高污染物的可生化性，同时还在环境类激素等微量有害化学物质的处理方面具有很大的优势，能够使绝大部分有机物完全矿化或分解，具有很好的应用前景。

高级氧化技术又称作深度氧化技术，以产生具有强氧化能力的羟基自由基(·OH)为特点，在高温高压、电、声、光辐照、催化剂等反应条件下，使大分子难降解有机物氧化成低毒或无毒的小分子物质。根据产生自由基的方式和反应条件的不同，可将其分为光化学氧化、催化湿式氧化、声化学氧化、臭氧氧化、电化学氧化、Fenton 氧化等。

根据废水的来源和水质以及多家石化企业的运行经验，电脱盐废水、经过预处理后的碱渣废水、回用水作为补充水的循环水的排废水，经过生化后仍然有 120~150mg/L 的 COD 不能去除，而且这部分废水的 B/C 极低，可生化性差，无法用生物法去除达到排放标准。

对这部分废水以往采用的工艺大部分是吸附工艺，主要是活性炭吸附。但由于活性炭再生很困难，实际应用中容易饱和，经常要更换活性炭，运行能耗和费用都比较大。近些年，高级氧化技术的不断发展，为这些难以生物降解或对微生物有毒害作用的物质处理提供了一种可行的办法。目前炼油厂废水处理中采用并工业化的氧化技术主要有两种：以 Fenton 试剂为主的催化氧化和臭氧催化氧化。

Fenton 试剂由亚铁盐和过氧化氢组成，当 pH 足够低时，在 Fe^{2+} 的催化作用下，过氧化氢就会分解产生·OH，从而引起一系列的链反应。·OH 自由基可氧化大多数有机物，尤其是对大分子有机物具有很高的去除率，还可将大分子有机物氧化成小分子含氧有机物，从而提高废水的可生化性。该工艺采用的均为液态药剂，用于较大规模的废水处理上，药剂消耗较大，药剂的储存、运输较为困难。此外，过氧化氢的储存和投加系统对设计、施工及操作上要求很高。该工艺的投资、占地和能耗也较大。

一般认为臭氧氧化降解有机物的机理有两种方式，臭氧分子的直接进攻和臭氧分解形成的自由基的反应。臭氧通入水体后，一方面，臭氧分子和有机物的直接反应主要发生在双键、活性芳香系统、胺以及硫化物上；另一方面，臭氧在水中能快速分解产生羟基自由基，羟基自由基(·OH)因其有极高的氧化电位（2.8V），其氧化能力极强，与大多数有机物都可以发生快速的链式反应，无选择性地把有害物质氧化成 CO_2、H_2O，无二次污染。臭氧更易氧化烯烃、酚、多环芳烃、有机胺类物质。

臭氧催化氧化法是对传统非催化臭氧氧化法的改进和加强。它通过催化剂的作用，提高臭氧氧化的能力，使有机物在较短的时间内降解、矿化成二氧化碳、水和无机物，或者至少氧化成无害的物质。在催化臭氧氧化降解过程中，催化剂有两方面的作用，提高臭氧的反应活性和利用率，提高有机物的降解率和矿化程度。与其他氧化技术一样，臭氧催化氧化法技术也是利用反应中产生的羟基自由基来分解废水中的有机物，最后达到彻底矿化的程度。由于自由基的氧化性极强，能快速与大部分有机物进行反应，而且对传统生化法难处理的有机物能有效降解，所以随着环保要求的不断提高，臭氧催化氧化技术受到越来越多的关注。

2.4.3.2 臭氧催化氧化

臭氧是一种不稳定、易分解的强氧化剂，因此要现场制造。臭氧氧化还原电位与 pH 值有关，在酸性溶液中，$E^0=2.07\text{V}$，在碱性溶液中，$E^0=1.24\text{V}$。研究表明，在值为 5.6~9.8，水温 0~30℃范围内，臭氧的氧化能力不受影响。由于臭氧的氧化能力强，应用范围也很广。常用于杀菌消毒、除臭、脱色、等，在降低 COD、BOD，提高废水的可生化性方面也有应用前景。臭氧的高级氧化技术(AOTs)，也叫高级氧化过程(AOPs)，就是通过臭氧氧化与各种水处理技术组合，形成氧化性更强、反应选择性较低的羟基自由基(其氧化还原电位 2.80V)，其氧化能力仅次于氟和·OH，比氧、氯及高锰酸盐等常用氧化剂都高。

(1) 工艺流程

臭氧氧化法处理废水主要利用臭氧的强氧化性直接氧化反应和间接氧化反应(羟基自由基反应)去除废水中有机物并提高废水可生化性，工艺设施主要由臭氧发生器和气水接触设备组成。目前大规模生产臭氧的唯一方法是无声放电法。臭氧发生器所产生的臭氧，通过气水接触设备扩散于待处理水中，通常是采用微孔扩散器、鼓泡塔或喷射器、涡轮混合器等。

① 废水进入催化氧化单元前，需要采用 MBBR 进行生物深度处理，尽量降低废水中 COD、NH_3-N 的浓度，确保催化氧化工艺稳定运行，降低运行成本。

② 为了确保臭氧氧化工艺运行，降低臭氧消耗量，臭氧催化氧化反应池前一定设气浮装置、过滤装置，去除油和多余的悬浮物；南方地区凝电结露对臭氧发生器影响和臭氧曝气装置防堵塞同样应引起足够重视。

③ 臭氧工艺的缺点是对不同污染物的氧化速率相差很大，致使当水中同时存在多种污染物时臭氧会优先与反应速率快的污染物进行反应，从而表现出臭氧对污染物去除的选择性，并使反应速率低的污染物不能被去除。不同的废水中不同的污染物对催化剂有选择性，项目实施前需要通过试验筛选催化剂。

④ 要控制臭氧催化氧化的深度，利用催化氧化能够改善废水中有机物生化性的特点，采用生物处理达到达标处理的目的，降低运行成本。

⑤ 催化氧化在密闭系统中停留时间 30~40min，尾气设臭氧破坏装置。

(2) 技术特点

催化氧化技术主要适用于难降解生物有机废水达标处理，水量较小。电脱盐废水如果电导率≤1200μm/cm，不宜进入本系统处理；但如果电脱盐废水生化性较差，难以达标处理，可以单独进行催化氧化处理后回用。

臭氧氧化应用过程中应注意限制进水的悬浮物和氨氮浓度，以减少臭氧耗量。如果后接生化处理工艺，应对臭氧出水进行适当缓冲，以减少臭氧对后续生物系统的杀微生物作用。

臭氧高级氧化法与常规水处理方法比较，具有显著的特点：

① 如对于生物难降解物质处理效果好、降解速度快、占地面积小。

② 处理后废水中的臭氧易分解，无二次污染，氧化产物毒性也相对较低。

③ 氧化能力强，对除臭、脱色、杀菌、去除有机物和无机物都有显著效果。

④ 制备臭氧用的空气和电不必储存和运输，操作管理也比较方便。

⑤ 处理过程中一般不产生污泥。

⑥ 臭氧可以用电和空气就地制取，使用较方便，特别适用于处理低含量可氧化物质废水。

2.4.4 混凝沉淀

2.4.4.1 技术原理

在混凝剂的作用下，使废水中的胶体和细微悬浮物凝聚成絮凝体，然后予以分离除去的水处理法。混凝澄清法在水处理中的应用是非常广泛的，它既可以降低原水的浊度、色度等水质的感观指标，又可以去除多种有毒有害污染物。混凝沉降工艺在油田废水处理的使用较为广泛，主要是去除重力沉降无法去除的小颗粒油珠和悬浮颗粒。

(1) 水质的影响　工业废水中的污染物成分及含量随行业、工厂的不同而千变万化，而且通常情况下同一废水中往往含有多种污染物。废水中的污染物在化学组成、带电性能、亲水性能、吸附性能等方面都可能不同，因此某一种混凝剂对不同废水的混凝效果可能相差很大。另外有机物对于水中的憎水胶体具有保护作用，因此对于高浓度有机废水采用混凝沉淀方法处理效果往往不好。有些废水中含有表面活性剂或活性染料一类污染物质，通常使用的混凝剂对它们的去除效果也大多不理想。

(2) 水体碱度的影响　碱度(HCO^-)指水中含碱物质的多少，铝盐的水解反应水解过程不断产生 H^+，会导致水的 pH 值不断下降。

(3) 水体 pH 值的影响　每种絮凝剂都有它适合的 pH 值范围，超出它的范围就会影响絮凝效果。比如对于铝盐，由于不同 pH 值的铝盐水解以后产物的形态不同，混凝的效果也不一样。铝盐水解以后生成的是具有两性的氢氧化铝，在酸性条件下，pH<4 时氢氧化铝易溶于水，其反应为：

$$Al(OH)_3+3H^+ \!=\!=\!= Al^{3+}+3H_2O$$

此时铝盐在水中以大量的铝离子 Al^{3+}形式存在，由于铝离子没有吸附架桥作用，不能使水中杂质粘结在一起，因此混凝效果不好。而在碱性条件下，当 pH 值大于 8 时，氢氧化铝也溶于水，其反应为：

$$[Al(OH)_2(H_2O)_3]^-+H_2O \!=\!=\!= [Al(OH)_4(H_2O)_2]^-+H_3O^+$$

所以，当选用铝盐如聚合氯化铝为混凝剂时，pH 值应控制在 6.5~7.5 之间最为合适，这时才能形成稳定的氢氧化铝胶状沉淀。

(4) 水温的影响

无机盐混凝剂的水解反应是吸热反应，水温低时不利于混凝剂水解。水的粘度也与水温有关，水温低时水的黏度大，致使水分子的布朗运动减弱，不利于水中污染物质胶粒的脱稳和聚集，因而絮凝体形成不易。水温低时胶体水化作用增强，妨碍胶体凝聚，升高水温絮凝效果则会提高，在低温条件下，必须增加絮凝剂用量。但是，水温过高，形成的絮凝体细小，污泥含水率增大，难以处理。所以，水温过高或过低对絮凝均不利。一般水温条件宜控制在 20~30℃。

(5) 絮凝剂的投加量、性质和结构影响　各种絮凝剂都有在相应条件下的最佳投加量，低于或者超过这个最佳量都会使絮凝效果变差。用量不足时，絮凝不彻底，用量过量则会造成胶体的再稳定，降低絮凝效果。所以，不同的絮凝剂要在使用之前做小试确定其最佳加入量。

对于高分子絮凝剂来说，其结构和性质对絮凝作用影响很大。无机高分子絮凝剂的聚合度越大，其电中和能力和吸附架桥功能越强。而对于有机絮凝剂来说，除了聚合度的影响外，线性结构的絮凝剂絮凝作用大，而环状或支链结构的有机高分子絮凝剂絮凝效果就差。

(6) 水力学条件及混凝反应的时间的影响　把一定的混凝剂投加到废水中后，首先要使混凝剂迅速、均匀地扩散到水中。混凝剂充分溶解后，所产生的胶体与水中原有的胶体及悬浮物接触后，会形成许许多多微小的矾花，这个过程又称为混合。混合过程要求水流产生激烈的湍流，在较快的时间内使药剂与水充分混合，混合时间一般要求几十秒至2min。混合作用一般靠水力或机械方法来完成。

在完成混合后，水中胶体等微小颗粒已经产生初步凝聚现象，生成了细小的矾花，其尺寸可达5μm以上，但还不能达到靠重力可以下沉的尺寸(通常需要0.6~1.0mm以上)。因此还要靠絮凝过程使矾花逐渐长大。在絮凝阶段，要求水流有适当的紊流程度，为细小矾花提供相碰接触和互相吸附的机会，并且随着矾花的长大这种紊流应该逐渐减弱下来。

反应时间(T)一般控制在10~30min。

2.4.4.2 技术特点

混凝沉淀适合于石油化工外排废水悬浮物、浊度及总磷的处理，适合于油田废水的过滤处理及膜处理的预处理。

2.4.5 稳定塘

(1) 技术原理

稳定塘旧称氧化塘或生物塘，是一种利用天然净化能力对废水进行处理的构筑物的总称，其净化过程与自然水体的自净过程相似。稳定塘是以太阳能为初始能量，通过在塘中种植水生植物，形成人工生态系统，在太阳能(日光辐射提供能量)作为初始能量的推动下，通过稳定塘中多条食物链的物质迁移、转化和能量的逐级传递、转化，将进入塘中废水的有机污染物进行降解和转化，最后不仅去除了污染物，净化的废水也可作为再生资源予以回收再用，使废水处理与利用结合起来，实现废水处理资源化。

(2) 工艺流程

稳定塘包括厌氧塘、兼氧塘、好氧塘、曝气塘四大种，石油化工企业多采用好氧塘。好氧塘内有机物的降解过程，实质上是溶解性有机污染物转化为无机物和固态有机物——细菌与藻类细胞的过程。好氧细菌利用水中的氧，通过好氧代谢氧化分解有机污染物，使成为无机物CO_2、NH_4^+、和PO_4^{3-}，并合成新的细菌细胞。而藻类则利用好氧细菌所提供的二氧化碳、无机营养物以及水，借助于光能合成有机物，形成新的藻类细胞，释放出氧，从而又为好氧细菌提供代谢过程中所需的氧。在好氧塘中，藻是生产者，好氧细菌是分解者。此外，好氧塘中存在的浮游动物以细菌、藻类和有机碎屑为食物，是初级消费者。生产者、分解者和消费者，与塘水共同组成一个水生态系统，完成系统中物质与能量的循环和传递，从而使进塘的废水得到净化。

藻类光合作用使塘水的溶解氧和pH值呈昼夜变化。白昼，藻类光合作用释放的氧，超过细菌降解有机物的需氧量，此时塘水的溶解氧浓度很高，可达到饱和状态。夜间，藻类停止光合作用，且由于生物的呼吸消耗氧，水中的溶解氧浓度下降，凌晨时达到最低。阳光再照射后，溶解氧再逐渐上升。好氧塘的pH值与水中CO_2浓度有关，受塘水中碳酸盐系统的CO_2平衡关系影响。白天，藻类光合作用使CO_2降低，pH值上升。夜间，藻类停止光合作用，细菌降解有机物的代谢没有中止，CO_2累积，pH值下降。

塘中的藻类，除在其光合作用中为废水的好氧降解提供溶解氧以外，还能去除废水中的氮、磷营养物质，并能吸附一些有机质。

(3) 技术特点

在我国，特别是在缺水干旱的地区，生物氧化塘是实施废水的资源化利用的有效方法，所以稳定塘处理废水成为我国着力推广的一项新技术。

① 能充分利用地形，结构简单，建设费用低。采用废水处理稳定塘系统，可以利用荒废的河道、沼泽地、峡谷、废弃的水库等地段建设结构简单，大都以土石结构为主，在建设土地具有施工周期短，易于施工和基建费低等优点。

② 可实现废水资源化和废水回收及再用，实现水循环，既节省了水资源，又获得了经济收益。

③ 处理能耗低，运行维护方便，成本低。

④ 美化环境，形成生态景观。将净化后的废水引入人工湖中，用作景观和游览的水源。由此形成的处理与利用生态系统不仅将成为有效的废水处理设施，而且将成为现代化生态基地和游览的胜地。

⑤ 污泥产量少，仅为活性污泥法所产生污泥量的1/10。

⑥ 能承受废水水量大范围的波动，其适应能力和抗冲击能力强，确保废水处理稳定达标。

2.5 回用处理

2.5.1 超滤

超滤是介于微滤和纳滤之间的一种膜过程，膜孔径范围为0.05~1μm，超滤的典型应用是从溶液中分离大分子物质和胶体，所能分离的溶质相对分子质量下限为几千DAlton(道尔顿，一道尔顿相当于1.661×10^{-24}g)，超滤和微滤膜均可视为多孔膜，其截留取决于溶质大小和形状，溶解的传递正比于操作压力。事实上，超滤和微滤是基于相同的分离原理的类似的膜过程，二者的主要区别在于超滤膜具有不对称结构，其皮层要致密得多，因此流体阻力要大得多。超滤膜的皮层厚度一般小于1μm，超滤能彻底滤除水中的细菌、铁锈、胶体等有害物质。

2.5.1.1 超滤的技术原理

超滤是一种压力驱动的膜分离技术，即在外界驱动力(压力)的作用下截留水中胶体、颗粒和相对分子质量相对较高的物质，而水和小的溶质颗粒透过膜的分离过程。通过膜表面的微孔筛选可截留相对分子质量为1万~3万的物质。也就是说，当水通过超滤膜后，可将水中含有的大部分胶体硅除去，同时可去除大量的有机物等。

在超滤过程中，由于被截留的杂质在膜表面上不断积累，会产生浓差极化现象，当膜面溶质浓度达到某一极限时即生成凝胶层，使膜的透水量急剧下降，这使得超滤的应用受到一定程度的限制。为此，需通过试验进行研究，以确定最佳的工艺和运行条件，最大限度地减轻浓差极化的影响，使超滤成为一种可靠的反渗透预处理方法。

2.5.1.2 超滤膜的清洗及性能恢复

超滤膜元件受到污染时，一般通过清洗来恢复膜元件性能。清洗方式可分为物理清洗和化学清洗。物理清洗是不改变污染物的性质，用机械力排除膜污染，恢复膜元件的性能；化学清洗是使用相应的化学药剂，改变污染物的组成或属性，来恢复膜元件的性能。

清洗药剂和方式的选择需要根据污染物的种类来确定。在对工业膜元件进行化学清洗前，需要先对污染状况进行分析，确定污染种类，之后再选择合适的化学清洗药剂和方式清洗膜元件恢复其性能。

（1）物理清洗

超滤膜的污染物清洗主要包括对超滤膜表面堆积物、有机物、胶体以及微生物等的清洗。超滤膜的清洗方式有多种，物理清洗包括：反冲、正冲、气水混合洗；实际运行过程中可结合多种清洗方式联合使用。物理冲洗一般采用低压大流量的进水冲洗膜元件，将附着在膜表面的污染物或堆积物去除。

超滤系统一般多采用反冲和正冲结合的方式，对于传统双膜系统来说，超滤反冲洗用水一般采用超滤系统产水，冲洗频率和冲洗时间，一般为每隔 20~60min 反冲洗 20~60s，反洗压力一般小于 0.3MPa，反洗水量一般为产水量的 2~4 倍。每次反冲洗之后进行一次正冲，以增加反洗效果。正冲时间一般为 10~30s。对于气水混合洗，频率视具体情况而定，气源采用无油压缩空气，气洗进口压力一般≤0.1MPa，最大不超过 0.25MPa，气洗时间一般为每次 30~180s，具体可根据废水水质和运行状况而定。

（2）化学清洗

化学清洗主要包括化学加强反洗（CEB，在线）和化学循环浸泡清洗（CIP，离线）。当膜系统在进行物理清洗已不能恢复膜性能或进行多次物理清洗后，通常需要进行化学清洗。化学清洗包括对膜面有机物、无机胶体、无机垢和微生物等的清洗。

超滤膜系统的在线化学加强反洗（CEB）通常在进行数次反冲洗后进行的化学加强反洗的时机仅在进行了反冲洗后，膜两端的过滤压降仍未达到预定值时，或在预先设定的较长反洗次数以后。一般化学加强反洗每 1~7 天一次，每次 5~20min，具体根据原水水质、膜污染情况和需要设定。例如杀菌时化学加强反洗为每天数次，而清洗污染的化学加强反洗频率则为一天或数天一次，一般根据跨膜压差（*TMP*）的增长情况判断是否需要进行化学加强反洗。化学加强反洗一般采用超滤产水。

通常情况下，当超滤系统的跨膜压差比初始运行压力升高 0.2~0.3MPa，或 *K* 值下降 25%~35%（*K* 为膜性能的表征值，*K*=产水量/*TMP*），且通过上述常规反洗多次或化学加强反洗后不能恢复到理想效果时，就需要进行化学清洗。化学清洗一般每 1~12 月进行一次，每次一般 2~4h，污染严重的可适当延长时间。化学清洗一般采用酸、碱、杀菌剂或专用清洗药剂进行循环清洗，清洗液温度一般为 20~40℃。超滤系统的化学加强反洗所用清洗剂通常是一些常用化学药剂的混合物，包括次氯酸钠、双氧水、次氯酸等，可以非常容易地处理掉滤饼层或污染层。化学加强反洗一般可分为酸洗和碱洗，碱一般用氢氧化钠或氢氧化钾，pH 值约为 11 左右，另外加入有效氯浓度为 100~200ppm 的 NaClO；酸一般用盐酸，pH 值约为 2，也可采用柠檬酸、草酸等，酸洗和碱洗必须分开进行。

2.5.2　纳滤和反渗透

纳滤和反渗透用于将低相对分子质量的溶质从溶剂中分离出来，这些低相对分子质量溶质如无机盐或葡萄糖、蔗糖等小分子有机物。这两个过程可视为同一种过程，因为所依据的原理是相同的。纳滤、反渗透与超滤的差别在于溶质的大小，反渗透需要使用流体阻力大的较为致密的膜，事实上，纳滤和反渗透可视为介于多孔膜（微滤、超滤）与致密无孔膜（全蒸发、气体分离）之间的过程。反渗透中所使用的压力为 20~100bar，纳滤为 10~20bar，比超滤要高得多。在实际的应用中，膜材料的选择需要对溶剂亲和力高，而对溶质的亲和力低。

2.5.2.1 技术原理

在相同的外压下，当溶液与纯溶剂被半透膜隔开时，纯溶剂会自发地通过半透膜向溶液侧流动，这种自然现象称为渗透。这时溶剂分子在单位时间内进入溶液内的数目要比溶液内的溶剂分子在同一时间内通过半透膜进入纯溶剂内的数目多。表观上来看，溶剂通过半透膜渗透到溶液中，使得溶液体积增大，浓度变稀，当单位时间内溶剂分子从两个相反的方向穿过半透膜的数目彼此相等，即达到渗透平衡。

当半透膜隔开溶液与纯溶剂时，加在原溶液上使其恰好能阻止纯溶剂进入溶液的额外压力称之为渗透压，通常溶液愈浓，溶液的渗透压愈大。如果加在溶液上的压力超过了渗透压，则反而使溶液中的溶剂向纯溶剂方向流动，这个过程叫作反渗透。纳滤和反渗透膜分离技术就是利用这个原理进行分离的方法。

反渗透膜过滤分离过程的机理模型主要包括溶解-扩散模型、优先吸附-毛细孔流理论和氢键理论。

2.5.2.2 工艺流程

(1) 反渗透工艺常见流程设计

反渗透膜分离工艺设计中常见流程有如下几种：

① 一级一段法

这种方式是料液进入膜组件后，浓缩液和产水被连续引出，这种方式水回收率不高，工业应用较少。另一种形式是一级一段循环式工艺，它是将浓水一部分返回料液槽，这样浓溶液浓度不断提高，产水量大，但产水水质下降。

② 一级多段法

当用反渗透作为浓缩过程时，一次浓缩达不到要求时，可以采用这种多步式方式，这种方式浓缩液体体积可减少而浓度提高，产水量相应加大。

③ 两级一段法

当海水除盐率要求把 NaCl 从 35000 mg/L 降至 500mg/L 时，则要求除盐率高达 98.6% 如一级达不到时，可分为两步进行。即第一步先 NaCl 90%，而第二步再从第一步出水中去除 NaCl 89%，即可达到要求。膜除盐率低，而水渗透性又高时，采用两步法比较经济，同时低压低浓度下运行时，可提高膜使用寿命。

④ 多级反渗透流程

此流程中，将第一级浓缩液作为第二级供料液，而第二级浓缩液再作为下一级供料液，此时各级透过水都向体外直接排出，级数增加水回收率上升，浓缩液体体积减少浓度上升。保证液体一定流速，同时控制浓差极化，膜组件数目应逐渐减少。

在实际工业应用过程中的流程选择时，对装置整体寿命、设备费、维护管理、技术可靠性也必须考虑。

(2) 影响反渗透运行的主要因素

膜水通量和脱盐率是反渗透过程中关键运行参数，这两个参数将受到压力、温度、回收率、给水含盐量、给水 pH 值因素影响。

① 压力

给水压力升高使膜水通量增大，压力升高并不影响盐透过量。盐透过量不变情况下，水通量增大时产品水含盐量下降，脱盐率提高了。

② 温度

温度对反渗透运行压力、脱盐率、压降影响最为明显。温度上升，渗透性能增加，一定水通量下要求净推动力减少，实际运行压力降低。同时溶质透过速率也随温度升高而增加，盐透过量增加，直接表现为产品水电导率升高。

温度对反渗透各段压降也有一定影响，温度升高，水黏度降低，压降减少，膜通道污堵而使湍流程度增强装置，黏度对压降影响更为明显。

③ 回收率

回收率对各段压降有很大影响，进水总流量保持一定条件下，回收率增加，流经反渗透高压侧浓水流量减少，总压降降低，回收率减少，总压降增大，实际运行表明，回收率变化很小，如 1%，也会使总压差产生 0.02MPa 左右变化。回收率对产品水电导率影响取决于盐透过量和产品水量，一般说来，系统回收率增大，会增加浓水中含盐量，并相应增加产品水电导率。

④ 进水含盐量

对同一系统来说，给水含盐量不同，其运行压力和产品水电导率也有差别，给水含盐量每增加 100ppm，进水压力需增加约 0.007MPa，同时浓度增加，产品水电导率也相应增加。

⑤ pH 值

各种膜组件都有一个允许 pH 值范围，允许范围内，pH 值对产品水电导率也有一定影响，这是反渗透膜本身大都带有一些活性基团，pH 值可以影响膜表面电场进而影响到离子迁移，另 pH 值对进水中杂质形态有直接影响，如对可离解有机物，其截留率随 pH 值降低而下降。

2.5.2.3 纳滤膜和反渗透的清洗及性能恢复

膜元件受到污染时，一般通过清洗来恢复膜元件性能。清洗方式可分为物理清洗和化学清洗。物理清洗是不改变污染物的性质，用机械力排除膜污染，恢复膜元件的性能；化学清洗是使用相应的化学药剂，改变污染物的组成或属性，来恢复膜元件的性能。

清洗药剂和方式的选择需要根据污染物的种类来确定。在对工业膜元件进行化学清洗前，需要先对污染状况进行分析，确定污染种类，之后再选择合适的化学清洗药剂和方式清洗膜元件恢复其性能。

（1）物理清洗

反渗透系统的物理清洗一般采用低压大流量的进水冲洗膜元件，冲洗掉附着在膜表面的污染物或堆积物。一般采用正冲方式，冲洗压力通常控制在 0.3MPa 以下，一般进水压力不高于 0.4MPa。为了增加膜面水平方向的剪切力，冲洗时的流速比正常运行时要高。一般冲洗频率推荐一天一次或 2 天一次或视情况而定。冲洗用水最好采用反渗透系统产水，若由于系统设计原因无法采用反渗透系统产水进行冲洗，则宜采用超滤出水进行冲洗。冲洗频率和冲洗时间可根据进水水质、工业装置的运行状况和用户需要来确定，条件允许时建议频繁对系统进行冲洗以降低反渗透膜面浓差极化和膜污染。

（2）化学清洗

反渗透膜的化学清洗周期的确定，通常情况下参照跨膜压差达到 0.3~0.5MPa 的条件下进行清洗。化学清洗药剂的选择可根据反渗透进水水质或小试试验结果来确定。一般来说，无机物结垢污染宜采用酸洗，有机物及微生物污染采用碱洗。常用的酸为盐酸，常用碱为氢氧化钠。可采用单一药剂清洗，也可采用几种药剂特定配比混合清洗。清洗过程中通常及时对清洗液 pH 值进行连续监测，如果 pH 值降低或升高较快时，需要及时加入适量的酸或碱以稳定清洗液 pH 值大小，通过清洗过程力图清除反渗透膜表面堆积物、结垢、有机物及微生物等。

反渗透膜清洗过程中应注意：洗时的水温最好不超过 35℃；控制好清洗液的温度、浓度和 pH 值。化学清洗液的 pH 值范围和清洗液水温有关。化学清洗过程中，应确保清洗液 pH 值不低于 2.0，否则可能对反渗透膜元件造成损害，特别是在温度较高时更应注意，最高 pH 值不应高于 11.0；保清洗液不含游离氯和其他氧化性物质；清洗方向和运行方向相同，也可逆向清洗，但不允许反洗，为了取得更好的清洗效果，最好进行分段清洗；对于芳香聚酰胺类反渗透膜可用阴离子型或非离子型表面活性剂，禁用阳离子型表面活性剂；清洗液循环过程中必需经过精度较高的保安过滤器；清洗后的反渗透装置在开始运行时应先排掉初期产水或将初期产水作为清洗液的补充水。

2.5.3 电渗析

2.5.3.1 技术原理

电渗析过程须采用以下操作方式：装置中的阳离子膜和阴离子膜中的交替排列，固定在两个电极中间，整个装置处于两个电极间电场中，示意如图 2-5-1 所示。交替的膜间间隔区域有两种类型——脱盐室和浓缩室。对电流方向从阴离子膜流向阳离子膜的间隔区域(见图 2-5-1 偶数隔间)，其中的离子将通过膜移出到相邻间隔区域(见图 2-5-1 奇数隔间)。在奇数隔间，离子膜将阻碍离子的移出，所以这些隔间将积累离子。作为结果，在偶数隔间的离子溶质将被除去，而在奇数隔间的溶液将被浓缩。临近阴极的边缘隔间(阴极室)内溶液呈碱性，同时临近阳极的隔间(阳极室)溶液呈酸性。

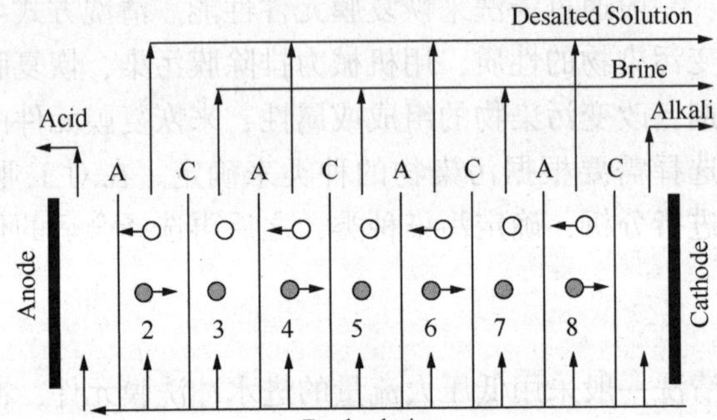

图 2-5-1　离子膜在电渗析过程排列方式

通过电渗析，进入装置的液流被分成了脱盐液和浓缩液。被膜吸附的同离子会降低过程的效率。当料液不加入到浓缩室时，电渗析能够实现较高的浓缩度。在这种情况下水将以渗透、电渗作用通过离子膜，迁移离子的水合作用也将携带水分子传递到浓缩隔间。

实质上，电渗析可以说是一种除盐技术，因为各种不同的水(包括天然水、自来水、工业废水)中都有一定量的盐分，而组成这些盐的阴、阳离子在直流电场的作用下会分别向相反方向的电极移动。如果在一个电渗析器中插入阴、阳离子交换膜各一个，由于离子交换膜具有选择透过性，即阳离子交换膜只允许阳离子自由通过，阴离子交换膜只允许阴离子以通过，这样在两个膜的中间隔室中，盐的浓度就会因为离子的定向迁移而降低，而靠近电极的两个隔室则分别为阴、阳离子的浓缩室，最后在中间的淡化室内达到脱盐的目的。实际工业应用中，一台电渗析器并非由一对阴、阳离子交换膜所组成，而是采用一百对，甚至几百对交换膜，因而大大提高效率。

2.5.3.2 影响因素

在电渗析中，结垢和污染会导致一系列严重的操作问题。在电渗析装置中的沉淀物的比电导很低，显著增大了膜和整个装置的电阻，因而常导致产品能耗增加、设备局部发热等问题。有时，发热严重将导致膜烧损、膜两侧料流混合及单元渗漏。沉积物使电流和流体受到局部扰动，同时这种扰动会促使沉淀现象向周围扩展。引发沉淀的原因可能是：液体中悬浮颗粒的电泳沉积、离子浓度增加超过了溶解度和边界层 pH 值的改变。因为在浓缩单元离子浓度高，低溶解度组分容易达到其饱和浓度，所以沉淀更常出现在浓缩室。

当电流密度超过了其极限值时，形成沉淀的危险是非常高的。这时，电流由从溶剂电离出来的离子携带，在水溶液中可能是氢离子和氢氧根离子。这样，在脱盐室阳离子膜表面，以及浓缩室阴离子膜表面附近，溶液 pH 值将会升高。pH 值的升高将导致一些溶质的溶解度下降，最常见的例子是导致碳酸钙沉淀。

垢通常出现于离子膜表面。由于膜组件流量分布不均匀导致浓度波动，浓度波动进而引发局部沉淀。

沉淀物中通常含有碳酸盐和氢氧化物，因此最常用的除去沉淀物的方式是浓酸处理或电极反转。当电流方向改变时，脱盐室变成了浓缩室，浓缩室变成了脱盐室。电渗析过程中，胶体有机沉淀物在脱盐室积累。电流方向改变后当脱盐室变为浓缩室时，有机或胶体沉淀物就随着浓缩洗被洗掉了。通过定期电极反转的逆电渗析(EDR)操作，可以清除电渗析装置中的污染物。

料液含有机物的电渗析过程更加复杂。由于有机物可能改变扩散层的浓度分布，并可能在膜表面形成污染层，有机物会降低限定电流密度。由大分子或胶体物质表面极化形成的污染层，会导致极限电流密度急剧下降。弱电离有机物质在膜中的迁移率很低。因此，它们在膜与料液的界面处累积，并被膜吸收，因而导致了膜污染。另外，膜与流体交界处电场很强，作为维恩效应的结果，弱离子型有机物质的离解度提高，导致膜污染加重。

防止膜中毒的最广泛使用的方法，是溶液的预处理以及周期性的电极反转。一种最新的保护措施是，在膜表面镀加与污染物带相同电荷的保护膜，但保护膜上的电荷密度应远小于膜的电荷密度。

2.6 废水近零排放

废水近零排放，是企业没有液体排出厂外，其目的是将液体与固体分离，回收的液体再利用，回收的固体排出厂外或作为化工原料综合利用。

液体变成固体的过程是结晶。就炼化企业来讲，其结晶产生的固体废料属于危废，处置的成本很高，这是可以计算的巨大数目。因此要把它变成有用的化工废料，如工业盐和芒硝；还有极少部分的杂盐，作为危废处理。混盐可以作为皮革工业的原料。因此，结合市场需要，分级结晶技术和混盐洁净技术同样特别重要，要根据项目当地的条件确定。

要结晶，就必须将液体浓缩到一定的浓度。采用的技术主要包括机械式蒸汽再压缩技术、多效蒸发技术、正渗透技术，其中正渗透技术因其抗结垢腐蚀、投资省、运行费用低得到各方关注。典型蒸发结晶流程示意图见图 2-6-1。

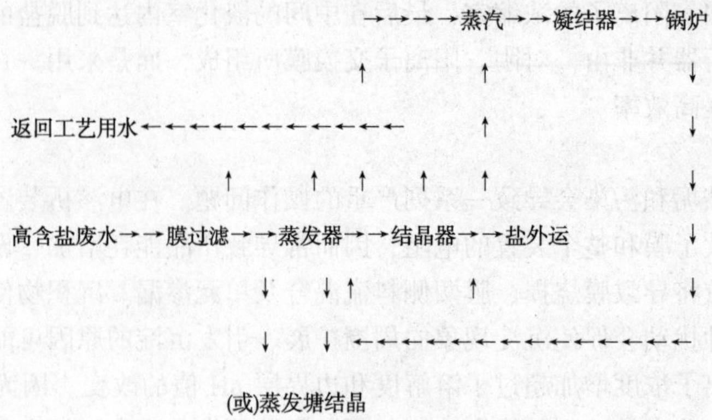

图 2-6-1　典型蒸发结晶流程示意图

2.6.1　技术原理

水蒸发的原理就是水分子在不同温度、压力下(即平均分子动能不同)，个别分子的动能不同，是一个分布，速率有高有低，高的速度的分子如果在表面，就有可能挣脱分子间的作用力，跑到外面，就形成了蒸发，这种蒸发在很低的温度下都可以发生，但是温度越高，分子平均运动动能越高，高速度分子比率也大。

晶体在溶液中形成的过程称为结晶。结晶的方法一般有两种：一种是蒸发溶剂法，它适用于温度对溶解度影响不大的物质，沿海地区“晒盐”就是利用的这种方法；另一种是冷却热饱和溶液法，此法适用于温度升高，溶解度也增加的物质。

(1) 膜浓缩处理　蒸发结晶废水处理技术，由于投资大，运行费用高、冬季蒸发量小等问题，通常要对废水采用超滤反渗透工艺进行浓缩处理，降低废水的量，提高废水中盐的浓度，回收的水回用到工艺使用。浓缩后的废水进行蒸发结晶处理。

(2) 蒸发

① 人工法　人工的方法就是蒸发结晶器的方法。经过膜浓缩后的废水，进入蒸发器，蒸汽或电加热后的废水中的水进一步蒸发，废水得到进一步的浓缩。产生的蒸汽冷凝后回收利用。蒸发处理后的废水接近饱和，经过结晶器结晶处理，产生的蒸汽冷凝后回收利用。

多效蒸发目前用得比较多，淡水回收率可以达到90%；机械压缩结晶热效率较高，淡水回收率可以达到98%。投资大，每吨废水(小时量)24 万~30 万元；处理成本较高，主要看有无富裕的蒸汽。

蒸发工艺是将 40000~60000mg/L 的废水浓缩到 220000~250000mg/L，相同的工艺还有正渗透。经过蒸发处理后的废水，也可以进入蒸发塘结晶处理。

② 自然法　自然的方法就是蒸发塘的方法，建设面积较大的水池，储存废水，利用太阳能、自然风自然蒸发的方式蒸发水分，使盐分留在池底定期清理，处理成本较低。经过膜浓缩后的废水，进入蒸发塘，废水中的水蒸发，废水得到进一步的浓缩，废水接近饱和结晶。经过蒸发塘处理，产生的晶体回收。

自然蒸发池占地面积较大，对建设地区的蒸发量和降雨量有一定的要求，同时需要一定的防渗处理，易于管理部门监管。

2.6.2 多效蒸发技术

多效蒸发将几个蒸发器串联运行的蒸发操作，使蒸汽热能得到多次利用，从而提高热能的利用率，多用于水溶液的处理。在三效蒸发操作的流程中，第一个蒸发器(称为第一效)以生蒸汽作为加热蒸汽，其余两个(称为第二效、第三效)均以其前一效的二次蒸汽作为加热蒸汽，从而可大幅度减少生蒸汽的用量。每一效的二次蒸汽温度总是低于其加热蒸汽，故多效蒸发时各效的操作压力及溶液沸腾温度沿蒸汽流动方向依次降低。依据二次蒸汽和溶液的流向，多效蒸发的流程可分为：①并流流程。溶液和二次蒸汽同向依次通过各效。由于前效压力高于后效，料液可借压差流动。但末效溶液浓度高而温度低，溶液粘度大，因此传热系数低。②逆流流程。溶液与二次蒸汽流动方向相反。需用泵将溶液送至压力较高的前一效，各效溶液的浓度和温度对黏度的影响大致抵消，各效传热条件基本相同。③错流流程。二次蒸汽依次通过各效，但料液则每效单独进出，这种流程适用于有晶体析出的料液。

在生蒸汽温度与末效冷凝器温度相同(即总温度差相同)条件下，将单效蒸发改为多效蒸发时，蒸发器效数增加，生蒸汽用量减少，但总蒸发量不仅不增加，反而因温度差损失增加而有所下降。多效蒸发节省能耗，但降低设备的生产强度，因而增加设备投资。在实际生产中，应综合考虑能耗和设备投资，选定最佳的效数。烧碱等电解质溶液的蒸发，因其温度差损失大，通常只采用2~3效；食糖等非电解质溶液，温度差损失小，可用到4~6效；海水淡化所蒸发的水量大，在采取各种减少温度差损失的措施后，可采用20~30效。

(1) 一组蒸发器由一个加热器和一个分离器组成。多效蒸发器由两个或两个以上蒸发器、热泵、各效进出料泵、真空装置、检测仪表、管道及阀门组成。加热器主要由壳体、加热管束、布料装置及附件组成；分离器则主要由壳体、捕沫器及附件组成。

(2) 多效蒸发器可采用顺流连续加料法，亦可采用逆流或混流加料法。

(3) 蒸汽喷射热泵借助绝热压缩作用使部分第一效二次蒸汽的饱和温度提高，并回到第一效加热器内作为加热蒸汽，从而提高了生蒸汽的经济程度。

(4) 合理有效的分配盘的使用使物料进入加料管后即均匀有效地在管内壁形成膜状流动，从而使传热系数大为提高。

(5) 适合于热敏性、浓度较高、黏度较大、易挥发、易结垢、易结晶、浓缩比大及具有腐蚀性物料的蒸发。

(6) 根据蒸发物料性质及蒸发要求不同，可以设计成双效、三效、四效及五效蒸发系统，同时工艺路线需要根据不同的要求而进行专门的设计。

(7) 可以利用管束或盘式干燥机顶部废汽及其他低热值热源(如凝结水蒸气)作为蒸发器热源而成为废热蒸发器，由此可以极大地减少生蒸汽用量，取得最大的节能效果。当废热蒸汽有充分供应量时，可完全不用生蒸汽，可取得显著经济效益。

(8) 专业设计——蒸汽耗量低、蒸发温度低、浓缩比大、更合理、更节能、更高效。

2.6.3 多级闪蒸

多级闪蒸过程将原料加热到一定温度后引入闪蒸室，由于该闪蒸室中的压力控制在低于热盐水温度所对应的饱和蒸汽压的条件下，故热盐水进入闪蒸室后即成为过热水而急速地部分汽化，从而使热盐水自身的温度降低，所产生的蒸汽冷凝后即为所需的淡水。多级闪蒸就是以此原理为基础，使热盐水依次流经若干个压力逐渐降低的闪蒸室，逐级蒸发降温，同时盐水也逐级增浓，直到其温度接近(但高于)天然废水温度。在一定的压力下，把经过预热的废水加热至某一温度，引入第一个闪蒸室，降压使废水闪急蒸发，产生的蒸汽在热交换管外冷凝而成淡水，而留下的浓水，温度降到相应的饱和温度。依次将浓缩废水引入以后各闪蒸室逐级降压，使其闪急蒸发，再冷凝而得到淡水。闪蒸室的个数，称为级数，最常见的装置有 20~30 级，有些装置可达 40 级以上。

当废水处于天然状态，或未经工艺处理时，我们称为“浓水”。而一进入工艺流程或经过工艺处理则被称为“盐水”。

为了有效地利用热量，节省经过预处理的原料废水，提高蒸发室中的盐水流量，故在实际生产中都是根据物料平衡将末级的浓盐水一部分排放，另一部分与补给废水混合后作为循环盐水打回热回收段。循环盐水回收闪蒸淡水蒸气的热量后，再经过加热器加热，在这里盐水达到工艺要求的最高温度。加热后的循环盐水进入热回收段第一级的蒸发室，然后通过各级级间节流孔依次流过各个闪蒸室完成多级闪蒸，浓缩后的末级盐水再次循环。

从各级蒸发室中闪蒸出的蒸汽，分别通过各级的汽水分离器，进入冷凝室的管间凝结成淡水。各级淡水分别从受液盘，经淡水通路，随着压力降低的方向流到末级抽出。废水前处理包括废水清洁处理和防垢、防腐措施等。

(1) 多级闪蒸是针对多效蒸发结垢较严重的缺点而发展起来的，具有设备简单可靠、防垢性能好、易于大型化、操作弹性大以及可利用低位热能和废热等优点。因此一经问世就得到应用和发展。

(2) 多级闪蒸法不仅用于海水淡化，而且已广泛用于火力发电厂、石油化工厂的锅炉供水、工业废水和矿井苦咸水的处理与回收，以及印染、造纸工业废碱液的回收等。

(3) 多级闪蒸是海水淡化工业中最成熟的技术，运行安全性最高，弹性大，适合于大型和超大型淡化装置，并主要在海湾国家使用。

(4) 多级闪蒸总是与火力电站联合运行，以汽轮机低压抽汽作为热源。多级闪急蒸馏不需要高压蒸汽为热源，特别适用于与热电站相结合的大型淡化工厂。若将建在海滨的核电站的发电，与这种海水淡化和海水的其他方面的利用结合起来，将是一种很经济的综合生产方案。

2.6.4 机械压缩蒸馏

机械式蒸汽再压缩(MVR)蒸发器、蒸馏塔，其原理是利用高能效蒸汽压缩机压缩蒸发产生的二次蒸汽，把电能转换成热能，提高二次蒸汽的焓，被提高热能的二次蒸汽打入蒸发室进行加热，以达到循环利用二次蒸汽已有的热能，从而可以不需要外部新鲜蒸汽，依靠蒸发器自循环来实现蒸发浓缩的目的。通过 PLC、单片机、组态等形式来控制系统温度、压力马达转速，保持系统蒸发平衡。从理论上来看，使用 MVR 蒸发器比传统蒸发器节省 80%以上的能源，节省 90%以上的冷凝水，减少 50%以上的占地面积。

(1) 主要组成

① 组成蒸发器：需要蒸发的溶液在蒸发器里和热源蒸汽进行换热，产生蒸发。根据不同溶液的性质来选择不同类型的蒸发器。

② 分离器：用于蒸汽和液体的分离，根据不同溶液的性质可以选择不同的分离器，一般有离心分离器，重力分离器或者有特殊结构的分离器。

③ 真空系统：维持整个系统的真空度，从装置中抽出部分空气、不凝气体以及溶液带

入的气体，以达到系统稳定的蒸发状态。

④ 泵：输送待蒸发的溶液以及浓缩后的溶液。根据不同性质的溶液选择不同类型的泵，一般可以使用离心泵、容积泵、螺杆泵。

⑤ 压缩机系统：通过压缩二次蒸汽提供蒸发热源，提高二次蒸汽的热焓。根据不同流量和压缩比的要求可以选择多种压缩机，对于压升加大的情况，可以采用多级压缩机串联使用。

⑥ 控制系统：MVR 蒸发系统控制中心，通过对马达转速的调节，阀门、流量计、温度、压力的控制，以达到自动蒸发、清洗、停机等操作。自动报警，自动保护系统不受损伤，保持系统动态平衡。

⑦ 清洗系统：不同的溶液蒸发一段时间后，可能会发生结垢现象，一般说 99%以上的结垢都是可以通过添加化学溶剂除去，一般可以使用 CIP 原位清洗或者拆除清洗。

蒸发模式有：降膜、升膜、强制循环、流化床蒸发、逆流、搅拌、螺旋管等方式，相关参数：产品的蒸发能力：5L/h~60t/h，蒸发温度：40~100 ℃，蒸发每吨水耗电量：25~100kW，可以直接蒸发到结晶。

(2) 选型时应考滤的因素

① 溶液的黏度　蒸发过程中溶液黏度变化的范围，是选型首要考虑的因素。

② 溶液的热稳定性　长时间受热易分解、易聚合以及易结垢的溶液蒸发时，应采用滞料量少、停留时间短的蒸发器。

③ 有晶体析出的溶液　对蒸发时有晶体析出的溶液应采用外加热式蒸发器或强制循环蒸发器。

④ 易发泡的溶液　易发泡的溶液在蒸发时会生成大量层层重叠不易破碎的泡沫，充满了整个分离室后即随二次蒸汽排出，不但损失物料，而且污染冷凝器。蒸发这种溶液宜采用外加热式蒸发器、强制循环蒸发器或升膜式蒸发器。若将中央循环管蒸发器和悬筐蒸发器设计大一些，也可用于这种溶液的蒸发。

⑤ 有腐蚀性的溶液　蒸发腐蚀性溶液时，加热管应采用特殊材质制成，或内壁衬以耐腐蚀材料。若溶液不怕污染，也可采用直接接触式蒸发器。

⑥ 易结垢的溶液　无论蒸发何种溶液，蒸发器长久使用后，传热面上总会有污垢生成。垢层的导热系数小，因此对易结垢的溶液，应考虑选择便于清洗和溶液循环速度大的蒸发器。

⑦ 溶液的处理量　溶液的处理量也是选型应考虑的因素。要求传热面积大于 $10m^2$ 时，不宜选用刮板搅拌薄膜蒸发器，要求传热面在 $20m^2$ 以上时，宜采用多效蒸发操作。

(3) 技术特点

① 低能耗、低运行费用；

② 占地面积小；

③ 公用工程配套少，工程总投资少，

④ 运行平稳，自动化程度高；

⑤ 无需原生蒸汽；

⑥ 可以在 40℃下蒸发而无需冷冻设备，特别适合热敏性物料。

2.6.5 正渗透

(1) 技术原理

正渗透又称渗透(MBC)，是指水或其他溶剂透过天然或人造的半透膜，由低溶质浓度侧传递到高溶质浓度侧的过程，是自然界中广泛存在的一种物理现象。正渗透过程无需外加压力，它是通过具有高渗透压的汲取液，可以透过半渗透膜将水分子自发的由低渗透压的原水侧汲取出来，而且将原水中的其他溶质截留，然后再采用其他工艺将水从被稀释的汲取液中分离出来，最终获得纯净的水，汲取液可以循环利用。留下来的盐水进行结晶处理。由于MBC低压工作特性，使得MBC膜不可逆转的污染及结垢倾向比高压反渗透系统更低，系统更加安全可靠。

MBC系统用于浓水的浓缩，是目前世界最先进的浓盐水处理系统，在美国成功投入商业运行，比蒸发系统投资低，运行费用低，无腐蚀、结垢现象。做为MBC系统的核心技术，正渗透是通过半渗透膜在两侧渗透压差的驱动下，水分子将自发并且有选择性的从高盐水侧扩散进入汲取液侧。汲取液是由特定物质的量比的氨和二氧化碳气体溶解在水中形成。氨和二氧化碳混合气体在水中具有很高的溶解度，形成的汲取液可以产生巨大地渗透压驱动力(相当于350bar的物理压力)使得水分子渗透过膜，即使高含盐量原水的总溶解性固体(TDS)高达150000mg/L。稀释后的汲取液可以通过加热蒸发分解其中的溶质而得到循环利用，与克服水的蒸发潜热相比较，汲取液中溶质热分解所需的能量更低。分解后氨和二氧化碳气体通过冷凝回收再溶解到汲取液中进行重复使用，除去了溶解氨和二氧化碳以后的水即为比较纯净的产水。MBC系统凭借其良好的产水水质和实现超过200000mg/L的浓水含盐量，证明其与其他竞争技术拥有显著的经济优势。处理总含盐量30000~50000mg/L的高浓废水，MBC系统的经济成本较蒸发器系统降低70%。

(2) 技术特点

① 采用汲取液透过半渗透膜将水分子自发的由低渗透压的原水侧汲取出来，不需要在高压条件下运行，拥有很好的抗不可逆污染性能；

② 正渗透膜两侧水扩散驱动力均匀，可保证水通量长期稳定；

③ 能适应进水水质的波动，保持自身性能稳定；

④ 与蒸发工艺相比，MBC系统不需要使原水沸腾，或者使用高压泵RO系统进行脱盐，因此减少了能量消耗；MBC系统主要由塑料材料管接件和设备组成，不需要昂贵的合金材料。因此，MBC系统拥有更低的建造成本及运行成本。

蒸发结晶技术适合于废水不可以排入水体的企业。降雨量小、蒸发量大、地广人稀地区或规模较小的企业，可以考虑自然蒸发结晶的工艺；规模较大的企业，可以考虑人工蒸发结晶的工艺，可以考虑人工蒸发器与自然结晶相结合的工艺。

2.7 废水处理工程

2.7.1 油田废水回注处理工程

2.7.1.1 工程概况

为更好地进行注水油田开发，世界各国对注入水的水质都提出了严格要求，目前我国油田回注水水质执行油田行业标准SY/T 5329《碎屑岩油藏注水水质指标及分析检测方法》，水质指标以不堵塞地层、控制注水压力为目标，基本要求有水质稳定，与油层水相混不产生沉淀；水中不得携带大量悬浮物，以防堵塞注水井渗滤端面及渗流孔道；对注水设施腐蚀性小。因此，油田采出水回注处理的任务一是要实现水质净化，即去除水中的悬浮杂质，如含油、悬浮物、细菌等，二是要实现水质稳定，控制腐蚀、结垢和细菌滋生等，最终达到处理后的水质达标且稳定。

某油田含油废水处理站设计规模 2.0×10^4 m^3/d，原水含油量≤1000mg/L，悬浮固体含量≤450mg/L，总矿化度 12448mg/L，水温 50℃，水中原油密度 937.8kg/m^3。

2.7.1.2 工艺流程及说明

油田废水普遍采用三段式废水处理流程。第一段为调储段，也称作自然除油罐，一次除油罐或接收罐，其主要任务除对原水进行油、水、悬浮固体自然分离外，还可对下游流程起均质、均量的作用，为沉降分离装置提供平稳的水质，均衡的水量。

第二段为沉降分离段。由于油田废水中大约有 20%溶解油、乳化油、分散油的乳浊液和 80%泥质、粉质悬浮固体具有较好的稳定性。这些杂质单靠自然沉降是很难得到沉降分离的，必须采用化学、物理方法加速悬浮杂质的分离。本工程原水中悬浮固体含量较高，选用混凝沉降。还可以根据原水水质、处理水量选择浮选、旋流等处理工艺。

第三段为过滤段，是保证回注水质达标的重要工艺，主要将沉降分离装置不能截留的微粒杂质分离出来，也是深度水质预处理的重要环节。由于注入层渗透率的高低对注水水质的要求相应不同，本工程处理后水质满足高渗透油藏需要，两段工艺除油、除悬浮物后采用核桃壳压力过滤。如果还需要满足低渗透油藏注水水质要求，可在核桃壳过滤的基础上增加多介质过滤、金属膜、有机膜等过滤技术进行水质深度处理。

油田采出水是在绝氧的油层随原油开采出来，为防止在输送和处理过程中从空气中溶进氧，常在工艺流程中采用密闭的系统下进行，然后在流程中投加适量的缓蚀剂、阻垢剂和杀菌剂等“三防”药剂，本工程采用了天然气密闭，配合“三防”药剂的控制方式，防止回注水对金属腐蚀、结垢和微生物产生的危害，从而达到水质稳定的目的。某油田废水回注处理站工艺流程图见图 2-7-1。

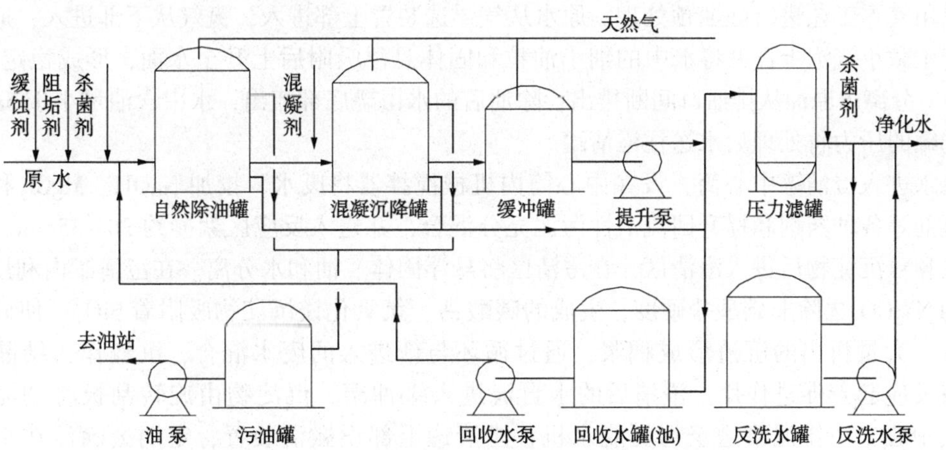

图 2-7-1 某油田废水回注处理站工艺流程图

2.7.1.3 运行效果

本工程处理后水质达到 SY/T 5329(《碎屑岩油藏注水水质指标及分析检测方法》)渗透率 0.5~1.5μm^{2}的水质指标，含油小于≤30mg/L，悬浮固体含量≤10mg/L，悬浮固体颗粒粒径中值≤4.0μm，硫酸盐还原菌 SRB≤25 个/mL，平均腐蚀速率小于 0.076mm/a。

重力混凝沉降是油田废水采用最为广泛的处理工艺，具有抗冲击能力强，设备运行平稳，处理效果稳定等特点，但也存在罐底排泥困难，易曝氧腐蚀等缺点。

2.7.2 油田废水回用处理工程案例

2.7.2.1 工程概况

油田废水回用首先选择的途径是废水回用稠油热采注汽锅炉，目的是充分利用油田废水的水源和水温。废水回用稠油热采注汽锅炉水质执行 SY/T 0097(《稠油油田采出水用于蒸汽发生器给水处理设计规范》)，为了防止炉内结垢以及防止结垢消弱锅炉传热，该标准中的重要控制指标是硬度、二氧化硅和溶解性总溶解固体(TDS)等。

某稠油油田采出水深度处理工程，设计规模 $2.0\times10^4m^3/d$，原水水质与湿蒸汽发生器给水水质对照表见表 2-7-1，原水中油、悬浮固体、二氧化硅、总硬度等多项指标超标，由于废水可溶性固体小于 7000mg/L，满足标准要求，不需要进行脱盐处理，因此选择以除硬、除硅为核心的软化处理工艺。

表 2-7-1　原水水质与湿蒸汽发生器给水水质对照表

分析项目	单位	原水分析值	标准值	分析项目	单位	原水分析值	标准值
油和脂	mg/L	500~1000	<2	总碱度	mg/L	1500~2000	<2000
悬浮固体	mg/L	300~400	<2	可溶性固体	mg/L	3000~4000	<7000
总铁	mg/L	0.2~0.3	<0.05	含氧量	mg/L	0.2~0.3	<0.05
二氧化硅	mg/L	50~100	<50	pH 值		7.5~8.0	7.5~11
总硬	mg/L	70~100	<0.1				

2.7.2.2 工艺流程及说明

原水含油量在 50mg/L 左右，达不到进入化学沉淀软化装置(机械搅拌澄清罐)水质要求，采用气浮工艺进行除油预处理。原水从气浮选装置上部进入，氮气从下部进入，通过喷射器产生微小气泡上浮并将水中的细小油粒和固体悬浮吸附后上升至水面，形成稳定的油、水界面，分离出原油从排油口间断排出，除油后的水由罐底部流出，水中含油量小于 5mg/L，靠浮选罐的压力将处理后水送往澄清罐。

废水进入澄清罐中心筒，设在中心筒内机械搅拌器将废水、投加 NaOH、$MgCl_2$ 和聚合物絮凝剂等各种药剂和提升回流活性污泥充分混合，并送入反应区絮凝约 30~35min，逐渐形成大颗粒沉淀物后进入澄清区，在澄清区将悬浮固体、油和水分离。在澄清罐内利用反应生成的 Na_2CO_3 去除非碳酸盐硬度，生成的碳酸钙、氢氧化镁沉淀物吸附着 SiO_2，使硅盐得到去除。大量析出的沉渣形成稠浆，通过循环与新进入的废水混合，沉渣作为结晶种子对析渣反应起着促进作用。澄清后的水自流进入缓冲罐，沉淀物由旋转刮板将稠泥浆推至罐底中心，由排泥泵送至污泥脱水机，澄清罐上部设撇油装置，定期去除浮在水面上部的浮油。

经过化学沉淀软化后的采出水，再经过过滤器得到进一步净化，出水含油量、悬浮物低于 2mg/L，进入离子交换装置。离子交换软化器设有一级树脂交换器和二级树脂交换器，填装 D113 大孔弱酸树脂，弱酸树脂的羟基将水中剩余硬度离子(如钙、镁)进一步去除，达到蒸汽发生器给水硬度<0.1mg/L 的指标要求。

过滤器反洗废水和离子交换树脂再生的废液，都收回流至澄清罐，重新处理。澄清池中分离出的沉渣经离心机脱水后进行集中堆放和处置。

工艺流程如图 2-7-2 所示。

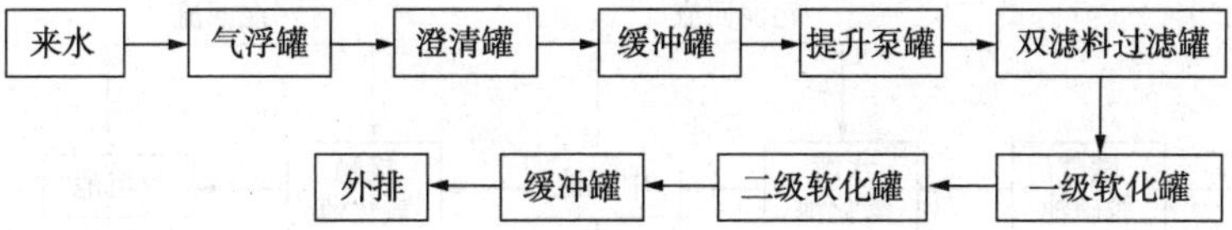

图 2-7-2　稠油废水软化处理工艺流程

2.7.2.3　运行效果

本工程采用的气浮除油、混凝澄清除硬、除硅等工艺运行平稳可靠，适合稠油采出水的软化处理，处理后水质达到 SY/T 0097(《稠油油田采出水用于蒸汽发生器给水处理设计规范》)要求的热采锅炉给水标准，回注地层不仅能使水质与岩层相适应，而且是一项节约水源，节省热量，与稠油开发相配套的节能环保技术。

2.7.3　油田废水外排处理工程案例

2.7.3.1　工程概况

油田废水外排主要执行国标 GB 8978《污水综合排放标准》，在此基础上，还要执行相应的地方标准。对照排放标准，油田废水排放主要控制的指标是石油类、COD、悬浮物、氨氮、硫化物、挥发酚等二类污染物。经常规的三段式废水回注处理后，废水中 COD_{Cr}、BOD、氨氮等指标仍然达不到废水外排指标的要求，为满足废水外排的需要，在废水回注处理工艺的基础上，通常增加生物处理单元，进一步去除废水中的有机物污染。

由于油田废水的可生化性差，其 BOD/COD 一般小于 0.30，废水的温度高，矿化度大，因此在处理工艺的选择和微生物的培养上比普通废水的生物处理有更高的要求。为提高生化处理单元的效能，多种生化技术已被用于油田废水的处理，包括活性污泥法、SBR 法、生物膜法、氧化塘、厌氧生物技术等，经过多年实践，形成了生物接触氧化、氧化塘等适合油田废水的外排处理工艺。

某油田废水矿化度适中，用地相对紧张，通过前期现场试验，选用了水解酸化—好氧氧化生物膜法处理工艺，该工程装置设计能力 3000m^3/d，处理后废水排放均执行《污水综合排放标准》(GB 8978—1996)中规定的二级标准。

2.7.3.2　工艺流程及说明

具体的工艺流程为：油田废水经联合站预处理后，进入冷却塔冷却降温，然后进入隔油池进行物理隔油，再进入厌氧池进行酸化水解，将难降解的有机物水解成小分子物质，提高采油废水的可生化性。厌氧池出水进入中沉池进行沉淀，废水溢流进入好氧池进行好氧生物降解，好氧池出水进入二沉池进行沉淀，上清液溢流排入外排沟进行排放。厌氧池和好氧池中充填了弹性填料，作为微生物附着的载体。

中沉池和二沉池中沉淀的活性污泥部分回流至厌氧池和好氧池，从系统中排出的剩余污泥集中排到污泥池中浓缩，再经污泥自然干化池脱水、干化。

油田废水外排处理工艺流程见图 2-7-3。

根本工程根据水质特点选育了高效石油烃降解优势菌作为菌源，菌源包括兼性菌和好氧菌。首先将兼性菌源按合适比例投入水解酸化池，将部分兼性菌和好氧菌投入接触氧化池；再加入一定量生活废水、炼化废水处理系统中的剩余污泥等，然后启动水解酸化池潜水搅拌装置和接触氧化池曝气系统，大约 2~4 周后，附着在生物填料表面的微生物达到一定数量

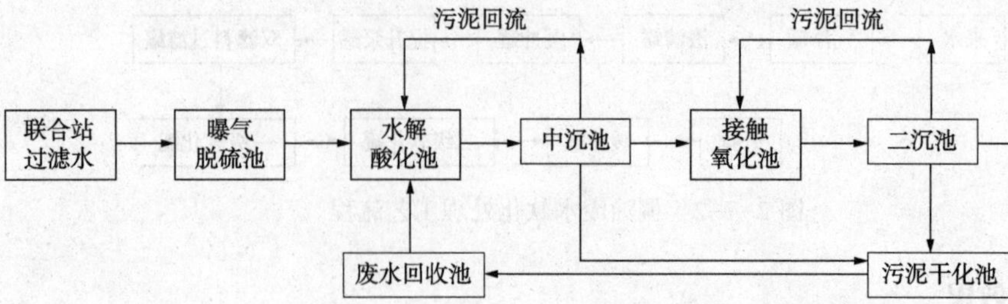

图 2-7-3 油田废水生物接触氧化法工艺流程图

后，逐渐增加废水的进水量，直到生物系统稳定，出水合格。期间不合格废水泵送至生物处理构筑物前端进行再处理。为保证微生物生长所需营养，根据不同水质适当补充 N、P 等营养物。

2.7.3.3 运行效果

油田废水生物处理是实现废水达标排放的最为经济和有效的技术，但在实际应用过程中，油田废水的高含盐量、高温特性直接降低了微生物的活性，给生物处理工艺带来一定的影响，总结国内油田废水生物处理工程，含盐量在 10000mg/L 以内，温度小于 45℃，是油田废水生化处理较为适宜的条件。工程运行情况见表 2-7-2。

表 2-7-2 工程运行情况一览表 mg/L

污染物名称	COD	石油类	悬浮物	硫化物
进水指标平均值	329.1	28.78	193.4	23.94
出水指标平均值	120.1	6.13	102.1	4.25
污染物去除率/%	63.50	78.70	47.20	82.25

该工程处理后的废水可以满足《污水综合排放标准》二级标准的要求，即 COD 小于 150mg/L，石油类小于 10mg/L。但随着废水外排标准的不断提高，部分省市已将排放标准提高到一级标准，即 COD 要求小于 60mg/L，因此需不断探索新技术在油田废水中的应用，进一步提升油田外排废水水质。

2.7.4 炼油废水处理工程

2.7.4.1 项目概况

某石油化工企业原油加工的主要装置有常减压装置、催化裂化装置、连续重整装置、催化汽油加氢装置、异构化装置、芳烃精馏装置、气分装置、焦化装置、聚丙烯装置、硫黄回收装置等，企业排出的废水全部混合处理，满足地方标准后排放。

由于混合废水电导率 2280~1900μS/cm，出水 COD 约 80~90mg/L，不能作为循环水系统的补充水。改扩建工程将预处理后的碱渣废水、采用回用水作为补充水的循环水厂的外排废水、部分电脱盐废水，烟气脱硫脱硝废水从含油废水中分离出来，形成高浓度(含盐)废水处理系统，其余废水为低浓度(含油)废水。

高浓度废水包括预处理后的碱渣废水、采用回用水作为补充水的循环水场的外排废水、部分电脱盐废水，特点是水量小、含盐量高、难生物降解的有机物浓度高。设计规模 $60m^3/h$，电导率约 6000~7000μS/cm；低浓度废水包括除预处理后的碱渣废水、采用回用水作为补充水的循环水场的排废水、部分电脱盐废水以外的全部废水，特点是水量大、含盐量低、难生物降解的有机物浓度低。设计规模 250 m^3/h，电导率约 660μS/cm。废水进生化系统的水量与水质见表 2-7-3。

表 2-7-3　废水进生化系统的水量与水质

废水种类	COD/(mg/L)	电导率/(μS/cm)
高浓度废水	1260	6000~7000
低浓度废水	650	660

2.7.4.2　高浓度废水处理

(1) 工艺流程及说明

随着废水提标改造项目的实施，高级氧化技术出现了芬顿、臭氧催化，传统的 A/O 活性污泥法工艺、高级氧化工艺的组合，促进了高浓度废水处理技术的发展。作为炼油企业高浓度(含盐)废水处理的典型工艺和技术核心，高级氧化技术+BAF 技术已经工业化应用，取得了良好的效果。高浓度废水稳定达标处理排放典型工艺流程见图 2-7-4 。

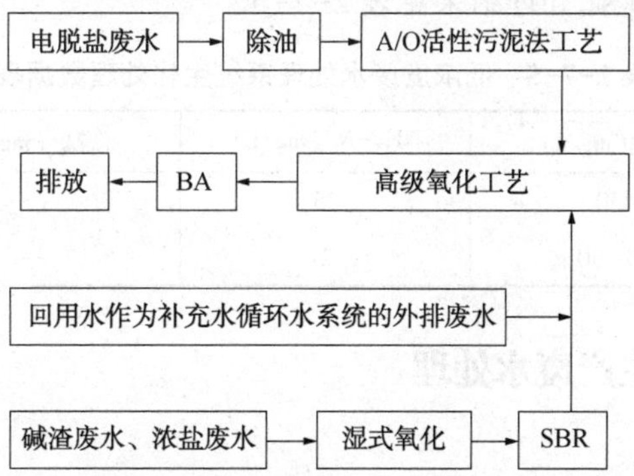

图 2-7-4　高浓度废水稳定达标处理排放典型工艺流程图

高级氧化降解有机物的机理有两种方式，氧原子的直接进攻和羟基自由基的反应。电脱盐废水、经过预处理后碱渣废水、回用水作为补充水的循环水的排废水，经过生化后仍然有 220~300mg/L 的 COD，而且这部分废水的 B/C 极低，可生化性差，无法用生物法去除达到排放标准。因此，经过高级氧化，提高废水生化性，同时部分有机物被直接氧化，再经过 BAF 生物处理达标排放。

(2) 处理效果

炼油企业高浓度废水处理系统系统水质及处理效果，脱硫脱硝水因水质达标直接外排。高级氧化剂投加量的增加，可以降低出水 COD 的浓度。处理结果见表 2-7-4。

表 2-7-4　高浓度废水处理系统生化处理数据表

指标	COD/(mg/L)	NH_3-N/(mg/L)	总氮/(mg/L)	悬浮物/(mg/L)
生化进水	1260	45	—	—
出水	40~60	5	30~35	≤40

2.7.4.3　低浓度废水处理

(1) 工艺流程及说明

低浓度废水包括除高浓度(含盐)废水、含氨废水以外的全部生产废水，该废水的特点是含盐量低、难生物降解的有机物浓度低、水量大，典型工艺流程见图2-7-5。

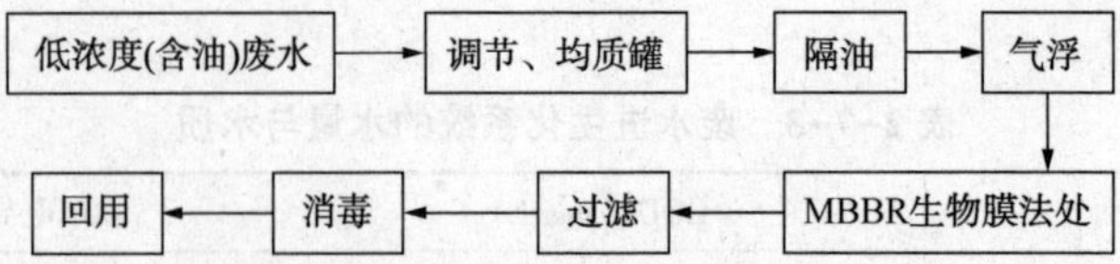

图2-7-5 低浓度废水适度处理回用典型工艺流程图

低浓度废水适度处理技术主要领域是载体流化床生物膜(MBBR)工艺，运用生物膜法的技术原理，最大限度地利用了生物膜工艺及活性污泥工艺相结合的优点，同时又克服了普通生物膜工艺(传统流化床或固定填料生物膜)的缺点，该载体由聚乙烯PE加改性剂/添加剂制造，比重为0.96(长生物膜后很接近于水)，在轻微搅拌下在水中易于流态化。

(2) 处理效果

炼油企业低浓度废水处理系统系统水质及处理效果，处理后回用于循环水系统作为补充水，低浓度废水处理系统生化处理结果见表2-7-5。

表2-7-5 低浓度废水处理系统生化处理数据表

指标	COD/(mg/L)	NH_3-N/(mg/L)	总氮/(mg/L)	悬浮物/(mg/L)
生化进水	650	25	—	—
出水	40~50	2	—	≤40

2.7.5 精对苯二甲酸生产废水处理

2.7.5.1 项目概况

精对苯二甲酸(PTA)广泛应用于合成涤纶化纤、增塑剂、农药、染料等领域。随着我国对该产品需求的增大，PTA的生产规模也逐年增大；与此同时，PTA废水产量也迅速增加。

本案例PTA废水处理设计处理能力500m³/h，出水指标除COD为GB 8978—96(《污水综合排放标准》)二级标准COD_{Cr}≤120mg/L外，其余出水指标均为一级标准。装置采用预处理—厌氧—好氧处理工艺路线，厌氧单元由UASB反应器及AF反应器组成，好氧单元采用两段氧化处理。

PTA废水典型组分：COD≤13500mg/L，TA≤2500 mg/L，pH值：3.5~4.5，装置处理能力：设计处理废水能力500 m³/h。

其中：AF装置处理能力 180m³/h

UASB装置处理能力 320m³/h

好氧装置处理能力 500m³/h

2.7.5.2 工艺路线

根据PTA化工废水COD浓度高、pH值变化范围大、废水温度高、难于生化降解等特点，本案例装置废水处理工艺采用了预处理—厌氧—好氧工艺路线。本装置分为预处理、厌氧、好氧、TA脱水和污泥脱水五个工序。

(1) 各工序的任务

预处理单元：其任务是接纳化工厂、钴锰排放的废水，分离出悬浮状态的TA，对高浓度碱性事故水酸化絮凝，以便进一步提高TA的去除率；配制营养盐；调节水质，为生化工程提供合格而稳定的废水。

厌氧单元：其任务是将预处理单元调节并初步处理过的 PTA 废水进行厌氧生物处理，降解其中大部分有机物，为后续好氧单元处理打好基础。

好氧单元：其任务是将厌氧单元(UASB、AF)出水进行好氧处理，出水自流至排水池。

TA 脱水单元：其任务是将来自经 TA 沉降罐、事故水酸化絮凝池浓缩的 TA 浊液，在 TA 脱水机上脱水而获得符合要求的 TA 残渣。

污泥脱水单元：其任务是将来自生化系统排放的剩余污泥进行气浮浓缩，经过离心脱水机脱水，获得符合要求的脱水泥饼。

(2) 工艺流程

精对苯二甲酸生产废水处理技术流程见图 2-7-6。

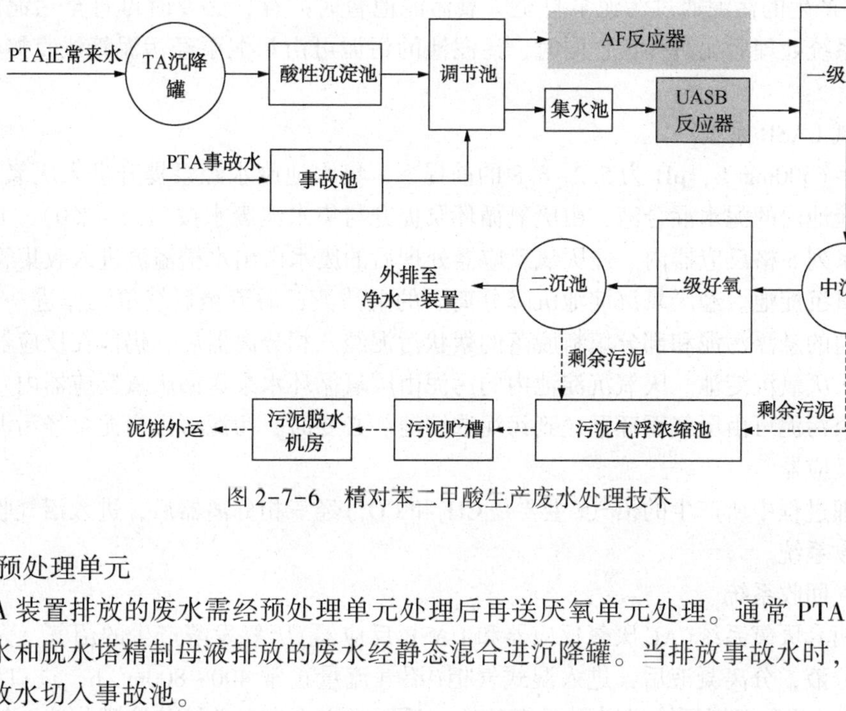

图 2-7-6　精对苯二甲酸生产废水处理技术

① 预处理单元

PTA 装置排放的废水需经预处理单元处理后再送厌氧单元处理。通常 PTA 装置排放的冲洗废水和脱水塔精制母液排放的废水经静态混合进沉降罐。当排放事故水时，由电动阀自动将事故水切入事故池。

TA 沉降罐沉降分离 TA，沉降罐上清液自流到酸沉池，沉降分离出的 TA 由 TA 软管泵送至 TA 脱水机进行 TA 脱水，上清液进入酸沉池继续分离 TA，分离出的 TA 通过泵再提入 TA 沉降罐脱水，酸沉池出水经 1#静态混合器混合，再经 2#静态混合器自动加碱调节系统调节 pH 值后进入调节池，废水经调节池匀质后流入到集水池。

高浓度碱性事故水用硝酸酸化絮凝，酸罐的硝酸由酸液泵输送到事故水提升泵，到二座事故水酸化絮凝池管路上的管道混合器前端，或进入分配槽总进水管路上前端的管道混合器，并由其加酸调节阀进行自动控制加酸量，调节其废水所设定的 pH 值。

营养盐是由人工将固体尿素和磷铵在溶解池内用水溶解，再由加药泵把溶液输送到高位槽，再由高位槽自流入集水池和 AF 中和池，或由加药泵不经高位槽直接输送到集水池和 AF 中和池。现在磷铵的投加改为 75%的磷酸，磷酸罐的磷酸由泵输送到高位槽，由高位槽自流进入集水池及 AF 中和池(人工控制加酸量)。

② 厌氧单元

(a) 厌氧 AF 系统

PTA 废水经预处理处理后，在 COD≤6500mg/L，pH 值为 4.5~5.5 的前提下，在集水池内加入一定量的 N、P 元素的营养盐，并用 NaOH 溶液由仪表自控调节至所需要的 pH 值。由输送泵从集水池打入 AF 进水池与回流水混合，控制好回流比。然后由进料泵输送至 AF 反应器内，废水从反应器底部通过配水系统平稳进入。

厌氧 AF 配水系统由 18 根穿孔平行管组成的 9 套内部回路结构，废水通过悬浮填料，在厌氧微生物的作用下，废水中有机物被厌氧菌分解，并产生沼气，沼气气泡自下而上从滤池顶部释放出，收集后与 UASB 反应器产生的沼气一并进入沼气回收系统。经厌氧 AF 反应器处理后的废水溢流入 AF 出水罐进行分流，部分出水回流至 AF 进水池，其余部分流入Ⅰ段氧化 A 池进一步处理。

厌氧 AF 产生的污泥通过污泥泵打至厌氧污泥池暂时贮存，必要时再打至污泥浓缩池，经污泥脱水系统处理后泥饼外运；同时，污泥池的污泥可由污泥泵经污泥管线直接送入 AF 反应器内。

(b) 厌氧 UASB 系统

在 COD≤6500mg/L，pH 为 5.2~6.8 的前提下，集水池废水经泵提升进入厌氧反应池，同时厌氧沉淀池内的泥水混合液，由厌氧循环泵提升与集水池废水按(1.5~2.0)∶1 混合后平均进入每系列 5 格反应器内。经厌氧反应器处理后的废水由出水槽溢流进入收集管，再由管道流入厌氧沉淀池。经厌氧沉淀池沉降分离后的上清液，溢流至后续单元作进一步处理。厌氧反应器内的悬浮污泥和部分填料脱落的絮状污泥经三相分离器后，仍留在反应器内，部分随出水进入厌氧沉淀池。厌氧沉淀池内的污泥由厌氧循环水泵送回厌氧反应器内。厌氧沉淀池内的剩余污泥可由厌氧循环泵送到污泥浓缩池。必要时，污泥可由污泥泵经污泥管线直接送入厌氧反应器。

厌氧处理过程中所产生的沼气(主要是 CH_4 和 CO_2)经三相分离器后，进入沼气收集管后进入沼气回收系统。

(c) 沼气回收系统

本装置两套厌氧系统(AF 厌氧反应器和 UASB 反应器)厌氧发酵产生的沼气，先经气柜入口分液罐分液，分离凝液后，进入湿式气柜(沼气流量正常 400~800m^3/h，进口压力 2~3kPa)，再通过两台螺杆压缩机增压至 550kPa，后再次进入出口总管分液罐分液，然后送至公司燃料气管网。压缩机共两台，通过变频控制，调节压缩机进口流量保证厌氧池压力。当压缩机故障停止工作或生化池压力高(或系统压力超高时)，打开地面火炬事故开关阀向火炬排放，以保证系统的安全。当气柜压力小于设定值时，紧急补氮阀进行补氮或压缩机自动停机。

(d) 沼气焚烧系统

AF 反应器和 UASB 反应器所产生的沼气一起进入气液分离罐，经气液分离后，沼气也可由排放气总管进入焚烧炉燃烧，残液从分离罐排出口排入废水井。

焚烧炉系统设有 2 台长明灯。为适应不同工况和沼气流量变化的要求，焚烧炉内 7 台燃烧器分成二级燃烧系统，燃烧器管道上设有电磁阀，当厌氧反应器没有沼气产生或沼气压力较低时，电磁阀关闭，以防止空气进入排放气总管；当厌氧反应器有沼气产生，并达到一定的压力时，电磁阀自动打开。

③ 好氧单元

好氧单元由两段好氧串联组成。UASB、AF 出水流入Ⅰ段氧化 A 池，经好氧处理后进入Ⅰ段氧化 B 池进一步处理，处理后废水经中沉池泥水分层，上清液分成两股，一股废水自流进Ⅱ段氧化 A，一股废水由泵提升至Ⅱ段氧化 B/C/D/E 进一步处理；Ⅱ段氧化 A 出水至二沉池 1，泥水分层后上清液自流至排水池，Ⅱ段氧化 B/C/D/E 出水至二沉池 2，泥水分层后上清液也自流至排水池，与二沉池 1 出水混合后外排。

中沉池底部污泥通过吸泥机利用虹吸作用吸入污泥池 2，浮渣通过刮板刮入污泥池 1。二沉池 1、二沉池 2 底部污泥利用重力沉降作用进入污泥池 1 和污泥池 3，浮渣通过刮板刮入相应的污泥池。污泥池 1 污泥可通过污泥泵回流至Ⅰ段氧化 A，污泥池 2 污泥可通过污泥泵回流至Ⅰ段氧化 A，污泥池 3 污泥通过污泥泵回流至Ⅱ段氧化 B/C/D/E；污泥池 1、污泥池 2、污泥池 3 内污泥可通过剩余污泥泵输送至浓缩池进行浓缩。

Ⅰ段氧化 A，Ⅱ段氧化 B/C/D/E 曝气所需空气由 6 台鼓风机供给；Ⅰ段氧化 B、Ⅱ段氧化 A 曝气所需空气由 8 台鼓风机供给，通过管线进入软管，由软管释放向水中充氧。供气目的主要有：一是向 A 段提供兼氧微生物所需的氧量，使 A 段的 DO 保持在 0.5mg/L 以下，并起搅拌作用，松动 A 段池底沉积的酸化水解污泥，使之流入氧化池及原两级好氧处理系统进行处理。二是向 O 段提供好氧微生物需要的氧量，O 段 DO 保持在 2~3mg/L。

④ TA 脱水单元

经预处理 TA 沉降罐或事故水酸化絮凝池沉降下来的 TA 浊液，通过软管泵送至 TA 真空过滤机抽滤脱水，TA 残渣袋装后外运，滤液由滤液泵输送至 1#酸化沉池或 2#调节池。

⑤ 污泥脱水单元

经过污泥气浮浓缩池浓缩后的污泥，用污泥泵输送至污泥贮槽暂时贮存，再经污泥泵输送至离心脱水机脱水，脱水后的泥饼含水率≤85%，经自动包装后外送，滤液自流至Ⅰ段 A。

2.7.5.3 运行效果

（1）主要优点有：①预处理单元通过沉降、真空过滤，去除 PTA 废水中的悬浮 TA 颗粒，降低生化进水负荷，TA 残渣也可以转化为经济效益。②厌氧、好氧串联运行，采用厌氧处理工艺可有效降低后续好氧装置的负荷，增强整个废水处理系统的稳定性。③厌氧单元产生的沼气通过压缩机送入公司燃料气管网发电，实现变废为宝的清洁生产目标。

（2）主要缺点

① 流程串联运行，如缺少冗余量，出现冲击时已形成连锁反应，同时，冲击后系统恢复需要时间较长。

② 营养盐未实现厌氧单元、好氧单元分别投加，导致好氧单元处于低营养盐浓度运行，难以提升好氧单元的运行负荷。

本工艺的副产品及废物处理见表 2-7-6。

表 2-7-6 副产品及废物处理

名　称	单　位	每吨产品生成量	处理方法
沼气	m^3	2.4	回收
TA 残渣（含水率≤60%）	kg	2.5	外运
脱水污泥（含水率≤85%）	kg	6	外运

2.7.6 乙烯生产废水处理

2.7.6.1 项目概况

废水处理厂是乙烯厂重要的环保设施，担负包括乙烯、塑料、氯碱等生产装置的生产废水、生活污水及污染雨水的处理任务，同时污水处理厂还接收了地方化工企业的废水。设计处理能力 5.2×10^4t/d，目前实际处理约 $2.5\times10^4\sim3\times10^4$t/d，由于上游各化工企业来水含盐量高、成分复杂、水质波动频繁、可生化性差等特点，致使乙烯废水处理厂的所处理的废水为同行业中最难处理的"原料"。

该乙烯污水处理厂建于 1987 年，主要工艺是纯氧曝气生化处理。先后经过了 1990～1991 年的填平补齐，2004 年乙烯二轮配套改造，2009～2010 年乙烯污水处理场达标升级技术改造，形成了目前的高含盐、低含盐两个系列。

2.7.6.2 高浓度系列工艺流程及说明

(1)工艺流程简图

高浓度废水处理工艺流程简图见图 2-7-7。

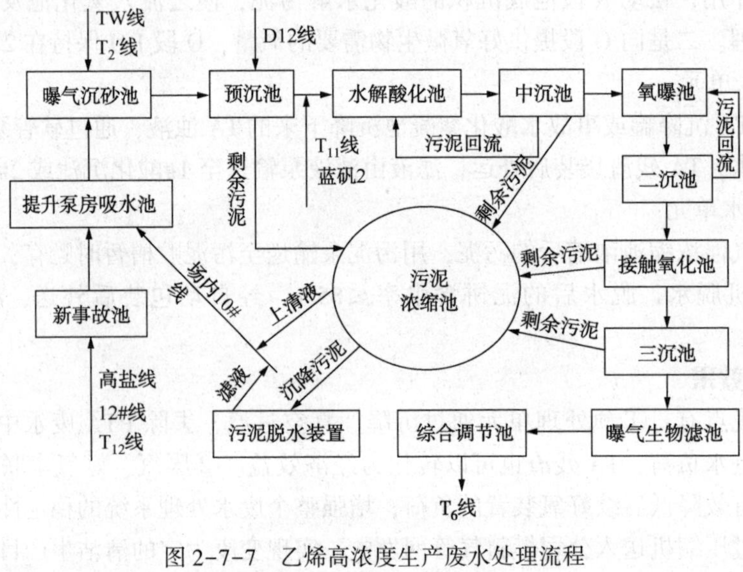

图 2-7-7 乙烯高浓度生产废水处理流程

(2) 工艺路线概述

生化系统目前采用"水解酸化+纯氧曝气生化+空气接触氧化+曝气生物滤池"的处理工艺，废水首先进水解酸化池，在水解酸化池内微生物的作用下，废水中的大分子难降解的有机物水解为小分子易降解的有机物，去除率 25.6%，同时改善了废水处理的生化性。水解池出水流至中沉池，在中沉池内进行泥水分离，中沉池出水进纯氧曝气池。纯氧曝气池有 4 座，每个分为四段，每段装有一台曝气机，在密闭条件下运行，废水、氧气、回流活性污泥以及营养剂同时加入曝气池的第一段，并依次流过各段，在微生物的作用下，废水中有机污染物得到分解吸收。中沉池出水进入空气接触池，包括氧曝池和接触氧化池，接触氧化池内设置填料，填料上布满生物膜，废水与生物膜广泛接触，在生物膜上微生物的新陈代谢功能的作用下，废水中有机物得到去除，接触氧化池出水流至沉淀池，进行泥水分离，确保

BAF 的稳定长周期运行。

接触氧化沉淀池出水进综合泵站提升泵进入 BAF(曝气生物滤池)装置处理。BAF 装置是一种新型高负荷淹没式三相反应器，它兼有活性污泥法和生物膜法两者的优点，并将生物接触氧化与吸附过滤两种工艺处理过程合并在同一构筑物中完成。该工艺具有去除 SS、COD、BOD、硝化、脱氮、除磷、去除有害物质的作用，其特点是集生物氧化和截留悬浮固体于一体，采用气水平行上向流，同时采用强制鼓风曝气的废水处理工艺。经 BAF 装置处理后水由顶部出水系统收集到清水池，再进入综合调节池，合格后排放。

(3) 处理效果(表 2-7-7)

表 2-7-7　高浓度废水处理系统生化处理数据表

生化池	COD/(mg/L)		氨氮/(mg/L)		BOD/(mg/L)	
	数值	去除率/%	数值	去除率	数值	去除率
酸化池进水	284.56		4.85		74.45	
纯氧生化进水	211.61	25.64	7.07	-45.77	47.97	35.57
接触氧化出水	63.15	26.28	6.16	30.24		
BAF 出水	56.33	10.80	3.97	35.55	4.63	10.27
系统去除		80.20		18.14		93.78

2.7.6.3　低浓度系列工艺流程及说明

(1) 工艺流程简图(图 2-7-8)

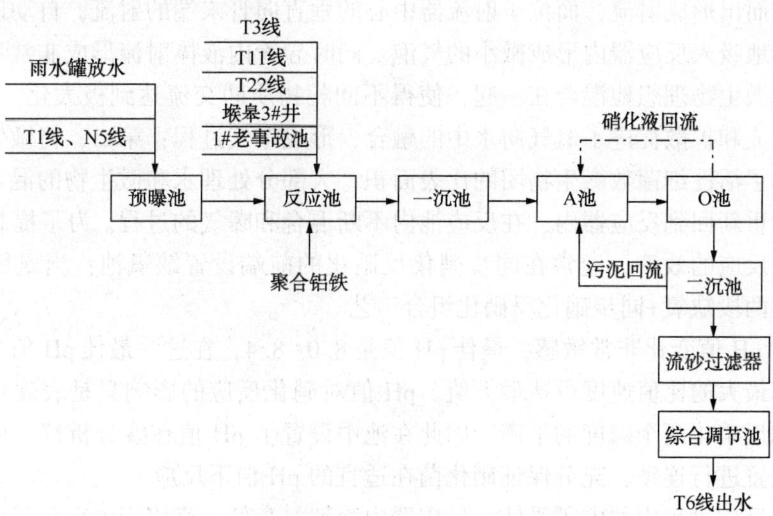

图 2-7-8　乙烯低浓度生产废水处理流程

(2) 工艺路线概述

低浓度废水生化系统是新增的废水处理系统，采用内“回流 A/O+絮凝过滤”处理工艺，回流比 200%~300%，设计废水处理能力 1000m³/h。废水首先进入 A 池，然后进入 O 池，再经提升泵提升至流砂过滤器进行处理，处理合格后外排。

(3) 处理效果(表 2-7-8)

表 2-7-8　低浓度废水处理系统生化处理数据表

低浓度生化	COD		氨氮		BOD	
	数值	去除率	数值	去除率	数值	去除率
一沉池出水	225.45		38.11		79.08	
A/O 系统	85.50	62.07	0.00	100.00		
二沉池出水	45.05	47.31			3.36	95.75
流砂过滤器出水	33.52	25.60			2.73	18.86
系统去除		85.13		100.00		96.55

2.7.7　煤制氢废水处理技术

煤制氢含氨废水处理技术有 SBR 技术、A/O 技术、同步硝化反硝化技术，其中同步硝化反硝化技术因其能耗低、总氮指标低得到迅速发展。同步硝化反硝化是采用射流+微孔的组合曝气方式，污泥周期性的经过喉管充氧传质，内部周期性的经历好氧和缺氧状态，形成了同步硝化/反硝化的微观环境；采用设导流板的深水中层曝气的型式，鼓风机配变频器以控制生化池内 DO 浓度，创造出同步硝化反硝化的宏观环境，实现了高氨氮废水同步硝化反硝化处理。

2.7.7.1　处理原理

依据硝化—反硝化的脱氮机理，同步硝化反硝化工艺是由无数个简单的 A/O 工艺组成。采用微孔和射流混合曝气，将处理完的废水回流液在循环泵的作用下输送至射流器，并从射流器快速喷射而出形成射流，而位于射流器中心的垂直向管末端的射流，自动地将大气中的空气源源不断地吸入反应器内形成微小的气泡。同时导管内液体射流形成非常强的湍流，将空气、废水和微生物理想地混合在一起，使得不同相物质间交流达到极大化。结果，第一，微细气泡的形成和扩散促进了氧气向水中的融合，形成曝气过程；第二，将微生物团分成更小的团，增加了活性细菌数微生物团的比表面积。大部分处理水和微生物的混合液，将经过循环泵、喷嘴重新回到反应器内，在反应池内不断混合和曝气的过程。为了提高总氮的去除率，提高硝化反应的效率，通常在同步硝化反硝化的前端设置缺氧池；当氨氮的浓度较高时，可以采用两段缺氧+同步硝化反硝化组合工艺。

硝化菌对 pH 值变化非常敏感，最佳 pH 值是 8.0~8.4，在这一最佳 pH 值条件下，硝化速度，硝化菌最大的比值速度可达最大值。pH 值对硝化反应的影响只是表观现象，实际起作用是硝化和反硝化两个碱度的平衡，因此在池中设置了 pH 值在线分析仪，可以和池前端的液碱投加装置进行连锁，充分保证硝化菌在适宜的 pH 值下反应。

氧是硝化反应过程中的电子受体，反应器内溶解氧高低，必将影响硝化反应得进程。在活性污泥法系统中，大多数学者认为溶解氧应该控制在 1.5~2.0mg/L 内，低于 0.5mg/L 则硝化作用趋于停止。在 DO>2.0mg/L，溶解氧浓度对硝化过程影响可不予考虑。在生化末端设置了在线溶氧仪、在线 COD 分析仪，以便对系统的溶解氧和反应情况进行及时监测。将 DO 和 COD 两个参数与射流泵、风机连锁，通过变频控制射流泵和风机的开启，控制池中的溶解氧，并最大限度地节省能耗。

2.7.7.2　技术特点

（1）反应池结构简单，基建成本低。

(2) 反应池采用好氧、厌氧及缺氧一体结构，功能齐全，内有短程硝化及反硝化功能，同时具有好氧氨氮的氧化功能。

(3) 反应池可以具有很大的池深，能利用气提原理，水池中部设置曝气管，在曝气气泡上升过程中形成水流上升，带动污泥经历厌氧区、缺氧和好氧化区，此过程中形成了变形 A_2/O 的反应功能。

(4) 反应池型构造能使各个部位的功能得到理想的发挥。第一，底部楔型断面上的斜坡既保证了污泥的顺利下滑，也保证了底部面积不致过大而造成污泥的沉积。第二，池面形成一个个合适的上升通道，利于上升气泡流的密集。第三，不会受到处理量大小的制约，既适用于小型处理，也适用于大型处理。第四，可不受地形条件的限制，既可设计成矩形，也可设计成圆形，既可做成地面式也可做成地下式或半地下式，更具有灵活性。

(5) 加上前置的反硝化，回收一部分碱度，削除部分有机物，使硝化菌成优势菌种。

(6) 对于高浓度含氨废水，采用两段缺氧+同步硝化反硝化，提高总氮去除率。

(7) 煤气化、转换过程产生的废甲醇可以作为碳源补充，补充少量碱液。

2.7.7.3 工程案例

典型炼油企业高浓度废水处理系统系统水质及处理效果见表 2-7-9。

表 2-7-9 含氨废水同步硝化反硝化技术数据表

指标	COD/(mg/L)	NH_3-N/(mg/L)	总氮/(mg/L)	悬浮物/(mg/L)
生化进水	500~950	300~500	—	≤20
出水	30~50	2 或检不出	30~40	≤20

第3章 废气治理

3.1 废气分类和来源

石油石化行业装置规模大，生产工艺复杂，产生的废气种类多、排放量大，对环境的影响也较大。在石油开采、石油加工(石油炼制、石油化工、石油化肥)、石油储运与销售等过程均会产生废气。

石油石化行业排放的废气主要有挥发性有机物(VOC)废气、恶臭气体、烟气、酸性气以及温室气体等，污染物的种类主要包括挥发性有机物、硫化物、NO_x、SO_x、粉尘，以及CO_2、甲烷温室气体等。

3.1.1 挥发性有机化合物(VOC)废气

在化学上，挥发性有机物(VOC)是指在常温常压下以蒸气状态存在的有机化合物。从环境保护、人体健康卫生、化学组成、分析方法等角度，挥发性有机化合物(VOC)又有多种定义，美国ASTM D3960-98标准将VOC定义为任何能参加大气光化学反应的有机化合物；美国联邦环保署(EPA)将其定义为：除CO、CO_2、H_2CO_3、金属碳化物、金属碳酸盐和碳酸铵外，任何参加大气光化学反应的碳化合物；世界卫生组织(WHO，1989)对总挥发性有机化合物(TVOC)的定义为：熔点低于室温而沸点在50~260℃之间的挥发性有机化合物的总称；我国《室内空气质量标准》(GB/T 18883—2002)总挥发性有机化合物定义为：利用TeNax GC或TeNax TA采样，非极性色谱柱(极性指数小于≤3)进行分析，保留时间在正己烷和正十六烷之间的挥发性有机化合物；北京市《炼油与石油化学工业大气污染物排放标准》(DB 11/447—2015)定义为在20℃条件下蒸气压大于或等于0.01kPa，或者特定适用条件下具有相应挥发性的全部有机化合物的统称。在我国现行大气污染物排放标准体系中，VOC常用非甲烷总烃(NMHC)表征和分析。

挥发性有机化合物(VOC)是石油石化工业的特征污染物之一，包括烃类、芳烃类、醇类、醛类、酮类、酯类、胺类、有机酸、有机卤化物、有机硫化物等，它们大多有令人不快的气味，因此，VOC也是恶臭气体的主要来源。石化VOC废气排放源主要有废水集输和处理装置、物料(废水)储罐、物料装卸作业、设备和管线组件泄漏、放空气体、工艺尾气等。习惯上，常将汽油、柴油等储罐以及它们的装卸作业排放VOC气体称之为油气。

VOC一般具有异味和毒性，危害人体健康，轻则损害皮肤，重则中毒，有些油气成分可致癌，致畸，致突变。在阳光下，VOC物质可与NO_x反应生成臭氧、过氧乙酰硝酸酯(PAN)和醛类等光化学烟雾$PM_{2.5}$，是$PM_{2.5}$的前驱体。

石化VOC废气可分为有组织排放和无组织排放，无组织排放源主要有物料(和废水)罐、污水处理场、设备和管线组件泄漏，以及低矮排气筒(15m以下)等。表3-1-1为典型VOC废气的组成、污染物浓度及气量，其中VOC和油气都用非甲烷总烃(NMHC)分析表征。

表 3-1-1　典型挥发性有机物(VOC)废气的组成、浓度及气量

	废气种类	典型废气排放量和主要组分	废气受控污染物浓度/(mg/m^3)
有组织排放	PTA 氧化尾气	典型气量：30000~400000Nm^3/h；芳烃，乙酸甲酯，乙酸，溴甲烷，CO，N_2，O_2	NMHC1500~3000
	丙烯腈尾气	典型气量：30000~80000Nm^3/h；丙烯，丙烷，丁烷，CO，丙烯腈(AN)，氢氰酸(HCN)，N_2，O_2	NMHC2000~4000
	橡胶生产尾气	典型气量：20000~70000Nm^3/h；环己烷，己烷，N_2，O_2等	NMHC5000~20000
	PO/SM 生产尾气	典型气量：50000~100000Nm^3/h；苯，甲苯，乙醛，乙苯，苯乙烯，甲基苄醇，环氧丙烷，N_2，O_2等	NMHC2000~5000
	氧化沥青尾气	气量 1000~20000Nm^3/h；N_2，O_2，CO_2，CO，H_2O，H_2S，SO_2，NO_x，BaP，沥青烟，油气	BaP0.2 ~ 5.1，NMHC50000 ~ 120000，CO0.5%，H_2S0.004%
无组织排放	设备和管线组件泄漏排气	VOC	设备与管线组件 VOC 泄漏排放量约占原油加工量的 0.01% ~ 0.06%，检测 NMHC 100~50000
	装置检维修排气	气量 100~300Nm^3/h；停工检修过程可能排放高浓度恶臭污染物、油气和水蒸汽	油气浓度可达 20%以上
	废水集输系统排气	废水集输管道跑冒滴漏散发恶臭和 VOC 气体	泄漏源附近环境空气中 NMHC 可达 20mg/m^3以上
	污水处理场高浓度废气	气量 1000~10000Nm^3/h；N_2，O_2，H_2O，H_2S，NH_3，油气，苯系物，有机硫化物	H_2S 5~300，NH_3 0~20，有机硫化物 10~100，NMHC 500~40000，臭气浓度 5000~30000
	污水处理场低浓度废气	气量 20000 ~ 50000Nm^3/h；N_2，O_2，H_2O，H_2S，CO_2，NH_3，有机硫化物，苯系物，污泥飞沫	H_2S 0~30，NH_3 0~10，有机硫化物 0~20，NMHC10~300，臭气浓度 2000~8000
	汽油氧化脱硫醇尾气	排放口低于 15m。气量 50~150Nm^3/h；N_2，O_2，H_2O，油气，有机硫化物	NMHC300000~600000，有机硫化物 1000~3000；臭气浓度 1.60×10^6
	液态烃氧化脱硫醇尾气	排放口低于 15m。气量 50~150Nm^3/h；N_2，O_2，H_2O，油气，有机硫化物	有机硫化物 20000~50000，NMHC20000~40000
	汽油、石脑油装载排气	气量 100~2000 Nm^3/h；N_2，O_2，H_2O，油气	NMHC100000~800000
	油品装载作业排气	气量 100~2000Nm^3/h；N_2，O_2，H_2O，油气	航煤 NMHC10000~40000； 芳烃 NMHC5000~30000； 柴油 NMHC4000~30000； 溶剂油 NMHC10000~50000

续表

废气种类		典型废气排放量和主要组分	废气受控污染物浓度/(mg/m^3)
无组织排放	酸性水固定顶罐排气	最大排气量100~800Nm^3/h；夜间吸气。N_2，O_2，H_2O，CO_2，H_2S，NH_3，有机硫化物，油气，水蒸气	H_2S 1000~100000，NH_3 400~5000，有机硫化物50~2000，NMHC 100000~800000，苯系物500~40000，臭气浓度1.27×10^7
	污油固定顶罐排气	最大排气量100~400Nm^3/h；夜间吸气。N_2，O_2，H_2O，H_2S，有机硫化物，油气，水蒸气	H_2S 10~6000，有机硫化物50~1000，NMHC 80000~600000，高浓度水蒸汽
	粗汽油固定顶罐排气	最大排气量100~500Nm^3/h；夜间吸气。N_2，O_2，H_2O，H_2S，苯系物，有机硫化物，油气	H_2S 50~3000，有机硫化物30~500，苯系物2000~10000，NMHC100000~1000000
	成品汽油内浮顶罐排气	最大排气量100~500Nm^3/h；夜间吸气。N_2，O_2，H_2O，油气	苯系物200~400，NMHC1000~50000
	成品柴油内浮顶罐排气	N_2，O_2，H_2O，油气	苯系物20~100，NMHC 500~4000
	成品航煤浮顶罐排气	最大排气量100~200Nm^3/h；夜间吸气。N_2，O_2，H_2O，有机硫化物，油气	苯系物100~140，有机硫化物10~20，NMHC 1000~4000
	高温沥青固定顶罐排气	最大排气量50~200Nm^3/h；夜间吸气。N_2，O_2，H_2S，有机硫化物，油气	H_2S 20~500，苯系物500~1500，有机硫化物20~500，NMHC 2000~200000
	高温蜡油固定顶罐排气	最大排气量30~200Nm^3/h；夜间吸气。N_2，O_2，H_2S，有机硫化物，油气	H_2S 10~20000，苯系物500~40000，有机硫化物20~5000；NMHC2000~200000
	原油内浮顶罐排气	N_2，O_2，H_2S，有机硫化物，油气	H_2S 5~30，苯系物30~100，有机硫化物20~150，NMHC 800~2000
	原油外浮顶罐附件内部气体组成	二次密封空间、支柱套管、测量井(或导向柱)内气体组成：N_2，O_2，有机硫化物，油气	有机硫化物20~500，苯系物2000~5000，NMHC 10000~200000

我国制定了控制VOC排放的国家标准和地方标准。《石油炼制工业污染物排放标准》(GB 31570—2015)和《石油化学工业污染物排放标准》(GB 31571—2015)已于2015年7月实施。

国家标准GB 20950—2007《储油库大气污染物排放标准》要求油气回收率≥95%，净化气油气浓度≤25g/m^3。

北京市DB 11/447—2015《炼油与石油化工行业大气污染物排放标准》规定：有机尾气排气筒排放的有机物浓度(按非甲烷总烃考核)，焚烧法≤20mg/m^3，非焚烧法≤100mg/m^3。

天津市DB 12/524—2014《工业企业挥发性有机物排放控制标准》规定，2016年1月1日起，石油炼制与石油化学工艺排气筒最高允许污染物排放浓度为苯≤5mg/m^3、甲苯≤20mg/m^3、二甲苯≤30mg/m^3，焚烧处理VOC≤20mg/m^3、非焚烧处理VOC≤80mg/m^3。

原卫生部GB 8195—2011《石油加工业卫生防护距离》标准存在争议，按此标准，被工厂和居民区包围的炼油厂，其无组织源恶臭和VOC要实现"近零"排放。

采用合适的减排技术可以降低挥发性有机物废气的废气量和浓度。在对排放的废气进行处理时，根据挥废气中挥发性有机物浓度的高低，需要采取不同的处理措施：一般对于 50000mg/m³以上的挥发性有机物废气首先采取回收技术，对 50000mg/m³以下的挥发性有机物废气采取深度治理技术。常见的回收技术包括吸收、吸附、冷凝以及膜分离技术等，常见的深度治理技术包括吸附、吸收、氧化(直接燃烧、热力燃烧、催化燃烧、蓄热燃烧)、生物法等。

3.1.2 恶臭气体

恶臭是各种气味(异味)的总称，大气、水、废弃物中的异味通过空气介质，作用于人的嗅觉思维而被感知；其定义为：凡是能损害人类生活环境、产生令人难以忍受的气味或使人产生不愉快感觉的气体通称恶臭。我国在《恶臭污染物排放标准》(GB 14554—93)中就规定了氨、三甲胺、硫化氢、甲硫醇、甲硫醚、二甲二硫、二硫化碳、苯乙烯 8 种恶臭污染物及相应的综合性指标臭气浓度的排放限值、具体控制厂界浓度值(mg/m³)、排气筒排放量(kg/h)。

臭气浓度是用空气稀释空气的倍数，无量纲，是使用清洁空气稀释某种臭气至嗅辨员刚好闻不出任何气味时的稀释倍数。

石油石化行业主要的恶臭气体包括硫化物、氮氧化物、臭氧、氯气、烃类、醇类、醛类、酮类、酯类、胺类、有机酸、有机卤化物、氨等。

恶臭气体主要来源：烟气排气筒、废水集输和处理装置、物料(废水)储罐、油品中间罐、物料装卸作业、碱渣中和装置、设备和管线组件泄漏、工艺尾气等。

常用的恶臭治理方法：氧化法(热力焚烧法、催化燃烧法、蓄热燃烧法、氧化剂氧化法)、洗涤吸收法、吸附法、生物法、掩蔽和稀释扩散法等。

3.1.3 烟气

石油石化行业排放的烟气有两类，一是生产工艺过程排放烟气，如催化裂化再生烟气、克劳斯制硫装置尾气等，二是燃料燃烧过程排放烟气，如加热炉(含裂解炉)烟气、燃煤工业锅炉(包括自备电厂)烟气、危险废物焚烧炉烟气等。烟气中的主要污染物是硫氧化物、氮氧化物、粉尘(烟尘)、大气汞等。

粉尘与雾霾密切相关，粉尘来源除烟气外，还有土壤和岩石风化的灰尘、矿山开采产生的矿尘，冶金粉尘等。在大气污染控制中，根据粉尘微粒大小可分为：①总悬浮颗粒物(TSP)，是指大气中粒径小于 100μm 的所有固体微粒。②降尘，是指大气中粒径大于 10μm 的固体微粒，在重力作用下，它可在较短的时间内沉降到地面。③飘尘(PM_{10})，是指大气中粒径小于 10μm 的固体微粒，它能较长期地在大气中漂浮，又浮游粉尘或可吸入颗粒物。④细颗粒物又称细颗粒、$PM_{2.5}$，是指环境空气中空气动力学当量直径小于等于 2.5μm 的颗粒物。它能较长时间悬浮于空气中，虽然在地球大气成分中含量很少，但它对空气质量和能见度等有重要影响。易附带有毒、有害物质(例如，重金属、微生物等)，因而对人体健康和大气环境质量的影响更大。

我国新制定的《火电厂大气污染物排放标准》(GB 13223—2011)要求的二氧化硫、氮氧化物和粉尘排放限值列表 3-1-2。

表 3-1-2　火电厂大气污染物排放限值(GB 13223—2011)

项　目	排放限值/(mg/m^3)	
	一般地区	特别地区
二氧化硫	(燃煤)200	(燃煤)50
	(燃油)200	(燃油)50
	(燃气)100	(燃气)35
氮氧化物	(燃煤)100	(燃煤)100
	(燃油)200	(燃油)100
	(燃气)200	(燃气)100
烟尘	(燃煤)30	(燃煤)20
	(燃油)30	(燃油)20
	(燃气)10	(燃气)5

在大气污染严重的地区，环保局要求企业的电力燃煤锅炉按特别限值执行，还要求工艺烟气参照执行，例如地方环保局要求某炼油厂催化裂化烟气 SO_2、$NO_x \leq 100mg/m^3$，粉尘≤$50mg/m^3$。

常用的烟气脱硫方法是碱液洗涤，常用的脱硝方法是低氮燃烧和氨选择性催化还原(SCR)，常用的除尘方法是电除尘、袋式过滤除尘和洗涤除尘，近来，电袋复合除尘器、湿式电除尘器的应用正在增加。

3.1.4　酸性气

石化行业酸性气一般指油气田天然气、炼油厂瓦斯气脱硫装置和酸性水汽提装置等排放的含硫化氢气体，这类气体中硫化氢含量可达 80%以上。目前处理含硫化氢酸性气主要采用克劳斯制硫或生产硫酸技术，酸性气排放量较小的场合也有的采用催化氧化湿式脱硫技术。

3.1.5　温室气体

温室气体是指大气中具有温室效应的某些微量气体，它们破坏大气层与地面间红外线辐射正常关系，吸收地球释放出来的红外线辐射，阻止地球热量的损失，使地球发生可感觉到的气温升高。

主要的温室气体包括：水蒸气(H_2O)、二氧化碳(CO_2)、氧化亚氮(N_2O)、甲烷(CH_4)、臭氧(O_3)、氢氟碳化物(HFCs)、全氟碳化物(PFCs)、六氟化硫(SF6)等 30 余种。1997 年召开的联合国气候化纲要公约第三次缔约国大会所通过的《京都议定书》，明确规定要针对以下六种温室气体进行削减：二氧化碳、甲烷、氧化亚氮、氢氟碳化物(HFCs)、全氟碳化物(PFCs)及六氟化硫(SF6)。

2014 年，中美签署碳减排协议：中国承诺到 2030 年前停止增加二氧化碳排放，美国承诺到 2025 年减排 26%。

石化温室气体的来源主要有：烟气排气筒、废水集输和处理装置、物料(废水)储罐，硝酸装置，工艺尾气，油田伴生气、煤矿煤层气，以及制冷剂、发泡剂、灭火剂等。

CO_2减排方法包括用天然气替代其他燃料，节约用电，采用高效率设备，使用再生能源

(风力、太阳能等)，资源物回收和废弃物再利用，节约用水，减少废水、废弃物，绿化环境，控制人口增长等；CO_2分离回收技术有吸收法、吸附法、膜分离法、低温分离技术等，分离出的CO_2可用于油气开采、地下封存、合成材料等。

油田伴生气和煤矿煤层气中的甲烷作为燃料和化工原料有很高价值，普遍要进行采集利用。

3.2 废气源头控制(减排)技术

废气源头控制和减排技术是废气综合治理的一种本质环保、清洁技术，能最大限度地控制和减少污染物的排放，在恶臭、VOC、氮氧化物、硫氧化物减排上有广泛应用，具体减排技术包括设备与管线组件的泄漏检测与维修(LDAR)、燃料燃烧前和燃烧过程脱硫、低氮燃烧、浮顶罐和建立罐顶气连通管网、废水密闭输送和封闭处理、FCC 原料油加氢处理、FCC 的硫转移助剂等。

3.2.1 设备与管线组件的泄漏检测与维修(LDAR)

3.2.1.1 设备与管线组件泄漏排放特征

一座炼油厂的阀、泵、泄压阀、压缩机、法兰、接头等设备与管线组件数以十万乃至百万计，由于松动、变形、腐蚀、密封填料失灵等原因引起的泄漏几乎不可避免，其排放部位随机不固定，数量多且分散，重油管线上设备与管线组件的泄漏可视，而轻油和气体管线上设备与管线组件的泄漏通常不可视。

基于美国 EPA 排放因子法估算，美国炼油厂 VOC 排放系数(VOC 排放量占炼油厂原油加工量或总产量的百分比)约 0.011%~0.032%，ExxonMobil 六家炼油厂设备与管线组件泄漏和贮罐分别约占 VOC 排放总量的 40%~60%和 10%~20%，国际石油工业环境保护协会(IPIECA)的最新报告建议设备与管线组件泄漏、油品装运、贮罐和废水处理分别占炼油厂 VOC 排放总量的 40%~50%、30%~40%、10%~15%和 10%~15%，欧盟油气加工最佳可用技术参考文件建议设备与管线组件泄漏、原油和产品贮罐、装卸设施和废水处理厂分别占炼油厂 VOC 排放总量的 20%~50%、20%~40%、5%~10%和 5%~30%。欧盟多家炼油厂采用红外遥感技术测量的 VOC 排放系数均值约为 0.18%，其中大型综合性炼油厂原油及产品罐区、装置区(设备与管线组件泄漏)、焦化装置、废水处理及 LPG 贮罐的 VOC 排放分别占 31%、25%、23%、18%及 3%，综合性炼油厂产品贮罐、装置区(设备与管线组件泄漏)、原油贮罐及废水处理的 VOC 排放分别占 40%、28%、21%及 11%，单一型炼油厂产品贮罐、装置区(设备与管线组件泄漏)、原油贮罐及废水处理的 VOC 排放分别占 36%、33%、21%及 10%。上述数据表明：设备与管线组件泄漏为炼油厂最大(排放因子法)或第二大(遥感监测)VOC 排放源；红外遥感技术测量的炼油厂 VOC 排放系数明显高于排放因子估算值，原因可能为：(1)红外遥感测量结果源于短期监测值推算年排放量；(2)排放因子估算未计入大量排放源(如罐区内汽油调合、循环水冷却塔、清罐等)；(3)一些主要源(如火炬、原油罐、汽油罐、高温重油罐等)的排放因子低估。由于采用红外遥感实测的欧盟炼油厂中，包括了一些实施 LDAR 计划的炼油厂，以及一些根据遥感监测结果实施了 VOC 控制的炼油厂，若类比估算，我国炼油厂的 VOC 排放系数均值可能高于 0.18%，其中设备与管线组件泄漏的 VOC 排放系数均值不低于 0.05%。

ExxonMobil 六家炼油厂早期统计显示，阀、泵、泄压阀、压缩机和法兰分别约占 VOC 泄漏排放量的 43%、27%、18%、8%和 4%。近期统计表明阀、泄压阀、泵(含压缩机)和法兰的泄漏排放约占设备与管线组件泄漏排放总量的 66.7%、16.7%、11.1%和 5.5%。阀约占炼油厂设备与管线组件总数的 1/5~1/3，其泄漏排放约占设备与管线组件泄漏排放总量的 2/3，是最主要的泄漏排放源。

3.2.1.2 设备与管线组件泄漏排放控制

国际石油工业环境保护协会(IPIECA)提供了设备与管线组件泄漏控制建议(表 3-2-1)，其中 LDAR 为最主要的控制手段，其控制效率主要取决于执行的标准。欧盟油气加工最佳可用技术参考文件建议设备与管线组件泄漏排放可通过严格的 LDAR 计划评价。

表 3-2-1 设备与管线组件泄漏排放控制

设备与管线组件泄漏排放控制	相对费用	控制效率
实施设备与管线组件泄漏检测与维修(LDAR)计划	低/中等	70%~90%
改进隔断阀填料	低	
优化阀门填料腔和阀杆加工工艺	低	
在开口管线上安装二次阀、封盖或封塞	低	
应用低排放控制阀	中等	
升级泵密封	中等	
应用低排放 90°回转阀	中等	
应用无泄漏技术(波纹管阀、密封及磁力泵)	高	

目前发达国家一般采用设备与管线组件泄漏检测与维修(LDAR)程序控制炼油装置 VOC 无组织排放，LDAR 是履行相关标准的重复性工作，其主要内容是：将炼油厂轻油和气体管线上的阀、泵、泄压阀、压缩机、法兰等设备与管线组件编号，并纳入 LDAR 数据库管理，参考美国 EPA 方法 21，用便携式有机气体分析仪(FID 检测器)以一定频次检测炼油厂所有轻油和气体管线上的设备与管线组件(泵、泄压阀、压缩机等动密封点检测频次较高，法兰等静密封点检测频次较低)，仪器读数超过泄漏标准，需在规定时间内维修，并复检。

美国 API 统计表明炼油厂 84%的泄漏排放来自占管线组件总数 0.13%的严重泄漏部件，为此 API 于 1997 年提出 Smart LDAR，以提高 LDAR 的效率。常规 LDAR 与 Smart LDAR 的比较见表 3-2-2。红外气体相机的检测结果为泄漏/不泄漏定性，检测限最低约为 3 g/h，检测速度约为常规 LDAR 的 10 倍，可实现更为频繁地检测，更早发现大泄漏点，某种程度上弥补其灵敏度较低的不足。美国 EPA 于 2008 年发布了可用红外气体相机开展 LDAR 的 AWP 规范，基于现有常规 LDAR 数据库和漏排放估算方法(EPA 排放因子或经验公式)，通过 Monte Carlo 模拟确定了 AWP 的检测限(60 g/h)、检测频率要求和泄漏/不泄漏排放因子。1 项为期二年的调查显示，红外气体相机可发现炼油厂约 70%的大泄漏点，未被发现的泄漏浓度大部分为 5000~50000 ppmv。为保障 LDAR 的可靠性，美国 AWP 要求每年至少还需用 EPA 方法 21 全面检测一次。由于红外气体相机较为昂贵，且不能完全取代 CWP(LDAR 常规检测方法)，使得 Smart LDAR 的费用优势不显著，目前 Smart LDAR 在美国的应用很少。

表 3-2-2 常规 LDAR 与 Smart LDAR 的比较

项 目	常规 LDAR	Smart LDAR
原理	便携式 FID	红外气体成像
检测能力	检测限≤10 ppmv，定量	检测限约为几千 ppmv，定性
标准方法	EPA 方法 21、欧盟方法 EN15446：2008	EPA AWP
效率	300~900 个部件/台/日	2000~10000 个部件/台/日
适用性	常规全面检测，因为灵敏，在一定区域内将发现更多泄漏	较大泄漏检测，开停工初期，因为速度快，在一定时段内可能发现更多泄漏
仪器操作	较为简单	受风、观测角度、背景热源等影响，通常需约 200 h 的专业训练
仪器重量	约 6kg	约 2.4kg
仪器费用(中国)	1.5 万~2 万美元/台	12 万~15 万美元/台

3.2.1.3 设备与管线组件泄漏控制标准

炼油厂设备与管线组件泄漏的 VOC 控制效率及成本主要由设备与管线组件泄漏控制标准决定，目前炼油厂设备及管线组件泄漏控制标准、检测频率及维修要求规定主要参考美国新源标准(NSPS)及美国有害空气污染物的国家排放标准(NESHAP)。NSPS 中炼油厂设备与管线组件泄漏控制标准见表 3-2-3，其中 Subpart GGG 适用于 2006 年 11 月 7 日前投产的炼油厂，Subpart GGGa 适用于 2006 年 11 月 7 日后新建或改扩建的炼油厂。NESHAP 中炼油厂设备与管线组件泄漏控制标准(HON)见表 3-2-4，现有源在 2001 年 2 月 18 日以后均执行三类标准，投产初期的新源执行二类标准，投产 1.5 年后，执行三类标准。若炼油厂现执行 NSPS Subpart GGG，则可继续执行该标准。若炼油厂原执行 NESHAP Subpart H 一类，则需在 2001 年 2 月 18 日前过渡到 NESHAP Subpart H 三类。炼油厂实施 NSPS Subpart GGG 和 NESHAP Subpart H 三类标准对设备与管线组件泄漏 VOC 的控制效率分别约为 70%和 90%。

表 3-2-3 NSPS 炼油厂设备与管线组件泄漏控制标准

	Subpart GGG 泄漏标准/ppmv	Subpart GGGa 泄漏标准/ppmv	泄漏率	检测频率
轻液泵	10000	2000		每月
轻液、气体/蒸气阀(法兰或接头)	10000	500		每月
	10000	500	连续两月泄漏率为 0	每季度
	10000	500	连续两个季度泄漏率≤2%	每半年
	10000	500	连续五个季度泄漏率≤2%	每年

表 3-2-4 NESHAP 炼油厂设备与管线组件泄漏控制标准

类别	气体/蒸气及轻液阀			轻液泵		
	泄漏标准/(μmol/mol)	泄漏率/%	检测频率	泄漏标准/(μmol/mol)	泄漏率/%	检测频率
一类	10000	—	每季度	10000	—	每月
二类	500	—	每季度	5000	—	每月
三类	500	≥2	每月	1000	>10	质量改进计划
		<2，≥1	每季度		<10，≥3	每月
		<1，≥0.5	每半年		<3	每季度
		<0.5	每年			

为增强标准的一致性，精简和协调记录保存与报告要求，美国 EPA 于 2012 年提出了设备泄漏国家统一标准建议，未来将替代 NESHAP 和 NSPS 中石油炼制和化工行业设备及管线组件泄漏控制标准。设备泄漏国家统一标准对阀、泵和接头(包括法兰)等炼油厂主要设备与管线组件的泄漏标准及检测要求见表 3-2-5。压力释放设备的泄漏标准为 500ppmv（净检测值），检测要求为释压后 5d 内。开口阀和管线要求安装二次阀、封盖或封塞，泄漏标准为 500ppmv（净检测值），检测要求为安装初期及每年。压缩机要求安装密封系统，泄漏标准为 500ppmv（净检测值），检测要求为安装初期及每年。维修要求如下：除非维修不安全，否则必须在检测到泄漏的 5 天内尝试初次维修。泵的初次维修包括拧紧填料压盖螺母，确保密封冲洗在设计压力和温度工作。阀的初次维修包括拧紧阀盖螺栓，更换阀盖螺栓，拧紧填料压盖螺母，加注润滑油等。若初次维修失败，必须在检测到泄漏的 15 天内修复泄漏。如下情况可延迟维修：(1)必须装置停工才能维修，或维修不安全，可延迟至装置下次停工或 5 年后(先到为准)维修；(2)阀或接头的维修比推迟维修排放更多 VOC，维修时需收集和处理吹扫气；(3)泵要更换新的性能更好的密封系统，或安装双面机械密封系统，或安装排放气密闭收集系统，修复时间不得晚于检测到泄漏的 6 个月；(4)若技术可行，延迟维修的设备与管线组件必须采用低泄漏技术，阀的低泄漏技术包括重装阀填料或更换低排放填料，用可填充低排放填料的阀替换泄漏的阀，用波纹管密封阀替代现有阀等，接头的低泄漏技术包括更换法兰垫片，更换整个接头等。

表 3-2-5　美国设备泄漏国家统一标准对阀、泵和接头的要求

<table>
<tr><th colspan="3">气体/蒸气及轻液阀</th><th colspan="2">轻液泵</th><th colspan="3">气体/蒸气及轻液接头(法兰)</th></tr>
<tr><th>泄漏标准[1]/ppmv</th><th>泄漏率[2]/%</th><th>检测频率</th><th>泄漏标准[1]/ppmv</th><th>检测频率</th><th>泄漏标准[1]/ppmv</th><th>泄漏率[2]/%</th><th>检测频率</th></tr>
<tr><td rowspan="7">500</td><td>—</td><td>每月一次(开工初期 2 个月)</td><td rowspan="7">5000(聚合物单体)，2000(其他泵)</td><td rowspan="7">每月一次</td><td rowspan="7">500</td><td>—</td><td>开工后 12 个月内检测所有接头</td></tr>
<tr><td rowspan="2">≥2</td><td>每月一次</td><td>≥0.5</td><td>每年一次</td></tr>
<tr><td>连续两个月累计泄漏率≤3%，可调整为每季度</td><td>≥0.25，<0.5</td><td>每四年一次</td></tr>
<tr><td>≥1，<2</td><td>每季度一次</td><td rowspan="4"><0.25</td><td rowspan="4">监测时段的初期 4 年至少检测 50%的接头，若检测接头的泄漏率≥0.35%，在接下来的 6 个月内检测其余未检测的接头，若检测接头泄漏率<0.35%，在 8 年监测时段的初期检测其余未检测的接头</td></tr>
<tr><td>≥0.5，<1</td><td>每半年一次</td></tr>
<tr><td>≥0.25，<0.5</td><td>每年一次</td></tr>
<tr><td><0.25</td><td>每两年一次</td></tr>
</table>

注：1. 扣除背景值后的净检测值；

2. 泄漏率以加工装置为单元统计。

美国加利福尼亚、得克萨斯、路易斯安那等州制定了比联邦政府更严格的 LDAR 标准，如加利福尼亚州湾区空气质量标准规定轻液泵、压缩机和压力释放装置的泄漏标准值为 500

ppmv，阀和接头的泄漏标准值为 100 ppmv，同时规定不可修复的阀和接头数量不得超过阀和接头总数的 0.3%，长期泄漏(超过 45 d)阀不得超过阀总数的 0.025%，泵和压缩机、压力释放装置不得超过各自总数的 1.0%。

北京市地方标准“DB11/447—2007 炼油与石油化学工业大气污染物排放标准”在国内首次规定了炼油厂开展 LDAR 的标准及规范。有机气体、挥发性有机液体流经泵、阀门、法兰、开口阀门及管线、压缩机、释压装置、取样连接系统及其他缝隙接合处等可能产生挥发性有机物泄漏的设备或管线组件，应采用挥发性有机物探测器进行泄漏检测。设备与管线组件的挥发性有机物泄漏最高允许值规定为：现有源泄漏净检测值 2000 ppmv（以甲烷计），新源 500 ppmv（以甲烷计）。炼油与石油化工企业应按以下频次对设备或管线组件的挥发性有机物泄漏进行检测并记录。泵和压缩机：每月检测一次；释压装置：每三个月及每次释压排放后 5 天内检测一次。其他：每三个月检测一次。检测记录至少应保留 1 年。发现设备或管线组件有挥发性有机物泄漏应尽快修复，最晚不迟于自发现之日起 7 天内完成；如需工艺停车才可实施的泄漏源修复，应向环境保护行政主管部门说明情况，于下次停车检修期间完成修复。

广东省、上海市以及国家环保部《石油炼制工业污染物排放标准》(征求意见稿)也都对炼油厂、石油化工厂的设备和管线组件 VOC 泄漏提出了控制要求。

3.2.1.4 LDAR 检测方法

现有的 LDAR 常规检测方法(CWP)成熟可靠，但检测效率不高。近年投用的红外气体相机检测(AWP)速度快，但灵敏度和检测可靠性不高，尚难以取代 CWP。CWP 和 AWP 的技术经济性见表 3-2-6。由表 3-2-6 可知：(1)美国泄漏检测费用的绝大部分为人工成本，人工费分别约占 CWP 和 AWP 检测费的 97%和 84%；(2)尽管每个设备与管线组件的红外气体相机检测费仅约为便携式有机气体分析仪的 61%，但 AWP 费用节约不显著，主要原因是美国 EPA AWP 规范要求每年至少进行一次 EPA 方法 21 检测，若略去 EPA 方法 21 检测，AWP 可较 CWP 节约费用 32%；(3)红外气体相机的检测速度约为便携式有机气体分析仪的 5 倍，每台红外气体相机一般配备 2 人，而每台便携式有机气体分析仪一般配备 1 人，红外气体相机的综合检测效率约为便携式有机气体分析仪的 2.5 倍，红外气体相机的设备费约为便携式有机气体分析仪的 7 倍；(4) CWP 需用专业 LDAR 数据库管理泄漏检测数据，其数据管理费高于 AWP。

表 3-2-6 CWP 和 AWP 技术经济对比

	CWP（EPA 方法 21）	AWP（EPA AWP 方法）
设备与管线组件数量	阀 10000 个、法兰和接头 30000 个、泵 100 个	
检测方法	便携式有机气体分析仪	红外气体相机
检测频次	泵：每月一次、阀：每季度一次、法兰和接头：每年一次	每两个月一次，每年用便携式有机气体分析仪全面检测 1 次
检测速度	400 个/台/工作日(8h)	2000 个/台/工作日(8h)
检测小组	检测人员 1 名，配便携式有机气体分析仪和手持计算机各 1 台	检测人员 2 名，配红外气体相机 1 台
设备费	TVA-1000 便携式有机气体分析仪约 1 万美元/台、手持计算机约 0.4 万美元/台	FLIR GF320 红外气体相机约 10 万美元/台

续表

	CWP（EPA 方法 21）	AWP（EPA AWP 方法）
设备使用年限	10 年	10 年
设备维护费	每年为设备费的 5%	每年为设备费的 5%
数据库费用	0.45 美元/设备与管线组件	—
数据库授权年限	5 年	—
人工费	30 美元/h	40 美元/h
泄漏检测和数据管理费用总计	84375 美元/年	76142 美元/年，57340 美元/年（略去便携式有机气体分析仪检测）
每个设备与管线组件检测费	0.62 美元，其中设备和人工费分别为 0.02 美元和 0.60 美元	0.38 美元，其中设备和人工费分别为 0.06 美元和 0.32 美元
每个设备与管线组件数据管理费	0.19 美元，其中数据库、数据管理员和 QA/QC 费用分别为 0.05 美元、0.08 美元和 0.06 美元	0.04 美元，其中数据库、数据管理员和 QA/QC 费用分别为 0.00 美元、0.02 美元和 0.02 美元

红外气体相机检测灵敏度不足，尚需便携式有机气体分析仪辅助检测以保证质量，其检测效率较便携式有机气体分析仪提高有限，但设备费大幅度提高。泄漏检测费用主要为人工成本，我国人工费大大低于美国，在我国开展 AWP 将没有成本优势。我国现阶段宜采用 CWP 检测泄漏，未来可考虑用 CWP 检测阀和泵等重点控制的密封点，用 AWP 检测接头(包括法兰)等数量较多但泄漏率较低的静密封点。装置开工初期的泄漏通常较大，可用 AWP 快速扫描。

3.2.1.5 设备和管线组件 VOC 泄漏量计算方法

设备及管线组件的泄漏排放量可根据美国 EPA 有关方法(EPA-453/R-95-017 EPA Protocol for Equipment Leak Emission Estimates，1995)估算，包括平均排放因子法、检测/排放因子法及检测/经验公式法、EPA 相关方程法。平均排放因子法用于无泄漏检测数据时泄漏排放量估算；检测/排放因子法将检测数据按 10000μmol/mol 分类，分别用≥10000μmol/mol 和<10000μmol/mol 的排放因子计算排放量，其估算准确性高于平均排放因子法；检测/经验公式法根据各类设备和管线组件检测值与泄漏排放量的经验关系计算排放量，其估算准确性高于检测/排放因子法。

根据泄漏检测和估算的准确性和可靠性，泄漏检测和泄漏排放量估算的优先次序为：①直接测量泄漏气量，收集并分析泄漏气体组成；② EPA 方法 21 检测所有管线组件后，按经验公式计算并统计泄漏排放量；③ EPA 方法 21 检测所有管线组件后，分别用≥10000μmol/mol 和<10，000μmol/mol 的排放因子计算并统计泄漏排放量；④未检测泄漏，仅统计管线组件数量，按平均排放因子计算并统计泄漏排放量；⑤未检测泄漏，管线组件数量取同类装置默认数量，按平均排放因子计算并统计泄漏排放量。方法①最准确，但由于炼油厂的管线组件数量通常超过 10 万个，该法不具备可操作性。方法② ~④ 在实践中较常用，方法② 需全面和可靠地检测炼油厂所有设备和管线组件，方法③ 适用于以设备和管线组件部分抽检数据推算全厂设备和管线组件泄漏排放，方法④ 偏差较大。

检测/排放因子法计算公式为：

$$E_{TOC} = (F_G \times N_G) + (F_L \times N_L)$$

其中 E_{TOC}——VOCs 泄漏速率，kg/h；

F_G——测试值大于等于 10000μmol/mol 时的排放因子，kg/h/源；

N_G——测试值大于等于 10000μmol/mol 的设备数量；

F_L——测试值小于 10000μmol/mol 时的排放因子，kg/h/源；

N_L——测试值小于 10000μmol/mol 的设备数量。

炼油厂设备及管线组件的检测/排放因子见表 3-2-7。

表 3-2-7 炼油厂设备及管线组件检测/排放因子

设备类型	介质	≥10000μmol/mol 时排放因子/(kg/h/源)	<10000μmol/mol 时排放因子/(kg/h/源)
阀	气体	0.2626	0.0006
	轻质液体	0.0852	0.0017
	重质液体	0.00023	0.00023
泵密封	轻质液体	0.437	0.0120
	重质液体	0.3885	0.0135
压缩机密封	气体	1.608	0.0894
泄压阀	气体	1.691	0.0447
接头	所有	0.0375	0.00006
开口管线	所有	0.01195	0.00150

目前，国内倾向于设备和管线组件泄漏 VOC 排放量采用美国 EPA 相关方程法，见表 3-2-8 计算。

表 3-2-8 炼油设备和管线组件泄漏排放估算

密封点类型	零检测值排放速率[1]/(kg/h/密封点)	检测值超过仪器检测上限排放速率[2]/(kg/h/密封点)		相关方程[3]/(kg/h/密封点)
		10000μmol/mol	100000μmol/mol	
阀	7.8×10^{-6}	0.064	0.140	$2.29\times10^{-6}\times(SV)^{0.746}$
泵密封	2.4×10^{-5}	0.074	0.160	$5.03\times10^{-5}\times(SV)^{0.610}$
法兰	3.1×10^{-7}	0.085	0.084	$4.61\times10^{-5}\times(SV)^{0.703}$
接头	7.5×10^{-6}	0.028	0.030	$1.53\times10^{-6}\times(SV)^{0.735}$
开口管线	2.0×10^{-6}	0.030	0.079	$2.20\times10^{-6}\times(SV)^{0.704}$
其他	4.0×10^{-6}	0.073	0.110	$1.36E\times10^{-5}\times(SV)^{0.589}$

注：1. 若密封点的泄漏检测值小于或等于环境背景值，即净检测值≤1μmol/mol，则该密封点为零检测值。

2. 若密封点的净检测值超过仪器检测上限，且 10000μmol/mol≤仪器检测上限<50000 μmol/mol，则该密封点的泄漏排放用 10000μmol/mol 排放速率计算；若密封点的净检测值超过仪器检测上限，且仪器检测上限≥50000 μmol/mol，则该密封点的泄漏排放用 100000μmol/mol 排放速率计算。

3. 若密封点的泄漏检测值高于 1μmol/mol，且未超过仪器检测上限，则则该密封点的泄漏排放用相关方程计算，SV 为密封点泄漏检测浓度(μmol/mol)。

3.2.1.6 LDAR 工作程序

LDAR 的工作程序为：(1)根据 PID 图确认含 VOC≥10%的所有物料流程和管线；(2)识别并现场定位上述流程和管线上的设备和管线组件，制作和安装带有编号的金属标牌；(3)记录设备与管线组件基本信息〔编号、位置、类型、亚类型、规格、生产厂，不易接近和检测的管线组件(DTM)、不易安全检测的管线组件(UTM)、经由物料理化性质及其他信息〕；(4)用专业软件建立 LDAR 数据库；(5)设计 LDAR 检测路径，实施常规 LDAR

(CWP)或 Smart LDAR(AWP)检测，在发现泄漏的设备和管线组件上悬挂标识；(6)常规 LDAR 检测方法参考 EPA 方法 21[9]或欧盟方法 EN15446：2008，检测仪器为便携式有机气体分析仪(一般为 Thermo TVA-1000)，检测频次参考有关标准；(7)Smart LDAR 检测方法参考 EPA AWP，检测仪器一般为红外气体相机(如 FLIR GF320)，泵、压缩机、阀、释压、法兰、接头、不易接近的密封点及管线等每两个月检测 1 次，发现的漏点应录像(记录泄漏的具体部位)，用 TVA-1000B 定量检测泄漏浓度；(8)在规定时间内维修泄漏，并复检，复检合格后，撤除泄漏标识，若必须停工才能修复的泄漏，做好记录，在装置停工检修时维修或更换。

3.2.1.7 LDAR 检测及数据管理

美国等发达国家的炼化企业一般委托专业化的第三方实施 LDAR，一座典型美国炼油厂(设备与管线组件数量超过 20 万个)每年的 LDAR 费用超过 100 万美元，其中人工成本占比较大。国内炼化企业人力资源相对丰富，可在科研单位或专业咨询公司指导下，自行组织实施 LDAR，有效控制 LDAR 成本。

设备与管线组件泄漏由腐蚀、连接件松动、填料老化、压力控制装置失灵等因素引起，重油管线上设备与管线组件泄漏通常为易于发现的可视泄漏，而轻油和气体管线上设备与管线组件泄漏通常不可视，需用专业仪器检测，这部分泄漏贡献了炼化装置 VOC 排放的绝大部分，是 LDAR 的主要工作目标。炼化企业轻油和气体管线上通常有数十万设备与管线组件，其中接头(包括法兰)等静密封点约占 2/3，数量多，但泄漏率低，对排放贡献较小，阀和泵等动密封点的数量约占 1/3，对泄漏排放的贡献超过 90%，是 LDAR 的重点。美国设备泄漏国家统一标准中泵和阀较高的检测频次而接头较低的检测频次反映了这一特点。

设备与管线组件泄漏的随机性决定了 LDAR 的重复性，一座炼化企业数十万设备与管线组件 LDAR 的科学、常规、动态和有序管理需专业数据库。数据库是 LDAR 计划的核心，美国有几家专业 LDAR 数据库软件公司，提供基于 Microsoft SQL Server 平台的 LDAR 数据库软件，这些软件的设计主要考虑美国 LDAR 法规、标准及第三方实施和管理 LDAR 的特点，不一定满足我国炼化企业的需要。我国炼化企业尚需结合自身需要，开发和建立以 LDAR 数据库为核心的特色 LDAR 管理体系。大型石化集团可利用企业内部网构建 LDAR 管理网络。

3.2.1.8 LDAR 技术在国内的研究应用情况

中国石化金陵分公司和抚顺石油化工研究院根据我国炼油厂人员结构和管理特点，创立了以"无泄漏管理信息系统"和"全员查漏堵漏"为核心的设备和管线组件泄漏检维修(LDAR)管理体系，其应用使金陵分公司设备和管线组件泄漏量大幅度减少。目前，已推广应用到整个中国石化系统。

2010 年，用常规 LDAR 检测技术检测了中国石化某企业主要炼油装置 13606 个设备和管线组件，并参考 DB11/447—2007 规定的泄漏标准评估了泄漏情况，汇总结果分别见表 3-2-9 和 3-2-10。由表 43 可知：(1)接头、阀、开口管线和泵的检测数量分别占设备和管线组件检测总数的 64.0%、32.3%、1.1%和 2.6%，设备和管线组件检测与其在炼油厂的分布比例相近；(2)超标泄漏(≥2000ppmv)比例为 0.65%，其中约一半为严重泄漏(≥10000ppmv)；(3)开口管线、泵和阀等动密封的泄漏比例较高，其中阀的数量较多，泄漏数量最多，接头类静密封数量较多，但泄漏比例较低。参考 EPA 方法估算的检测设备和管线组件的泄漏排放总量约为 13.62kg/h，其中阀、泵、法兰和接头、开口管线的泄漏排放分别占 72.0%、16.6%、5.8%和 5.6%，阀和泵应是泄漏排放控制的重点管线组件。用于压力释放的开口管线泄漏数量也较多，但由于间歇排放，对泄漏排放的贡献不大。若以设备和管线组件检测数量占全厂轻油和气体管线上设备和管线组件总数的5%估算，该企业炼油装置设备和管线组件的泄漏排放总量约为272.4kg/h，约合2288t/a。由表3-2-10可知芳烃抽提、气分、重整、S Zorb等轻油或气体加工装置泄漏较为严重。芳烃抽提装置开口管线泄漏较为严重，重整和气分装置阀的泄漏较为严重，S Zorb装置泵的泄漏较为严重。

表3-2-9　某企业主要炼油装置抽检设备和管线组件泄漏分类

类型	检测数量	2000~10000ppmv		≥10000ppmv		泄漏(≥2000ppmv)合计	
		数量	比例/%	数量	比例/%	数量	比例/%
接头	8708	9	0.10	7	0.08	16	0.18
阀	4394	26	0.59	13	0.30	39	0.89
泵	153	1	0.65	1	0.65	2	1.30
开口管线	351	9	2.56	23	6.55	32	9.11
合计	13606	45	0.33	44	0.32	89	0.65

表3-2-10　某企业主要炼油装置抽检设备和管线组件按装置泄漏分类

装置	检测数量	2000~10000ppmv		≥10000ppmv		泄漏(≥2000ppmv)合计	
		数量	比例/%	数量	比例/%	数量	比例/%
常减压	950	3	0.32	0	0.00	3	0.32
催化	1652	3	0.18	2	0.12	5	0.30
气分	2114	11	0.52	14	0.66	25	1.18
焦化	996	1	0.10	1	0.10	2	0.20
加氢	2211	3	0.14	4	0.18	7	0.32
S Zorb	1119	1	0.09	7	0.63	8	0.72
MTBE	1666	6	0.36	1	0.06	7	0.42
重整	2058	11	0.53	4	0.19	15	0.72
芳烃抽提	771	5	0.65	11	1.43	16	2.08
硫回收	69	1	1.45	0	0.00	1	1.45
合计	13606	45	0.33	44	0.32	89	0.65

S炼油厂2011年启动LDAR计划，其芳烃部首轮检测了64658个设备与管线组件(不包括泵)，发现超标泄漏(≥2000ppmv)比例为0.51%，其中严重泄漏(≥10000ppmv)比例约为0.30%，其中阀泄漏占严重泄漏总数的71.6%，修复了约60%的泄漏。实施LDAR计划后，该厂设备与管线组件泄漏明显降低，2012年上半年和下半年分别检测了58678个和47728个设备与管线组件(不包括泵)，超标泄漏(≥2000ppmv)比例分别约为0.34%和0.22%。上述泄漏检测与统计数据未包括泵，可能偏低，炼油厂泵的数量较少，但泄漏一般较为严重。

2009~2012年抽检了J炼油厂49593个设备与管线组件，发现超标泄漏(≥2000ppmv)比例为0.92%，略高于Z炼油厂，其中严重泄漏(≥10000ppmv)比例为0.48%。

上述炼化企业设备与管线组件总体泄漏(≥2000ppmv)比例约为0.51%~0.92%(首轮检测)，其中严重泄漏(≥10000ppmv)约占一半，与发达国家炼油厂的差距明显。美国加利福尼亚州某炼油厂执行更严格的泄漏标准(500ppmv)，其2009年设备与管线组件总体泄漏比例仅为0.23%，其中阀和接头的泄漏比例分别为0.50%和0.17%。

国内建议泄压阀、采样口、气体管线排凝口、油品脱水口的排放控制应纳入LDAR管理。泄压阀应定向卸压排放，液体物料进污油罐等、气体进瓦斯管网或废气处理装置；采样口应使用密闭采样器，防止污染物直接排放；气体管线排凝口、油品脱水口等也应该有密闭和排放气处理措施。

在无组织排放严重的车间，例如焦化装置，可以建立环境大气净化处理装置，例如活性炭吸附装置、生物净化塔等，使车间形成负压吸气状态，净化气体高空排放。

3.2.1.9 我国LDAR实施策略分析

设备与管线组件泄漏是炼油厂最主要的VOC无组织排放源之一，美国设备与管线组件泄漏管理策略是实施LDAR计划，发现并维修泄漏，欧盟设备与管线组件泄漏控制策略是设计与制造低泄漏设备与管线组件，目前最有效的策略是二者融合，检测并修复泄漏，跟踪并防止泄漏，设计制造低泄漏设备与管线组件，并逐步更新。

美国开展LDAR 30余年，系统地建立了LDAR法规和标准体系、检测方法标准、操作程序规范、检测及数据管理模式、质量控制、保证及改进体系，并已形成检测仪器研发与生产、数据库软件开发、第三方检测服务、专业咨询与审计等成套商业运作体系，成功经验值得借鉴。美国的LDAR法规和标准指标循序渐进发展，从无到有，从相对宽松到逐渐严格。我国设备与管线组件泄漏控制也应遵循持续改进原则，我国LDAR标准起点不宜与美国现行的较严标准接轨。我国几家管理较先进炼油厂LDAR的抽检结果反映其设备与管线组件总体泄漏水平与发达国家炼油厂的差距明显，结合该检测结果，并参考美国标准，制定我国LDAR标准。

鉴于我国炼油厂人员富余，劳动生产率尚有潜力，不宜完全照搬美国委托第三方开展LDAR的工作模式，应由企业自行组织开展LDAR，同时国家和地方环保部门建立健全LDAR监督、管理和审计体系，委托社会化专业监测公司对各个炼油厂LDAR开展情况进行核查审计。炼油厂设备与管线组件数以十万计，有必要建立以LDAR数据库为核心的LDAR管理体系，实现每座炼化企业数十万设备与管线组件检测与维修的常规、数字化、动态和有序管理。LDAR检测方法应以便携式有机气体分析仪法为主，红外气体相机法为辅。便携式有机气体分析仪法是目前最成熟和应用最广泛的LDAR检测方法，仪器便宜，检测灵敏度高，但检测速度较慢。红外气体相机检测速度快，但灵敏度不足，且仪器昂贵。未来尚需结合各类设备与管线组件的泄漏特点，以及装置开停工检修等工况，组合优化两种检测方法，提高检测效率，如阀、泵、压缩机、泄压阀等易泄漏的设备与管线组件用便携式有机气体分析仪检测，法兰和接头等数量多但泄漏比例较低的密封点用红外气体相机检测，或距地面2 m以下的设备与管线组件用便携式有机气体分析仪检测，2m以上难以常规检测的密封点用红外气体相机检测。

3.2.2 储罐恶臭和VOC污染物减排

在炼油和石油化工企业，储罐是最大的无组织恶臭和VOC排放源，储罐的废气排放有几个来源：①大呼吸排气，储罐接收液体物料导致液面升高而向罐外排放的气体；②小呼吸排气，由于昼夜气温变化，导致储罐内部气体温度变化、发生白天排气、夜间吸气现象；③物料在输送过程中压力由高到低变化释放气体；④高温物料进入储罐导致蒸发等而产生排气现象。

3.2.2.1 采用浮顶罐减少废气排放

采用球罐、密闭压力罐都能减少储罐废气排放，但造价很高。浮顶罐是一种常见的石油石化储罐呼吸气减排技术，可分为外浮顶罐和内浮顶罐。浮顶是一个覆盖在油面上，并随油面升降的盘状结构物件。由于浮顶与油面间几乎不存在气体空间，因而可以极大地减少油品蒸发损耗。一般情况，外浮顶罐的油品损耗率仅为固定顶罐的5%~7%，内浮顶罐的油品损耗率仅为固定顶罐的4%。内浮顶罐与外浮顶罐相比，排放的废气更容易收集处理，防火灾安全性更好，但造价和建造技术难度更大。目前，国内可以建造的最大内浮顶罐为$10×10^4m^3$，$10×10^4m^3$以上的超大型储罐普遍采用外浮顶罐；国外有为$20×10^4m^3$的浮顶罐，直径110m，高22.5m。

采用浮顶罐或排放气控制设施将增加投资和维护费用，因此，国内外普遍根据储罐容积和储存石油液体蒸气压来选择储罐类型和排放气控制设施。美国EPA现行标准(40 CFR-60-Kb)和我国《石油炼制工业污染物排放标准》(GB 31570—2015)都要求：挥发性有机液体(包括石油液体)储罐，用于储存真实蒸气压≥5.2kPa但<76.6kPa的设计容积≥$151m^3$的挥发性有机液体储罐，或用于储存真实蒸汽压≥27.6kPa但<76.6kPa的设计容积≥$75m^3$但<$151m^3$的挥发性有机液体储罐，应采用内浮顶罐或外浮顶罐，浮盘上的开口、缝隙密封设施和浮盘与罐壁的密封设施在工作状态都应是密闭的；或密闭排放系统及VOC控制效率大于95%的控制装置。与上述标准相比，我国台湾地区的要求更严一些，北京市DB 11/447—2007《炼油与石油化学工业大气污染物排放标准》将浮顶罐的罐容放宽到$100m^3$，但将蒸汽压严格到2.8kPa。有关比较见图3-2-1。

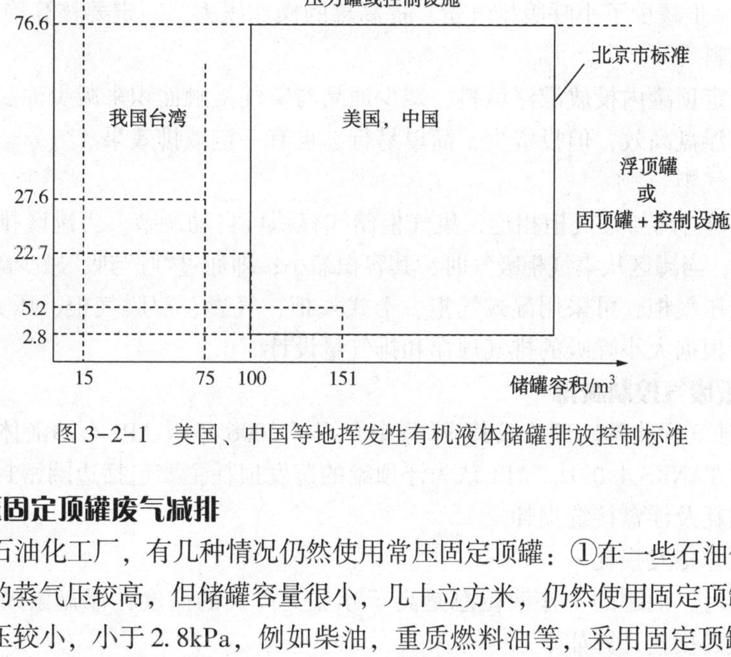

图3-2-1 美国、中国等地挥发性有机液体储罐排放控制标准

3.2.2.2 常压固定顶罐废气减排

在炼油和石油化工厂，有几种情况仍然使用常压固定顶罐：①在一些石油化工厂，尽管挥发性有机液体的蒸气压较高，但储罐容量很小，几十立方米，仍然使用固定顶罐；②挥发性有机液体的蒸气压较小，小于2.8kPa，例如柴油，重质燃料油等，采用固定顶罐；③进罐物料有少量气体释放，例如酸性水、污油、含油废水，粗柴油、高温蜡油等中间产品，以及高温沥青物料，多采用固定顶罐。这些固定顶罐数量很大，恶臭和VOC排放量也较大，排放气中除含有油气外，还有硫化氢、有机硫化物、氨等组份，因此，固定顶罐废气减排很重要。

固定顶罐废气减排方法有：来料温度控制，安装脱气罐，建立罐顶气连通管网，控制罐内气体温度(保温、涂料、加热、制冷)，控制罐内气体压力，漂浮填料，罐顶气集气柜等。

(1) 来料温度控制

来料温度越低，其挥发性越小，罐顶排气量和排放气中油气浓度越低。例如，炼油厂要求酸性水进罐温度低于50℃，有力地控制了酸性水罐的油气、硫化氢、氨等污染物排放。

（2）安装脱气罐

在物料罐区入口安装脱气罐，将高压输送来的物料在进入低压罐时产生的释放气收集在脱气罐的上部，通过管线进入瓦斯管网。脱气罐要能够承受瓦斯管网的压力，否则要通过压缩机输送释放气。脱气罐高度要保证物料能够自流进入物料罐区。

（3）建立罐顶气连通管网

物料罐区一般由两个以上储罐组成，当一个罐在进料、排气时，另一个罐可能在出料、吸气；建立罐顶气连通管网，可以在两个罐之间形成“呼与吸”的平衡关系，减少整个罐区的大呼吸排气现象。

（4）控制罐内气体温度

正确选用罐体涂料、安装隔热板（罐体保温层）、在太阳暴晒时给罐体淋水降温，向罐内喷入冷水水雾，都能够在某种程度上减小罐内气温变化导致的小呼吸现象。但要更加有效地控制罐内气温变化，就要直接对罐内气体加热或制冷，给罐内气体安装空调。

（5）控制罐内压力

目前，一般常压立式固定顶罐设计承压范围为负压 $65mmH_2O$（637Pa）(g) 到正压 $220mmH_2O$（2156Pa）(g)。如果控制罐在负压时吸气、正压时排气，那么，由于气体的可压缩性，相当于敞口常压罐呼吸排气，将减少罐的呼吸气量。有的企业将罐的正压提高到 $600mmH_2O$，进一步减少了小呼吸排气量。提高罐的操作压力，一定要核算确认其安全性。

（6）漂浮填料

有企业向固定顶罐内投放漂浮填料，减少油品与空气接触面积来减少油品蒸发损失。这种方式虽然不如浮盘高效，但投资少，简单易行，也有一定减排效果。

（7）建立集气柜

将罐顶气连通管网与集气柜相连，集气柜储气容积可自动调节。当罐区排气进入集气柜时，其容积增大；当罐区从集气柜吸气时，其容积缩小；即通过“呼与吸”减少罐区气体外排。

集气柜属低压气柜，可采用湿式气柜、干式气柜、气囊、双膜气柜、压力容器等形式。集气柜的规模要根据大小呼吸的排气规律和排气量设计。

3.2.2.3 浮顶罐废气控制减排

黄维秋在《油气回收基础理论及其应用》中介绍了2006年版API石油液体储罐损耗计算方法及计算软件TANKS 4.09D。API认为浮顶罐的蒸发损耗主要包括边圈密封损耗、发油损耗、浮盘附件损耗及浮盘接缝损耗。

（1）正常工作蒸发损耗

在正常操作时，油罐的工作液位总是高于浮盘支撑柱的高度，浮盘紧贴在液面上，此时，浮顶罐的蒸发损耗计算如下。

$$L_T = L_R + L_{WD} + L_F + L_D$$

式中 L_T——浮顶罐在正常操作下总的蒸发损耗量，lb/a；

L_R——边圈密封损耗，lb/a；

L_{WD}——发油损耗，lb/a；

L_F——浮盘附件损耗，lb/a；

L_D——浮盘接缝损耗，lb/a。

API提供了各项损失的计算方法。

(2) 正常工作蒸发损耗排放气控制

图 3-2-2~图 3-2-4 分别是外浮顶罐和内浮顶罐示意图。

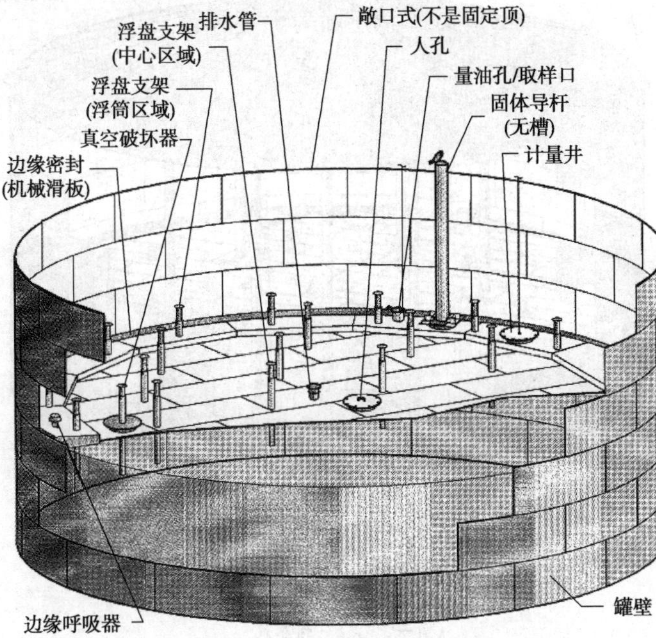

图 3-2-2　外浮顶罐(单盘浮船式)

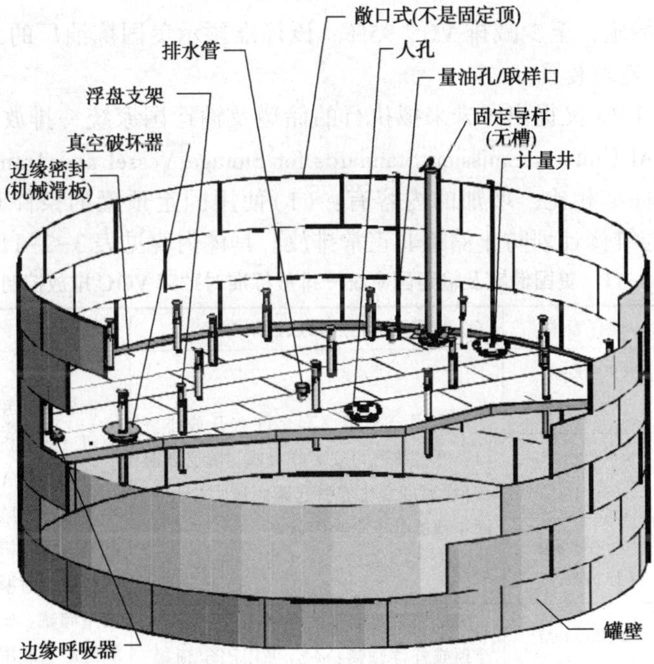

图 3-2-3　外浮顶罐(双盘式)

正常工作时的油品蒸发主要发生在管壁、浮盘支架套管、计量井。

美国新源标准(NSPS Subpart OOOO)最新要求油气生产和储运过程中 VOC 排放超过 6t/a

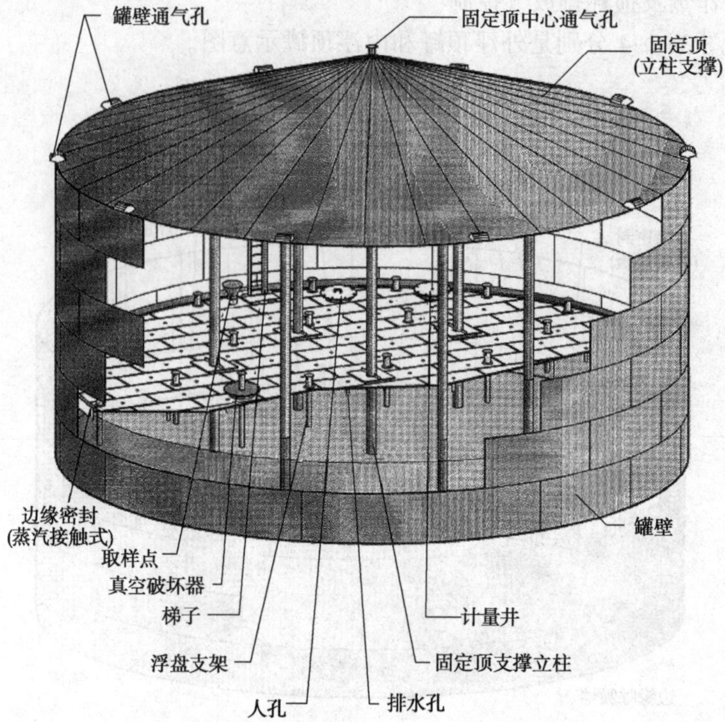

图 3-2-4　内浮顶罐

的贮罐需采取控制措施，至少减排 VOC 95%。该标准预示美国炼油厂的大型贮罐未来可能需安装 VOC 控制与处理装置。

2012 年，美国 EPA 又提出了未来拟执行的储罐及输运国家统一排放标准(40 CFR Part 65 Subpart I NatioNAl Uniform Emission Standards for Storage Vessel and TransFer Operations)建议，该标准与现行标准相比，增加的内容有：(1)使用固定顶罐的条件和 VOC 控制要求；(2)通过泄漏检测与维修计划防止储罐非正常排放。具体内容见表 3-2-11。

表 3-2-11　美国储罐及输运国家统一排放标准对贮罐 VOC 排放控制要求

<table>
<tr><th>最大真实蒸气压</th><th>储存容量</th><th>罐型选择及排放控制要求</th><th>监测要求</th></tr>
<tr><td>任意</td><td><20000gAl
(75.7m^3)</td><td rowspan="3">可用固定顶罐。不允许有开放排气口，开放排气口安装呼吸阀，除必要时(环境温度变化等引起罐内压力变化)，固定顶罐处于全封闭状态</td><td rowspan="5">固定顶罐用 EPA 方法 21(便携式有机气体分析仪)或红外气体相机检测泄漏。EPA 方法 21 检测频次为每年 1 次，读数 ≥500μL/L 为泄漏。红外气体相机检测频次为每年 2 次。一旦发现泄漏，应在 45 d 内维修或清空储罐。定期测量浮顶罐浮顶边缘缝隙，或用 EPA 方法 21 和用红外气体相机检测泄漏，检测频次为每年 1 次。一旦检测到泄漏，或常规运行中发现泄漏，均应维修</td></tr>
<tr><td><1. 9psi(13. 1kPa)</td><td><40000gAl
(151. 4m^3)</td></tr>
<tr><td><0. 75psi (5. 2kPa)</td><td>≥40000gAl
(151. 4m^3)</td></tr>
<tr><td>≥1. 9psi (13. 1kPa),
≤11. 1psi(76. 5kPa)</td><td>≥20000gAl
(75. 7m^3)</td><td rowspan="2">满足如下四项要求之一：(1)采用内浮顶或外浮顶罐；(2)采用固定顶罐，安装蒸气平衡系统；(3)采用固定顶罐，排放气密闭处理(火炬或蒸气控制装置)；(4)采用固定顶罐，排放气送入燃料气系统或净化处理</td></tr>
<tr><td>≥0. 75psi(5. 17kPa),
≤11. 1psi(76. 5kPa)</td><td>≥40000 gAl
(151. 4m^3)</td></tr>
</table>

用 API 浮顶罐蒸发损耗计算方法，计算大庆石化公司一座 $2\times10^4m^3$ 的原油外浮顶罐，年损耗量为 20t。按照《石油库节能设计导则》(SH/T 3002—2000)中附录 A 油罐内油品蒸发损耗计算方法，某原油加工能力 $1000\times10^4t/a$ 的炼油厂，有多个储罐 VOC 排放量大于 18.2kg/d(6t/a)，因此，根据未来的 VOC 排放标准，正常工作的大型浮顶罐排放气也需要进行治理。

浮顶罐废气减排措施有：外浮顶改为内浮顶罐，采用支架套管套头，在二次密封的基础上增加弧刷密封以强化对挂壁油品的刮刷作用等。

3.2.3 低氮燃烧技术

低氮燃烧技术与 NO_x 产生机理密切相关。

3.2.3.1 烟气 NO_x 产生机理

锅炉烟气 NO_x 中约 90%是 NO。

烟气中的 NO_x 有三种类型：热力型，快速(瞬时)型和燃料型。热力型 NO_x 是由燃烧用空气中的氮气在高温下氧化生成；快速型 NO_x 是由于碳氢燃料过浓而燃烧生成的氮氧化物；燃料型 NO_x 来自燃料中含氮化合物的氧化燃烧。

热力型 NO_x 生成于火焰的下游区域，生成量主要受温度、氧气浓度和停留时间的影响。

快速型 NO_x 是碳氢燃料过浓时所特有的现象，其生成于火焰面内部。采用碳氢燃料预混合燃烧，过量空气系数 0.7~0.8 时，非常有利于快速型 NO_x 的生成。

在燃烧过程中，燃料中的氮可能生成燃料型 NO_x，也可能转化为氮气。燃料型 NO_x 的生成量与过量空气系数密切相关，当过量空气系数低于 1.0 时，燃料型 NO_x 的生成量急剧下降，低于 0.7 时，燃料型 NO_x 的生成量接近于零。

如果依次以天然气、油、煤为燃料，在燃烧过程中生成的热力型 NO_x 比例在减少，燃料型 NO_x 比例在增加，快速型 NO_x 基本保持在一个很低的水平。

燃料型 NO_x 是煤燃烧时产生的 NO_x 的主要来源，热力型 NO_x 是天然气燃烧时产生的 NO_x 的主要来源。

3.2.3.2 低氮燃烧技术

(1) 低过剩空气系数(LEA)

使燃烧过程尽可能在接近理论空气量的条件下进行，相对于传统燃烧方式，可以降低 NO_x 生成量 15%~20%，但如果氧含量(浓度)<3%时，会使 CO 浓度剧增，使热效率降低。此外，低氧浓度会使炉膛内某些区域成为还原性气氛，从而降低灰熔点，引起炉壁结渣和腐蚀。

(2) 空气分级燃烧(OFA)

将燃烧所需空气分两级送入。第一级燃烧区内过量空气系数约 0.8，抑制了热力型 NO_x 生成；第二级为富氧燃烧区，有少量 NO_x 生成。总地可使 NO_x 生成量降低 30%~40%。

分级燃烧可分为燃烧室分级燃烧和单个燃烧器分级燃烧。

通常燃烧室分级燃烧是在主燃烧器上部装设空气喷口，形成所谓的“火上风” OFA (Over Fire Air)，也称燃烬风。

单个燃烧器的分级燃烧有两种方式，分别为内分级混合和外分级混合，前者的一、二次风均从燃烧器旋口送入，但分为内二次风和外二次风，后者的部分二次风是从主火嘴周围的一些空气喷嘴送入。它们都有抑制燃料型和热力型 NO_x 的功能。

（3）燃料分级燃烧

燃料分级燃烧，又称燃料再燃技术。它应用已生成的NO在遇到烃根和未完全燃烧产物CO、H_2、C和C_nH_m时，会发生NO还原反应的原理来减少NO排放。具体来说就是：燃料分级送入炉膛，在燃烧区火焰的上方喷入另外的碳氢燃料，建立一个富燃料区使生成的NO_x转化为HCN，并最终得到无害的N_2。比较典型的是，将80%~85%的燃料送入主(一次)燃烧区，在$\alpha>1$的条件下燃烧生成NO_x；其余15%~20%的燃料则在主燃烧器上部送入再(二次)燃烧区，在$\alpha<1$的条件下形成还原气氛，使主燃烧区生成的NO_x还原为N_2。此外，在再燃区上部还需要布置"火上风"喷口以形成第三级燃烧区(即燃烬区)，以保证燃烧完全燃烬。再燃法又称三级燃烧技术。

（4）烟气再循环技术

除燃料和空气分级降低NO_x外，使用较多的还有烟气再循环法，它是在锅炉的空气预热器前抽取一部分低温烟气直接送入炉内，或者是与一次风或二次风混合后送入炉内，这样不但降低燃烧温度，而且降低氧浓度，因而可以降低NO_x的排放浓度。

（5）浓淡偏差燃烧技术

浓淡燃烧法的原理是对装有两个燃烧器以上的锅炉，使部分燃烧器供应较多的空气，即燃料过淡燃烧；部分燃烧器供应较少的空气，即燃料过浓燃烧。无论是过浓或过淡燃烧，α都不等于1，故又称非化学当量比燃烧或偏差燃烧。

（6）低氮燃烧器

燃烧器在保证燃料稳定着火、燃烧和燃料燃烬等过程中具有重要作用。由于大部分燃料型NO_x在燃料着火阶段生成，因此，通过特殊设计的燃烧器结构，通过改变燃烧器的风煤比等参数，可以将其他降低NO_x的原理用于燃烧器，尽可能降低着火区氧浓度和温度，抑制NO_x生成，这就是低氮燃烧器。

几种低氮燃烧技术的效果、优缺点对比列表3-2-12。

表3-2-12 低NO_x技术控制效果对比

技术名称	效 果	优 点	缺 点
空气分级燃烧OFA	最多30%	投资低，有运行经验	有的炉膛不行，可能炉内腐蚀和结渣，降低燃烧效率
降低投入运行的燃烧器数目	15%~30%	投资低，易于锅炉改装，有运行经验	可能炉内腐蚀和结渣，飞灰含炭量增加
燃料分级燃烧(再燃)	达到50%	适用于新的和改造现有锅炉，中等投资	可能需要第二种燃料，飞灰含炭量增加，运行经验少
低氧燃烧	根据原运行条件，最多20%	投资最少，有运行经验	飞灰含炭量增加
烟气再循环(FGR)	最多20%	能改善混合和燃烧，中等投资	增加再循环风机，使用不广泛
低NO_x燃烧器	与空气分级燃烧合用可达60%	适用于新的和改装锅炉，中等投资，有运行经验	结构比常规燃烧器复杂，可能炉内腐蚀和结渣，降低燃烧效率

3.2.4 燃料燃烧前和燃烧过程SO_2控制技术

燃烧前原煤脱硫、天然气脱硫，以及燃烧中脱硫(炉内脱硫)都能够减少烟气中SO_2排放。

原煤燃烧前脱硫就是在煤燃烧前把煤中的硫分脱除掉，主要技术有物理洗选、化学洗选、煤的气化和液化、水煤浆技术等。洗选煤是采用物理、化学或生物方式对锅炉使用的原煤进行清洗，将煤中的硫部分除掉。微生物脱硫从本质上讲是一种化学法，它把煤粉悬浮在含细菌的气泡液中，细菌产生的酶能促进硫氧化成硫酸盐，从而达到脱硫目的。煤炭液化是将煤转化为清洁的液体燃料(汽油、柴油、航空煤油等)或化工原料的一种先进的洁净煤技术。

天然气脱硫大多采用有机胺吸收法，小规模油气田可采用 Lo-Cat 等液相催化氧化技术。

炉内脱硫是在燃烧过程中，向炉内加入固硫剂如 $CaCO_3$ 等，使煤中硫分转化成硫酸盐，随炉渣排出。其基本原理是：

$$CaCO_3(\text{高温}) \longrightarrow CaO + CO_2 \uparrow$$

$$CaO + SO_2 \longrightarrow CaSO_3$$

$$2CaSO_3 + O_2 \longrightarrow 2CaSO_4$$

国内应用较多的炉内脱硫技术有：

炉内喷钙脱硫加尾部烟气增湿活化(LIFAC)技术；

循环流化床燃烧脱硫。

① 炉内喷钙脱硫加尾部烟气增湿活化(LIFAC)技术

该工艺在燃煤锅炉内适当温度区喷射石灰石粉，并在锅炉空气预热器后增设增湿活化反应器，用以脱除烟气中的 SO_2，炉内脱硫率约为30%，总脱硫率可达60%~85%。

② 循环流化床燃烧脱硫

烟气循环流化床脱硫工艺，一般采用干态的消石灰作吸收剂与锅炉排出的未经处理的烟气一起，从吸收塔(即流化床)底部进入，吸收塔底部为一文丘里装置，烟气经过文丘里管后速度加快，并在此与很细的吸收剂粉末互相混合，形成流化床，在喷入均匀水雾降低烟温的条件下，吸收剂与烟气中的二氧化硫发生反应生成亚硫酸钙，进一步氧化成硫酸钙。

经过以上两种方法净化后，烟气中的二氧化硫含量仍很难符合现行排放标准要求，因此，还需要安装燃煤锅炉烟气脱硫装置。

3.2.5 催化裂化硫转移剂和低氮烧焦技术

3.2.5.1 硫转移剂

硫转移剂是降低催化裂化(FCC)装置中 SO_x 污染物的一种技术。它通过在 FCC 再生器内添加硫转移剂，在富氧气氛下将烟气中的 SO_2 变成 SO_3，并吸附 SO_3 形成金属硫酸盐；已负载金属硫酸盐的硫转移剂随 FCC 再生催化剂进入提升管反应器后，在还原气氛下，金属硫酸盐中的硫被还原、水解，生成 H_2S 并转入 FCC 气体产物中，经分离后由硫黄回收装置回收 H_2S，从而避免硫排入大气中。硫转移剂自身也得以还原再生，随带炭的 FCC 待生催化剂循环进入再生器中，重新发挥降低 SO_x 排放的作用。

与常规的烟气洗涤脱硫技术相比，硫转移剂技术不需要装置建设，操作简便灵活，还可减轻 SO_x 对再生器设备的腐蚀。与烟气湿法洗涤相配合，可大幅度降低碱液用量，从而降低湿法洗涤操作费用。硫转移剂适合含硫低的原料油的脱硫。

3.2.5.2 低 NO_x 烧焦技术

低 NO_x 烧焦技术有硬件设计、优化操作和使用添加剂。

传统的 Pt 基 CO 燃烧促进剂会增加 NO_x 排放量，因此，Grace Davison、Engelhard 等公

司开发了 xNO_x、OxyClean 等品牌的低 NO_x 燃烧促进剂，它们能够在满足二次燃烧和 CO 指标控制要求的同时，基本不增加 NO_x 排放量。

另一种减少 FCC NO_x 排放的添加剂是 NO_x 还原添加剂，它能够促进 CO 与 NO_x 反应生成 N_2和 CO_2。国外生产这种添加剂的公司有 Grace Davison、Akzo-Nobel 和 Engelhard。Engelhard 公司的 $CLEANO_x$ 添加剂，能够在维持传统的 Pt 基 CO 燃烧促进剂用量、正常的二次燃烧温度和投加量占催化剂藏量 0.7%的情况下，减少 NO_x50%，对操作和生产无不良影响。

3.2.6 装车(船)油气减排

我国 GB 20951—2007《汽油运输大气污染物排放标准》规定，装油时能够将汽车油罐排出的油气密闭输入储油库油气回收系统。

在国内实践中，过分强调密闭装车油气自压输送；由于自压油气压力很小，难以远距离输送，因此，火车装车油气回收装置基本都安装在汽油装车栈台而不是油库。

将装车、装船油气反向输入储油库发油罐内来减少油气外排，从罐内溢出的油气再进回收装置，这样，可减少油气排放 90%以上，其原理流程见图 3-2-5。

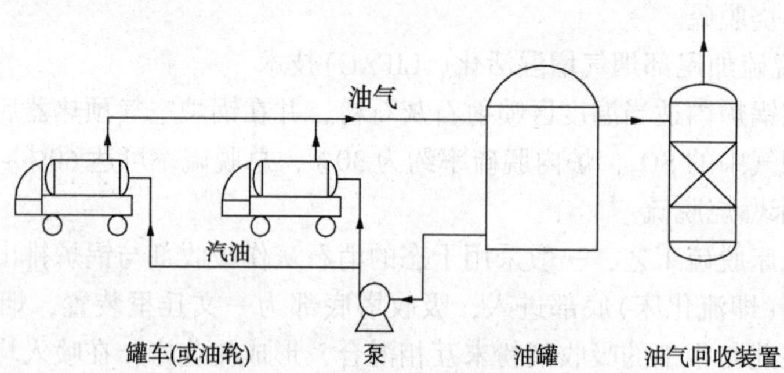

图 3-2-5 装车(船)油气和发油罐油气联合处理工艺

为了将装车(船)油气和发油罐油气联合处理，需要对发油罐(包括浮顶罐)作密闭处理，采用适度密闭装车(船)、风机计量输送、输送管线导凝技术。

3.2.7 其他减排技术

(1) 氧化脱硫醇尾气减排

要减少氧化脱硫醇尾气排放，需要严格管理，合理供应氧化空气量；提高脱硫醇工艺工程技术水平，提高氧气利用率；开发富氧氧化新工艺。

(2) 污水处理场废气减排

要减少污水处理场废气排放，需要精细化管理，合理安排废水罐、污油罐物料进出流量和进出时间，提高曝气池氧气利用率，淘汰落后工艺技术。

3.3 废气治理技术

3.3.1 基本单元过程简述

工业废气组成复杂，治理流程长，治理工艺技术多种多样，但这些工艺技术，本质上都由气-固分离、吸附、吸收、燃烧、冷凝、生物、膜分离、氧化还原、稀释扩散等基本单元过程组成，有关单元过程简述如下。

3.3.1.1 气-固分离

许多工业废气含有固体颗粒物，需要气-固分离处理，分离方法有重力及惯性分离、旋风分离、过滤、湿法捕集、电除尘等。

（1）重力及惯性分离

重力分离：大多数粉尘的重度在 2g/cm^{3}以上，比气体大很多，因此，含尘气体可以借助重力作用通过自然沉降脱除粉尘来达到净化气体的目的。

惯性分离：利用粉尘在运动中惯性力大于气体惯性力的作用，将粉尘从含尘气体中分离出来。

（2）旋风分离

旋风分离是利用旋转的含尘气体所产生的离心力，将粉尘从气流中分离出来的技术。

（3）过滤除尘

使含尘气体通过过滤材料来达到分离气体中固体粉尘的技术。常用的过滤式除尘器有袋式除尘器、颗粒层除尘器和滤尘器。

（4）湿法捕集

使含尘气体与水或其他液体接触，利用水滴和尘粒的惯性碰撞及其他作用把尘粒从气流中分离出来的技术。

（5）电除尘

使含尘气体通过高压电场，使尘粒荷电，并在电场力的作用下，使尘粒沉积在电极上，将尘粒从含尘气体中分离出来的技术。

3.3.1.2 吸附

吸附法设备简单，操作方便，对浓度和流量变化适应性强，对脱除对象去除率高，在废气和废水处理上有广泛应用。

（1）吸附作用

吸附法是利用固体吸附剂对混合流体中各组分吸附选择性的不同而对混合物进行分离的方法。当流体与多孔固体接触时，流体中某一组分或多个组分在固体表面产生积蓄的现象称为吸附。具有吸附性的物质叫作吸附剂，被吸附的物质叫吸附质。吸附作用可分为物理吸附和化学吸附。物理吸附即由范德华力产生的吸附，吸附质和吸附剂表面分子之间的吸引力相当于气体液化和蒸气冷凝时分子间的引力，其吸附热较低，接近其液体的气化热或冷凝热，吸附和解吸速度都很快。物理吸附是可逆过程。化学吸附则是吸附质和吸附剂表面的原子反应表面络合物，吸附热接近化学反应热，需要一定的活化能。其吸附或解吸速度都比物理吸附慢。化学吸附大都是不可逆过程。同一物质，可能在低温下进行物理吸附而在高温下为化学吸附，或者两者同时进行。

（2）吸附剂

在天然矿产中，活性白土、漂白土和硅藻土等，经过加工处理，可以作为吸附剂使用，这些吸附剂由于价廉易得，一般失效后不再回收。合成吸附剂有活性炭、硅胶、活性氧化铝、合成沸石分子筛、大孔吸附树脂、氧化锌、氧化铁、氧化铜、特种活性炭等。在气体净化处理上，应用最多的是活性炭，其次是硅胶、活性炭纤维、分子筛、浸碱活性炭、氧化铁脱硫剂等，现将活性炭简介如下。

活性炭的分类和制造方法见表 3-3-1。

表 3-3-1 活性炭的分类和制造方法

形状	(a) 粉末状 (b) 颗粒状：破碎形，圆柱形，中空球形 (c) 纤维状：丝状，毡状，布状 (d) 其他：二次加工成的各种形状，如蜂窝形等
制造方法	(a) 原料：果壳(椰壳、核桃壳等)、木材(锯木屑等)、泥炭褐煤、煤炭、石油(酚醛树脂纤维、沥青、石油焦、聚丙烯腈纤维) (b)活化用化学药品：活化剂(氯化锌、磷酸、氢氧化钾等) (c)活化用气体：活化剂(水蒸气、二氧化碳、空气等) (d)制造举例： i 普通活性炭。锯木屑与氯化锌 1∶2(质量比)混合后在转炉中煅烧，生成炭骨架，形成多孔结构。煅烧物用盐酸或稀氯化锌溶液浸泡，使氯化锌溶解，并回收。 ii 普通活性炭。粒状椰子壳炭化产物在转炉中加热到 900℃，通入水蒸气，通过反应、侵蚀等作用，使细孔发达。 iii 纤维状活性炭(activated carbon fiber，ACF)。可用酚醛树脂纤维、沥青、聚丙烯腈纤维作为原料，采用聚丙烯腈(PAN)纤维时，在 200~300℃的空气中氧化处理，进行炭化和水蒸气活化

活性炭再生：吸附了 VOC 蒸气的活性炭的再生比较容易，可用保温或变压使挥发性有机物脱附。水处理使用过的活性炭可能吸附了大量不挥发有机物，仅靠加热不能再生。通常，采用与制造活性炭相同的方法进行再生，只是活化时间较短。

活性炭的成分和结构：活性炭大致含碳 90%~95%，含氧 2%~5%，含氢 1.5%以下，几乎不含氮和硫。木材基活性炭含金属氧化物 1%~2%，煤基活性炭含金属氧化物 5%~10%。活性炭基本上是憎水性的，由于含羧基、酚羟基和羰基等亲水基团，也有一定亲水性。水蒸气活化法活性炭比表面积为 900~2000m^2/g，氯化锌活化法活性炭最大比表面积为 1500m^2/g。氯化锌活化的粉末活性炭，2nm 以上的中孔发达。长时间水蒸气活化的煤基粒状活性炭，微孔和中孔都发达。椰壳原料水蒸气活化的活性炭，几乎都是 2nm 以下的微孔，适用于分子尺寸较小的气相吸附。

(3) 吸附热

吸附热是指吸附过程产生的热效应。在吸附过程中，气体分子移向固体表面，其分子运动速度会大大降低，因此释放出热量。物理吸附的吸附热等于吸附质的凝缩热与湿润热之和。当前者相对于后者很大时，可忽略湿润热。物理吸附的吸附热一般约 40kJ/mol。化学吸附的吸附热相当于化学反应热，一般为 84~417kJ/mol。吸附温度会影响吸附热的大小。在实际操作中，吸附热会导致吸附层温度升高，进而影响吸附剂吸附能力。吸附热的大小可以衡量吸附强弱的程度，吸附热越大，吸附越强。

(4) 吸附等温线

吸附质在固体上的吸附量(M)是绝对温度(T)、气体压力(p)或液体浓度(c)和固体-气体之间的吸附作用势(E)的函数，用下式表示。

$$M=f[T,\ p,\ E] \text{或} M=f[T,\ c,\ E]$$

对于给定的固体-气体体系，在温度 T 一定时，可认为吸附作用式 E 一定，此时吸附量 M 只是压力 p 的函数，这个关系叫吸附等温线，即

气体吸附等温线 $M=f[p]_T,\ E$

气体在固体表面的吸附状态多种多样，大概有六类等温线。设固体表面与第一层(单分

子层)吸附分子的吸附作用能为 E_1，第 $n(n>1)$ 层与第 $(n+1)$ 层的作用能为 E_n。这六类等温线简介如下。

① Ⅰ型等温线($E_1 \gg E_n$)，也称 Langmuir 型等温线，近似单分子层吸附，化学吸附、活性炭和沸石吸附属于这种类型。

②Ⅱ型等温线($E_1>E_n$)，也称 BET 型等温线，非多孔性固体表面发生多分子层吸附属于这种类型，如多孔性金属氧化物粒子吸附氮气或水蒸气。

③Ⅲ型等温线($E_1<E_n$)，在憎液性表面发生多分子层吸附，或固体和吸附质的吸附相互作用小于吸附质之间的相互作用时呈现这种类型。

④ Ⅳ型等温线($E_1>E_n$)，氮气、有机蒸气和水蒸气在硅胶上吸附属于这一类型。

⑤ Ⅴ型等温线($E_1<E_n$)，发生在多孔固体上，例如水蒸气在活性炭或憎水化处理过的硅胶上的吸附。

⑥ Ⅴ型等温线，又叫阶梯型等温线，常见于非极性的吸附质在物理、化学性质均匀的非多孔固体上的吸附。

(5) 穿透曲线和吸附带

穿透曲线是在吸附过程中，以吸附质浓度为纵坐标，以流体流出量或流出时间为横坐标得到的浓度变化曲线。在穿透曲线上，当吸附质从流体中出现或达到控制浓度时，相应的点即穿透点。

假设某吸附床用于气体吸附分离，进气一段时间后，从床层入口到位置 Z_1 的测定结果表明，床层已经被吸附质饱和并失去吸附能力，即从位置 Z_1 取出的气体中吸附质浓度与床层进口相同，但从位置 Z_1 开始，气体中的吸附质浓度逐渐降低，到达位置 Z_2，吸附质浓度几乎降低到零或控制浓度，吸附实际上是在 Z_1-Z_2 之间进行，这一部分称为吸附带。

(6) 吸附装置

固定床是应用最广的吸附装置，有并联或串联多种形式；此外还有搅拌吸附槽、流化床吸附装置、移动床吸附装置等。在固定床吸附器中，吸附剂固定不动，吸附操作过程是非稳态传质过程，床层内吸附质的浓度发布以及流体在床层中各处的浓度均随操作时间变化。

3.3.1.3 气体吸收

气体吸收法工艺、设备简单，投资小，操作费用低，适用于大、小气量处理，在水溶性 VOC 气体达标处理和高浓度 VOC 气体回收上有广泛应用。

(1) 气体吸收概念

气体吸收是一种或多种气体溶解于液体的过程，在石油化工工业中有广泛应用。吸收大致分两类，物理吸收和化学吸收。物理吸收过程中溶解的气体与溶剂或溶剂中某种成分并不发生化学反应。化学吸收过程中溶解的气体与溶剂或溶剂中的某一组分发生化学反应。

(2) 气体溶解度

关于气体在液体中的溶解度，有许多实测数据发表，如二氧化碳和硫化氢在氨水中的溶解度、酸性气体(H_2S 和 CO_2)在烷基醇胺类溶液中的溶解度、二氧化碳在碳酸盐溶液中的溶解度、二氧化硫在碱溶液中的溶解度等。

对于溶解度较小的体系，通常适用亨利(Henry)定律，即溶解度与气相中溶解的气体的分压成正比，即

$$p=H \cdot C$$

式中　p——气体的分压，atm；

C——液相中溶解气体的浓度，通常用单位体积中的质量表示，例如 kg · mol/m³；

H——比例常数，常称亨利系数或亨利常数，单位为 m³ · atm/kg · mol。

如果溶液浓度用摩尔分数 x 表示，则上式改写为

$p=E \cdot x$，其中 E 仍称亨利常数，单位为 atm。

溶解度大的气体一般不遵循亨利定律，如氨、氯、二氧化硫等在水中的溶解度即是如此。这些气体在水中能够离解成为离子，但存在于液相中未离解的气体浓度与其气相分压之间，一般认为亨利定律仍然成立。

碳氢化合物与油的气液平衡关系可用平衡常数 K 表示如下：

$$y = K \cdot x$$

此处 y、x 为该组分在气相与液相中的摩尔分数。在总压不高的情况下，K 值仅随温度与压力变化，与组成几乎无关。在拉乌尔定律和道尔顿定律适用的情况下，K 值可按下式求得：$K=pv/P$，式中 P 为总压，p_v 表示该组分在纯态下的蒸气压。

（3）传质基础

气体吸收是气相中的吸收质经过相际传递到液相的过程。为描述气液传质过程，科学家提出了多个理论，如双膜理论、表面更新理论、渗透理论等，其中，应用最广的是双膜理论。其要点有：

① 假设平静的气液界面两侧存在气膜与液膜，是很薄的静止层或层流层。

② 当气相组分向液相扩散时，必须先到达气液相界面，并在相界面上达到气液平衡。

③ 假设在气膜之外的气相主体和液膜之外的液相主体中，达到完全的混合均匀，即全部传质阻力都集中在膜内。

即在无反应的情况下，组分 A 由气相主体扩散而进入液相主体需经历以下途径：气相主体→气膜→界面气液平衡→液膜→液相主体。

传质总系数是气液传质双膜理论中的重要参数，设以气相分压为推动力的传质总系数为 K_G，以液相分子浓度为推动力的传质总系数为 K_L。当物质 A 由气相向液相传递时，它们分别定义为：

$$K_G = \frac{N_A}{p_A - p_A^*};\ K_L = \frac{N_A}{C_A^* - C_A}$$

式中 N_A 为组分 A 的传质通量；p_A 为组分 A 的气相分压；p_A^* 为与组分 A 的液相分子浓度成相平衡的分压；C_A 为组分 A 的液相分子浓度；C_A^* 为与组分 A 的气相分压成相平衡的液相分子浓度。在单位传质面积时，传质总系数的倒数，相当于传质过程的总阻力，由气相和液相的对流传质阻力构成，对符合亨利定律的气液平衡体系，可以得到传质总系数和传质分系数的关系：

$$\frac{1}{K_G} = \frac{1}{K_G} + \frac{1}{HK_L};\qquad \frac{1}{K_L} = \frac{H}{K_G} + \frac{1}{K_L}$$

式中 K_G 和 K_L 分别称为以气相分压和以液相分子浓度差为推动力的传质分系数，H 为亨利常数。从上两式可知：

$$K_G = HK_G$$

对于溶解度很大的组分的传递，H 值很大，传递过程中液相的传质阻力可以忽略，相际传质总阻力由气相传质阻力决定，称气阻控制；反之，对于溶解度甚小的组分，H 值很小，传递过程中液相阻力决定传质总阻力，称液阻控制。

传质总系数可从气、液两相的传质分系数算出，但由于相际传质的复杂性，往往通过实验直接测定。

传质单元高度是填料吸收塔设计的关键参数。通常传质分系数随流体流量变化而变化很大，但气相(或液相)单位面积上的流量除以该相的传质系数所得数值，接近于一个定值，这个值具有长度的因次，叫作一个传质单元高度，表示了完成一个标准难度的分离要求所需要的设备高度。

等板高度是指相当于一块理论板所需要的填料高度。

填料塔高度=传质单元高度×传质单元数，或

填料塔高度=等板高度×理论板数

(4) 气液吸收设备

气液吸收设备主要有填料塔、板式塔、喷淋塔、文丘里洗涤器等。板式塔的气液传质元件有浮阀、筛板、泡罩等；填料塔的填料类型有鲍尔环、阶梯环、矩鞍环、θ网环、规整填料等；喷淋塔的液体喷淋器有管式喷淋器、莲蓬头式喷淋器、盘式分布器、多孔管式分布器、槽式分布器、空心锥切线型喷嘴、实心锥切线型喷嘴、螺旋型实心锥喷嘴等。大气量多选用板式塔，小气量多用填料塔，吸收液含浆体物料多选用喷淋塔，例如钙法烟气脱硫装置。

(5) 富吸收液处理

富吸收液处理方法有：作为废水、废液处理，通过汽提、精馏回收有机物，或作为其他生产工艺的原料。

3.3.1.4 燃烧法

燃烧法是指采用高温或在催化剂存在下将废气中的污染物氧化成无害组分，可分为直接燃烧、热力燃烧、催化燃烧、蓄热燃烧等。

(1) 直接燃烧法

直接燃烧适用于高浓度(VOC大于爆炸上限，一般在250000mg/m^{3}以上)可燃废气处理，废气作为燃料使用，直接燃烧设备可以是一般的炉、窑或火炬，燃烧温度可达1100℃以上。在石油化工企业，火炬常用于厂内瓦斯管网过量气体的放空处理，其优点是安全可靠、成本低、结构简单，缺点是浪费资源，燃烧后对环境造成二次污染，以及不能有效回收热能而造成热辐射；在油田，火炬也用于边缘井伴生气放空处理。总的来说，对高浓度VOC废气，还是要考虑回收燃料或设法作为加热炉、锅炉的燃料使用。

(2) 热力燃烧法

如果废气中可燃物含量较低，不能自己维持燃烧时可以采用热力燃烧法处理。热力燃烧需辅助燃料，能耗较高，依靠辅助燃料燃烧时产生的热量，提高燃烧室温度，使废气中烃及其他污染物迅速氧化，转变为无害的二氧化碳和水蒸气。热力燃烧可以用专用焚烧炉，也可以用已有加热炉、锅炉等。专用焚烧炉常用来处理氰化工或毒性较大的废气处理，例如炼油厂克劳斯尾气焚烧处理、氧化尾气焚烧处理等；为节省辅助燃料，有的焚烧炉废气停留时间短，燃烧温度低，这会造成燃烧烟气中VOC超标排放。将低浓度VOC废气送入工厂已有加热炉、锅炉焚烧处理，也属于热力燃烧处理，它不需要增加废气处理装置，节省投资费用，但一是接纳废气量有限，二是废气量和VOC浓度波动对加热炉、锅炉正常操作有影响，三是要注意安全问题。

(3) 催化燃烧法

催化燃烧(氧化)法是在催化剂和氧气存在下，在较低温度，将废气中的有机物氧化转

化为二氧化碳和水。催化燃烧适用于从常温常压到高温高压、VOC 浓度 500~10000mg/m³的废气处理，VOCs 净化彻底，能耗低，安全稳定可靠，不产生 NO_x 二次污染物。

图 3-3-1 是废气催化燃烧处理的一般流程，包括换热器、加热器和反应器等设备。VOCs 废气依次经过换热器冷物流侧、加热器、反应器、换热器热物流侧排放。VOCs 在反应器内被氧化分解，氧化是放热反应，当氧化放热足够大时，加热器可停止加热，处于待机状态，系统实现能量自给，更多的热量还可以用来发生蒸汽等。当废气含有粉尘、催化剂中毒物质时，需要进行相应的预处理。

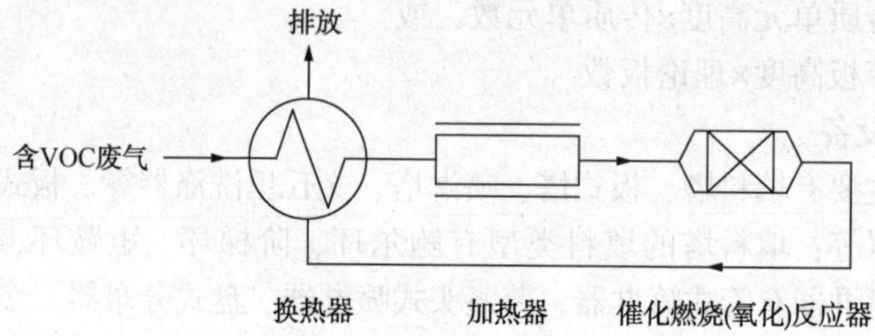

图 3-3-1　催化燃烧处理工艺的一般流程

影响催化燃烧处理效果的主要因素包括反应器床层温度、空速和催化燃烧催化剂等，其中催化剂是催化燃烧技术的核心。催化燃烧反应器床层温度一般在 200~450℃，床层空速一般在 10000~60000h^{-1}。在废气催化燃烧处理过程中，为了安全起见，一般控制进入催化燃烧反应器的废气总烃浓度在爆炸下限(L. E. L)的 25%以下。

有机废气催化燃烧催化剂主要有两大类，一类是以 Pt、Pd 等贵金属为活性组分的催化剂，另一类是以铜、铬、钴、锰以及稀土元素氧化物为活性组分的催化剂，其中，贵金属催化剂由于活性高、寿命长、适用于各种有机物处理而在市场上占据主导地位。催化燃烧催化剂的形状有粒状、条状、蜂窝状等，目前应用较多的是压降低、空速高、活性高的蜂窝状催化剂。

(4) 蓄热燃烧和蓄热催化燃烧法

蓄热燃烧(RTO)是一种获得广泛应用的 VOC 废气处理技术，适用于常压常温、排放稳定、VOC 浓度 500~3000mg/m³、大气量废气处理，对挥发性有机物的去除率可达 90%~99%以上。亦可处理含少量灰尘和固体颗粒的废气，热回收效率可达95%以上，废气 VOC 浓度在 2000mg/m³以上即可实现自维持操作。但需要专用蓄热体，设备体积大。需要配置高频废气切换阀组；占地、安全风险、故障率和能耗高于催化氧化，有 NO_x 二次污染产生。

蓄热燃烧装置由两个或两个以上切换使用的蓄热体床层(交替起到释放热量和吸收热量的作用)、燃烧室、加热器、自动切换阀组等组成。以蓄热燃烧装置有 A、B、C 三个床层为例，废气进入床层 A 与蓄热体接触吸收其热量升温达到废气所含有机物的自燃温度，进入燃烧室燃烧放热升温，燃烧升温后的废气进入床层 B 向蓄热体释放热量，最后从排气筒排放，此时床层 C 处于空气清洗状态，清洗气从床层 A 入口进入装置处理。在上述过程中，床层 A 的蓄热体温度逐渐下降，床层 B 蓄热体温度逐渐升高，经过一段时间，废气自动切换阀组将废气切换到从床层 B 进入，从床层 C 排出，床层 A 处于空气清洗状态。如此周而复始。

蓄热燃烧装置的加热器有电加热器和燃气加热器等，大多采用燃气加热器，从安全考虑，燃气加热器在燃烧室内保留长明灯火种，需要持续的燃料供应。加热器主要用于装置开工时蓄热体的预热；当在废气中可燃物浓度较低时，也需要通过补充燃料来维持燃烧室温度。

蓄热燃烧装置燃烧室温度 800~900℃，床层的切换时间约 30~120s。蓄热体一般采用陶瓷材料，分为散堆填料和规整填料，例如矩鞍环填料、蜂窝状填料等。切换阀有蝶形阀、提升阀、多通道旋转阀等，阀门驱动分气动、电动、液压等。

在RTO蓄热体的上部装填上催化燃烧催化剂，即蓄热催化燃烧(RCO)。RCO与RTO相比，燃烧室温度可降到250~450℃，蓄热体装填量可大幅度减少，燃烧过程由明火燃烧变为无焰燃烧(氧化)，没有NO_x生成，更加安全可靠。

3.3.1.5 冷凝法

气体冷凝是气体遇冷而变成液体的现象，冷凝与蒸发是作用相反的两个物理过程。冷凝广泛应用于石油化工原料或产品的分离及纯化，高沸点或高浓度VOC气体的回收，水蒸气冷凝等。

作为冷量载体的冷却剂可以是水、低温盐水、空气、液氮、液氨、制冷剂等，冷凝器形式可分为直接接触式冷凝器和表面换热式冷凝器，冷凝级数可以是一级，也可以有多级。

3.3.1.6 生物净化法

废气生物净化法是微生物在适宜的环境条件下，利用废气中的污染物作为碳源、营养物和能源，维持其生命活动，并将污染物转化为二氧化碳、水、单质硫、硫酸、硝酸、盐酸等物质的过程。在国外，生物脱臭广泛应用于畜牧业(猪舍，鸡舍等)、肥料和饲料工厂(粉碎、干燥)车间、食品加工厂、粪尿处理场、污水处理场、涂装和印刷厂(涂装、干燥、印刷)的臭气处理。

废气生物净化法包括土壤脱臭法、生物滤床、生物滴滤床、生物洗涤塔等。

生物滤床是一种装填吸附性滤料(如泥炭、土壤、活性炭等)的净化装置，主要由进气系统、布气承托层、生物滤层和维护装置组成。滤料厚度约0.5~1.0m，滤料填装前需掺入pH值缓冲剂和氮、磷、钾等营养元素，装填后需用活性污泥等进行生物膜挂膜和培养驯化处理。废气经过除尘、温度和湿度调节进入生物滤床，滤料中的微生物(主要是细菌、放线菌、原生动物和藻类等)可通过接触而捕获废气中的硫化物、氨、有机物等污染物并将其作为自身生长的碳源和营养源，不断生长繁殖，使废气得到净化，达标排放。滤料使用几个月后一般呈酸性，需要定期维护和保养。

生物滤床的净化效率取决于微生物的活性和数量，需要关注以下因素：进气流量、温度和湿度；废气的物质组成；污染物浓度波动和水溶性；氧气和营养物的供给；滤床的布置和温度、湿度保持；滤料的选择；滤床中的pH值控制等。滤料影响微生物的生长，选择时要考虑其孔隙率、孔径分布、比表面积、亲水性、自身气味、pH值等参数。在工程实践中，一般可选择有机滤料或无机滤料。无机滤料选择比表面积大，有一定强度的无机填料，如活性炭、加气混凝土、多孔陶粒、熔岩颗粒或矿渣等。有机滤料主要有腐殖树皮、植物根须、枝杈、锯末、泥炭等及其混合物。由于有机滤料廉价易得，获得广泛应用，但要注意其自身腐烂降解产生的恶臭污染问题。

生物滴滤床与生物滤床的最大区别是填料上方连续喷淋循环液，滴滤床内装填粗碎石、塑料蜂窝状填料、不锈钢拉西环、树皮、微孔硅胶等不具吸附性的填料，填料的表面是微生物形成的几毫米厚的生物膜，填料比表面积一般为100~300m^2/m^3，可为气体通过提供大量的空间，也不易发生由于微生物生长和生物膜疏松引起的填料空隙堵塞现象。废气从床层底部进入，回流液从上部喷淋到填料上滴流而下，废气中的污染物通过溶解进入回流液、被生物膜吸附等方式最终被微生物降解。与生物滤床相比，生物滴滤塔的反应条件(pH值、温度)易于控制(通过调节循环液的pH值、温度)，而生物滤床的pH值控制则主要通过在装填料时投配适当的固体缓冲剂来完成，一旦缓冲剂耗竭则需更新或再生滤料，温度的调节则需外加强制措施来完成，故在处理卤代烃、含硫、含氮等通过微生物降解会产生酸性代谢产物及产能较大的污染物时，生物滴滤塔较生物滤床更有效。

生物洗涤器由洗涤塔和再生池构成。在洗涤塔中，循环液吸收硫化物、氨、有机物等污染物；在再生池(活性污泥池)中，溶解有污染物的循环液曝气，污染物被微生物氧化降解。

生物法适宜于处理气量大，污染物浓度低、水溶性高、容易生物降解的废气处理。

生物法可能产生臭气污染，生物洗涤器产生的臭气浓度>生物滴滤床>生物滤床。

3.3.1.7 膜分离法

膜分离法是21世纪优先发展的高新技术，目前已在水脱盐、水净化、天然气处理、空气氮氧分离、石油化工、食品、生物技术、医药、环境保护等领域获得应用。

气体分离膜可分为微孔膜和无孔膜。在微孔膜情况下，气体运动的平均自由路程远比膜的孔径大，物质传递通过 Knudesn 扩散实现，因此分离效应取决于分子的质量，即小的分子容易通过，大的分子被截留。在无孔膜情况下，由于气体中各组分在膜表面的吸附能力不同以及在膜内溶解-扩散能力的差异，导致不同气体分子透过膜的速率不同，渗透速率快的分子将在渗透侧富集，而渗透速率慢的分子将在原料侧富集，最终实现气体混合物分离。

微孔膜主要用于分离并得到低相对分子质量的纯气体，例如氦或氢气。VOC 气体处理常用无孔膜，这种膜由具有弹性的高聚合物分子组成，例如硅橡胶(聚二甲基硅氧烷)。

在实际应用中，一般采用非对称膜，膜是由多层材料构成的一种复合材料膜，例如三层复合膜，第一层为气体很容易通过的纤维织物机械支撑层，如聚酯；第二层为气体很容易通过的微孔承载膜，又称中间层，如聚酰胺聚醚共聚物，膜厚约40μm，孔宽最大为0.05μm；第三层为只能让有机物分子通过的无孔聚合物膜，例如硅橡胶，膜厚一般为0.2~2μm。

3.3.1.8 催化还原

催化还原技术常用于烟气中 NO_x 的选择性催化还原(SCR)，通过在催化剂上游的烟气中喷入还原剂(氨、尿素等)，在烟气中氧的参与下，利用催化剂将烟气中的 NO_x 转化为氮气和水。根据操作温度的不同，SCR 工艺可分为高温 SCR(操作温度一般在300~400℃)和低温 SCR(操作温度一般在100~200℃)，这两种还原工艺所使用的催化还原催化剂也不同。

3.3.1.9 组合工艺技术

实际排放的石油化工废气十分复杂，废气可能含有多种组分、含有粉尘、含有催化剂中毒物质，可能存在排放不稳定、浓度波动大等工况，因此采用单一的工艺技术进行处理较为困难，需要根据各种废气特点开发合适的组合工艺技术，如燃煤锅炉烟气静电除尘-SCR 脱硝-钙法脱硫组合工艺，酸性水罐区呼吸气“低温柴油吸收脱烃-碱液吸收脱硫化氢-尾气加热炉焚烧处理”组合工艺、污水处理场废气“脱硫及总烃浓度均化-催化燃烧”组合技术、催化裂化烟气 SCR 脱硝-钠碱洗涤除尘脱硫工艺等。

3.3.1.10 稀释、掩蔽、高空排放

稀释、掩蔽、高空排放过程中没有减少污染物总量，但可以减轻对排放源附近的污染程度。空气稀释、与烟气等混合稀释；香水掩蔽卫生间、操作室恶臭气味；高架排气筒高空排放都有广泛采用。

3.3.2 油气回收技术

3.3.2.1 油气回收技术概述

油气回收，在炼油厂和油品储运销企业，是指油品储罐、灌装过程、加油站加油过程中挥发的油气回收；在油田，通常是指油田联合站原油稳定及轻烃回收、油田油罐气回收和油井套管气回收。

(1) 炼油厂和油品储运销企业油气回收技术概述

油品在炼油厂加工和储运销过程中会大量挥发，这些挥发的油气如果不加以治理，不仅会造成大量的资源浪费，而且对环境产生很大的污染。

通过回收可以将排放的油气资源化。到目前为止世界上大多数国家的油库、炼油厂、油田、港口、码头、加油站都建有油气回收装置。油气回收对于各石油企业来说，不仅有可观的商业价值，而且还能减少大气中有害光化烟雾的形成，有利于环境保护，消除安全和环保隐患，为在各加油站、油库、炼油厂、油田、港口和码头等石油部门工作的员工提供安全和健康保障。

油气属于挥发性有机化合物(VOC)，大多由烷烃、芳烃等有机物组成，有异味和毒性，是一种易燃、易爆气体，我国油气浓度采用非甲烷总烃分析方法测定。

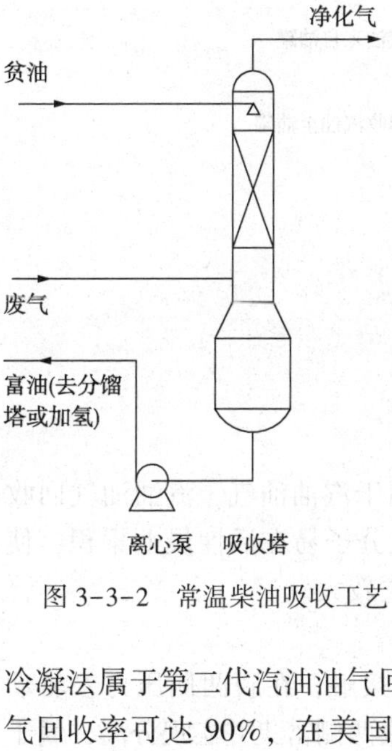

图 3-3-2 常温柴油吸收工艺

国内外普遍将汽油油气作为回收重点，采用的主要方法有：吸附法、吸收法、冷凝法、膜分离法、平衡气法以及它们的组合工艺。

① 常温柴油吸收法

在 VOC 废气吸收工艺中，根据 VOC 组成，吸收剂可选用水、溶剂油、碱液、次氯酸钠溶液等，例如，醛、醇气体可用水吸收，有机酸气体可用碱液吸收，硫醇、硫醚气体可用次氯酸钠溶液氧化吸收，汽油油气则可用柴油吸收。

常温柴油吸收法属于第一代汽油油气回收技术，汽油油气回收率可达 85%以上，至今在日本仍有广泛应用，工艺流程见图 3-3-2。

② 冷凝法

冷凝法可用于汽油、煤油、芳烃、柴油等油气回收。废气中的 VOC 沸点越高、浓度越高，冷凝回收率越高。-70℃冷凝法属于第二代汽油油气回收技术，一般采用三级机械压缩制冷(包括预制冷)，汽油油气回收率可达 90%，在美国有广泛应用。近年来，为提高油气回收率，人们又开发了-110℃机械压缩冷凝工艺，以及液氮(-184℃)和乙烯蒸发深度制冷工艺等，油气回收率可达 95%~99%以上，但能耗较高，其原理流程见图 3-3-3。

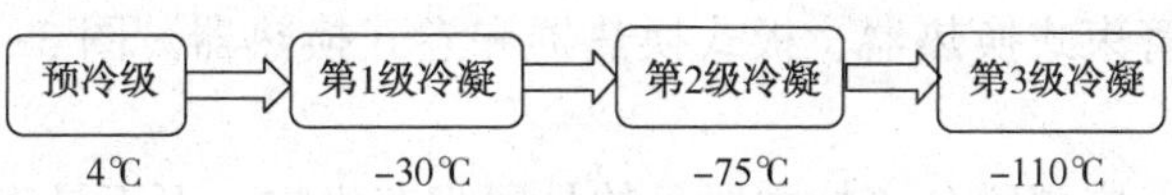

图 3-3-3 冷凝法原理框图

预冷级降温至约4℃，冷凝出碳氢化合物 C_5 以上重组份及空气中携带的水。第 1 级降温至

-30℃，冷凝出 C_4 以上组分，第2级降温至-75℃，冷凝出 C_3 以上组分，入口油气90%以上被冷凝为液体，第3级降温至-110℃，冷凝出 C_2 以上重组分，油气回收率95%以上。

由于-70℃冷凝法能耗相对较低、设备可靠性较高，因此，国内外汽油油气回收装置应用较多的还是-70℃冷凝法。液氮和乙烯蒸发深度制冷多用于有廉价来源的场所。

冷凝回收煤油、芳烃、柴油油气时，冷凝温度高一些，根据油气组成，一般在0～-30℃，以尽量多回收油气、但又不出现油气凝固现象为宜。

③ 吸附法

吸附法广泛应用于油气回收，常用吸附剂有活性炭、硅胶或活性炭纤维，以活性炭应用最多。活性炭再生方式有水蒸气加热再生、热空气或热氮气再生、抽真空再生，水蒸气再生气体被冷凝回收溶剂；热空气再生气体可以通过冷凝、再吸收等方法回收溶剂，也可以用催化燃烧等方法处理；抽真空再生气体VOC浓度很高，一般采用吸收、冷凝回收溶剂。回收汽油油气时普遍采用抽真空再生，解吸气用贫汽油吸收，吸收尾气返回活性炭吸附罐入口，工艺流程见图3-3-4。

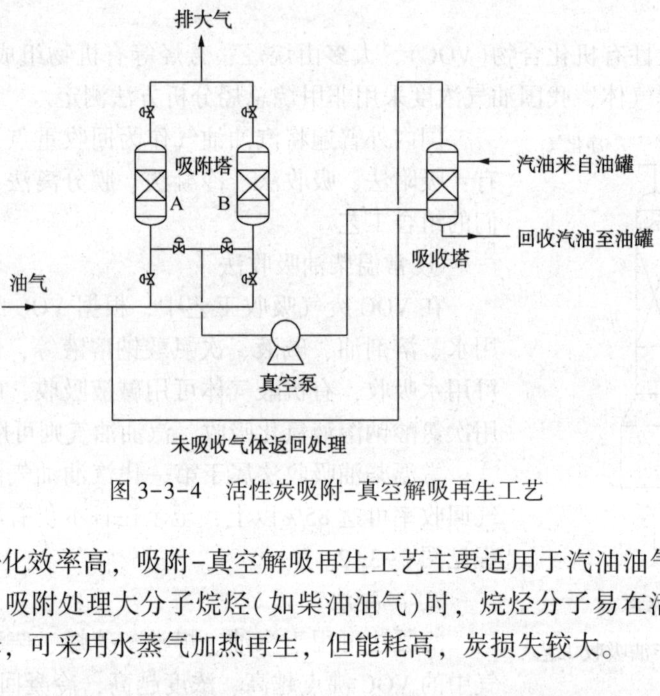

图3-3-4 活性炭吸附-真空解吸再生工艺

吸附法油气净化效率高，吸附-真空解吸再生工艺主要适用于汽油油气，汽油油气回收率可达95%以上；吸附处理大分子烷烃(如柴油油气)时，烷烃分子易在活性炭上累积，使床层吸附容量下降，可采用水蒸气加热再生，但能耗高，炭损失较大。

④ 膜分离法

油气回收普遍采用无孔膜，属于渗透法，是将膜与原料气接触，在膜两侧压力差驱动下，利用不同气体分子透过膜的能力差异而使不同气体组分在膜两侧富集并实现分离，属于溶解-扩散分离而非多孔筛分分离。

油气膜分离装置的关键部分是膜组件，常用的有中空纤维膜、平板膜和卷式膜三种，这三种结构分别类似于管束式换热器、板式换热器和卷式换热器。图3-3-5是平板膜组件及工作原理示意图。

在有机废气处理上应用膜分离的主要目的是回收有机物，而不是直接达到排放标准。作为一种新型分离材料，油气分离膜仍在发展之中，现有汽油油气分离膜存在价格高、单位面积分离能力需要进一步提高等问题，除单独用于加油站地下油罐油气回收外，膜分离常与吸收等方法组合用于汽油和芳烃装车过程的油气回收。

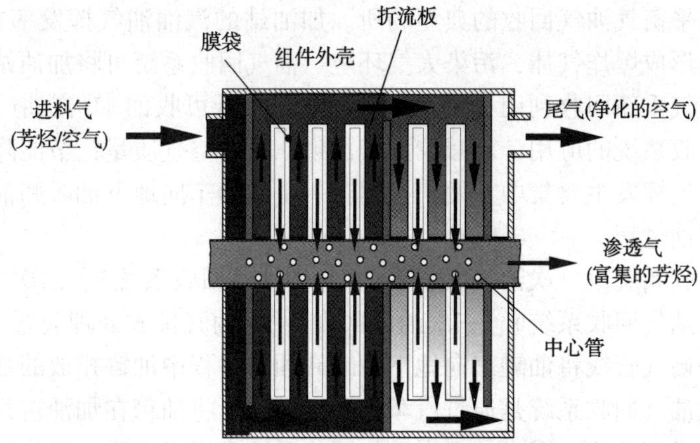

图 3-3-5　膜组件及工作原理示意图

⑤ 柴油低温(临界温度)吸收油气回收技术

一般认为，在柴油吸收油气回收装置上，降低温度，将提高油气在柴油中的溶解度，促进油气冷凝，降低柴油的挥发性和气相平衡浓度，提高油气回收率。但在吸收温度接近柴油凝固点时，油气在柴油中的溶解度可能下降直至基本不溶解，同时，柴油的黏度、表面张力增大，气液传质系数变小，油气回收率反而下降。由此可知，在一套柴油吸收油气回收装置上，受热力学和动力学限制，在常温到柴油凝固点之间，存在最佳温度，在此温度，油气回收率最高。这个温度或温度范围，是柴油吸收的“最佳温度”。由于该吸收温度接近吸收液的凝固点，称其为“临界温度”，在此温度的吸收，称之为临界吸收。

柴油低温临界吸收油气回收技术流程见图 3-3-6。它可用于汽油、石脑油、煤油、芳烃等油气回收，通过调节柴油温度和气体压力可增加其吸收容量，降低蒸气分压，使净化气达标排放。大多数装置的柴油入塔温度为 5~15℃。

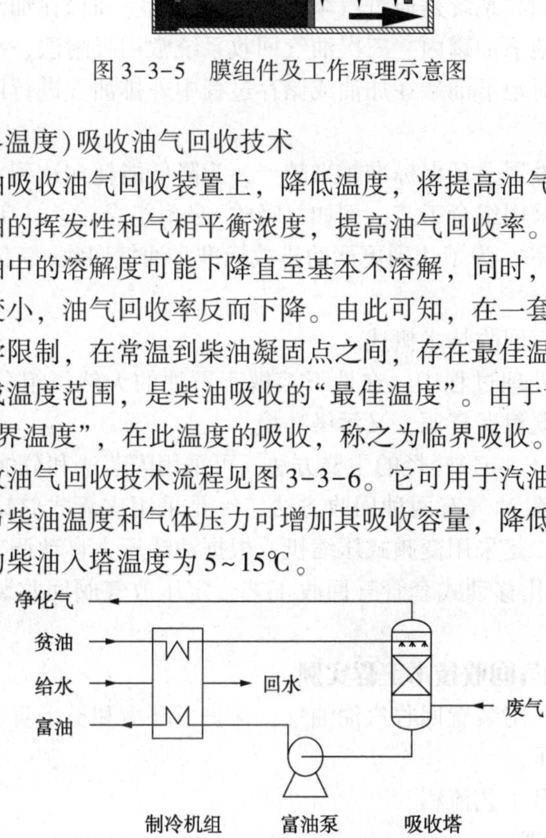

图 3-3-6　柴油低温吸收油气回收工艺

该技术能够同时吸收有机硫化物、有机胺、硫化氢和无机氨。贫柴油可用常二线柴油、催化裂化分馏塔柴油馏分等，富吸收油可去加氢装置、分馏塔、蒸馏塔等加工处理或作为冷回流油使用。

测试表明，10℃，常二线柴油-空气体系平衡气相总烃浓度 3g/m^3，催化柴油-空气平衡气相总烃浓度 5g/m^3。吸收试验净化气中总烃 3.5~15g/m^3。

⑥ 加油站平衡气法油气回收

所谓平衡气法油气回收是指当从 A 容器向 B 容器输送油品时，A 容积液面下降吸气，B 容器液面上升排气，如果在 A 与 B 容器顶部建立连通管线，则 B 容器排出的油气可以进入 A 容器而得到回收。

加油站是应用平衡气油气回收的典型场所。加油站的汽油油气挥发率在千分之七左右，油气混入空气中会形成爆炸气体，污染大气环境。油气回收系统可将加油站中产生的油气转变为汽油，实现油气重新回收利用，每立方米的油气最低可收回 1L 汽油(得油率 1‰)。因此，加油站油气回收系统的应用，对减少大气污染，改善空气质量，节能降耗起到了重要的作用。加油站的油气挥发主要集中在两个过程：一是油罐车向地下油罐卸油的过程；二是加油枪给客户车辆加油过程。

加油站油气回收系统由一次油气回收系统(卸油油气回收系统)、二次油气回收系统(汽油密闭储存、加油油气回收系统)、三次油气回收系统(油气排放处理装置)组成。一次油气回收系统是通过平衡气管线将油罐车向地下油罐卸油的过程中油罐排放的油气反输到油罐车上的油罐内。二次油气回收系统是通过汽车加油口密闭、将油箱在加油过程中排放的油气通过平衡管线反向输送到地下油罐内。三次油气回收系统常用吸附法、吸收法、冷凝法和膜分离法，以吸附法为主，对地下油罐在加油或储存过程中外排油气进行回收。

⑦ 组合工艺

随着社会技术经济发展，环保标准越来越严，为降低能耗和达到更高的油气回收率，油气回收技术越来越多地采用组合工艺，例如，吸收-吸附组合工艺，吸收-膜分离组合工艺，冷凝-膜分离-吸附工艺等；为了达到更严的排放标准，油气回收+氧化(燃烧)破坏组合工艺的应用也越来越多。

(2) 油田轻烃和油气回收技术概述

在石油开采和集输处理过程中，在地下溶解于石油的天然气组分发生汽化，与原油分离，如果不加以回收，既浪费资源，又污染环境。

① 原油稳定是回收 $C_1 \sim C_4$ 轻烃的主要方法，可采用闪蒸法和分馏法。

② 油田原油储罐挥发油气有两种回收方法，一是采用皮囊式储罐收集，收集气用压缩机输送进天然气管网；二是采用变频式压缩机，根据油罐压力自动调节输送油气量。

③ 油井套管气可采用移动式套管气回收工艺、定压放气阀回收装置、柱塞式油井套管气回收工艺进行回收。

3.3.2.2 吸附法汽油油气回收技术工程实例

某油库采用活性炭吸附装置回收汽油油气，保护了环境和员工身心健康，带来了可观的经济效益。装置情况如下。

(1) 基本工作原理及工艺流程

① 系统基本工作原理

装置以活性炭作为吸附材料，活性炭单位体积有极大的表面积，可以有效地吸附油气中的烃。在此，活性炭吸附油气回收技术是一种变压吸附工艺，它由两个交替工作的活性炭床组成，活性炭的再生则通过一个真空泵提供的抽真空操作来完成，并在再生循环的最后，通过空气吹扫阀对炭床进行吹扫。

再生过程中，从活性炭床解吸下来的油气首先在真空泵中被压缩，然后进入吸收塔，由进油泵输送的汽油喷淋吸收，富吸收油用泵打回汽油储罐，返回的富吸收汽油在储罐中被稀释，对油品性质影响很小。

② 活性炭吸附

在设计时根据油气的流量确定活性炭罐的几何形状和尺寸，防止系统压降过大而影响装车，系统在峰值装车量时的最大压降为 $10mmH_2O$。另一些影响活性炭吸附容器设计和结构是 VOC 被回收时放出的吸附热，及如何进行吸附器压力恢复，防止活性炭的磨损，以及如何通过适当的流量设计以维持正确的气体流速、接触时间，以得到有效的活性炭与 VOC 接触。所有这些都在活性炭吸附容器的设计中充分考虑，并有足够的安全余量。所填充活性炭的几个主要指标包括汽油吸附容量、水分、灰份等。

③ 再生-吸收

再生过程必须将所有在活性炭中吸附的 VOC 脱附下来，在脱附的最后阶段要引入少量的空气。脱附的基本原理是降低活性炭床的压力，使 VOC 从活性炭的孔隙结构中脱离出来，并进入真空泵，在循环的最后阶段，也就是深度真空再生时，引入少量的空气，会有利于脱附更多的 VOC，当然系统中引入过量的空气也会产生不利的影响。

通过真空泵后，被压缩的 VOC 直接进入填料塔，与自汽油罐区来的常温贫油逆流接触被吸收下来，塔顶少量油气返回活性炭床，与装车产生的油气混合后进入活性炭床再次被吸附。

④ 工艺流程

如图 3-3-7，装置由 2 台吸附器、切换阀门、真空泵和吸收塔组成。

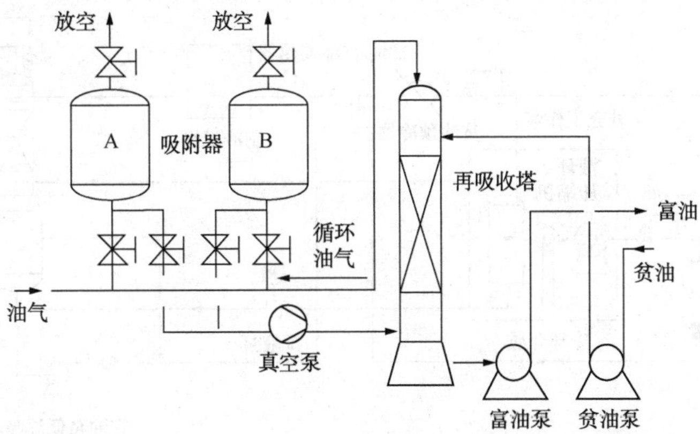

图 3-3-7　吸附法工艺

正常运行时，控制系统根据各罐中当前的吸附量，判断哪一个罐应该处于吸附状态，哪一个罐应该进行解吸，假设炭床 A 上次刚再生过，系统启动后，罐 A 油气入口线上的阀门和罐 A 顶部的出口阀将被打开，油库装车台产生的油气通过炭床 A 被吸附下来。当系统判断炭床 A 的油气吸附量已经达到设定值时，进行吸附切换，关罐 A 油气入口阀门和罐 A 顶部出口阀门，同时打开罐 B 油气入口阀门、罐 B 顶部出口阀门，罐 A 进入真空泵的管道阀门，当控制系统检测到阀门切换完成后，打开汽油供给和返回线上的切断阀，启动汽油返回泵(富油泵)，使汽油开始循环，启动真空泵，真空泵的转速根据压力来控制，当真空度达到预设的约 310mgHg 柱时，从此时起活性炭床将再生一定时间，在真空压力变送器检测到真空度达到 680mgHg 柱时，吹扫空气电磁阀将会打开，引入干净的空气使更多的烃类从炭床上解吸下来。经过一个再生周期后，再生阀将完全关闭。打开罐 A 顶部出口阀门，恢复炭床压力。此时，炭床 A 的吸附-再生周期已经完成，炭床 B 同理，如此周而复始。

(2) 效益分析

自从安装了该油气回收装置以后，产生了显著的社会效益和经济效益。

① 从环境保护和职工身心健康方面看，将装车过程中挥发的油气通过装置集中处理，库区不再有刺鼻的油气味，空气得到改善，环境得到保护，职工的身心健康得到保障。

② 从有害气体排放量看，将原先直接排放的高浓度油气的浓度降低到了 $10g/m^3$ 以内。

③ 从安全角度看，油气排放浓度的下降大大地提高了油库的安全系数，降低了火灾发生的可能性。

④ 从经济效益看，该装置年均回收汽油约 300t，按照当前油价折合资金达 270 万元以上。

3.3.2.3 柴油低温吸收汽油、石脑油油气回收技术工程实例

某企业码头可同时进行汽油、石脑油装船作业，最大油气排放量约 $1100m^3/h$，采用柴油低温(临界温度)吸收法进行油气回收处理，见图 3-3-8。在油品开始装船前，启动废气处理装置液环压缩机，启动制冷机组等系统。液环压缩机抽气量为装船油品体积流量的 1.1~1.2 倍，油气主管线和连接各油舱的分支管线都有自控阀门和流量计，油气管线与油舱的油气排放口之间为帽罩连接，帽罩结构即能保证外排油气吸入油气管线，又在抽气量大于油气排放量时通过抽入少量空气来避免负压导致的油品强制蒸发。油气经过液环压缩机加压到 0.2MPa(G)，进入吸收塔进行吸收，吸收温度为 5~8℃，吸收塔的压力通过吸收塔顶部的压控阀调节，经过吸收塔吸收后，净化气达标排放。

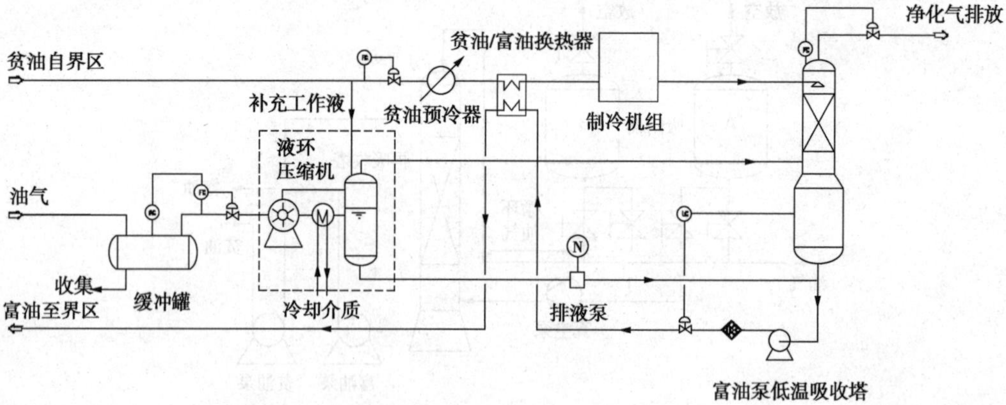

图 3-3-8 柴油低温(临界温度)吸收工艺

贫柴油采用常减压粗柴油(也可用催化裂化粗柴油)，吸收后的富柴油直接进入下游的加氢装置。压缩机工作液亦采用贫柴油，工作液有消耗或过量时，可自动补充或排放到富油管线。

经过该装置回收处理，油气浓度可从 $482000mg/m^3$ 降到 $10g/m^3$ 以下，按年装船量 150×10^4t 计算，油气浓度从 $5\times10^5mg/m^3$ 降低到 $10g/m^3$ 计算，回收油气量 1000t/a；此外，粗石脑油装船油气中的有机硫化物去除率接近 100%。该项目具有显著的经济效益和环境效益。

3.3.2.4 冷凝法汽油油气回收技术工程实例

冷凝法油气回收装置一般采用多级连续冷却油气的方法来降低挥发气的温度，使油气凝聚为液体加以回收，普遍采用机械制冷，其步骤一般按预制冷(或预冷)、一级制冷(约-30℃)、二级制冷(约-70℃)、三级制冷(约-110℃)等来实现，见图 3-3-9。预冷器是一个单级冷却装置，其运行温度高于油气中大部分组分的冷凝温度，使进入回收装置的油气温度从环境温度降到 4℃左右，其中的大部分水蒸气凝结为水而除去，可减少回收装置的运行能耗。油气从预冷器逐级进入一级、二级、三级机械制冷系统，可使大部分油气冷凝为液体回收。如需要更低的冷却温度，就需要在机械制冷之后连接液氮制冷，此时油气回收率可达 98%以上。

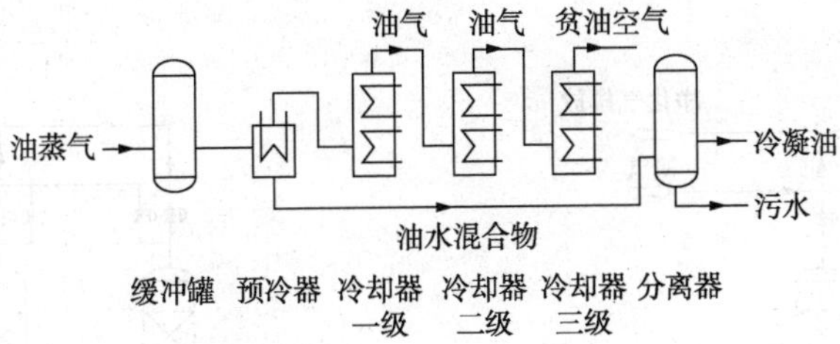

图 3-3-9　冷凝法工艺流程

某石油化工企业在 2005 年安装了一套 300m^3/h 冷凝式油气回收处理装置，采用国产复叠式压缩制冷机组、二级制冷(-70℃)，装置投产后，运行顺利，效果良好。经国家防爆电器产品质量监督检验中心检验，防爆性能合格，油气回收率达 91.67%，其缺点是净化气油气浓度大于 25g/m^3，制冷机组故障率较高。

3.3.2.5　吸收-膜分离组合工艺回收汽油、芳烃等油气技术工程实例

某企业采用图 3-3-10 所示吸收-膜分离组合工艺回收苯、甲苯、二甲苯、溶剂油、MTBE、石脑油、汽油、偏三甲苯等化学品和油品装车油气，装置气体处理量 450m^3/h，经过处理，净化气体非甲烷类总烃<10g/m^3，苯<12mg/m^3。

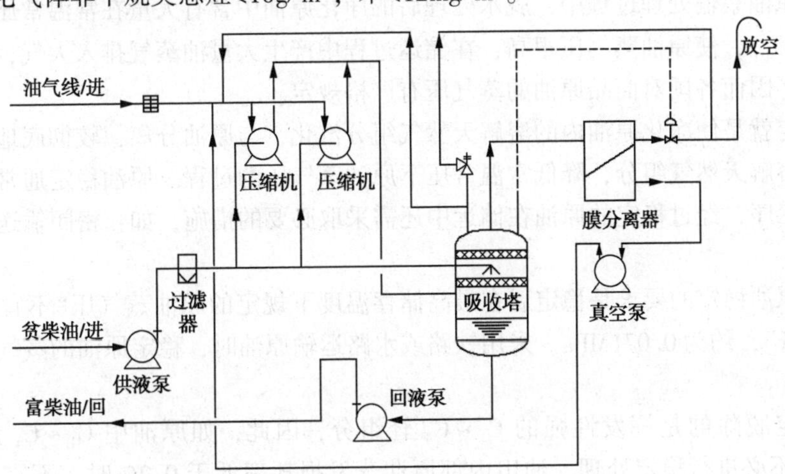

图 3-3-10　吸收-膜分离组合油气回收工艺

3.3.2.6　苯系物油气活性炭吸附-水蒸气解吸技术应用实例

某企业苯系物装车油气采用活性炭吸附-水蒸气解吸工艺处理，见图 3-3-11，两个活性炭罐切换使用，废气经过活性炭吸附排放，饱和活性炭用 110~120℃水蒸气加热解吸，解吸产生的气液混合物一起经过冷凝器冷却，并在油水分离器中分离，冷凝水去含油废水处理系统，油相回收，油水分离器顶部的不凝气返回活性炭吸附罐入口再被吸附处理。

该装置设计废气处理量 400m^3/h，用电量 18kW · h/h，水蒸气最大用量 60kg/h，循环水用量 30m^3/h。吸附罐入口废气苯浓度 1500mg/m^3，二甲苯浓度 2000mg/m^3，吸附罐出口净化气苯浓度<12mg/m^3，二甲苯浓度<40mg/m^3。

3.3.2.7　苯系物油气活性炭吸附-抽真空解吸技术应用实例

某企业苯系物装船油气采用活性炭吸附-抽真空解吸工艺处理，见图 3-3-12，两个活性炭罐切换使用，废气经过活性炭吸附排放，饱和活性炭抽真空解吸再生，抽真空末期通入少量空气以提高解吸效率。抽真空解吸气用装船的苯系物吸收处理，吸收尾气返回吸附罐入

口再被吸附处理。

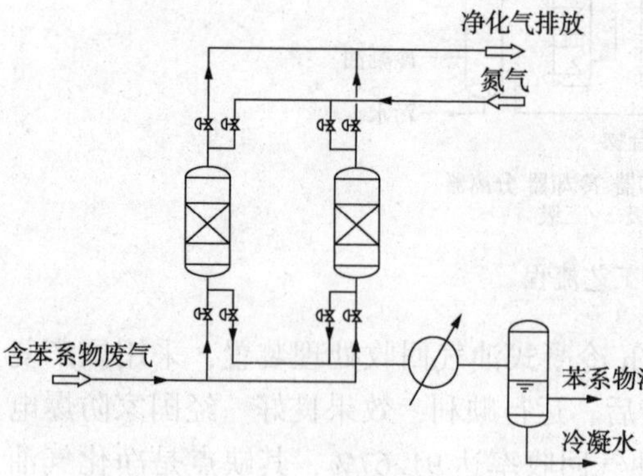

图 3-3-11　活性炭吸附-水蒸气解吸工艺

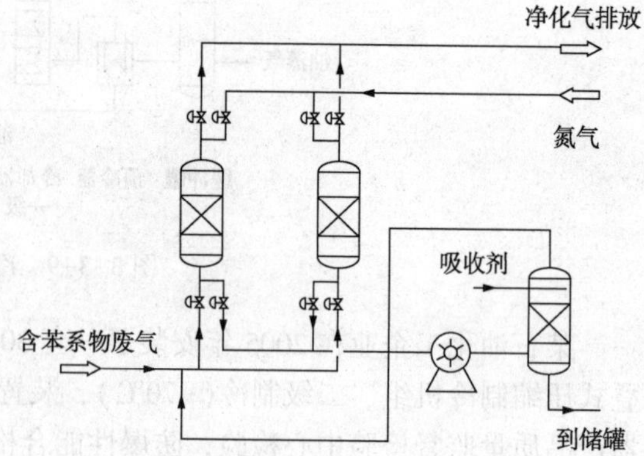

图 3-3-12　活性炭吸附-抽真空解吸工艺

该装置设计废气处理量 $300m^3/h$，吸附塔尺寸 $\phi2000\times H3000mm$，吸附罐入口废气苯浓度 $10000mg/m^3$，二甲苯浓度 $2000mg/m^3$，苯系物回收率>97%。

3.3.2.8　油田联合站原油稳定及轻烃回收技术应用

在油田原油集输处理过程中，脱水处理后的净化原油中含有大量在常温常压下为气态的溶解气($C_1 \sim C_4$)，使原油蒸气压很高，在储运过程中产生大量油蒸气排入大气，既浪费能源又污染环境，因而各国对商品原油的蒸气压有严格规定。

原油稳定就是使净化原油内的溶解天然气组分汽化，与原油分离，较彻底地脱除原油内蒸气压高的溶解天然气组分，降低常温常压下原油蒸气压的过程。原油稳定通常是原油矿场加工的最后工序，经过稳定的原油在储运中还需采取必要的措施，如：密闭输送、浮顶罐储存等。

通常对原油稳定的要求是稳定后在最高储存温度下规定的原油蒸气压“不宜大于当地大气压的 0.7 倍”，约为 0.071MPa。采用铁路或水路运输原油时，稳定原油的蒸气压还应略低一些。

原油稳定脱除的是挥发性强的 $C_1 \sim C_4$ 轻组分，因此，如原油中 $C_1 \sim C_4$ 量含量低于 0.5%，一般不必进行稳定处理。油田内部原油蒸发损耗率低于 0.2%时，不宜再进行稳定处理。

原油稳定的核心是降低原油的蒸气压。从降低原油在储运过程中蒸发损耗的角度，原油蒸气压越低越好。但追求低的蒸气压，不仅建设庞大的稳定装置，消耗大量能量，而且使原油数量减少、原油中汽油馏分的潜含量减少、原油的品质下降，因此应根据综合经济效益来确定稳定原油的蒸气压。

稳定装置在处理流程上安排在原油脱水之后，根据蒸馏原理，可采用闪蒸法和分馏法脱除原油中的轻组分。

(1) 闪蒸法

原油以某种方式被加热或减压至部分汽化，进入容器空间内，在一定压力、温度下，气液两相迅速分离，得到气液相产物，称之为闪蒸。按照闪蒸分离稳定的操作压力可分为负压闪蒸、正压闪蒸两类。

负压闪蒸操作条件为压力在 0.05~0.07MPa(绝)，温度在 50~70℃，适用于密度较大的原油工艺流程简单，节省热能，但其稳定程度较低。负压稳定工艺流程见图 3-3-13。

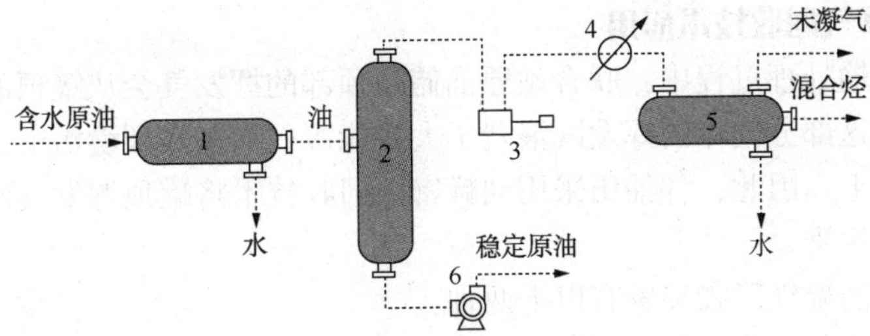

图 3-3-13　负压稳定工艺流程示意图

1—电脱水器；2—原油稳定塔；3—真空压缩机；4—冷凝器；5—三相分离器；6—轻油泵；

正压闪蒸操作条件为压力在 0.25～0.30MPa(a)，温度在 120℃左右，适用于轻组分含量较多、汽化量较大的原油；与负压闪蒸相比，正压闪蒸可脱出较多的稳定产物，但能耗较高。正压稳定工艺流程见图 3-3-14。

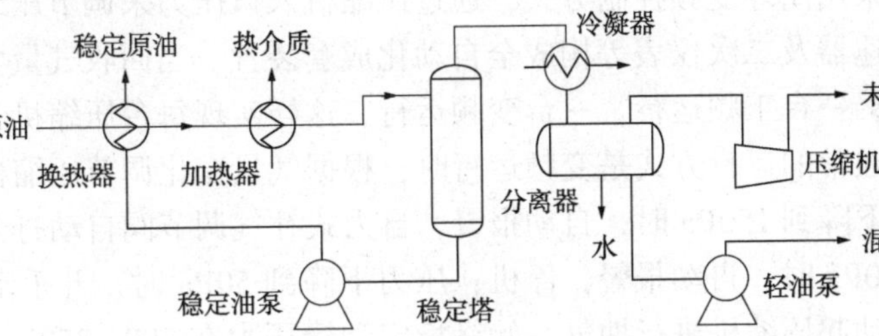

图 3-3-14　正压稳定工艺流程示意图

(2) 分馏法

原油中轻组分蒸气压高、沸点低、易于汽化，重组分的蒸气压低、沸点高、不易汽化。经过油气分离、脱水后的原油通过分馏塔，以不同的温度，多次汽化、冷凝，使轻、重组分分离。这个轻重组分分离的过程称为分馏稳定法。这种方法稳定的原油质量比其他几种方法都好。此种稳定方法主要适用于含轻烃较多的原油。分馏稳定法原理流程见图 3-3-15。

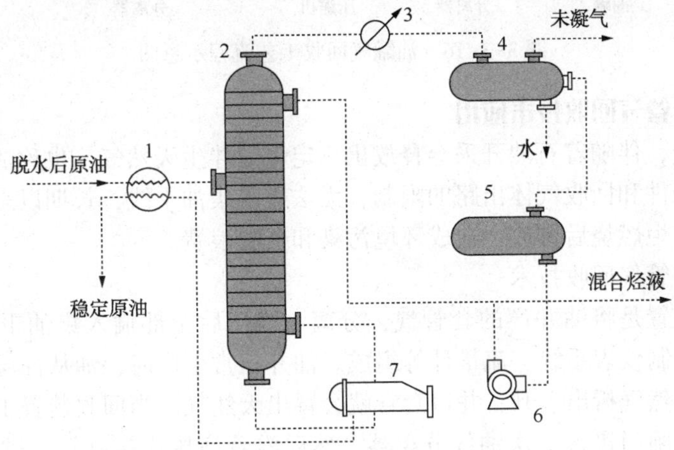

图 3-3-15　分馏稳定法原理流程图

1—进料换热器；2—稳定塔；3—冷却器；4—三相分离器；5—回流罐；6—泵；7—重沸器

该方法能较彻底地脱除未稳定原油中的 C_1～C_4 组分，有较理想的分离效果和稳定深度。由于需把全部原油加热至较高的温度，所需的换设备多、流程长、动力消耗大，建设费用和运行费用都较高。

3.3.2.9 油田油罐气回收技术应用

在油田油气集输处理过程中，联合站原油储罐顶部的挥发气会从罐顶的透光孔、呼吸阀等排放到大气中，这部分气体的挥发既浪费了大量能源，又造成环境污染，每年造成的直接经济损失达亿元以上。因此，各油田采用油罐密闭回收技术将罐顶挥发气回收，从而降低油气损耗，减少环境污染。

目前国内油田油罐气回收装置有以下两种：

（1）皮囊式油罐气回收装置

大罐的挥发气从油罐顶沿管线到装置的前置气液分离器，气液分离后气体进入压缩机和皮囊，当皮囊鼓胀升高到一定高度时压缩机自动启机开始工作，把收集到的气增压到所需要的压力外输。该装置适用于挥发气量较小的站场。

（2）变频式油罐气回收装置

自动控制系统采用闭环变频控制方式，通过压缩机入口压力来调节压缩机的转速。可编程控制器、变频调速器及二次仪表等构成全自动化成套装置。当回收气量大时，变频控制柜采用一控二的方式，一台工频运行，一台变频运行，这样实现每台压缩机工变频转换，保证生产的正常运行。通常的运行方式是变频运行时，根据气量变化调节压缩机转速。当油罐气量减少，油罐压力下降到150Pa时，自动报警，自力式补气调节阀自动打开，进行补气；当气量继续下降到100Pa时，自动报警，停机；压力下降到50Pa时，开手动补气；当压力回升到450Pa时，自动起压缩机进行抽气，始终稳定油罐压力在300~350Pa，确保油罐安全。其工艺流程图如图3-3-16所示。

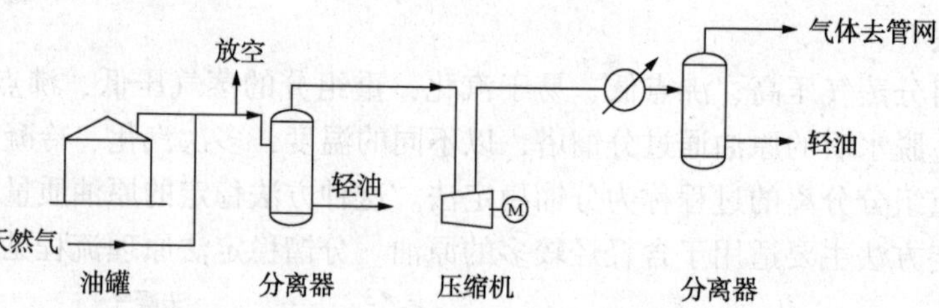

图3-3-16　油罐气回收工艺流程示意图

3.3.2.10 油井套管气回收技术应用

在油田生产中，伴随着石油开采会释放出一定量的伴生天然气，也称油井套管气。由于受压力低等技术条件和回收气体出路的限制，无法进入集油干线，长期以来这些伴生气都是直接放空或通过火炬燃烧后排放，造成环境污染和资源浪费。

（1）移动式套管气回收技术

移动式回收装置是将油井产的套管气，分离、增压后全部输入集油干线，主要由压缩机、防爆电机、控制仪表系统、流量计等组成。油井正常生产时，油从油层流到井内，油气在套管内分离，天然气析出上升，井口套管就会冒出天然气。当回收装置工作时，套管冒出的天然气，经套管闸门进入一次油气分离器，然后沿着高压连接软管，进入二次油气分离器，使油气再度分离，分离较干净的天然气，进入天然气压缩机，使天然气的压力由0.1MPa升之为1.6MPa，增压后的天然气，经智能旋涡流量计，计量后进入集油干线内。该工艺设备投资大，适合套管气量较大的油井。由于减少了进入深井泵原油中的天然气含量，使泵的充满度提高，泵效提高，增加油井产量，既能保证深井泵正常生产，又能将套管气回收，获得两全其美的效果。主要流程如图3-3-17：

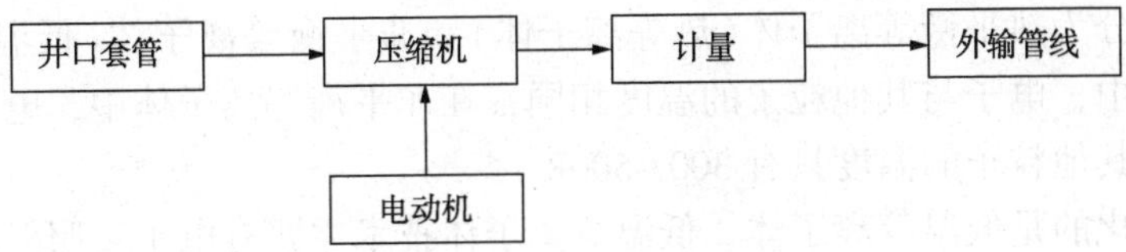

图 3-3-17　移动式套管气回收工艺流程图

(2) 定压放气阀回收装置

定压放气阀回收工艺相当于在油井套管上安装了一个安全阀，根据油井的回压大小调好开启压力，当溢出的套管气在环空聚集压力超过设定值时便泄放到采油树生产流程上，混入采出液输到下游。放气阀通过放气三通与套管相连，通过特殊接头连接油管线。根据不同油井井况选定合理套压后，把相应的定压弹簧装入套管定压放气阀，打开套压阀门即可起到套管气定压的作用。当外界环境温度低时，可通过掺水胶管接通掺水系统掺热水伴热，从而防止气流道结蜡而发生阻塞现象。当套管气压力达到定压放气阀设定压力后，定压阀打开，套管内伴生气进入集油管线回收进系统，从而避免了放空造成的环境污染及资源浪费。

为防止偷盗油气，在套管气回收管线上设单流阀连通器、防锯管线等。由于设置单流阀，即使套压低于回压，流程中采出液也不会倒流。连通器用防盗盒保护，卡箍接头、套管丝堵等均设置为防盗型。

(3) 柱塞式油井套管气回收工艺

对于气量小、套压低的抽油机井，安装柱塞式回收装置。该装置为活塞式单缸、单级结构，采用活塞原理，利用抽油机游梁作动力，当抽油机驴头上升时，活塞对应上行吸气；当抽油机驴头下行时，活塞对应下行压缩气体，达到一定压力后顶开单向阀汇集于集油管线内混输。主要流程见图 3-3-18。

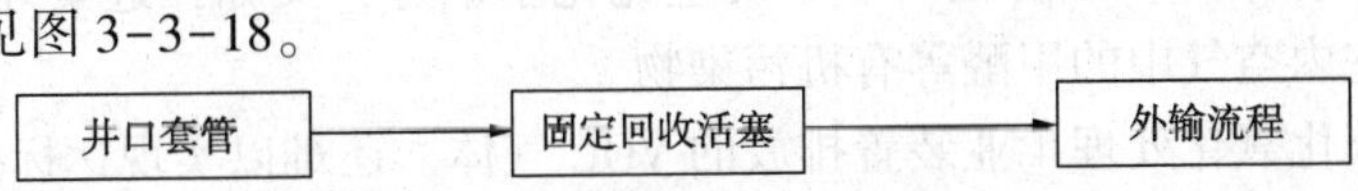

图 3-3-18　柱塞式油井套管气回收工艺流程图

3.3.3　挥发性有机化合物(VOCs)废气处理技术

3.3.3.1　挥发性有机化合物废气处理技术概述

挥发性有机物废气处理方法可分为回收法和破坏法。

回收法有吸附法、吸收法、冷凝法、膜分离法等，在油气回收章节中已有介绍，其中最具代表性的应用是汽油油气回收，不再赘述。但要注意，油气仅是挥发性有机物的一部分，其他挥发性有机物还有醇、醛、酮、酸、酯、醚等，它们的物理化学性质与汽油、柴油等油气有所不同，因此，尽管回收方法一样，但所用吸附剂、吸收剂及其再生方法、冷凝温度、膜分离材料等可能有所不同。

破坏法有燃烧法、生物法、低温等离子体法、光催化氧化法等。燃烧法和生物法已在《基本单元过程简述》一节作了介绍，不再赘述。低温等离子体法、光催化氧化法简介如下：

(1) 低温等离子体法

等离子体被称作除固体、液体、气体之外的第四种物质形态，它是由电子、离子、自由基和中性粒子组成的导电性流体，整体保持电中性。

等离子体可分为热平衡等离子体(热等离子体)和非平衡等离子体(低温等离子体)。在热平衡等离子体中，电子与其他粒子的温度相同；在非平衡等离子体中，电子温度一般高达数万开式度，而其他粒子的温度只有300~500K。

用于气体净化的是低温等离子体。低温等离子体技术主要有电子束照射法、介质阻挡放电法、直流电晕放电法和脉冲电晕放电法等，电子束照射法可用于烟气脱硫脱硝，直流电晕放电法广泛应用于静电除尘，目前用于VOC气体净化的主要是脉冲电晕放电法和介质阻挡放电法。

其净化机理包括：①等离子体中的高能电子与VOC气体分子发生碰撞，使其打开内部的化学键，分解成单质原子、小分子和分子碎片；②等离子体中的活性基团，如$\cdot O_2^-$、$\cdot O$、$\cdot OH$、$HO_2\cdot$、O_3等，与VOC气体分子或分子碎片发生反应，将它们转化为二氧化碳和水，或其他低毒低害物质。

气体混合物中不同分子氧化难易不同。低温等离子体容易打开C—S和S—H键，因此，其容易脱除有机硫化物的臭味。当自由电子的能量与C—H、C═C、C—C键的键能相等或接近时，也可使这些碳氢化合物开键并破坏其结构，某案例中，采用低温等离子体法，入口甲苯浓度300mg/m^3，净化率60%~70%；因此，目前国内外对VOC废气等离子体法处理的研究重点集中在等离子体-吸附剂联合技术、等离子体-催化剂联合技术上。

低温等离子体法可能产生一氧化碳、氮氧化物和臭氧等二次污染物，难以将VOC浓度降到很低的水平，在处理浓度较高的VOC废气时有爆炸风险。

(2) 光催化氧化法

目前，在VOC气体净化上，光催化氧化主要用于痕量有机物净化，大多采用纳米TiO_2、ZnO催化剂，光源有太阳光和人工光源。例如，将纳米TiO_2催化剂混合进墙体涂料，借助太阳光降解大气中的VOC，预防在大气中发生光化学烟雾；又如，近紫外光源光催化氧化反应器净化处理室内空气中的甲醛等有机污染物。

目前，用光催化氧化处理工业装置排放的VOC气体，还难以实现达标排放。

3.3.3.2 PO/SM生产装置排放尾气治理

某企业100×10^4t/a乙烯工程配套一套PO/SM生产装置，可年产苯乙烯(SM)60×10^4t、环氧丙烷(PO)28×10^4t，是目前世界上最大的环氧丙烷/苯乙烯生产装置之一。

正常工况下，PO/SM生产装置排放废气中的有机物达15种之多，包括烷烃、烯烃、芳烃、醛类、酮类、醇类、酸类以及含氧烃类等，有机物浓度在2800mg/Nm^{3}以上，氧含量约3%，废气排放量80000Nm^3/h。可以看出，PO/SM废气中乙醛、苯、非甲烷总烃等浓度指标均超过最高允许排放浓度，它们的排放量均超过最高允许排放速率。PO/SM废气浓度高，气量大，直排大气，对周围环境造成了极大的污染，严重影响了职工和周围居民的身心健康。开发采用有机废气催化氧化处理技术，彻底解决了PO/SM生产过程中产生的废气污染问题。

PO/SM装置废气催化氧化处理装置包括两个并列设置的催化氧化反应单元(即A系列和B系列)，每一系列均包括热管气-气换热器、燃烧加热器、助燃风机、开工风机、催化氧化反应器排气筒等设备。废气处理工艺流程如图3-3-19所示。

自PO/SM主装置来的废气通过管道送入催化氧化装置，废气通过阀门控制同时进入催化氧化反应器的A系列和B系列进行处理，每一系列的处理量为进料的50%；当其中的某一系列停车或检修时，全部废气进入另一系列处理。

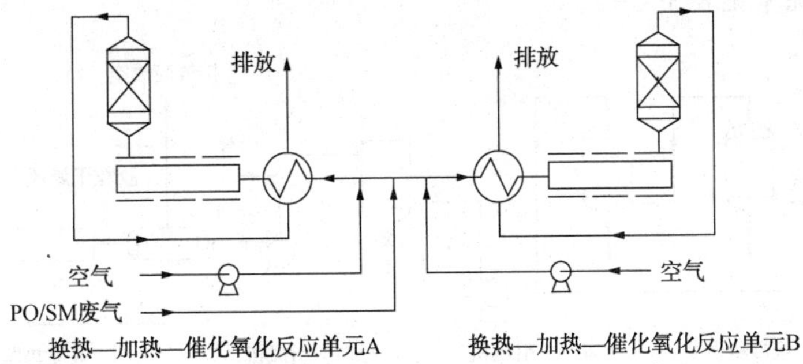

图 3-3-19　PO/SM 废气处理工艺流程

在每个处理单元中，PO/SM 装置废气首先进入热管(含翅片管)气-气换热器与氧化反应产物进行换热，再经过燃烧加热器加热后进入催化氧化反应器进行氧化反应，反应产物再经热管(含翅片管)气-气换热器换热回收热量后通过排气筒排放到大气中。

在每个处理单元中有一台空气风机，用于装置的启动、清洗和在 PO/SM 废气氧含量过低时向废气中补充适量空气(氧气)。

催化氧化反应器装填 WSH-2 型 Pt-Pd 催化剂，催化剂的活性组分采用 Pt、Pd、Cu、Mn 以及稀土金属等。载体选择堇青石陶瓷载体。涂层采用氧化铝或分子筛等。反应器入口气体温度 250℃，床层空速 25000h^{-1}，催化剂床层压降 2900Pa，装置总压降 9000Pa。

装置投用后，处理能力满足要求：装置双系列运转时的废气处理量曾达到 86754Nm^3/h，单系列曾达到 83388Nm^3/h，达到设计处理能力；净化气体中的总烃浓度在 90mg/m^3 以下，乙醛、苯、甲苯、非甲烷总烃等均符合我国《大气污染物综合排放标准》(GB 16297—1996)中允许的排放浓度和排放速率。装置投用后，每年向大气中减排非甲烷有机污染物 770.9t，其中苯减排 27.2t，甲苯减排 0.8t，乙醛减排 229.9t，乙苯减排 352t，创造巨大的环保效益。

3.3.3.3　橡胶尾气治理技术

橡胶行业是国民经济的重要基础产业之一。橡胶的种类、型号繁多，主要的橡胶产品包括丁苯橡胶(SBR)、热塑性丁苯橡胶(SBS)、顺丁橡胶(BR)、溶聚丁苯橡胶(SSBR)、充油丁苯橡胶、再生橡胶等。热塑性丁苯橡胶(SBS)是由苯乙烯和丁二烯在催化剂作用下共聚而成的一种新型弹性体，被誉为第三代合成橡胶，它在制鞋、塑料改性、粘合剂、防水涂料、电线电缆等方面具有广泛应用，应用前景十分广阔。然而 SBS 生产线后处理单元废气往往含有较多的溶剂，影响周边环境质量，不能够达标排放。SBS 生产线上废气污染源分别是进料口闪蒸气体，螺杆挤压机出口闪蒸气体，固体产品风力输送排放气体，固体产品热风干燥排放气体。以前大部分橡胶尾气都直接排放，从 2007 年，开始采用催化氧化技术对 SBS 装置后处理尾气进行有效治理。

(1) 工艺流程

橡胶尾气催化氧化治理原则工艺流程见图 3-3-20。SBS 橡胶装置后处理尾气 VOC 浓度为 2000~6000mg/m^3，高浓度废气首先经过冷凝预处理，回收其中的大部分水和环己烷；得到的不凝气与其余废气混和，一并进行催化氧化处理。混和废气依次经过除雾器、催化风机、换热器、加热器等设备，在反应器内被氧化成 CO_2 和 H_2O，氧化产生的热量通过换热器回收，得到的高温净化气大部分作为胶粒干燥风使用，其余净化气达标排放。反应器进出口污染物浓度和去除率见表3-3-2。

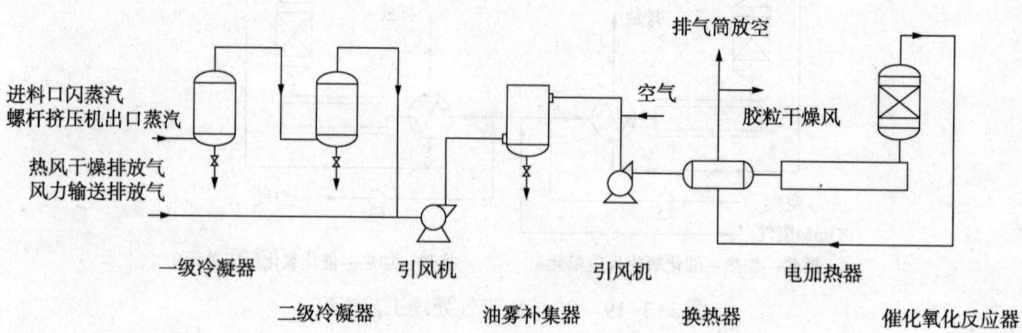

图3-3-20　橡胶尾气催化氧化治理原则工艺流程图

表3-3-2　反应器进出口污染物浓度和去除率

特征污染物	原始浓度/(mg/m³)	净化气浓度/(mg/m³)	去除率/%
非甲烷总烃	8000~20000	≤120	>98%
环己烷	7500~18750	≤90	>98%
己烷	500~1500	≤30	>98%

注：执行标准为《大气污染物综合排放标准》(GB 16297—1996)。

(2) 主要技术参数

催化氧化反应器：反应器入口温度250℃以上，床层空速20000h^{-1}。

(3) 技术特点及使用效果

上述SBS后处理尾气治理以催化氧化技术为核心处理SBS橡胶尾气的装置，主要具有以下特点：

① 包含有冷凝、除雾、催化氧化单元过程，用于橡胶生产尾气的处理。工艺的核心是催化氧化技术，经过处理，橡胶尾气中的环己烷、己烷等有机组分被氧化成CO_2和H_2O，净化气非甲烷总烃可达到20mg/m³以下。

② 针对进料口闪蒸气和螺杆挤压机出口闪蒸气主要含水蒸气和环己烷两种组分的具体情况，开发了两级冷凝回收水和环己烷，不凝气与干燥风合并处理的工艺。回收的冷凝水和环己烷返回反应系统作为原料试剂再利用。

③ 在催化氧化反应器前设置除雾器，有效脱除了废气中的填充油油雾，避免填充油在管壁和设备内壁上的附着累积，同时避免累积的填充油流入催化氧化反应器床层导致爆燃和温度剧烈波动，保护了催化剂。

④ WSH-1F催化剂采用铂(Pt)、钯(Pd)贵金属及铈(Ce)、镧(La)、锆(Zr)等金属氧化物制备，适于处理环己烷、己烷等挥发性有机物废气。

⑤ 在能源利用上，废气治理工艺流程中采用了高效热管组合式换热器换热，充分利用催化氧化反应热对废气进行预热；同时，将氧化处理后的高温气体用于SBS胶粒的热风干燥，可以大幅度降低蒸汽用量。

⑥ 在安全设计上，装置控制系统中备有超温、可燃气报警安全联锁系统。

催化氧化技术应用于橡胶尾气治理，具有一定的环境和经济效益。橡胶干燥箱尾气经治理后 VOC 浓度达到 100mg/m^{3}的地方标准，改善了生产区域环境大气质量，同时冷凝剂余热再利用具有较高的经济效益。排放的高温净化气用于 SBS 胶粒的热风干燥，取代了原先的水蒸气加热系统减少蒸汽用量。

(4) 技术创新及其他

橡胶尾气催化氧化治理系统包含有冷凝、除雾、催化氧化单元过程的 LDMO 专利技术，用于橡胶生产尾气的处理。通过催化氧化，将尾气中的污染组分氧化成 CO_2和 H_2O，达标排放；通过冷凝回收尾气中的水和环已烷，回收的冷凝水和环已烷均回用于生产流程；通过除雾脱除尾气中的填充油油雾，保证了装置安全和稳定。

目前，催化氧化技术已用于顺丁橡胶尾气处理，净化气非甲烷总烃可小于 20mg/m^3。

3.3.3.4 苯酚丙酮尾气治理

苯酚和丙酮是重要的有机化工原料，国内外苯酚丙酮的需求量一直保持着比较大的增长，随着我国国内经济的发展，苯酚和丙酮下游产品需求量增长很快，特别是双酚 A 等产品的需求不断增长，因此国内苯酚丙酮产能增长较快。

苯酚丙酮装置是以丙烯和苯为原料，在分子筛催化剂作用下进行烃化反应生产异丙苯，精制后由空气氧化为过氧化氢异丙基甲苯(CHP)，之后在 H_2SO_4作用下分解为苯酚和丙酮，经精制为产品。异丙苯法苯酚丙酮生产包括异丙苯氧化、过氧化氢异丙苯(CHP)提浓、CHP 酸分解、酚钠中和、苯酚丙酮精馏和废水处理等工序。氧化过程产生的氧化尾气经两级冷凝回收和活性炭吸附装置吸附回收工艺不能达到 VOC<100mg/m^{3}标准排放。国内某公司两套苯酚丙酮装置在氧化尾气经过两级冷凝后，采用直接催化燃烧工艺，排放尾气达到排放标准。

(1) 工艺流程

来自氧化器顶的氧化尾气进入异丙苯废气换热器和废气冷却器，冷凝后进入废气分离罐分离，不凝气进入废气换热器与二级冷凝后的尾气换热，再进入废气冷冻冷却器冷凝后进入废气分离罐，不凝气进入废气换热器换热和废气加热器再升温达到催化焚烧所需温度，然后尾气进入催化废气燃烧器焚烧后排空。即：氧化尾气先后经过冷却、冷凝分离大部分有机物后，再通过预热器、蒸汽进行加热，最后进入燃烧器进行催化燃烧除去有害的有机物后排入大气。被分离出来的有机物进行回收再利用。苯酚丙酮氧化尾气治理流程见图 3-3-21。

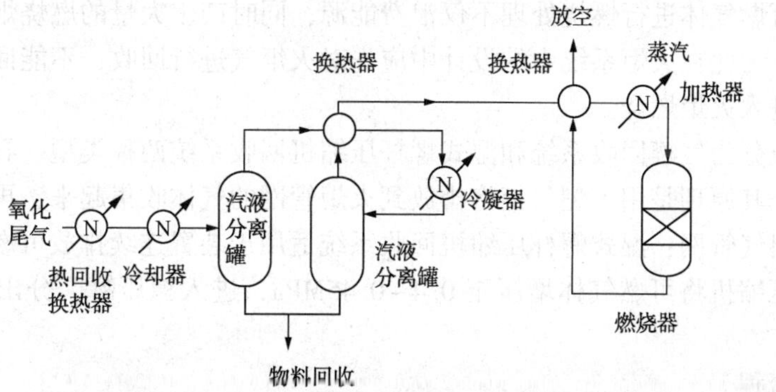

图 3-3-21　苯酚丙酮氧化尾气治理流程简图

通过采用深度冷却，降低尾气温度至5℃以下，使有机物实现液化分离，物料回收率达95%以上；通过采用Pt催化剂，在220~450℃的温度下进行无焰燃烧生成CO_2和H_2O，实现达标排放。

(2) 主要技术参数

尾气入口非甲烷总烃浓度：1000~2000mg/m^3

尾气出口非甲烷总烃浓度：≤100mg/m^3

能够满足北京市《炼油与石油化学工业大气污染物排放标准》(DB 11/447—2015)的要求，出口排放非甲烷总烃浓度≤100mg/m^3。

氧化尾气进入催化燃烧器前的温度控制在220~270℃，出口温度的控制在310~380℃。

(3) 技术特点及使用效果

苯酚丙酮氧化尾气治理项目采用了两级冷凝，再进行催化焚烧工艺技术路线，不仅是尾气的排放完全达标，也在一定程度上提升了装置的物耗和能耗指标。主要技术特点为：

① 在尾气流程中增加深冷换热器，大幅降低氧化尾气温度，使尾气中的有机物尽量凝结，并在气液分离罐中分离；

②增加尾气催化燃烧反应器，在催化剂作用下，使尾气中的有机物充分转化为二氧化碳和水；

③使用燃烧后的高温尾气对进燃烧器前的尾气加热，实现能量的重复利用，达到节能效果。

(4) 技术创新及其他

尾气处理除通常的吸附法(即活性炭吸附、分子筛吸附)外有氧化法，它包括蓄热式焚烧法、再生蓄热式焚烧法和催化焚烧法。苯酚丙酮氧化尾气两级冷凝+催化燃烧技术紧密结合生产工艺，设备小，投资少，效果良好，有效纳入生产管理系统中。

3.3.3.5 火炬放空气回收

(1) 原理

石油化工装置的设备、管道中存有大量的物料，当工艺装置发生事故时，将有大量的物料以气态的形式排放，因此石化企业必须设置对排放的气态物料进行无害化处理的措施，一般设置火炬进行燃烧处理。此外，大部分安全阀泄放的气态物料也进入火炬系统，有些工艺装置产生可燃性气体压力较低，不能进入燃料气管网，通常也排入火炬系统，这些排入火炬系统的可燃气体统称火炬气。

将大量的可燃气体进行燃烧处理不仅浪费能源，同时产生大量的燃烧烟气，还会产生光辐射和热辐射，为此在火炬系统中的设计中应先对火炬气进行回收，不能回收的短时超量排放的火炬气再进入火炬燃烧。

火炬气回收分为气罐回收系统和湿式螺杆压缩机回收系统两种类型。石化企业大多采用气罐回收系统，其原理是用大型气柜将排放到火炬管网的气体收集起来，再用压缩机将火炬气增压送入燃料气管网；湿式螺杆压缩机回收系统适用于装置连续排放可燃气体的情况，即采用湿式螺杆压缩机将可燃气体增压至0.4~0.45MPa，进入稳压罐，分出液体，气体进入燃料气管网。

(2) 回收流程

某石化企业乙烯、芳烃及催化等装置的火炬气回收流程见图3-3-22，采用气罐回收系统。火炬气组成见表3-3-3。

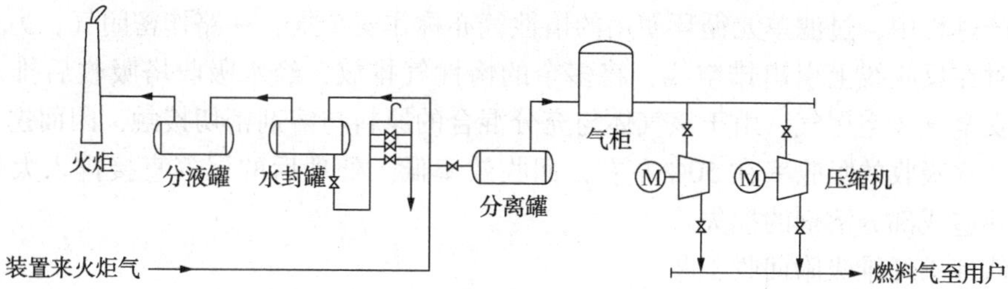

图 3-3-22　某石化企业火炬气回收流程

表 3-3-3　火炬气组成

组　成	芳烃火炬气	烯烃火炬气	催化火炬气	塑料火炬气
氢气	70.21	0.80	2.66	4.50
甲烷	6.00	26.90	11.38	
乙烷	2.36	4.90	22.00	
丙烷	3.00	0.53	2.13	
丁烷	0.96	0.40	5.72	
戊烷	1.86	8.26		
乙烯		25.93	17.17	33.17
丙烯		26.86	8.17	2.62
丁烯		5.42		0.66
硫化氢	2.86		2.15	
氮气	4.96		19.27	54.23
二氧化碳	6.86		8.63	
其他	0.93		0.72	4.82
小计	100.00		100.00	100.00

火炬气回收装置包括 2 台 10000Nm^3/h 压缩机、1 座 30000m^3 气柜及配套的辅助设施。烯烃、芳烃、催化等装置排放的可燃气正常情况下不进入火炬做燃烧处理，而是进入水封罐，水封罐内设定一定的水封高度，利用水封压力将火炬气迫入气柜储存，再通过压缩机将收集的火炬气增压后送入燃料气管网回收利用。当装置发生事故或超过设计回收量时，火炬气压力增加并冲破水封进入分液罐，再进入火炬进行燃烧处理，实现可燃气体的安全排放。

该系统设计组合排放工况有 4 种：(1) 芳烃 5500Nm^3/h+烯烃 21000Nm^3/h；(2) 芳烃 5500Nm^3/h+烯烃 5000Nm^3/h；(3) 芳烃 18000Nm^3/h+烯烃 5000Nm^3/h；(4) 芳烃 5500Nm^3/h+烯烃 5000Nm^3/h+催化 18300Nm^3/h；压缩机的运行应与设计工况相匹配。此外，各装置安全阀允许排放被压为 600mm 水柱，据此将水封罐的水封高度设定为 600mm，以使正常泄放的可燃气体进入气柜收集，事故时超压排放的可燃气体则进入火炬燃烧。

(3) 回收效果

该系统每年可回收火炬气约 24000t，同时节约消烟降温蒸汽约 600t；可减少烟气排放约 24×10^4t，二氧化硫 700t。

3.3.3.6　酮苯脱蜡溶剂回收

酮苯脱蜡-脱油联合设备是炼油厂润滑油生产系统的重要生产装置之一，主要由结晶单元、过滤单元、真空密闭单元、溶剂回收单元和冷冻单元构成，以糠醛精制油和丙烷脱沥青油为原料，丁酮和甲苯混合液为溶剂，主要生产低凝固点的润滑油料。

在生产过程中，过滤单元循环使用的惰性气亦称作安全气，一路作密闭气，另一路作反吹气，同时在反吹线上引出排空线，将多余的惰性气排放，经水吸收塔吸收后排入环境大气，形成安全气放空尾气。由于该气体与充分混合的原料与溶剂密切接触，因而携带了油气和溶剂气。水吸收的吸收率在50%左右，回收效率低。处理后的尾气直接排入大气严重污染环境，并造成部分溶剂的损失。

(1) 活性碳纤维吸附回收工艺

采用活性碳纤维吸附技术回收的放空尾气中的有机溶剂是解决放空安全气污染的有效途径。2001年，某企业酮苯装置采用活性碳纤维吸附技术进行尾气治理，通过活性碳纤维吸附来回收放空尾气中的有机溶剂。酮苯车间放空尾气首先进入过滤器，再进入吸附器，吸附后的气体排入大气。吸附一定有机物的碳纤维用水蒸气进行解吸再生，重复使用。解吸出的气体和蒸气进入冷凝器，冷凝下来的液体进入储槽，然后用泵送至酮苯车间的溶剂回收系统。

该尾气治理系统有两台吸附器，分别进行吸附和解吸两个工艺过程，循环交替以达到连续生产的目的。当吸附器A处于吸附状态时，吸附器B则处于脱附和冷却、干燥状态；切换时，尾气、蒸汽等阀门自动切换，吸附器A与B的运行状态自动转换。脱附出来的溶剂回用于生产过程中。

(2) 主要技术参数

① 尾气组成

丁酮：122.7g/m^3(平均)　155.78g/m^3(最高)

甲苯：14.7g/m^3(平均)　28.08g/m^3(最高)

氧气：<5%

尾气量：290m^3/h

尾气温度：常温

尾气压力：由0.2MPa减至常压。

② 公用工程

冷却水：26℃，0.2MPa，20m^3/h

电：380V，50Hz，2kW

水蒸气：0.4MPa，180kg/h

仪表风：0.4~0.6MPa，0.4Nm^3/h

该设施投入运行初期，丁酮、甲苯的去除率均达到90%以上，其中丁酮的去除率平均在98.65%，甲苯的去除率在97.74%。

(3) 技术特点及使用效果

碳纤维吸附材料具有比表面积大、吸附解析速度快的特点，该回收装置具有能耗低、设备体积小、易于实现自动化控制等优点。对安全气中丁酮、甲苯的去除率在90%以上。该技术具有以下特点：

① 碳纤维吸附技术成熟，工艺简单，操作灵活，应用于酮苯安全气回收，安全可靠。

② 环境效益和经济效益显著。碳纤维吸附技术投入使用后，每年可回收丁酮185t、甲苯19t，大大减少丁酮、甲苯有机物扩散到空气中，改善周边环境大气质量。

(4) 技术创新及其他

本装置采用活性碳纤维作为吸附材料，回收真空过滤系统排空尾气中的丁酮、甲苯。由于原有供应碳纤维厂家退出市场，2009 年重新更新碳纤维，吸附效果不好，目前通过加强工艺技术优化改造，加强生产源头控制，尾气经水洗系统吸收后排放。

3.3.3.7 氯乙烯尾气治理技术

氯乙烯尾气分为含水的湿废气和不含水的干废气两种。湿废气主要是由二氯乙烷精制单元脱水塔产生的尾气，干废气包括脱高低沸物产生的尾气，氯乙烯装置内尾气回收、压缩机排放的不凝气等。其中湿废气含有质量浓度为42%的乙烯，40%的二氯乙烷以及12%的氯乙烯，3%的水；干废气含有30%的乙烯，4%的二氯乙烷，12%的氯乙烯以及42%的轻组分。尾气中的二氯乙烷和氯乙烯均为有毒物质，直接排放异味较大，影响环境和人身健康安全，因此需要对氯乙烯尾气进行处理达标后方可排放。

由于尾气内有大量可回收组分，通过对尾气进行压缩、冷却、回收，将大部分物料分离回收，剩余不可回收的尾气分别进入焚烧炉进行焚烧，焚烧温度控制在1275℃，通过锅炉换热副产蒸汽供装置内使用，焚烧产生的氯化氢尾气经冷却、降膜和泡罩吸收后，大部分氯化氢被吸收产生成品盐酸，尾气经洗涤塔洗涤去除残余的氯化氢后，进行高空达标排放。氯乙烯废气处理工艺流程见图 3-3-23。

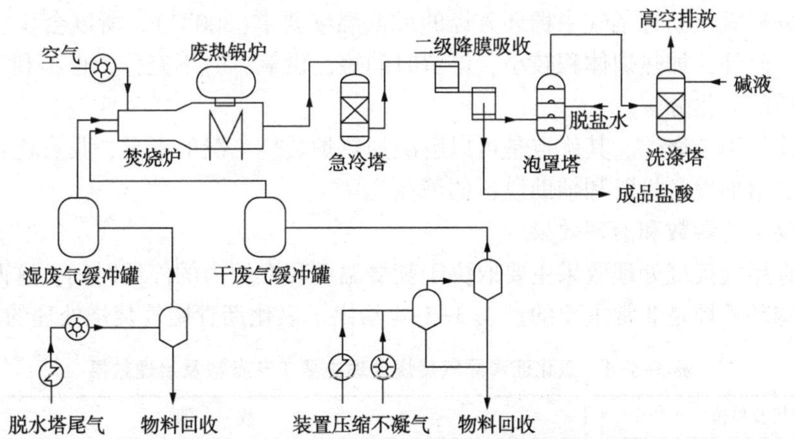

图 3-3-23　氯乙烯废气处理工艺流程

尾气处理设施包括尾气预处理和焚烧设施。脱水产生的湿废气通过液环真空泵压缩，二氯乙烷分离罐回收物料，残留湿废气进入焚烧单元；脱高低沸物产生的干废气通过两级气液分离罐分离，回收物料，残留干废气进入焚烧单元。干湿废气分别通过入口缓冲罐进入焚烧炉进行高温焚烧处理，焚烧尾气余热经废热锅炉降温后进入急冷塔冷却，降温后的气体经二级降膜吸收器回收氯化氢，产生成品盐酸，含少量氯化氢的尾气经泡罩塔和填料洗涤塔被除去，最后废气达标排放。

3.3.3.8 氧化沥青尾气治理技术

炼油厂将渣油置于氧化釜内，在 260~280℃下与空气中的氧反应生成氧化沥青。一方面，渣油本身主要由重组分组成，在加热过程中要挥发、分解；另一方面，反应过程中尚有部分物质不能完全氧化而产生一些挥发性的中间产物，因而，氧化沥青尾气中通常都含有包括苯系物、稠环芳烃、有机硫化物等在内的恶臭物质，而且有些还是致癌物质(如苯并[a]芘等)，必须加以彻底的无害化处理。比较有效的方法就是焚烧。

(1) 原理

含有苯系物、稠环芳烃、有机硫化物等有毒有害物质的氧化沥青尾气，通入燃料气，在

800~1000℃下焚烧，其中的有毒有害物质受热产生断键、裂解、分解等反应，转化为低毒或无害物质，从而使氧化沥青尾气得以净化。其主要反应如下：

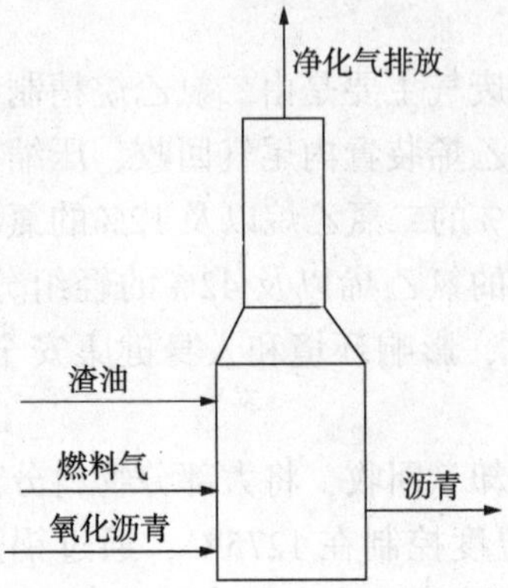

图 3-3-24　氧化沥青尾气焚烧工艺流程图

（2）工艺流程

氧化沥青尾气中除含有恶臭物质、致癌物质外，还有大量水分。因此，在焚烧前一般都需要进行预处理。预处理的方法较多，如：水洗法(直接水洗、循环喷水和鼓泡吸收等)、油洗法(柴油油洗、馏出油循环洗等)和冷凝法。考虑到预处理废液中含有苯并[a]芘等有毒有害物质，还需要做进一步处理，也可将氧化沥青尾气不经预处理而直接送焚烧炉焚烧。焚烧后的尾气经换热器通过排气筒排放。

氧化沥青尾气焚烧处理工艺流程见图 3-3-24。

氧化沥青尾气的焚烧方式有两种：

一是与燃料气混合后进加热炉焚烧，虽然可以利用现有设施，并回收热量，但是加热炉的温度一般 500~600℃左右，达不到分解氧化沥青尾气中稠环芳烃的最低温度要求(800℃)，所以会显著地影响焚烧处理的效果。此外，加热炉体积较小，停留时间短，供氧有时不充分，也不利于尾气中其他有毒有害物质的氧化分解。

二是新建专用焚烧炉。其优点是可以解决加热炉焚烧工况的不足，具有比较彻底的处理效果，但需要增加设备投资和辅助燃料的消耗。

（3）主要工艺参数和治理效果

氧化沥青尾气焚烧处理效果主要取决于焚烧温度和在炉内的停留时间。这两项参数对有效分解破坏稠环芳烃是非常重要的。表 3-3-4 给出了氧化沥青尾气焚烧处理的效果。

表 3-3-4　氧化沥青尾气焚烧处理主要工艺参数及治理效果

项目及单位	数　值				
尾气中 BaP 浓度/(μg/100m³)	400~5100				
焚烧温度/℃	1000	950	890	840	622
炉内停留时间/s	2.92	3.17	4.73	5.54	12.94
净化气中 BaP 浓度/(μg/100m³)	<2.06	<1.52	<0.537	<0.457	0.619

3.3.3.9　PTA 氧化尾气治理

精对苯二甲酸(PTA)是一种重要的化工原料。其生产包括氧化和精制两步。氧化部分是以对二甲苯(PX)为原料，以乙酸为溶剂，以乙酸钴、醋酸锰为催化剂，溴为助催化剂，用空气进行液相氧化，反应物经结晶、分离、干燥等工序，生成出中间产品粗对苯二甲酸(TA)；精制部分首先将 TA 溶解，在高温高压条件下，以钯碳作催化剂，进行加氢精制，去除杂质，再经结晶、分离、干燥等工序生产出 PTA 产品。

各种工艺的 PTA 生产装置主要工艺废气是氧化反应器排放的含 PX、乙酸、乙酸酯类的有机废气，以及分离、过滤、干燥、料仓排放的放空尾气。氧化尾气是 PTA 装置排出的数量最大的有害气体，其中最主要的成分是 N_2，其体积分数约占 94%，含有有机物的总质量浓度超过 1000mg/m³，溴化物的质量浓度约 100mg/m³，CO 的质量浓度约 5000mg/m³，均严重超过国家排放标准。PTA 废气排放量很大，一套 30×10^4t/a 的 PTA 装置，其废气排放量在

$80000Nm^3/h$ 以上，对周围环境造成了很大污染。

多数 PTA 装置的氧化尾气都采用两级吸收塔，用醋酸和水作吸收剂，洗涤后的废气经过一个气液分离罐后，大部分废气经过尾气膨胀透平机回收能量，然后通过排气筒直接排入大气；一部分经过过滤器进入干燥系统，经 Al_2O_3 干燥后的尾气用于 PTA 单元的风送系统输送物料和工艺的气封，产生的再生尾气排入大气。这样简单的处理仍然会严重污染环境，一些受限物质大大超过了国家排放标准。即使尾气经过吸附处理后再排放大气，被吸附的废气最后仍然会通过其他途径排放到大气中，并未得到净化或回收。也有的厂家采用其他方法处理 PTA 废气，添加燃料油将 PTA 废气焚烧处理后排放。但焚烧处理的温度高达 680℃，不仅需要消耗大量的燃料油，而且增加了装置的安全隐患。

催化氧化是比较先进的 PTA 废气处理技术。催化氧化技术的特点是操作温度低和使用催化剂，在很低的温度下(250~400℃)废气经催化氧化处理后，被完全氧化为二氧化碳和水。操作安全、稳定，没有频繁切换的大型阀组，操作费用低，不产生二次污染。因此，催化氧化是最受生产者欢迎的控制 PTA 废气排放的技术。

图 3-3-25 为某化工厂 PAT 废气催化氧化处理工艺流程，氧化尾气量为 220t/h，一级预热将废气从 40℃加热到 160℃，再经过二级预热，将废气加热到 300℃，

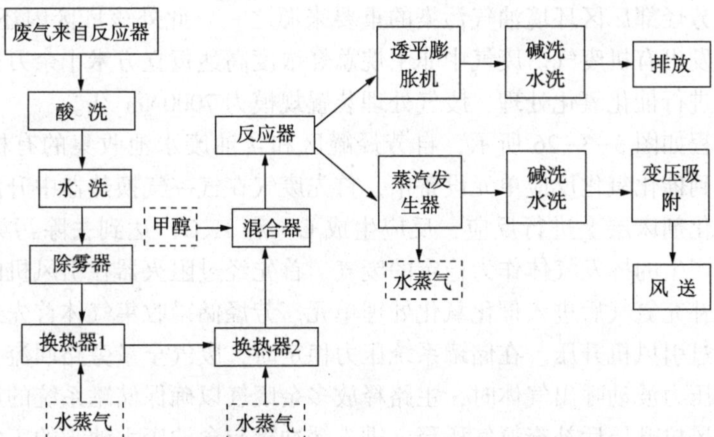

图 3-3-25 某化工厂 PAT 废气催化氧化处理工艺流程

甲醇添加量为 1054kg/h。催化氧化反应器进口温度为 290℃，出口温度为 445℃，反应器压力 $11 \sim 13kg/cm^2$，氧化处理后的气体通过透平膨胀机和蒸汽发生器回收能量，经过碱洗后排放。废气中的一氧化碳去除率为 100%，排放气中含有苯 $8mg/m^3$，二甲苯 $32mg/m^3$，非甲烷总烃 $100mg/m^3$，各项指标均低于国家排放标准(国家标准中各污染物排放限值分别为苯 $12mg/m^3$，二甲苯 $70mg/m^3$，非甲烷总烃 $120mg/m^3$)。

3.3.3.10 芳烃中间罐区 VOC 达标治理

芳烃罐区是生产和储运中的重要组成部分，包括大量的原料罐、中间罐和成品罐，以保证生产的正常运行，调节市场的需求。各储罐在进料时大呼吸呼出的油气及随着环境温度和气压变化引起的小呼吸呼出的油气是造成芳烃部厂区环境油气污染的重要来源之一。同时，由于轻质组分的挥发，还降低了油品的产量和质量，对安全生产也构成了威胁。

对罐区呼吸气的治理，由于其浓度较高，一般采用冷凝、吸收、膜分离、吸附等技术进行回收处理，但上述技术处理不能使排放气长期稳定满足国家《大气污染物综合排放标准》

(GB 16297—1996)的规定。同时，由于上述储罐储存的介质不同，各个储罐相互之间不允许废气串罐，也给废气的治理带来很大难度。催化氧化技术是处理有机废气的有效手段，可以使其达标排放。催化氧化是一种比较先进的有机废气治理技术。与热力氧化比较，它具有操作温度低、无二次污染、安全可靠的优点，因此，催化氧化技术的发展很快，广泛应用于石油化工行业的多种有机废气治理。

由于各储罐存储介质不同，造成罐区废气成分复杂，而且废气并非连续排放，浓度较高，需要建立有限度的罐区废气联通和压力控制体系，保证了关键储罐不会发生废气逆流；针对不同废气的特点制定一系列措施确保催化氧化装置的稳定和安全。最好引入一些连续排放废气的废气一起进行治理。

在储罐系统压力稳定时，储罐气体通过引风机升压后全量旁路回流。主路无废气排放。在储罐系统压力波动呼出气体时，主路释放多余废气以确保储罐系统的压力稳定。罐区产生的废气经储罐废气引风机升压后补充氮气，进入缓冲罐与其他连续排放废气混合后进入催化氧化处理设施处理。

国内某炼化企业芳烃厂目前拥有各类原料、产品，储存物料包含芳烃，汽油，柴油，有机溶剂等介质。各罐在进料时大呼吸呼出的油气及随着环境温度和气压变化引起的小呼吸呼出的油气是造成芳烃部厂区环境油气污染的重要来源之一。此外该厂区内还有含油废水池，也会向大气中散发出有机废气。废气中非甲烷总烃浓度高达每立方米十余万毫克，经过稀释至合适浓度后，进行催化氧化处理，废气处理装置规模为7000Nm^3/h。

废气处理流程如图3-3-26所示，自芳烃罐区和含油废水池收集的有机废气，经过缓冲、稀释，进入到催化氧化反应单元设备中，首先废气在气—气换热器中升温到有机物反应的温度，再在催化剂床层上进行反应，反应生成CO_2和H_2O，达到去除污染物的目的。其中，含油废水池产生的挥发气体作为稳定的废气，首先经过阻火器在引风机的作用下，连续地进入缓冲罐，补充氮气后进入催化氧化处理单元。芳烃储罐收集气体首先进入混合罐，然后经过阻火器通过引风机升压。在储罐系统压力稳定时，废气全量旁路回流，主路无废气排放。在储罐系统压力波动呼出气体时，主路释放多余废气以确保储罐系统的压力稳定。罐区产生的废气经引风机升压后补充氮气稀释，进入缓冲罐与含油废水池来的废气混合后进入催化氧化处理设施净化处理。各储罐上原先设置的呼吸阀和补氮系统维持不变。废气从罐内排出，进入连通管网之后，采用氮气进行初步稀释，使废气浓度降到25%爆炸下限之下，确保装置安全操作。

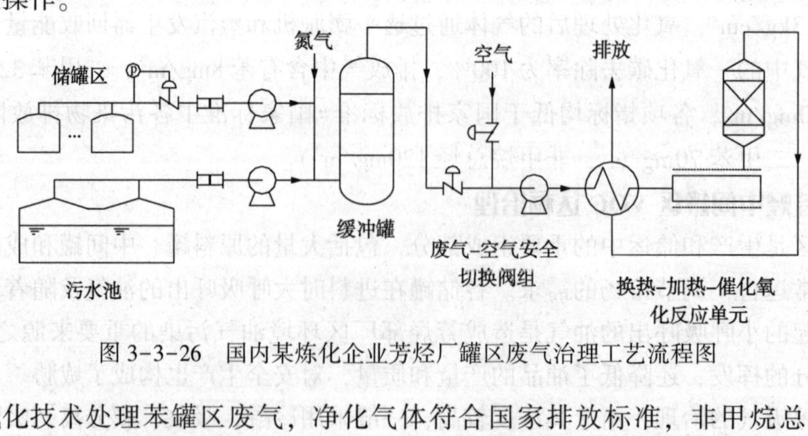

图3-3-26 国内某炼化企业芳烃厂罐区废气治理工艺流程图

催化氧化技术处理苯罐区废气，净化气体符合国家排放标准，非甲烷总烃浓度小于100mg/Nm^3；净化后气体中非甲烷总烃、苯、甲苯、二甲苯等指标符合国家《大气污染物综合排放标准》(GB 16297—1996)，充分利用氧化过程产生的反应热预热废气，减少装置能耗，降低装置操作费用。

3.3.4 酸性气处理技术

在石油化工行业，酸性气是指富含硫化氢气体，其最重要的处理技术是克劳斯法制硫黄。为提高克劳斯装置的硫回收率和实现尾气达标排放，人们发明了超级克劳斯、亚露点克劳斯、Clinsulf-SDP、改进型 CBA 和 LT-SCOT 等。其他酸性气处理技术有制硫酸、液相催化氧化法等。

3.3.4.1 酸性气处理技术概述

(1) 克劳斯法制硫黄

克劳斯法制硫黄是利用酸性气中硫化氢为原料，通过酸性气燃烧炉内的高温热反应和转化器内的低温催化反应，将硫化氢转化为单质硫的过程。其主要反应为：

$$H_2S+3/2O_2 \longrightarrow SO_2+H_2O+518kJ$$

$$2H_2S+SO_2 \longrightarrow 2H_2O+3/2\ S_2+146kJ$$

总反应式为：

$$H_2S+1/2O_2 \longrightarrow 1/2S_2+H_2O$$

一套硫黄回收装置的工艺过程通常包括含硫化氢气体醇胺液吸收再生、酸性气克劳斯反应、硫黄结晶、克劳斯尾气处理等系统。

根据酸性气中 H_2S 浓度高低，克劳斯反应大致分为 3 种工艺：

① 部分燃烧法

酸性气中 H_2S 浓度高于 40%(V)时，酸性气都进燃烧炉，按传统克劳斯工艺，空气供给量仅够 1/3 体积的 H_2S 燃烧生成 SO_2，以及酸性气中烃和氨燃烧，并保证反应过程中 H_2S 与 SO_2体积比为 2∶1，在燃烧炉 H_2S 平衡转化率约为 60%~70%，其余 H_2S 进转化器进行催化反应。转化器设有二级、三级甚至四级，采用二级转化，硫的总回收率可达 93%~95%，三级可达 94%~96%，四级可达 95%~97%。

如果采用超级克劳斯工艺，硫的总回收率可达 99%或 99.5%。超级克劳斯工艺适用的酸性气 H_2S 浓度可在 23%~93%，不再严格控制转化器入口 H_2S 与 SO_2体积比为 2∶1，而是控制选择性氧化反应器入口 H_2S 浓度。选择性氧化反应器通常安装在二级转化器之后，在催化剂存在下，用空气中的氧将硫化氢氧化为硫黄，硫的总回收率可达 99%；如果在二级转化器与选择性氧化器之间增加一个加氢转化器，硫的总回收率可达 99.5%。

② 分流法

酸性气中 H_2S 浓度为 15%~40%(V)时，将 1/3 体积的酸性气进入燃烧炉，再配以适量空气加以燃烧全部生成 SO_2。生成的 SO_2与其余 2/3 的酸性气混合后，在多级转化器中完成低温催化反应。采用二级转化器，硫回收率可达 89%~92%。

③ 直接氧化法

酸性气中 H_2S 浓度低于 15%(V)时，将酸性气与空气分别预热到适宜温度，直接送入转化器进行低温催化反应。采用二级转化器，硫回收率可达 50%~70%。

目前，大多数炼油厂采用部分燃烧法工艺。

(2) 克劳斯尾气处理

传统克劳斯和超级克劳斯工艺的硫回收率都达不到 100%，其尾气中仍有 0.5%(V)~

4%(V)的 H_2S，不能直接排放。

最近十多年，值得关注的克劳斯尾气处理工艺有：Clinsulf-SDP、改进型 CBA 和 LT-SCOT等。

Clinsulf-SDP 是一种将等温反应器和亚露点硫黄回收技术相结合的新工艺，采用两级反应器，该工艺总硫回收率可达 99.2%~99.5%。

改进型 CBA 是冷床吸附(亚露点)法的一种新工艺，总硫回收率可达 98.5%~99.2%。

SCOT 法是目前净化程度最高的尾气处理技术，在国内有广泛应用。采用"克劳斯二(或三)级反应器+SCOT+尾气焚烧炉"组合，可使焚烧炉排放烟气中的 SO_2 浓度降到 400mg/m^3 以下。

SCOT 法的基本原理是将 Claus 尾气加氢，将尾气中的 SO_2、CS_2、COS 等转化为 H_2S，用醇胺溶液吸收。

SCOT 法正向低温加氢发展，例如 LT-SCOT，LS-SCOT，Super-SCOT，降低了装置能耗、操作费用和设备投资。

无论怎样提高回收率，也难以达到 100%，因此，硫黄尾气中仍然含有一定浓度的硫化氢。由于硫化氢属于剧毒化学物质，因此，硫黄尾气普遍经过焚烧处理再排放。国内普遍采用热力焚烧；为节能，国外有许多装置采用催化焚烧处理。

(3) 酸性气制硫酸

以 H_2S 为原料直接制硫酸分为干接触法和湿接触法两种。

干接触法是将 H_2S 气体燃烧成 SO_2，然后采用与传统的硫铁矿制硫酸工艺相似的洗涤、干燥、催化转化、吸收制得硫酸。

湿接触法则由于 H_2S 在分离过程中已进行过洗涤，无需再进行洗涤、干燥和净化，其工艺为：首先将 H_2S 气体燃烧成 SO_2，然后在水蒸汽存在下将 SO_2 催化转化为 SO_3，再直接凝结成硫酸。

采用湿接触法直接制硫酸，流程简单，投资小，有利于能量回收。目前，最有代表性的技术为丹麦托普索(TOPSOE)湿法硫酸(WSA)工艺，德国鲁奇公司的低温冷凝工艺和康开特(Cocat)工艺。

(4) 其他酸性气处理技术

在天然气、炼厂气、煤气脱硫化氢处理上，根据气体处理量和 H_2S 浓度，可将脱硫规模划分为低潜硫量(低于 100kg/d 的元素硫)、中等潜硫量(100kg/d 到 30t/d 元素硫)及高潜硫量(大于 30t/d 元素硫)三个档次。

对于低潜硫量气体的净化，一般采用吸附剂干法处理，少量采用钠碱吸收抛弃法。

对于高潜硫量气体净化，一般既考虑脱除气体中的硫化氢，达到净化气体的目的，又要考虑硫资源的回收利用，醇胺法脱硫生产酸性气-酸性气克劳斯制硫黄是应用最多的处理技术。

在中等潜硫量含硫化氢气体的处理方法中，液相氧化法应用最多。络合铁液相氧化脱硫是在碱性溶液中，HS^- 与溶液中的络合铁盐进行氧化还原反应生成单质硫，Fe^{3+} 络合物被还原为 Fe^{2+} 络合物，Fe^{2+} 络合物在再生过程中被空气氧化为 Fe^{3+} 络合物得以再生，实现循环脱硫；再生器中的硫黄颗粒被过滤回收。操作温度 20~60℃，pH 值 8.0~9.0。

EDTA(乙二胺四乙酸)络合铁法是目前最成熟、应用最多的络合铁脱硫技术。以 LO-CAT工艺为代表，有近 200 套装置，用于处理含硫天然气、醇胺法脱硫装置再生酸气、克劳斯尾气、酸性水汽提酸性气等。LO-CAT 工艺可分为常规工艺，自循环工艺等。

酸性气制液体硫氢化钠是国内经济效益较好的一种含硫化氢气体处理技术。

3.3.4.2 克劳斯制硫黄工艺应用实例

某炼油厂硫黄回收装置单系列设计规模为 5.5×10^4t/a，硫黄回收采用部分燃烧、二级转化克劳斯工艺，酸性气燃烧炉废热锅炉产生 4.4MPa 中压蒸汽；克劳斯过程气加热方式采用自产中压蒸汽加热。

(1) 原料及产品性质

克劳斯工艺制硫原料为来自溶剂再生装置和酸性水汽提装置的混合酸性气。

① 原料性质

A. 再生酸性气组成见表 3-3-5(来自溶剂再生及加氢型酸性水汽提装置)

表 3-3-5 再生酸性气组成

组 分	范围/%(体积)	设计值/%(体积)
H_2S	75~80	76.25
CO_2	10~12	10.76
NH_3	1~4.3	4.3
烃类	0.5~1.5	0.77
H_2O	饱和	7.92
总计	100	100

B. 非加氢型酸性水汽提装置酸性气组成见表 3-3-6。

表 3-3-6 汽提酸性气组成

组 分	范围/%(体积)	设计值/%(体积)
H_2S	20~40	25.46
CO_2	1~2	1.64
NH_3	30~55	50.91
烃类	0.5~1.5	1.44
H_2O	18~25	20.55
总计	100	100

② 产品性质

硫黄质量达到 GB 2449—2006 标准中优等品质量标准见表 3-3-7。

表 3-3-7 硫黄组成

状 态	液体硫黄	状 态	液体硫黄
纯度/%	≥99.95	水/%	≤0.1
硫化氢含量/ppm	≤10	酸度(H_2SO_4)/%	≤0.003
铁/%	≤0.003	砷/%	≤0.0001
灰分/%	≤0.03	机械杂质	无
有机物/%	≤0.03	颜色(固体)	亮黄色

(2) 生产流程简述

克劳斯工艺流程见图 3-3-27。

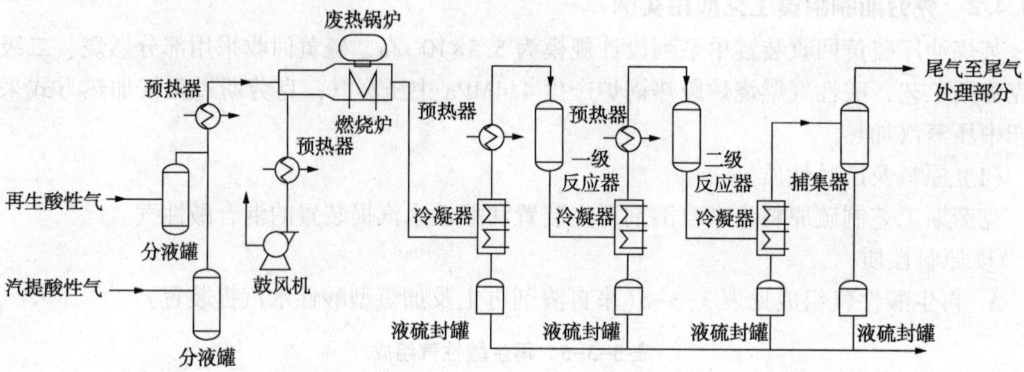

图 3-3-27　克劳斯工艺流程图

再生混合酸性气进入再生酸性气分液罐，分液后的酸性气经酸性气预热器预热后进入酸性气燃烧炉。

自非加氢型酸性水汽提装置来的含氨酸性气进入汽提酸性气分液罐，分液后的酸性气与预热后的再生酸性气合并进入酸性气燃烧炉。

由燃烧炉鼓风机来的空气经空气预热器进入酸性气燃烧炉。酸性气燃烧配风量按烃类完全燃烧和 1/3 硫化氢生成二氧化硫来控制 80%的风量和按克劳斯尾气比值分析仪($[H_2S]-2[SO_2]=0$)反馈微调控制 20%的风量。

燃烧后高温过程气进入废热锅炉冷却至 350℃并发生 4.4MPa 蒸汽后进入一级硫冷凝器，过程气在一级硫冷凝器中冷却至 170℃并经除雾后，液硫从一级硫冷凝器底部经液硫封罐进入硫池。除雾后的过程气经一级反应加热器用废热锅炉发生的 4.4MPa 蒸汽加热至 240℃后进入一级反应器，在克劳斯催化剂作用下，硫化氢与二氧化硫发生反应，生成硫黄。反应过程气经二级硫冷凝器冷却至 160℃并经除雾后，液硫从二级硫冷凝器底部经液硫封罐进入硫池。过程气经二级反应加热器用废热锅炉发生的 4.4MPa 蒸汽加热至 220℃后进入二级反应器，在克劳斯催化剂作用下，硫化氢与二氧化硫继续发生反应，生成硫黄。反应过程气经三级硫冷凝器冷却并经除雾后，液硫从三级硫冷凝器底部经液硫封罐进入硫池。尾气再经捕集器进一步捕集硫雾后，进入尾气处理部分。

在酸性气进酸性气燃烧炉的管线上设置有酸性气在线分析仪，分析酸性气中 H_2S 及烃类等组成，前馈调节进酸性气燃烧炉的空气量；大部分(约占 80%)进酸性气燃烧炉的空气按照进炉酸性气的流量(经过温度和压力的校正)进行比例控制；同时，为了提高硫黄回收率，在捕集器出口尾气管道上设置尾气在线分析仪，分析尾气中$[H_2S]-2[SO_2]$的值，反馈调节进酸性气燃烧炉 20%的空气量，以保证过程气中 H_2S/SO_2为 2∶1，使 Claus 反应转化率达到最高，同时也提高硫回收率，减少硫损失。

(3) 主要操作条件

① 酸性气燃烧炉

炉膛温度：1235~1300℃

② 酸性气燃烧炉废热锅炉见表 3-3-8。

表 3-3-8 酸性气燃烧炉废热锅炉操作条件

设备名称		介　质	入口温度/℃	出口温度/℃	操作压力/MPa(g)
酸性气燃烧炉废热锅炉	管程	过程气	1235.4	350	0.052
	壳程	水、水蒸气	256.2		4.4

③ 一、二、三级冷凝冷却器操作条件见表 3-3-9。

④ 一级过程气加热器，二级过程气加热器见表 3-3-10。

⑤ 一、二级反应器操作条件见表 3-3-11。

表 3-3-9 一、二、三级冷凝冷却器操作条件

设备名称		介　质	入口温度/℃	出口温度/℃	操作压力/MPa(g)
一级冷凝冷却器	管程	过程气	350	170	0.048
	壳程	水、水蒸气	155		0.45
二级冷凝冷却器	管程	过程气	286.8	160	0.041
	壳程	水、水蒸气	155		0.45
三级冷凝冷却器	管程	过程气	235.1	158	0.034
	壳程	水、水蒸气	155		0.45

表 3-3-10 一级过程气加热器，二级过程气加热器

设备名称		介　质	入口温度/℃	出口温度/℃	操作压力/MPa(g)
一级过程气加热器	壳程	过程气	170	240	0.045
	管程	水、水蒸气	256.2		4.4
二级过程气加热器	壳程	过程气	160	220	0.038
	管程	水、水蒸气	256.2		4.4

表 3-3-11 一、二级反应器操作条件

名　称	入口温度/℃	出口温度/℃	压力/MPa(g)
一级反应器	240	286.8	0.043
二级反应器	220	235.1	0.036

(4) 物料消耗

以生产 1t 硫黄产品计，克劳斯工艺的主要消耗指标如下：

3.5MPa 蒸汽　-2.12t(负号为自产，下同)

0.3MPa 蒸汽　-0.98t

1.0MPa 凝结水　0.3t

电　87.9kW · h

除氧水　3.26t

净化风　9.23m^3

(5) 治理效果

传统的克劳斯制硫工艺经过几十年的实践和发展，其回收率目前已基本接近热力学平衡值，达到92%~96%。但尾气中仍含有0.8%~2.8%的硫化物(见表 3-3-12)，即使将其燃烧后排放，也难以满足国家大气污染物排放标准的要求。因此，必须对尾气进一步回收处理。

表 3-3-12　克劳斯制硫工艺(二级转化)尾气组成

组　分	浓度/(μL/L)	设计值/(μL/L)
H_2S	5000~12000	8802.7
SO_2	2500~6000	4418.9
CS2	10~30	25.5
COS	50~150	110.6
S(蒸气)	100~200	153.3

3.3.4.3　硫黄回收尾气治理工艺应用实例

除了将克劳斯制硫的流程延伸的方法(例如超级克劳斯、亚露点克劳斯等)外，有许多方法直接着眼于克劳斯尾气的治理，以达标排放。制硫尾气处理工艺按其原理大致可分为还原—吸收工艺、燃烧处理工艺、低温克劳斯工艺和选择性催化氧化工艺四大类，因为后三种工艺烟气中 SO_2浓度通常超过 960mg/m^3，不能满足环保要求，所有大多数尾气治理采用还原—吸收工艺。

某炼油厂硫黄回收尾气治理采用还原—吸收工艺，尾气处理能力 4×10^4m^3/h，Claus 尾气采用加热炉加热升温，并设置外补氢源，保持尾气加氢反应所需的氢气浓度。尾气吸收采用具有选择性的甲基二乙醇胺(MDEA)溶剂。

(1) 原料性质

来自克劳斯制硫工艺尾气中 H_2S 浓度为 1.2%，参见表 3-3-12。

(2) 生产流程简述

克劳斯制硫工艺见图 3-3-28。捕集硫雾后的 CLAUS 尾气经尾气加热炉加热至 280℃左右与外补氢气(外补氢气由工厂系统供给)混合后进入加氢反应器。在加氢催化剂的作用下，CLAUS 尾气中的 SO_2、COS、CS_2 及液硫、气态硫等均被转化为 H_2S。加氢反应为放热反应，离开反应器后的过程气经尾气处理废热锅炉回收热量后进入急冷塔。

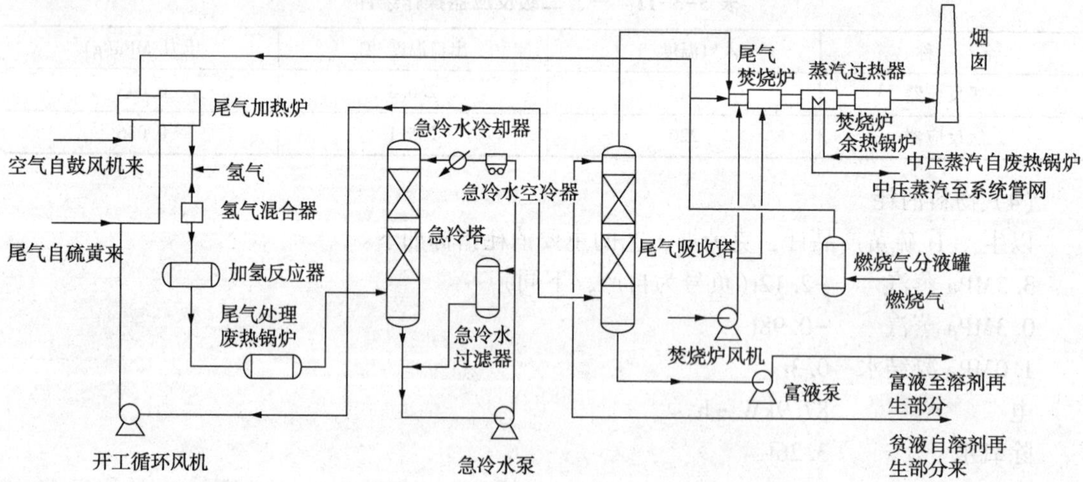

图 3-3-28　硫黄回收尾气治理工艺流程图

尾气在急冷塔内利用循环急冷水来降温。急冷水自急冷塔底部流出，经急冷水泵加压，经急冷水空冷器、急冷水冷却器冷却，循环回急冷塔顶。部分急冷水经急冷水过滤器过滤后返回急冷水泵入口。因尾气冷却后其中的水蒸气被急冷水冷凝产生的酸性水由急冷水泵送至酸性水预处理设施。为了防止酸性水对设备的腐蚀，需向急冷水中注氨，操作中根据 pH 值大小确定注入的氨量。

急冷后的尾气离开急冷塔顶进入尾气吸收塔，用 30%甲基二乙醇胺溶液吸收尾气中的硫化氢，同时吸收部分二氧化碳。从塔顶出来的净化尾气送至尾气焚烧炉焚烧，由燃料气流量控制炉膛温度，尾气中残留的硫化氢及其他硫化物几乎完全转化为二氧化硫。焚烧后的烟气经蒸汽过热器和焚烧炉废热锅炉回收热量后，经烟囱排空。

(3) 主要操作技术条件

① 加氢反应操作条件见表 3-3-13。

② 尾气加热炉操作条件见表 3-3-14。

表 3-3-13 加氢反应器操作条件

名 称	入口温度/℃	出口温度/℃	压力/MPa(g)
加氢反应器	280	320	0.024

表 3-3-14 尾气加热炉操作条件

设备名称	介 质	入口温度/℃	出口温度/℃	操作压力/MPa(g)
尾气加热炉	尾气、燃料气	158	280~320	0.031

③ 急冷塔

塔顶温度：40℃；塔顶压力：0.014MPa(g)。

塔底温度：65℃；塔底压力：0.019MPa(g)。

④ 尾气吸收塔

塔顶温度：40.6℃；塔顶压力：0.01MPa(g)。

塔底温度：40℃；塔底压力：0.014MPa(g)。

⑤ 尾气焚烧炉焚烧温度：700℃。

⑥ 中压蒸汽过热器操作条件见表 3-3-15。

表 3-3-15 中压蒸汽过热器操作条件

设备名称		介 质	入口温度/℃	出口温度/℃	操作压力/MPa(g)
蒸汽过热器	管程	蒸汽	256.2	415	4.4
	壳程	烟气	700	480	常压

⑦ 焚烧炉废热锅炉操作条件见表 3-3-16。

表 3-3-16 焚烧炉废热锅炉操作条件

设备名称		介 质	入口温度/℃	出口温度/℃	操作压力/MPa(g)
焚烧炉废热锅炉	管程	烟气	480	320	常压
	壳程	水、水蒸气	256.2	4.4	

⑧ 排烟气温度：320℃。

(4) 物料消耗

主要消耗指标如下：

3.5MPa 蒸汽　　　-2.72t/h(负号为自产，下同)

0.3MPa 蒸汽　　-3.74t/h

电　　483.6kW·h/h

水　　393.8t/h

燃料　　836.4m^3/h

溶剂(MDEA)　　1.2kg/10^4m^3尾气

(5) 治理效果

尾气处理装置与硫收率为92%~96%的克劳斯制硫装置配套时，总硫收率可达到99.9+%，净化尾气中硫化氢浓度低于500mg/Nm^3。

3.3.4.4 湿式硫酸工艺应用实例

采用克劳斯工艺处理硫化氢废气，并从硫化氢制取硫黄，是一种比较传统的做法，但是长期存在的是其尾气处理经济性的困扰，考虑到在所制取的产品硫黄中，有相当大的一部分将用来进一步生产硫酸，因此将硫化氢直接氧化制取硫酸，又一次成为技术开发的热点。

酸性气制硫酸工艺(以下简称WSA)主要包括酸性气的焚烧、二氧化硫的催化氧化和硫酸蒸气的冷凝三个阶段。在这三个阶段中分别进行下列反应：

$$H_2S+3/2O_2 \longrightarrow SO_2+H_2O+518.6kJ/mol$$

$$SO_2+1/2O_2 \longrightarrow SO_3+96.1kJ/mol$$

$$SO_3(气)+H_2O(气) \longrightarrow H_2SO_4(气)+124.8kJ/mol$$

$$H_2SO_4(气) \longrightarrow H_2SO_4(液)+50.1kJ/mol$$

含硫化氢的酸性气在燃烧炉内过氧状态下充分燃烧，生成二氧化硫和水，过程气经降低温度后进入反应器，在催化剂作用下二氧化硫转化为三氧化硫，从反应器出来的过程气进入WSA冷凝器，温度降低硫酸蒸汽在冷凝器内冷凝，形成硫酸，从气体中分离出来，通过酸雾控制单元对尾气中的酸雾进行控制。

湿式硫酸工艺原料也可以是硫酸烷基化等装置产生的废硫酸，生产工艺的主要不同点是将废硫酸配以燃料气和雾化空气在燃烧炉中高温下裂解生成SO_2气体。

(1) 原料气组成

WSA装置的原料气为来自炼油厂溶剂再生装置和酸性水汽提装置产生的酸性气，其性质及组成见表3-3-17。

表3-3-17　WSA装置原料气组成

原料气组分	单　位	溶剂再生装置	酸性水汽提装置
H_2S	%	60~80	60~80
CO_2	%	10~15	10~30
NH_3	%	<2.0	<2.0
烃类	%	<2.0	<2.0

(2) 生产流程简述

湿式硫酸工艺流程见图3-3-29。

来自炼厂溶剂再生装置与酸性水汽提装置的酸性气经酸性气分液罐分液后，进入硫化氢燃烧炉中焚烧产生二氧化硫工艺气，随后进入废热锅炉产生4.0MPa蒸汽，冷却后工艺气进入二氧化硫反应器，将二氧化硫转化成三氧化硫。

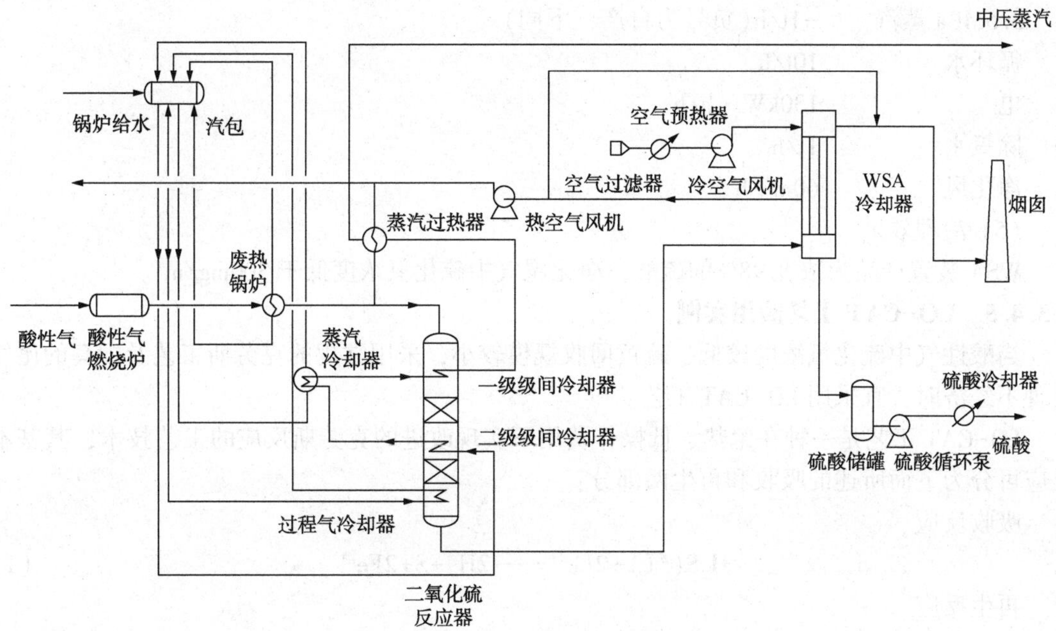

图 3-3-29　湿式硫酸工艺流程图

在二氧化硫反应器中，含二氧化硫的工艺气在三层绝热催化床层上转化。为了使二氧化硫的转化率超过 99%，在两催化床层之间设有冷却器，通过蒸汽冷却工艺气，工艺气离开二氧化硫反应器经进一步冷却后进入 WSA 冷凝器。

进入 WSA 冷凝器的工艺气，被来自冷风机的冷却风在冷凝器内冷凝生成硫酸。在含三氧化硫的气体进入冷凝器之前有一个酸雾控制单元，利用硅油燃烧产生二氧化硅晶核在 WSA 冷凝器将酸雾聚集成酸滴，此晶核有利于在冷凝器内酸滴的析出及长大而不至于形成过多过小的酸雾。

自 WSA 冷凝器流出的硫酸与部分冷却循环酸混合后进入硫酸循环罐，通过酸循环泵进入酸冷却器，然后一部分作冷却循环酸用，另一部分为成品酸由成品酸泵送到硫酸成品中间罐。

由废热锅炉产生的 4.0MPa 蒸汽至蒸汽汽包，然后经蒸汽过热器和第一层间冷却器过热至 420~450℃后出装置并入炼厂蒸汽管网。冷空气经空气过滤器被吸入至冷风机入口，经冷风机压缩后进入 WSA 冷凝器的壳程，与管程内的工艺气进行换热，温度从 15℃升至 200~260℃。从 WSA 冷凝器出来的热风一部分经热风机压缩后，送至硫化氢燃烧炉，供燃烧炉燃烧配风用；另一部分热风与 WSA 冷凝器来的不凝气混合后经排气筒排入大气。

(3) 主要操作技术条件

燃烧炉：温度 1250℃，压力 0.07MPa(g)；

SO_2转化器：温度 380~520℃，压力 0.01MPa(g)；

废热锅炉：温度 440~975℃，压力 0.013MPa(g)；

汽包：温度 275℃，压力 5.85MPa(g)；

WSA 冷凝器：温度 105~290℃，压力 0.01MPa(g)。

(4) 物料消耗

以生产 1×10^4t/a 硫酸产品计，WSA 装置的主要消耗指标如下：

3.5MPa 蒸汽　-1t/h(负号为自产，下同)
循环水　10t/h
电　130kW·h/h
除氧水　1t/h
净化风　$60m^3/h$

(5) 治理效果

WSA 装置产品为浓度 98%的硫酸，净化尾气中硫化氢浓度低于 $300mg/m^3$。

3.3.4.5 LO-CAT 工艺应用实例

当酸性气中硫化氢浓度较低，硫黄回收规模较小，采用常规的克劳斯工艺及配套的尾气处理不经济时，宜采用 LO-CAT 工艺。

LO-CAT 工艺是一种在绝热、低操作费用下实现改进的克劳斯反应的工艺技术，其基本反应可分为下面所述的吸收和再生两部分：

吸收反应

$$H_2S(气)+2Fe^{3+}\longrightarrow 2H^{+}+S+2Fe^{2+} \tag{1}$$

再生反应

$$1/2O_2(气)+H_2O+2Fe^{2+}\longrightarrow 2OH^{-}+2Fe^{3+} \tag{2}$$

将式(1)和式(2)加和就可得到式(3)表示的改进的克劳斯反应

$$H_2S+1/2O_2\longrightarrow H_2O+S \tag{3}$$

在整个反应过程中，铁离子起到了从反应的吸收侧向再生侧传递电子的作用。对于每个生成的硫原子，需要至少两个铁离子来传递电子，此时铁离子起到试剂的作用。然而从整个反应的角度来说，这些铁离子并未消耗，在硫化氢和氧气的反应过程中起了催化作用。

(1) 原料及产品性质

某炼油厂硫黄回收装置规模为：回收硫黄 2000t/a，处理来自酸性水汽提和溶剂再生的混合酸性气，两种酸性气组成见表 3-3-18。

表 3-3-18　两种酸性气组成

组　分	汽提酸性气	再生酸性气
	设计值/%(体积)	设计值/%(体积)
H_2S	33.5	36.2
NH_3	41.1	56.84
HC	0.7	3.76
H_2O	24.7	3.2
合计	100	100

(2) 生产流程简述

LO-CAT 工艺流程见图 3-3-30。

来自溶剂再生装置和酸性水汽提装置的含硫化氢气体酸性气分液后通过吸收/氧化反应器顶部的酸性气扩散分布器进入吸收/氧化反应器的吸收室，酸性气中的 H_2S 与催化剂中的 Fe^{3+} 反应，转化为单质硫和水，Fe^{3+} 还原为 Fe^{2+}。反应后的溶液通过自循环进入氧化室，通过氧化反应鼓风机向氧化室内鼓入大量空气，将 Fe^{2+} 氧化为 Fe^{3+}，再自循环回吸收室与 H_2S 进行反应。生成的单质硫在反应器底部的锥形段沉降后，经硫浆泵送至真空过滤系统脱水，制成含水量约为35%的硫饼，经计量、缝袋后贮存在仓库内，定期装车销售。

反应所需的各种催化剂及化学药剂分别由各自的化学药剂储罐及化学药剂加料泵供应。

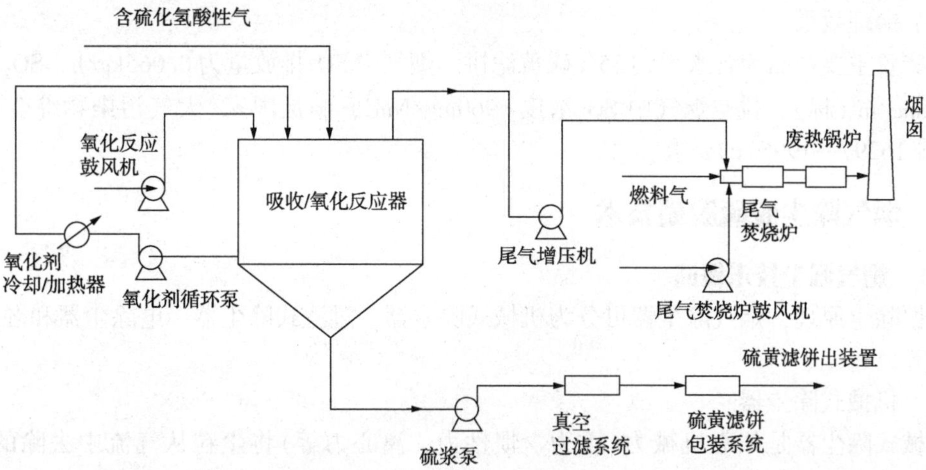

图 3-3-30　LO-CAT 工艺流程图

自吸收/氧化反应器来的尾气分液后通过尾气增压机增压送至尾气焚烧炉焚烧，由燃料气流量控制炉膛温度达到1250℃，将尾气中残留的硫化氢完全转化为二氧化硫，尾气中的氨分解为氮气和水，焚烧后的高温烟气经尾气焚烧炉废热锅炉冷却至300~350 ℃后经烟囱排空。

(3) 主要操作技术条件

吸收/氧化反应器：操作温度52℃，操作压力0. 0069MPa(g)

再生酸性气分液罐：操作温度40℃，操作压力0. 07MPa(g)

汽提酸性气分液罐：操作温度40℃，操作压力0. 07MPa(g)

尾气焚烧炉：炉膛温度1250℃

尾气焚烧废热锅炉操作条件见表3-3-19。

表3-3-19　尾气焚烧废热锅炉

<table>
<tr><th colspan="2">设备名称</th><th>介　质</th><th>入口温度/℃</th><th>出口温度/℃</th><th>操作压力/MPa(g)</th></tr>
<tr><td rowspan="2">尾气焚烧废热锅炉</td><td>管程</td><td>烟气</td><td>1250</td><td>300~350</td><td>常压</td></tr>
<tr><td>壳程</td><td>水、水蒸气</td><td colspan="2">190</td><td>1. 2</td></tr>
</table>

烟囱：排烟气温度300~350℃。

(4) 物料消耗

主要消耗指标如下：

1. 0MPa 蒸汽	-4. 2t/h(负号为自产，下同)
电(380V)	92. 5kW · h/h
电(10kV)	320kW · h/h
新鲜水	3. 5t/h
循环水	35. 3t/h
除盐水	3. 8t/h
除氧水	4. 3t/h

净化空气　　90m^3/h

燃料气　　293m^3/h

(5) 治理效果

该装置主要产品为含水率约35%硫黄滤饼。烟气中SO_2排放量为0.065kg/h，SO_2浓度约为12.2mg/m^3(标)，排空烟气中SO_2浓度<960mg/Nm^3，满足国家《大气污染物综合排放标准》(GB 16297—1996)的要求。

3.3.5 烟气除尘脱硫脱硝技术

3.3.5.1 烟气除尘技术概述

根据除尘原理，烟气除尘器可分为机械式除尘器、过滤式除尘器、电除尘器和湿式洗涤除尘器等。

(1) 机械式除尘器

机械式除尘器是依靠机械力(重力、惯性力、离心力等)将尘粒从气流中去除的装置。特点是结构简单，设备费和运行费均较低，但除尘效率不高。设备类型有重力沉降室、惯性除尘器、旋风除尘器。适用于含尘浓度高和颗粒粒度较大的气流。广泛用于除尘要求不高的场合或用作高效除尘装置的前置预除尘器。

在催化裂化装置上，为回收催化剂微粒和减少粉尘排放，常采用多管式旋风除尘器。

(2) 过滤式除尘器

过滤式除尘器是使含尘气体通过多孔滤料，把气体中尘粒截留下来，使气体得到净化的除尘装置。按滤尘方式有内部过滤与外部过滤之分。内部过滤是把松散多孔的滤料填充在框架内作为过滤层，尘粒是在滤层内部被捕集，如颗粒层过滤器就属于这类过滤器。外部过滤使用纤维织物、滤纸等作为滤料，通过滤料的表面捕集尘粒故称外部过滤，这种除尘方式的最典型的装置是袋式除尘器，它是过滤式除尘器中应用最为广泛的一种，在各行各业有广泛应用。

按过滤介质的不同分为布袋除尘器、滤筒除尘器、塑烧板除尘器；按清灰方式的不同分为在线/离线脉冲喷吹清灰袋式除尘器、反吹清灰袋式除尘器、振打/振动清灰袋式除尘器；按过滤元件形状的不同而有圆袋除尘器、扁袋除尘器、星形袋除尘器。

(3) 电除尘器

电除尘器是利用静电力实现粒子(固体或液体粒子)与气流分离的一种除尘装置。

电除尘器的除尘过程大致分为三个阶段，粉尘荷电、粉尘沉降和清灰。粉尘荷电是指含尘气流通过电场空间时，自由电子、负离子与粉尘碰撞并附着其上；粉尘沉降是指荷电粉尘在电场中受库仑力的作用被驱往集尘极，放出所带电荷而沉积其上；清灰是指集尘极表面的粉尘沉集到一定厚度后，用机械振打等方法将其清除掉，使之落入下部灰斗。放电极也会附着少量灰尘，需要定期清灰。

电除尘器按集尘极的型式可分为管式和板式，按气流流动方向可分为立式和卧式，按粉尘荷电段和分离段的空间布置可分为一段式和两段式，按清灰方式可分为干式和湿式。在工业废气除尘中，卧式的板式干式电除尘器应用最为广泛。

(4) 湿式洗涤除尘器

湿式洗涤除尘器指利用水或其他液体捕集使尘粒分离的装置，它能除尘，也能(吸收)脱除气态污染物，还能实现气体的降温、加湿和除雾等操作。

湿式洗涤除尘器结构简单、造价低、净化效率高。

湿式洗涤除尘器可分为低能和高能两类。低能洗涤器的压降为0.25~1.5kPa，包括喷雾塔和旋风洗涤器等；高能洗涤器，如文丘里洗涤器，压降为2.5~9.0kPa，净化效率可达99.5%以上，排烟中尘粒可能小于0.25μm。

湿式洗涤除尘器可分为重力喷雾洗涤器、旋风洗涤器、自激喷雾洗涤器、板式塔洗涤器、填料塔洗涤器、文丘里洗涤器等。

在美国，文丘里洗涤器广泛应用于催化裂化烟气除尘脱硫。

(5) 电袋复合式除尘器

电袋复合式除尘器是在一个箱体内，前端安装一短电场，后端安装滤袋场，烟尘一侧端引入，首先经过电场区，尘粒在电场区荷电并有80%~90%粉尘被收集下来。(发挥电除尘的优点，降低袋场负荷)。经过电场的烟气部分通过电场区后进入袋区，经滤袋外表面进入滤袋内腔，粉尘被阻留在滤袋外表面，纯净的气体从内腔排气烟道，从烟道排出。

(6) 常用除尘器的类型与性能

常用除尘器的类型与性能列表3-3-20。

表3-3-20 常用除尘器的类型与性能

型式	除尘作用力	除尘器种类	适用范围				不同粒径效率/% 粒径/μm		
			尘粒径/μm	尘浓度/(g/Nm³)	温度/℃	阻力/mmH_2O	50	5	1
干式	惯性、重力	惯性除尘器	>15	>10	<400	20~100	96	16	3
	离心力	中效旋风除尘器	>5	<100	<400	40~200	94	27	8
		高效旋风除尘器			<400	40~200	96	73	27
	静电力	电除尘器	>0.05	<30	<400	10~20	>99	99	86
		高效电除尘器			<400	10~20	100	>99	98
	惯性、扩散与筛分/袋式过滤器	袋式振打清灰	>0.1	3~10	<300	80~200	>99	>99	99
		袋式气环清灰			<300	80~200	100	>99	99
		袋式脉冲清灰			<300	80~200	100	>99	99
		袋式高压反吹			<300	80~200	100	>99	99
湿式	惯性、扩散与凝集	自激式洗涤器	100~0.05	<100	<400	80~1000	100	93	40
		高压喷雾洗涤器		<10	<400	80~1000	100	96	75
		高压文丘里		<10	<800	80~1000	100	>99	93

3.3.5.2 烟气脱硫技术概述

烟气脱硫(Flue gas desulfurization，简称FGD)，按机理可分为吸收法，吸附法和催化净化法；按吸收剂及脱硫产物在脱硫过程中的干湿状态可分为湿法和干法；按脱硫产物的去向可分为抛弃法和回收法。

湿法烟气脱硫技术有石灰石/石灰浆液吸收法、氨吸收法、钠碱吸收法、双碱法、海水吸收法、金属氧化物吸收法、磷铵肥法、亚硫酸钠循环法、有机胺吸收法等。

干法烟气脱硫技术包括喷雾干燥法、烟气循环流化床、活性炭吸附法、催化氧化法等。

日前，世界上应用最多的是石灰石/石灰浆液吸收法中的石灰石 石膏法，约占烟气处理量的85%以上，脱硫石膏可作为建材使用，国内大多抛弃或堆放处理。

氨吸收法可生产硫酸铵肥料，随着设备防腐水平的提高和氨、硫酸铵逃逸率的降低，其应用呈增加趋势。

钠碱吸收法采用氢氧化钠或碳酸钠作为吸收剂，吸收产物硫酸钠随废水排放处理。该法脱硫率高，工艺简单，装置占地小，在催化裂化等工艺烟气处理上有广泛应用。

工业应用的双碱法主要是钠钙双碱法，它采用碳酸钠或氢氧化钠溶液(第一碱)吸收烟气中的 SO_2，生成亚硫酸钠和亚硫酸氢钠混合吸收液，再用石灰(第二碱)再生，制得石膏，再生后的溶液继续循环使用。该法采用钠碱作为吸收剂，脱硫效率高，比钙法结垢程度小，需要不断排出吸收液中累积的硫酸钠。

海水洗涤法是利用海水的天然碱度脱硫，脱硫生成溶解性的钠盐和镁盐被大量的海水接纳，对海洋环境影响很小，但只能在有条件的沿海企业应用。

金属氧化物吸收法中应用较多的是轻烧氧化镁浆液吸收法。轻烧氧化镁来自菱镁矿，主要产自我国的辽东半岛、山东半岛和朝鲜半岛，因此，该法在日本、韩国和我国的台湾应用较多。轻烧氧化镁水解制成氢氧化镁浆液用于脱硫，脱硫产物硫酸镁在水中的溶解度较大，随脱硫废水排放。

亚硫酸钠循环法又称 Wellman-Lord 法，它利用 Na_2CO_3 或 NaOH 溶液作为开始吸收剂吸收烟气中的 SO_2，生成 Na_2SO_3，Na_2SO_3 可继续吸收 SO_2 而生成 $NaHSO_3$。将含 Na_2SO_3-$NaHSO_3$ 的吸收液进行加热再生，放出 SO_2。在加热过程中得到的亚硫酸钠结晶经过固液分离，再用水溶解后返回吸收系统继续使用。该法在国外有一定应用，在国内发展较慢。

干法烟气脱硫具有净化后烟温高、利于烟囱排气扩散、二次污染少等优点，但存在脱硫效率低，反应速度较慢、设备庞大等问题。

3.3.5.3 烟气脱硝技术概述

烟气脱硝技术可分为干法和湿法，干法有选择性催化还原法(SCR)、选择性非催化还原法(SNCR)、电子束法(EB)、脉冲电晕低温等离子体法(PCIPCP)、SNRB 联合控制工艺、SNO_x 工艺、固体吸附/再生法等。湿法有水吸收法、酸吸收法、碱吸收法、液相络合吸收法、尿素溶液吸收法、臭氧氧化碱液吸收法等。

(1) 选择性催化还原法(SCR)

选择性催化还原(Selected CatAlytic Reduction，SCR)法是工业上应用最广泛的一种脱硝技术，理想状态下可使 NO_x 脱除率达到 90% 以上，它利用还原剂(NH_3 或尿素)对 NO_x 的还原功能，在一定温度和催化剂的作用下将 NO_x 还原为对大气没有多大影响的 N_2 和水，主要反应如下：

$$4NH_3+4NO+O_2 \longrightarrow 4N_2+6H_2O$$

$$4NH_3+2NO_2+O_2 \longrightarrow 3N_2+6H_2O$$

在反应条件下，还可能发生以下副反应：

$$4NH_3+3O_2 \longrightarrow 2N_2+6H_2O+1267.1kJ$$

$$2NH_3 \longrightarrow N_2+3H_2-91.9kJ$$

$$4NH_3+5O_2 \longrightarrow 4NO+6H_2O+907.3kJ$$

$$2SO_2+O_2 \longrightarrow 2SO_3$$

$$2NH_3+SO_3+H_2O \longrightarrow (NH_4)_2SO_4$$

$$NH_3+SO_3+H_2O \longrightarrow NH_4HSO_4$$

发生 NH_3 分解为 N_2 和 H_2 或 NH_3 氧化为 NO 的反应都需要在 350℃以上，450℃以上才激烈起来。反应温度 300℃以下，仅有 NH_3 氧化为 N_2 的副反应。

一般要求控制 SO_2氧化为 SO_3转化率小于 1%，它取决于催化剂性质和反应温度。在反应器中，通过提高反应温度到 280℃以上来避免 NH_3和 SO_3生成$(NH_4)_2SO_4$和 NH_4HSO_4；在空气预热器中，主要是通过控制 NH_3和 SO_3浓度来避免$(NH_4)_2SO_4$和 NH_4HSO_4黏液的形成。

SCR 系统布置

燃煤锅炉烟气脱硝反应器有 3 种安装位置，分别称之为高尘、低尘和末端布置，见图 3-3-31。高尘布置安装在空气预热器和静电除尘器之前；低尘布置安装在静电除尘器之后，空气预热器之前；末端布置安装在烟气脱硫(FGD)之后，需要对烟气加热到适宜温度再进 SCR 反应器。

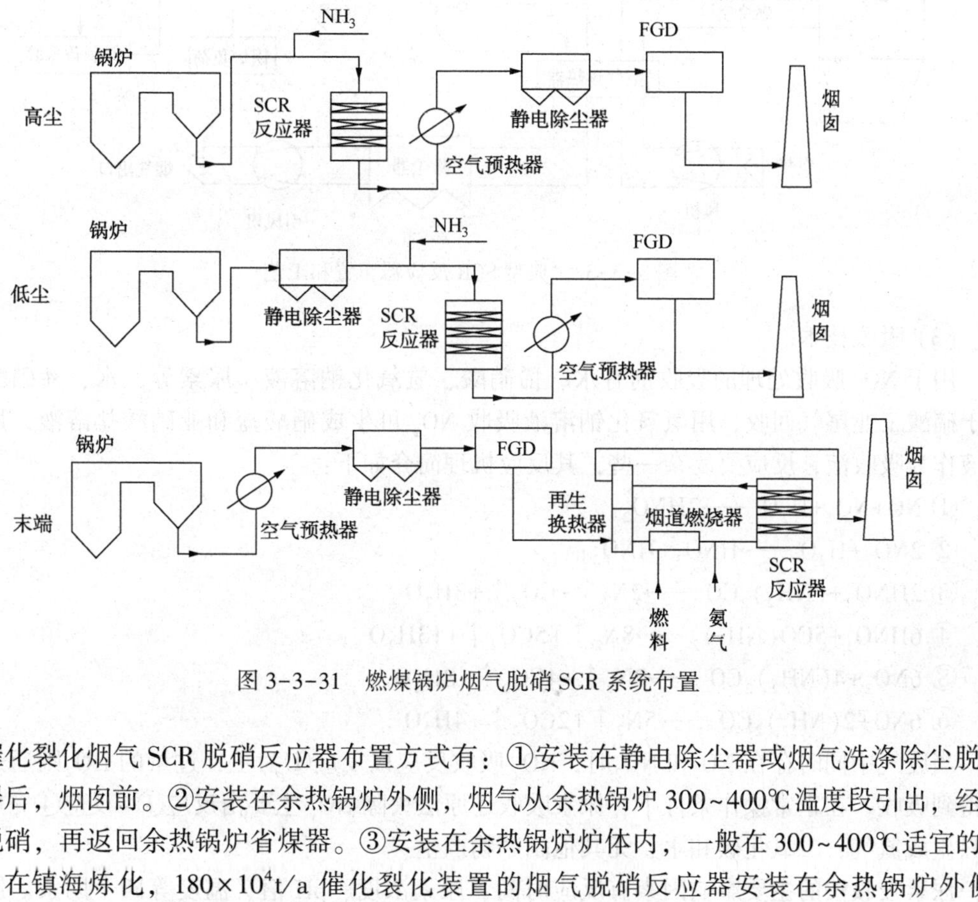

图 3-3-31　燃煤锅炉烟气脱硝 SCR 系统布置

催化裂化烟气 SCR 脱硝反应器布置方式有：①安装在静电除尘器或烟气洗涤除尘脱硫反应器后，烟囱前。②安装在余热锅炉外侧，烟气从余热锅炉 300~400℃温度段引出，经过 SCR 脱硝，再返回余热锅炉省煤器。③安装在余热锅炉炉体内，一般在 300~400℃适宜的温度段。在镇海炼化，180×10^4t/a 催化裂化装置的烟气脱硝反应器安装在余热锅炉外侧，300×10^4t/a 催化裂化装置的烟气 SCR 脱硝反应器安装在余热锅炉内部。

典型 SCR 反应器布置和工艺见图 3-3-32。

(2) 选择性非催化还原(SNCR)法

SNCR(Selected non-CatAlytic Reduction)是向烟气中喷氨或尿素等含有 NH_3基的还原剂，在高温(900~1000℃)和没有催化剂的条件下，通过烟道气流中产生的氨自由基与 NO_x 反应，把 NO_x 还原成 N_2和 H_2O。在此过程中，部分还原剂将与 O_2反应生成 CO_2和 H_2O，因此还原剂消耗量较大。

氨还原适宜温度为 950℃，更高温度则有 NO 生成。

通常 NH_3/NO_x 摩尔比为 1.2~1.5 时，脱硝率只有 35%~45%，脱硝烟气中有较高浓度的未反应氨。

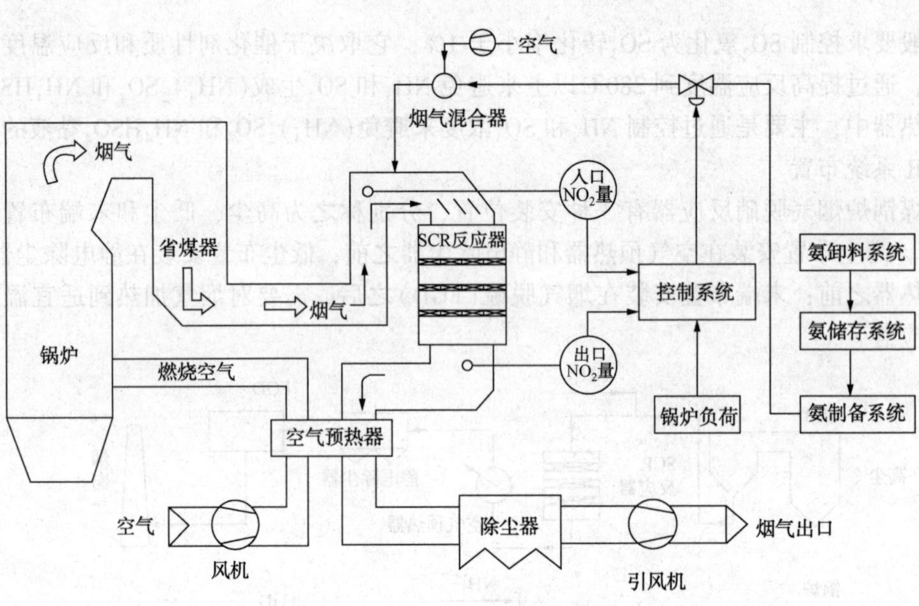

图 3-3-32　典型 SCR 反应器布置和工艺

(3) 吸收技术

用于 NO_x 吸收处理的吸收剂有水、稀硝酸、氢氧化钠溶液、尿素等，水、稀硝酸主要用于硝酸工业尾气回收，用氢氧化钠溶液吸收 NO_x 可生成硝酸盐和亚硝酸盐溶液，用尿素溶液作为吸收液，反应要复杂一些，其反应机理简介如下：

① $NO+NO_2+H_2O \longrightarrow 2HNO_2$

② $2NO_2+H_2O \longrightarrow HNO_3+HNO_2$；

③ $2HNO_2+(NH_2)_2CO \longrightarrow 2N_2\uparrow +CO_2\uparrow +3H_2O$

④ $6HNO_3+5CO(NH_2)_2 \longrightarrow 8N_2\uparrow +5CO_2\uparrow +13H_2O$

⑤ $6NO_2+4(NH_2)_2CO \longrightarrow 7N_2\uparrow +4CO_2\uparrow +8H_2O$

⑥ $6NO+2(NH_2)_2CO \longrightarrow 5N_2\uparrow +2CO_2\uparrow +4H_2O$

当废气中同时存在 NO 和 NO_2时，NO_x 吸收反应以反应①为主，过量的 NO_2则通过反应②得到吸收。在正常操作条件下，尿素吸收还原法去除 NO_x 主要由反应①~反应④完成，反应只生成氮气、二氧化碳和水，无其他副产物产生。

尿素吸收法的主要影响因素有反应时间、尿素浓度、pH 值、温度等四个因素。影响大小顺序为：反应时间>尿素浓度>pH 值>反应温度。其中尿素浓度应根据废气中的 NO_x 浓度选择，浓度过低会影响 NO_x 的去除效率。

3.3.5.4　催化裂化(FCC)烟气除尘脱硫脱硝技术

催化裂化再生烟气中的硫含量约占加工原油中总硫含量的 15%~20%。控制 FCC 中 SO_x 排放的方法主要有：一是采用低硫原料或原料油加氢预处理。FCC 原料加氢预处理，投资大，操作费用高，常作为降低 FCC 汽柴油硫含量、生产清洁燃料的方法使用，它可以改善进料的裂化性能和产品分布，提高装置加工能力和轻油收率，降低干气和焦炭产率，降低催化剂消耗，同时，可大幅度减少再生烟气中的 SO_x 和 NO_x 含量，有的装置 SO_x 可降低 90%；二是使用硫转移催化剂；三是烟气脱硫，其工艺与燃煤烟气脱硫类似，由于考虑到装置内工作环境问题，一般采用钠碱吸收法。

这里主要介绍硫转移催化剂和钠碱洗涤工艺。根据资料报道，硫转移催化剂法的不足之处在于它或多或少地影响了催化裂化装置的生产能力及其生产油的性质，另外硫转移催化剂本身成本也较高，因此要获得一定规模的应用，还有待技术的进一步发展。

石油加工是一个排放大量 NO_x 的生产过程，当加工高氮原油及重质油时尤为严重。石油加工过程的此类污染物主要排放源有催化裂化(FCC)再生器、加热炉，通常，催化裂化再生器的排放量最大。2005 年前，美国控制 FCC 烟气中 NO_x20mg/g(约 25.8mg/Nm^3)；2006 年美国 EPA 开始实施更为严格的排放标准，NO_x 全年平均不超过 20mg/g。因此，在美国，大多数催化裂化装置配套了烟气脱硝设施。

应用于 FCC 烟气脱硝的工程化技术有 SCR 法、SNCR 法和 $DeNO_x$ 助剂。

(1) 催化裂化烟气硫转移催化剂法脱硫

① 原理

硫转移助剂是一种既能降低催化裂化烟气中硫氧化物排放量，又可钝化重金属对催化剂污染的多功能助剂。

硫转移助剂可分为固体硫转移助剂和液体硫转移助剂。固体硫转移助剂根据所用载体不同又大致分为氧化铝基和镁铝尖晶石基两大类，其中氧化镁和氧化铝等载体的主要功能是在再生器内吸收 SO_3，而在反应器中释放出 H_2S；活性组分氧化铈和五氧化二钒的主要功能是在再生器中将 SO_2 氧化成 SO_3。由于固体硫转移助剂没有催化活性，对催化裂化催化剂具有稀释作用，相当于减少了催化裂化催化剂的用量，还影响产品的分布，因此它的使用比例不能超过系统催化剂藏量的5%，这样又影响了脱硫效率的进一步提高。

液体硫转移助剂是一种可以与水任意比例混合的多功能助剂，其硫转移机理与固体硫转移助剂相同，它由钝化剂加注系统，与催化裂化进料、钝化剂等一起进入反应器，在反应条件下分解后，其有效成分均匀吸附并沉积在催化剂表面，从而发生转硫效果。

催化剂再生烧焦时，焦炭中的硫和氧反应，生成二氧化硫和三氧化硫：

$$S+O_2 \longrightarrow SO_2(90\%)+SO_3(10\%)$$

$$SO_2+1/2O_2 \longrightarrow SO_3$$

加入硫转移助剂(MO)后，三氧化硫将进一步氧化成硫酸盐：

$$MO+SO_3 \longrightarrow MSO_4$$

然后，在提升管反应器内的还原气氛下，硫酸盐被还原成硫化氢，进入干气中：

$$MSO_4+4H_2 \longrightarrow MO+H_2S+3H_2O$$

$$MSO_4+4H_2 \longrightarrow MS+4H_2O$$

在汽提段，则发生如下反应：

$$MS+H_2O \longrightarrow MO+4H_2S$$

硫转移助剂的使用还和催化剂的再生工况有关，如完全燃烧方式，脱硫效果较好，如不用助燃剂，脱硫效果会下降 30%~50%，如为部分燃烧方式，则脱硫效果几乎降低了一半。

② 流程和设备

本方法不需要增加设备投资，或对装置进行改造。

作用机理如图 3-3-33 所示。催化裂化催化剂再生时，在再生器中加入硫转移助剂，使硫氧化物氧化成硫酸盐而被吸附在硫转移助剂的活性中心上，然后随之进入提升管反应器和汽提段，被还原和水解生成硫化氢，再与催化裂化生成物一起出催化剂再生系统，经分馏和汽提，得到硫化氢，送克劳斯制硫装置回收。

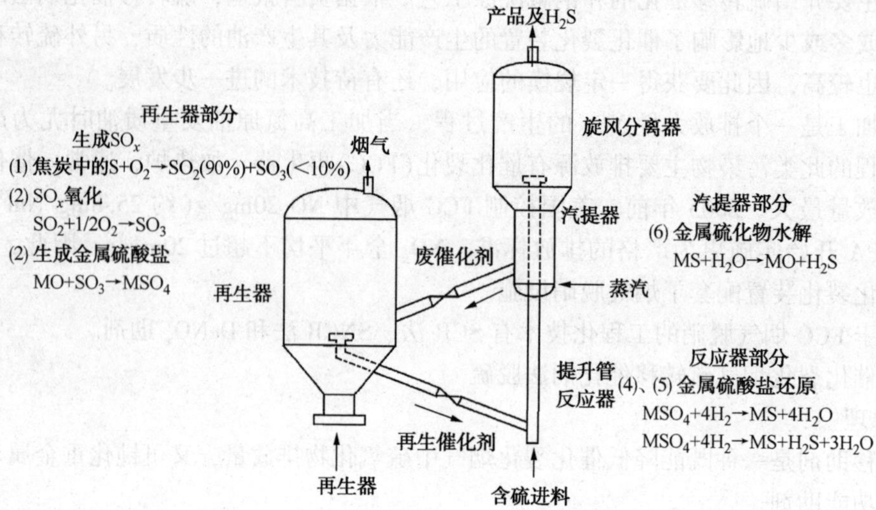

图 3-3-33　硫转移助剂作用机理示意图

③ 处理效果

国内外实践表明，使用硫转移助剂，能够使催化裂化再生烟气中约 50%~70%的硫氧化物得以去除，对于处理能力为 600kt/a 的重油催化裂化装置，加工原料中硫含量平均为 0.85%时，每年可以减少 SO_x 排放量 510t，它们以硫化氢的形式转移到催化干气中，从而增加硫黄回收量 225t，而且并不明显地影响催化裂化产品分布和质量，有效地降低了再生烟气中硫氧化物的排放量，同时，也减缓了余热锅炉的露点腐蚀。

2013 年，中国石化在几家企业组织了硫转移助剂应用试验，结果如下：

在 LY 炼油厂催化裂化装置上，硫转移剂投加量达到催化剂藏量的 3%，烟气中 SO_2浓度明显降低，硫进入干气和含硫废水中，催化剂活性由 63~64 降到 61~62，降低 2 个单位，烟气中 SO_2浓度不能有效控制在 200mg/m^{3}以下，硫转移剂费用较高。

在 GZ 炼油厂催化裂化装置上，硫转移剂投加前，再生烟气 SO_2浓度约 600mg/m^3，按硫转移剂投加量 270kg/d，投加后烟气 SO_2可基本控制在 200mg/m^{3}以下。

（2）催化裂化烟气钠碱洗涤法脱硫

① 原理

采用 NaOH 溶液作为脱硫吸收剂。再生烟气中的 SO_2溶于水，发生离解并与 30%的 NaOH 溶液发生反应，生成溶解度大的亚硫酸钠、亚硫酸氢钠，由于烟气中 SO_3和 O_2存在，还将发生亚硫酸盐和亚硫酸氢盐的氧化副反应，生成硫酸盐。具体反应机理如下：

洗涤塔内脱硫反应：

$$SO_2(g)+H_2O \longleftrightarrow H_2SO_3$$

$$H_2SO_3+2NaOH \longleftrightarrow Na_2SO_3+2H_2O$$

$$Na_2SO_3+H_2SO_3 \longleftrightarrow 2NaHSO_3$$

$$2NaOH+SO_3 \longrightarrow Na_2SO_4+H_2O$$

废吸收液氧化副反应：

$$2Na_2SO_3+O_2 \longrightarrow 2Na_2SO_4$$

$$2NaHSO_3+O_2 \longrightarrow 2Na_2SO_4$$

② 流程和设备

催化裂化再生烟气湿式钠碱脱硫工艺主要由吸收剂供应、烟气洗涤净化塔、排液氧化罐和公用工程等单元系统组成。中国石化新型湍冲文丘里FCC烟气除尘脱硫及其废水处理工艺见图3-3-34。

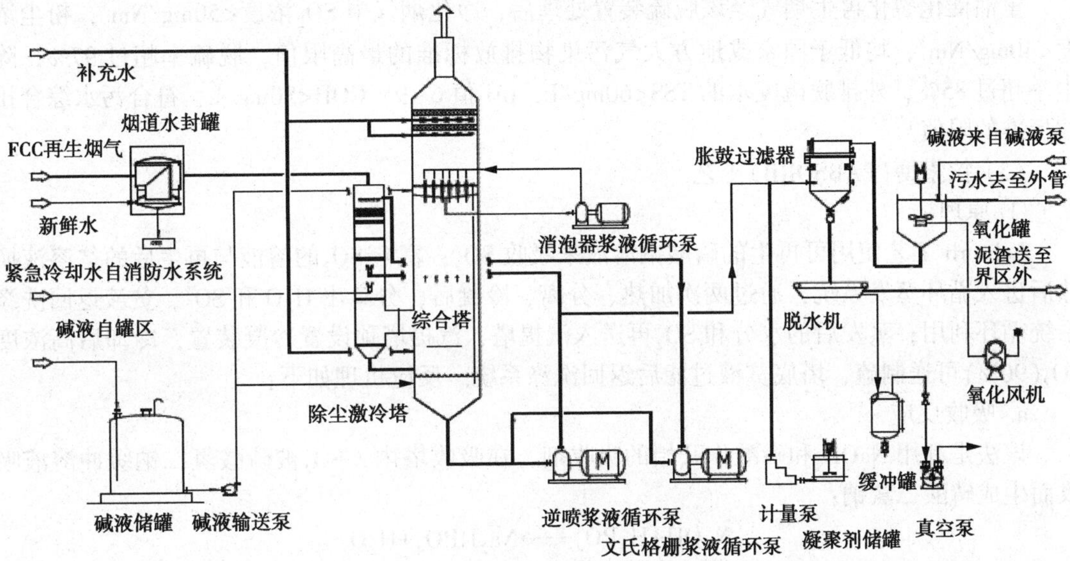

图3-3-34　FCC烟气除尘脱硫工艺流程

烟气处理主要由急冷预除尘脱硫塔和综合塔构成，急冷预除尘脱硫塔内顺序安装有文丘里格栅和湍冲逆喷喷头；综合塔内顺序安装有消泡器，人字形除雾器和立式圆筒除雾器。废水处理单元顺序安装有胀鼓过滤器，上清液氧化罐和过滤浓缩液真空带式脱水机。有关功能如下：

a. 激冷预除尘脱硫：自CO余热锅炉来的160~200℃烟气，首先进入除尘激冷塔依次经文丘里格栅和湍冲逆喷，实现高温烟气的激冷降温和预除尘脱硫，温度降至60℃左右，并去除绝大部分粉尘和SO_2。

b. 深度除尘脱硫：在综合塔设置消泡器，烟气在通过消泡器液膜过程中，烟气中的剩余粉尘和SO_2被强化脱除。

c. 除雾：脱硫净化烟气依次经过人字形除雾器和立式圆筒除雾器去除净化烟气中的液滴，净化烟气由综合塔顶排气筒排入大气。

d. 脱硫废水/污泥处理：脱硫废水首先经胀鼓过滤器实现污泥浓缩，浓缩液依次经过浆液浓缩缓冲罐和真空带式脱水机实现固液分离，固体装袋外运，上清液进入氧化罐，经空气强制氧化去除废水中COD后，达标排放。

③ 主要工艺参数

某炼油厂180×10^4t/a重油催化裂化烟气脱硫装置的工艺设计参数为：

处理烟气量185000Nm^3/h；

装置进口SO_2浓度900mg/Nm^3，出口SO_2浓度≤100mg/Nm^3；

装置进口烟气温度180~200℃，出口温度61.2℃；

装置进口烟尘浓度300mg/Nm^3，出口浓度≤50mg/Nm^3；

设计液气比2L/m^3，循环液pH值6~9。

④ 物料消耗

烟气脱硫装置的年消耗指标为：

烟机功率损失 400kW；工艺水耗 23t/h；30%NaOH 碱耗 0.7t/h；絮凝剂 20t/a。

⑤ 治理效果

重油催化裂化再生烟气经该脱硫装置处理后，净化烟气中 SO_2浓度<50mg/Nm^3，粉尘浓度<40mg/Nm^3，均低于国家或地方大气污染物排放标准的最高限值，脱硫率超过 97%，除尘率超过 85%；外排脱硫废水的 TSS<60mg/L，pH 值 6~9，COD<30mg/L，符合污水综合排放标准的限值。

（3）拉索博（LABSORB）工艺

① 原理

Labsorb 工艺使用可再生的磷酸钠溶液来吸收 SO_2，富含 SO_2的溶液与再生后的贫溶液换热后进入循环蒸发系统，通过两次加热、分离、冷凝后，分离出 H_2O 和 SO_2，贫液返回洗涤系统循环利用；蒸发后的水分和 SO_2再送入汽提塔，汽提塔顶设置冷凝装置，冷却后高浓度 SO_2（90%）可送制硫，塔底贫液过滤后返回洗涤系统。反应机理如下：

a. 吸收反应

该法是利用 NaOH 和磷酸作开始的吸收剂，在吸收塔内，SO_2被磷酸氢二钠缓冲溶液吸收而生成磷酸二氢钠：

$$NaOH+H_3PO_4 \longrightarrow Na_2HPO_4+H_2O$$

$$Na_2HPO_4+H_2O+SO_2 \longrightarrow NaH_2PO_4+NaHSO_3$$

b. 再生反应

$$NaH_2PO_4+NaHSO_3 \longrightarrow Na_2HPO_4+H_2O+SO_2$$

② 工艺设备

Labsorb 脱硫工艺主要由脱硫系统（包括预洗涤器、吸收塔）、再生系统（强制循环蒸发器、汽提塔、冷凝器）、气-气换热器、冷凝器和机泵、公用工程等组成。具体工艺流程见图 3-3-35。

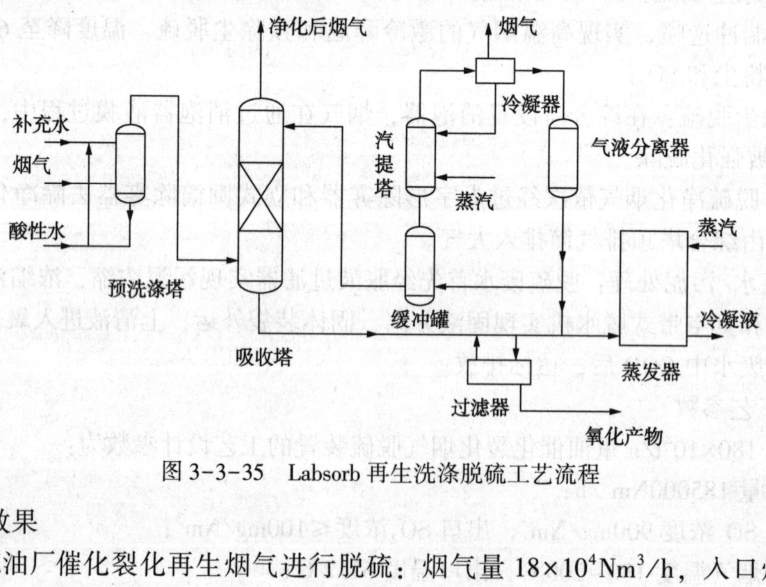

图 3-3-35　Labsorb 再生洗涤脱硫工艺流程

③ 处理效果

某国外炼油厂催化裂化再生烟气进行脱硫：烟气量 $18\times10^4Nm^3/h$，入口烟气 SO_2浓度 1700mg/Nm^3，出口烟气 SO_2浓度低于 250mg/Nm^3，可产生 SO_2气体 450kg/h，送克劳斯装置制硫黄。

(4) 康士富(CANSOLV)工艺

① 原理

Cansolv 工艺是基于一种特殊合成的可再生双胺吸收剂来吸收烟气中的 SO_2，吸收的含 SO_2胺富液经再生后，贫液返回吸收系统循环利用，再生后高浓度 SO_2根据后续工艺需要可以去硫黄装置、制取液体 SO_2或制硫酸。反应机理如下：

吸收反应：

$$R_1R_2N-R_3-NR_4R_5+HX \longrightarrow R_1R_2NH^+-R_3-NR_4R_5+X^-$$

$$R_1R_2NH^+-R_3-NR_4R_5+SO_2+H_2O \longrightarrow R_1R_2NH^+-R_3-NH+R_4R_5+HSO_3^-$$

再生反应：

$$R_1R_2NH+-R_3-NH+R_4R_5+HSO_3- \longrightarrow R_1R_2NH+-R_3-NR_4R_5+SO_2+H_2O$$

② 工艺流程和主要设备

该工艺由烟气预洗涤、溶剂吸收、溶剂再生、热稳定盐净化等系统组成。热烟气在预洗涤器内与急冷水直接逆向接触，实现烟气除尘、降温。急冷后烟气与再生系统来的贫胺液逆向接触吸收 SO_2，净化烟气排入烟囱。吸收了 SO_2的富胺液经泵打入再生系统再生，产生高浓度 SO_2去制硫装置，贫液返回吸收塔循环利用。具体工艺流程见图 3-3-36。

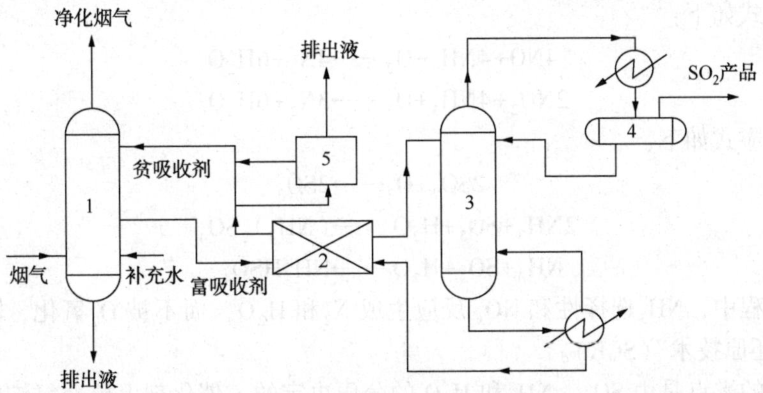

图 3-3-36　Cansolv 脱硫工艺流程

1—吸收塔；2—换热器；3—吸收剂再生塔；4—气液分离器；5—吸收剂纯化装置

主要设备有：吸收塔、换热器、吸收剂再生塔、气液分离器、吸收剂纯化装置。

③ 处理效果

国外某克劳斯尾气焚烧炉烟气处理装置的烟气处理量 12000Nm^3/h，二氧化硫含量 1%，净化烟气排放二氧化氯浓度小于 30ppmv，脱硫效率 99.9%。二氧化硫的吸收温度为 55～60℃，每解吸 1kg 二氧化硫需水蒸气大于 7kg，烟气净化浓度 450mg/Nm^3，吸收液的吸收温度与溶液的 pH 值直接影响脱硫的效率与水蒸气的消耗量。被捕集的 SO_2返回克劳斯装置，可增加硫黄产量。

2014 年，中国石化沧州分公司的 Cansolv 工艺催化裂化烟气脱硫装置建成投产，净化烟气 SO_2小于 100mg/m^3，达标排放。

(5) NH_3选择性催化还原脱硝(SCR)工艺

1986 年，第一套应用在 FCC 烟气上的 SCR 装置在日本的 Saibu Oil Co. Yamaguchi 投入运行。到 2005 年，国外有近 20 套处理 FCC 烟气的 SCR 装置运行，主要在日本和欧洲，NO_x去除率最高达到 94%，其中 1 套已运行 16 年，9 套已运行 10 年，催化剂最长的使用寿命是

12年。2012年底，国内第一套FCC烟气SCR脱硝装置在镇海炼化建成投产。SCR技术是目前国际上电站锅炉烟气脱硝的主流技术，从SCR工艺去除率和工业应用情况看，该工艺是目前最适合处理FCC烟气的工艺，SCR技术在国外，尤其是那些对 NO_x 排放严格限制的国家，如德国、日本及欧洲等国家有较为广泛的应用。

市场上主要的催化剂类型可分为平板式和蜂窝式两种，平板式催化剂板与板空隙较大，阻力较小，但是单位体积接触面积小，需要的催化剂量很大，但是由于具有金属骨架，强度较好。蜂窝式催化剂单位体积有效面积大，要达到相同的脱硝效果，需要的催化剂的量比平板要小。SCR催化剂可以用贵金属催化剂，也可以用非贵金属催化剂，以蜂窝陶瓷、二氧化硅、活性氧化铝、二氧化钛等为载体，一种或多种活性氧化物为主要活性成分。最常用的催化剂活性组分是钒(V)、钛(Ti)和钨(W)。

① 原理

将 NH_3 作还原剂喷入含 NO_x 的烟气中，在催化剂存在的条件下，反应温度280~400℃，NH_3 与 NO_x 发生催化还原反应，反应产物为 N_2 和 H_2O。

反应过程中，NH_3 选择性与 NO_x 反应，而不是 O_2，因此该工艺称为选择性催化氧化工艺SCR。

主要反应式如下：

$$4NO+4NH_3+O_2 \longrightarrow 4N_2+6H_2O$$

$$2NO_2+4NH_3+O_2 \longrightarrow 3N_2+6H_2O$$

主要副反应式如下：

$$2SO_2+O_2 \longrightarrow 2SO_3$$

$$2NH_3+SO_3+H_2O \longrightarrow (NH_4)_2SO_4$$

$$NH_3+SO_3+H_2O \longrightarrow NH_4HSO_4$$

在反应过程中，NH_3 选择性和 NO_x 反应生成 N_2 和 H_2O，而不被 O_2 氧化，因此反应称为“选择性催化还原技术”(SCR)。

硫酸氢铵的露点是由 SO_3、NH_3 和 H_2O 的分压决定的，催化剂上硫酸氢铵的形成取决于催化剂孔道的毛细管作用力。为避免硫酸氢铵的生成，通常要求反应温度在280℃以上。

② 流程和设备

SCR烟气脱硝系统包括还原剂制备单元和SCR脱硝反应单元两部分。图3-3-37为催化裂化烟气脱硝工艺流程。

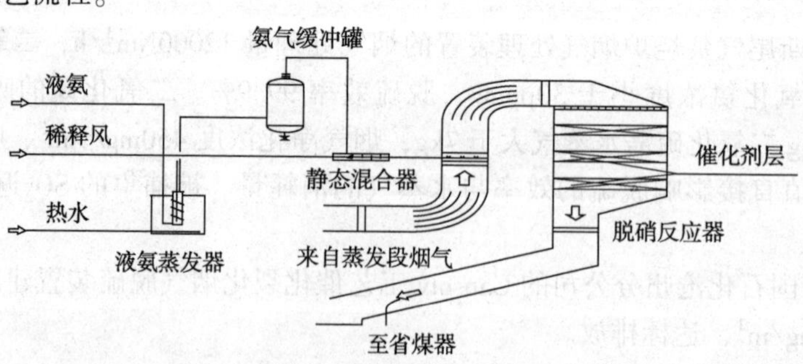

图3-3-37　催化裂化烟气脱硝工艺

还原剂制备单元：由厂区来的液氨首先进入液氨蒸发器，经厂区热水换热升温汽化，进入氨气缓冲罐待用。如果是气氨，可直接进入缓冲罐。

SCR 脱硝反应单元：引自余热锅炉蒸发段的锅炉烟气，经烟道进入 SCR 脱硝反应器；来自脱硝剂制备单元氨气缓冲罐的氨气进入氨/空气混合器，与来自稀释风机的空气按一定比例混合，氨/空气混合气体经氨喷射系统自 SCR 脱硝反应器前部烟道喷入原烟气中，并与原烟气均匀混合，然后进入 SCR 脱硝反应器；在 SCR 脱硝反应器中，氨与烟气中的 NO_x 在催化剂的作用下发生还原反应，生成 N_2 和 H_2O，净化后的烟气返回省煤器继续回收热量。

如果是新建余热锅炉，可以将催化剂床层直接布置在锅炉内部适宜的温度段。

SCR 为下行式设计，装有两层催化剂，并预留出第三个床层的位置。从 SCR 出来的烟气再经过碱洗涤除尘脱硫后从塔顶高烟囱排放。所有的 CEMS 分析仪都放在烟囱。在 SCR 的上游的管道中装有 NO_x、SO_x 和粉尘分析仪用以考察 SCR 的性能。国外有的 SCR 还设有旁路以防 CO 燃烧器出现高温或者 SCR 催化剂失活。当旁路上的粉尘仪测出固体物质过多，以及 SCR 装置因固体堵塞而产生较高压降时，也可以使用旁路。国内环保局不允许有旁路设计。

③ 工艺设计条件

某炼油厂催化裂化烟气脱硝装置进出口设计参数列表 3-3-21。

表 3-3-21　某催化裂化烟气脱硝装置进出口设计参数

装置入口	装置出口
烟气流率：185000Nm^3/hr	NO_x：100mg/Nm^3
SO_2：900mg/Nm^3	NH_3逃逸：<3mg/Nm^3
SO_3：50mg/Nm^3	
NO_x：160~240mg/Nm^3	
粉尘：正常 300mg/Nm^3，最大 20g/Nm^3	

④ 催化剂

催化剂是以纤维加强的钛(TiO_2)为载体的蜂窝状整体结构，负载钒(V_2O_5)和钨(WO_3)。该催化剂具有抗热冲击，耐磨损，抗中毒的性能，失活速率低、机械寿命长。其波纹结构的孔道尺寸主要由烟气中颗粒物的多少决定。为便于使用，催化剂为盒式模块，可以用电动或是手动提升工具搬运催化剂模块，不需要复杂的内部装卸系统。

⑤ 处理效果

在装置运行期间，SCR 的压降保持不变，并且低于保证值，同时 NO_x 的去除率高于保证值。从开始运行以来，出口的 NO_x 基本维持在 20~50mg/Nm^3，优于设计值。SCR 的入口温度保持在 300℃到 350℃之间，在 SCR 反应器出口氨浓度小于 2mg/Nm^3。

(6) $DeNO_x$ 助剂

传统的 Pt 基 CO 燃烧促进剂会增加 NO_x 排放量，因此，Grace Davison、Engelhard 等公司开发了 XNO_x、OxyClean 等品牌的低 NO_x 燃烧促进剂，它们能够在满足二次燃烧和 CO 指标控制要求的同时，基本不增加 NO_x 排放量。

另一种减少 FCCU NO_x 排放的添加剂是 NO_x 还原添加剂，它能够促进 CO 与 NO_x 反应生成 N_2 和 CO_2。国外生产这种添加剂的公司有 Grace Davison、Akzo-Nobel 和 Engelhard。Engelhard公司的 $CLEANO_x$ 添加剂，能够在维持传统的 Pt 基 CO 燃烧促进剂用量、正常的二次燃烧温度和投加量占催化剂藏量 0.7%的情况下，减少 NO_x 排放量50%，对操作和生产无不良影响。许多硫转移催化剂也有减少 NO_x 排放的功能。

① 助剂简介

降 NO_x 助剂是一种以降 NO_x 为主，又具有 CO 助燃作用的双功能助剂，在配方设计中采用大孔活性载体，并辅之稀土金属、过渡金属等活性组分，表 3-3-22 是某种助剂的物理性质。

表 3-3-22　某品牌降 NO_x 助剂的物理性质

项　目	数　值	筛分组成	
堆密度/(kg/m³)	845	<20μm	3.87%
孔体积/(mL/g)	0.135	20~40μm	16.74%
比表面积/(m²/g)	227	40~80μm	46.10%
磨损指数/%	2.1	80~120μm	20.90%
		>120μm	12.39%

② 某装置主要操作条件

某催化裂化装置主要操作参数见表 3-3-23。

表 3-3-23　某催化裂化装置主要操作参数

原料处理量/(t/h)	93	再生压力/kPa	165
渣油掺炼量/(t/h)	8.8	再生器密相温度/℃	692
渣油掺炼率/%	9.43	再生器稀相温度/℃	699
反应温度/℃	499	主风量/(m³/h)	47681
反应压力/kPa	135	(烟气中氧)含量/%	2.8
进料预热温度/℃	332		

③ 处理效果

降低催化裂化再生烟气 NO_x 助剂具有良好功能，助剂一次性加入 3%，并且每天按照催化剂单耗的 3%补入，可使再生烟气中 NO_x 含量从 1400mg/m³ 左右降至 600mg/m³ 以下，当助剂补入量由催化剂单耗的 3%提高到 5%，再生烟气中 NO_x 含量可降至平均为 350mg/m³，降低 NO_x 排放 75%。同时助剂对生产操作、产品质量及产品分布无不良影响。

3.3.5.5　燃煤锅炉烟气除尘脱硫脱硝技术

(1) 燃煤锅炉烟气脱硫技术

① 湿式石灰石/石灰-石膏法烟气脱硫工艺

湿式石灰石/石灰-石膏法烟气脱硫工艺适用于燃煤锅炉，其经济性规模 670t/h 锅炉或 (80~90)×10⁴m³/h 烟气量，相当于 200MW 以上机组的大型火电厂。

湿式石灰石/石灰-石膏法是一种比较成熟的工艺，由于工艺条件和设备的不同，形成了多种多样的专利，例如为解决装置的结垢堵塞问题，出现了控制吸收液过饱和现象或使用添加剂(镁离子、氯化钙、己二酸)的办法，也有向吸收液中加入二水硫酸钙晶种，来提供足够的沉积表面，以减少固体物在设备表面的结垢等，因此在选择时必须充分注意各种技术的特点。

a. 原理

采用石灰石或石灰作为脱硫剂。石灰石经破碎磨细成粉状与水混合搅拌制成吸收浆液；当采用石灰为吸收剂时，石灰粉经消化处理后加水制成吸收浆液。在吸收塔内，吸收浆液与烟气接触混合，烟气中二氧化硫与浆液中的氢氧化钙或碳酸钙发生如下反应：

$$Ca(OH)_2+SO_2 \longrightarrow CaSO_3 \cdot 1/2H_2O+1/2H_2O$$

$$CaCO_3+SO_2+1/2H_2O \longrightarrow CaSO_3 \cdot 1/2H_2O+CO_2$$

吸收液偏酸性时，亚硫酸钙与二氧化硫进一步反应，生成亚硫酸氢钙：

$$CaSO_3 \cdot 1/2H_2O+SO_2+1/2H_2O \longrightarrow Ca(HSO_3)_2$$

亚硫酸钙和亚硫酸氢钙均不稳定。在吸收浆液与烟气接触混合时，可在塔底向吸收浆液中鼓入氧化空气，将其进一步氧化为石膏(硫酸钙)：

$$2CaSO_3 \cdot 1/2H_2O+O_2+3H_2O \longrightarrow 2CaSO_4 \cdot 2H_2O$$

$$2Ca(HSO_3)_2+O_2+2H_2O \longrightarrow 2CaSO_4 \cdot 2H_2O+2SO_2$$

脱硫后的烟气经除雾器除去带出的细小液滴，经换热器加热升温后排入烟囱。脱硫石膏经脱水后回收或抛弃。由于吸收浆液循环利用，脱硫吸收剂利用率较高。

b. 工艺流程和主要设备

在一个典型的钙法脱硫系统中，主要设备包括：喷淋塔、水力旋流器、离心过滤器除尘器、压缩机等。喷淋塔底部是一个持液槽，石灰石进入持液槽，循环泵将石灰石浆液从槽内抽出送到喷淋塔顶部以高液气比通过喷嘴喷淋，吸收液再落到塔底持液槽循环使用。空气也被喷入罐底持液槽使吸收的SO_2转化成SO_3和石膏沉淀物。通过采用水力旋流器来循环处理洗涤器浆液，石膏会不断被移出洗涤回路。通过此过程大晶体被移除，细骨料则返回洗涤器。虽然在某些情况下石膏被直接送到现场堆成堆，但通常是要么离心分离要么过滤。回收液返回到洗涤器，用于制备石灰石浆液。在化学和配置方面有很多变化。其中比较突出的是千代田 121 工艺，它利用喷射沸腾反应器进行气体接触而不是喷雾塔和采用两段洗涤的 Noell/RC 技术。一些系统使用缓冲添加剂来提高SO_2去除率。生产的商品级石膏通常需要洗涤石膏以及净化液体以便控制会污染产品的杂质的累积。

c. 主要工艺参数

某石灰石-石膏法烟气脱硫装置的工艺参数列表 3-3-24。

表 3-3-24　某石灰石-石膏法烟气脱硫装置工艺参数

处理烟气量	$108.72\times10^4 m^3/h$	浆液 pH 值	5.3
装置进口 SO_2 浓度	$3707mg/m^3$	石灰石粉细度	250 目筛余 5%
装置出口 SO_2 浓度	$177mg/m^3$	石灰石纯度	$CaCO_3$>90%
脱硫率	>95%	脱硫石膏纯度	$CaSO_4 \cdot 2H_2O$>90%
装置进口烟气温度	142℃	电	86320MWh/a
装置出口烟气温度	>90℃	石灰石	25610t/a
装置进口烟尘浓度	$156mg/m^3$	工业水	1495000t/a
装置出口烟尘浓度	$33mg/m^3$	蒸汽	65000t/a
设计液气比	$26L/m^3$		

d. 治理效果

烟气经该脱硫装置处理后，二氧化硫和烟尘浓度均低于当地现行国家物排放标准，脱硫率超过 95%，除尘率约为 80%。

② 氨吸收法脱硫工艺

氨法脱硫工艺都是利用氨与SO_2、水反应生成脱硫产物而进行的，主要有湿式氨法、电子束氨法、脉冲电晕氨法、简易氨法等。其中，湿式氨法是目前较成熟、已工业应用的氨法脱硫工艺，根据过程和产物的不同，湿式氨法又分为氨-酸法、氨-硫铵法、氨-亚硫酸铵法。以下是氨-硫铵法(指副产物硫酸铵)的应用实例。

a. 原理

氨-硫铵法反应原理如下：

$$SO_2+H_2O═══H_2SO_3$$

$$H_2SO_3+2NH_3+H_2O═══(NH_4)_2SO_3$$

$$(NH_4)_2SO_3+H_2SO_3═══2NH_4HSO_3$$

$$(NH_4)_2SO_3+1/2O_2═══(NH_4)_2SO_4$$

$$NH_4HSO_3+1/2O_2═══NH_4HSO_4$$

$$NH_4HSO_4+NH_3+H_2O═══(NH_4)_2SO_4$$

b. 工艺流程和主要设备

湿式氨法脱硫工艺由烟气系统、吸收塔系统、公用工程系统(包括氨储运系统、硫酸铵脱水干燥系统、工艺水、仪表风等)。具体流程见图3-3-38。

主要设备包括：液氨储罐、氨蒸发器、吸收氧化塔、循环泵、水力旋流器等。

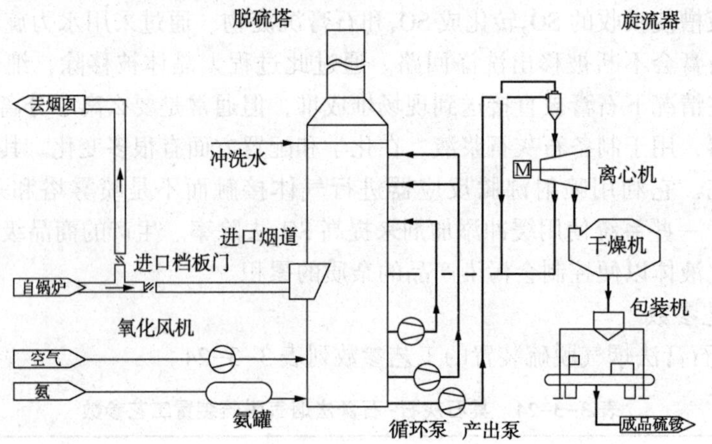

图 3-3-38　氨-硫铵法脱硫工艺流程图

c. 主要工艺参数

某氨法烟气脱硫装置的工艺参数列表3-3-35。

表 3-3-35　某氨法烟气脱硫装置工艺参数

处理烟气量	$54.28×10^4m^3/h$	除尘效率	70.6%
装置进口平均SO_2浓度	$1218mg/m^3$	装置出口氨含量	2.82ppmv
装置出口平均SO_2浓度	$52.97mg/m^3$	液气比	$3.14L/m^3$
平均脱硫率	96.53%	浆液pH值	5.2~5.8
装置进口烟气温度	138℃	硫酸铵产品	GB 535—95一级品标准
装置出口烟气温度	57℃	电	24494MWh/a
装置进口烟尘浓度	$544mg/m^3$	氨	7308t/a
装置出口烟尘浓度	$161mg/m^3$	工业水	209160t/a

d. 治理效果

该氨法脱硫装置入塔烟气量平均为54.2×$10^4m^3/h$，出塔烟气量平均为69.9×$10^4m^3/h$，脱硫效率96.53%，除尘效率70.6%，运行指标均在设计值内。其中，硫酸铵对排烟粉尘有一定贡献。

③ 海水洗涤法烟气脱硫工艺

海水洗涤法一般适用于临近沿海、海域扩散条件好，同时企业本身就用海水作为循环冷却水、燃用低硫煤的工业锅炉及加热炉等的烟气脱硫。海水洗涤法烟气脱硫工艺流程见图3-3-39。

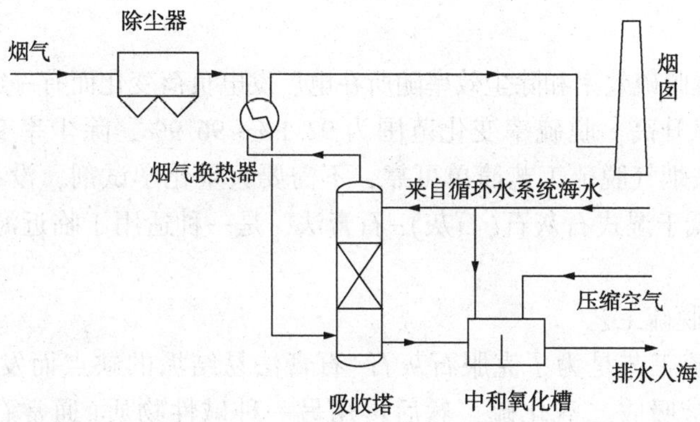

图3-3-39 海水法脱硫工艺流程

a. 原理

海水洗涤法脱硫工艺是利用二氧化硫可溶于海水和海水的碱度可与二氧化硫反应而生成亚硫酸盐和硫酸盐的性质，从而使烟气中的二氧化硫得以脱除的一种方法。

利用海水的碱度将烟气中的SO_2充分吸收并转化成亚硫酸盐。主要化学反应为：

$$SO_2+H_2O=2H^++SO_3^{2-}$$

利用海水中的溶解氧以及曝气所补充的氧气，将亚硫酸盐氧化成硫酸盐。主要化学反应为：

$$2SO_3^{2-}+O_2=2SO_4^{2-}$$

利用海水中的HCO_3^-和CO_3^{2-}碱度，将吸收SO_2时产生的H^+中和，使海水水质得以恢复。主要化学反应为：

$$CO_3^{2-}+H^+=HCO_3^-$$

$$HCO_3^-+H^+=H_2O+CO_2(\uparrow)$$

b. 某海水烟气脱硫装置工艺流程和主要设备

脱硫海水泵2台，1台运行，1台备用；

MORETANA吸收塔2座，直径12m、高38m；

工业水升压泵3台，流量60m^3/h。2台运行，1台备用；

曝气池1个，有效容积17100m^3；

曝气风机3台，流量190m^3/min。2台运行，1台备用。

c. 主要工艺参数

某海水烟气脱硫装置的工艺参数列表3-3-36。

表 3-3-36 某海水烟气脱硫装置工艺参数

处理烟气量	1915900m^3/h	除尘效率	>25%
装置入口 SO_2 质量浓度	2345mg/m^3	装置入口烟气温度	131℃
装置出口 SO_2 质量浓度	≤235mg/m^3	装置出口烟气温度	40℃
脱硫率	>90%	外排海水 pH 值	>6.0
海水脱硫液 pH 值	7.98~8.23	外排海水 SS	13.2~24.2mg/L
入口烟尘质量浓度	31mg/m^3	外排海水 COD(Mn)	<5.0mg/L
出口烟尘质量浓度	25mg/m^3		

d. 治理效果

该海水脱硫装置脱硫效率和除尘效率随所在电厂发电负荷变化而有一定变化，发电负荷下降，脱硫和除尘效率升高，脱硫率变化范围为 92.1%~96.9%，除尘率变化范围为 45.0%~63.7%。海水洗涤法烟气脱硫工艺简单可靠，不需要大量化学试剂，没有固体废弃物产生，投资和运行费用都低于湿式石灰石(石灰)-石膏法，是一种适用于临近海边企业的烟气脱硫方法。

④ 双碱法烟气脱硫工艺

双碱法烟气脱硫工艺是为了克服石灰石-石膏法易结垢的缺点而发展起来的。它先用碱金属盐类的水溶液吸收二氧化硫，然后再用另一种碱性物质(通常石灰)将吸收了二氧化硫的溶液再生，再生后的吸收液循环使用，最终产物以亚硫酸钙和石膏形式析出。双碱法优点是，由于采用液相吸收，从而最大限度避免了吸收塔及管路的结垢、堵塞问题。双碱法种类很多，这里主要介绍钠/石灰双碱法(稀释型)脱硫工艺和钠/石灰双碱+硫酸转化法。

a. 原理

钠/石灰双碱法采用 NaOH(含 Na_2CO_3)(第一碱)溶液吸收烟气中的二氧化硫，再用石灰(熟石灰或生石灰)(第二碱)再生，可制得石膏，如果进行了软化，副产品还有 $CaCO_3$。具体反应方程式如下：

脱硫过程

$$Na_2CO_3+SO_2 \longrightarrow Na_2SO_3+CO_2\uparrow \quad ①$$

$$NaOH+SO_2 \longrightarrow Na_2SO_3+H_2O \quad ②$$

$$Na_2SO_3+SO_2+H_2O \longleftrightarrow NaHSO_3 \quad ③$$

其中：式①为启动阶段 Na_2CO_3 溶液吸收 SO_2 的反应；

式②为再生液 pH 值较高时(大于 9 时)，溶液吸收 SO_2 的主反应；

式③为溶液 pH 值较低时(5~9)时的主反应。

氧化过程(副反应)

$$Na_2SO_3+1/2O_2 \longrightarrow Na_2SO_4 \quad ④$$

$$NaHSO_3+1/2O_2 \longrightarrow NaHSO_4 \quad ⑤$$

再生过程

$$2NaHSO_3+Ca(OH)_2 \longleftrightarrow Na_2SO_3+CaSO_3\cdot 1/2H_2O+3/2H_2O \quad ⑥$$

$$Na_2SO_3+Ca(OH)_2+2H_2O \longrightarrow 2NaOH+CaSO_3\cdot 2H_2O \quad ⑦$$

式⑥为第一步反应再生反应，式⑦为再生至 pH 值>9 以后继续发生的主反应。

b. 工艺流程和主要设备(图 3-3-40)

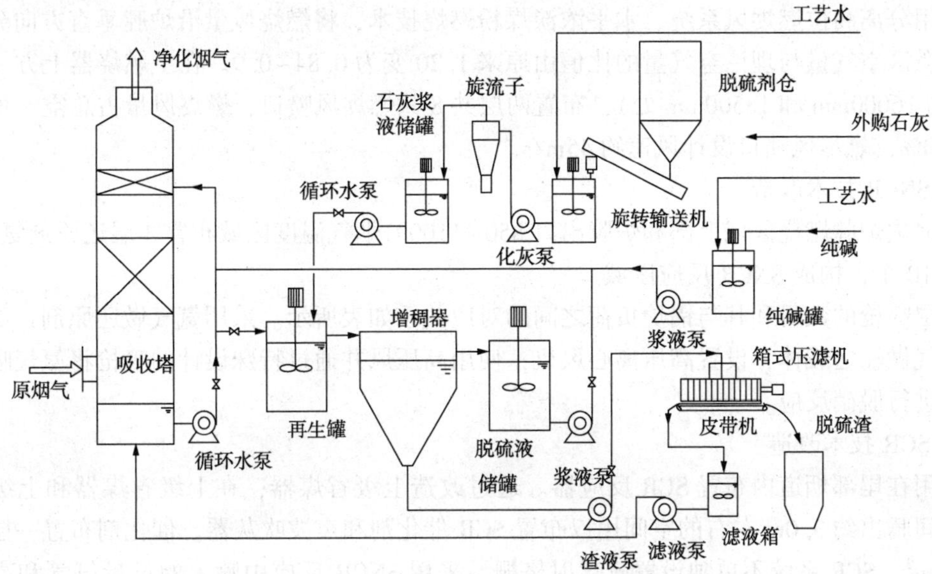

图 3-3-40　双碱法脱硫工艺流程

c. 主要工艺参数

某双碱法烟气脱硫装置的工艺参数列表 3-3-37。

表 3-3-37　某双碱法烟气脱硫装置工艺参数

处理烟气量	$520000m^3/h$	出口烟尘质量浓度	$<48mg/m^3$
入口 SO_2 质量浓度	$1100mg/m^3$	除尘效率	>76%
出口 SO_2 质量浓度	$<124.6mg/m^3$	入口烟气温度	145℃
脱硫率	>87%	出口烟气温度	51℃
循环液 pH 值	5~6	电	2709MW · h/a
液气比	$2.3L/m^3$	烧碱(31%Wt)	353.6t/a
钙硫比(Ca/S)	1.05	石灰粉	3760t/a
入口烟尘质量浓度	$200 \sim 400mg/m^3$	工业水	256200t/a

d. 治理效果

烟气经该脱硫装置处理后，二氧化硫小于 $124.6mg/m^3$，烟尘浓度低于 $50mg/m^3$，脱硫率超过 87%，除尘率约为 76%。

(2) 燃煤锅炉烟气脱硝技术

应用实例 1：低氮燃烧+选择性非催化还原(SNCR)+选择性催化还原(SCR)

① 烟气脱硝系统方案

某电厂根据脱硝效率要求高、锅炉尾部烟道空间有限的实际情况，采用组合脱硝技术方案。首先通过低氮燃烧技术在源头上减少 NO_x 的生成；然后在锅炉炉膛燃烧区域上部和炉膛出口向烟气中喷射过量的氨气从而实现 SNCR 反应；过量的氨气和从高温省煤器上部补氨喷枪喷入的氨气在下游 SCR 催化剂的作用下，进一步实施脱硝反应。经过上述工艺技术的组合，可以实现较高的脱硝效率。

② 低氮燃烧器改造采用立体分级低氮燃烧技术

采用分离高位燃烬风系统、水平浓淡煤粉燃烧技术，将燃烧风量沿炉膛垂直方向分级供入，主燃区空气量与理论空气量的比值由原来1.20变为0.84~0.9。在主燃烧器上方一定标高处(约16000mm和18500mm处)，布置两层共8只燃烬风喷口，燃烬风量占总空气量约为25%~30%，燃尽风喷口设计风速约45m/s。

③ SNCR技术改造

在锅炉炉膛燃烧区域上部和炉膛出口850~1100℃烟气温度区域布置3层还原剂氨喷枪，数量为10个，构成SNCR反应区域。

每层喷枪的数目和其与锅炉负荷之间的对应关系如表所示。采用氨气做还原剂，氨气由高压空气做输送载体，设置高压离心风机，使用高压风并通过特殊设计的喷枪将氨气喷射到锅炉中进行脱硝反应。

④ SCR技术改造

采用在尾部烟道内布置SCR反应器。通过改造上级省煤器，在上级省煤器和上级空气预器之间腾出约3.0m左右的空间用以布置SCR催化剂和声波吹灰器。催化剂布置一层，体积50.5m^3。SCR系统不单独设置氨喷射格栅，采用SNCR反应中喷入的过量氨气和高温省煤器上部补氨喷枪喷入氨/蒸气混合气，其中氨气作为SCR反应的还原剂，喷入的蒸气起到扰动作用，以使烟气流和氨气的混合更为均匀。

⑤ 锅炉脱硝系统性能设计值

出口烟气中NO_x浓度：低氮燃烧器出口小于350mg/Nm^3，SNCR出口小于240mg/Nm^3，SCR出口小于100mg/Nm^3；

氨的逸出浓度小于5ppmv；

锅炉效率不低于改造前锅炉设定值91.6%；

最低稳燃负荷能力为50%；

SO_2/SO_3转化率小于1%；

系统压降小于350Pa。

改造前，该电厂2#锅炉满负荷工况的炉膛出口NO_x浓度在700~800mg/m^3；改造后，通过对低氮燃烧系统、SNCR及SCR系统的调试，在满负荷工况下进行了测试，测试数据如表3-3-38。

表3-3-38 锅炉脱硝系统性能测试结果

项　　目	单　　位	设计保证值	试验实测值		两个工况平均值
			工况1	工况2	
锅炉负荷	t/h	BMCR	215	215	215
燃烧器出口NO_x浓度	mg/Nm^3	350	334.7	333.9	334.3
SNCR出口浓度	mg/Nm^3	240	233.2	232.7	232.95
SCR出口浓度	mg/Nm^3	100	94.2	92.8	93.5
氨逸出	ppmv	<5	5.12	5.47	5.295
SO_2/SO_3转化率	%	<1.0	0.81	0.53	0.67
系统压力损失	Pa	<350	124	117	120.5

测试主要结论：

低氮燃烧器、SNCR、SCR 出口 NO_x 浓度均小于保证值。

最终两个平行工况下，氨逸出平均值 5.3ppmv，略高于保证值 5ppmv。

SO_2/SO_3转化率为 0.77%，小于性能保证值。

SCR 系统压力损失较少，约 120Pa，小于设计值。

应用实例 2：低氮燃烧+SNCR 技术

广州某公司 1#、2#煤粉锅炉脱硝装置采用低氮燃烧（LNB）和选择性非催化还原法（SNCR）组合技术。装置主要由氨水溶液系统、分配系统、计量系统、压缩风系统、燃尽风系统组成。系统性能保证在燃用设计煤种时，最大额定工况连续运行 7 天，SNCR 脱硝装置出口烟气 NO_x 浓度由 600~700mg/Nm^{3}降低到<240mg/Nm^3（锅炉负荷不低于 70%条件下测试），且在烟气中 NO_x 浓度为 600~800mg/Nm^{3}范围时，综合降氮脱硝率不小于 60%。性能验收试验后一年质保期内保证装置可用率不低于 95%。

应用实例 3：SCR 技术

某企业热力厂有一台 220t/h 高压水煤浆锅炉，该锅炉安装有一套烟气湿法脱硫装置进行脱硫和三电场静电除尘。2007 年开始建设 SCR 脱硝装置，2008 年 5 月系统调试后即投入运行，检测氮氧化物浓度低于 100mg/m^{3}以下，每年运行 8000h，脱硝效率为 90%，运行状况良好。

应用实例 4：低氮燃烧+SCR 技术

某公司燃煤锅炉烟气采用低氮燃烧+SCR 脱硝技术，建成 220t/h 锅炉烟气脱硝装置，净化烟气 NO_x 浓度小于 50mg/m^3。

3.3.5.6 催化汽油吸附脱硫装置再生烟气（S Zorb）脱硫技术

催化汽油吸附脱硫（S Zorb）装置是我国汽油质量升级的重点项目之一，采用美国康菲公司专利技术和专有吸附剂，将汽油中的硫含量降至 10×10^{-6}以下。S Zorb 装置生产过程中，吸附剂再生产生含 SO_2约 5%的烟气，直接排放不能满足环保要求，这里主要介绍S Zorb装置再生烟气钠碱洗涤工艺和进入硫黄回收装置处理。

（1）S Zorb 再生烟气碱洗脱硫

① 原理

采用 NaOH 溶液作为脱硫吸收剂。S Zorb 再生烟气中的 SO_2溶于水，发生离解并与 30%的 NaOH 溶液发生剧烈反应，生成亚硫酸钠、亚硫酸氢钠，由于烟气中 O_2存在，还将发生亚硫酸盐和亚硫酸氢盐的氧化副反应，生成硫酸盐。具体反应机理如下：

洗涤塔内脱硫反应：

$$SO_2(g)+H_2O \longleftrightarrow H_2SO_3$$

$$H_2SO_3+2NaOH \longleftrightarrow Na_2SO_3+2H_2O$$

$$Na_2SO_3+H_2SO_3 \longleftrightarrow 2NaHSO_3$$

废吸收液氧化副反应：

$$2Na_2SO_3+O_2 \longrightarrow 2Na_2SO_4$$

$$2NaHSO_3+O_2 \longrightarrow 2Na_2SO_4$$

② 流程和设备

S Zorb 再生烟气钠碱洗涤脱硫工艺包由吸收剂供应、多级吸收脱硫系统、脱硫废液氧化系统组成。具体流程见图 3-3-41。

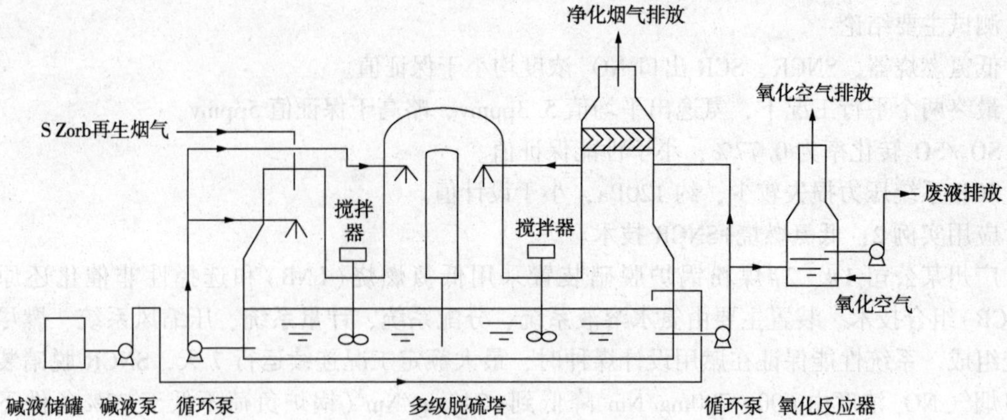

图 3-3-41 S Zorb 装置再生烟气钠碱洗涤工艺流程图

脱硫装置主要设备包括碱液储罐、组合式多级脱硫塔、循环液持液槽、搅拌器、循环泵、罗茨风机和氧化反应器等。

③ 某企业脱硫装置主要工艺参数

某 S Zorb 再生烟气钠碱洗涤脱硫装置工艺参数列于表 3-3-39。

表 3-3-39 某 S Zorb 再生烟气脱硫装置工艺参数

处理烟气量	$1600m^3/h$	循环液 pH 值	6.0~7.0
装置进口平均 SO_2 浓度	$75000mg/m^3$	电耗	1512MW · h/a
装置出口平均 SO_2 浓度	$<50mg/m^3$	水耗	8400t/a
平均脱硫率	>99.7%	仪表风	$168000Nm^3/a$
装置进口烟气温度	210℃	蒸汽	1260t/a
装置出口烟气温度	50~60℃	脱硫剂(30%NaOH 溶液)	约 $2400m^3/a$
液气比	$6.0L/m^3$		

④ 处理效果

运行实践表明，S Zorb 装置再生烟气利用钠碱洗涤多级吸收脱硫工艺，能够使再生烟气中约 2.7%($75000mg/m^3$)的 SO_2 得以去除，净化烟气 SO_2 浓度低于 $50mg/m^3$，平均去除率 99.7%以上，每年可以减少 SO_2 排放量 1005t。

(2) 硫黄回收装置处理 S Zorb 再生烟气技术

① 原理

目前 S Zorb 装置再生烟气进硫黄回收装置处理的方式主要有：①与硫黄回收装置 Claus 尾气混合进入加氢反应器；②与硫黄回收装置过程气混合进入 Claus 反应器处理；③与硫黄回收装置原料气混合进入热反应炉。具体反应机理如下：

热反应炉内反应：

$$SO_2(g)+H_2S \longrightarrow S+H_2O$$

$$2H_2S+3O_2 \longrightarrow 2SO_2+2H_2O$$

Claus 反应器内反应：

$$2H_2S+SO_2 \longrightarrow 3S+2H_2O$$

加氢反应器内反应：

$$SO_2+3H_2 \longrightarrow H_2S+2H_2O$$

② 流程和设备

S Zorb 装置再生烟气进 Claus 装置热反应炉工艺主要由压力控制系统、烟气 O_2 在线监测、旁路管线(去烟囱)、氮封阀门和公用工程等单元系统组成。不需要增加附属设备，其工艺简明流程见图 3-3-42。

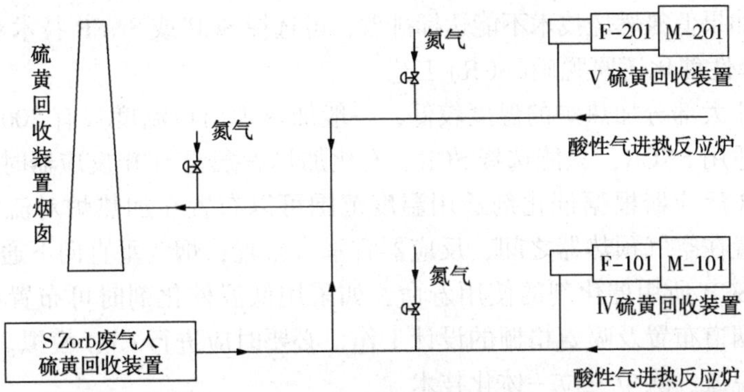

图 3-3-42　S Zorb 装置再生烟气进热反应炉工艺流程图

③ 主要工艺参数

某 S Zorb 再生烟气进热反应炉处理工艺参数列表 3-3-40。

表 3-3-40　某 S Zorb 再生烟气进热反应炉处理工艺参数

烟气体积流量	1248m³/h	烟气温度	204℃
烟气质量流量	1663kg/h	压力(G)	97.88kPa
烟气 SO_2 浓度	4.9%	热反应炉温度控制	1100~1250℃
烟气 O_2 浓度	0.2%	硫黄回收尾气 SO_2 浓度	314~692mg/m³

④ 物料消耗

处理 S Zorb 装置再生烟气能耗体现为后续装置能耗的增加，主要有：

- 1.0MPa 的蒸汽；
- 加热炉瓦斯耗量；
- 汽提塔重沸器蒸汽量。

蒸汽 1.0MPa	0.7t/h；折算 68.4kg/h(标油)
	9.12kg/t(标油)；按硫黄装置 90%负荷
	0.8t/h；折算 68.4kg/h(标油)
	25.84kg/t(标油)；(按硫黄装置 60%负荷)
瓦斯	24kg/h；折算 22.8kg/h(标油)
	3.04kg/t(标油)；按硫黄装置 90%负荷 25kg/h；折算 23.75kg/h(标油)
	7.125kg/t(标油)；(按硫黄装置 60%负荷)

⑤ 治理效果

通过硫黄回收装置处理 S Zorb 再生烟气，正常工况下硫黄回收装置烟气二氧化硫排放浓度为 314~692mg/m³，均小于 960mg/m³ 国家标准，处理 S Zorb 烟气对硫黄回收装置二氧化硫排放浓度影响在 148~166mg/m³。

3.3.5.7 加热炉烟气脱硫脱硝技术

石油化工企业工艺加热炉众多，大多采用脱硫瓦斯或天然气作为燃料，采用重油的加热炉很少，因此，加热炉烟气主要是NO_x问题。

控制燃气加热炉 NO_x 排放的首选方法是低氮燃烧技术，可将烟气 NO_x 浓度控制在150mg/m^{3}以下。如果低氮燃烧技术不能达标排放，可选择SCR或SNCR技术对烟气进行处理。

(1) NH_3选择性催化还原脱硝(SCR)工艺

由于石化行业大部分加热炉的温度较低，一般加热炉出口温度只有800℃左右，所以大部分加热炉都不适用SNCR，只能选择SCR。石化加热炉配置SCR反应器时，应考虑与加热炉分体布置。SCR反应器根据催化剂适用温度范围可以布置在加热炉对流室之后，空气预热器之前，或布置在空气预热器之间，反应器宜垂直布置，烟气垂直向下通过催化剂，可以减少积灰，延长SCR所用催化剂的使用寿命；如采用低温催化剂时可布置在空气预热器之后。应重视入口烟道布置及喷氨格栅的设计工作，必要时应进行CFD模拟。

(2) 脱硫、脱氮、除尘三位一体化技术

脱硫、脱氮、除尘三位一体化技术，是将烟气经引风机，从反应塔顶部的文丘里管进入反应塔，在文丘里管段，调配好的氨水经喷嘴雾化后，与烟气中的SO_2充分混合、接触、反应，生成$(NH_4)_2SO_3$，脱除烟气中的SO_2。同时生成的$(NH_4)_2SO_3$与烟气中的SO_2、NO反应生成$(NH_4)_2SO_4$和N_2，脱除烟气中的NO_x。反应生成的$(NH_4)_2SO_4$被回收利用生产高效复合肥；氮气重新还给大气。经除尘净化后的烟气由反应塔中部排出经烟囱排入大气。

在一定温度下，NH_3与SO_2在水溶液中生成$(NH_4)_2SO_3$：

$$2NH_3+H_2O+SO_2 = (NH_4)_2SO_3$$

$(NH_4)_2SO_3$与SO_2在水溶液中生成NH_4HSO_3：

$$(NH_4)_2SO_3+H_2O+SO_2 = 2NH_4HSO_3$$

在O_2作用下，$(NH_4)_2SO_3$在水溶液中氧化成$(NH_4)_2SO_4$：

$$(NH_4)_2SO_3+1/2O_2 = (NH_4)_2SO_4$$

烟气中NO_x主要以NO形式存在，其次是NO_2、N_2O_5等。

在一定温度的水溶液中，$(NH_4)_2SO_3$与水中溶解的NO反应生成$(NH_4)_2SO_4$与N_2：

$$(NH_4)_2SO_3+NO = (NH_4)_2SO_4+2N_2$$

NO在空气中部分氧化成NO_2，在一定温度的水溶液中，$(NH_4)_2SO_3$与水中溶解的NO_2反应生成$(NH_4)_2SO_4$与N_2：

$$(NH_4)_2SO_3+NO_2 = 2(NH_4)_2SO_4+2N_2$$

在0℃时，1体积的H_2O吸收1200体积的NH_3；在20℃时，1体积的H_2O吸收700体积的NH_3。随着温度的升高，H_2O吸收NH_3的能力下降。随着温度的升高，NH_4HSO_3的溶解度有所上升，而且只有形成$(NH_4)_2SO_3$，才能使反应产物形成稳定的化合物。随着温度的升高，化学反应的速率加快，温度每增加10℃，化学反应的速率增加一个数量级。考虑到烟气排放温度不宜低于露点温度。因此，在氨水喷雾脱硫、脱氮反应中，最佳烟气温度为80~90℃。

当生成的NH_4HSO_3浓度增大时，一定量的NH_3对吸收SO_2的能力下降。因此必须补充氨水，将NH_4HSO_3转化成$(NH_4)_2SO_3$。

脱硫、脱氮、除尘三位一体化技术，脱除SO_2效率可在95%以上；脱除NO_x效率可达40%。

脱硫、脱氮、除尘三位一体化技术的除尘原理，是烟尘高速进入文丘里管反应器的收缩段时，冲向液膜，产生碰撞、凝聚、形成水包尘。含尘气体做切向旋转运动，产生离心力，改变已增大的尘粒团运动方向，驱使烟尘靠内壁贴向水膜。增加水雾封锁线，使逸出的亚微米烟尘及亚微米$(NH_4)_2SO_4$晶体捕集下来。还采用高强磁化器，把循环水磁化，既提高脱硫、脱氮效率，又提高除尘效率。脱除的烟尘从反应器底部的水封槽引出湿料，进入循环沉淀池；将循环沉淀池中的上清液$(NH_4)_2SO_4$循环打入反应器；从循环沉淀池底部用泥浆泵把饱和的$(NH_4)_2SO_4$浓浆液打入板框压滤机，滤出烟灰滤饼按废弃物处理；板框压滤机滤出饱和的$(NH_4)_2SO_4$浓浆液用浆液泵打入硫铵结晶干燥器进行回收。

总之，SNCR 工艺由于适用温度高，炼油加热炉难以采用。SCR 技术比较适用于炼油加热炉，但烧气加热炉可以采用燃料气脱硫、脱氮和低 NO_x 燃烧器的方法解决排放问题，而烧油加热炉燃料都含硫，会使催化剂中毒，还可能排放烟气，其烟气可尝试采用脱硫、脱氮、除尘三位一体化技术处理。

3.3.5.8 循环流化床(CFB)锅炉烟气脱硝技术

循环流化床锅炉(CFB 锅炉)以其环保、节能和良好的燃料适应性已被广泛采用。其低氮燃烧技术可使氮氧化物(NO_x)的排放浓度降低至 150~350mg/Nm^3，如果需要进一步脱硝，就要采用其他脱硝工艺。

(1) CFB 锅炉采用 SNCR 脱硝技术的分析

相对于煤粉炉，SNCR 技术在流化床锅炉上应用具有 NO_x 初始排放浓度不高、反应时间长、还原剂与烟气混合效果好等优势。

① 流化床锅炉的 NO_x 初始排放浓度不高。流化床锅炉的炉内温度不高，通常为 800~950℃。燃烧温度低使得热力型 NO_x 与燃料型 NO_x 大量减少。流化床锅炉的初始 NO_x 浓度一般为 100~500mg/m^3。虽然 SNCR 的脱硝效率不高，但流化床锅炉的初始排放浓度低使得单独采用 SNCR 技术满足环保法规的要求成为可能。

② 流化床锅炉的运行方式及物理结构为 SNCR 反应提供了较长的反应时间。反应时间越长，则 SNCR 脱硝效率越高。流化床锅炉的炉内温度与 SNCR 反应温度相吻合，流化床锅炉的炉内温度为 800~950℃，SNCR 反应温度为 850~1100℃。相对于煤粉炉，流化床锅炉的炉膛内缺少高温区，具有 SNCR 反应温度的烟道更多，且烟气在烟道中流动，烟道的增多意味着反应时间的增长。另外，烟气在旋风分离器内的停留时间较长。SNCR 还原剂的喷射点在旋风分离器前部，因此 SNCR 反应时间增加了。

③ 流化床锅炉内还原剂与烟气的混合效果好。SNCR 技术应用于大型煤粉锅炉时，脱硝效率不高的一个重要原因是 NO_x 与还原剂混合不均匀。加强还原剂与烟气的混合可让还原剂与 NO_x 接触得更加充分，提高脱硝效率。流化床锅炉内混合效果好主要体现在两个方面：一是烟气在旋风分离器内大尺度的混合；二是流化床锅炉通常容量较小。在较小的锅炉上，还原剂的喷入可更好地被控制，易实现还原剂与烟气的混合。

上述②、③两条可使 SNCR 脱硝效率升高至 50%~70%，结上所述，对于 NO_x 初始排放浓度在 330mg/m^{3}以下的流化床锅炉，单独采用 SNCR 技术，可满足 NO_x 排放浓度降至 100mg/m^{3}以下的环保要求；对于 NO_x 初始排放浓度在 660mg/m^{3}以下的流化床锅炉，单独采用 SNCR 技术，可满足 NO_x 排放浓度降至 200mg/m^{3}以下的环保要求。

(2) CFB 锅炉采用 SCR 脱硝技术的分析

相对于煤粉炉，SCR 技术在流化床锅炉上应用是有劣势的。流化床锅炉通常燃烧劣质燃料，如煤矸石、生物质、甚至固体废弃物等。烟气中不但灰分很大，而且成分复杂。这类烟气会给电站 SCR 系统的钒钛整体催化剂带来负面影响，进而导致 SCR 系统的性能全面下降。流化床锅炉烟气对 SCR 系统催化剂的负面影响表现在以下两个方面：一是高粉尘烟气加速催化剂的物理劣化。高粉尘烟气加大整体催化剂的磨损，同时使整体催化剂阻塞的概率上升；二是化学成分复杂的烟气加速催化剂的化学劣化。烟气中的碱金属、碱土金属、砷、硫氧化物都会使钒钛催化剂中毒。

在流化床锅炉上采用 SNCR 技术是合适的，基本可以达到目前环保法规的要求。同时考虑到 SNCR 比 SCR 系统便宜许多，SNCR 技术在流化床锅炉上有应用优势。

(3) 应用情况

在很多国外工程中，CFB 锅炉使用了 SNCR 系统来降低 NO_x 的排放。位于美国佛罗里达州 JEA 电厂的 2×300MWe 循环流化床锅炉，燃用石油焦、烟煤，以及这两种燃料任意比例的混合燃料。过热器和再热器的蒸汽流量分别为 906t/h 和 806t/h，压力分别为 17.2MPa 和 3.77MPa，温度为 538℃。所燃用的石油焦中含氮量为 1.0%，最高达 2.0%。烟煤中氮含量为 1.3%，最高为 1.6%。当地要求的锅炉 NO_x 排放值不大于 $111mg/Nm^3$，因此采用了 SNCR 系统在分离器处喷氨来进一步脱氮。2002 年夏所做的排放测试结果显示，NO_x 实际排放小于 $74mg/Nm^3$。

3.3.5.9 催化剂生产废气治理

随着我国石油和化学工业的迅速发展，催化剂的需求量不断增加，每年都有新的催化剂被开发应用于工业生产，品种多，数量大。中国石化催化剂分公司旗下各分公司生产不同类型的催化剂，有加氢裂化催化剂、加氢精制催化剂、临氢降凝催化剂、渣油加氢催化剂、石蜡加氢催化剂等等，还有分子筛生产、S Zorb 吸附剂生产等。有相当一部分催化剂生产是采用硝酸盐类、有机胺类化合物等作为原料或附料。这些硝酸盐类、有机胺类原料在催化剂的高温焙烧活化时分解产生 NO 和 NO_2，导致炉窑尾气含有大量的 NO_x 废气。通常情况下，焙烧炉尾气中的 NO_x 浓度在 $1000\sim120000mg/m^3$ 不等，尾气呈桔黄色。2006 年采用超重力技术(简称为 FYHG-DN)和超重力+塔式吸收组合工艺分别治理 FS 催化剂厂生产废气和 NJ 催化剂厂的 S Zorb 吸附剂生产尾气，解决了催化剂生产尾气污染问题，确保了催化剂的正常生产。

(1) 催化剂生产废气 NO_x 来源及特点

催化剂生产过程包括捏合、干燥、载体浸渍、干燥、焙烧等。NO_x 废气主要来自于焙烧工序。焙烧有采用带式炉对催化剂进行焙烧活化，有采用回转炉对催化剂焙烧活化。催化剂焙烧活化温度一般在 500~600℃之间，催化剂中的硝酸盐或铵盐分解生成 NO_2 和 NO，形成催化剂生产 NO_x 尾气。

催化剂生产废气中的 NO_2 和 NO 产生机理如下：

硝酸盐热分解产生 NO_2：$2Ni(NO_3)_2 = 2NiO+4NO_2+O_2$；

NO_2 热分解产生 NO：$2NO_2 = 2NO+O_2$

① FS 催化剂生产厂废气源及特点

FS 催化剂厂，带式活化炉的烟气量为 $3000m^3/h$，NO_x 浓度为 $1000\sim3000mg/m^3$。回转炉烟气量为 $1000m^3/h$，NO_x 浓度为 $3000\sim12000mg/m^3$。由于催化剂生产属于间断性生产，所以尾气排放量和污染物浓度变化较大，加上尾气中含有大量粉尘，给尾气治理装置的稳定运行带来一定困难。

② NJ 催化剂厂废气源及特点

在 NJ 催化剂厂 S Zorb 汽油吸附脱硫剂生产的过程中使用大量的硝酸盐类作为原料，在产品高温焙烧活化过程中分解产生 NO 和 NO_2，而且产品为粉状物料，该装置产生的浸渍载体焙烧尾气含有高浓度的 NO_x 废气和粉尘，具有较大的处理难度。S Zorb 吸附剂生产尾气共有四股尾气，浸渍载体焙烧尾气、载体一次浸渍干燥尾气、载体二次浸渍干燥尾气、载体浆液喷雾干燥尾气四个部分。四部分尾气排放量和 NO_x 浓度列于表 3-3-41。

表 3-3-41　S Zorb 脱硫吸附剂生产四工序尾气排放量和 NO_x 浓度

项　目	单　位	标准状态	实际工况
浸渍载体焙烧尾气	体积流量	3613Nm³/h	6914m³/h
	NO_x 浓度	24312mg/Nm³	12704mg/m³
	粉尘浓度	1569mg/Nm³	819.9mg/m³
载体第一次浸渍干燥尾气	体积流量	373Nm³/h	646m³/h
	NO_x 浓度	—	—
	粉尘浓度	<50mg/Nm³	28.8mg/m³
载体第二次浸渍干燥尾气	体积流量	404Nm³/h	700m³/h
	NO_x 浓度	—	—
	粉尘浓度	<50mg/Nm³	28.8mg/m³
载体浆液喷雾干燥尾气	体积流量	5575Nm³/h	9659m³/h
	NO_x 浓度	—	—
	粉尘浓度	<50mg/Nm³	28.8mg/m³

表 4-3-41 数据是建设时的设计值，四工序排放尾气中，只有浸渍载体焙烧尾气中含有 NO_x，粉尘量也是最高的。在实际生产中，浸渍载体焙烧尾气中含有 NO_x 浓度远远高于这个值，平均浓度达到 90000mg/m³。

(2) 超重力治理 NO_x 技术

FYHG-DN 超重力处理 NO_x 废气技术选择尿素吸收液作为吸收液。与 NaOH 或 Na_2CO_3 吸收法相比，采用尿素溶液的主要优点是可将 NO_x 转化为氮气；不产生固体物，吸收液也不外排，可循环用于溶液配制，无废液后处理问题及二次污染问题。

FS 催化剂厂催化剂生产 NO_x 尾气治理工艺流程见图 3-3-43。

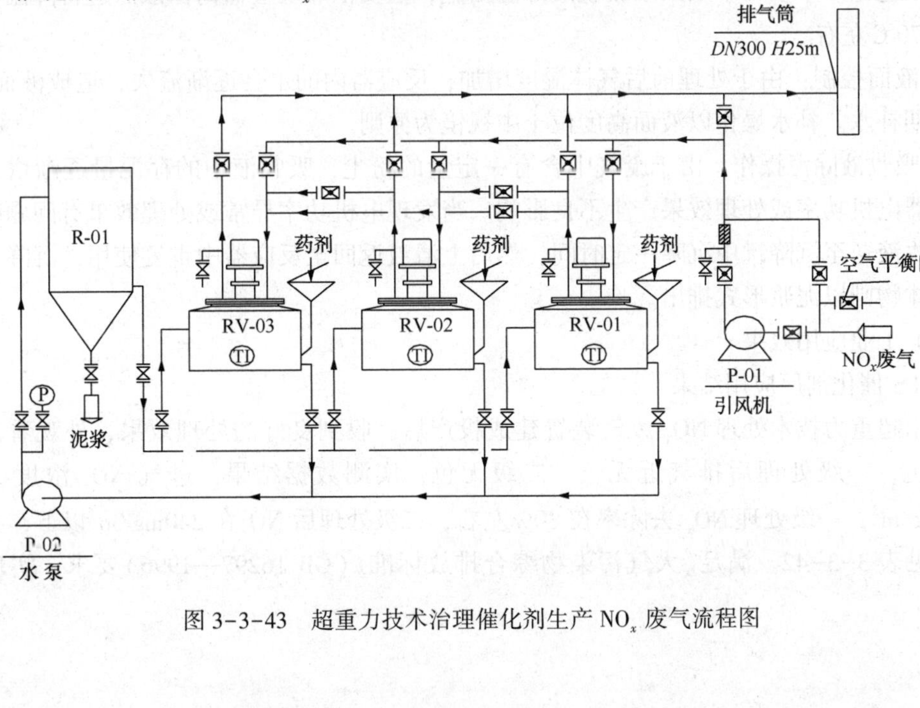

图 3-3-43　超重力技术治理催化剂生产 NO_x 废气流程图

NJ 催化剂厂 S Zorb 吸附尾气治理流程是超重力技术+吸收氧化塔组合工艺。其在一级超重力处理过程中，同时去除了 NO_x 和粉尘，使得二级吸收氧化塔可以实现稳定运行，没有堵塞现象。

图 3-3-43 废气治理流程共包括四组超重力废气处理装置，每组均采用二级吸收处理。超重力反应器处理的 NO_x 废气为焙烧炉尾气，处理后尾气通过排气筒排放。当废气中 NO_x 浓度较低时，可采用 1 台反应器或 2 台并联进行一级处理；当废气中 NO_x 浓度较高时，采用 2 台超重力反应器串联进行二级处理，满足废气处理达标排放要求。

装置中的自来水管线，主要用于配制吸收液和机封冷却。由于废气处理过程中的反应液循环使用，吸收液配制所需自来水较少。

炉内气体由超重力反应器抽出，运行过程中，处理气量大小，通过变频器进行控制。装置中的风机用于废气直排。当生产中不释放 NO_x 废气时，用风机直排烧结炉烟气。

装置运行过程中的主要控制条件包括反应器转数、尿素浓度、反应温度、液面控制等。具体如下。

① 反应器转数：为了防止抽气量过大，造成炉温下降和热损失增加，反应器转数调整以焙烧炉不泄漏 NO_x 为原则。

② 尿素溶液配制。尿素以固体方式通过加料漏斗加入，利用反应器内的搅拌作用自行配制，不需要另外设置吸收液投配系统。反应器运行过程中以尿素浓度不低于 15%为原则，尿素消耗量以每日产生 NO_x 量进行核算，并定期补加。除初次配制吸收液需要加水外，正常生产情况下不需要加水，直接补入尿素即可。由于没有准确的尿素浓度测定方法，生产过程中实际上是根据处理效果和溶液 pH 值不小于 5 为基准进行补加的，尿素浓度也较低。生产运行过程中，未采取中试过程中的 pH 值调节措施。

③ 吸收液温度：因焙烧炉尾气温度较高，吸收时会造成吸收液温度升高。相关的实验研究表明，吸收液使用温度不宜超过 60℃。温度越低，越有利于 NO 液相氧化为 NO_2，NO_x 去除效果越好。本项目中未采取吸收液降温措施，主要依靠反应器筒体散热进行降温，最高温度在 70℃左右。

④ 液面控制：由于处理前后气体湿度增加，反应器内的水会逐渐流失，造成液面下降，需要定期补水。补水操作以液面高度位于中视镜为原则。

⑤ 吸收液除泥操作：由于废气中含有一定量的粉尘，吸收液中的存泥量逐渐增大，会对反应器电机功率或处理效果产生不良影响。当发现电机功率异常或处理效果有问题时，需要将吸收液送至沉降罐中沉降一定时间，然后上清液返回至反应器中重复使用，沉降分离出来的固体物则以泥浆形式排出。

(3) 工业应用效果

① FS 催化剂厂应用结果

采用超重力技术处理 NO_x 废气装置建成投产后，收到良好的处理效果，外观看，进气为桔黄色，一级处理后排气近无色，二级无色；实测数据结果，进气 NO_x 浓度 3000～12000mg/m^3，一级处理 NO_x 去除率在 80%左右，二级处理后 NO_x 在 240mg/m^{3}以下，主要测定结果见表 3-3-42。满足《大气污染物综合排放标准》(GB 16297—1996)要求，实现达标排放。

表 3-3-42　超重力技术处理催化剂生产 NO_x 废气标定结果

序号	NO_x浓度/(mg/m³)			NO_x去除率/%		
	总进	一级	二级	一级	二级	总去除率
1	3834	1184	176	69.1	85.1	95.4
2	2861	1032	160	63.9	84.5	94.4
3	4719	1312	207	72.2	84.2	95.6
4	6366	1483	224	76.7	84.9	96.5
5	11432	954	153	91.7	84.0	98.7
6	8989	1418	205	84.2	85.5	97.7
7	6789	1492	235	78.0	84.3	96.5
8	7514	1757	211	76.6	88.0	97.2
9	5491	935	137	83.0	85.4	97.5
10	5575	1068	164	80.8	84.7	97.1
平均值	6357	1263	187	80.1	85.2	97.1

② NJ 催化剂厂应用结果

2010 年 3 月，S Zorb 吸附剂生产装置和尾气治理装置建成投用，证明了 FYHG-DN 超重力技术具有良好的 NO_x 去除效果，一级处理就可以实现排气完全脱色。2010 年 5 月和 2011 年 4 月进行的试验结果表明，正常生产过程中焙烧炉排放的尾气中的 NO_x 浓度较高，大多数数据波动在 85000~100000mg/m³之间波动，总浓度平均在 93682mg/m³。虽然 NO_x 的实际浓度远远高于设计值，但经超重力+吸收氧化塔组合工艺处理后，总排中的 NO_x 均小于 240mg/m³，处理和经济分析分别见表 3-3-43 和表 3-3-44。

表 3-3-43　超重力+吸收塔的 NO_x 处理标定效果

	NO_x 浓度/(mg/m³)			总排
	超重力进口	超重力出口	塔出口	
最小值	82609	2221	819	70
最大值	132138	4694	1815	187
平均值	93682	4264	1584	126

表 3-3-44　超重力+吸收塔 NO_x 装置运行成本

序　　号	名　　称	规　　格	用　　量	年 耗 量	单　　价	年运行成本/万元
1	动力电	380V	35kW	0.25MW·h/a	0.6 元/kW·h	15.12
2	尿素	工业级	40kg/h	286.6t/a	1700 元/t	48.72
3	循环冷却水	自备	7m³/h	50400t/a	0.2 元/t	1.0
4	新鲜水	0.35MPa	117kg/h	842.4t/a	2.5 元/t	0.21
	合计					65.05
注	NO_x 去除量		62kg/h	626.184t/a	0.19 万元/t	

3.3.6 恶臭气体处理技术

3.3.6.1 恶臭气体处理技术概述

恶臭是石油化工企业的特征污染物，石油化工企业排放的硫化物、氮氧化物、臭氧、氯气、烃类、醇类、醛类、酮类、酯类、胺类、有机酸、有机卤化物、氨等都有一定的恶臭气味(异味)。

恶臭气体处理方法概述列表3-3-45。

表3-3-45 恶臭治理方法概述

技术类型	恶臭治理技术
空气氧化法	直接燃烧、热力燃烧、催化燃烧、蓄热燃烧
化学氧化法	臭氧、高锰酸钾、次氯酸盐、氯气、双氧水等
吸收法	水、稀碱液、稀酸液、有机胺液、有机溶剂等
吸附法	氧化铁、氧化锌、硅胶、活性炭、分子筛、活性氧化铝、离子交换树脂等
冷凝法	-40℃，-70℃，-90℃，-120℃
膜分离法	微孔渗透法，无孔渗透法
光催化氧化法	TiO_2光催化氧化法、紫外线光催化氧化法
生物法	土壤脱臭、泥炭脱臭、生物滤床、生物洗涤器
低温等离子体法	脉冲电晕放电；电子辐射反应器
气味掩蔽法	香味剂，化学反应雾剂等
稀释扩散法	空气、烟气、其他排放气体

恶臭治理技术简单评述如下：

空气氧化法：污染物去除率高，投资和操作费用较高。

化学氧化法：针对特定物质，氧化能力有限，可能二次污染。

吸收法：适用于特定对象，需选用匹配的吸收剂。

吸附法：处理对象受制于再生方法和吸附剂。

冷凝和膜分离：多用于高价值的气体回收。

光催化氧化法：氧化能力有限，多用于清洁环境空气质量。

生物法：适用于低浓度，组分较简单臭气。

低温等离子体法：用于某些低浓度臭气，常与催化氧化联合。

气味掩蔽法：常用于候车室、剧院等公共场所。

稀释扩散法：小气量，污染物浓度超标，排放量合格的气体。

3.3.6.2 酸性水罐区排放气综合治理

(1) 概述

酸性水罐区是炼油厂最大的废水罐区，罐顶气中含有高浓度H_2S、NH_3、有机硫化物、油气、水蒸气和空气，存在H_2S、有机硫化物与罐顶金属反应生成FeS发生自燃爆炸的风险；罐顶气直接排放，易发生中毒事件，产生恶臭污染和浪费油气资源。因此，国内外都十分重视酸性水罐区气体污染物的减排和治理。

(2) 罐区气体排放量和气体组成

以J炼油厂酸性水罐区为例，它有8个碳钢固定顶罐，4个3000m^3，4个4500m^3，其中，有2个作为备用罐。罐区最大进水量240m^3/h，当地最大昼夜温差15℃。理论上，罐区气体排放量如下：

每天的大呼吸排气量：4230m^3/d；

最大大呼吸排气速率：240m^3/h；

每天的小呼吸排气量：2102m^3/d；

最大小呼吸排气速率：292m^3/h；

每天高压来水释放气体：816m^3/d；

高压来水气体释放速率：34m^3/h；

酸性水罐区每天合计排放气量：7238m^3/d；

酸性水罐区最大气体排放速率：566m^3/h。

对罐顶气采样分析，排放气中含有空气、油气、水蒸气、苯系物、氨、硫化氢、有机硫化物等。其中，油气浓度可达10%～40%，苯系物2000～6000mg/m^3，硫化氢1000～15×10^4mg/m^3，氨100～5000mg/m^3，氧含量15%～20%。

(3) 罐区气体减排和氮气保护

① 气体减排

在J炼油厂，采用的罐区气体减排方法有控制来水温度、建设罐顶气连通管网、关闭备用罐气体连通管道、排水高峰安排在夜间，以及酸性水罐负压吸气、正压1000Pa以上排气等，可以将罐区排气量从7238m^3/d减少到2332m^3/d，罐区最大排气速率从566m^3/h减少到235m^3/h。减排气体50%以上。

② 氮气保护

根据气体组成分析，酸性水罐内可燃气体在空气中的爆炸极限为1.1%～6.0%。在罐内负压吸气时，充入氮气、CO_2等惰性气体作为保护气，降低罐顶气中的氧含量，可使其失去爆炸性。

在J炼油厂，采用氮气作为保护气，酸性水罐内可燃气体不发生爆炸时的最大允许氧含量为10%～12%(体积)；实际操作中，控制氧含量在6%以下，罐顶气中的氧含量分析监测列表3-3-46；由表3-3-46可知，在氮气保护下，罐顶气已失去爆炸性。

表3-3-46　采用负压补氮气、正压排气方式时罐顶气中的氧含量

日期(2010年)	11.19	11.22	11.29	12.1	12.2	12.3
氧含量/%(体积)	5.3	4.6	3.0	5.1	2.6	4.0

(4) 罐区排放气处理工艺

酸性水罐区无论怎样减排，还是有气体排放，需要进行治理，图3-3-44是“馏分油低温(临界)吸收-碱液吸收”工艺。

推荐馏分油馏程在160～360℃范围内，可以是煤油、柴油、窄馏分溶剂油等，应用较多的是常二线柴油和催化分馏塔外排柴油。来自界区外的馏分油，经过换热器和制冷机组将温度降到约-15～15℃，进入吸收塔与来自酸性水罐区的排放气逆流接触，液气比50～200L/m^3，吸收油气、H_2S和NH_3，富吸收油与进入界区的溶剂油换热回收冷量，然后去加氢装置或分馏塔做冷回流等；吸收塔排出气体进入超重力反应器，与碱液接触进一步脱除H_2S等污染物。如果采用氨水，废碱液排入酸性水罐；采用氢氧化钠溶液，废碱液去湿式氧化装置；如果选用醇胺溶液，富胺液进公用再生系统。其中，超重力反应器有两种功能，一是气液高强度混合传质，二是引气功能。

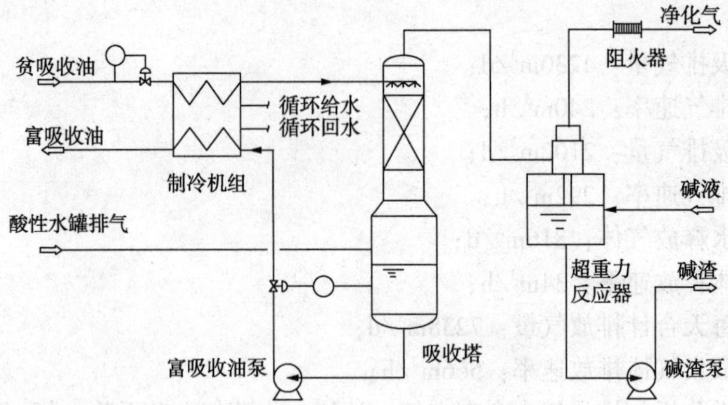

图 3-3-44　酸性水罐区排放气治理工艺

(5) 排放气污染物回收率(去除率)

由于进入馏分油的油气、H_2S、NH_3，和进入碱液的 H_2S 可以在后续的处理过程中回收，因此，它们在排放气处理装置上的去除率即等于回收率。在 J 炼油厂，采用催化分馏塔外排柴油和氢氧化钠溶液作为吸收液，各种污染物回收率如下：

① H_2S 进出装置浓度及回收率

H_2S 在装置总进口、总出口气体中的浓度，装置总回收率，净化气体中的排放速率，以及排放标准，列表 3-3-47。

表 3-3-47　H_2S 进出装置浓度及回收率(出口气量按 200Nm³/h)

采样日期	进口/(mg/m³)	出口/(mg/m³)	回收率/%	排放速率/(kg/h)	排放标准
2009.11.8	467	≤0.1	≥99.98	≤0.00002	GB 14554—93
2010.6.6	150000	6	~100	0.0012	15m 排气筒
2010.6.7	112000	27	99.98	0.0054	0.33kg/h

由表 3-3-47 可知，净化气体 H_2S 排放速率符合 GB 14554—1993《恶臭污染物排放标准》。

H_2S 在催化粗柴油吸收塔中的回收率列表 3-3-48。

表 3-3-48　H_2S 在催化粗柴油吸收塔中的回收率

采样日期	塔进口/(mg/m³)	塔出口/(mg/m³)	回收率/%	排放速率/(kg/h)
2009.11.1	2400	900	62.5	0.18
2009.11.6	163	207	-27.0	0.041
2010.4.23	505.4	144.2	71.5	0.029
2010.4.26	18214.3	1366.1	92.5	0.27
2010.6.5	92589.3	22767.9	75.4	4.6

由表 3-3-48 可知，催化粗柴油对 H_2S 有很强的吸收能力，特别是对 H_2S 和 NH_3 共存的体系；将表 3-3-48 中的排放速率与表 3-3-47 中的排放标准对比可知，仅用柴油吸收不能保证净化气体 H_2S 达标排放；从 2009 年 11 月 6 日采样分析可知，在罐区排放气 H_2S 浓度较低时，催化粗柴油中溶解的 H_2S 会反向释放到气体中。

② NH_3 回收率

装置采用氢氧化钠溶液作为二级吸收液时，NH_3 的去除回收仅发生在柴油吸收塔，NH_3

进出吸收塔浓度、回收率等列表3-3-49。

表3-3-49 NH_3进出装置浓度及回收率（出口气量按 $200Nm^3/h$）

采样日期	进口/（mg/m^3）	出口/（mg/m^3）	回收率/%	排放速率/（kg/h）	排放标准
2010.11.8	1138	379	66.7	0.076	GB 14554—93 15m 排气筒 4.9kg/h
2010.11.9	1670	152	90.9	0.030	
2010.11.13	911	304	66.7	0.061	

由表3-3-49可知，柴油吸收塔出口气体中 NH_3的排放速率符合 GB 14554—93《恶臭污染物排放标准》。

③ 总烃回收率

装置进、出口总烃浓度及装置出口总烃排放速率列表3-3-50。

表3-3-50 装置进、出口总烃浓度和净化气体总烃排放速率

采样日期	进口/（mg/m^3）	出口/（mg/m^3）	总烃回收率/%	排放速率/（kg/h）
2009.9.20	181133.3	16560.8	90.9	3.3
2009.11.3	80426	20701	74.3	4.1
2010.4.27	368901.6	16560.8	95.5	3.3
2010.5.31	666570.7	31569.0	95.3	6.3
2010.9.9	456482.5	21736.0	95.2	4.3
排放标准	GB 20950—2007 储油库大气污染物排放标准，非甲烷总烃浓度≤25000mg/m³ GB 16297—1996 大气污染物综合排放标准，非甲烷总烃排放速率≤10kg/h			

由表3-3-50可知，装置出口净化气体总烃排放速率都小于 GB 16297—1996 规定的非甲烷总烃排放速率（≤10kg/h）；除2010年5月31日外，装置外排气体中总烃浓度都小于 GB 20950—2007 规定的非甲烷总烃排放浓度（≤25000mg/m³）。5月31日之所以排放浓度较高，是因为在进口油气浓度较高的情况下，没有及时提高吸收塔液气比，也没有及时降低吸收油温度。此外，吸收油的馏程及烃组成对总烃回收率也有很大影响。

处理装置油气回收量约为（$2300m^3/d\times400g/m^3\times330d$）= 300t/a。

④ 有机硫化物回收率

有机硫化物回收率列表3-3-51。

表3-3-51 有机物回收率及排放量（2010年6月7日采样）

污染物	进口/（mg/m^3）	出口/（mg/m^3）	回收率/%	排放量/（kg/h）	排放标准/（kg/h）
甲硫醇	165	≤0.05	≥99.97	$\leq10\times10^{-6}$	0.04
甲硫醚	5.4	≤0.07	≥98.70	$\leq14\times10^{-6}$	0.33
乙硫醇	473	≤0.07	≥99.99	$\leq14\times10^{-6}$	无
二甲二硫	未检出	未检出	—	—	0.43
二硫化碳	未检出	未检出	—	—	1.5
异丙硫醇	188	≤0.09	≥99.95	$\leq18\times10^{-6}$	无
噻吩	92	≤0.09	≥99.90	$\leq18\times10^{-6}$	无
重硫化物	70.2	15.1	78.49	0.003020	无

表3-3-51中，排放标准指(GB 14554—93)《恶臭污染物排放标准》规定的15m高排气筒排放量；重硫化物以噻吩计。由表3-3-51可知，甲硫醇、甲硫醚、二甲二硫、二硫化碳等污染物排放量远小于标准控制指标。

(6) 酸性水罐区废气处理结果

① 通过控制来水温度、建设罐顶气连通管网、关闭备用罐气体连通管道、排水高峰安排在夜间等减排方法，罐区气体排放可减少50%以上。

② 在氮气保护下，罐顶气氧含量可控制在6%以下，失去其爆炸性。

③ 罐区排放气采用"馏分油低温(临界)吸收-碱液吸收"工艺处理，H_2S、有机硫化物回收率接近100%，苯系物回收率90%～99%；NH_3回收率60%～90%%；总烃回收率可达95%；在J炼油厂，酸性水罐区排放气处理装置年回收油气约300t；通过综合治理，年减排油气600t以上。

3.3.6.3 污油罐、油品中间罐混合罐区排放气综合治理

(1) 罐区简况

某炼油厂污油罐区和油品中间罐区(粗柴油、粗汽油罐区)是相邻罐区，共有13个储罐，其中柴油罐5个，汽油罐5个，污油罐3个，总罐容66000m³，在油品中转过程中，由于大小"呼吸"等原因恶臭废气不可避免的通过呼吸阀排出罐外，对周边环境造成环境污染，是重要的恶臭气体散发源。呼吸气中主要污染物为硫化氢、甲硫醇、乙硫醇、甲硫醚、二甲二硫、烃类。

(2) 治理工艺

污油罐区和油品中间罐区恶臭治理采用"柴油低温(临界)吸收-碱液吸收"组合技术，污油罐排放气在进入装置前先用循环水冷却脱除水蒸气。油品中间罐区安装氮气保护、罐顶气连通管网、进料脱气罐，污油罐区进行进出罐物料冷凝脱水、建设罐顶气连通管网，两个罐区的排放气合并在一起处理，工艺流程见图3-3-45。

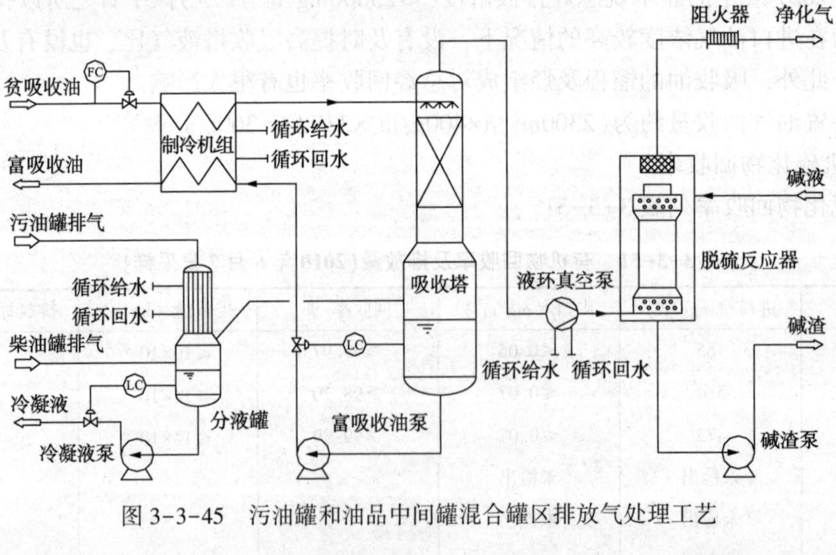

图3-3-45　污油罐和油品中间罐混合罐区排放气处理工艺

来自污油罐区的排放气先进入立式冷凝器用循环水冷却，脱除水蒸气，然后与来自污油罐区的排放气混合，一起进入柴油低温吸收塔下部，与柴油低温逆流接触，油气和大部分硫化氢被柴油吸收，塔顶排气进入自吸式内循环反应器用氢氧化钠碱液进一步脱除硫化氢，净

化气体达标排放。柴油为中间罐区的直馏柴油馏分，富吸收油直接去加氢；脱硫废碱液去湿式氧化处理。污油罐区冷凝液去含油废水处理系统。

(3) 工业装置运行情况

2010 年 4 月建成了 200Nm^3/h 工业装置，最大处理量可达 360m^3/h。装置建成投产后，一直平稳连续运行中。

进入装置处理的粗柴油罐顶逸散废气中硫化氢浓度 $1.1\times10^3 mg/m^3$，二甲二硫浓度达 44.3mg/m^3，污油罐顶逸散硫化氢浓度达 $9.7\times10^3 mg/m^3$；粗柴油罐顶逸散的烃类浓度 $33\times10^3 mg/m^3$，污油罐顶逸散烃类浓度 $141\times10^3 mg/m^3$。进入装置废气温度 20~40℃，气量 50~260m^3/h，常二线柴油温度 45~50℃、流量 15m^3/h，经过机组冷却，进入吸收塔的柴油温度为 10℃~18℃。试验和测定结果如下：

① 油气回收净化情况见表 3-3-52。

表 3-3-52 污油罐、油品中间罐区排放气处理装置油气回收净化情况

采样日期	进口总烃浓度/(mg/m^3)	出口总烃浓度/(mg/m^3)	油气回收率/%
2010.05.20~2011.08.10	$45.1\times10^3\sim420\times10^3$	$13.9\times10^3\sim23.8\times10^3$	~94.8

② H_2S 净化情况见表 3-3-53。

表 3-3-53 污油罐、油品中间罐区排放气处理装置 H_2S 净化情况

采样日期	进口 H_2S 浓度/(mg/m^3)	出口 H_2S 浓度/(mg/m^3)	去除率/%
2010.05.19~2011.05.20	$175\sim3.36\times10^3$	未检出~3.0	~100

③ 有机硫化物净化情况见表 3-3-54。

表 3-3-54 污油罐、油品中间罐区排放气处理装置有机硫化物净化情况

序 号	有机硫化物	入口浓度/(mg/m^3)	出口浓度/(mg/m^3)	去除率/%
1	甲硫醇	54	未检出	100
	甲硫醚	92	未检出	100
	二甲二硫	11.2	未检出	100
	噻吩	4.7	未检出	100
	重硫化物	12.1	未检出	100
2	甲硫醇	36.2	未检出	100
	甲硫醚	67	未检出	100
	二甲二硫	11.2	未检出	100
	重硫化物	14.1	未检出	100

④ 碱液更换频率，从 2010 年 4 月初运行到 6 月初，吸收碱液一周约更换五分之一，在冬季运行时，碱液 3 个月更换一次，设备运行良好。碱液浓度 10%，气温较高的月份碱液浓度可适当提高。

⑤ 装置电耗：装置主要用电设备为热泵机组、富柴油泵。热泵机组功率 50kW，实际运行功率 18.5~37kW，按均值计算 28kW，富柴油泵功率 11kW，真空泵压缩机功率 11kW，装置总电耗 50kW。

⑥ 运行能耗：运行费用主要为碱液消耗、循环水消耗、电消耗。其中碱液消耗约 4.8t

氢氧化钠，循环水消耗 40t/h，仪表风 15m^3/h，处理废气费用为 0.45 元/m^3。

⑦ 长周期运行稳定性：污油罐和中间罐区废气处理装置自 2010 年 5 月份至今共计 3 年多的时间中，在精心操作下，主要设备没有出现过故障，自投运以来一直高效稳定运行。

(4) 工业装置运行结果

装置运行结果见表 3-3-55。排放气中的硫化氢、有机硫化物去除率接近 100%。油气浓度可从 400×10^3 mg/m^3降到小于 25g/m^3以下，加上通过实施减排，将混合罐区气体最大排放速率从 900m^3/h 减少到 360m^3/h，减排 60%。

表 3-3-55　污油罐、油品中间罐区排放气综合治理油气和硫化氢减排总量

污染物	排放浓度/(mg/m^3)	减排气体体积/(m^3/d)	污染物减排量/(t/a)	装置处理量/(m^3/d)	吸收+脱硫效果/(t/a)	合计/(t/a)
油气	4.0×10^5	6480	855.6	2400	320	1175.6
H_2S	1.2×103		2.6		0.95	3.55

两个罐区平均排气量按 100m^3/h，硫化氢平均浓度按 1.2×10^3 mg/m^3，一年按 8000h 计，通过减排和对罐区气体处理，可减少油气资源挥发损失 1175.6t/a，减少 H_2S 排放 3.55t/a。

污油罐和中间罐区距离炼油厂正门口 500m，距离东门 200m，污油罐和中间罐区废气的治理消除了罐区的废气恶臭污染，极大改善了周边的环境，无论是罐区操作工人还是周边办公人员都实实在在感受到治理效果。

3.3.6.4　汽油和液态烃氧化脱硫醇尾气治理

(1) 简况

某炼油厂有三股脱硫醇尾气，分别为催化汽油氧化脱硫醇尾气、催化液态烃脱硫醇尾气、焦化液态烃脱硫醇尾气。三股氧化脱硫醇尾气中主要污染物有轻烃组分、有机硫化物、苯系物等，有机硫化物有二甲二硫、噻吩及重硫化物，其中二甲二硫浓度为最高，为 633mg/m^3，总烃浓度 9.84×10^5 mg/m^3，苯系物浓度 1.31×10^3 mg/m^3。这些废气排放到环境中不仅严重污染了环境，而且浪费了大量的油气资源。

(2) 治理工艺

该炼油厂采用“带压柴油低温吸收-碱液内循环反应器”组合工艺处理氧化脱硫醇尾气，该技术采用了独特的直冷柴油、冷富油回机组取热的节能热泵机组，为自主开发研制；脱硫反应器采用了自主开发的内环流反应器，充分利用了该废气的带压特性，通过良好的分布器和内环流结构，使得废气中硫化氢能迅速被净化，见图 3-3-46。脱硫化氢的尾气进入克劳斯尾气焚烧炉焚烧处理。

(3) 工业装置运行情况

规模 150Nm^3/h 撬装式氧化脱硫醇尾气处理装置于 2012 年 12 月正式投入运行。来自催化裂化分馏塔的粗柴油首先进入制冷机组，在机组内先与循环水换热，冷却到 40℃左右，进入制冷机组的蒸发器，粗柴油冷却到 5~15℃，进吸收塔顶部，与从吸收塔填料层下部进入的氧化脱硫醇尾气逆流接触，吸收尾气中的油气和有机硫化物。富吸收油落到塔底储液槽中，再通过塔底液位自动控制系统向外输送，外送富吸收油先进制冷机组回收冷量而后去加氢装置。吸收后的尾气从塔顶排出进入碱液内循环反应器，脱除可能从粗柴油中逸散出的硫化氢气体，净化气体进入克劳斯尾气焚烧炉进一步处理。脱硫产生的废碱液去现有碱渣湿式氧化处理装置。

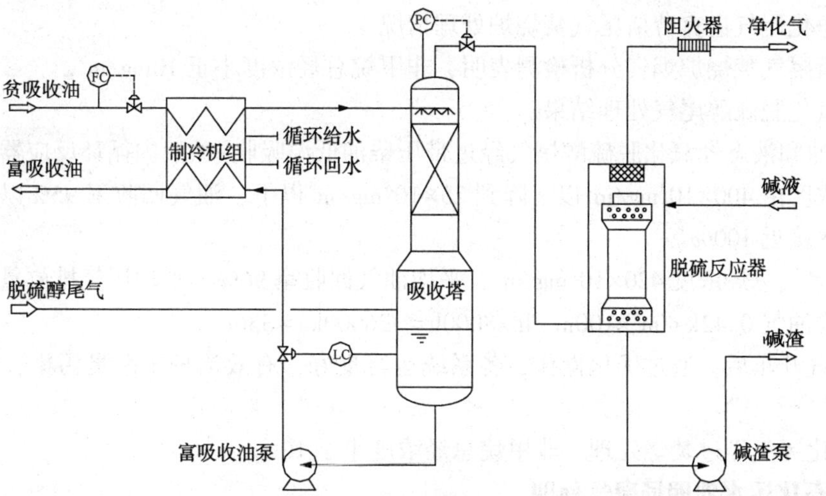

图 3-3-46　氧化脱硫醇尾气处理工艺

装置吸收塔压力设定在 0.09MPa(g)，柴油温度 5~15℃，液气比 120~150L/m^3，装机功率 70~80kW，仪表风 3~4$Nm^3 \cdot h^{-1}$，循环水 20~30$m^3 \cdot h^{-1}$。装置运行和标定情况如下：

① 油气回收效果见表 3-3-56。

表 3-3-56　汽油和液态烃氧化脱硫醇尾气处理装置油气回收情况

进口总烃/(mg/m^3)	出口总烃/(mg/m^3)	烃回收率/%	出口总烃排放速率/(kg/h)
306×10^3~542×10^3	12.7×10^3~24.8×10^3	95.2~97.4	1.9~3.7

② 硫化物去除情况见表 3-3-57。

表 3-3-57　汽油和液态烃氧化脱硫醇尾气处理装置硫化物去除情况

组　分	入口浓度/(mg/m^3)	出口浓度/(mg/m^3)	去除率/%	检测限
硫化氢	2~900	未检出		0.04
羰基硫	未检出	未检出		0.03
甲硫醇	未检出	未检出		0.06
甲硫醚	未检出	未检出		0.07
乙硫醇	未检出	未检出		0.06
二甲二硫	19.1	未检出	100	0.07
噻吩	7.3	未检出	100	0.1
重硫化物	1326.4	未检出	100	0.1

(4) 装置电耗

装置主要用电设备为热泵机组、富柴油泵。热泵机组功率 50kW，实际运行功率 18.5~37kW，按均值计算 28kW，富柴油泵功率 18.5kW，装置总电耗 46.5kW。

(5) 运行能耗

运行费用主要为循环水消耗、仪表风、电消耗。其中循环水消耗 40t/h，仪表风 15m^3/h，处理废气费用为 0.40 元/m^3。

(6) 长周期运行稳定性

脱硫醇尾气处理装置自 2012 年 12 月投产至今运行良好，高效稳定。

（7）净化尾气进克劳斯尾气焚烧炉处理情况

克劳斯尾气焚烧炉烟气分析检测表明，非甲烷总烃浓度小于 $10mg/m^3$。

（8）氧化脱硫醇尾气处理结果

① 汽油和液态烃氧化脱硫醇尾气经过带压柴油低温吸收-碱液内循环反应器处理，净化气体油气浓度由 $400×10^3mg/m^3$ 以上降到 $25×10^3mg/m^3$ 以下，油气回收率95%以上，有机硫化物去除率接近100%。

② 按尾气总烃浓度 $420×10^3mg/m^3$，平均油气回收率96%，平均尾气排放量 $100m^3/h$ 计算，年回收油气 $0.42kg/m^3×100m^3/h×8000h=336000kg=336t$。

③ 装置开车后，通过优化操作，各系统运行良好，有效治理了恶臭污染，大大改善了周边环境。

④ 净化尾气经过焚烧处理，非甲烷总烃浓度小于 $10mg/m^3$。

3.3.6.5 石化污水处理场臭气处理

石化污水处理场臭气按污染物浓度分为高、低两类。高浓度气体来自总进口(缓冲池)、隔油池、浮选池、均化罐、污油罐(池)等，污染物包括硫化氢、氨、硫醇、硫醚、烃类化合物，硫化物浓度每立方米几个到几百毫克，总烃浓度每立方米几千到几万毫克，VOC是主要污染物。低浓度气体来自曝气池、氧化沟、污泥脱水间，污染物包括硫化物、烃类化合物和活性污泥降解产物，硫化物浓度每立方米几个到几十毫克，总烃浓度每立方米几十到几百毫克，一般小于 $120mg/m^3$，个别数据达到每立方米几百毫克，臭味是主要污染物。

要对这些臭气进行处理，首先要将隔油池、浮选池、曝气池等无源的挥发气进行聚集，对相关敞口废水池进行封闭引气处理，然后才能采用适当的工艺处理。

对于总进口、隔油池、浮选池等散发的高浓度有机物气体，大多采用“脱硫及总烃浓度均化—催化燃烧”处理技术；对于曝气池、氧化沟等散发的低浓度废气，可以以隔油池、浮选池废气的催化燃烧处理装置为依托，采用“洗涤-吸附-催化燃烧治理”工艺路线进行治理，也可以采用“除雾-吸附脱硫-吸附均化”处理工艺和生物脱臭处理工艺。

（1）浮选池、均质罐等高浓度废气“脱硫及总烃浓度均化—催化燃烧”处理

某企业采用“脱硫及总烃浓度均化—催化燃烧”技术处理浮选池、均质罐(罐中罐)、污油罐、缓冲池、隔油池(间歇排放)排放的混合臭气，废气排放量约为 $1490Nm^3/h$，平均总烃浓度约 $17698mg/m^3$，25%LEL约为 $8000mg/m^3$，需要用空气稀释到约 $5000Nm^3/h$ 进催化燃烧反应器。工艺流程见图3-3-47。

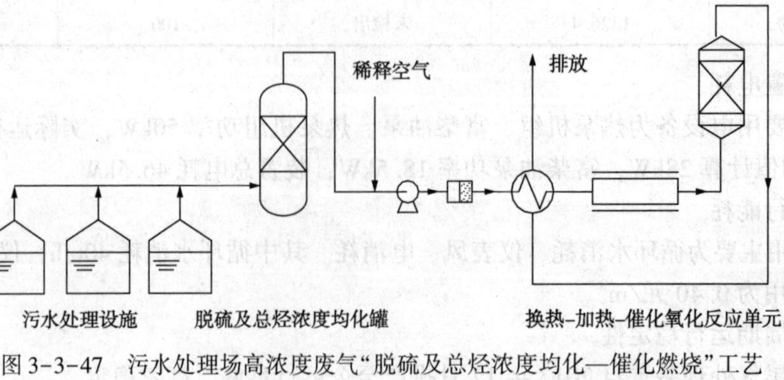

图3-3-47 污水处理场高浓度废气“脱硫及总烃浓度均化—催化燃烧”工艺

污水处理场废气混合混合后依次通过阻火器、脱硫及总烃浓度均化罐、风机、过滤器、换热器冷物流侧、加热器、催化燃烧反应器、换热器热物流侧、排气筒排放。稀释空气在风机前吸入。

废气处理装置的处理结果见表3-3-58~表3-3-61。

表3-3-58 催化燃烧反应器对非甲烷总烃(NMHC)的去除效果

日　期	温度/℃		NMHC/(mg/m^3)		NMHC去除率/%
	进　口	出　口	进　口	出　口	
11.09	276	410	7051	82	98.8
11.10	287	431	6347	106	98.3
11.11	262	357	4739	95	98.0
11.14	283	392	5198	96	98.2

表3-3-59 催化燃烧反应器对苯系物的去除效果

日　期	采样位置	苯	甲苯	二甲苯
11.09	进口/(mg/m^3)	417	100	35.2
	出口/(mg/m^3)	11	6.7	1.4L*
	去除率/%	97.4	93.3	≥99
11.10	进口/(mg/m^3)	415	98.1	31.1
	出口/(mg/m^3)	10.3	7.1	1.4L
	去除率/%	97.5	92.8	≥99
11.11	进口/(mg/m^3)	334	97.9	21.2
	出口/(mg/m^3)	9.8	6.6	1.4L
	去除率/%	97.1	93.3	≥99
11.14	进口/(mg/m^3)	239	92.8	33.8
	出口/(mg/m^3)	7.7	7.4	1.4L
	去除率/%	96.8	92.0	≥99
国家排放标准		12	40	70

*注：1.4L表示分析结果低于最低检出限(最低检出限为1.4mg/m^3)。

表3-3-60 催化燃烧反应器对硫化物去除情况 mg/m^3

日　期	采样位置	硫化氢	二硫化碳	甲硫醇	甲硫醚	二甲二硫	羰基硫
11.09	进口	1.84	0.06L	0.05L	1.84	2.5	0.80
	出口	0.03L	0.06L	0.05L	0.07L	0.1L	0.05L
11.10	进口	0.03L	0.06L	0.05L	0.35	0.1L	1.15
	出口	0.03L	0.06L	0.05L	0.07L	0.1L	0.05L
11.11	进口	0.03L	0.06L	0.05L	1.00	0.6	0.50
	出口	0.03L	0.06L	0.05L	0.07L	0.1L	0.05L
11.14	进口	0.03L	0.06L	0.05L	1.19	0.7	0.30
	出口	0.03L	0.06L	0.05L	0.07L	0.1L	0.05L

续表

日　期	采样位置	丙硫醇	乙硫醚	甲乙二硫	二乙二硫	总硫化物
11.09	进口	0.83	0.4	2.3	0.2L	10.5
	出口	0.07L	0.1L	0.2L	0.2L	0.2L
11.10	进口	0.40	0.3	0.2L	0.2L	2.2
	出口	0.07L	0.1L	0.2L	0.2L	0.2L
11.11	进口	0.07L	0.1L	1.0	0.2L	3.1
	出口	0.07L	0.1L	0.2L	0.2L	0.2L
11.14	进口	0.33	0.1L	0.6	0.3	3.42
	出口	0.07L	0.1L	0.2L	0.2L	0.2L

注：进出口均未检测到乙硫醇、异丙硫醇、噻吩、重硫化物。

表3-3-61　催化燃烧反应器对臭气浓度的脱除情况

采样日期	臭气浓度(无量纲)		
	反应器进口	反应器出口	去除率/%
2012.10.15	11600	<32	>99.7
国家标准	2000(15m排气筒)		

由表3-3-58~表3-3-61可知，在适宜的操作条件下，污水处理厂高浓度废气经过催化燃烧处理后，净化后气体中非甲烷总烃、苯、甲苯、二甲苯浓度符合我国《大气污染物综合排放标准》(GB 16297—1996)，硫化氢、甲硫醇、甲硫醚、二甲二硫、二硫化碳以及臭气浓度等满足国家《恶臭污染物排放标准》(GB 14554—93)。

(2)曝气池等低浓度废气"除雾—吸附脱硫—吸附均化"处理

某石化企业污水处理厂曝气池等低浓度臭气排放源及排气量见表3-3-62。

表3-3-62　污水处理场低浓度臭气排放源及排气量

低浓度臭气排放源	鼓风机额定鼓风量/(Nm^3/h)	低浓度臭气排放源	鼓风机额定鼓风量/(Nm^3/h)
9#曝气池	5000	MBR池	7000
10#曝气池	7000	污泥储存池	50(估算)
11#曝气池	5000	排气总量	≈28000
12#曝气池	4000		

该企业污水处理场曝气池等散发的低浓度废气具有如下特点：①废气中含有苯系物、复杂有机物以及硫化物等，并带有恶臭味道；②废气总烃浓度在几十至几百mg/m^3左右，大多数情况下，废气中非甲烷总烃浓度等指标能够满足国家排放标准，个别样品的非甲烷总烃、苯等指标超过国家排放标准。

根据废气特点，采用"除雾—吸附脱硫—吸附均化"处理工艺。低浓度臭气进入装置，依次经过除雾、吸附脱硫、吸附均化处理后，达标排放。通过除雾，脱除臭气中的水雾、活性污泥雾沫，截留在滤层上的活性污泥用水定期反冲洗去曝气池；通过羟基氧化铁脱硫吸附剂，硫化氢等硫化物被吸附，饱和吸附剂由生产商再生后重复使用；在绝大部分时间内，非甲烷总烃浓度不超标，即使偶尔出现超标时，通过活性炭均化处理，净化气体仍然达标排放。

脱硫剂吸附饱和后，脱硫罐进行整体更换，减少了现场装剂污染，缩短了装剂停车时间。脱硫罐运至厂家后进行再生处理，可以得到硫黄产品，从而降低了装置的操作成本。

该企业低浓度臭气排放源分布比较分散，9#曝气池、10#曝气池、MBR 池、污泥储存池相距较近，它们排放的臭气共用一套装置处理，简称 A 套，装置规模为 20000Nm^3/h；11#曝气池、12#曝气池共用一套臭气处理装置，简称 B 套，装置规模为 10000Nm^3/h。

两套装置的脱硫段和均化段操作条件见表 3-3-63 和表 3-3-64。

表 3-3-63　A、B 两套装置均化段的操作条件

装　置	均化剂量/m^3	空速/h^{-1}	压降/kPa
A-套	10	2000	<2.5
B-套	5	2000	<2.5

表 3-3-64　A、B 两套装置脱硫段的操作条件

装　置	脱硫剂量/m^3	空速/h^{-1}	压降/kPa
A-套	11.2	1800	<2.0
B-套	5.6	1800	<2.0

A、B 两套装置均于 2012 年 6 月投用。装置对 VOC 的均化效果和对硫化物的脱除效果见表 3-3-65 至表 3-3-69。

表 3-3-65　A 套装置 VOC 均化效果　mg/m^3

采样点	苯	甲苯	二甲苯	甲烷	非甲烷总烃
总进口	未检出~29.1	未检出~26.6	未检出~28.9	67.9~266	19.1~197.0
总出口	未检出~7.3	未检出~7.7	未检出	21.7~267	1.5~69.0
排放标准 GB 16297—1996	12	40	70	—	120

表 3-3-66　B 套装置 VOC 均化效果　mg/m^3

样品号	苯	甲苯	二甲苯	甲烷	非甲烷总烃
总进口	未检出~22.1	未检出~16.5	未检出~8.6	3.6~26.0	4.4~54
总出口	未检出~8.0	未检出~8.0	未检出	7.5~26.0	9.4~29.4
排放标准 GB 16297—1996	12	40	70	—	120

表 3-3-67　A 套装置硫化物脱除效果　mg/m^3

采样点	硫化氢	甲硫醇	二甲二硫	甲乙二硫	二乙二硫
总进口	未检出~2.3 (0.046kg/h)	未检出~3.6 (0.072kg/h)	未检出~25.7 (0.514kg/h)	未检出~38.3 (0.766kg/h)	未检出~39.6 (0.792kg/h)
脱硫出	未检出	未检出	未检出	未检出~2.6 (0.052kg/h)	未检出~1.6 (0.032kg/h)
总出口	未检出	未检出	未检出	未检出~0.4 (0.008kg/h)	未检出
排放标准 GB 14554—93	0.33kg/h	0.04kg/h	0.43kg/h	—	—

*注：乙硫醚、丙硫醇、异丙硫醇、噻吩、羰基硫、二硫醚等合计最大排放量为 0.272kg/h，甲硫醚和二硫化碳均未检出。

表 3-3-68　B 套装置硫化物脱除效果　mg/m³

样品号	硫化氢	甲硫醇	二甲二硫	甲乙二硫	二乙二硫
总进口	未检出	未检出	未检出~12.7 (0.127kg/h)	未检出~21.3 (0.213kg/h)	未检出~12.6 (0.126kg/h)
脱硫出	未检出	未检出	未检出	未检出~4.2 (0.042kg/h)	未检出
总出口	未检出	未检出	未检出	未检出	未检出
排放标准 GB 14554—93	0.33kg/h	0.04kg/h	0.43kg/h	—	—

* 注：甲硫醚、乙硫醚、丙硫醇、异丙硫醇、噻吩、羰基硫、二硫醚、二硫化碳等均未检出。

表 3-3-69　臭气浓度分析数据

分析项目	A 套			B 套		
	总进口	脱硫出	总出口	总进口	脱硫出	总出口
臭气浓度	2.23×10^3	543	615	2.68×10^3	456	614

该企业污水处理厂曝气池等低浓度废气经过“除雾-吸附脱硫-吸附均化”工艺处理后，VOC 均化效果和硫化物、臭气浓度脱除效果明显，满足 GB 14554—1993 和 GB 16297—1996 国家排放标准要求，基本消除了污水处理厂曝气池气体的恶臭气味，环境质量极大提升。

(3) 曝气池臭气生物脱臭处理

某炼油厂采用生物脱臭处理污水处理厂曝气池臭气，装置进口苯浓度约 90mg/m³，非甲烷总烃约 200mg/m³，去除率均达 90% 以上，净化气体达标排放。

(4) 污水处理场曝气池臭气“吸附浓缩—催化燃烧”处理技术

针对以 A/O 池、曝气池、污泥浓缩池、生化池散发气体为代表的低浓度废气，依托“隔油池等高浓度废气催化燃烧处理装置”，采用“吸附浓缩—催化燃烧”工艺处理，见图 3-3-48。

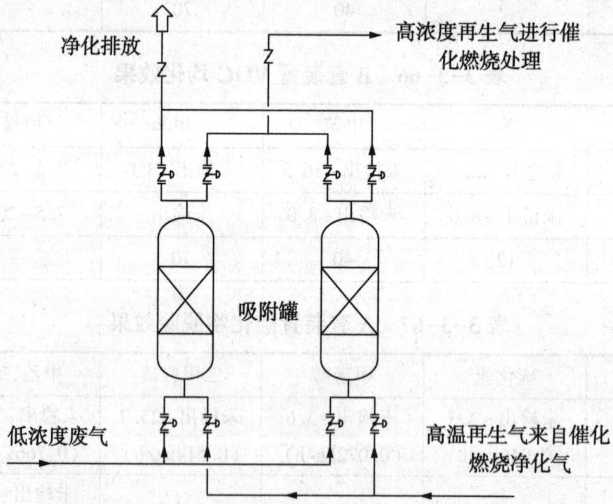

图 3-3-48　低浓度废气吸附浓缩治理流程简图

低浓度废气先经过装有填料的除雾分水罐，将废气中的水雾除去；随后进入吸附罐，大气量低浓度废气中的烃类化合物被吸附罐中的活性炭吸附后达标排放，饱和后的活性炭吸附剂，使用来自催化燃烧反应器出口小气量的高温气体脱附再生，产生的高浓度的再生废气进入催化燃烧装置处理，所使用吸附剂对 VOC 有良好的吸附/解吸能力，主要起到对较低浓度废气中污染物进行浓缩的作用，使其达到催化燃烧反应适宜的浓度。

催化燃烧装置的反应主要为烃的氧化反应，在250~400℃温度环境中和催化剂的作用下，烃与氧发生氧化反应，生成水和二氧化碳，可直接通过排气筒排放到大气中。

与其他较低浓度有机废气处理方法比较，“吸附浓缩—催化燃烧”具有操作温度低、处理效率高、能耗低以及操作安全等优点。

(5) 低温柴油吸收油气回收装置尾气焚烧处理

酸性水罐区排放气、汽油氧化脱硫醇尾气等含高浓度油气的恶臭气体，经过低温柴油吸收处理，排放尾气中仍然含有10000~25000g/m^{3}的总烃，在青岛、北京、天津等地区需要进一步处理才能排放，某炼油厂分别将执行尾气送焚烧炉、加热炉处理，焚烧烟气中总烃浓度小于10mg/m^3，实现达标排放，见表3-3-70。

表3-3-70 某炼油厂低温柴油吸收装置尾气焚烧处理结果

低温柴油吸收装置尾气组成和去向	焚烧烟气总烃浓度
酸性水罐区废气低温柴油吸收尾气进柴油加氢装置加热炉焚烧处理，尾气总烃浓度15000~23000mg/m^3	总烃2~8mg/m^3
汽油和液态烃氧化脱硫醇混合尾气，经过低温柴油吸收进克劳斯尾气焚烧炉处理，柴油吸收装置尾气总烃浓度800~20000mg/m^3	总烃5~15mg/m^3

3.3.7 温室气体捕集利用技术

CO_2和CH_4分别是工业和矿业温室气体减排重点。

3.3.7.1 CO_2捕集、利用和封存技术

CO_2等温室气体的过量排放造成全球范围内气温变暖，已成为当今显著的环境问题之一。为应对全球气候变暖，世界上一些发达国家，如加拿大、美国、英国、日本等积极开展回收和转化CO_2的研究工作，CO_2捕集及封存技术(CCS：Carbon Capture and Storage)具有减少整体减缓成本以及增加实现温室气体减排灵活性的潜力，是现阶段温室气体减排的主要技术选择之一。

CO_2捕集分离是CCS/CCUS的第一步，所消耗能源约占CO_2减排成本的70%以上。CO_2捕集分离技术通常分为燃烧前捕集技术、燃烧后捕集技术、富氧燃烧技术以及其他新兴碳捕集技术等。燃烧后捕集适用于改造或新建的燃煤电厂以及钢铁、水泥窑炉的燃烧排放气的分离，是现阶段相对最为成熟、也是目前应用潜力最大的捕集技术。

燃煤电厂是CO_2长期稳定集中排放源，其所排放CO_2量占总我国CO_2总排放量的40%，是碳捕集的主要对象。另外，CO_2可作为一种优越的驱油剂注入至油藏，改善其开发效果的同时实现CO_2的地质封存。我国低渗透油气藏资源丰富，储量约63.2亿吨，为中国大规模CO_2资源化利用和地质封存创造了条件。将燃煤电厂烟气中的CO_2捕获并用于CO_2驱油是CCUS的一种有效模式，能够实现大规模CO_2减排和提高原油采收率的双重目标，实现生态效益、经济效益和社会效益共赢。

CO_2驱油技术就是把CO_2注入油层中以提高原油采收率。由于CO_2是一种在油和水中溶解度都很高的气体，当它大量溶解于原油中时，可以使原油体积膨胀，黏度下降，还可以降低油水间的界面张力。与其他驱油技术相比，二氧化碳驱油具有适用范围大、驱油成本低、

采收率提高显著等优点。国外近年来大力开展 CO_2驱提高采收率技术的研发和应用。这项技术不仅能满足油田开发的需求，还可以解决二氧化碳的封存问题，保护大气环境。CO_2驱油作为一项日趋成熟的采油技术已受到世界各国的广泛关注。据不完全统计，目前全世界正在实施的 CO_2驱油项目有近 80 个。CO_2在我国石油开采中有着巨大的应用潜力。但是，CO_2技术在我国尚未成为研究和应用的主导技术。可以预测，随着技术的发展和应用范围的扩大，CO_2将成为我国改善油田开发效果、提高原油采收率的重要资源。

（1）CO_2捕集分离技术

二氧化碳的捕集方式主要有三种：燃烧前捕集（Pre-combustion）、富氧燃烧（Oxy-fuel combustion）和燃烧后捕集（Post-combustion）。

燃烧前捕集主要运用于 IGCC（整体煤气化联合循环）系统中，将煤高压富氧气化变成煤气，再经过水煤气变换后将产生 CO_2和 H_2，气体压力和 CO_2浓度都很高，将很容易对 CO_2进行捕集。剩下的 H_2可以被当作燃料使用。该技术的捕集系统小，能耗低，在效率以及对污染物的控制方面有很大的潜力，因此受到广泛关注。然而，IGCC 发电技术仍面临着投资成本太高，可靠性还有待提高等问题。

富氧燃烧采用传统燃煤电站的技术流程，但通过制氧技术，将空气中大比例的 N_2脱除，直接采用高浓度的 O_2与抽回的部分烟气（烟道气）的混合气体来替代空气，这样得到的烟气中有高浓度的 CO_2气体，可以直接进行处理和封存。目前欧洲已有在小型电厂进行改造的富氧燃烧项目。该技术路线面临的最大难题是制氧技术的投资和能耗太高，在还没找到一种廉价低耗的能动技术。

燃烧后捕集即在燃烧排放的烟气中捕集 CO_2，目前常用的 CO_2分离技术主要有化学吸收法（利用酸碱性吸收）和物理吸收法（变温或变压吸附），此外还有膜分离法技术，正处于发展阶段，但却是公认的在能耗和设备紧凑性方面具有非常大潜力的技术。从目前技术水平看，化学吸收法最为成熟。国内外采用的化学吸收溶剂主要以乙醇胺（MEA）溶液为主，是通过 CO_2与化学吸收液的可逆反应实现 CO_2捕集。利用碱性的乙醇胺溶液与酸性的 CO_2发生可逆反应，即：在 40℃左右时吸收 CO_2，生成水溶性盐，CO_2被吸收，升温至 110℃左右时发生逆向反应，解析出 CO_2。

（2）工程应用情况

中石化建成了国内外首个燃煤电厂烟气 CCUS 全流程示范工程。年产能力 4×10^4t 的燃煤电厂烟气 CO_2捕集装置，CO_2纯度大于 99.5%，捕集的 CO_2用于特低渗透油藏提高采收率先导试验，动用石油地质储量 170×10^4t，预计 2015 年末采收率可提高 17.2 个百分点，增产原油 29.24×10^4t，最终地下封存 $CO_2 76\times10^4$t。

该工程的工艺流程如图 3-3-49 所示。电厂经过脱硫处理后的烟道气首先进入碱洗塔，洗去烟气中携带的粉尘、SO_2，NO_x 等强酸气体后由引风机送至吸收塔塔底，烟气从塔底自下而上，与吸收塔塔顶喷淋而下溶液逆向接触，吸收烟气中的 CO_2，脱除完 CO_2的烟气从吸收塔塔顶回到原来的烟道。吸收完 CO_2的溶液成为富液，富液从吸收塔塔底流出，由富液泵经贫富液换热器加热至 90~95℃后进入至再生塔，在再生塔内富液首先通过气提作用解吸部分 CO_2，再通过塔底再沸器加热至 110~120℃，从而进一步解吸出 CO_2。解吸出来的 CO_2从再生塔顶进入水冷器冷却至 40℃后，通过分离器脱除游离水进入后续的压缩、干燥及液化等系统。从再生塔底部出来的溶液成为贫液，通过贫富液换热器冷却后由贫液泵返回至吸收塔，重新再次吸收 CO_2。这样通过溶液的不断吸收与再生过程，实现了 CO_2的吸收及解吸，

也就是烟气 CO_2 捕集。该技术的关键是通过研发新型药剂和优化工艺流程以期降低捕集能耗和成本。

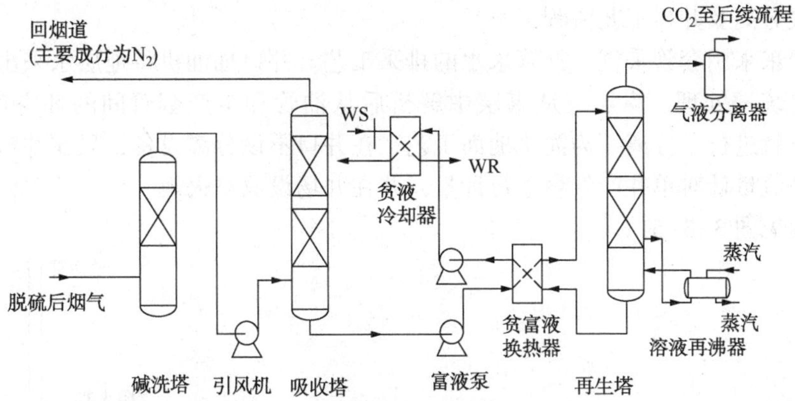

图 3-3-49 烟气 CO_2 捕集工艺流程简图

从电厂捕集出来的 CO_2 气体通过压缩、干燥后进入液化系统，CO_2 气体在 2.0MPa，-20℃时转为液态后进入储罐进行存储，之后通过 CO_2 运输车输送至 CO_2 驱油现场注入站。在注入站内，液态 CO_2 经 CO_2 泵增压至注入压力后分配输送至注气井口，CO_2 经由注气井注入到油层进行 CO_2 驱油。注入到油层中的部分 CO_2 会随着采出气返回至地面(有时采出气中的 CO_2 含量高达 80%~90%)，为了提高 CO_2 封存率，并实现伴生气的燃烧利用，需对采出气中的 CO_2 进行分离处理(根据处理规模选择不同分离工艺)，分离出来的 CO_2 进过增压处理后重新注入至油层。电厂 CO_2 输送、驱油、封存流程见图 3-3-50。

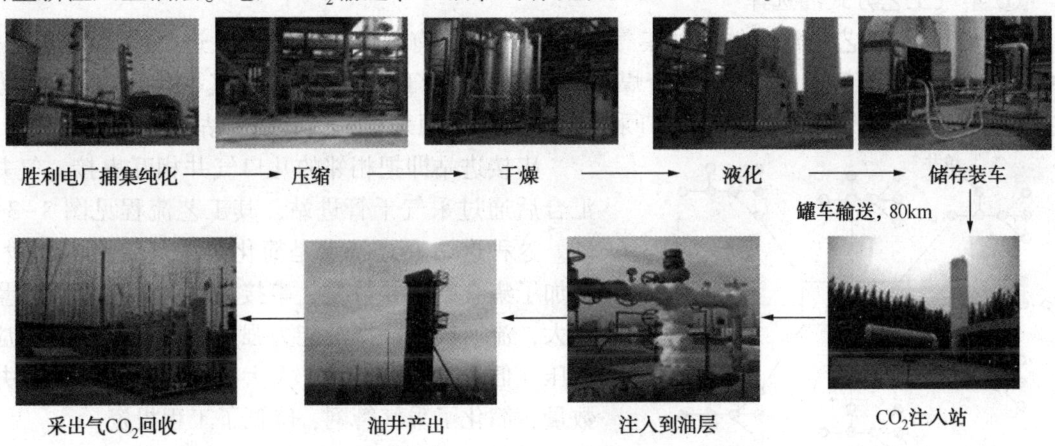

图 3-3-50 电厂 CO_2 输送、驱油、封存流程图

3.3.7.2 煤层气开采利用技术

煤层气是产自煤层并主要储存于煤层中的一种可燃气体。煤矿中的煤层气俗称“煤矿瓦斯”或“瓦斯”。煤层气中富含甲烷，通常占 90%以上。在常温下其热值为 34~37MJ/m^3，与天然气的热值相当，是一种很好的高效清洁气体燃料。甲烷是造成环境温室效应的三种主要气体(甲烷、二氧化碳和氟利昂)之一，其温室效应很强，比二氧化碳作用大。如果不进行抽采而直接排空，会对环境和大气造成负面影响。

煤层气产出的过程需要进行排水作业，气井排水一段时间达到煤层气解析压力后才能出气。目前煤层气(甲烷)回收主要采用：井底分离→井口计量→集气管网→集气站→CNG 站外销或燃气发电机组发电方式予以回收利用。

(1) 井底分离及井口工艺流程

煤层气开采采用套管采气、油管采水的排采工艺。井口抽油机将地层水采出，排至井场废水池中集中统一处理，煤层气从煤层中解析后从油管和生产套管间的环空产出，因此，气、水在井下就进行了分离。为简化地面工艺，在井口不设分离设备，只在井口出气管线上安装智能旋进流量计对单井产气量进行计量，并在井场设放空火炬。

井口流程见图 3-3-51。

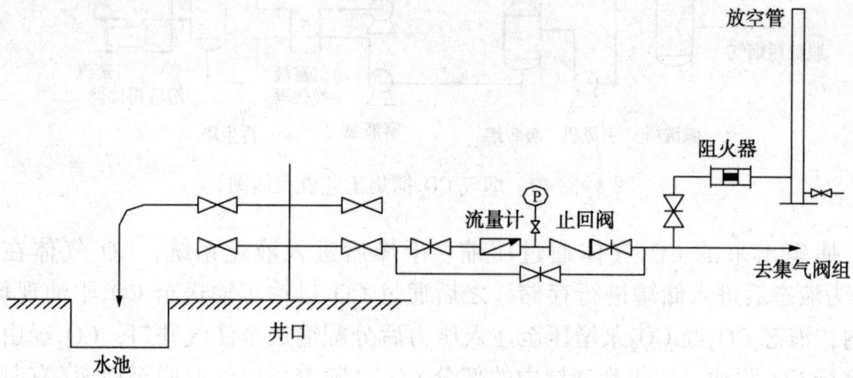

图 3-3-51　井口工艺流程示意图

(2) 集气管网

① 集气工艺方式的选择

在气田集气工艺中常用的单井集气进站方式主要有单井进站、阀组进站和串接进站 3 种。串接进站集气工艺方案比较适合煤层气的集输。对于采用丛式井采气平台的钻井开发方式，一个丛式井采气平台部署 3~8 口采气井，推荐采用采气平台串接进站的集气工艺。

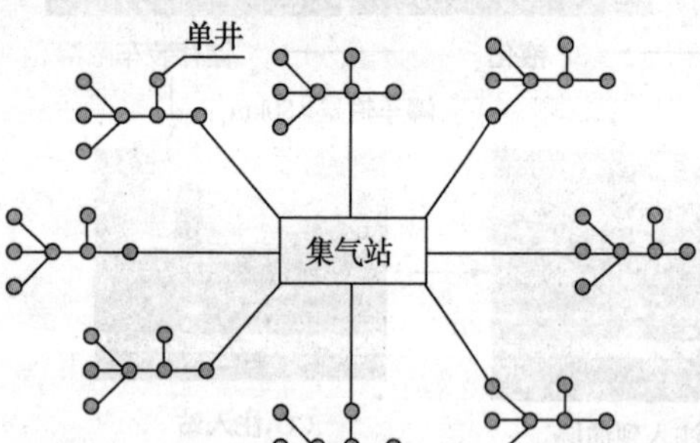

图 3-3-52　串接进站示意图

串接进站即把相邻的几口气井相互串接，气井汇合后通过采气干管进站，其工艺流程见图 3-3-52。这种进站方式特点是简化了采气管网的建设，增加了集气站辖井数量，串接灵活，采气管线流量较大，流速较高，携液能力强，相对压降小，适应低压、低产气田的开发，大大提高了集气站的辖井数量，简化了采气管网，降低了工程投资。

② 集输管网布置

集气管网采用“枝上枝”的布置方式进行布置。采用一条采气干线把该干线附近的丛式井采气平台的采气管线连接起来，即采用“串糖葫芦”的方式把各采气平台串接起来，通过采气干线将各井生产的煤层气集输至相应的集气站。

集输管网工艺设计原则：

采气井口压力　　　　　0.2~0.5MPa；

煤层气进入集气站压力　≥0.08MPa；

采气支管流速　　　　　3~10m/s；

集气半径　　　　　　　　≤15km(由集气压力与管径优选确定)。

(3) 集气站

集气站的主要功能是汇集各采气干线来气，然后分离固体杂质及凝结水，增压、计量，事故放空，然后输至中心脱水处理站。

生产流程：站外煤层气经集气干管汇集后进入集气站集气汇管，进入集气站的压力≥0.08MPa，然后进分离器进行气液分离，分离后的煤层气进入压缩机增压，压缩机进口压力≥0.05MPa，增压后进入站间集输干管输送至中心脱水处理站。

集气增压站的工艺流程示意见图 3-3-53。

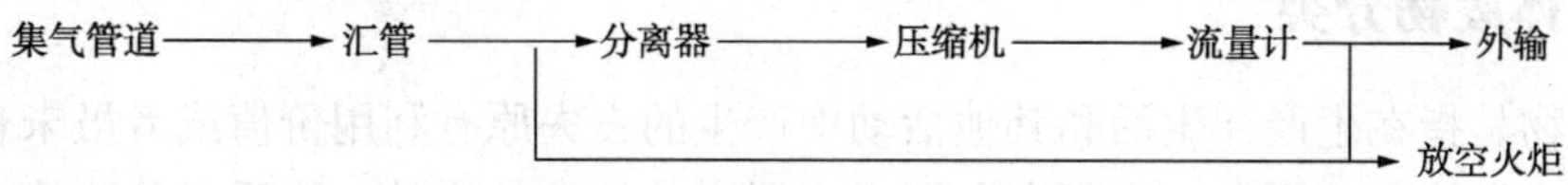

图 3-3-53　集气增压站的工艺流程示意图

第 4 章　固体废物处理

4.1　固体废物分类及鉴别

4.1.1　固体废物分类

固体废物是指在生产、生活和其他活动中产生的丧失原有利用价值或者虽未丧失利用价值但被抛弃或者放弃的固态、半固态和置于容器中的气态的物品、物质以及法律、行政法规规定纳入固体废物管理的物品、物质。根据《中华人民共和国固体废物污染环境防治法》，固体废物分为工业固体废物、生活垃圾和危险废物三大类。

(1) 工业固体废物

① 定义

是指在工业生产活动中产生的不属于危险废物的固体废物。具体说来是指未被列入《国家危险废物名录》或者根据国家规定的《危险废物鉴别标准》GB 5085 和《固体废物浸出毒性浸出方法》GB 5086 及《固体废物浸出毒性测定方法》GB/T 15555 鉴别方法判定不具有危险特性的工业固体废物。一般工业固体废物分为第Ⅰ类一般工业固体废物和第Ⅱ类一般工业固体废物。

② 分类

第Ⅰ类一般工业固体废物为按照 GB 5086 规定方法进行浸出试验而获得的浸出液中，任何一种污染物的浓度均未超过《污水综合排放标准》GB 8978 最高允许排放浓度，且 pH 值在 6 至 9 范围之内的一般工业固体废物。

第Ⅱ类一般工业固体废物为按照 GB 5086 规定方法进行浸出试验而获得的浸出液中，有一种或一种以上的污染物浓度超过 GB 8978 最高允许排放浓度，或者是 pH 值在 6 至 9 范围之外的一般工业固体废物。

(2) 危险废物

包括列入《国家危险废物名录》的固体废弃物，以及未列入该名录但按《危险废物鉴别标准》鉴别为危险废物的固体废弃物。

① 定义

《中华人民共和国固体废物污染环境防治法》中将危险废物规定为："列入国家危险废物名录或者根据国家规定的危险废物鉴别标准和鉴别方法认定的具有危险特性的废物"。

危险废物定义在不同的国家和组织各有不同的表述，联合国环境署(UNEP)把危险废物定义为："危险废物是指除放射性以外的那些废物(固体、污泥、液体和利用容器的气体)，由于它的化学反应性、毒性、易爆性、腐蚀性和其他特性引起或可能引起对人体健康或环境的危害。不管它是单独的或与其他废物混在一起，不管是产生的或是被处置的或正在运输中的，在法律上都称危险废物"。而世界卫生组织(WHO)的定义是："危险废物是一种具有物理、化学或生物特性的废物，需要特殊的管理与处置过程，以免引起健康危害或产生其他有害环境的作用"。美国在其《资源保护和回收法》中将危险废物定义为："危险废物是固体废物，由于不适当的处理、贮存、运输、处置或其他管理方面，它能引起或明显地影响各种疾病和死亡，或对人体健康或环境造成显著的威胁”。日本《废物处理法》将：“具有爆炸性、毒性或感染性及可能产生对人体健康或环境危害的物质”定义为“特别管理废物”，相当于通称的“危险废物”。

世界各国都制定了各自的鉴别标准和危险废物名录。如联合国环境规划署在《控制危险废物越境转移及其处置巴塞尔公约》中列出了“应加控制的废物类别”共45类，“须加特别考虑的废物类别”共2类，危险废物“危险特性的清单”共14种特性。

② 分类

《国家危险废物名录》是危险废物管理、分类和鉴别的重要技术文件之一，《国家危险废物名录》包括：废物类别、行业来源、废物代码、危险废物、危险特性等五项，其中“废物类别”是按照《控制危险废物越境转移及其处置巴塞尔公约》划定的类别进行归类的；“废物代码”是危险废物的唯一代码，为8位数字。其中，第1~3位为危险废物产生行业代码，第4~6位为废物顺序代码，第7~8位为废物类别代码。)；“危险特性”是指腐蚀性(Corrosivity，C)、毒性（Toxicity，T）、易燃性（Ignitability，I）、反应性（Reactivity，R）和感染性(InFectivity，In)等。

根据废物的一般来源以及所含的危险组分将危险废物分为47类(HW01~HW47)，其中名录HW01~HW18按来源分，HW19~HW47根据所含的危险组分及其特性分类。原油和天然气开采以及精炼石油产品制造行业明确列入《国家危险废物名录》

（3）生活垃圾

指居民生活产生的固体废弃物，包括城市生活垃圾和企业生活垃圾。

4.1.2 废物危险性鉴别

固体废物管理的首要工作是根据其性质进行分类，也就是进行定性鉴别。方法是依据《国家危险废物名录》和危险废物鉴别标准和鉴别方法对固体废物进行判别。

（1）鉴别原则

① 名录鉴别优先原则

凡列入《国家危险废物名录》的，属于危险废物，不需进行危险特性鉴别；未列入《国家危险废物名录》的，依据GB 5085.1~GB 5085.6鉴别标准进行鉴别，凡具有腐蚀性、毒性、易燃性、反应性等一种或一种以上危险特性的，属于危险废物。

② 混合后判定规则

具有毒性(包括浸出毒性、急性毒性及其他毒性)和感染性等一种或一种以上危险特性的危险废物与其他固体废物混合，混合后的废物属于危险废物。

③ 处理后判定规则

具有毒性(包括浸出毒性、急性毒性及其他毒性)和感染性等一种或一种以上危险特性的危险废物处理后的废物仍属于危险废物，国家有关法规、标准另有规定的除外。

（2）鉴别方法

《危险废物鉴别标准》是国家颁布的危险废物鉴别系列标准，与标准配套的还制定了固体废物或危险废物实验方法或分析方法。

这些鉴别标准和方法是实施危险废物管理的重要技术支持。除了鉴别固体废物是否具有危险特性之腐蚀性(C)、毒性(T)、易燃性(I)、反应性(R)和感染性(In)外，还有危险废物毒性物质含量鉴别。根据这些特性和含量，对固体废物做出判别。

4.2 石油石化固体废物特点

石油石化行业生产、生活过程中均有固体废物产生。油气田生产过程中排放的固体废物主要有落地原油、含油污泥、钻井废弃物等。石油加工过程产生的固体废物主要有废催化剂、废脱(吸)附剂、废碱渣、清罐油泥、废水处理过程产生的“三泥”等；化工过程产生的固体废物主要是废催化剂、废添加剂、废吸附剂、有机废液、釜底残渣以及废碱渣废酸渣等；石化行业上下游各生产环节(含运输、储存及销售)所产生固体废物的特点是含油，依据《国家危险废物名录》进行分类，大部分为危险废物。

石化行业的一般工业固体废物主要包括锅炉灰渣、烟气脱硫产生的达不到产品质量标准的废石膏、水处理产生的部分污泥等。锅炉灰渣大部分实现了综合利用；通过加强烟气除尘，脱硫石膏基本可达到产品质量标准，可作为产品出售；经鉴定不属于危险废物的化学污泥可进行填埋处置。

各环节产生的固体废物种类列入表 4-2-1。

表 4-2-1　石油化工行业的主要固体废物来源表

固 废 来 源	主 要 固 体 废 物
油气田生产	钻井废弃物、落地油泥、含油污泥
石油炼制	酸、碱废液、废催化剂、废吸附剂、废白土、污泥
石油化工	有机废液、废催化剂、废吸附剂、废添加剂、废干燥剂、污泥、废聚酯类、废碱液聚酯废料
供水系统(软化水、循环水)	酸碱废液
储运系统	罐底油泥、落地油泥
自备电厂锅炉及烟气处理等	锅炉灰、渣、脱硫石膏
污水处理场及“三泥”处理	浮渣、油泥、剩余活性污泥、焚烧灰渣
机修、电修、仪修	检修废弃物

石化行业的固体废物种类繁多，成分复杂，含有多类有机物，具有易燃、有毒、易反应的特点。

(1) 危险废物种类多

石油炼制产生的酸碱废液，不但含有油、环烷酸、酚、沥青等有机物，还含有毒性、腐蚀性较大的游离酸碱和硫化物。部分危险废物中含有铬、汞、铅、砷等重金属。

(2) 有机物含量高

原油处理的损失率一般为 0.25%，其中损失的一部分进入到固体废物中。如油品精制产生的废碱液中环烷酸含量达 10%~15%，酚含量 10%~20%。石油化工、化纤行业产生的固体废物中有机废液占比例也较大。此外，罐底泥、池底泥中油含量高于 10%。

(3) 可利用性

固体废物虽然对环境的危害是严重的，但也有可资源化的一面，如粉煤灰目前是很好的建材辅料，废催化剂可回收贵重金属，有些有机废物则可能作为某种产品生产的廉价原料等。

(4) 侵占土地资源

目前我国大量土地被固体废物长期堆占，已堆积的工业固体废物约有 60×10^8t，生活垃圾有 5×10^6t，估计每年还要产生 1000×10^4t 固体废物需要进行填埋处置。固体废物产量逐年递增，占用土地资源的问题日趋严重。

(5) 污染土壤与水体、危害人类健康

固体废物含种类繁多的污染物，如不经过妥善处置，直接露天堆置，经降水的淋溶、地表径流的渗沥，污染物会随水流扩散至土壤、地下水与地表水中，可能通过食物链与饮用水危害人体健康，还可导致土地盐碱化等危害。

(6) 污染大气、影响环境卫生

含有有机物的固体废物在自然环境中堆置，在微生物作用下会产生的恶臭等有害气体，还为蚊、蝇与寄生虫的滋生提供了有利的场所，导致传染疾病的潜在威胁。无机的固体废物如灰渣中的细颗粒会产生扬尘污染大气。

总之，固体废物对人类环境的危害具有多样性、长期性与潜在性。

4.3 固体废物管理

4.3.1 固体废物管理原则

《中华人民共和国固体废物污染环境防治法》规定了全过程管理，分类管理，“减量化、资源化、无害化”以及污染者负责等固体废物管理原则。

(1) 全过程管理

对固体废弃物从产生、收集、贮存、运输、利用直到最终处置的全过程实行一体化的管理。

产生固体废物的企业，应当采取措施防止或者减少固体废物对环境的污染；收集、贮存、运输、利用、处置固体废物的，必须采取防止环境污染的措施。

(2) 分类管理

鉴于固体废物的成分、性质和危险性存在较大差异，采取分别、分类的管理办法，针对不同的固体废弃物制定不同的对策和措施。具体是指对工业固体废物、生活垃圾和危险废物三类固体废物实行分类管理。

(3)“减量化、资源化、无害化”

对固体废物污染环境的防治，实行减少固体废物的产生量、危害性、充分合理利用固体废物和无害化处置固体废物的原则，促进清洁生产和循环经济发展。

“减量化”是指实施清洁生产，最大限度利用资源和能源，尽可能减少固体废物的排放量和产生量。

“资源化”是指对已经成为固体废物的各种物质进行回收、加工使其转化成二次原料或能源予以再利用的过程。

“无害化”是指对于不能再利用的固体废物进行妥善贮存或处置，使其不对环境及人身安全造成危害。

(4) 污染者负责

《中华人民共和国固体废物污染环境防治法》第五条明确规定国家对固体废物污染环境防治实行污染者依法负责的原则。产品的生产者、销售者、进口者、使用者对其产生的固体废物依法承担污染防治责任。

4.3.2 危险废物管理制度

《中华人民共和国固体废物污染环境防治法》中对危险废物的产生、收集、运输、转移、包装、贮存、利用、处置、设施建设、监督管理等活动有系统要求，明确规定危险废物管理具体方案和责任。危险废物管理制度主要包括以下 8 个方面：

(1) 申报登记制度。产生工业固体废物的单位必须按照国务院环境保护行政主管部门的规定，向所在地县级以上地方人民政府环境保护行政主管部门提供工业固体废物的种类、产生量、流向、贮存、处置等有关资料。1992 年国家环境保护局制定了《排放污染物申报登记管理规定》，规定产生固体废物的单位应进行申报登记。

(2) 统一鉴别制度。《国家危险废物名录》中列出了 49 个类别的危险废物，规定统一的危险废物鉴别标准、鉴别方法和识别标志，对列入名录的危险废物实行严格管理。

(3) 代处置制度。产生危险废物的单位，必须按照国家有关规定处置危险废物，不得擅自倾倒、堆放；不处置的，由所在地方政府环保部门责令限期改正；逾期不处置或者处置不符合国家有关规定的，由所在地方政府环保部门指定单位按照国家有关规定代为处置，处置费用由产生危险废物单位承担。

(4) 排污收费制度。以填埋方式处置危险废物不符合国务院环境保护行政主管部门规定的，应当缴纳危险废物排污费。2003 年，国务院颁布了《排污费征收使用管理条例》，并配套制定了《排污费征收标准管理办法》，对危险废物排污费的征收标准、征收方式和使用要求做出了规定。

(5) 经营许可证制度。从事收集、贮存、处置危险废物经营活动的单位，必须向县级以上地方政府环保部门申请领取经营许可证。2004 年国务院颁布的《危险废物经营许可证管理办法》规定了这一方面的要求。

(6) 转移联单制度。转移危险废物的，必须按照国家有关规定填写危险废物转移联单，并按规定进行申报。1999 年国家环境保护总局颁布了《危险废物转移联单管理办法》，规定了危险废物转移联单制度的具体实施办法。

(7) 预提留制度。重点危险废物集中处置设施、场所的退役费用应当预提，列入投资概算或者经营成本。但是到目前为止，还没有制定具体的管理办法，因此也没有正式实施。

(8) 管理计划制度。产生危险废物的单位，必须按照国家有关规定制定危险废物管理计划，并向所在地县级以上地方人民政府环境保护行政主管部门申报危险废物的种类、产生量、流向、贮存、处置等有关资料。

4.3.3 固体废物贮存管理

4.3.3.1 固体废物临时贮存设施

固体废物卸离各设备、容器或装置区，送至最终处理处置设施（焚烧、填埋、外委等）之前，应妥善管理和存储。所有固体废物应本着“即出即运”的原则，尽量不在厂内停留。为减少固体废物厂内停留环节对环境的污染，要求企业设置固体废物临时贮存设施。

4.3.3.2 一般固体废物贮存

根据《一般工业固体废物贮存、处置场污染控制标准》，按一般固体废物的分类，分别设置Ⅰ类和Ⅱ类贮存、处置场。

一般工业固体废物贮存、处置场，严禁危险废物和生活垃圾混入；

贮存、处置场的渗滤液水质达到 GB 8978 标准后方能排放，大气污染物排放必须满足 GB 16297 的无组织排放要求；

选址应在工业区和居民集中区主导风向下风侧，场界距居民集中区 500 m 以外；

应采取防渗及防止粉尘污染的措施；地下水监测措施。

4.3.3.3 危险废物贮存

危险废物临时储存设施应按照国家环保部 1 号令颁布的《国家危险废物名录》对工艺装置排出的固体废物进行分类，并按照《危险废物贮存污染控制标准》GB 18597—2001 和其他相关标准的要求进行暂存。具体要求如下：

(1) 预处理

① 危险废物应在卸出装置前进行预处理，脱除粘附的有机物后方可存入临时储存设施。

② 废物应为袋装(固体)、桶装(液体)包装，以免泄漏。装载所有废物的容器必须完好无损，不允许有沥滤液产生。容器材质满足相应强度要求，避免遗撒污染环境。

③ 不相容的废物应分别包装。

④ 装有危险废物的容器或包装袋应粘贴符合标准的分类标签。

(2)工艺要求

① 危险废物储场火灾危险类别按丙类设计。

② 可燃危险废物和不可燃的废物分区域储存，并由实体墙分隔开。

(3)危险废物储存技术要求

① 危险废物产生者和危险废物经营者应建造专用的危险废物贮存设施，也可利用原有构筑物改建成危险废物贮存设施。

② 在常温常压下不水解、不挥发的危险废物可在贮存设施内分别堆放。

③ 在常温常压下易爆、易燃及排出有毒气体的危险废物必须进行预处理，使之稳定后贮存，否则按易爆、易燃危险废物贮存。

④ 遇火、遇热、遇潮能引起燃烧、爆炸或发生化学反应，产生有毒气体的危险废物不得在露天或在潮湿、积水的建筑物中贮存。

⑤ 受日光照射能发生化学反应引起燃烧、爆炸、分解、化合或能产生有毒气体的危险废物应贮存在一级建筑物中，其包装应采取避光措施。

⑥ 严禁爆炸物品和其他类物品同贮，必须单独隔离限量贮存，严禁将仓库建在城镇。

⑦ 压缩气体和液化气体必须与爆炸物品、氧化剂、易燃物品、自燃物品、腐蚀性物品隔离贮存。易燃气体不得与助燃气体、剧毒气体同贮；氧气不得与油脂混合贮存；盛装液化气体的容器属压力容器的，必须有压力表、安全阀、紧急切断装置，并定期检查，不得超装。

⑧ 易燃液体、遇湿易燃物品、易燃固体不得与氧化剂混合贮存，具有还原性氧化剂应单独存放。

⑨ 有毒危险废物应贮存在阴凉、通风、干燥的场所，不得露天存放，不得接近酸类物质。

⑩ 腐蚀性物品，包装必须严密，不允许泄漏，严禁与液化气体和其他物品共存。

⑪ 盛装液体、半固体危险废物的容器内须留足够空间，容器顶部与液体表面之间保留 100mm 以上的空间。

⑫ 盛装危险废物的容器上必须粘贴相应危险废物标志。

⑬ 危险废物贮存设施建设前应进行环境影响评价。

(4) 危险废物储存设施选址

① 地质结构稳定，地烈度不超过 7 度的区域内。

② 设施底部必须高于地下水最高水位。

③ 场界应位于居民区 800m 以外，地表水域 150m 以外。

④ 应避免建在溶洞区或易遭受严重自然灾害如洪水、滑坡、泥石流、潮汐等影响的地区。

⑤ 易燃、易爆等危险废物仓库，应建在高压输电线路防护区域以外。

⑥ 应位于居民中心区常年最大风频的下风向。

(5) 防渗要求

集中贮存的废物堆选址除满足以上要求外，基础必须防渗，防渗层为至少 1m 厚黏土层(渗透系数≤10^{-7}cm/s)，或 2mm 厚高密度聚乙烯，或至少 2mm 厚的其他人工材料，渗透系数≤10^{-10}cm/s。临时储存设施地面需要进行防渗处理，满足《危险废物贮存污染控制标准》GB 18597—2001 的要求。具体做法主要包括。

① 在危险废物与承载危险废物的基础之间设置防渗层，防渗层采用 2mm 厚高密度聚乙烯材料(渗透系数≤10^{-10}cm/s)。

② 设置堵截泄漏的裙角，地面与裙角所围建的容积不低于堵截最大容器的最大储量或总储量的 1/5。

③ 地面与裙角采用坚固、防渗、防腐的材料建造，建筑材料与危险废物相容。

4.3.4 危险废物运输管理

4.3.4.1 运输管理

依照《危险废物收集、贮存、运输技术规范》对危险废物的收集、运输、中转暂存的行为提出了要求，以降低环境污染事故发生概率和消除对人体健康和环境的潜在影响。

(1) 危险废物包装技术要求

① 危险废物外运前必须进行适当的包装并贴有指定的危险废物标签。

② 液体、半固体的危险废物必须用包装容器进行装盛，固态危险废物可用包装容器或包装袋进行装盛并存放在符合规范的暂存设施之中。

③ 同一包装容器、包装袋不能同时装盛两种以上不同性质或类别的危险废物。

④ 已装盛废物的包装容器应妥善盖好或密封，容器表面应保持清洁，不应粘附任何危险废物。

⑤ 液态危险废物宜用盖顶不可掀开的带有液体灌注孔的容器（塑胶或钢制成桶或罐）装盛。容器须预留足够的空隙，以确保容器内的液体废物在正常的处理、存放及运输时，不因温度或其他物理状况改变而膨胀，造成容器泄漏或永久变形。

⑥ 烟尘、粉尘等易扬散的危险废物应用密封的塑料袋或带盖的容器进行包装，并采取适当的防扬散措施。

⑦ 为运输方便，包装容器的容量一般不应超过 230L。储罐、储槽等固定式危险废物储存容器的容量可不受此限制。

⑧ 包装容器和包装袋应选用与装盛物相容(不起反应)的材料制成，包装容器必须坚固

不易破碎，防渗性能良好。

⑨ 所有包装容器两旁、包装袋必须贴上危险废物标签，危险废物标签上文字字体为黑体、底色为醒目的橘黄色。标签上须提供下列说明：中文“危险废物”字样；危险废物产生者的姓名、地址及联络电话；危险废物所含主要成分的学名或普通名称。

⑩ 危险废物贮存设施入口处醒目的地方必须安装危险废物警告标志。

⑪ 按照不同运输方式(公路运输、铁路运输、水路运输) 参照《危险货物运输包装通用技术条件》(GB 12463)规定的包装形式及相应的包装物性能要求，包装应坚固、完整、严密不漏、外表面清洁，不粘附有害的危险物质。

(2) 危险废物运输技术要求

① 危险废物运输应由具有从事危险废物运输经营许可证的运输单位完成。危险性或与消防法相抵触的废物必须分别托运。

② 危险废物运输应严格执行《危险废物转移联单管理办法》。

遵守公路、铁路、港口相关管理规定和危险废物运输的特殊要求。

③ 危险废物产生单位每转移一车、船(次)同类危险废物，应当填写一份联单。按照废物种类分别填写联单。并将联单第一联、第二联副联、第三联、第四联、第五联随转移的危险废物交付危险废物接收单位。将废物送达后，还应存档接受单位交付的联单第三联。

④ 车辆必须悬挂“危险废物”字样及相应标志。

⑤ 应根据所装载危险废物的性质，配备相应的消防器材和捆扎、防水、防散失等用具。采取相应的遮阳、控温、防爆、防火、防震、防水、防冻、防粉尘飞扬、防撒漏等措施。

⑥ 装卸前应详细了解所装卸危险废物的性质、危险程度、安全和医疗急救等措施，并严格按照有关操作规程作业。

⑦ 危及安全时，承运人应立即报请当地环境保护主管部门，并由当地环境保护主管部门会同公安、交通主管部门、港务(航)监督机构报处理。

4.3.4.2 危险废物运输风险应急预案

产生、收集、贮存、运输、利用、处置危险废物，应当制定意外事故的防范措施和应急预案，对于运输环节，应急预案应包括：应急组织机构、启动应急预案的条件和标准，应急响应程序等。应急预案应最大限度降低因火灾、爆炸或其他意外的突发或非突发事件导致的危险废物或其组分泄漏到空气、土壤或水体中而产生的对人体健康和环境的危害。

危险废物道路运输车辆应配置符合 GB 13392 规定的标志。

危险废物道路运输应严格执行《危险废物转移联单管理办法》。

危险废物公路运输应当遵守《道路危险货物运输管理规定》，铁路运输应按照《铁路危险货物运输管理规则》，水路运输应执行《水路危险货物运输规则》的规定。应在规定的路线行驶，临时停车时应远离居民区、学校、交通繁华路段、风景名胜区；风险事故主要有突发性车辆故障、危险物质泄漏引发的污染、火灾(爆炸)、人身伤害。应急的主要措施包括：车辆故障急救、污染物泄漏处理、消防、伤亡人员救治。发生事故时应迅速上报当地交通、安全、消防、保险等当地相关主管部门请求援助。

4.4 污泥浓缩与脱水

污泥主要来自石油开采、集输和加工过程。油田污泥主要产生在油气集输处理站，包括一次沉降罐、二次沉降罐和废水处理系统，石油化工污泥主要产生在污水处理场。

4.4.1 污泥中水的形态

污泥中所含的水分可以分为以下四种，如图 4-4-1 所示。

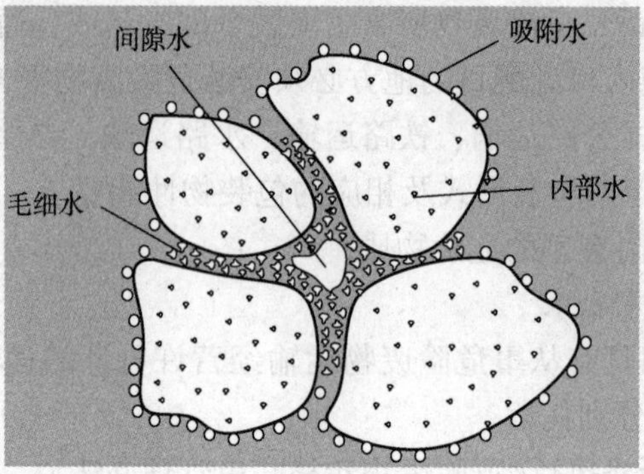

图 4-4-1 污泥水分示意图

（1）间隙水

污泥是一个非均相体系，水、油和固体颗粒相互包裹，被大小污泥固体包围着的水称为间隙水，不与固体直接结合，作用力较弱，因而很容易分离。这部分水是污泥浓缩的主要对象。当间隙水很多时，只需在调节池或浓缩池中停留几小时，利用重力作用就可使间隙水分离出来。间隙水约占污泥水分总量的 70%。

（2）毛细结合水

污泥细小固体颗粒周围的水，由于产生毛细现象，在固体颗粒的接触面由于毛细压力的作用而形成的楔形毛细结合水，充满于固体本身裂隙中。毛细结合水约占污泥中水分总量的 20%。由毛细现象形成的毛细结合水受到液体凝聚力和液固表面附着力作用，要分离出毛细结合水需要有较高的机械作用力和能量，可以利用与毛细水表面张力相反的作用力，例如离心力、负压抽真空、电渗力或热渗力等方法脱水，常用离心机、真空过滤机或高压压滤机来取出这部分水。

（3）表面吸附水

污泥常常是一种胶体状态，例如活性污泥属于凝胶，污泥的胶体颗粒很小，比表面积大，在表面张力作用下吸附水分较多。表面吸附水的去除较难，细小颗粒或生物处理后的污泥，其表面活性及剩余力场强，粘附力大，不能用普通的浓缩或脱水方法去除。常采用加入电解质的混凝方法，以达到凝结作用而使污泥固体易于与水分离。

（4）内部结合水

部分污泥水被包围在微生物的细胞膜中，形成内部结合水。内部结合水与固体结合得很紧，要去除它必须破坏细胞膜。用机械方法是不能脱除的，但可用生物作用（好氧堆肥化、厌氧消化等）使细胞进行生化分解，或采用其他方法破坏细胞膜，使内部水变成外部液体从而进行去除。

表面吸附水和内部结合水这两部分约占污泥中水分的 10%，需采用加热干化热处理或焚烧法去除。

4.4.2 污泥浓缩

污泥浓缩的目的就是降低污泥中的水分，缩小污泥的体积。污泥浓缩主要减缩污泥的间隙水。经浓缩后的污泥近似糊状，仍保持流动性，有利于污泥的运输、处理与利用。污泥浓缩适用于含水率较高的污泥。例如活性污泥，其含水率高达99%左右。当污泥含水率由99%降至96%时，污泥的体积可缩小到原来的1/4，浓缩后的污泥含水率一般为95%~97%。污泥浓缩中所排出的污泥水含有大量有机物质，一般混入原废水一起处理；不能直接排放，以免污染环境。

常用的污泥浓缩方法主要有重力浓缩、气浮浓缩等。在选择浓缩方法时，除了各种方法本身的特点外，还应考虑污泥的性质、来源、整个污泥处理流程及最终处置方式等。

(1) 重力浓缩法

利用污泥自身的重力将污泥间隙中的水挤出，使污泥的含水率降低的方法，称为重力浓缩法。重力污泥浓缩池有连续式和间歇式两种。

当污泥产生量较为集中时多采用连续式浓缩，浓缩池的构造类似沉淀池，内设搅拌机械作缓慢搅拌。污泥在浓缩池中的停留时间，一般为12h左右。在浓缩池中，固体颗粒借重力下降，水分从泥中挤出，浓缩污泥从池底排出，污泥水从池面堰口外溢或从池侧出水口流出。

对于油田生产设施，污泥排放定期进行，排出点分散，因此，多采用间歇浓缩池(或罐)。间歇式重力浓缩池是间歇进泥，在投入污泥前必须先排除浓缩池已澄清的上清液，腾出池容，故在浓缩池不同高度上应设多个上清液排出管。

(2) 气浮浓缩法

污泥的气浮浓缩是在加压情况下，将空气溶解在澄清水中，在浓缩池中降至常压后，释放出的大量微气泡附着在污泥颗粒的周围，使污泥颗粒比重减小而被强制上浮，达到浓缩的目的。上浮至水面的污泥颗粒用刮板将浓缩污泥刮入排泥槽，污泥水则从池底流出。对于颗粒相对密度仅略大于1的活性污泥等尤为适用。为提高气浮浓缩效果，亦可投加混凝剂。

4.4.3 污泥调理

污泥调理是指对污泥进行预处理以提高污泥的浓缩脱水效率，并为经济地进行后续处理而有计划地改善污泥性质的措施。污泥调理通常针对有机质污泥，如生物处理的初沉污泥、腐殖污泥、活性污泥、消化污泥等。这些污泥是以有机物微粒为主体的悬浊液，具有胶体特性。过滤比阻抗值高，脱水性能差。含油污泥同样具有粘度高、脱水比阻大的特点，多数污泥粒子属“油性固体”(如沥青质、胶质和石蜡等)，质软；在进行机械脱水时，因其黏度大、乳化严重，固-固粒子间粘附力强和密度差小等原因导致分离效果差，特别是油田的老化油泥更需要进行调质处理。

污泥脱水过程实际上是污泥的固体粒子群和水的相对运动，而污泥的调理是通过一定手段调整固体粒子群的性状和排列状态，使之适合不同脱水条件的预处理操作，显著改善脱水效果，提高机械脱水性能。

污泥调理方法有四种：化学调节法、热处理法、冷冻法、淘洗法，其中化学调理是最常用的方法，就是在污泥中投加助凝剂、絮凝剂等化学药剂，促使污泥颗粒絮凝，改善其脱水性能。助凝剂一般不起混凝作用，其主要作用是调节污泥的pH值，改变污泥颗粒的结构，破坏胶体的稳定性，提高混凝剂的混凝效果，主要有硅藻土、酸性白土、电厂粉煤灰等。混凝剂的主要作用是通过中和污泥胶体颗粒的电荷和压缩双电层厚度，减少粒子和水分的亲和力，使污泥解稳，改善其脱水性。混凝剂主要有无机混凝剂(铝盐、铁盐等)和高分子混凝剂(PAM 等)。

4.4.4 污泥脱水

为有效经济地进行污泥干燥、焚烧等进一步处置，必须脱水减少污泥量，使污泥当作固态物质来处理，同时方便运输。因此，污泥脱水是最重要的减量化手段，也是不可缺少的预处理工序。污泥脱水包括自然干化和机械脱水两大类处理方法。

4.4.4.1 自然干化脱水

自然干化脱水是将污泥置于干化池中，利用自然风吹、日晒或者依靠砂层过滤脱除污泥中的水分。

油田开发初期污泥脱水主要采用“浓缩+自然干化脱水”工艺。该方法投资省、耗能少，但占地多；受气象影响大，冬季干化效果差；滤后水渗漏、滤层板结堵塞，容易产生二次污染等。随着 HSE 要求的提高，自然干化脱水方式越来越呈现出其局限性。但在日照时间长、蒸发量大的地区，在征得地方环保部门许可的情况下，可以适当选用。

4.4.4.2 机械脱水

机械脱水是将污泥置于机械设备中，利用外加能量如真空抽吸、板框压滤或离心分离的方法使污泥中的水分脱出。机械脱水具有占地少，不受外界环境条件限制，脱水效果好、易实现自动控制及二次污染少的特点，但投资大，能耗高。

污泥的机械脱水设备主要有真空过滤机、板框压滤机、带式压滤机、离心脱水机和叠螺脱水机等。

(1) 真空过滤机

真空过滤机是利用真空泵造成过滤介质两侧的压力差，使污泥中的水分通过过滤介质，而固体截留在过滤介质的表面，从而达到分离的目的，主要有转鼓式真空过滤机、折带式真空过滤机、圆盘式真空过滤机等几种类型。由于真空过滤机存在附属设施较多，真空度要求高、滤饼含水率高、使用周期短等缺点，目前在石化行业基本不使用。

(2) 板框压滤机

板框压滤机由交替排列的滤板和滤框构成一组滤室。滤板的表面有沟槽，其凸出部位用以支撑滤布。滤框和滤板的边角上有通孔，组装后构成完整的通道，能通入悬浮液、洗涤水和引出滤液。由供料泵将污泥压入滤室，然后加压使滤液通过滤布并沿滤板沟槽流至板框边角通道，汇入集液槽排出，固体在板框内形成滤饼，停机后打开板框将滤饼卸入集泥槽中运出。板框压滤机结构原理图见图 4-4-2。

板框压滤机有手动和自动两种，人工操作的板框压滤机，劳动强度甚大，多采用机械自动操作。板框压滤机的特点是脱水压力高，滤饼含水率低，适应性能强。但属于间歇式生产，存在自动化程度低，滤布易堵塞等缺点。

(3) 带式压滤机

带式压滤机由传动装置、油压装置、滤布张紧装置、滤布偏移监测和调整装置、滤布冲洗装置、高压皮带、滤布和紧急停车限位开关等部件组成。污泥在絮凝剂与重力的作用下首先进行预脱水，然后通过一系列压辊挤压在上下两层过滤带中的滤饼，进行直接的机械挤压脱水，带式压滤机结构原理图见图 4-4-3。

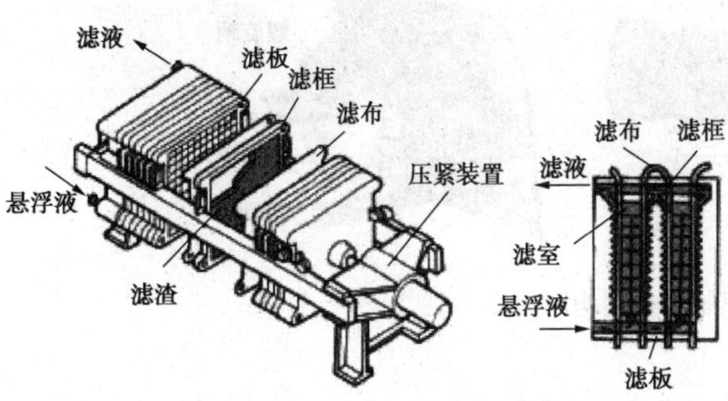

图 4-4-2　板框压滤机结构原理图

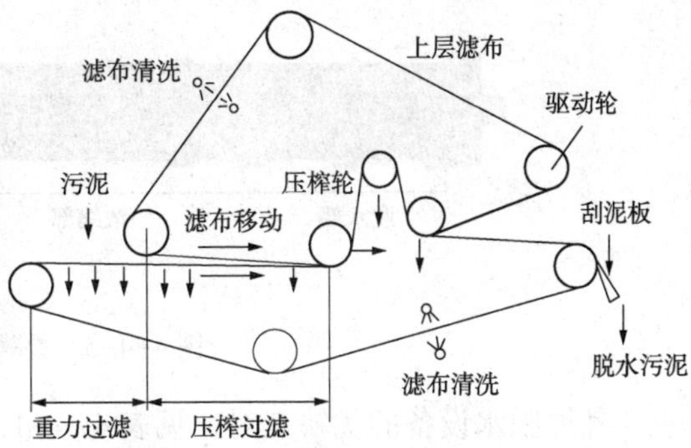

图 4-4-3　带式压滤机结构原理图

带式压滤机在运行过程中存在滤布易堵塞、反冲洗困难、滤布易跑偏等缺点。带式压滤机在剩余活性污泥脱水中应用较多。含油污泥由于油水乳化严重，其脱水效果不理想。

(4) 离心脱水机

离心脱水是利用高速旋转所产生的离心力使固体与液体分离，从而达到脱水的目的。污泥由空心转轴送入转筒后，在转筒高速旋转产生的离心力作用下，使相对密度大的污泥颗粒集聚于转筒内壁，而相对密度较小的液体浮在污泥面层上，形成一个液相层，并由筒体末端流出，而聚集在筒壁上的污泥在螺旋输送器推动下刮入锥体斗末端排出。离心脱水机结构原理见图 4-4-4。

离心脱水机有三足式下卸料离心机、卧式螺旋卸料离心机和叶片式离心机。离心脱水机可连续生产和自动控制，卫生条件较好，占地也小，但污泥预处理的要求较高，能耗高，噪声大，维护运行管理成本高，在某种程度上制约了它的推广应用。

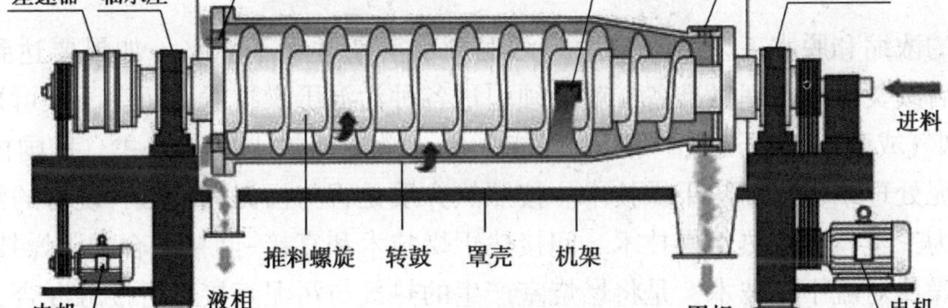

图 4-4-4　离心脱水机结构原理图

(5) 叠螺式污泥脱水机

叠螺式污泥脱水机主体是由游动环、固定环、螺旋轴三部分组成。每两片固定环中间是一片游动环，层层相叠，螺旋轴贯穿其中。游动环在转动的过程中与固定环形成活动的缝隙，污泥通过脱水机主体的时候，滤液在重力作用下由固定环和游动环之间的滤缝排出，进入滤液槽。污泥则随着螺旋轴的缓慢转动不间断向前推进，输送的同时带动游动环做上下左右的切割运动，清扫滤缝，不堵塞滤缝，脱水末端与背压板形成的空隙(可调节)挤压成泥饼。所得泥饼的含水率在 78%~85%之间，固体回收率达到 95%。无震动，噪音低，可以在低浓度条件下直接脱水。叠螺脱水机结构原理见图 4-4-5。

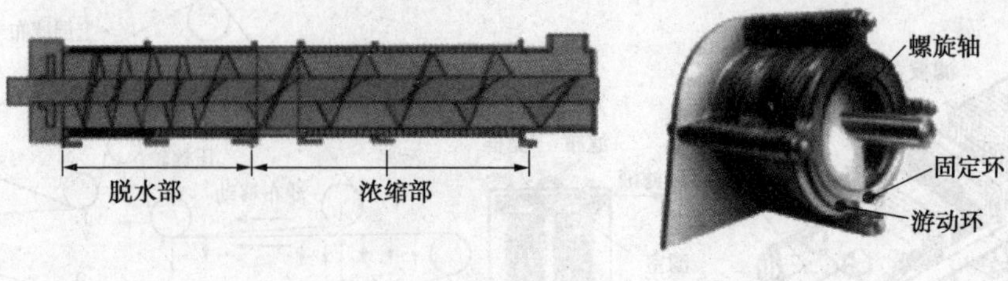

图 4-4-5　叠螺脱水机结构原理图

各种脱水设备的优缺点对比见表 4-4-1。

表 4-4-1　几种脱水设备的比较

	板框机	带式压滤机	离心脱水机	叠螺污泥脱水机
特点	1. 适合各种污泥的脱水 2. 泥饼含水率低 3. 易堵塞滤布 4. 需使用高压泵，能耗高 5. 间歇生产，不能连续自动运行	1. 处理量大 2. 价格较低 3. 易堵塞滤布，反冲洗水大量清洗 4. 滤布易跑偏 5. 不适用油泥	1. 处理量大 2. 环境污染少 3. 不适用于比重接近的固液分离 4. 噪音大，能耗高，价格高	1. 处理量较大 2. 对絮凝剂要求较高，需要形成较为密实的絮凝体 3. 不适合金属类污泥的脱水
冲洗用水	中	大	少	极少
含水率	75%左右	85%左右	85%左右	85%左右
回收率	95%以上	90%左右	90%左右	90%左右
运行操作	复杂	较复杂	简单	较简单

4.4.5　污泥干燥

经传统的浓缩和脱水工艺处理之后的污泥含水率通常大于 60%，如果要达到较为深度的脱水，为后续焚烧或填埋做准备，就必须引进各种污泥干燥技术。污泥干燥可采用热介质(热空气、烟气或蒸汽等)干燥、利用太阳能干燥、微波加热干燥等方式。从国内外应用情况看，在污泥处理中多采用热干燥技术。按照热介质是否与污泥相接触，现行的污泥热干燥技术可以分为三类：直接热干燥技术、间接热干燥技术和直接-间接联合式干燥技术。

直接干燥属对流干燥技术，是将燃烧室产生的热气与污泥直接进行接触混合，使污泥得以加热，水分得以蒸发并最终得到干污泥产品，主要设备有闪蒸式干燥器、转筒式干燥器、带式干燥器、喷淋式干燥器、螺环式干燥器和多效蒸发器等。

间接干燥实质上就是传导干燥，即将燃烧炉产生的热气通过蒸气、热油介质传递给加热器壁，从而使器壁另一侧的湿污泥受热、水分蒸发而加以去除，薄膜干燥器以及各种各样的转盘/浆板干燥器即属于这种类型。

直接—间接联合式干燥系统则是对流—传导技术的整合，如高速薄膜干燥器、流化床干燥器以及带式干燥器就属于这种类型。

石化行业常见的污泥干化技术主要有：

(1) 流化床干燥技术

把热空气鼓入放置有湿颗粒的床层中使颗粒流态化，则热量从空气传递到颗粒提供水分蒸发所需热量，使颗粒干燥。由于在流态化下的传热系数比固定床为大，故流化干燥的效率比固定床干燥要大得多。机械脱水后污泥含水率降至85%左右，通过螺旋输送机送入流化床干燥器干化。流化床温度约115℃。经过干化的污泥成颗粒状，干污泥颗粒粒径约3~5mm。经冷却后的干污泥颗粒进入污泥颗粒料仓（污泥颗粒含水率<10%），经汽车外运最终处置。流化床干燥器中产生的气体、粉尘和带出的少部分污泥颗粒由干燥器上部排出，进入旋风分离器，分离出来的粉尘、污泥颗粒与脱水污泥混合后重新进入流化床干燥器干化。旋风分离器分离出来含水蒸气的气体洗涤后循环使用。

(2) 薄层干燥技术

导热油等热媒在涡轮干燥器的外套内循环为过程提供热源，脱水污泥进入干燥器内，与圆柱形反应器同轴的转子在不同位置上装配有不同曲线的桨叶，含水污泥在并流循环的热工艺气体带动下，被高速旋转的转子带动桨叶所形成的涡流在反应器内壁上形成一层物料薄层，该薄层以一定的速率从反应器进料一侧向另一侧移动，从而完成接触和干化。

(3) 盘式干燥技术

将载热体通入各层空心圆盘内，以热传导的方式间接加热盘面上所放置的湿物料，在转动耙叶的刮耙作用下，使不断移动翻滚的物料内的水分在操作温度下蒸发，其蒸汽随设备尾气排出，从而在设备底部连续地获取合格的干燥成品。污泥颗粒被送入盘式干燥器上部，均匀分布在顶层圆盘上，通过与中央转动主轴相连的耙臂上耙子的作用做圆周运动，受重力作用下至圆盘底部。颗粒在圆盘上运动时被表面加热干化，并逐盘增大，最终形成坚实的固体颗粒，俗称“珍珠工艺”。

(4) 带式干燥技术

物料由加料器均匀地铺在网带上，网带采用12~60目不锈钢丝网。由传动装置拖动在干燥机内移动。干燥机由若干单元组成，每一单元热风独立循环，部分尾气由专门排湿风机排出，废气由调节阀控制，热气由下往上或由上往下穿过铺在网带上的物料，加热干燥并带走水分。网带缓慢移动，运行速度可根据物料温度自由调节，干燥后的成品连续落入收料器中。

污泥在40~140℃下进行加热和蒸发，污泥摊铺晾晒或半干化挤压成面条型，一般采取部分干化后产品与湿物料混合的干泥返混工艺，以免黏结网带。带式干燥机结构复杂，由于温度较低，气体量较大。

(5) 转鼓干燥技术

干燥机由转鼓和翼片螺杆组成，转鼓和翼片螺杆分别通过加热，同向或反向旋转。污泥在连续移动过程中被干化。转鼓沿加热方向分为三个温区：高温（370℃）、次高温（340℃）、低温（85℃）。转鼓内部为负压。污泥经转鼓和翼片螺杆推移和加热，被逐步烘干至粒状。

由于污泥含有油类和易挥发的烃类物质，在干燥工艺选择时应特别关注安全性问题，与干燥过程有关的三个主要安全因素是氧气、粉尘和颗粒的温度。经验控制数值为：密闭式干燥氧气含量<2%~4%；粉尘浓度<60g/m^3；颗粒温度<110℃，不同的工艺上述数据略有不同，运行过程中应严格控制。

4.5 资源化及综合利用

4.5.1 油田含油污泥回灌调剖技术

油田在注水开发后期，由于注入水的长期冲刷，在注水井和生产井之间有可能产生特高渗透率的薄层，流动孔道变大，造成注入水在注水井和生产井之间的循环流动，致使油井出现高含水现象，大大降低了油井的采收率。调剖技术就是采用段塞法等注入法，将化学剂注入油藏深部，封堵高渗透、高吸水层段，以在油藏深部改善吸水剖面，迫使液流转向，从而扩大波及体积，提高注水开发效果和水驱采收率。

含油污泥回灌调剖技术是以含油污泥为原料的复合深度调剖技术。含油污泥产自地层，组分包括水、泥砂、原油、胶质沥青质以及蜡质等，与地层有良好的配伍性。将含油污泥进行适当处理后，变成活性稠化的调剖剂，在注水井调剖应用中取得了较好的效果。与其他化学类调剖剂相比，含油污泥调剖剂具有较好的热稳定性、抗剪切性以及抗污染性能，适合于大剂量注入，而且成本低、效果好。

含油污泥调剖剂有效利用污泥中的固体颗粒和油组分，并根据其自身的物性加入适量的添加剂，实现对含油污泥固体颗粒的有效悬浮，延长其悬浮时间，增加调剖剂进入地层的深度，提高其封堵强度，并能使油组分均匀分散，形成均一、稳定的乳状液体系。

含油污泥调剖剂采用注水井场就地配料和注入的现场注入工艺，配液用水来源于油田注入废水，其注入工艺流程如图 4-5-1 所示。

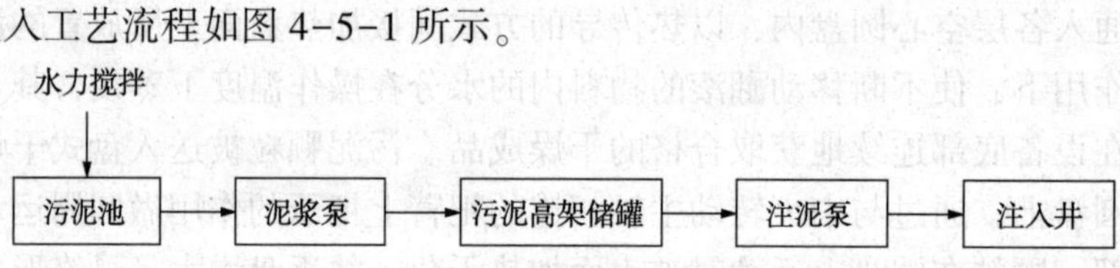

图 4-5-1　污泥注入工艺流程图

从立式除油罐或缓冲沉降罐中排出的污泥先收集到污泥池中，用高压水枪注入废水搅拌均匀，用泥浆泵泵入罐车，运至井场，卸入搅拌配液罐中，在搅拌情况下，用加灰漏斗慢慢加入一定量的悬浮剂、添加剂和固相颗粒，搅拌均匀后，用调剖专用泵以低于正常注水的排量注入地层。处理后的含油污泥作为调剖剂需达到的技术指标为：含油污泥黏度低，不大于 0. 30Pa · s，可泵性好；加入悬浮剂后含油污泥悬浮性能好，沉降时间大于 3h。

污泥回灌调剖技术将含油污泥全部回灌地下，实现增油的同时解决了污泥的最终出路，经济和社会效益显著。

4. 5. 2　浮渣送焦化技术

炼油厂废水处理时产生的油泥属于固体废物，主要包括废水罐清罐底泥和污水处理场产生的浮渣等，为回收油泥中的石油烃，依托炼厂的焦化装置，将油泥送焦化装置进行处理，实现了污油的资源回收，减少了二次污染。

焦化装置的原料油通过管式加热炉加热，进入焦炭塔进行裂化缩合反应，生成焦炭和油气。焦炭作为产品可直接出厂或作为燃料，油气经过分馏、吸收稳定等工艺过程，生产蜡油、柴油、汽油等产品。污水处理场油泥首先收集送贮存罐，经重力脱水和离心脱水后进污泥计量罐，再经螺杆泵将脱水后的油泥送至焦炭塔处理。油泥送焦化工艺流程图见图 4-5-2。

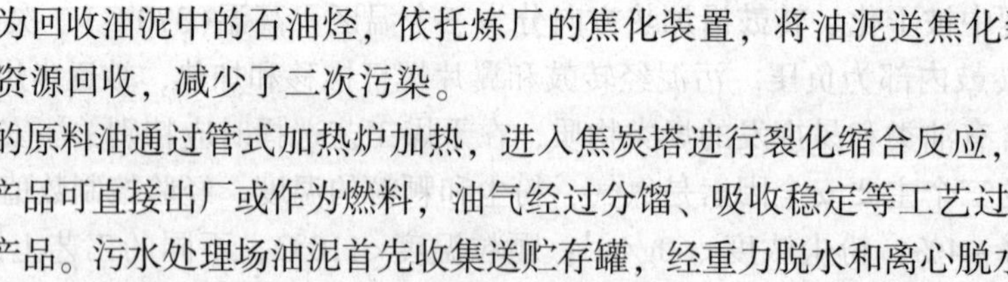

图 4-5-2　污水处理场油泥送焦化流程图

焦炭装置处理油泥时采用间歇运行方式、双塔切换操作，两个焦化塔通过四通阀完成切换。焦化过程完成后，焦化塔内温度通常高于450℃，因此，出焦前必须进行冷焦操作，通常先进行小吹汽(1.5h)，然后大吹汽(2h)，在大吹汽时，投加油泥，此时焦化塔内的油泥被加热、升温、汽化，水和轻组分随油汽进入分馏系统，油气被冷却作为焦化馏分油，重组分和固形物在高温区进行裂化变成焦炭和灰分存留在焦炭中。根据塔顶温度、压力情况，调整油泥进料阀，油泥投加料通常1h结束，之后切换至另一塔，如此循环操作完成焦化处理油泥过程。

经对处理油泥期间焦炭质量分析，除灰分略有增加外，其他指标均在正常范围内，基本无影响。油泥送焦化处理过程主要是油泥输送泵的电耗，但每年节省大量的油泥外委处置费、运输费和排污费，还全部回收了油泥中的烃类物质，具有较好的环境效果和社会效益。经过多年实践证明，焦化装置可以比较稳定地处理污水处理场产生的油泥，解决企业油泥外运处置问题，降低二次污染风险。需要注意污泥输送螺杆泵易发生堵塞，因此需定期对管线流程进行吹扫，以保证管线畅通。

4.5.3 机械清罐技术

用于贮存原油和产品的贮罐在使用一定年限后均要进行清罐检修，最早采用人工清理，由于经过5~6年的沉积，罐底残渣含有大量油(包括沥青、重质蜡)和机械杂质，黏度大，硬度高，人工清理难度大。同时，清罐油泥被列入国家危险废物名录，随着环保法律法规的严格，清罐油泥处理费用越来越高，所以机械清罐工艺作为清洁生产技术被广泛推广和应用。

4.5.3.1 机械清罐原理

机械清罐是采用“轻质油、全封闭、机械自动循环”的物理清洗技术，不需要人员进罐，为了达到“安全、健康、环保”的目的，清洗前罐内注入氮气作为惰性气体保证清洗工作的安全。首先安装特殊的喷射装置，将轻质油喷射入罐，将贮罐内沉积物击碎、溶解。通过抽出罐底内已经溶解的渣油作为喷射枪用料对罐内进行连续喷射，当罐内混合溶液达到一定浓度后，将物料转移至目标罐。在很短的时间内对油罐进行全方位的清洗，将有利用价值的有机物回收再利用，大大减少了清罐油泥，减轻了人员劳动强度。

4.5.3.2 清罐前罐底物料分析

清罐前经检测，1×10^4m 渣油贮罐的淤渣平均高为1.1m，计算含油罐底油泥为共676t。

经采样分析化验，物化性能如下：

密度：0.971~0.996g/cm^3

黏度：610~1276 mm^2/s

凝固点：28~32℃

闪点：大于250℃

组分馏程分析结果：500℃流出：2.6%，其余：5%(485~510℃)，10%(519~536℃)，干点(538~547℃)

4.5.3.3 清罐物料消耗

整过清洗过程消耗柴油376 m^3，利用柴油清洗时回收有机物约616 m^3，约600t，消耗清水70m^3。1×10^4m 渣油贮罐用机械清洗后，罐顶、罐壁均清洗干净，残渣基本不含油分，达到预期清洗效果，罐内残余危险废固物约60 m^3。现场卫生整洁，达到“安全、健康、环保”标准。

4.5.3.4 效益评估

（1）实现油储罐的“安全、健康、环保”式清洗，工期较短，可控，不受各种环境、气候影响。

（2）回收有价值的有机物为600t，按照当期渣油价格2500元/t计算，增效150万元。利用柴油做为清洗稀释溶解剂376t，但没有出厂外销，仅损失了其加工成本费用，按照加工成本费用1000元/t计算，柴油再加工费用为38万元。实际节约资源所创造的价值为112万元。

（3）节省人工清理600t渣油的费用。按500元/t计算，则需要清理费用了30万元。

（4）危险废固物处理费用大大降低。按照2014年危险废固物处理单价3600元/t计算，减少了216万元的环保处理费用。

（5）三项共计可创造价值358万元。

4.5.4 油泥砂清洗

含油污泥清洗是在药剂和机械剪切力的作用下，更为彻底地将固体表面的油剥离下来的技术，因此，选择有效的清洗药剂和合理的清洗工艺与设备是技术的关键。

4.5.4.1 清洗剂的选择和应用

清洗剂多为表面活性剂，其作用机理主要包括卷起、乳化和溶解。卷起机理与清洗表面的润湿性有关，是由表面活性剂与清洗表面相互作用决定的。当在表面活性剂的作用下油珠与固体颗粒表面的接触角大于90°时，油珠就容易剥离。乳化过程需要降低油污与水之间的界面张力并将油污分散。溶解是在表面活性剂的作用下油污被溶解，在原位形成微乳液。

目前使用的清洗剂主要分为化学清洗剂和生物清洗剂两大类。

化学清洗剂主要包括非离子表面活性剂、阴离子表面活性剂、阳离子表面活性剂以及两性表面活性剂等。化学清洗剂的选择应遵循普适性、无害化、经济与安全性的原则。药剂的选择最大限度地适用于不同含油量的含油污泥。药剂的使用不应导致后续的工艺毒害或环境污染，低价、安全是药剂选择的一个重要指标。

生物表面活性剂是通过筛选合适的微生物菌株，或改变其生长条件，生产出多种生物表面活性剂。与化学表面活性剂相比，生物表面活性剂容易被生物降解，不产生二次污染。由于生物制剂成品的生产成本高等原因，应用规模小，为提高其经济性可以与化学清洗剂配合使用。

4.5.4.2 清洗工艺

含油污泥清洗效果关键在于油固分离和油水分离。这两个过程均与清洗设备的效能密切相关。

污泥首选水力剪切清洗，利用高速旋转状态下产生强的水力剪切力，使含油污泥颗粒在水力剪切作用下产生高强度的表面摩擦，固体表面的吸附油不断得到解吸。含油污泥表面油的解吸速率与剪切作用力成正比，因此，保持较高的旋流速度有利于表面吸附矿物油的解吸。油固分离后的矿物油以微小的颗粒状态存在，在高速剪切应力场中，油滴容易破碎，不利于油水分离。因此，应通过控制搅拌速度，创造良好的水力条件以实现微小油滴的聚集，以提高油泥的清洗效果。

经过清洗后的含油污泥大部分的油被去除，剩余的原油以游离的小油珠分散在泥浆中，可采用旋流器将油泥进行固液分离。旋流分离作用是利用物体高速旋转时产生的离心力，将固液多相体系中不同密度的物质进行分离。密度大的固体颗粒被甩到外围器壁，而密度小的液体则被推向中心内层，从而实现固液分离。

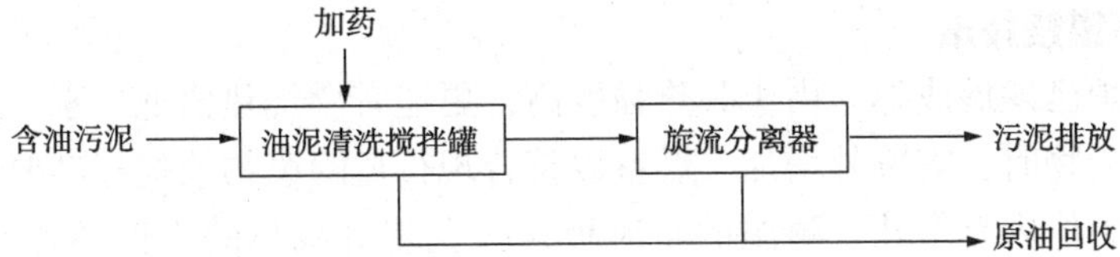

图 4-5-3 含油污泥清洗基本工艺流程图

因此，含油清洗设备要具有水力剪切和旋流分离的作用，其基本工艺流程如图 4-5-3 所示。

4.6 固体废物焚烧

4.6.1 焚烧原理及特点

焚烧适用于有机废物的处理与处置，包括废有机溶剂、废渣液、污泥等。其原理是有机废物与一定量过剩空气在焚烧炉内进行高温氧化反应，废物中的可燃成分与空气中的氧气发生剧烈的化学反应，在 800~1100℃的温度下热解。有害有毒的有机物分解为二氧化碳和水，无机组分转化为性质稳定的固体残渣，并放出热量。一般情况下焚烧产热可以产生蒸汽或发电，因此，焚烧是一种较为彻底的无害化、减量化和资源化技术。

经过 20 余年的发展，国内外用于处理废物的焚烧技术已相当成熟。焚烧处理废物种类广泛，废液、废气、固体废物均可，不仅可以处理生活垃圾、一般工业固体废物，也是危险废物常用的处理方式。

焚烧处理的特点是：

(1) 减容效果好，最大限度降低了需最终处置的废物量；

(2) 有害物质去除效率高，高温处理过程可使废物中的有害成分几乎完全分解；

(3) 回收资源和能量，烟气的废热利用可产生蒸汽或焚烧发电；

(4) 建设投资和运行费用高；

(5) 有潜在的二次污染，如烟气中酸性气体、二噁英等；

(6) 运行操作复杂，对自控和设备运行条件要求较高。

焚烧过程中产生的废水、废气和废渣排放必须符合现行国家和地方有关标准要求。

4.6.2 焚烧工艺

固体废物焚烧技术主要有三大类：层状燃烧、流化床燃烧和旋转燃烧(也称回转窑式)。

4.6.2.1 层状燃烧技术

层状燃烧技术发展较为成熟，机械炉排炉一般多用于市政垃圾处理。

工作原理：垃圾通过进料斗进入倾斜向下的炉排，炉排分为干燥区、燃烧区、燃烬区，由于炉排之间的交错运动，将垃圾向下方推动，使垃圾依次通过炉排上的各个区域，经强烈地翻动和搅动直至燃尽排出炉膛。空气从炉排下部进入并确保空气在炉排上最佳分布，合理使用一、二次风；高温烟气通过锅炉的受热面产生热蒸汽，冷却烟气经烟气净化设施处理后排出。

特点：对炉排的材质和加工精度要求高，排与排之间的间隙小，机械结构复杂，损坏率高，维护量大。炉排炉造价及维护费用高，使其推广应用有一定困难。

4.6.2.2 流化床燃烧技术

流化床燃烧炉已发展成熟，由于其热强度高，更适宜燃烧热值低、水分高的废物如污泥等。但处理危险废物时，需额外增加二燃室以符合现行危险废物焚烧标准要求。

工作原理：炉体内有多孔、耐温的布风板，板上装有载热的惰性颗粒(石英砂)。通过床下鼓入200℃以上的热风使惰性颗粒呈沸腾状，形成流化床段。在流化床段上方设有足够高的燃烬段(即悬浮段)。床内燃烧温度控制在800~900℃，冷态气流断面流速为2m/s，热态为3~4m/s。当燃料预热料层温度达到600℃左右时投入固体废物。固体废物很快被干燥、着火、燃烧。燃尽的废物比重较大，落到炉底，经过水冷后，用分选设备将粗渣、细渣送到厂外，少量的中等炉渣和石英砂通过提升设备送回到炉中继续使用。

特点：一般物料投入流化床后，颗粒与气体之间传热和传质速率高。物料经破碎混合后，质地相对均匀，在床层内几乎呈完全混合状态，投向床层的废弃物能迅速分散均匀。由于流化床床料石英砂蓄热量大，可以避免投料时炉温急剧变化，床层温度易于控制燃烧稳定。炉内没有机械运动部件操作方便、维护简单，燃料适应性广。炉内可焚烧高水分，低热值，高灰分的垃圾，床内混合均匀，燃烬度高。但烟气中灰尘量大，操作复杂，运行费用较高，对燃料粒度均匀性要求较高，需大功率的破碎装置。石英砂对设备磨损严重，载体颗粒在湍流过程中会被磨损变小，需定期补充。

4.6.2.3 旋转燃烧技术

旋转窑适应性广，是用于处理固态、液态和气态可燃性废物的通用炉型。

工作原理：旋转焚烧炉燃烧设备主要是一个缓慢旋转的回转窑。其内壁可采用耐火砖砌筑或管式水冷壁，炉体水平放置并略为倾斜。通过炉体滚筒不停运转，利用内壁耐高温抄板将垃圾由筒体下部在筒体滚动时带到筒体上部，然后靠垃圾自重落下。由于垃圾在筒内翻滚，可与空气充分接触，进行较完全的燃烧。同时向炉体倾斜的方向移动，直至燃尽并排出炉体。转窑中的燃烧烟气，通过垂直的二燃室(1100℃高温)再次燃烧后，进入烟气净化系统。

特点：设备利用率高，灰渣中含碳量低，过剩空气量低，有害气体排放量低，但燃烧不易控制，垃圾热值低(低于5000kJ/kg)时燃烧困难。热效率低，由于窑身较长，占地面积大，价格较昂贵。

三种炉型比较见表4-6-1。

表4-6-1　三种主要炉型特性比较表

比较项目	炉排炉	回转炉	循环流化床锅炉
技术成熟性	成熟	成熟	成熟
入炉垃圾质量要求	较低	较低	较高，需预处理
国产化率	以引进设备或技术为主，目前已国产化	以引进设备或技术为主，目前已国产化	高
垃圾热值及水分适应性	一般	较好	高
单炉处理能力	可达1000t/d	有限	目前可达600t/d

续表

比较项目	炉排炉	回转炉	循环流化床锅炉
垃圾燃烬率	较难控制	较高	高
垃圾减量化	相对稍低	高	最高
常用辅助燃料	燃气、燃油	燃气、燃油	燃气、燃油、燃煤
投资	高	较高	低
焚烧效率	较低	低	高
大气污染物	二噁英及 NO_x 较高	NO_x 高	二噁英及 NO_x 最小
操作技术	要求高	一般	要求高
维修费用	高	中	低
其他	炉排系统复杂	连接传动装置复杂	给料系统复杂

不同来源的含油固体废弃物都可采用焚烧方法进行处理。由于污泥含水高(水分 65%~85%)，热值低(固体热值 5000~15000kJ/kg)，焚烧过程中多需要添加辅助燃料。

4.6.2.4 油田含油污泥焚烧技术

含油污泥来源广泛，性能差别较大，在多年的实践应用中形成了含油污泥单独焚烧和掺烧两类处理工艺。

(1) 层燃旋转炉单独焚烧技术

废弃物能否单独燃烧取决于所含有的热值。单独焚烧的污染物含热值要高，一般需要 18600kJ/kg 才能保证污泥完全燃烧。

燃烧工艺对燃烧效果会产生影响。层燃旋转焚烧炉是针对含油污泥等低热值物料开发的一种焚烧技术，焚烧物引燃后，通过积蓄底层焚烧物自身燃烧所释放的热量，激发上层物料燃烧，形成热量自上而下传递，完成焚烧物焚烧的连续过程。

层燃旋转焚烧炉结构为两室燃烧，随着螺旋炉排的驱动排渣，燃烧物料逐层向下连续移动，完成物料的一次焚烧处理；一次燃烧产生的热解混合烟气，进入二燃室进行二次燃烧，一次燃烧后产生的残渣，经炉排的机械挤压、破碎后，由湿式排渣系统排出炉外。层燃螺旋炉排焚烧工况示意如图 4-6-1 所示。

待处理的含油污泥物料经晾晒、干化处理后将含水率从 70%降低至 30%以下，送入焚烧炉焚烧。焚烧产生的高温烟气经余热锅炉换热后，可用于污泥的预处理和干化处理，低温烟气通过除酸调温塔喷淋 NaOH 溶液进行除酸降温处理，然后经布袋除尘器除尘后排入大气。

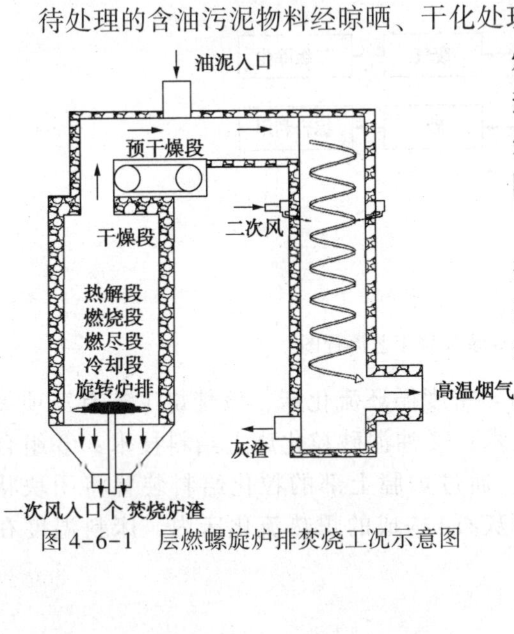

图 4-6-1　层燃螺旋炉排焚烧工况示意图

层燃旋转焚烧炉属于层燃技术和热解气化技术相结合的焚烧技术，燃烧机理先进，整个焚烧过程不需要添加助燃燃料，具有焚烧过程稳定，能耗低、焚烧物适应性广、热能利用充分等优势。

(2) 含油污泥燃煤锅炉掺烧技术

对于含油量较低的污泥焚烧通常采用与其他燃料掺混燃烧的方式，以保证焚烧设备稳定运行。通常掺烧燃料多为燃煤。

利用燃煤锅炉焚烧含油污泥将油泥砂脱黏固化处理后，制作成仿煤燃料，掺入燃煤中用作燃煤锅炉煤料进行焚烧，在利用油泥砂热量的同时实现无害化处理。焚烧产生的废气可利用燃煤锅炉的烟气处理系统，确保排放废气达标。

含油污泥固化制成仿煤燃料的步骤是：

第一步，脱水。油泥砂集中运输到污泥干化池，干化池底部铺设鹅卵石渗滤层，渗滤废水自流进废水池，完成油泥和水的初步分离。

第二步，降黏。将干化污泥和固化剂投入固化机均匀搅拌混合，固化剂与油泥砂发生反应，将油性物质分散隐藏于泥沙和固化剂的颗粒结构中，完成油泥砂中油泥的降黏。

第三步，造粒。脱水和降黏后污泥含水量可由 30 %下降至 10 %以下，经造粒机挤压成锅炉所需燃料形状。

在实施污泥掺烧前，应对含油污泥的性质进行测试，并进行污泥与煤混合燃烧试验，确定污泥与煤的混合比例。

(3)含油污泥掺水煤浆焚烧技术

油田含油污泥的热值波动较大，从 2000~13000kJ/kg。为保证油泥砂的正常燃烧和锅炉的稳定运行，可采用水煤浆作为伴烧燃料。这主要是基于以下考虑：一是水煤浆是一种清洁燃料，它不会带来额外的减排负担；二是水煤浆可通过螺杆泵打入锅炉，采用与油泥砂的给料方式相似的床上给料方式，要求的床料的粒度配比相同；三是可以根据负荷、油泥砂的品质(主要为发热量)、床温的变化及时灵敏的调整水煤浆的投入量，使之始终保持尽量少的水平，节约运行费用。

这种焚烧方式焚烧量大，可依托发电厂建设，燃烧产生的蒸汽输往电厂辅助发电，产生的烟气经电厂的烟气处理系统处理达标排放。排出的灰渣与电厂粉煤灰一起进行综合利用。具体处理流程如图 4-6-2 所示。

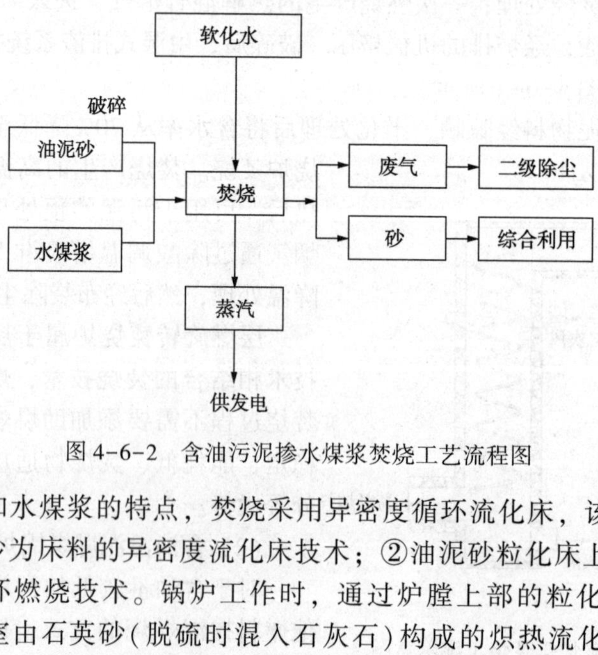

图 4-6-2　含油污泥掺水煤浆焚烧工艺流程图

针对含油污泥和水煤浆的特点，焚烧采用异密度循环流化床，该焚烧工艺有三项关键技术：①以石英砂为床料的异密度流化床技术；②油泥砂粒化床上给料技术；③组合式旋涡分离器内循环燃烧技术。锅炉工作时，通过炉膛上部的粒化给料装置将团块状油泥砂投入到燃烧室由石英砂(脱硫时混入石灰石)构成的炽热流化床内，床料温度在

850～950℃左右，油泥砂团粒度在 0～30mm 范围内。油泥砂团在炽热流化床料的高强度加热作用下迅速完成水分析出、挥发分析出、着火及焦炭燃烧等过程，并在流化状态下被进一步破碎为更细的颗粒。密相区内未燃尽挥发分随向上的热烟气流进入悬浮段继续燃烧。在燃烧室出口设有分离回输装置，绝大部分被热烟气带出炉膛的床料和油泥砂颗粒团被分离、捕捉，并返回燃烧室底部密相区。这样既减少了床内物料的损失，又实现了油泥砂颗粒的循环燃烧。流化床运行温度控制在 850～950℃的范围内，有效地控制 NO_x的形成和避免炉内结焦。物料中的石灰石在流化床运行温度下与 SO_2反应生成 $CaSO_4$，从而抑制 SO_2的排放。

4.7 钻井废弃物处理

钻井废弃物的治理以前多采用泥浆池就地堆放、自然干化、简单填埋进行处理。随着处理技术的不断提高，目前已开发形成了多种钻井废弃物的处理方法和工艺。

4.7.1 固液分离预处理

针对废弃钻井液量大、含水率高导致固化、干化处理成本高的问题，利用化学絮凝、沉降和机械分离等组合技术，分离钻井液中的固、液两相。由于废弃钻井液是一种复杂的悬浮液，简单自然沉降和机械分离很难破坏钻井液中的胶体体系，需要加入脱稳剂或絮凝剂。脱稳、絮凝后的废液经离心分离机、压滤机等脱水设备进行固液分离，废水经物理、化学、生物等工艺处理达标外排或回用。分离出的固相再进行固化等其他终端处理，实现最终无害化或资源化。处理流程如图 4-7-1 所示。

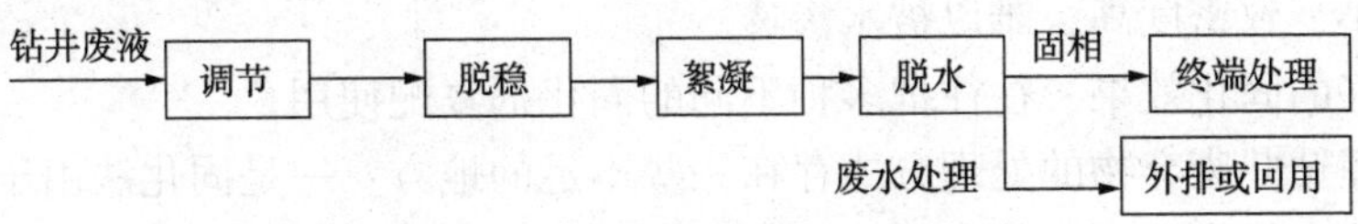

图 4-7-1　固液分离预处理工艺流程图

4.7.2 回填

该方法主要适用于普通淡水基钻井液。普通淡水基钻井液属于低毒或无毒范围，其中的大部分污染物浓度均低于排放标准，可直接排放。通常的作法是完井后用原开挖时产生的土将钻井液坑回填，回填前可根据需要将钻井废弃物自然晾晒一段时间，但最长不超过 12 个月。在可耕种场地开挖钻井液坑时，应注意将表层土隔离堆放，施工最后将其覆盖在最上层，恢复原始状态。

4.7.3 坑内密封

该方法也是一种回填方法，回填废弃物时先要构建好储存坑，在坑的底部和四周铺一层有机土，然后在上面铺一层 0.5～0.7 mm 厚的聚乙烯塑料作为垫层，最后再盖一层有机土；也可以在底部和四周加固化层或具有一定强度的防渗膜；废弃物之上必须保持顶部的土层有 1.0～1.5m 厚，该方法适用于盐水钻井液和油基钻井液废弃物。

4.7.4 固化

固化法是用物理-化学的方法将有害物质包容在惰性材料当中使其稳定的方法。在废弃物中加入固化剂、安定剂、杀菌剂等系列处理剂，使之与钻井废弃物中有害物质发生物理和化学反应，并利用固化装备将废弃物(污泥、淤泥、钻屑、黏土)中的污染物稳定固化在固体中，从而降低有害物质的渗滤和迁移。该方法适用于膨润土钻井液、聚合物钻井液、磺化钻井液和油基钻井液等。方法操作简便，能有效降低COD、Cr值和总铬污染。

通常做法是将废弃泥浆经过化学处理脱稳、絮凝、固液分离，分离出的废水经二次处理达到国标后排放；固液分离出的固相物加固化剂进行固化处理，处理后测浸出液达标后填埋。

施工前先通过检测废弃物中毒害物质类型来选择合适的固化剂。现场工艺流程为：取样化验→方案设计→配料→固化施工→候凝→现场监测→平整井场→验收交接。

(1) 水泥固化：具有成本低、技术成熟、操作简单方便、固化产物强度高等优点，因此被世界许多国家所采用。由于水泥的pH值较高，使得污泥中的重金属离子在碱性条件下生成难溶于水的氢氧化物或碳酸等。某些重金属离子也可以固定在水泥基体的晶格中，从而可以有效地防止重金属离子的浸出。

(2) 石灰固化。石灰和活性的硅酸盐物料可与水反应生成坚硬的物质，进而达到包容废物的目的。

(3) 沥青固化。将污泥同沥青混合，通过加热、蒸发实现固化。经沥青固化处理所产生的固化体空隙小，致密度高，难以被水渗透。

为达到更好的固化效果，往往把多种不同的固化剂复配使用。

固化和填埋钻井废弃物的处理方式存在一些不足的地方：一是固化法由于大量固化剂的加入，最终固体废物量在原来的基础上增加了30%，为后续的处置或综合利用带来很大困难；二是固化填埋后依然存在环境风险，固化只是将污染物固定在固化体内，并非把污染物消解掉。从长远看，一旦有害物质在固化体内发生变化，向外界泄漏，仍存在一定污染风险。为了消除污染、保护环境、变废为宝，钻井废弃泥浆管理越来越向无害化、资源化利用方向发展。

4.7.5 钻屑回注

钻屑回注技术就是先将钻屑粉碎碾磨，使其能在回注流体中均匀分布。然后把钻屑与废弃流体均匀混合，添加适当处理剂使其有适当黏度。用高压泵把流体泵入地层。当高压泵入时，地层因为流体的高压而产生裂缝，流体随之填充其中；当高压泵停止，由于地层压力，裂缝封闭，废弃物也就被封隔在裂缝里。

对毒性较大的钻井废弃物可以通过回注法处理。尤其是海上油气开发，利用钻屑回注技术处理海上油气钻井和开发产生的废弃物是实现海上石油天然气作业废弃物零排放标准的有效方法。其具体的做法和要求如下：

(1) 钻屑粉碎或碾磨

为使钻屑能为流体所携带并在流体中均匀分布，不堵塞注入通道，必须将收集和分离出的大块钻屑粉碎成细小颗粒。粒径大小由回注层孔隙度，渗透率等岩层特性和浆体黏度所决定，一般应小于300μm。

(2) 回注浆体制备

将经粉碎处理后的钻屑颗粒与液体(海水，淡水，废泥浆或其他废液)和添加剂混合制备成适当黏度和比重的回注浆体，使之具有符合施工要求的各种物性。一般控制回注浆体中钻屑颗粒含量20%~40%，浆体比重1.2~1.6g/cm^3，浆体马氏漏斗黏度50~100s。浆体制备与钻屑粉碎常结合在一起完成。

(3) 泵注浆体

泵注压力足以在回注层产生裂缝，使浆体能随裂缝进入地层。可使用常规水力压裂设备和类似工艺以间歇性注入方法进行，即首先注入清水压开地层，接着回注浆体，然后使用清水冲洗套管环空或专用井井筒后关井完成一个循环。回注间歇关井期间，地层与井口压力降低后，开始新一次注入循环。为满足钻井作业进程要求且在注入量小的特殊条件下，也可采用一次性连续方法注入。

根据回注位置的不同该方法分为环空回注和地层回注，环空回注是将具有可泵性的废弃物注入表层套管或生产套管环空中，该方法仅能一次性处理废弃物，且该方法受到机械装备和套管腐蚀的影响，如果管道长期遭受腐蚀，一旦损坏则注入液就可能污染水层。地层回注可将废弃的水基或油基钻井液和钻屑，通过地面处理回注到合适地层；用于回注的地层孔隙度要大，回注容量大且深度必须大于600 m，以免废弃物污染地下水源，该方法主要受到地层注入能力和回注过程中的地层堵塞等不确定因素的影响，还涉及回注期间地层压裂增注和酸化解堵作业等。

钻屑回注关键技术环节包括回注工艺流程设计与设备优选、回注地层筛选及注入方式确定、回注浆体压裂设计及回注控制、回注浆体性能调控及影响因素研究、回注评价等，钻屑回注工艺见图4-7-2。废弃物回注也存在很多风险，如产生的多重裂缝会向淡水层或者地面延伸、回注量超过地层容纳量而不利回注控制等。通过回注压裂三维成缝模拟以及加强回注可靠性研究可降低风险。

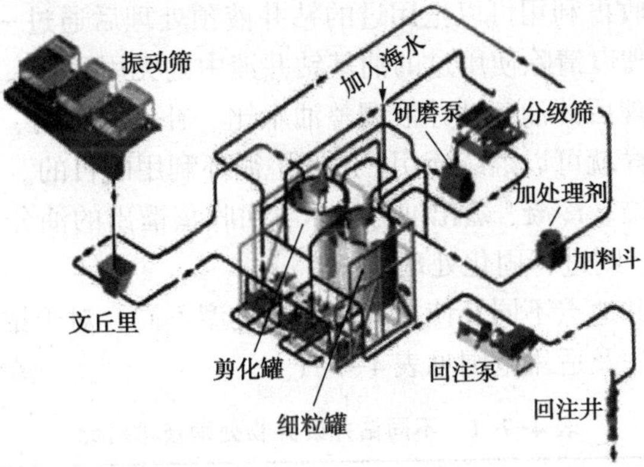

图4-7-2 钻屑回注设备及流程示意图

钻屑回注是目前海上油气开发钻井废弃物处理最优方法，2003年我国蓬莱19-3油田在一期开发中首次试探性应用钻屑回注技术处理钻井废弃物，应用表明与其他的钻屑处理方法相比(钻屑运回陆地进行蒸馏、焚烧、添加化学药剂、水洗和固化等)具有钻屑处理彻底，无二次污染的优点，尤其是对于油基钻井液，在海上进行钻屑回注的费用比运回陆地处理的费用要低。2006年年底国家环保局提出渤海废弃物必须达到零排放，我国其他海域将相继实施这一法规。钻屑回注技术在我国海上将会得到很好地应用与发展。

4.7.6 生物处理

生物处理方法是向钻井废弃物中引入降解菌和营养物质，通过细菌的生长、繁殖和内呼吸，来分解钻井废弃物中的油污。该方法中所用微生物需要通过自然筛选或诱变培育及基因工程、细胞工程技术获得。生物处理技术主要的影响因素有充足的降解菌数量、足够的氧气、提供降解菌新陈代谢必要的营养元素、湿度控制、温度、pH值和盐度。

4.7.7 热处理

热处理是通过对钻屑进行外界加热，将钻屑中所含油分、易挥发有机物和水分蒸发并收集后处理，热处理方法可以处理经固液分离固相含量为30%~50%的废弃物，处理后的钻屑含油量小于1%。热解吸装置一般有低温系统及高温系统两种类型，低温系统的温度通常是250~350℃，而高温系统的温度高达520℃。低温系统足以处理轻油废弃物，高温系统将能够处理含量较低的重油废弃物。

4.7.8 油基钻井液循环利用技术

油基钻井由基础油、水、土、乳化剂、稳定剂、降滤失剂等添加剂配制而成，其润滑性、抑制性和热稳定性好，保护油气层性能良好，在地质复杂井、大斜度井、水平井等钻井中应用较多。但是油基钻井液废弃物对生态环境污染严重。由于配制有机钻井液要用到大量的基础油，比水基钻井液成本高很多，因此，完钻后一般转井处理后循环使用，但钻进过程中和完钻顶替后都会产生不少废弃油基钻井液，而且油基钻井液多次重复使用后性能变差，一些钻井液会被废弃掉。由于废弃油基钻井液含有大量的矿物油，属于危险废弃物，直接排放势必造成严重的环境污染。

对油基钻井液的回收再利用可以把用过的钻井液预处理后通过一些设备(离心机、振动筛、除砂器等)加以处理以清除使用过的油基钻井液中的无用固相。清除的无用固相作无害化处理达标排放，对处理后的油基钻井液调整油水比、补充乳化剂、润湿剂和机土等，使其性能至合理范围内，这样就可以继续使用，达到了循环利用的目的。对于油基钻井液钻井产生的钻屑，可以通过蒸馏、冷凝，蒸出油分和水，回收蒸馏出的油分，可用于油基钻井液配制；蒸馏后剩余的钻屑，则进行固化处理。

综上所述，由于钻井地点不同及使用的钻井液类型不同，对于钻井废弃物的处理方法也有所不同。常用处理方法及适用范围见表4-7-1。

表4-7-1 不同钻井废弃物处理技术对比

处理方式	环境敏感性	主要适用钻井液体系	优缺点对比
回填	低	普通淡水钻井液及岩屑	优点：操作简单，成本低廉 缺点：未消除有毒污染物，存在污染隐患
坑内密封		油基、盐基钻井液及岩屑	
固化	中	淡水基/低盐度/油基钻井液及钻屑	优点：完井后施工，成本较低，处理时间短 缺点：废弃物处理后体积增大

续表

处理方式	环境敏感性	主要适用钻井液体系	优缺点对比
回注	高	各类钻井液及钻屑	优点：彻底消除地面污染 缺点：设备复杂，成本高，受限于地层物性
固液分离	高	水基及油基钻井液	优点：随钻处理，无需开挖钻井液坑，回收利用水相 缺点：设备租赁成本较高，需要终端处理
生物处理	中	含油钻屑、泥污	优点：环保，经济 缺点：选择降解菌困难，降解时间受环境影响大
热处理	高	含油钻屑、泥污	优点：物理方法，无需处理剂 缺点：运行成本高，产生烟尘和浓烈气味

从表4-7-1可以看出，回填、固化、井下回注、生物处理以及热处理法属于钻井废弃物终端处理方式，而固液分离是对钻井废弃物的过程管理，但分离出的固相需要进行进一步终端处理。随着环境保护意识的不断增强，钻井废弃物零排放处理是未来的技术发展方向。零排放需要集合多种钻井废弃物处理方法，包括减少源头废弃物排放量、钻井施工中的固液分离、钻井废水分类集中，也包括最终废弃物无害化处理技术。典型的零排放处理流程如图4-7-3所示。

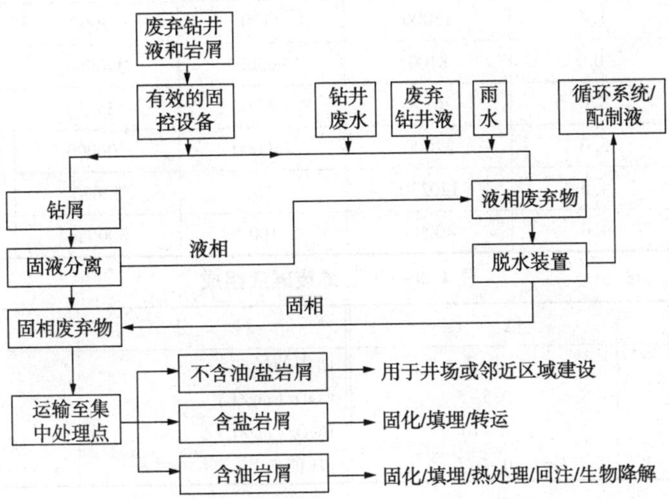

图4-7-3　钻井废弃物典型的零排放处理流程图

4.8　碱渣处理技术

在炼油厂和以石油馏分为原料的化工厂，为减少燃料油和化工原料的硫含量或为达到产品的某一指标(如酸值或腐蚀性等)，通常采用碱精制工艺，如液态烃碱精制，乙烯裂解气碱精制等。用碱液洗出产品或原料中的硫化物和酸性物质，使产品或原料得到精制。在这一过程中排出的废碱液污染物浓度较高，必须经过预处理，否则直接影响废水的达标排放。

4.8.1　废碱液来源及组成

炼油废碱液主要指液态烃碱精制废液、常减压、催化生产的初顶油、常顶油、催化汽油、催化柴油等油品碱精制产生的废液。因精制的产品不同，废碱液的性质也不同，炼油生产过程产生废碱液的组成见表4-8-1。催化汽油及液态烃精制产生的废碱液COD含量高达几十万。炼油废碱液中的COD、硫化物及酚等污染物的排放量约占炼油厂污染物排放量的20%~30%。同时炼油废碱渣含有大量硫化钠及有机硫化物，也是炼厂大气恶臭的主要来源之一。

在乙烯生产过程中，采用碱洗法脱除裂解气中的CO_2、H_2S等酸性气体。在碱洗过程中，碱洗塔循环碱液中的有效碱(主要指NaOH)浓度不断降低，需要不断从强碱段补充新鲜碱，同时从弱碱段排出废碱，这样就形成了乙烯废碱液。乙烯废碱液的COD一般在5000~20000mg/L左右，硫化物浓度一般在3000~10000mg/L，废碱液中除含有剩余的NaOH外，还有在碱洗过程中生成的Na_2S、Na_2CO_3等无机盐和裂解气中重组分的冷凝物和双烯烃类物质的聚合物，大量的有机物进入废碱液中，形成俗称黄油的油类物质。除此之外，还有一些以硫醇、硫醚等有机硫形式存在的硫化物被包裹在黄油中，使废碱液具有难闻的臭味。乙烯废碱液组成也随原料和工艺不同而变化，乙烯废碱液主要组成见表4-8-2。

表4-8-1　几种炼油废碱液组成

废碱液种类	游离NaOH/%	硫化物/(mg/L)	挥发酚/(mg/L)	COD/(mg/L)	中性油/%
常压塔顶碱液	6.0	3375	835	23320	0.45
	3.5	2800	4370	20000	2.00
	1.4	15000	1100	43000	0.01
催化汽油碱液	10.7	8100	90500	340000	
	8.0	26150	100000	535750	0.20
	5.0	22000	160000	300000	
液态烃碱液	4.5	120230	10	52620	
	4.0	40000	100	300000	

表4-8-2　乙烯废碱液组成

组　分	范　围	组　分	范　围
NaOH/%	1~2	溶解的烃/%	0.1~0.3
Na_2S/%	0.5~5	COD/(mg/L)	20000~50000
Na_2CO_3/%	1~10	BOD/(mg/L)	5000~15000
NaRS/%	0~0.2	pH值	13.5~14

4.8.2　废碱液处理技术

首先对高浓度催化裂化汽油废碱液，预处理前要考虑回收粗酚；柴油废碱液要回收环烷酸；在回收有价值的资源同时也大幅度降低了废碱液中污染物浓度。乙烯废碱液与炼油废碱液相比较，其污染物浓度低，但排量大。炼油废碱液和乙烯废碱液其共同的特征污染物是硫化物，是恶臭污染源之一，另外一个特点可生物降解性能差，因此，必须采取预处理技术除去硫化物和其他污染物，同时改善废碱液的生物降解性能，为后续生化处理奠定基础。

废碱液预处理方法主要有缓和湿式氧化法、高温高压湿式氧法化和臭氧氧化法。

4.8.2.1　缓和湿式氧化法

缓和湿式氧化法其反应温度150~210℃、压力0.9~3.5MPa，以空气中的氧为氧化介质，将废碱液中的硫化物和有机物氧化分解，达到除硫、脱臭的目的，出水硫化物浓度小于2mg/L，而且对环境不造成二次污染。系统包括废碱液的氧化分解部分和氧化后物料的冷凝

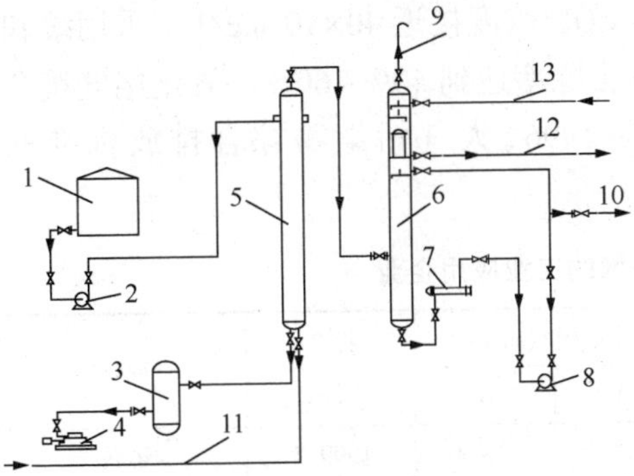

图 4-8-1 碱渣缓和湿式空气氧化装置原则流程

1—废碱渣储罐；2—废碱渣进料泵；3—压缩空气缓冲罐；4—空气压缩机；5—湿式空气氧化反应器；6—洗涤塔；7—冷却器；8—循环泵；9—尾气放空管；10—氧化后排出管；11—蒸汽管；12—洗涤水排出管；13—洗涤水管

冷却两部分，其工艺流程见图 4-8-1。

来自于碱精制装置的废碱液经进料泵 2 加压后，从反应器 5 的上部进入反应器，与来自反应器 5 底部的空气和蒸汽形成高温内回流，在回流的过程中污染物被氧化分解。氧化后的气液混合物从反应器的上部排出经减压后进入洗涤塔，经气液分离、洗涤和冷却处理后，气相从洗涤塔的顶部排出，液相经换热后一部分作为冷进料回流到洗涤塔 6 的中上部洗涤尾气，另一部分作为最终产物送至后续处理系统。

4.8.2.2 高温高压湿式氧化法

高温高压湿式氧化法的反应温度 270℃，压力达 9.0MPa，停留时间不低于 120min，处理后废碱渣中 S^{2-} 去除率可达 100%、COD 去除率大于 80%，完全脱除废碱渣的恶臭气味，并进一步提高了其可生化性(B/C 值由 0.32 提高到 0.69)，处理效果明显好于缓和湿式氧化法。高温高压湿式废碱液处理系统包括预热、氧化分解以及氧化后物料的冷凝冷却，其工艺流程见图 4-8-2。

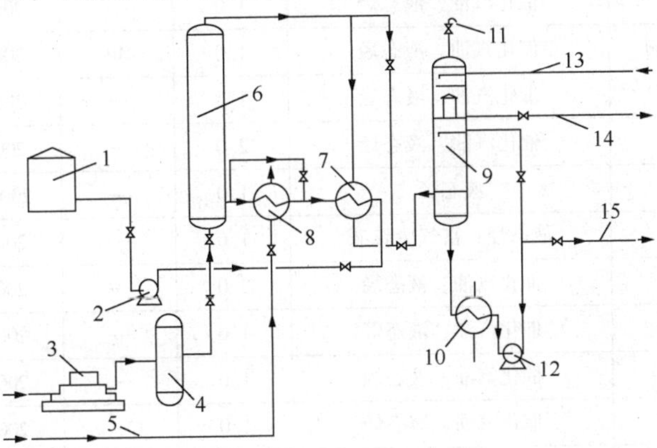

图 4-8-2 碱渣高温高压湿式空气氧化装置原则流程

1—废碱渣储罐；2—废碱渣进料泵；3—空气压缩机；4—压缩空气缓冲罐；5—蒸汽管；6—湿式空气氧化反应器；7—进/出料换热器；8—蒸汽预热器；9—洗涤塔；10—冷却器；11—尾气放空管；12—循环泵；13—洗涤水管；14—洗涤水排出管；15—氧化后排出管

来自于碱精制装置的废碱渣经进料泵 2 加压后，送到进/出料换热器 7 的管程入口，经与来自湿式氧化反应器 6 的热排放物换热至 240℃后进入湿式氧化反应器。若由于原料 COD 浓度较低，温度不能达到 240℃，再经与蒸汽预热器 8 壳程的中压蒸汽进一步预热至 240℃后进入湿式氧化反应器。并与反应器的高温内回流混合，在与反应器内回流一起向下流动的同时，被预热到反应温度，部分/或全部的硫化物和污染物被内回流中的溶解氧氧化。氧化后的气液混合物从反应器的上部排出经减压后进入洗涤塔，经气液分离、洗涤和冷却后，气相从洗涤塔的顶部排出，液相经换热后一部分作为冷进料回流到洗涤塔 9 的中上部洗涤尾气，另一部分作为最终产物送至污水处理场进一步生化处理。

4.8.2.3 湿式氧化技术应用

缓和湿式氧化技术主要用于处理炼油废碱液或乙烯裂解气碱精制废碱液。炼油废碱液污染物浓度高，其中硫化物浓度从8000~100000mg/L，COD浓度接近40×10^4mg/L，采用缓和湿式氧化技术处理后，出水硫化物小于2mg/L，COD去除率达到40%~60%。氧化尾气符合GB 14554-93《恶臭污染物排放标准》和GB 16297-1996《大气污染物综合排放标准》。表4-8-3列出了缓和湿式氧化技术工业应用情况。

表4-8-3 废碱渣湿式氧化处理技术的工业应用企业

序号	企业	处理碱渣类型	设计规模/(m^3/h)		投产时间	现状
			WAO	SBR		
1	上海高桥	催化汽油、液态烃	2.0	40~60	1999.5	运转
2	大庆石化总厂	乙烯裂解、催化汽油液态烃、辛醇废碱液	5.0	65	2000.12	运转
3	大连石化公司	催化汽油、液态烃	2.0	40	2000.11	运转
4	安庆分公司	催化汽油、液态烃	2.0	—	2000.11	运转
5	九江分公司	初常顶废碱液	1.0	—	2004.4	运转
6	长岭分公司	催化汽油、液态烃	1.0	—	2003.5	运转
7	青岛石化	催化汽油、液态烃	1.0	—	2006.7	运转
8	金陵分公司	催化汽油、液态烃	2.0	—	2004.6	运转
9	洛阳分公司	催化汽油、液态烃	1.0	—	2005.1	运转
10	湛江东兴分公司	催化汽油、液态烃	1.0	40	2005.4	运转
11	荆门分公司	催化汽油、液态烃	1.0	—	2005.3	运转
12	镇海炼化	催化汽油、液态烃	2.0	—	2004.3	运转
13	海南炼化	液态烃	1.0	—	2006.12	运转
14	茂名分公司	液态烃、富气废碱液	1.0	—	2006.8	运转
15	独山子石化	催化汽油、液态烃	2.0	—	2005.9	施工图
16	武汉分公司	催化汽油、液态烃	1.0	—	2006.3	运转
17	燕化分公司	催化汽油、液态烃	1.0	—	2006.3	运转
18	西安分公司	催化汽油、液态烃	1.0	—	2006.4	运转
19	石家庄炼化	催化汽油、液态烃	1.0	—	2006.5	运转
20	乌鲁木齐石化	催化汽油、液态烃	1.5	—	2007.1	运转
21	中原普光	胺净化废碱液	2.5		2008.3	运转
22	中化泉州	催化汽油、液态烃	1.0		2008.5	运转
23	浙江天禄	催化汽油、液态烃	1.0		2009.6	工艺包
24	北海石化	催化汽油、液态烃	1.0		2012.6	运转
25	中海油东方	催化汽油、液态烃	1.0		2011.3	施工图
26	山东玉皇	KBR废碱液	4.5		2011.3	施工图
27	山东京博	催化汽油、液态烃	1.0		2012.10	运转
28	张家港扬子江	丙烷脱氢	1.0		2013.05	施工图
29	绍兴三锦石化	丙烷脱氢	1.0		2013.07	施工图
30	宁波福基石化	丙烷脱氢	1.0		2014.11	工艺包

缓和湿式氧化法和高温高压湿式氧化用于废碱液处理技术的投资及运行费用见

表4-8-4。

表 4-8-4 两种湿式空气氧化技术的投资及运行费用

指　　标	缓和湿式空气氧化	高温湿式空气氧化
氧化反应温度/℃	150~210	250~270
氧化反应压力/MPa	0.9~3.5	6.0~9.0
反应停留时间/min	60~120	≮120
排放液组成 S^{2-}/(mg·L^{-1}) COD 去除率/% pH	 <2 40~60 12~13	 未检出 >80 8.5~10
装置规模/(m^3/h) 投资/万元 运行费用/元	2.0 800 120	1.0 3200 176

炼油厂和石油化工厂的废碱液经湿式氧化预处理后，彻底消除废碱液中的硫化钠和有机硫化物的恶臭物质对空气和水体的污染，出水中硫化物(S^{2-})小于 2.0mg/L 或检不出，COD 去除率为 40%~80%，处理后废碱液的可生化性得到改善，特别是高温高压湿式氧化后，废液的可生化性 B/C 值由 0.32 提高到 0.69，保证了后续废水处理系统的正常运转和达标排放。

4.8.2.4 生物氧化法

生物法碱渣处理装置用来处理炼油厂汽油碱渣和柴油碱渣混合碱渣。汽油碱渣包括催化汽油电精制碱渣、催化汽油脱硫醇碱渣、催化液化气脱硫醇碱渣和焦化液化气脱硫醇碱渣等。碱渣生物处理装置原则流程图见图 4-8-3。装置分碱渣处理部分和废气处理两部分。

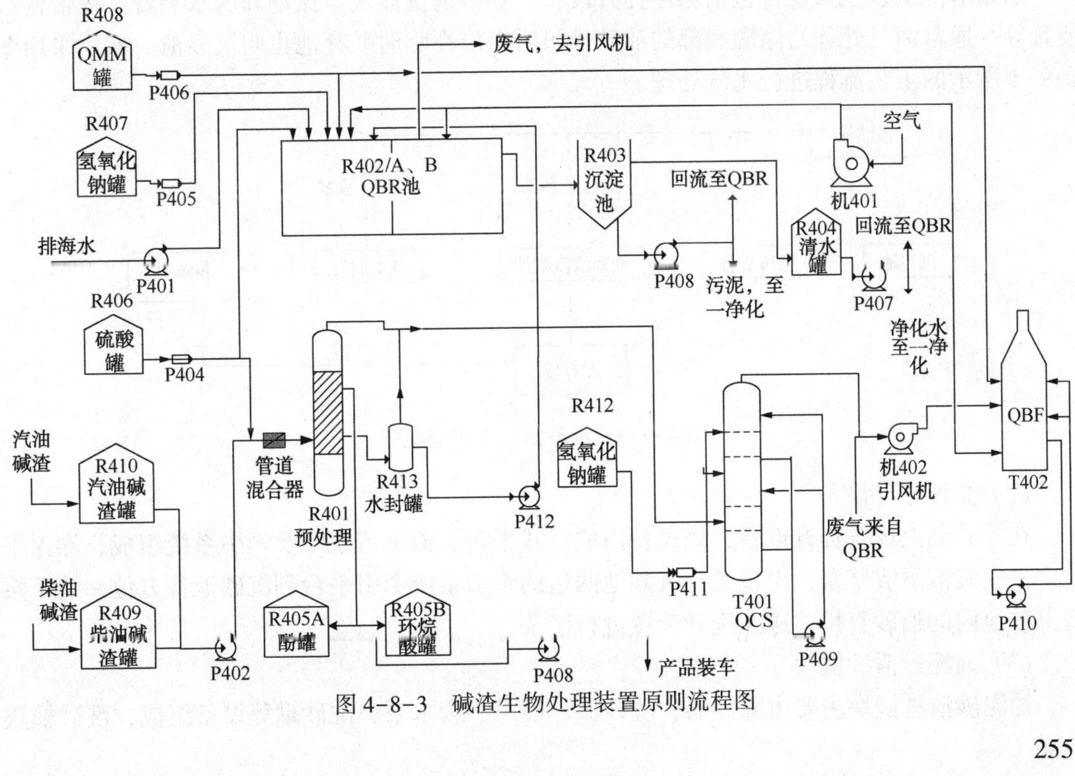

图 4-8-3 碱渣生物处理装置原则流程图

首先加入硫酸进行预处理，使其pH值达到2~4左右，反应得到硫化氢气体、酚或环烷酸和废水。硫化氢气体去废气处理系统，分离出的酚或环烷酸分别送产品罐，废液经泵送至高效微生物降解池(QBR)处理，由于加酸预处理回收了酚或环烷酸，废液中有机物大幅下降，特殊微生物氧化分解后废液的COD浓度基本都在1000mg/L以下、挥发酚和硫化物浓度都在10mg/L以下，可送污水处理厂进行再处理。预处理过程产生的废气先进行碱洗，然后与微生物降解池(QBR)废气一起送QBF生物填料塔进行特种微生物净化，去除废气中的微量烃和其他污染物，净化气实现达标排放。整套技术处理效果较好，现场无异味。

随着加氢技术的应用和产品指标要求的提高，柴油和汽油实施加氢处理，因此汽油柴油废碱液逐年减少，现在该技术主要处理液态烃废碱液，操作简单，效果稳定。

4.9 工程应用实例

4.9.1 油气田固体废物处理处置

4.9.1.1 油砂旋流清洗工程

疏松砂岩油藏在沿海油区十分发达，这类油藏成岩性差、胶结疏松、油井采出液中携砂量大，虽然在井下采取了机械防砂、化学固砂、复合防砂等措施，但仍有大量砂进入地面集输系统，沉积在地面集输站的沉降罐、储油罐内。某一油田每年的油砂产生量在万吨以上，为解决这部分油砂的原油污染问题，该油田开发了撬装的洗砂装置。针对油砂的粒径大(多在1~0.074mm之间)，机械强度大的特点，采用旋流清洗方式进行脱油处理。

(1) 工艺流程

油砂清洗工程主要设备包括漂浮提升设备、油砂清洗撬块、振动筛脱水装置、皮带输送装置等。通常油气处理站储罐底部的油砂排出后存放在临时贮存池也叫沉砂池。然后采用图4-9-1所示的工艺流程进行水洗处理。

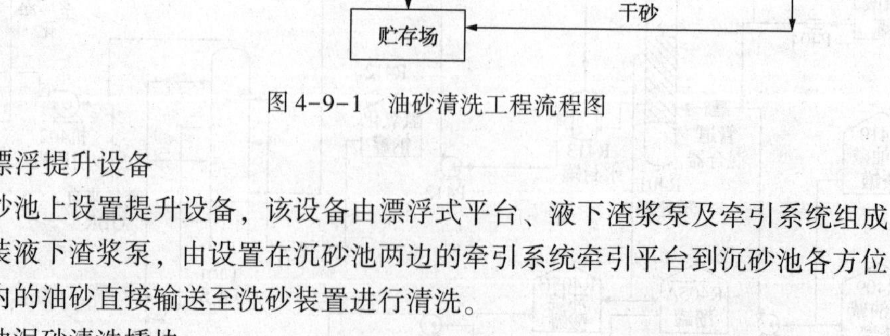

图4-9-1 油砂清洗工程流程图

(2) 漂浮提升设备

在沉砂池上设置提升设备，该设备由漂浮式平台、液下渣浆泵及牵引系统组成，漂浮平台中央安装液下渣浆泵，由设置在沉砂池两边的牵引系统牵引平台到沉砂池各方位，液下泵将沉砂池内的油砂直接输送至洗砂装置进行清洗。

(3) 油泥砂清洗撬块

油泥砂清洗撬块主要由除砂器、洗砂器、砂泵、废水泵、洗砂罐等设备组成，洗砂橇块工艺流程见图 4-9-2。提升泵首先将砂水混合液泵入除砂器，颗粒较大的砂粒从混合液中分离出来，送入一级洗砂罐中搅拌清洗，含油小颗粒物油水混合液送入污油池内。一级洗砂罐砂子经注水搅拌混合后，泵入一级洗砂器，分离后的砂再依次进入二级洗砂罐和二级洗砂器，完成二级清洗后的砂进脱水装置进行脱水。

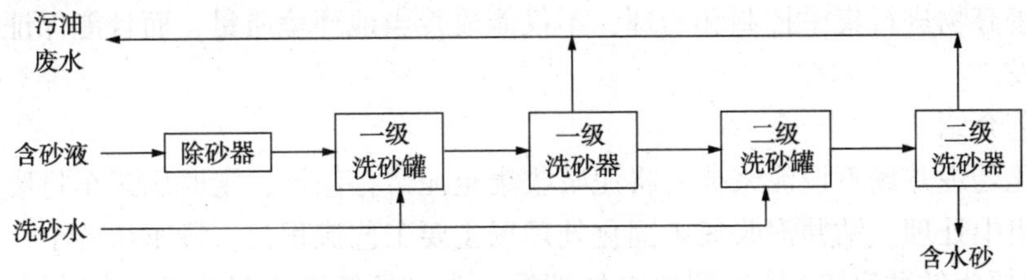

图 4-9-2　洗砂橇块工艺流程图

为保证清洗效果，油砂清洗装置的进液含砂浓度应控制在 5%～10%(体积)。洗砂用的水源可以是温度 50 ℃左右的热水，也可以是油田废水站处理后的废水，废水含油要求小于 50mg/L。向水中加入清洗剂，可提高清洗效果。

脱水装置：选用振幅大、运动速度快的振动筛，实现快速砂水分离。

输送装置：用来转载装车或油砂移位堆放，常采用皮带式传输机，可在工作场所移动，输送高度可调，操作简单、输送方便。

(4) 应用效果

应用工程最大处理砂液量 50 m^3/h，最大清洗干砂量 5 t/h，清洗后砂中含油≤3000mg/kg。处理结果见表 4-9-1。

表 4-9-1　含油砂分离、处理效果数据表

项目序号	含砂/%		除砂率/%	洗砂水含油/(mg/L)	处理后砂含油/(mg/kg)	洗净砂含水/%
	进口	溢流				
1	9.375	0.3	96.8	128.5	2010	1.9
2	13.7	0.4	97.1	140.2	2710	2.7
3	8.61	0.87	89.9	167.4	2300	11.7
4	7.14	0.7	90.2	178.6	3100	24.6
5	3.1	0.1	97.3	72.4	2800	16.3
6	6.4	0.65	89.8	105.6	812	20.8
7	5.6	0.066	98.8	115.2	1377	19.4
8	8.2	0.061	99.3	134.4	951	13.5
9	12.2	1.5	87.9	138	684	17.8
10	10.0	0.17	98.0	154	2597	20.1
11	8.9	0.08	99.2	10.1	2300	22.7
12	12.65	2.3	80.8	80.9	1200	13.8
平均值	8.822	0.599	93.75	118.8	1803	15.44

(5) 小结

该设备可有效实现油砂分离，适用于粒径>0.074mm 的油泥砂清洗，处理后油泥砂含油可小于 3000mg/kg，达到了《农用污泥中污染物控制标准》(GB 4284—84)中矿物油最高允许含量，含水低于 20%。处理达标的油砂与建筑用砂适当混合后，用于制造铺路用免烧花砖，实现了油砂资源化利用。

4.9.1.2 钻井泥浆集中固化处理工程

油田钻井废弃物的排放点多面广，就地固化处置的方式污染源控制难度大，土地占用面积大，在水网、粮食生产地等环境敏感地区容易引发环境纠纷，影响油气田的正常开采。对油气田钻井废弃物进行集中控制和治理，不仅能改善当地环境质量，而且能保证油气田的可持续勘探开发。

(1) 工艺介绍

集中固化处理井场不设泥浆池，将泥浆收集至泥浆存储罐，定时用罐车将废弃泥浆拉至处理场进行集中处理。钻井泥浆集中固化处理场主要工艺流程为：罐车从各个作业井场将钻井废弃物(主要为钻井废液)拉运到集中处理场。为方便卸车在场内建设卸车台，车辆到场后停放在卸车台上，将废液卸到卸液池内。卸液池内安装液下式螺杆泵作为废液提升泵可以把废液泵入浓缩池，在泵输过程中不断由加药泵向管线内加入脱稳剂，利用泵输过程将药剂与废液充分混合，然后在浓缩池内存放 24h 进行浓缩分层。上层废水收入收水池，浓缩后的废泥浆可以通过安装在浓缩池内的液下螺杆泵输入固化搅拌撬块内，固化搅拌撬块内有固化剂以及固化辅料的配料机。配料机可严格根据螺杆泵的流量以及设定好的比例添加固化剂以及固化辅料，所有物料进入搅拌机进行搅拌混合，在搅拌机内的停留时间完全能够保证物料的均匀混合，搅拌后的物料通过皮带传送机进入固化池内完成固化反应过程。整个固化反应过程大约经历 24h，固化后的废泥浆(固化物)经过浸出实验，浸出液检测合格后方可用车运入新建堆放场内进行暂时堆放以备综合利用。主要流程如图 4-9-3 所示。

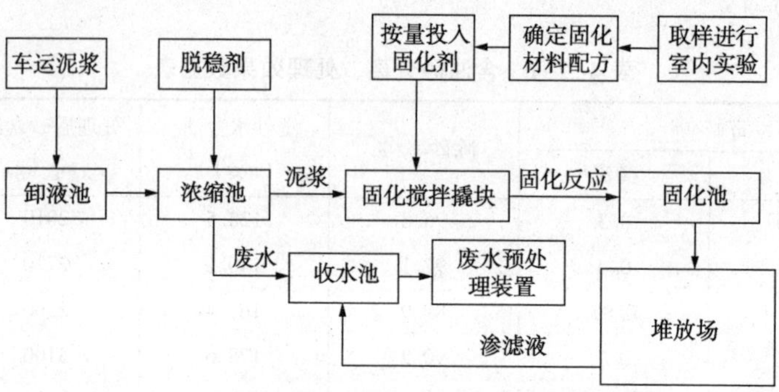

图 4-9-3 固化工艺主流程图

辅助流程主要包括：

a. 上清液收集处理系统

浓缩池上清液、堆放场渗滤液、冲洗水等混合进入收水池，进行较长时间预沉降处理后，定期用泵提升到废水预处理装置进行化学脱稳、粗过滤预处理，处理指标满足废水站进水指标(即悬浮物≤500mg/L)，与废水站的其他废水一并进入流程进行达标处理。

b. 扫线系统

由于所用泵均为螺杆泵，且输送的介质为污泥，污泥处理为间歇性工作，若在停泵之前不对管线用水扫线，污泥就有可能沉积在管线中，影响下次工作，所以对输送污泥的泵均设有压力水扫线管线及时扫线。

c. 加药系统

在卸液池提升泵的出口上投加脱稳剂。

(2) 技术指标

固体废弃物处理场必须满足以下要求：

a. 集中处理场内存放固体废弃物以及废水池、场必须做好防渗处理，防止污染物渗入地下造成对周边地下水环境的污染。

b. 固化处理工艺满足处理后废弃物(固化物)浸出液达到《污水综合排放标准》(GB 8978—1996)一级排放标准。

c. 固化后的泥浆可以综合利用(如：铺井场道路等)。

多个油田企业已实施了多座钻井废弃物集中固化工程，成功解决了钻井泥浆及岩屑所造成的环境污染困扰。工程采用固化工艺，整个工序自动化程度高，较传统租赁机械处理成本费用大大降低。

4.9.2 高浓度有机废液处理

本案例处理甲苯法生产已内酰胺工艺中甲苯氧化、已内酰胺精制过程产生的残液，其组成见表 4-9-2。由于成分复杂，呈碱性，COD 浓度、氨氮浓度及磺化副产物含量高，BOD 浓度低，可生化性极差。在引进整套已内酰胺工艺技术的同时，引入了有机废液焚烧装置作为配套项目中的环保处理设施。该装置处理能力 10t/h，2010 年 6 月投料试车，目前处理效果良好，可以解决工艺过程中产生有机废液的处理问题。

表 4-9-2 有机废液的组成

组分	有机质含量	水含量	COD/(mg/L)	BOD/(mg/L)	氨氮/(mg/L)
含量/%	30~40	60~70	$(35\sim40)\times10^4$	$(6\sim8)\times10^3$	$(3\sim4)\times10^4$

废液焚烧装置按处理流程分为废液浓缩、浓缩液焚烧(含废热锅炉)及烟气脱硫三部分。其总体工艺流程见图 4-9-4。

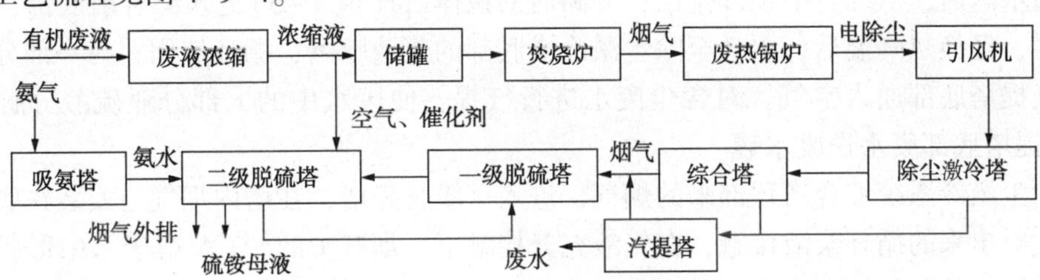

图 4-9-4 废液焚烧装置流程图

来自甲苯法生产已内酰胺工艺的有机废液首先进入有机废液储罐，由浓缩进料泵提升至浓缩系统进行浓缩后进入浓缩液储罐，浓缩液由焚烧炉进料泵打入焚烧炉进行焚烧处理，焚烧炉炉膛温度 1100℃ 左右。高温烟气经余热锅炉副产高压蒸汽并入管网，降温后烟气(230~300℃)进入电除尘器除尘，再经引风机进入脱硫系统。烟气在除尘急冷塔洗涤冷却至 100℃以下，经综合塔去汽提塔提出水中 SO_2后，烟气进入一级脱硫塔，气提废水排入装置废水系统，烟气中的 SO_2等酸性气体在一级脱硫塔被氨吸收液吸收，进入二级脱硫塔与鼓入的空气接触，将 SO_3^{2-}氧化为 SO_4^{2-}，产生的硫铵母液送硫铵结晶单元回收。

(1) 废液浓缩

有机废液中含水率高达 70%以上，直接进焚烧炉会使焚烧炉的处理效率降低，因此需要将其浓缩，降低有机废液的含水量。浓缩系统包括大浓缩、小浓缩两套装置，大浓缩三效蒸发处理能力13.5t/h，小浓缩双效蒸发处理能力7t/h，有机废液浓缩系统的设计处理总能力为20.5t/h，浓缩液的设计产量为10t/h。浓缩的原料是来自生产单元来的有机废液，主要通过脱除有机废液中的水分进行浓缩，浓缩后的废液称为浓缩液。

（2）废液焚烧

焚烧炉采用专利技术，焚烧炉为负压炉、机械雾化，设计处理能力为10t/h。目前焚烧炉实际处理量为7.69t/h，焚烧炉能力能够满足浓缩液的焚烧要求。

浓缩液送入焚烧炉的雾化烧嘴进行焚烧，焚烧炉的焚烧温度一般控制在900～1200℃，浓缩液在高温下分解、氧化，其中的硫被充分氧化生成SO_2、SO_3，烟气中主要有CO_2、H_2O、SO_2、SO_3等，同时烟气中还有大量的N_2、部分过剩O_2及微量的NO_x。

废液燃烧后的高温烟气进入余热锅炉进行余热回收，产生1.7MPa高压蒸汽并入管网。

（3）烟气脱硫

烟气除尘脱硫采用湍冲+填料的氨法烟气除尘脱硫成套新技术。设计处理能力为57400Nm^3/h，设计脱硫效率≥99%，除尘效率≥80%，其设计进出口浓度见表4-9-3。

烟气进入废热锅炉经热能回收后，由引风机送至除尘激冷塔顶部进入，和除尘激冷塔底部设置的喷嘴喷出的循环浆液逆向接触，气液各个微团发生强烈的碰撞接触，从而有效的洗涤烟气中的烟尘、SO_2及颗粒物等杂质。

表4-9-3　烟气脱硫系统进出口浓度

项　目	进口浓度/（mg/m^3）	出口浓度/（mg/m^3）
SO_2	18900	≤200
烟尘	1740	≤65

含有烟尘、盐等杂质的浆液和烟气进入综合塔，在综合塔经气液分离。烟气经捕沫器进一步分离水沫后，从综合塔顶部排出；分离后的液体（pH值1～3）进入综合塔底部，一部分送换热器，经换热降温后，再送至除尘激冷塔底部的浆液喷嘴，循环使用；另一部分送气提塔，在气提塔底部通入空气，对含尘废水进行气提，使废水中的大部分亚硫酸分解释放出SO_2，汽提塔底部废水送废水罐。

从除尘激冷系统综合塔顶部来的烟气，进入一级脱硫塔，在塔内烟气与安装在底部的湍冲喷嘴喷射出来的循环浆液接触，在气液充分接触下，烟气中的SO_2溶解于水中形成亚硫酸进而与浆液中的硫酸铵发生化学反应，生成亚硫酸氢铵和硫酸氢铵。

经一级脱硫塔后的烟气和浆液一起进入二级脱硫塔，烟气在该塔与浆液分离后上升，在二级脱硫塔中上部，与二级脱硫塔浆液循环泵送来的调节pH值后的浆液，在填料中逆向接触，进一步吸收烟气中的SO_2，使烟气中的SO_2进一步降低，达标后经除雾器，除掉烟气中的部分水汽后，最终由顶部烟囱排入大气。

经一级脱硫塔和二级脱硫塔吸收后的浆液一起进入设在二级脱硫塔底部的浆液池，在浆液池中，通过设在浆液池底部的氧化风管，将浆液中的亚硫酸氢铵和硫酸氢铵氧化成硫酸铵，同时通过氨水循环泵向浆液中加入氨水，调节浆液的pH值。当硫酸铵浓度达到30%时，通过排浆泵送至硫铵回收装置回收硫铵产品。

从2011年实际运行情况来看，SO_2浓度稳定在160 mg/m^{3}以下，NO_x浓度在205～491 mg/m^3，烟尘浓度在65 mg/m^{3}以下。由此可以看出湍冲洗涤脱硫技术较为先进，各项性能指标均能达到甚至优于设计水平，能够保证污染物的达标排放。

小结：经过几年的摸索，废液焚烧及脱硫系统均运行效果良好，充分体现了该工艺的可行性和先进性，较好地解决了工艺过程产生有机废液的处理问题。

4.9.3 污泥干燥处理

该装置是乙烯配套项目中的环保设施，以蒸汽作热源干燥污泥，可使含水率为 85%的脱水后污泥干化。设计的处理能力 10000t/a 活性污泥(最大 12000t/a)，设计操作时间为 8000h/a。2011 年 10 月投料试车，处理效果良好，经过摸索试验，不但可以处理剩余活性污泥，还可以处理炼厂含油污泥。较好地解决了污泥处理问题。

4.9.3.1 工艺介绍

污泥干化装置按处理流程分为污泥进料与储存、污泥干化、干泥输送及储存三个单元。其总体工艺流程见图 4-9-5。

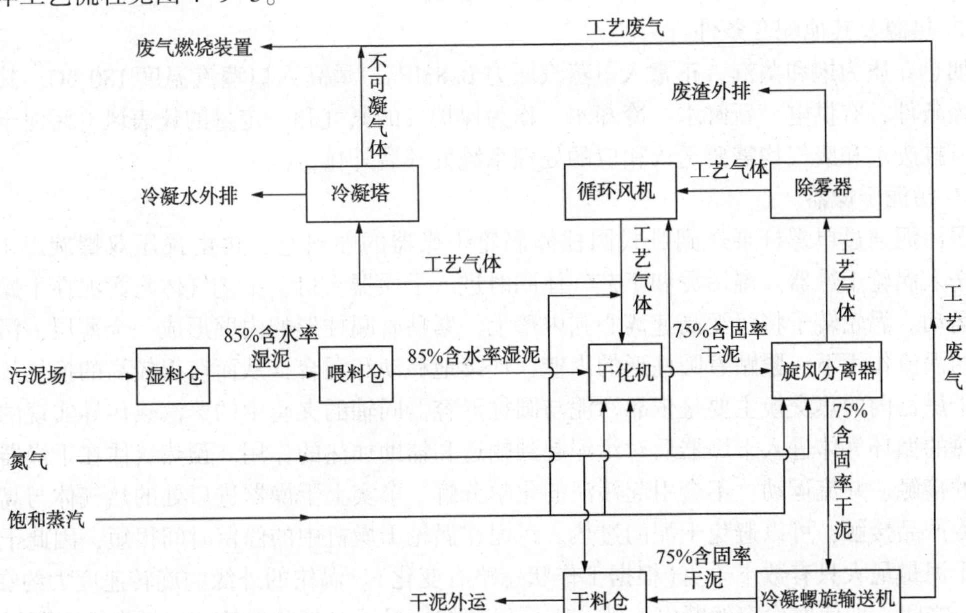

图 4-9-5 污泥干化装置流程图

来自炼化、化工和新乙烯废水处理厂脱水后污泥(含水率小于 85%)，用车运送至湿污泥储存料仓，料仓下部设有液压滑架和螺旋给料机，再用螺杆泵将湿污泥送到污泥干化单元。来自旋风分离器工艺气体(160℃)和湿污泥一起进入干化机的预加热段，通过涡轮上的桨叶旋转，使湿污泥均匀分布在干化机筒状内壁上，再由外层夹套内的 180℃的蒸汽完成干化脱水过程。干燥后的污泥由干化机尾部排出至螺旋卸料机，经冷却送入干泥料仓，完成污泥干燥过程。

(1) 湿污泥进料及储存

含水率为 85%的脱水后活性污泥，用卡车运送至现场后卸入活性污泥湿料仓。设计料仓两座，每座容积 100m^3，均为全地下料仓，料仓下部设有滑架和螺旋给料机，滑架受液压装置驱动，在料仓的平底上往复运动，将仓内湿污泥平稳地推送入螺旋给料机。螺旋给料机为有轴双螺旋，可产生足够的挤压力，将湿污泥压入污泥输送泵。污泥输送泵为螺杆泵，共 2 台，可将湿污泥送到干化系统。料仓顶部设有臭气风机，将料仓内的恶臭气体抽出送至位于废水处理厂内的催化燃烧脱臭系统。

在贮存和干化过程均设计了自动控制程序。如当储料仓都装满后，系统会给出报警信号，停止卸料；当一个存储料仓排空后，系统自动切换到另外一个料仓。如果两个料仓都排空后，向干化系统发送连锁信号，有干化系统的控制系统判断干化机停机时间。另外，在湿污泥料仓装有料位检测传感器和硫化氢气体检测传感器。当检测到硫化氢气体超标，报警提示，装卸料仓舱门不能打开，同时给臭气风机信号，风机启动强制排风将硫化氢排出。

(2) 污泥干化单元

① 设计能力数据

干化机设计额定蒸发量为1000kg/h，折合设计处理含固率为15 %的脱水污泥量为1250kg/h，设计干化后污泥含固率为75%，干化污泥量为250kg/h。同时，考虑了一定富余能力，设计最大蒸发量可以达到1200kg/h，即最大处理含固率为15 %的脱水污泥量为1500kg/h，相应最终含固率75%，干污泥300kg/h。

② 热源及其他配套条件

加热介质为饱和蒸汽，正常入口蒸汽压力0.8MPa，最高入口蒸汽温度180 °C。其他公用工程条件，有供电、新鲜水、冷却水、作为保护气的氮气和一定量的仪表风。污泥干化过程中所排废水和废气均需要送入相应的处理系统处理后外排。

③ 污泥干燥器

湿污泥通过单螺杆泵送到卧式圆柱体涡轮干燥器的喂料仓，再由预压双螺旋以1m^3/h定量送入涡轮干燥器。湿污泥和工艺气体同时进入干燥器入口，工艺气体与污泥在干燥器内同向运动。涡轮转子将污泥高速离心到内壁上，紧贴着圆柱形的内壁形成一个薄层，污泥在很强的涡流作用下，紧贴着圆柱形的内壁，连续地移动和混合，从而获得较高的换热效率。

干燥器内的热交换主要是依靠污泥与圆柱形容器同轴的夹套中的蒸汽热传导实现的，经过预热的循环气体进入干燥器后对污泥起到输送和辅助加热的作用。预热气体在干燥器内与污泥的接触、并流运动，不会引起污泥的化学分解。事实上干燥器进口处的热气体与高含湿量的冷产品接触，可以避免干泥的过热。污泥在涡轮干燥机中的停留时间很短，因此干燥器内的干泥量最大只有数十千克(根据工作状态略有变化)。涡轮的外缘的旋转速度大约在20~30m/s之间。即使发生突然断电，整个工厂停顿的情况下，旋转涡轮的机械惯性也可以保证涡轮干燥器基本清空，避免了干燥器内因留存物料而影响设备重启，从而保障系统安全。

干燥器涡轮是由旋转轴和镀有耐磨材料的特殊形状的桨叶构成。涡轮安装在两个法兰连接端板中心线上的悬架轴承上。涡轮支撑和转动的轴承组安装在蒸发室外，因此没有污损和过热的风险。干燥的污泥离开涡轮干燥器后，与水蒸气一起进入分离段，通过旋风分离器进行固体和气体的分离。

④ 气固分离

经过涡轮干燥器干化的污泥和工艺气体一起进入旋风分离器，旋风分离器外部进行绝热处理以避免蒸汽产生冷凝。在旋风分离器内固形物和气体因密度差别而被分离，干燥后的污泥产品被收集在底部，而气体从顶部离开。在旋风分离器中收集的细颗粒落入具备冷却功能的螺旋输送机，约100℃的干化污泥被冷却至40℃以下，再提升到干泥料仓。

旋风分离器出口的工艺气体被送往湿法除尘器进行粉尘分离，除尘器装备外部进行绝热处理以避免蒸汽产生冷凝。气体从立式静态分离器底部进入，与填料接触产生聚结，固体从气相中分离出来。洗涤水由顶部喷入，捕捉固体和液体物质，并起到对填料进行清洁的作用。液体/固体混合物收集在底部，液态物收集在底部由离心泵循环回到除尘器以保证洗涤效率，浓缩的粉尘定时用泵排到废水池。

气相从顶部排出，捕雾器将气相流可能携带出的液滴去除后，工艺气体将重新回到闭环循环。循环工艺气体由离心风机抽取并循环到闭环干燥回路中，该循环气体被送入以蒸汽为热源的热交换器中，加热后的气体返回涡轮干燥器。

⑤ 工艺气体冷凝及排放

在湿污泥被干化的过程中，蒸发处理的水汽及挥发性气体必须及时从循环气体中分离出来，以实现系统的平衡和微负压。

由风机抽取的水蒸气和挥发性气体首先被引入冷凝塔进行冷凝，在冷凝塔内气体通过一个波尔环填料层被水逆向淋洗，冷凝液被收集在冷凝塔底部，泵送到废水池。液体由离心泵循环输送至冷凝塔的顶部之前，通过板式换热器将循环液进行冷却。为节约水耗，冷却介质采用含油废水处理系统的二沉池出水。经过洗涤后的不凝气体，再进入除雾器处理后，用废气风机引至污水处理场的脱臭装置处理。

⑥ 工艺的控制

涡轮薄层污泥干化工艺采用一套 PLC 对工艺进行自动控制。在基本条件设定后，可以通过在线仪器仪表，准确地实现对工艺的控制。

涡轮薄层的工艺控制主要是对干燥器出口工艺气体温度的控制。蒸汽进入换热器，加热工艺气体，使工艺气体不断升温。当达到设定工艺温度后，系统开始定量喂入湿泥，湿泥与热壁和热介质接触，产生蒸发。随着湿泥喂入量分步到位，干燥器出口温度稳定在一个合适的温度区间，该温度与产品最终含固率有较为准确的对应关系。干泥的含固率变化可以通过多种调节方式来进行，其中除了桨叶角度为冷机机械调整外，均为热机在线调整。因湿泥状况变化而需要做出的临时调整可由操作人员现场随时进行。

⑦ 运行安全的控制

干化系统的开机和关机均按照一个预先设定好的程序进行。开机的目标是在确保安全和温度合适的条件下，建立系统内的物料和热平衡。关机的目标是在确保安全和阻断湿泥进料的同时，实现干燥器的缓慢降温和冷却。

为避免臭气和粉尘泄漏到环境中，干化系统为微负压状态，但微负压可能造成周边环境中少量空气进入系统，使气体中氧含量增加。为确保工艺回路获得必要的惰性化，防止干化过程出现爆燃，污泥干化采用测氧仪作为安全运行监测的最重要手段。工艺气体中的氧含量将设置两个探头连续监测，当氧含量超过限值时，将产生报警，安全用氮气进气阀将打开，在风机和换热器之间喷入氮气，直至氧含量减少到正常水平。当处于非常高位时，污泥干化系统将会紧急停车，安全氮气阀将处于持续打开状态。

（3）干泥输送及储存

冷却至 40℃以下的干泥由提升机提升送入干泥料仓。干泥料仓容积为 30m^3，设置在户外。料仓底部装有破拱器防止污泥架桥，并有闸板阀，控制干泥的出料量。需装车时，打开闸板阀，干污泥经卸料机卸至车内。

在现场设控制按钮箱，可以手动操作设备的启动、停止。干泥料仓内装温度传感器和可燃气体传感器。当达到危险值时，启动氮气保护装置。打开氮气输送阀门并报警通知操作工。干泥料仓安装料位传感器，当仓位高时，向干化系统发出停车连锁信号并报警，同时干污泥提升停止运行。干泥料仓装有破拱器，当卸料时，卸料阀打开的同时，破拱器工作。

4.9.3.2 关键设备及主要参数

含水率为85%的脱水后污泥，用卡车运送至本装置区后倾倒入污泥料仓。在污泥干化单元，污泥被干燥至含固率约70%~75%后送装车外运。工艺控制指标见表4-9-4。

表4-9-4 污泥干化机的主要工艺控制指标

控制项目			单位	指标
进料指标	脱水后湿污泥	含固率	%	13~17
		含油率	%	<3
		温度	℃	>5
	低压蒸汽	压力	MPa	0.8
	氮气	压力	MPa	0.6
	仪表风	压力	MPa	0.6
	新鲜水	压力	MPa	0.3
	冷却水	压力	MPa	0.3
主要控制参数	冷凝塔	循环水泵压力	MPa	<0.35
		回用水温度	℃	<40
	旋风分离器	氮气流量	Nm^3/h	30
	循环风机	氧含量	%	<2.5
	冷却螺旋输送机	输送干泥温度	℃	<40
	喂料器	液位	m	0.2~0.8
	干化机	循环气体进口温度	℃	160
		冷凝水温度	℃	175
		氮气流量	Nm^3/h	50
		污泥出口温度	℃	100~180
	干料仓	CO浓度	mol/mol	35
质量指标	干燥污泥	含固率	%	70~75
		温度	℃	<40

4.9.3.3 运营效果

(1) 活性污泥的处理

在最初处理活性污泥的过程中，活性污泥来源单一，泥性稳定，装置能够稳定连续运行，各个运行参数也符合设计值。处理量维持在1.2~1.5m^3/h，干化机出口温度维持在105℃左右，干化机电流维持在100A左右，循环风机电流维持在77A左右。活性污泥干化前后的情况见图4-9-6。

(2) 含油污泥的处理

在炼油污水处理厂，含油污泥的处理是一个难题，本套薄层干化机的设计处理污泥要求含油率小于3%，但为了减少污泥的处理费用，进行了油泥进行干化的探索。相对于活性污泥，油泥干化过程中会因出现烃类可燃性气体引起爆炸的安全隐患。为此，必须严格控制循环气中的氧含量，同时密切关注安全联锁和报警功能正常。

在处理纯油泥的试验过程中，油泥黏度高，在干化机里面停留时间长，造成出口温度高，同时干化机转动电流大。通过调节干化机出口温度来控制产品干泥的含固率，含固率越高，干泥颗粒越小，会有大量粉末进入除雾器，并造成除雾器堵塞；含固率越低，干泥湿度高、黏性大，会堵塞旋风分离器的分格轮，造成干泥不能排出。

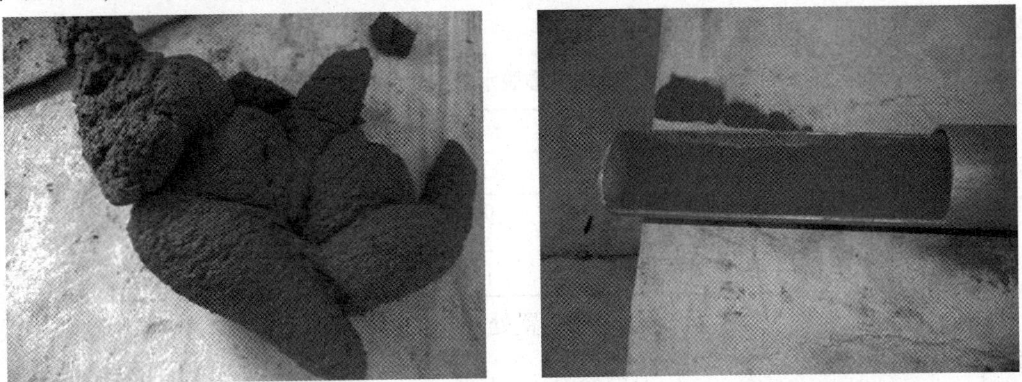

（a）含水率 85%的湿泥　　（b）含水率 25%的干泥

图 4-9-6　活性污泥干化前状况

在干化运行过程中，多次出现循环风机电流低的现象，经检查发现除雾器内捕雾器上有大量污泥堵塞，导致风机进口压力低，造成风机电流低。分析原因为油和泥混合在一起，密度低，会处于悬浮甚至漂浮状态，由于风机的作用而被抽到捕雾器上；而排浆泵只能将底部水分排出，油越积越多。

试验表明污泥干化装置不适合处理纯油泥，需要调整油泥和活性污泥掺混比例，使干化装置能够稳定、连续地运行。

由于需要处理的油泥包括正常排放的油泥和检修期间排放均质罐和隔油池等装置的底泥，而活性污泥也包括 A/O 曝气池排泥、二沉池排泥和三区废水处理后排泥。含油量有较大区别，因此要在不同的油泥和活性污泥进行掺混时分别进行试验，并通过装置运行状况不断调整来寻求最佳的掺混比例。通过提高自动喂料量的调节间隔，降低调节梯度，提高了干化运行的稳定性，降低了干化机电流高报的频次，配合油泥和活性污泥掺混比例的调整，实现了干化装置的稳定运行。经过试验得到的含油污泥与活性污泥的掺混比例见表 4-9-5。

表 4-9-5　最佳油泥和活性污泥掺混比例

项　　目	正常排油泥	检修排底泥
化工污水处理场活性污泥	1∶1	1∶2
炼油污水处理场活性污泥	1∶2	1∶3

4.9.4　含油污泥热萃取处理

4.9.4.1　技术原理

油泥热萃取脱水技术以炼厂馏分油为载体，低压蒸汽作热源，在泵强制循环的条件下，对机械脱水后含油污泥进行热萃取脱水。在萃取污泥中油的同时将污泥中的水分全部蒸发脱出，从而使污泥转变成体积很小、且易于处理的含油固体。该含油固体中不含水，热容低，采用规模较小的汽提干燥设备脱出其中的油，最终形成具有可燃烧性的、低含油的固体燃料，免去后处理的要求。另外，根据固体物灰分大小，可以将脱水后的含油固体物送入焦化装置，低分子有机组分变成石油产品，大分子有机组分变成焦炭，无机组分变成石油焦的灰分。

4.9.4.2 油泥来源及组分

某企业污水处理场的均质罐、隔油池、浮选池均产生含油污泥，经离心脱水后污泥的组成见表4-9-6。

表4-9-6 离心脱水后的油泥组成 %

项　目	离心机进口			离心机出口		
	含油率	含水率	含固率	含油率	含水率	含固率
最小值	3.8	86.1	0.2	11.1	50.6	2.2
最大值	5.9	96.0	2.1	37.8	86.7	11.6
平均值	4.8	92.5	1.4	27.3	64.9	7.9

从经济性和操作性考虑，确定热萃取装置处理物料为机械脱水后油泥，原料组成的设计参数如表4-9-7所示。

表4-9-7 热萃取脱水油泥装置的设计进料组成 %

污泥组成	设计值	操作弹性
含水率	80	75~87
含油率	12	8~15
含固率	8	2~16

4.9.4.3 热萃取油泥处理装置规模

根据该企业的废水处理量和油泥产生量，热萃取油泥处理装置设计规模为1~2 m^3/h，运行时数8000h/a。

4.9.4.4 馏分油指标及来源

热萃取过程必须采用馏分油与含油污泥按比例混合。所用馏分油的馏程范围180~350℃。馏分油取自炼厂生产装置，送入系统时的馏分油温度宜为20~60℃。

4.9.4.5 工艺流程

工艺过程如图4-9-7所示，(1)油泥和馏分油按一定比例混合并送入换热器和萃取脱水罐中，利用循环泵强制混合，形成均匀的、具有流动性的混合物；(2)以低压蒸汽为热源，对油泥与馏分油混合物进行加热、萃取、脱水，使油泥中的水分全部蒸发脱出，固体物和油

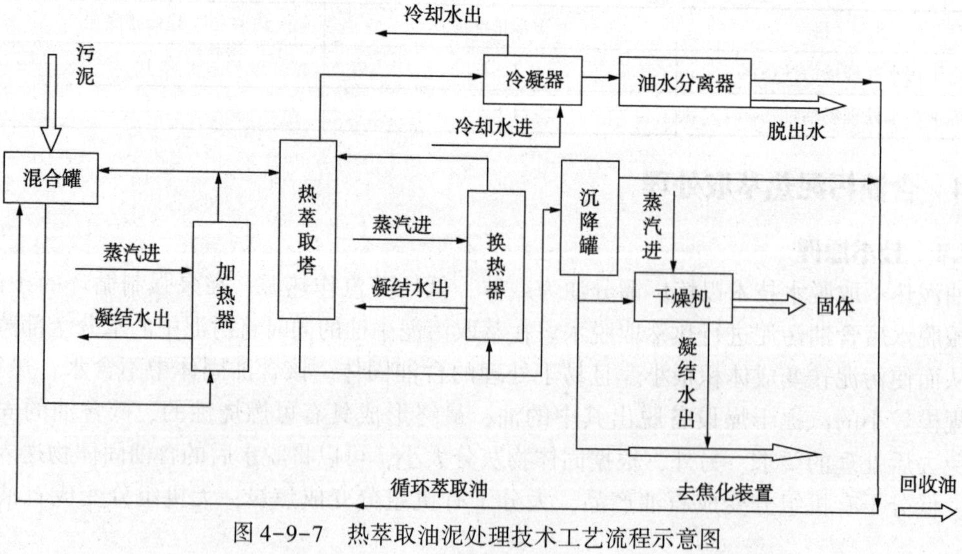

图4-9-7 热萃取油泥处理技术工艺流程示意图

则转移至馏分油中；(3)脱水后物料送入沉降罐，使固体物沉降分离，馏分油返回至萃取脱水罐并循环使用；(4)沉降罐中分离出的固体物定期送入汽提干燥设备，在间壁加热的同时，以水蒸气为载气，与物料直接接触并降低油的蒸发分压，在较低温度下完成脱油干燥，形成粉状固体物产物；(5)萃取脱水过程和固体物脱油干燥过程中的水及轻质油蒸汽经冷凝换热后，进入油水分离器，轻质油返回至装置，水排入污水处理厂。随着污泥处理量和回收油量的逐渐增加，馏分油量将逐渐增多，需定期将过量的馏分油送至炼油装置。

4.9.4.6 处理效果

油泥经热萃取处理后形成三种产物：脱出水、固体物、油。

脱出水：去污水处理场再处理，COD 为 1290~1760mg/L，水中油为 74~126mg/L，见表 4-9-8。

固体物：有一定热值送电厂燃烧利用，干粉：水小于 5%，油小于 5%，湿粉：水小于 5%，油小于 20%。干燥后固体物指标分析见表 4-9-8。

回收的油去污水处理厂的污油罐，然后送装置回炼。

表 4-9-8 干燥机出料固体物的分析结果

性状	含水率/%	含油率/%	含固率/%	热值/(J/g)	硫含量/%	处理程度
干粉	0	9.2	90.8	16793	1.38	深度干燥

4.9.4.7 经济分析

热萃取油泥处理过程，消耗的物料有低压蒸汽，电和循环水，同时还回收油泥中的油。按处理吨油泥的蒸汽、电和循环水消耗进行热萃取技术的经济分析，结果见表 4-9-9。处理吨油泥的操作费用为 160 元，通常脱水后的料物含油在 10%以上，处理吨油泥回收油的价格为 200 元，稍有效益。更多的效益在于减少油泥外委处置费用，每吨 1000 元以上，按 1t/h 规模计算，每年 8000t，节省油泥处委处置费用 800 万元。

表 4-9-9 热萃取脱水油泥装置技术经济统计

消耗物料	消耗数量	单价	费用/(元/t 污泥)
蒸汽	1.2t/h	100 元/t	120
电	65kW·h	0.5 元/kW·h	32.5
水	120	0.06	7.2
支出合计			160
回收物料	回收数量/(t/t)	单价/(元/t)	费用/(元/t 污泥)
油	10	2000	200
综合效果			40

4.9.4.8 技术特点

(1) 馏分油是传热介质和输送载体，为蒸发脱水传递热量，保证装置内物料的流动性；(2) 馏分油除了起到稀释作用外，还为水的蒸发提供了互不相容的蒸发体系，可有效降低油泥完全脱水时的温度，提高脱水速率；(3) 彻底实现了油水固三相分离；(4) 最大限度回收了油泥中的油，做到综合利用，符合国家的产业政策；(5) 馏分油不用外购，取自炼厂，且不需要再生，可在装置中循环使用，节省投资和运行成本；(6) 油水固三个产物均有合理去向，不排向外环境，减少了油泥外运带来的环境风险，也填补了该领域国内的技术空白。

第 5 章　噪声控制

5.1　声概念与计量

5.1.1　声概念

（1）声源、声波、声场

声音来源于振动，广义地讲，发出声音的震动体即为声源，从形态上看，声源可以固态物，也可以是液态物或气态物，如我们所熟悉的钟声、海浪声、风声是分别由钟、水、空气发出的。

声音是否属于噪声取决于主观判断，使人感到不愉悦的声音就是噪声。

声波是指声音的传播形式，声音的传播必须通过一定的媒介，同样，这些媒介可以是固态的、液态的或是气态的，生活当中最通常的媒介是空气。声源发出的震动作用在媒介上，以波的形式由近及远的传播，这种传播形式称为声波。

声波是在媒介中是向四面八方传播的，凡是有声波存在的区域称为声场，根据是否存在声音的反射，声场可以分为自由声场、混响声场等。

综合看，声源震动发出声音，声音通过声波传播，有声波的区域形成声场。

（2）频率、声速

声波是一种物理波，可以用描述波的特征物理量——频率来表征其本质特征。频率是单位时间内媒介质点振动的次数，用 f 表示，单位是赫兹(Hz)。波长是表征声波的另一个特征物理量，是指相邻波峰(或波谷)之间的距离，单位是米。

根据声波频率的高低，可以将声波划分为几个频段，频率低于 20Hz 的是次声，频率高于 20000Hz 的是超声，次声频段和超声频段都是人耳不能听到的，人耳可听到的声波频率是 20~20000Hz，这个频段称为可听声。

（3）声压、声功率

对于空气媒介，没有声波作用时的压力是恒定的，等于大气压强 p_0，当有声波作用时，空气中压强会在 p_0 附近起伏变化，这个压强变化量成为声压。一般情况下，这种压强的起伏变化是非常迅速的，声音传入人耳时，并不能感受这种迅速的声压变化，而只能感受到一定时间内声压变化的平均值，为此引入有效声压的概念，即一定时间内声压对时间的均方根值称为有效声压，数学表达式为：

$$p_e = \sqrt{\frac{1}{T}\int_0^T p^2 \mathrm{d}t} \tag{5-1}$$

式中 p_e——有效声压，Pa；

p——瞬时声压，Pa；

T——平均时间间隔。

声音是一种能量，因此可以用功率来表征，单位时间内声源辐射出来的总声能量称为声功率。应注意的是，声功率与声源做功发出的总功率是两个截然不同的概念，声功率只是声源总功率中以声波形式辐射出去的一小部分功率。根据资料，一架喷气客机的声功率大约与一辆汽车的总功率相当，而一个人演讲的声功率约为0.0001W。

5.1.2 声计量

(1) 级和分贝

自然界中声音强度变化的范围非常大，树叶飘动的声功率约为10~9W，而大型火箭发动机启动的声功率可达109W，相差1018倍。如此宽泛的范围用线性标度来描述非常不方便，另一方面，人的听觉灵敏度与声波刺激量之间的关系不是线性的，而接近对数关系。综合两种因素，提出了“级”的概念，即声学量与同类基准量的比值再取对数。

声学中将正比于声功率的两个同类声学量(如两个声压平方)之比，取以10为底的对数，再乘以10，单位是分贝(dB)。实际上分贝也是“级”的单位。

(2) 声压级、声功率级

噪声控制中，常用声压级衡量声音的强弱。声压级等于声源的声压的平方与基准声压平方的比值，取以10为底的对数，再乘以10，数学表达式为：

$$L_P = 10\lg\frac{p^2}{p_0^2} \tag{5-2}$$

式中 p_0——基准声压，$p_0 = 2\times10^{-5}$Pa；

p——声压有效值，Pa。

声压级的单位也是分贝。人耳的听阈和痛阈对应的声压级分别是0dB和120dB。声压级变化20dB，相当于声压值变化40dB，声压级变化40dB，则相当于声压值变化100dB。

与声压级的概念相似，声功率级等于声源的声功率与基准声功率的比值，取以10为底的对数，再乘以10。数学表达式为：

$$L_W = 10\lg\frac{W}{W_0} \tag{5-3}$$

式中 W_0——基准声功率，$W_0 = 2\times10^{-12}$W。

(3) A声级、等效声级

人耳对不同频率声音的响应是不同的，声学仪器测得各个频率的声压级分贝值后，为了与人耳的感受程度接近，对不同频率的声压级按不同的权重进行修正，这种修正方法称为频率计权，按权重分配的不同划分为A、B、C、D四种计权网络，按A网络得出的分贝数称为A计权声级，简称A声级。A声级的测量结果与人耳对声音的响度感受是相似的，因此应用最为广泛。

A声级可以很好地反映噪声影响与频率的关系，对于随时间变化不大的稳态噪声，通常可以用A声级来评价。但在实际中，很多噪声是起伏的、断续的，例如交通噪声，为了评价这种变动的噪声，引入等效声级的概念，它是以A声级的稳态噪声代替变动噪声，在相同的时间内施加等量的声能，这个声级就是该变动噪声的等效声级，又称为等效连续A声级，简称等效声级。

等效声级与变动噪声A声级的关系如下：

$$L_{eq} = 10\lg\left(\frac{1}{T}\int_0^T 10^{0.1L_A}\mathrm{d}t\right) \tag{5-4}$$

式中 L_{eq}——等效连续A声级；

L_A——T时段内变动噪声的A声级；

T——噪声暴露时间。

（4）声压级叠加

现实中人感受到测噪声通常是多个噪声源作用的结果，多个噪声源对同一作用点施加的声能是算术相加的关系，但由于声压级与声能不是线性关系，因此声压级不能算术相加，多个声压级叠加后总的声压级按下式计算：

$$L_p = 10\lg\left(\sum_{i=1}^{N} 10^{0.1L_{pi}}\right) \tag{5-5}$$

式中 L_p——总声压级，dB；

L_{pi}——单个噪声源的声压级，dB；

N——噪声源个数。

5.2 噪声源及其特性

在石油化工领域，常见的噪声类型包括机械噪声、空气动力噪声。实际噪声源产生的噪声是各类噪声的综合。

5.2.1 机械噪声源

机械运转产生的噪声称为机械噪声，其原因是运转不平衡或部件缺陷导致相互撞击、摩擦，进而产生作用力使部件振动发出噪声。按噪声产生机理可以划分为撞击噪声、激发噪声、摩擦噪声等。

（1）撞击噪声

因冲击力的作用使机械产生的噪声，如锻锤噪声。撞击噪声的特征是：撞击发生在较高硬度的光滑物体之间时，产生宽频带噪声，撞击发生在较低硬度的非光滑物体之间时，产生窄频带噪声。

（2）激发噪声

激发噪声一般由旋转机械的周期性作用力产生，如转动设备由于静、动不平衡产生的偏心力。机械部件配合精度、转速等是影响激发噪声的主要因素。

（3）摩擦噪声

物体之间相互接触并产生相对运动时会产生摩擦噪声，如汽车的刹车声。摩擦噪声主要由于摩擦导致物体的张弛振动所激发，振动频率与物体固有频率相同时，摩擦噪声达到最大。

5.2.2 空气动力噪声

机械构造与气体的相互作用产生的噪声称为空气动力噪声。按发声机理又可分为喷射噪声、涡流噪声、旋转气流噪声、燃烧噪声等。

（1）喷射噪声

气流从管口高速流出所产生的噪声为喷射噪声，如放空排气噪声。喷射流速是影响喷射噪声的主要因素，从位置看，距离喷口4~5倍直径的地方噪声最大。喷射噪声具有明显的指向性，最大噪声分布在喷口轴向30°~40°的范围内。

（2）涡流噪声

涡流噪声也成为湍流噪声，气流流经障碍物时会在障碍物背后产生旋涡，这些旋涡脱离时会产生气流的压强脉动，作用在障碍物上就会产生涡流噪声。日常生活中的涡流噪声如大风吹过电线产生的噪声等。人耳听到的涡流噪声多是高速气流流经不规则物体产生，频率往往呈现无规则宽带的特征。

（3）旋转气流噪声

旋转的空气动力机械与空气相互作用而连续产生压力脉动，进而辐射的噪声称为旋转气流噪声，如螺旋桨噪声。旋转气流噪声的强度和频率特性主要受叶片数目和叶片转速的影响，增加叶片数可以减少旋转噪声中的有效谐波数，噪声强度可相应降低。

（4）燃烧噪声

燃料与空气混合燃烧的过程中产生的噪声为燃烧噪声。当燃料为气态时，燃烧噪声有如下特征：可燃混合气体燃烧产生的噪声称为燃烧吼声，声能大部分集中在250～600Hz，燃烧吼声强度与燃烧强度成正比，同样的燃烧放热量，燃烧火焰体积增大1倍，则燃烧吼声可下降3dB。除了燃烧吼声外，可燃气体会由于燃烧气体的强烈振动而产生振荡燃烧噪声，其频带通常很窄，辐射效率远大于燃烧吼声。

5.3 噪声控制原理

5.3.1 吸声降噪

声波入射到材料表面时，一部分能量被反射，另一部分能量则被吸收，吸收部分的比例越大，这种材料的吸声效果越好。材料的吸声效果主要取决于材料的材质和构造，通过采用合适的吸声材料或结构，将噪声封闭在一定空间之内或之外的方法就是吸声降噪。

（1）吸声材料或结构的基本类型

按吸声机理及构造可将吸声材料划分为多孔吸声材料、共振吸声材料、复合吸声材料三类，其典型特征见表5-3-1。

表5-3-1　吸声材料(结构)特性及类型

类型	典型材料	结构特征	吸声特性
多孔吸声材料	岩棉、玻璃棉、矿棉、泡沫塑料、加气混凝土	具有一定的空隙率和可透气性	适合中高频噪声
穿孔板共振吸声结构	金属穿孔板、石膏穿孔板、木质穿孔板	穿孔板和背衬空腔组成吸声结构	较强的频率选择性
薄板共振吸声结构	木质板、石膏板、纤维水泥板	板与背衬空气层组成吸声结构	较强的频率选择性，适用低频噪声
薄膜共振吸声结构	纤维布、有机薄膜	薄膜与背衬空气层组成吸声结构	较强的频率选择性，适用中、高频噪声
复合吸声结构	由多孔吸声材料和共振吸声结构组合	由穿孔板、薄板、薄膜与多孔吸声材料组合	适用频率宽，吸声效果好

（2）吸声系数

吸声系数是最常用的表征吸声性能的参数，物理意义是吸声材料(结构)吸声的声能与入射到材料(结构)的声能之比。

$$\alpha = \frac{E_1 - E_r}{E_i} = \frac{E_a}{E_i} \tag{5-6}$$

式中 E_i——入射声能；

E_r——反射声能；

E_a——吸收声能。

吸声系数与入射的声波频率有关，通常取125Hz、250Hz、500Hz、1000Hz、2000Hz、4000Hz六个频率吸声系数的平均值。一般认为吸声系数大于0.2的材料(结构)才称为吸声材料。

5.3.2 隔声降噪

隔声是指采用屏蔽物改变从声源到接受者之间的传播途径，降低噪声对接受者的影响，例如在高噪声设备外围设置隔声罩。声能由隔声结构传递的途径有三种：

通过结构传播。声能入射到隔声结构上，激发结构本身振动，再向外辐射声音。

通过空气直接辐射。声波通过隔声结构上的孔洞和缝隙直接向外传播。

声源以振动直接激发结构振动，并以弹性波的形式在结构中传播，在传播中再向周围辐射声音。

前两项是在空气中进行传播，称为空气声，第三项是在固体中进行传播，称为固体声，相对应的噪声控制方法分别称为空气声隔离和固体声隔离。

(1) 空气声隔离

空气声隔离的效果通常用隔声量表示，定义为：

$$R = 10\lg \frac{E_i}{E_t} \tag{5-7}$$

式中 E_i——入射声能；

E_t——透过声能；

R——隔声量，dB

由上式可知，如果入射到结构上的声能量有百分之一，则可计算出的隔声量是20dB。

与前述的吸声系数相似，隔声量也是按这六个频率计算平均值。不同的隔声结构的隔声频率特性差异较大，为克服这一缺点，对房屋围护结构的隔声性能，国际标准化组织(ISO)推荐隔声指数方法，具体内容见相关文献。

(2)固体声隔离

最常见的固体声是撞击声，典型的例子是脚步声，对此国际标准化组织提出了专门的参数——撞击隔声指数，具体内容见相关文献。

5.3.3 消声降噪

对于气流噪声，消声降噪是最常采用的有效措施。消声降噪设备通称为消声器，消声器在各类风机及各类高速气流排放的噪声控制中有广泛的应用。安装合适的消声器后，可使气流噪声降低20~40dB，响度相应降低75%~93%，主观感觉明显改善。

(1) 消声器的分类

根据消声器的机理及应用对象，可分为阻性消声器、抗性消声器、微穿孔板消声器、扩散消声器等。

阻性消声器的机理是利用多孔性吸声材料实现消声，中、高频消声性能好，加工制造简单，主要用于风机、空调机组、燃气轮机等进排气噪声的消除。

抗性消声器的机理是利用管道的声阻抗不匹配，反射声波，实现消声。特点是低、中频消声效果好，消声选择性强，适合于消除窄带噪声，也可用于脉动气流噪声的消除，如空压机的进气噪声等。

微穿孔板消声器利用微穿孔板吸声结构消声，适用频带宽，阻力损失小，主要用于清静要求较高的场合。

扩散消声器具有宽频带的消声特性，主要用于高压排放气体的噪声消除。

(2) 消声器性能参数

消声器的声学性能用消声量表示，消声量又可用插入损失和传递损失来表征。

插入损失是指安装消声器前后的排气口声功率级差，效果直观，测量简单，但由于其衡量的是综合消声结果，不仅与消声器本身性能有关，也与声源、负载及系统总体有关，适合于评价现场安装消声器前后的综合效果。

传递损失是是消声器入口声功率级与出口声功率级之差，反应的是消声器自身的特性，与系统无关，需要专门的测量方法检测，适用与消声器性能的评价。

除了声学性能之外，空气动力性能也是一项重要参数，其评价参数是总阻力损失。总阻力损失由摩擦阻力损失和局部阻力损失两部分组成，阻性消声器以摩擦阻力损失为主，抗性消声器以局部阻力损失为主。

5.4 石化生产噪声源

5.4.1 噪声源

表 5-4-1 列出了石化企业常见噪声源及噪声强度。

表 5-4-1 主要噪声源及噪声强度

声源名称	噪声强度/dB	频谱特性	典型使用场所
加热炉	72~108	低、中频	各类石化生产装置、油气开采
电机-泵	85~110	低、中频	各类石化生产装置、油气开采
空气冷却器	90~109	低、中频	各类石化生产装置
通风机、鼓风机	90~120	中、高频	各类石化生产装置
气体压缩机	95~113	中、高频	各类石化生产装置、油气开采
制冷压缩机	97~101	中、高频	气体分馏等生产装置
气(汽)体放空	90~120	中、高频	各类石化生产装置、油气开采
压力调节阀	96~103	中、高频	各类石化生产装置、油气集输
螺杆压缩机	92~95	低、中频	石腊成型装置、油气集输
套管结晶器	93~95	低、中频	石腊成型装置
氨冷却器	93~96	低、中频	石腊成型装置
裂解炉	98	低、中频	乙烯、丙烯装置
制冷机	90		乙烯、丙烯装置
混炼机	93~98	中、高频	聚丙烯等
挤压机	92~96	中、高频	聚丙烯等
切片包装机	85~87	中、高频	聚酯等
铸带切粒机	90~92	中、高频	聚酯等

续表

声源名称	噪声强度/dB	频谱特性	典型使用场所
粉碎机	88~90	中、高频	聚乙烯醇等
造粒机	96~104	中、高频	聚乙烯、聚丙烯等
切粒机	92~97	中、高频	
聚合釜	94		
离心机	95		污水处理厂等
蒸汽喷射泵	91		
冷却器	93~95		
膨胀干燥机	94~100		顺丁橡胶等
热风机	93~98		顺丁橡胶等
挤压脱水机	88~93		
转化炉	90~103	低、中频	
辅助锅炉	85~103	中、高频	
包装运输机械	87~90	低、中、高频	
发电机	92~96	中、高频	热电厂
蒸汽透平	95~102	中、高频	热电厂
振动筛	85~104	中、高频	热电厂
球磨机	95~110	中、高频	热电厂
柴油机	95~124		油田钻井、开采

5.4.2 石化噪声特征

（1）噪声辐射的连续性

石化生产装置为连续生产过程，其噪声呈稳态、连续性，噪声强度昼夜无明显差别。

（2）噪声源种类繁多

石油化工生产主要包括采油、炼油化工、化肥、化纤等生产装置，其噪声源有各类风机、管道阀门及各种气体排放等产生的气体动力性噪声；电器设备的电磁噪声；加热炉、火炬等产生的燃烧噪声；纺织、产品成型、包装、物料输送、机械加工及回转设备等产生的机械噪声。

（3）噪声频率宽

噪声源种类的繁多导致噪声频率范围大，既有调节阀、气体放空产生的高频噪声，又有电机、空冷器风机、加热炉、火炬燃烧产生的低频噪声。

（4）声场开放

产生噪声的设备多数露天布置、低位安装，声波近似在半自由声场传播。对于高空火炬、高点的蒸汽放空噪声，以自由声场或半自由声场传播，辐射距离远，影响范围较大。

（5）噪声强度高

噪声源的声压级一般在80~95dBA，但火炬放空燃烧或未加控制的蒸汽放空噪声亦可达100~115dBA。

5.5 减缓噪声影响的途径

5.5.1 声波衰减

声源发出的噪声在媒介中传播时会发生反射、折射、衍射等现象，声压或声强随传播距离的增加而衰减，这些衰减包括距离衰减、空气吸收衰减、地面效应衰减、障碍衰减、气相衰减等，总衰减量等于各项衰减量之和。

（1）扩散衰减

声能的扩散衰减量量与距离和声波频率有关，频率高，声能衰减快，或者说高频噪声衰减快，低频噪声衰减慢。

点声源在均匀介质中的扩散衰减量为

$$\Delta L_{p} = L_{p1} - L_{p2} = 20\lg \frac{r_2}{r_1} \tag{5-8}$$

线声源在均匀介质中的扩散衰减量为

$$\Delta L_{p} = L_{p1} - L_{p2} = 10\lg \frac{r_2}{r_1} \tag{5-9}$$

式中 L_{p1}——点 1 处的声压级，dB；

L_{p2}——点 2 处的声压级，dB；

r_1——点 1 距离声源的距离；

R_2——点 2 距离声源的距离。

可以看出，对于点声源，距离增加一倍时声压级衰减 6dB，而对于线声源，距离增加 1 倍时声压级衰减 3dB。

（2）空气吸收衰减

声波传播过程中引发空气介质膨胀和压缩，进而将部分声能转化为热能，产生声能衰减。衰减量与空气湿度、声波频率有关。频率越高，衰减量越大，湿度增大，衰减量降低，表 5-5-1 所列为不同频率和空气湿度时 100m 距离上的声波衰减量。

表 5-5-1 标准大气压下空气中声波衰减（20℃） dB/100m

频率/Hz	相对湿度				
	20%	40%	60%	80%	100%
125	0. 047	0. 036	0. 031	0. 028	0. 025
250	0. 102	0. 079	0. 068	0. 061	0. 056
500	0. 246	0. 190	0. 164	0. 148	0. 136
1000	0. 606	0. 462	0. 397	0. 358	0. 331
2000	1. 859	1. 126	0. 979	0. 876	0. 814
4000	6. 302	3. 116	2. 435	2. 217	2. 062
8000	20. 445	10. 310	7. 019	5. 779	5. 297
10000	36. 249	22. 051	15. 006	11. 722	10. 152

（3）地面效应衰减

声波沿地面远距离传播时，地表植被、复杂地形会使声波强度衰减，在 30~70m 范围内，地面效应衰减可忽略，在 70~700m 范围内，厚草地、灌木林的声衰减量约为：

$$\Delta L = [0.18\lg(f) - 0.31]r \tag{5-10}$$

式中 ΔL——声波衰减量，dB；

f——声波频率，Hz；

r——声波在厚草地、灌木林中传播的距离，m。

(4) 其他衰减

除了前述的因素外，自然气相如雨、雪、雾会引起声衰减，但衰减量一般小于 0.5dB/100m；大气中的垂直温度梯度则会改变声传播线的形状，进而会影响接收点的声强；在风场中，由于地面风速存在垂直梯度，声传播线的形状也会改变，顺风时声传播线向地面弯曲，地面接收点的声强大，逆风时声传播线向空中弯曲，地面接收点的声强小。

5.5.2 合理布局

为了减缓石化企业噪声对周边敏感点的影响，首先应在厂址选择、平面布置上着手，根据噪声传播规律，可采取以下措施：

(1) 将石油化工装置布置在居民区的当地常年夏季最小风频的上风侧，并充分利用各种自然因素，如地形、建筑物、绿化带等使厂区与噪声敏感区隔开。

(2) 在工艺流程允许的情况下，生产装置可按其噪声强度分区布置，噪声较高的装置应尽量置于远离厂外噪声敏感区的一侧，或用不含声源的建筑物如辅助厂房、仓库以及不产生噪声的塔、罐和容器等大型设备作为屏障与噪声敏感区隔开；

(3) 噪声强度较大机械设备，例如大型机泵、空气动力机械、回转机械、成型包装机械等，尽量安装于厂房内，以减少噪声对厂内、外环境的影响。

5.5.3 噪声源控制

(1) 优化工艺流程，减少噪声源，选用低噪声设备，减少气体放空等；

(2) 噪声辐射指向性较强的声源，例如气体放空等，要背向噪声敏感区，如集中控制室、分析化验室、会议室、办公室等；

(3) 对含有噪声源的车间、厂房，进行声学处理，如室内吸声处理、门窗隔声、设置隔声屏障等措施，降低其室内混响噪声和对周围环境的影响；

(4) 需要安静的工作场所，如集中控制室、分析化验室、会议室、办公室等，为防止室外噪声的干扰，要设置隔声门窗，室内并进行声学处理；

(5) 对大型回转动力机械采取噪声控制措施，如设置消声器、隔声罩、隔声屏障、阻尼减振等。

5.6 主要噪声源控制措施

5.6.1 机泵

电机—泵简称“机泵”，是石油化工生产过程中使用量最多的设备。大多机泵噪声在 95dB(A)左右，个别可达 105dB(A)以上。根据大量的测试数据表明，其噪声主要在电机侧，电机噪声一般比泵噪声大 5dB(A)左右，如表 5-6-1 所示。所以机泵噪声的治理主要是对电机噪声的控制。

表 5-6-1 电机和泵噪声现场实测值比较

泵型号	功率/kW	电机侧噪声/dB(A)	泵侧噪声/dB(A)	差值/dB(A)
150YⅡ-75A	55	92	87.3	4.7
150YⅡ-150B	100	94.8	92	2.3

续表

泵型号	功率/kW	电机侧噪声/dB(A)	泵侧噪声/dB(A)	差值/dB(A)
250YⅡ-150C	132	98	90.7	7.3
75Y-50×6	55	89	83	6
250Y5Ⅱ-150B	132	95.5	90	5.5

大多数电机均为空气冷却，其噪声主要来源于冷却风扇产生的空气动力噪声，其次为电磁噪声、旋转机械噪声等。

电机噪声控制措施如下：

(1) 电机隔声罩。电机隔声罩对电机空气动力噪声和电磁噪声均可进行有效控制，一般降噪效果可达 8~10dB。

隔声罩的设计或选用除了考虑降噪效果外，还要利于电机散热，安装方便，容易检修。还要注意罩与基础间的隔振或减振处理。目前微穿孔板结构代替多孔吸声材料的电机隔声罩已研制成功，并广泛应用于生产现场。

(2) 机泵房的声学处理。当多台机泵安装于泵房内时，除对单台电机采取治理措施外，还可对泵房进行声学处理，主要是门窗的隔声及墙壁和顶棚的吸声处理。

5.6.2 风机及压缩机

一般认为，输出压力≤0.015MPa 为通风机；0.015~0.2MPa 为鼓风机；>0.2MPa 为压缩机。通风机和鼓风机均简称为风机。部分国产风机实测噪声值见表 5-6-2。

风机及压缩机噪声主要由空气动力噪声和机械振动噪声构成。这些噪声主要由风机进出口、管道、风机壳体，以及基础的振动等形式向外辐射。

表 5-6-2 部分国产风机实测噪声值

风机型号	距气排放管 1m 处噪声级/dB(A)
D36 容积式鼓风机	120
LGA28/42 罗茨鼓风机	110~120
B-5000 透平鼓风机	108
D-700 鼓风机	112
D60×78~200/3500 鼓风机	123

风机噪声控制方法如下：

(1) 进、排气管道安装消声器。

可安装在在进风管道或排风管道，或进、排风管道同时安装。由于风机噪声频带较宽，多采用阻性消声结构。消声器通流面积可根据风机风量大小确定，一般控制介质在消声器内的流速不大于 20m/s 为宜。

(2) 隔声罩

隔声罩是控制由风机噪声、电机噪声的一种综合措施。可结合风机进、排口管道消声器，可使风机噪声得到有效的控制。

由于风机运行过程中需要散热，加装隔声罩后必须考虑相应的散热措施，一般可采用：

① 自扇通风冷却。罩外的冷却空气通过电机风扇经罩的进风口吸入，升温后的空气由罩的排气口排出。设计要点一是罩的进、排气口处要加消声器，二是进风口要正对风扇，三是排气口位置要考虑使气体流经机体发热部位后排出。

② 负压吸风冷却。适用于鼓风机，将进气口置于罩内，使罩内形成负压，冷却空气由

隔声罩进风口进入罩内，并在罩的进风口安装消声器。

③ 外加机械通风冷却。散热量很大时可采用外加机械通风的冷却方法。在隔声罩上设置专用通风机，将罩外热量排出。

(3) 风机房综合治理

安装于室内内的风机，可对风机房采取综合治理措施。包括：在进、排气管道安装消声器；设备与底座之间设置减振措施；采用隔声的维护结构；合理设计提高墙壁、顶棚的吸声系数等。

压缩机噪声控制方法与风机类似，只是压缩机的空气动力噪声更强，主要呈低频特性，采用消声器类型以抗性结构为主。

5.6.3 柴油机

柴油机主要用于油气田开采，是最主要的噪声源。柴油机噪声是机械噪声、燃烧噪声和空气动力噪声的混合，其降噪措施根据不同的噪声来源制定。

噪声控制方法如下：

(1) 设置隔声罩。可采用整体式隔声罩，隔声壁板选用推拉百叶窗式，百叶结构为穿孔板式，内包有机吸声棉，两侧百叶窗局部可装设双层有机玻璃观察窗，隔声罩的输出轴部分为开关式百叶窗。这种隔声罩形式既可保证柴油机散热需要，又不影响对柴油机的随时维护。

(2) 柴油机排气管设置阻性消声器，阻性消声器的穿孔率和吸声材料填充密度对吸声效果、柴油机输出功率有影响，应予以重点考虑。

(3) 改进柴油机结构，如进气采用迷宫通道式，以多级吸声片组件和多级扩张腔为结构主体，形成阻性和抗性复合消声；排气采用穿孔隔板、扩张腔和插入管相结合的消声结构；选用低转速柴油机等。

5.6.4 气体放空

在生产装置开、停气时，或生产过程非正常状态，常常出现气(汽)体排放过程。当气体从排放口排出时具有较高速度，排入大气时与周围空气发生强烈混合而产生高频噪声，随其逐渐扩散、混合形成紊流，产生低频噪声。所以气体放空噪声多为宽频带噪声，其强度在100dB(A)以上，有的高达120dB(A)左右。

噪声控制方法如下：

放空噪声的主要控制方法是在气体排放口安装消声器。对于介质排放压力≥0.4MPa时，可采用小孔喷注结构消声器。这种消声器结构简单，质量轻，消声效果好，一般消声效果可达35dB(A)以上。对于排放量大，介质压力较低的情况，可采用阻抗复合型消声器，消声效果一般可达25~30dB(A)。

消声器的材质要根据所排放介质性质、温度、压力及环境条件而定，除降噪要求外，还要防腐、防潮、结构坚固耐用。

5.6.5 火炬燃烧

火炬是保障石油化工安全生产的重用设施，噪声主要来源于介质的燃烧噪声、蒸汽喷射噪声等。呈低频特性，影响范围较大。正常生产情况下的火炬噪声大约为35dB(A)，开停工及事故排放时的火炬噪声大约为120~130dB(A)。

噪声控制方法如下：

(1) 蒸汽喷射器由单喷口喷嘴改为多开孔喷嘴，可降低喷觜噪声10dB(A)以上，同时增加蒸汽与空气的混合量。

(2) 在火焰罩底部采用附壁效应喷嘴喷射空气和蒸汽，附壁效应喷嘴具有一条狭小气体通道，可降低低频噪声。

(3) 设置消声罩降低混合燃烧器产生的喷射噪声，可降低火炬噪声5~6dB(A)。

5.6.6 冷却塔

冷却塔噪声主要来源于落水噪声、风机空气动力噪声、电机噪声。冷却塔通常以落水噪声为主，噪声特性为低、中频。由于声源位置较高，多置厂区的边缘，其传播较远，是企业厂界噪声超标的主要声源之一。

冷却塔落水噪声与淋水密度和落水高度有关，试验噪声值值见表5-6-3。

表5-6-3 冷却塔落水噪声 dB(A)

落水高度/m	淋水密度/($m^3/m^2 \cdot h$)			
	2	4	6	8
2	69.9	73.0	74.3	76.6
3	71.9	74.9	76.3	77.8
4	73.3	75.9	77.6	78.7
5	73.7	76.2	77.9	78.7

噪声控制措施如下：

(1) 选用低噪声风机。选用宽叶片、低转速的低噪声风机。

(2) 隔声屏障。在冷却塔周围或对噪声敏感侧设置隔声屏障，降低落水噪声对环境的影响。

(3) 水面设置缓冲填料，如浮动格栅、氨基甲酸乙脂泡沫塑料，或其他透水性好的天然纤维、化学纤维消声垫等，可使落水噪声的声功率降低10dB(A)左右。

5.7 工程实例

某化工企业厂界夜间噪声超标，经调研分析，该企业丙酮回收区域是主要噪声源，拟进行综合噪声治理。

(1) 噪声源分析

丙酮回收区域噪声源设备为加压离心风机、气体冷凝器、气体冷凝器前后调节阀和输气主管，产生的噪声均呈宽频特性，噪声值很大并以中低频为主的空气动力噪声，此类噪声声能高、穿透能力强、在空气中衰减慢、传播远、声音沉闷，对厂界及厂外环境影响大。现场监测噪声数据见表5-7-1。

表5-7-1 现场监测噪声数据

监测点位置	昼间/dB(A)	夜间/dB(A)
二期一级冷凝器出口处	93.7~94.4	87.8~91.6
二期二级冷凝器出口处	94.0~96.3	96.0~106.3

续表

监测点位置	昼间/dB(A)	夜间/dB(A)
一期风机房两台二级冷凝器中间	94.4~95.5	93.3~99.8
一期风机房一级冷凝器出口处	90.5~91.2	87.5~89.2

(2) 噪声治理措施

现有加压离心风机及冷凝器露天设置，噪声治理措施如下：

在加压离心风机及冷凝器周边砌筑240砖墙，屋顶设置宽频隔声罩，构成全封闭隔声室；

隔声室安装隔声门和双层玻璃密闭采光隔声窗；

风机进出风设置消声器；

一期和二期的共6台冷凝器采用组合式空腔隔声包扎；

对一级冷凝器及二级冷凝器前后段管道作普通隔声包扎。

(3) 噪声治理效果

设置全封闭隔声室后，距离1m处岗位噪声由100.8dB下降到68dB，冷凝器及管道气流噪声可下降到72dB，总降噪效果为32.5dB。

第 6 章　环境风险与应急

6.1　概述

随着我国工业化进程的不断深化，企业面临的环境风险越来越大。环境风险管理是近年来发展起来的新理念，是环境事件管理由事后应急救援向事前预防的管理行为。国家在《国家环境保护“十二五”规划》中明确提出“完善以预防为主的环境风险管理制度”；要求企业必须落实化学品环境风险防控主体责任，组织开展环境风险评估和后评估，充分体现了国家“以环境风险防控为核心，以全过程环境应急管理为主线，加快实现环境管理战略转型”的战略要求。企业的环境风险分为环境法律责任风险和突发环境事件风险两大类。

6.1.1　环境法律责任风险

6.1.1.1　基本概念

企业环境法律责任风险是指企业从投资建设到正常生产经营活动中，由于企业环境法律知识缺乏或法律意识淡薄的过失行为，或心存侥幸心理的故意行为违反了环境保护法律、法规、规章和标准规定的法律义务与责任，而导致企业的预期目标与实际发生结果出现负面差异的不利法律后果(负面法律后果)的可能性。

6.1.1.2　环境责任风险行为

(1) 项目投资环境责任风险

指建设项目立项与审批的合法性。包括建设项目立项审批过程中是否依法编制了环境影响评价文件，并经具有审批权限的环保部门依法审批等。

(2) 项目建设环境责任风险

建设项目未依法编制环境影响评价文件，并未经具有审批权限的环保部门审批，项目将被责令不准建设施工；未按依法批准的环评文件进行建设，将被责令停止建设施工等。

(3) 项目试生产阶段的环境责任风险

建设项目试生产阶段没有依法审批的环评文件，通常将被责令停止试生产；未按依法批准的环评文件进行试生产，也将面临被责令停止试生产，并不准正式投入生产经营等。

(4) 正常生产经营的环境责任风险

经具有审批权限的环保部门验收合格项目投入正常生产经营后，企业必须做到按规定向环保部门申报登记事项，向社会公开排污事项，接受环保部门督查检查，按规定使用污染治理设施，达标与达总量要求排放，不违法排污、不超标排污，并不能产生因排污造成的环境污染事故和安全事故引发的环境污染事件的发生，否则将面临被处罚、停业整顿、关闭、赔偿损失的行政与民事责任风险，甚至还将面临严重刑事责任风险。

6.1.1.3　环境法律风险责任

企业环境法律风险责任有三种类型，分别是行政责任风险、民事责任风险和刑事责任风险。

行政责任风险：企业过失或故意行为违反环境保护法律法规行为，将会被追究警告、罚款、责令停止违法行为、责令限期采取治理措施、责令清除污染、责令限期整改、责令整改、责令重新安装使用、责令限期治理、责令船舶临时停航、责令指定代为治理为用由违法者承担、责令停止生产或使用、吊销经营许可、责令退还固废或危废、责令停业整顿、责令停业、责令限期拆除、责令搬迁、责令关闭、没收违法所得、没收高污染燃料设施、取消生产进口配额、没收销毁无法达标的机动车辆、没收生产进口销售的含铅汽油、取消承担机动车船的年检资格、强制拆除、行政处分、纪律处分等行政风险处罚责任。

民事责任风险：企业过失或故意违反环境保护法律法规的行为，将会被追究停止侵害、消除危险、恢复原状、赔偿损失、赔礼道歉等民事责任风险。

刑事责任风险：企业过失或故意违反环境保护法律法规的规定，将会被追究严重污染环境罪、非法处置进口固体废物罪、擅自进口固体废物罪等环境刑事风险责任。如果企业触犯了环境保护刑事责任的罪名，企业法人及主管领导、直接责任人都将会被追究刑事责任。2013 年 6 月最高人民法院审判委员会通过并颁布了《最高人民法院、最高人民检察院关于办理环境污染刑事案件适用法律若干问题的解释》，明确指出，具有下列情形之一的，认定为“严重污染环境”：(1)在饮用水水源一级保护区、自然保护区核心区排放、倾倒、处置有放射性的废物、含传染病病原体的废物、有毒物质的；(2)非法排放、倾倒、处置危险废物三吨以上的；(3)非法排放含重金属、持久性有机污染物等严重危害环境、损害人体健康的污染物超过国家污染物排放标准或者省、自治区、直辖市人民政府根据法律授权制定的污染物排放标准三倍以上的；(4)私设暗管或者利用渗井、渗坑、裂隙、溶洞等排放、倾倒、处置有放射性的废物、含传染病病原体的废物、有毒物质的；(5)两年内曾因违反国家规定，排放、倾倒、处置有放射性的废物、含传染病病原体的废物、有毒物质受过两次以上行政处罚，又实施前列行为的；(6)致使乡镇以上集中式饮用水水源取水中断十二小时以上的；(7)致使基本农田、防护林地、特种用途林地五亩以上，其他农用地十亩以上，其他土地二十亩以上基本功能丧失或者遭受永久性破坏的；(8)致使森林或者其他林木死亡五十立方米以上，或者幼树死亡二千五百株以上的；(9)致使公私财产损失三十万元以上的；(10)致使疏散、转移群众五千人以上的；(11)致使三十人以上中毒的；(12)致使三人以上轻伤、轻度残疾或者器官组织损伤导致一般功能障碍的；(13)致使一人以上重伤、中度残疾或者器官组织损伤导致严重功能障碍的；(14)其他严重污染环境的情形。

6.1.1.4 环境法律风险防范

(1) 事先防范是基础

事先防范与事中控制、事后救济相比，事先防范成本低，可保障企业可持续发展；事中控制与事后救济成本高、效果差，对企业可持续健康发展影响较大。因此对企业来说，严格按环境保护法律、法规、规范性文件、标准、法律解释依法履行环境保护法律责任，合法投资、建设、生产与经营。把环境责任风险防控在最小程度，或不让环境责任风险潜在与发生。

(2) 事中排查识别与防控是关键

企业虽然经过了环评审批与验收，但并不等于进了规避环保责任风险的保险箱，环境责任风险在投资立项、建设、试生产和正常的生产经营过程中是动态的，并无时不在，企业应当依据现行的环境保护法律、法规、规章、规范性文件、标准、法律解释等对每个环节进行环境责任风险的全面排查，并进行识别与评估，在评估识别的基础上按轻重缓急，分别对环境责任风险进行有效控制与安全处置。

排查识别的方式可以是企业内部环保机构的全面排查，也可采用引进专业的中介环境风险咨询机构帮助排查。在排查的基础上再进行风险等级识别与评估，然后提出轻重缓急的处置方案，根据处置方案编制出事前预防、事发应对、事后评估的《企业环境应急预案》，按《应急预案》和处置方案要求将环境责任风险控制在最小范围内，最大限度防控环境责任风险少发生和不发生。

6.1.2 突发环境事件风险

6.1.2.1 基本概念

突发环境事件风险指发生突发环境事件的可能性及造成危害程度。即，概率(P)及后果(C)的综合。

环境风险单元：指长期地或临时地生产、加工、使用或储存环境风险物质的一个(套)生产装置、设施或场所或同属一个企业的且边缘距离小于500m的几个(套)生产装置、设施或场所。

环境风险受体：指在突发环境事件中可能受到危害的企业外部人群、具有一定社会价值或生态环境功能的单位或区域等。

环境安全隐患：是指生产、经营、建设活动中可能导致突发环境污染事件或事故发生的突发环境事件风险防控设施的不安全状态、人的不安全行为、生产环境的不良和生产工艺、管理上的缺陷。

环境事件：是指由于违反环境保护法律法规的建设、生产、经营活动，以及由于意外因素的影响或不可抗拒的自然灾害等原因致使环境受到污染，生态系统受到干扰，人体健康受到危害，社会财产受到损失，造成不良舆情影响的事件。

突发环境事件：指由于污染物排放或自然灾害、生产安全事故等因素，导致污染物或放射性物质等有毒有害物质进入大气、水体、土壤等环境介质，突然造成或可能造成环境质量下降，危及公众身体健康和财产安全，或造成生态环境破坏，或造成重大社会影响，需要采取紧急措施予以应对的事件，主要包括大气污染、水体污染、土壤污染等突发性环境污染事件和辐射污染事件。

突发环境事件应急预案：是指针对可能发生的突发环境事件，为确保迅速、有序、高效地开展应急处置，减少人员伤亡和经济损失而预先制定的计划或方案。

6.1.2.2 突发环境事件风险识别与评估

企业突发环境事件风险防范主要是通过突发环境事件风险识别、风险评估等过程，明确风险源、风险受体和种类、等级，为进一步制定突发环境事件风险预案、提高企业突发环境事件风险管理水平奠定基础。

突发环境事件风险评估是企业突发环境事件风险防范的重要内容，主要由生产工艺过程与风险控制水平评估、风险物质数量与临界量比值评估和突发环境事件风险受体敏感性评价三部分组成。

首先定量分析企业生产、使用、存储的突发环境事件风险物质数量与其临界量的比值(Q)，评估工艺过程与突发环境事件风险控制水平(M)以及突发环境事件风险受体敏感性(E)；然后利用矩阵法定性评估企业的突发环境事件风险度；最终根据风险的可接受程度，将企业突发环境事件风险划分为三个等级，即一般突发环境事件风险、较大突发环境事件风险和重大突发环境事件风险，分别用蓝色、黄色和红色标识。工作程序如图6-1-1所示。

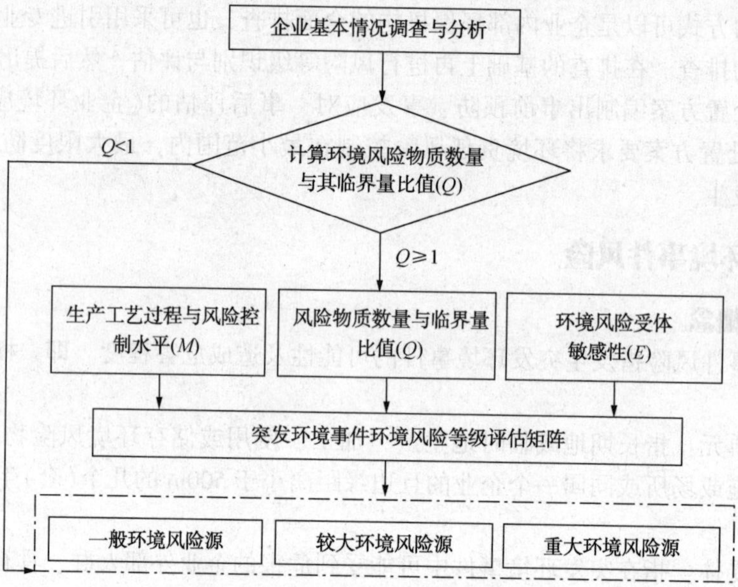

图 6-1-1　突发环境事件风险评估流程图

1）基本情况调查与分析

（1）企业基本信息

① 单位名称、组织机构代码、法定代表人、单位所在地、中心经度、中心纬度、所属行业类别、建厂年月、最新改扩建年月、主要联系方式、企业规模、厂区面积、从业人数等；如为子公司，还需列明上级公司名称和所属集团公司名称；

② 地形、地貌（在泄洪区、河边、坡地）、气候类型、年风向玫瑰图、历史上曾经发生过的极端天气情况和自然灾害情况（如地震、台风、泥石流、洪水等）；

③ 环境功能区划情况以及最近一年的地表水、地下水、大气、土壤环境质量现状等。

（2）周边突发环境事件风险受体

① 以企业厂区边界计，周边 5km 范围内大气突发环境事件风险受体（包括居住、医疗卫生、文化教育、科研、行政办公、重要基础设施、企业等主要功能区域内的人群、保护单位、植被等）和土壤突发环境事件风险受体（包括基本农田保护区、居住商用地）情况，并列表说明下列内容：名称、规模（人口数、级别或面积）、中心经度、中心纬度、据企业距离（米）、相对企业方位、服务范围（取水口填写）、联系人和联系电话。

② 企业雨水排口（含泄洪渠）、清净下水排口、废水总排口下游 10km 范围内水突发环境事件风险受体（包括饮用水水源保护区、自来水厂取水口、自然保护区、重要湿地、特殊生态系统、水产养殖区、鱼虾产卵场、天然渔场等）情况，以及按最大流速计，水体 24h 流经范围内涉及国界、省界、市界等情况，并列表说明下列内容：名称、规模（级别或面积）、中心经度、中心纬度、据企业距离（米）、相对企业方位、服务范围（取水口填写）、联系人和联系电话。

③ 管道两侧 200m 范围内的居住、医疗卫生、文化教育、科研、行政办公等为主要功能的区域。

（3）涉及突发环境事件风险物质和数量

对照《企业突发环境事件风险评估指南（试行）》附录 B 中的突发环境事件风险物质及临

界量清单，列表说明企业生产、储存、运输、使用等环节涉及的突发环境事件风险物质及其数量。

（4）生产工艺

说明企业生产工艺及其特征：生产工艺名称，反应条件（包括高温、高压、易燃、易爆），是否属于《重点监管危险化工工艺目录》或国家规定有淘汰期限的淘汰落后类生产工艺装备等。

（5）安全生产管理

① 消防验收：说明消防验收意见及最近一次消防检查是否合格。

② 安全生产许可：说明是否为危险化学品生产企业，以及是否取得安全生产许可。

③ 危险化学品安全评价：说明是否开展危险化学品安全评价，以及是否通过安全设施竣工验收。

④ 危险化学品重大危险源备案：说明企业是否有危险化学品重大危险源，以及所有危险化学品重大危险源是否均已备案。

（6）环境事件风险防控与应急措施

从生产装置、储运系统、公用工程系统、辅助生产设施及环境保护设施等方面，说明每个涉及突发环境事件风险物质突发环境事件风险单元及其突发环境事件风险防控措施的实施和日常管理情况。

列出每个风险单元所采取的水、大气、固体废物等突发环境事件风险防控措施，包括：截流措施、事故排水收集措施、清净下水系统防控措施、雨排水系统防控措施、生产废水系统防控措施；毒性气体泄漏紧急处置装置和生产区域或厂界毒性气体泄漏监控预警系统；固体废物的处理处置情况等。

（7）现有应急资源

现有应急资源：是指第一时间可以调用的企业内部应急物资、应急装备和应急救援队伍情况，以及企业外部可以请求援助的应急资源，包括与其他组织或单位签订应急救援协议或互救协议情况。

应急物资主要包括：处理、消解和吸收污染物（泄漏物）的各种絮凝剂、吸附剂、中和剂、解毒剂、氧化还原剂等；应急装备主要包括个人防护装备、应急监测能力、应急通信系统、电源（包括应急电源）、照明等。

按应急物资、装备和救援队伍，分别列表说明：名称、类型（指物资、装备或队伍）、数量（或人数）、有效期（指物资）、外部供应单位名称、外部供应单位联系人、外部供应单位联系电话等。

2）突发环境事件风险物质数量与临界量比值 Q

在突发环境事件风险物质和数量识别的基础上，进行突发环境事件风险物质数量与临界量比值 Q 值计算：

（1）当企业只涉及一种突发环境事件风险物质时，该物质的总数量与其临界量比值，即为 Q。

（2）当企业存在多种突发环境事件风险物质时，则按下式计算物质数量与其临界量比值（Q）：

$$Q = \frac{q_1}{Q_1} + \frac{q_2}{Q_2} + \cdots + \frac{q_n}{Q_n}$$

式中 q_1，q_2，…，q_n——每种突发环境事件风险物质的最大存在总量，t；

Q_1，Q_2，…，Q_n——每种突发环境事件风险物质的临界量，t。

当 $Q<1$ 时，企业直接评为一般突发环境事件风险等级，以 Q 表示

当 $1\leqslant Q$ 时，将 Q 值划分为：(1) $1\leqslant Q<10$；(2) $10\leqslant Q<100$；(3) $Q\geqslant 100$；分别以 Q_1、Q 和 Q_3 表示。

3）生产工艺过程与突发环境事件风险控制水平 M

生产工艺过程与突发环境事件风险控制水平评价，采用评分法对企业生产工艺、安全生产控制、突发环境事件风险防控措施、环评及批复落实情况、废水排放去向等指标进行评估汇总，确定企业生产工艺与突发环境事件风险控制水平。企业生产工艺过程与突发环境事件风险控制水平评估指标及分值分别见表 6-1-1 与表 6-1-2。

表 6-1-1　企业生产工艺过程与突发环境事件风险控制水平评估指标

评估指标		分值
生产工艺过程		20 分
安全生产控制(8 分)	消防验收	2 分
	危险化学品安全评价	2 分
	安全生产许可	2 分
	危险化学品重大危险源备案	2 分
水突发环境事件风险防控措施(40 分)	截流措施	8 分
	事故排水收集措施	8 分
	清净下水系统防控措施	8 分
	雨水系统防控措施	8 分
	生产废水系统防控措施	8 分
大气突发环境事件风险防控措施(12 分)	毒性气体泄漏紧急处置装置	8 分
	生产区域或厂界毒性气体泄漏监控预警系统	4 分
环评及批复的其他突发环境事件风险防控措施落实情况		10 分
废水排放去向		10 分

各指标具体评估过程见《企业突发环境事件风险评估指南(试行)》附录表 A. 2. 1、表 A. 2. 2、表 A. 2. 3 和表 A. 2. 4。

表 6-1-2　企业生产工艺过程与突发环境事件风险控制水平

工艺过程与突发环境事件风险控制水平值(M)	工艺过程与突发环境事件风险控制水平
$M\leqslant 25$	M1 类水平
$25<M\leqslant 45$	M 2类水平
$45<M\leqslant 60$	M 3类水平
$M>60$	M4 类水平

4）突发环境事件风险受体评估

根据突发环境事件风险受体的重要性和敏感程度，由高到低将企业周边的突发环境事件风险受体分为类型 1、类型 2 和类型 3，分别以 E1、E2 和 E3 表示，如果企业周边存在多种类型突发环境事件风险受体，则按照重要性和敏感度高的类型计。具体见表6-1-3。

表 6-1-3　企业周边突发环境事件风险受体情况划分

类　别	突发环境事件风险受体情况
类型 1 （E1）	企业雨水排口、清净下水排口、污水排口下游 10km 范围内有如下一类或多类突发环境事件风险受体的：乡镇及以上城镇饮用水水源（地表水或地下水）保护区；自来水厂取水口；水源涵养区；自然保护区；重要湿地；珍稀濒危野生动植物天然集中分布区；重要水生生物的自然产卵场及索饵场、越冬场和洄游通道；风景名胜区；特殊生态系统；世界文化和自然遗产地；红树林、珊瑚礁等滨海湿地生态系统；珍稀、濒危海洋生物的天然集中分布区；海洋特别保护区；海上自然保护区；盐场保护区；海水浴场；海洋自然历史遗迹；或以企业雨水排口（含泄洪渠）、清净下水排口、废水总排口算起，排水进入受纳河流最大流速时，24h 流经范围内涉跨国界或省界的；或企业周边现状不满足环评及批复的卫生防护距离或大气环境防护距离等要求的；或企业周边 5km 范围内居住区、医疗卫生、文化教育、科研、行政办公等机构人口总数大于 5 万人，或企业周边 500m 范围内人口总数大于 1000 人，或企业周边 5km 涉及军事禁区、军事管理区、国家相关保密区域
类型 2 （E2）	企业雨水排口、清净下水排口、污水排口下游 10km 范围内有如下一类或多类突发环境事件风险受体的：水产养殖区；天然渔场；耕地、基本农田保护区；富营养化水域；基本草原；森林公园；地质公园；天然林；海滨风景游览区；具有重要经济价值的海洋生物生存区域；或企业周边 5km 范围内居住区、医疗卫生、文化教育、科研、行政办公等机构人口总数大于 1 万人，小于 5 万人；或企业周边 500m 范围内人口总数大于 500 人，小于 1000 人；企业位于溶岩地貌、泄洪区、泥石流多发等地区
类型 3 （E3）	企业下游 10km 范围无上述类型 1 和类型 2 包括的突发环境事件风险受体；或企业周边 5km 范围内居住区、医疗卫生、文化教育、科研、行政办公等机构人口总数小于 1 万人，或企业周边 500m 范围内人口总数小于 500 人

6.1.2.3　企业突发突发环境事件风险等级划分

根据企业周边突发环境事件风险受体的 3 种类型，按照突发环境事件风险物质数量与临界量比值（Q）、生产工艺过程与突发环境事件风险控制水平（M）矩阵，确定企业突发环境事件风险等级。

企业周边突发环境事件风险受体属于类型 1 时，按表 6-1-4 确定突发环境事件风险等级。

表 6-1-4　类型 1（E1）——企业突发环境事件突发环境事件风险分级表

突发环境事件风险物质数量与临界量比（Q）	生产工艺过程与突发环境事件风险控制水平（M）			
	$M1$ 类水平	$M2$ 类水平	$M3$ 类水平	$M4$ 类水平
$1 \leqslant Q < 10$	较大突发环境事件风险	较大突发环境事件风险	重大突发环境事件风险	重大突发环境事件风险
$10 \leqslant Q < 100$	较大突发环境事件风险	重大突发环境事件风险	重大突发环境事件风险	重大突发环境事件风险
$100 \leqslant Q$	重大突发环境事件风险	重大突发环境事件风险	重大突发环境事件风险	重大突发环境事件风险

企业周边突发环境事件风险受体属于类型 2 时，按表 6-1-5 确定突发环境事件风险等级。

表 6-1-5　类型 2(E2)——企业突发环境事件突发环境事件风险分级表

突发环境事件风险物质数量与临界量比(Q)	生产工艺过程与突发环境事件风险控制水平(M)			
	M1 类水平	M2 类水平	M3 类水平	M4 类水平
$1 \leqslant Q < 10$	一般突发环境事件风险	较大突发环境事件风险	较大突发环境事件风险	重大突发环境事件风险
$10 \leqslant Q < 100$	较大突发环境事件风险	较大突发环境事件风险	重大突发环境事件风险	重大突发环境事件风险
$100 \leqslant Q$	较大突发环境事件风险	重大突发环境事件风险	重大突发环境事件风险	重大突发环境事件风险

企业周边突发环境事件风险受体属于类型 3 时，按表 6-1-6 确定突发环境事件风险等级。

表 6-1-6　类型 3(E3)——企业突发环境事件突发环境事件风险分级表

突发环境事件风险物质数量与临界量比(Q)	生产工艺过程与突发环境事件风险控制水平(M)			
	M1 类水平	M2 类水平	M3 类水平	M4 类水平
$1 \leqslant Q < 10$	一般突发环境事件风险	一般突发环境事件风险	较大突发环境事件风险	较大突发环境事件风险
$10 \leqslant Q < 100$	一般突发环境事件风险	较大突发环境事件风险	较大突发环境事件风险	重大突发环境事件风险
$100 \leqslant Q$	较大突发环境事件风险	较大突发环境事件风险	重大突发环境事件风险	重大突发环境事件风险

6.1.2.4　突发环境事件风险评估报告内容

突发环境事件风险评估报告主要由前言、总则、资料准备与突发环境事件风险识别、突发环境事件及其后果分析、现有突发环境事件风险防控和应急措施差距分析、完善突发环境事件风险防控和应急措施的实施计划、企业突发环境事件风险等级和附图 8 部分组成，具体章节设置及内容如下：

1　前言

2　总则

2.1　编制原则

2.2　编制依据

包括：政策法规、技术指南、标准规范、其他文件

3　资料准备与突发环境事件风险识别

3.1　企业基本信息

3.2　企业周边突发环境事件风险受体情况

3.3　涉及突发环境事件风险物质情况

3.4　生产工艺

3.5　安全生产管理

3.6　现有突发环境事件风险防控与应急措施情况

3.7　现有应急物资与装备、救援队伍情况

4　突发环境事件及其后果分析

4.1　突发环境事件情景分析

4.2 突发环境事件情景源强分析

4.3 释放突发环境事件风险物质的扩散途径、涉及突发环境事件风险防控与应急措施、应急资源情况分析

4.4 突发环境事件危害后果分析

5 现有突发环境事件风险防控和应急措施差距分析

6 完善突发环境事件风险防控和应急措施的实施计划

7 企业突发环境事件风险等级

8 附图

包括：企业地理位置图、厂区平面布置图、周边突发环境事件风险受体分布图，企业雨水、清净下水收集、排放管网图、污水收集、排放管网图以及所有排水最终去向图。

6.2 突发环境事件风险管理

6.2.1 总则

（1）建立突发环境事件风险管理体系，包括制订相关制度及风险控制程序；

（2）定期开展企业突发环境事件风险识别评估，编制突发环境事件风险评估报告；

（3）定期开展环境安全隐患排查，按“轻重缓急”原则实施整改；

（4）按照突发环境事件风险等级制定相应的管理方案，对于一般突发环境事件风险，应记录评估过程，强化环境风险意识，保证现有环境风险防控措施、设施的有效性及完好性；对于较大和重大突发环境事件风险，企业要分析可能发生的突发环境事件，通过风险评估及环境安全专项检查等方式，确定存在的环境安全隐患，制定隐患治理方案，落实技术方案、责任人和完成时限，保证整改措施实施后的突发环境事件风险处于可控状态(一般环境风险)；编制突发环境事件风险评估报告；一级突发环境事件风险源要同时编制应急预案，实现“一源一案”。

6.2.2 突发环境事件风险防范原则

6.2.2.1 事前预防

（1）风险源排查。为防止事故发生，首先要进行突发环境事件风险源和生产事故可能引发环境污染事件的危险源排查。

（2）风险源评估。根据风险源排查结果，按其环境危害程度大小进行风险源等级评估。

（3）制定环境应急预案。根据风险源排查与评估结果制定预防发生和防止事态扩大的突发环境事件应急预案。

（4）预案经企业签发后，到当地环保部门备案。

6.2.2.2 事发应对

（1）采取清除或减轻污染危害的措施。

（2）向当地环保部门和有关部门报告事故发生情况。

（3）及时向可能受到污染危害的单位和居民进行通报并接受调查。

（4）为危险化学品事故应急救援提供技术指导和必要协助。

（5）接受有关部门调查处理。

（6）事故造成公有和私有财产损失的，应按法律规定给予赔偿。

6.2.3 环境隐患排查

6.2.3.1 环境违法行为

1）建设项目违法行为风险

（1）是否符合产业政策及准入条件，是否存在国家发展改革委发布的《产业结构调整指导目录》（最新年本）中淘汰类落后生产工艺装备。

（2）企业的选址、总图布置等是否符合规定。

（3）建设项目环境影响评价违法行为。企业是否按规定进行环境影响评价并获得审批。

（4）建设项目竣工环境保护试生产、验收违法行为。企业 环保“三同时”制度是否符合规定，是否存在违法试生产、验收的情况。

2）企业运行阶段环境违法行为风险

（1）排污登记。企业是否按规定申报有关污染物排放登记事项，是否按规定缴纳排污费，是否按排污许可证规定排放污染物。

（2）清洁生产。企业是否按照规定实施强制清洁生产审核或者虽经审核但不如实报告审核结果。

（3）排放总量。企业污染物排放总量是否超过地方人民政府核定的排放总量控制指标。

（4）其他环境违法行为风险。

6.2.3.2 环境日常管理

1）日常环境管理

企业环境管理机构建立健全情况、各项环境管理制度建立健全落实情况，环境管理人员、资金和应急装备保障情况。

2）环境应急管理

① 环境应急管理相关法律、法规、规章，标准及政策的获取、落实情况。

② 风险评估

是否按照《企业突发环境事件风险评估指南（试行）》开展突发环境事件风险等级评估。

③ 应急预案管理

是否编制《突发环境事件应急预案》，是否进行备案、修订，是否定期组织环境应急演练。

④ 突发环境事件信息报告制度

是否有突发环境事件报告、通报的内部流程，流程是否合理，是否有专人负责报告突发环境事件信息。

⑤ 应急处置队伍

是否设置专（兼）职有环境应急处置队伍，队伍人数和装备是否满足需要，是否参与环境应急演练。

⑥ 应急物资储备

是否配备必要的环境应急物资，并保证所储备物资的有效性。此项目为日常排查项目，排查频次应不少于每月一次。

⑦ 环评批复的突发环境事件风险防范措施落实情况

环评批复的各项突发环境事件风险防范措施是否落实到位。

⑧ 资金保障

是否投入必要的资金用于突发环境事件风险防控。

⑨ 突发环境事件整改情况

是否发生过突发环境事件，是否查清事件原因、追究责任、落实整改措施，是否进行污染损害评估，是否配合接受环保部门牵头的调查处理。

⑩ 隐患的治理情况

可能次生突发环境事件的安全生产事故隐患的治理情况，以前排查出的环境安全隐患的治理情况。

3）环境危险状态管理

① 环境风险物质及其变化情况

是否具有《企业突发环境事件风险评估指南（试行）》所列环境风险物质，这些物质是否存在泄漏出厂界的环境安全隐患。

原材料是否发生变化，可能引起污染物排放改变从而造成突发环境事件。

② 生产工艺及其变化情况

是否有《企业突发环境事件风险评估指南（试行）》中规定的工艺过程，重点是这些工艺的管理情况、环境安全控制及现场环境安全状况。

生产工艺是否发生可能引起污染物排放改变从而造成突发环境事件的情况。

③ 污染物产生排放和环保设施运行情况

企业主要污染物产生和排放情况：各类污染物产生工序、排放方式、排放频率；常规污染物和特征污染物，是否涉及重金属污染和有毒有害物质排放；废气的有组织排放源和无组织排放源状态；主要废水类型、各类废水中的主要污染物及处理后去向、废水总排口排放的主要污染物及去向；固体废物和危险废物的产生环节、产生量、性质、类别和成分，以及处置方式和去向。

主要污染防治设施运行情况：废气和废水处理或综合利用设施的状态，固体废物和危险废物处理处置及综合利用措施；相关处理工艺、处理能力和运行状态等。

危险废物处置情况：是否严格执行危险废物申报、危险废物转移联单、危险废物处置经营许可、危险废物集中无害化处理等制度，是否存在危险废物违法违规处置、丢弃、监管失控等情况。

自动监控设备运行情况：是否按规定设置自动监控设备及其配套设施，各类自动监控设备运行情况，是否按照规定与环境保护主管部门的监控设备联网，监测设备运行状态；是否存在擅自拆除、闲置、破坏自动监控系统的情况；是否有气体厂界监控预警措施。

④ 环境风险防控与应急措施

厂区内的截流措施、事故排水收集措施、清净下水系统防控措施、雨水系统防控措施和生产废水处理系统防控措施，应针对装置区、储罐区、装卸区等不同区域、各个围挡设施、各个收集设施分别列明并开展排查，排查中应搜集相关技术标准等资料，现场检查相关设施的运行状态，是否能够起到防止泄漏物质出厂界的作用。

截流措施：

① 涉及化学物质存储、使用的场所（如装置区、储罐区、装卸区）应具有防渗漏、防腐蚀、防流失措施。

② 应具有防止初期雨水、泄漏物、消防水（溢）流入雨水和清净下水系统的导流围挡收集设施（如防火堤、围堰等）。

③ 导流围挡收集设施（如防火堤、围堰等）的工作状态正常。此项目为日常排查项目，排查频次应不少于每周一次。

④ 装置围堰与罐区防火堤（围堰）外应设置切换阀。在正常情况下通向雨水系统的阀门应处于关闭状态，通向事故存液池、应急事故水池、清净下水排放缓冲池或污水处理系统的阀门应处于打开状态。此项目为日常排查项目，排查频次应不少于每周一次。

⑤ 装置围堰与罐区防火堤（围堰）外切换阀工作状态正常。保证初期雨水、泄漏物和消防水排入污水系统，清净雨水排入雨水或清净下水系统。此项目为日常排查项目，排查频次应不少于每周一次。

⑥ 有专人负责装置围堰与罐区防火堤（围堰）外切换阀切换。事故状态下，专职人员应能够立即到岗并熟练操作阀门切换。此项目为日常排查项目，排查频次应不少于每周一次。

⑦ 厂区下水井盖状态。下水井盖有防止事故状态下泄漏物、消防水等进入雨水或清净下水系统的措施。

⑧ 其他截流措施是否符合设计规范、日常管理及维护良好。

事故排水收集措施：

① 按相关设计规范设置应急事故水池、事故存液池或清净下水排放缓冲池等事故排水收集设施，并根据下游环境风险受体敏感程度和易发生极端天气情况，设置事故排水收集设施的容量。

② 事故存液池、应急事故水池、清净下水排放缓冲池等事故排水收集设施位置合理，能自流式或确保事故状态下顺利收集泄漏物和消防水，日常保持足够的事故排水缓冲容量。

③ 设抽水设施，并与污水管线连接，能将所收集物送至厂区内污水处理设施处理。

清净下水系统防控措施：

① 应设有收集受污染的清净下水、雨水和消防水功能的清净下水排放缓冲池（或雨水收集池）。

② 排放缓冲池（或雨水收集池）内日常应保持清空。此项目为日常排查项目，排查频次应不少于每周一次。雨季或极端天气来临前应开展针对性排查。

③ 排放缓冲池（或雨水收集池）出水管上应设有切换阀。正常情况下阀门应为关闭状态，防止受污染的水外排。此项目为日常排查项目，排查频次应不少于每周一次。

④ 排放缓冲池（或雨水收集池）内应设有提升设施，提升设施运转正常。能将所集物送至厂区内污水处理设施处理。此项目为日常排查项目，排查频次应不少于每月一次。

⑤ 清净下水系统（或排入雨水系统）的总排口应具有关闭设施，应设专人负责在紧急情况下封堵总排口。防止受污染的雨水、清净下水、消防水和泄漏物进入外环境。

雨水系统防控措施：

① 应设有收集初期雨水的收集池或雨水监控池，极端情况下总容积能够容纳泄漏物质、降雨、消防水等液体。

② 收集池或雨水监控池内保持清空。此项目为日常排查项目，排查频次应不少于每周一次。

③ 收集池或雨水监控池出水管上应设置切换阀，阀门状态正常，正常情况下阀门关闭，防止受污染的水外排。

④ 收集池或雨水监控池内应设有提升设施，能将所集物送至厂区内污水处理设施处理。

⑤ 雨水系统外排总排口（含泄洪渠）应设置关闭设施，设专人负责在紧急情况下封堵雨

水排口(含与清净下水共用一套排水系统情况)，防止受污染的雨水、清净下水、消防水和泄漏物进入外环境。

⑥ 生产区、罐区如果有区域排洪沟的，应有防止泄漏物、消防水流入排洪沟的措施。

生产废水处理系统防控措施：

① 受污染的循环冷却水、雨水、消防水等排入生产污水系统或独立处理系统；

② 生产废水排放前设监控池，能够将不合格废水送废水处理设施重新处理；

③ 如企业受污染的清净下水或雨水进入废水处理系统处理，则废水处理系统应设置事故水缓冲设施；

④ 具有生产废水总排口监视及关闭设施，有专人负责启闭，确保泄漏物、受污染的消防水、不合格废水不排出厂外。

(5) 环境通道

企业清净下水排口、废水总排口至受纳水体间应设置突发环境事件风险防控措施。重点在沟渠较缓、水源地上游、水源地准保护区等地域可设置突发环境事件缓冲区，通过现有水利工程或建设节制闸、拦污坝、调水沟渠、导流渠、蓄污实地等工程措施，实现对特殊情况下泄漏物质的拦截、导流、调水、降污功能。

企业各类防护距离应达到标准。应当按国家的相关规定以及环境影响评价批复文件要求设定卫生防护距离或大气环境防护距离，防护距离内是否有人口密集区。

企业地下水是否存在环境安全隐患。

(6) 企业位置及周边敏感区

企业是否位于饮用水源保护区等环境敏感区、是否位于二氧化硫或者酸雨污染严重区域、是否位于城镇主导上风向、是否位于重金属污染等污染重点区域、是否位于工业园区内，是否按照有关规定做好风险防控措施。

按照《企业突发环境事件风险评估指南(试行)》，检查企业周边是否有自然保护区、风景名胜区、饮用水水源保护区、地质公园等环境风险受体，以居住、医疗卫生、文化教育、科研、行政办公等为主要功能的区域，文物保护单位。检查各类环境敏感区的地理位置、规模、保护对象、保护要求及与企业的相对位置关系。

6.2.3.3 环境隐患管理

一般环境安全隐患，企业应当立即组织治理整改。重大环境安全隐患，企业应立即组织制定并实施隐患治理方案，开展治理工作。

重大、较大突发环境事件风险单位应当每年对本单位环境安全隐患排查治理情况进行统计分析。

企业应将每次排查的原始表格、治理情况存档，建立环境安全隐患信息系统。

根据排查和治理情况，企业应及时修订突发环境事件应急预案。

6.3 环境应急

6.3.1 环境应急工作原则

突发环境事件应急工作应遵循以下原则。

(1) 统一指挥

成立应急指挥机构统一指挥。各专业做在应急指挥机构的领导下，依照法律、行政法规和有关规范性文件的规定，展开各项应对处置工作。环境应急管理体制，从纵向看包括自上而下的组织管理体制，实行垂直领导，下级服从上级的关系；从横向看同级组织有关部门，形成互相配合，协调应对，共同服务于指挥中枢的关系。

（2）综合协调

环境应急过程中，参与主体是多样的，既有政府及其政府部门，也有社会组织、企业上级主管单位、基层单位、公民个人甚至还有国际援助力量，综合协调人力、物力、财力、技术、信息等保障力量，形成统一的突发事件信息系统、统一的应急指挥系统、统一的救援队伍系统、统一的物资储备系统等，以整合各类行政应急资源，最后形成各部门协同配合、社会参与的联动工作局面。

（3）分级负责

对于应急处置，不同级别的事件需要动用的人力和物力是不同的。无论是哪一种级别的突发事件，企业都有义务和责任做好预警和监测工作，做好信息的收集、分析，定期向上一级应急指挥机构报告相关信息，对可能出现的突发事件作出预测预警。编制环境应急预案，组织应急预案的演练和教育及培训。

（4）属地管理为主

若突发环境污染事件的应急处置能力超过企业自身能力，则地方政府的迅速反应和正确、有效应对，是有效遏止突发事件发生、发展的关键。大量的事故灾难类突发事件统计表明，80%死亡人员发生在事发最初2h内，是否在第一时间实施有效救援，决定着突发事件应对的关键。实行属地管理为主，让地方政府能迅速反应、及时处理，是适应反应灵敏的应急管理机制的必然要求。当然，属地管理为主并不排斥上级主管单位的指导。

6.3.2 环境事件分类分级

6.3.2.1 环境事件分类

根据《中国石化环境事件的分类与分级》（Q/SH 0453—2012），环境事件按污染物来源、性质分为废水污染事件、废气污染事件、噪声与振动污染事件、固体废物污染事件、有毒化学品污染事件、放射性污染事件和生态破坏事件。

废水污染事件：企业生产经营及其相关活动中产生的废水所引发的环境事件。

废气污染事件：企业生产经营及其相关活动中产生的废气所引发的环境事件。

噪声与振动污染事件：企业生产经营及其相关活动中产生的工业噪声与振动所引发的环境事件。

固体废物污染事件：企业生产经营及其相关活动中产生的固体废物所引发的环境事件。

有毒化学品（含剧毒化学品）污染事件：企业生产经营及其相关活动中使用、运输、储存的有毒化学品（含剧毒化学品）发生失控、丢失、被盗、泄漏或排放不当所引发的污染事件。

放射性污染事件：企业生产经营及其相关活动中使用、转让、运输、储存放射性同位素及射线装置过程中发生失控、丢失或被盗，导致环境中电离辐射强度超过环境标准，从而危害到人体健康的事件。

生态破坏事件：企业生产经营及其相关活动对森林、草原等自然生态环境造成破坏，从而使人类、动物、植物的生存条件发生恶化的事件。

有统计资料分析表明，90%的环境事件是由安全事故衍生而成的，因此环境事件预防工作应当与安全生产紧密结合，从根本上预防环境污染事故的发生。

6.3.2.2 环境事件分级

1）国家突发环境事件分级

2014 年发布的《国家突发环境事件应急预案》(国办函[2014]119 号)，按照突发事件严重性和紧急程度，突发环境事件分为特别重大(Ⅰ级)、重大(Ⅱ级)、较大(Ⅲ级)和一般(Ⅳ级)四级，并从造成的人员伤亡情况、经济损失、环境危害、社会危害、放射源事故等方面进行了量化说明。

（1）特别重大突发环境事件

凡符合下列情形之一的，为特别重大突发环境事件：凡符合下列情形之一的，为特别重大突发环境事件：

① 因环境污染直接导致 30 人以上死亡或 100 人以上中毒或重伤的；

② 因环境污染疏散、转移人员 5 万人以上的；

③ 因环境污染造成直接经济损失 1 亿元以上的；

④ 因环境污染造成区域生态功能丧失或该区域国家重点保护物种灭绝的；

⑤ 因环境污染造成设区的市级以上城市集中式饮用水水源地取水中断的；

⑥Ⅰ、Ⅱ类放射源丢失、被盗、失控并造成大范围严重辐射污染后果的；放射性同位素和射线装置失控导致 3 人以上急性死亡的；放射性物质泄漏，造成大范围辐射污染后果的；

⑦ 造成重大跨国境影响的境内突发环境事件。

（2）重大突发环境事件

凡符合下列情形之一的，为重大突发环境事件：

① 因环境污染直接导致 10 人以上 30 人以下死亡或 50 人以上 100 人以下中毒或重伤的；

② 因环境污染疏散、转移人员 1 万人以上 5 万人以下的；

③ 因环境污染造成直接经济损失 2000 万元以上 1 亿元以下的；

④ 因环境污染造成区域生态功能部分丧失或该区域国家重点保护野生动植物种群大批死亡的；

⑤ 因环境污染造成县级城市集中式饮用水水源地取水中断的；

⑥ Ⅰ、Ⅱ类放射源丢失、被盗的；放射性同位素和射线装置失控导致 3 人以下急性死亡或者 10 人以上急性重度放射病、局部器官残疾的；放射性物质泄漏，造成较大范围辐射污染后果的；

⑦ 造成跨省级行政区域影响的突发环境事件。

（3）较大突发环境事件

凡符合下列情形之一的，为较大突发环境事件：

① 因环境污染直接导致 3 人以上 10 人以下死亡或 10 人以上 50 人以下中毒或重伤的；

② 因环境污染疏散、转移人员 5000 人以上 1 万人以下的；

③ 因环境污染造成直接经济损失 500 万元以上 2000 万元以下的；

④ 因环境污染造成国家重点保护的动植物物种受到破坏的；

⑤ 因环境污染造成乡镇集中式饮用水水源地取水中断的；

⑥ Ⅲ类放射源丢失、被盗的；放射性同位素和射线装置失控导致 10 人以下急性重度放射病、局部器官残疾的；放射性物质泄漏，造成小范围辐射污染后果的；

⑦ 造成跨设区的市级行政区域影响的突发环境事件。

(4) 一般突发环境事件

凡符合下列情形之一的，为一般突发环境事件：

① 因环境污染直接导致 3 人以下死亡或 10 人以下中毒或重伤的；

② 因环境污染疏散、转移人员 5000 人以下的；

③ 因环境污染造成直接经济损失 500 万元以下的；

④ 因环境污染造成跨县级行政区域纠纷，引起一般性群体影响的；

⑤ Ⅳ、Ⅴ类放射源丢失、被盗的；放射性同位素和射线装置失控导致人员受到超过年剂量限值的照射的；放射性物质泄漏，造成厂区内或设施内局部辐射污染后果的；铀矿冶、伴生矿超标排放，造成环境辐射污染后果的；

⑥ 对环境造成一定影响，尚未达到较大突发环境事件级别的。

上述分级标准有关数量的表述中，“以上”含本数，“以下”不含本数。

2) 中国石化环境事件分级

根据国家突发环境事件分级，中国石化制定了《中国石化环境事件管理规定》，将中国石化环境事件分为四级。中国石化环境事件分级在涵盖国家环境事件相关内容(包括人员伤亡情况、经济损失、环境危害、社会危害等)之外，还对污染物的泄漏量、企业受到的行政处罚程度、媒体曝光级别、污染物超标排放程度等内容进行了量化对应。

(1) 特别重大环境事件

凡符合下列情形之一的，为特别重大环境事件：

① 因环境污染直接导致 30 人以上死亡或 100 人以上中毒或重伤的；

② 因环境污染疏散、转移人员 5 万人以上的；

③ 因环境污染造成直接经济损失 1 亿元以上的；

④ 因环境污染造成区域生态功能丧失或该区域国家重点保护物种灭绝的；

⑤ 因环境污染造成设区的市级以上城市集中式饮用水水源地取水中断的；

⑥造成重大跨国境影响的境内突发环境事件；

⑦发生在水体环境敏感区的油品泄漏量 10t 以上，或在非环境敏感区油品泄漏量超过 100t 的。

(2) 重大环境事件

凡符合下列情形之一的，为重大环境事件：

① 因环境污染直接导致 10 人以上 30 人以下死亡或 50 人以上 100 人以下中毒或重伤的；

② 环因环境污染疏散、转移人员 1 万人以上 5 万人以下的；

③ 因环境污染造成直接经济损失 2000 万元以上 1 亿元以下的；

④ 因环境污染造成区域生态功能部分丧失或该区域国家重点保护野生动植物种群大批死亡的；

⑤ 因环境污染造成县级城市集中式饮用水水源地取水中断的；

⑥ 造成跨省级行政区域影响的突发环境事件；

⑦ 发生在水体环境敏感区的油品泄漏量 1t 以上 10t 以下，或在非环境敏感区油品泄漏量 10t 以上 100t 以下的。

(3) 较大环境事件

凡符合下列情形之一的，为较大环境事件：

① 因环境污染直接导致 3 人以上 10 人以下死亡或 10 人以上 50 人以下中毒或重伤的；

② 因环境污染疏散、转移人员5000人以上1万人以下的；
③ 因环境污染造成直接经济损失500万元以上2000万元以下的；
④ 因环境污染造成国家重点保护的动植物物种受到破坏的；
⑤ 因环境污染造成乡镇集中式饮用水水源地取水中断的；
⑥ 造成跨设区的市级行政区域影响的突发环境事件。

（4）一般环境事件
① 因环境污染直接导致3人以下死亡或10人以下中毒或重伤的；
② 因环境污染疏散、转移人员5000人以下的；
③ 因环境污染造成直接经济损失500万元以下的；
④ 因环境污染造成跨县级行政区域纠纷，引起一般性群体影响的；
⑤ 对环境造成一定影响，尚未达到较大突发环境事件级别的。

6.3.3 环境应急管理体系

应急管理的"一案三制"体系是具有中国特色的应急管理体系。"一案"为应急预案体系，"三制"为应急管理体制、运行机制和法制。应急管理体制主要指建立健全集中统一、坚强有力、政令畅通的指挥机构；运行机制主要指建立健全监测预警机制、应急信息报告机制、联动机制；而法制建设方面，主要通过依法行政，努力使突发公共事件的应急处置逐步走上规范化、制度化和法制化轨道。对于石油石化企业的环境应急管理而言，同样可按照国家的应急管理体系要求建立具有企业特色的应急管理体系，即环境应急专项预案，环境应急运行机制和应急管理的制度体系等。

6.3.3.1 环境应急预案

经过评估确定为较大以上环境风险的企业，可以结合经营性质、规模、组织体系和环境风险状况、应急资源状况，按照环境应急综合预案、专项预案和现场处置预案的模式建立环境应急预案体系。

对于突发环境事件风险种类较多、可能发生多种类型突发事件的，企业应当编制综合环境应急预案。环境应急综合预案体现战略性，应当包括本单位的应急组织机构及其职责、预案体系及影响程序、事件预防及应急保障、应急培训及预案演练等内容。

对某一种类的突发环境事件风险，企业应当根据存在的重大风险源和可能发生的突发事件类型，编制相应的专项环境应急预案。环境应急专项预案体现战术性，应当包括危险性分析、可能发生的事件特征、主要污染物类型、应急组织机构与职责、预防措施、应急处置程序和应急保障等内容。

对危险性较大的重点岗位，企业应当编制重点工作岗位的现场处置预案。环境应急现场处置预案体现操作性，应当包括危险性分析、可能发生的事件特征、应急处置程序、应急处置要点和注意事项等内容。

企业环境应急预案属于总体应急预案体系的一部分。企业的应急预案体系应包括总体应急预案、专项应急预案、二级单位应急预案、基层单位突发事件现场应急处置方案。

环境应急预案主要分为总则、应急组织机构和职责、预防与预警、应急响应、安全防护、次生灾害防范、应急终止、善后处理、应急保障、预案管理和突发环境事件风险评价报告、环境应急能力评估报告等11部分组成。

企业根据相关要求，制定应急预案分级培训计划、方式等，通过培训，使各级责任人明确岗位职责，掌握相应的应急处置措施；如预案涉及周围居民、企业、政府，预案相关内容对其进行宣传、告知。

企业不同级别的应急预案设置相应的演练方式、频次，演练方式包括专项实战演练、与其他应急预案联合实施综合演练、桌面推演等；演练频次可以根据预案的级别、风险度大小确定为月度、季度或年度；演练结束针对过程中存在问题实施预案评估、修订，实现持续改进。

6.3.3.2 环境应急管理体制

应急管理体制主要指组织结构及职责分工。企业应建立应急指挥机构和日常应急管理机构，明确各专业组(生产调度组、应急监测组等)职责分工。

6.3.3.3 环境应急管理机制

应急管理机制包括监测预警、应急响应、应急信息报告等机制。

(1) 监测预警

监测预警是对环境事件的超前管理，将最大限度的防止环境事件的形成和爆发；并且事件发生后，可使企业沉着应对、及时有效的处理事件。

污染物监测：对废水及雨水外排口、废气有组织排放口进行在线监测，重点区域安装可燃有毒气体报警仪，实现早发现、早报告、早处置。

应急监测：制定应急监测计划，配置相应的应急检测仪器，开展应急监测演练。如自身监测力量不能满足监测要求，可委托第三方实施。

预警：当出现下列情况时，应急指挥机构应发出预警指令。

环境大气预警：生产、存储及处置有毒有害气体装置、存储设备及环保设施运行出现异常工况，如装置开停工、检维修，罐区清罐、倒罐，安全设施运行状态不正常(高低液位报警失效、有毒/可燃气体报警器失灵等)；企业周边大气中检测有毒有害气体含量超标的，预警浓度依据《工作场所有害因素职业接触限值》中的“最高容许浓度”或“短时间接触容许浓度”；厂区内及厂区周边出现人员中毒的。

水体污染预警：当地方气象台发布气象灾害蓝色(Ⅳ级)及以上预警信息时，或企业厂区内雨水监控池、地下含油污水罐(含相应机泵)、含油污水系统、含油雨水系统、污水处理系统不能正常发挥作用时当地方气象台发布气象灾害蓝色(Ⅳ级)及以上预警信息时，或企业厂区内雨水监控池、地下含油污水罐(含相应机泵)、含油污水系统、含油雨水系统、污水处理系统不能正常发挥作用时。

溢油预警：国家或地方发布台风、暴雨、海啸等自然灾害预警；临水罐、泵、输油管线、事故池等设施出现异常工况；接到油品码头及海底输油管线附近海域海上有溢油报告时；临近企业发生事故时。

应急指挥办公室发出预警指令后：

环境大气污染预警措施：出现异常工况的生产部门根据应急处置卡要求采取措施，确保不发生有毒有害气体泄漏；开始人员疏散的准备。

水体污染预警措施：相关单位需派人24h值守，直至预警解除；各专业组做好应急准备；检查重大突发环境事件风险源、重大突发环境事件风险单元物料贮量，确定是否需要倒罐以减少最大储罐物料贮量；检查同类物料切换罐、泵、系统管线情况；检查易发生事故部位及隐患挂牌部位的设施状况措施落实情况；检查清理单元(罐区)及系统排水设施积存油、杂物情况，降低自然灾害条件下突发环境事件风险度；

溢油预警措施：严密监视装置及罐区运行情况，出现异常工况时，及时汇报并采取有效措施尽快消除险情；各专业组进入应急状态。

（2）应急响应

建立分级响应机制。包括三方面工作内容，第一，根据突发环境事件分级情况，确定突发环境事件自下至上应急报告程序及应急指令分级下达程序；第二，确定一、二、三级应急响应程序；第三，明确各级应急预案启动条件。

对各石油石化企业而言，一级响应的应急处置一般指基层生产单位的环境事件，启动现场处置方案即可；二级应急响应一般指企业各二级单位能够控制的环境事件，需启动二级单位环境综合或专项应急预案；三级应急响应指企业最高应急指挥中心下达指令实施处置的环境事件。三级应急响应后，企业应视污染进展决定是否请求启动地方政府或上级主管部门的应急响应程序。

（3）应急报告

环境事件发生单位在发现或者得知环境事件信息后，对环境事件的性质和级别做出初步认定。

对初步认定为特别重大(Ⅰ级)、重大(Ⅱ级)或者较大(Ⅲ级)环境事件的，应当在1h内上报应急指挥中心；对初步认定为一般(Ⅳ级)环境事件的，应当在4h内上报。若环境事件发生初期无法按事件分级标准确认级别，报告上应注明初步判断的可能级别。随着事件的发展，进一步核定环境事件等级，事件级别发生变化时，应按照变化后的级别报告信息。

环境事件应急报告分初报、续报和处理结果报告。

初报在发现或者得知突发环境事件后首次上报；续报在查清有关基本情况、事件发展情况后随时上报；处理结果报告在突发环境事件处理完毕后上报。

初报应当报告环境事件的发生时间、地点、信息来源、事件起因和性质、基本过程、主要污染物和数量、监测数据、人员受害情况、对周边环境污染情况、事件发展趋势、事件初步原因分析、采取的应对措施、事件潜在危害程度等初步情况，并提供可能受到突发环境事件影响的环境敏感点的分布示意图。

续报应当在初报的基础上，报告有关处置进展情况。

处理结果报告应当在初报和续报的基础上，报告处理突发环境事件的措施、过程和结果，突发环境事件潜在或者间接危害以及损失、社会影响、处理后的遗留问题、责任追究等详细情况。

环境事件信息应当采用书面报告；情况紧急时，初报可通过电话报告，但应当在事件发生2h内补充书面报告。

6.3.3.4 环境应急管理制度

企业应根据国家、地方行政主管部门及上级公司要求，制定环境应急管理制度，制度至少应包括环境事件分级、应急响应程序、应急监测、应急资源管理、应急联动、环境安全隐患管理等等内容。

6.3.4 现场应急处置原则

6.3.4.1 水体污染应急处置

1）炼化企业

发生水体环境污染事故时，应急处置遵循“三关原则”，即：

第一关：优先把事故污水控制在装置、围堰界区内，优先把事故污水调入调、储、处理能力强的与含油雨水池相连通的含油污水(雨水)系统；

第二关：把事故污水控制在厂区范围内；

第三关：即便在最不利的情况下，也要避免大量污染物进入敏感水域。

事故应急处置过程中，应遵循以下步骤：

第一，确定事故污水排放系统畅通

第二，尽可能减少事故汇水区水量

对事故区域事故污水的有效控制与阻断，合理分流、减少事故汇水区其他设施产生的污水或雨水，减少事故状态下污水的产生量，尽可能降低事故罐(池)负荷。

第三，设施污水转输、暂存

根据事故汇水区面积，结合消防水量及降雨量，预测事故罐(池)的接受能力，制定合理的污水转输方案，及时实施污水转输暂存。

炼化企业火灾事故次生水体环境风险应急处置案例如下：

(1) 事故概述

2012 年 8 月某日凌晨 3 时许，运行一部催化装置某机泵密封发生泄漏，进而引起较大面积的装置区着火，虽然救援力量及时赶到，但由于火势太猛，救援期间又出现了两次暴雨天气，给扑救工作带来了很大的困难，消防灭火任务一直持续到 16 时，明火才终于全部被扑灭。事故扑救过程中，发生事故的西厂区事故水池储水量为 45000m^3，但很快便不能满足要求，于是部分污水被转移到 16000m^3的东厂区雨水监控池、30000m^3的事故污水罐以及 30000m^3的柴油罐暂存，同时在当地政府的协调下，还调配 30 余辆槽罐车紧急增援，协助转移事故水池污水。但由于消防污水和整个厂区的雨水混合在一起进入到事故水池，水量太大，因此仍有部分污水溢出厂界进入到厂外河流，造成了一定程度的河水污染，所幸公司在事故发生之初及时在河上设置了 3 道围油栏，2 道活性炭吸附坝，才避免了污染物进入海洋。

(2) 水污染事故原因分析

分析造成消防污水溢出厂界的主要原因：一是事故情况下厂区雨水没有进行清污分流，导致事故污水量太大；二是两个事故水池之间的污水转输能力不足。

事故厂区在未进行雨水的清污分流时，分析其在雨天的事故污水储存和转输能力如下：

① 确定事故消防水量。

公司厂区内消防管网设有稳高压给水系统，压力为 0.8～1.2MPa，有三台消防水泵(2 开 1 备)，单台泵能力为 1100m^3/h，设计出水能力为 2200m^3/h，事故时实际最大出水流量为 3300m^3/h。

② 确定厂区降雨量

根据当地气象台数据，当日降雨量折合为 17mm/h。事故厂区总汇水面积为 1597000m^2，按降雨量的 2/3 进入雨水管道，则进入雨水管道的雨水流量为 18100m^3/h。

③ 确定事故水池储水时间

由①和②计算事故总水量为 21400m^3/h。事故水池的有效容积 45000m^3，则雨天事故水池的消防历时为 45000/21400＝2.10h。即使考虑利用东厂区 16000m^3的事故水池，由于现有污水转输泵转输能力只有 2×200m^3/h＝400m^3/h，则也仅能满足 45000/(21400－400)＝2.14h 的消防历时，影响甚微。也就是说由于转输泵能力不足，在此期间只向 16000m^3的事故水池转输了约 850m^3的污水，没有利用上该事故水池的容量。

由以上计算可见，按事故发生时的事故污水应急存储和转输能力，不能满足《石油化工企业设计防火规范》中工艺装置区 3h 消防历时的要求，更不能满足本事故案例中实际接近 13h 的消防历时，因而造成事故调节水池很快就被充满，不得不临时增加排水泵，把大量的污水打往污水场事故污水罐以及柴油罐暂存，并征用了大量的槽罐车外运污水。未进行雨水清污分流时事故水量核算表见表 6-3-1。

表 6-3-1　未进行雨水清污分流时事故水量核算表

厂区	面积/m^2	消防水量/(m^3/h)	降雨量/(m^3/h)	总水量/(m^3/h)	事故池有效容积/m^3
事故厂区(西厂区)	1597000	3300	18100	21400	45000

(3) 对策措施

结合全厂总平面布局、场地竖向、道路及排雨水系统现状，以自流排放为原则合理划分事故排水收集系统。当雨水必须进入事故排水收集系统时应采取措施尽量减少进入该系统的雨水汇水面积。按上述原则，重新划分厂区的汇水区域，做到事故状态下清污分流，并配备流量足够的污水管线和转输泵。

在重新划分后的汇水区域内排水系统分为含油雨水(包括初期雨水和事故污水)、清净雨水和含油污水三类。事故情况下三类水的排放情况如下：含油雨水通过含油雨水系统直接排往含油雨水监控池；清净雨水通过雨水明沟直接外排；含油污水收集到污水提升泵站，并泵送到污水处理厂处理。

在重新划分的汇水区中，发生事故的催化装置所在运行一部是面积最大的一个汇水区，再假设在此区域内发生相同的事故，对此时厂区的事故污水的储存能力进行评估，见表 6-3-2。

表 6-3-2　进行雨水清污分流后事故水量核算表

厂区	装置区	汇水面积/m^2	消防水量/(m^3/h)	降雨量/(m^3/h)	总水量/(m^3/h)	雨水监控池有效容积/m^3
事故厂区(西厂区)	运行一部	85280	3300	1450	4750	45000

可见，此时仅依靠西厂区事故水池可承受的消防历时为 45000/4750=9.5h。考虑到东厂区仍有 16000m^3 的事故水池可以利用，按自西厂区向东厂区转输事故污水的最大能力 763m^3/h(按已埋设的管道 300mm 管径的最大流量)，在增加转输泵流量至足够的情况下，消防历时可增加至 45000/(4750-763)= 11.3h。

以上计算过程说明，在重新划分汇水区，并进行事故状态下清污分流，配备流量足够的转输泵的情况下，仅利用厂区 2 个事故水池，事故污水的储存时间可由 2.1h 提高到 11.3h。如需将消防历时进一步提高，则可考虑通过其他方式增加事故水储存和转输能力，如临时征用污水厂事故罐、罐区油品罐等，并配备能力足够大的转输泵。

此外，企业的水突发环境事件风险防控应作为一项系统工程统筹考虑和部署，还应特别注意以下几点：

① 坚持把“三关”的原则

企业《水体突发环境事件风险应急预案》由各装置源头水体风险防控子预案和受纳水系统封、堵、调、储预案、企业整体水体风险应急预案 3 个层次构成。事故应急时，应优先把事故范围控制在装置、围堰界区内，优先把事故污水调入调、储、处理手段强的系统(如排污系统、含油污水系统）；其次是把事故控制在厂区范围内；既便在最不利的情况下，也要设法避免大量污染物进入敏感水体。各预案之间应设置接口，并规定响应内容，以确保整体预案协调有效运行。

② 加强应急演练

结合国家法规要求和企业实际，持续完善水突发环境事件风险应急预案并定期演练，加强应急人员能力培训。

③ 加强应急设施和物资配备

按照风险防控全过程把“三关”的要求，梳理并配齐需要的应急设施和物资，并保证其数量、型号、质量能够满足应急的要求。

④ 加强风险预警

如出现水体风险预案中的主要设施不在完好状态（调、储、输送设施在检修或被临时占用等），或是出现暴雨等最为不利的情况，各企业应启动预警机制，除应采取有效措施化解不利因素外，在此期间还应要求各有关人员（含指挥员、战斗员）24h 值班，以防不测。

2）油田溢油

第一，识别和发现漏油源。关闭水体附近漏油站场或集输管道的阀门、封堵漏油井口、筑堤或挖坑截阻收集地表漏油。如果事故源不能立即发现，首先使用拦油栅，以减少受漏油影响的区域。

第二，确定漏油量，预测漂移轨迹。

第三，限制漏油的扩散。使用拦油栅汇集水面油，将溢油拦截至适宜回收的河岸附近进行回收；油膜厚度较薄不利于机械收油时，可使用活塞膜化学药剂把浮油集中或喷洒油聚集剂，以增厚浮油层厚度提高回收效率。

6.3.4.2 大气污染应急处置

1）炼化及长输管道企业

大气污染应急处置原则包括：

（1）人员撤离疏散，现场隔离防护为主，现场处置为辅。

（2）发生有毒有害气体扩散时，首先要保证救援人员的自身安全；其次采取有效措施切断有毒有害气体的泄漏源；最后利用喷洒解毒剂等方法对空气中的有毒有害气体进行洗消、控制，并通知下风向人员进行安全撤离。

（3）如果现场条件允许，在确保安全的条件下，对泄漏出的剧毒性气体（如 H_2S）进行可控式燃烧，以降低环境危害性。

2）油田企业

当气田发生天然气泄漏或泄漏天然气中含有硫化氢等有毒有害气体，或因天然气泄漏引起火灾爆炸事故（事件）时，应首先坚持“以人为本、快速决断”的原则。即先保护，后确认；先处置，后汇报；先控制，后撤离。“先保护，后确认”指在个人确保安全的前提下进行确认。“先处置，后汇报”指先进行技术处置，然后按程序汇报。“先控制，后撤离”指站场人员撤离时首先将站场关断，然后撤离。油田企业井喷事故案例如下：

（1）事故概述

某气井设计井深 4322m（垂深 3410m），水平段长 700m，于 2003 年 5 月 23 日开钻。12 月 23 日钻至井深 4049.68m（其中水平段长 424m）。2003 年 12 月 23 日 2：29 钻至井深 4049.68m；3：30 循环；12：00 起钻，在起钻过程中顶驱滑轨偏移，挂吊卡困难，强行起至安全井段(井深1948m、套管鞋内)，灌满泥浆后开始维修；16：20修顶驱滑轨；21：51起钻至井深195.31m，发现溢流1.1m^3(当班地质录井人员从监视仪上发现出口电导骤然上升，上钻台向司钻报告)，立即下放钻具至197.31m；21：55抢接回压阀、抢接顶驱未成功。发生强烈井喷，钻杆内喷高5~10m，钻具上行2m左右，大方瓦飞出转盘；21：59关球形、半闭防喷器，钻杆内液气同喷高达二层台以上；22：01钻杆被井内压力上顶撞击在顶驱上，撞出火花引发钻杆内喷出的天然气着火；22：03关全闭，钻杆未被剪断而发生变形，火熄灭，但井口失控，转盘面以上有约14m钻杆倾倒向指重表方向；22：32向井内环空注ρ1.60泥浆(无法估计替入量)，关油罐总闸，停泵，柴油机、发电机熄火；24：00井队人员全部撤离现场；24日13：30井口停喷，两条放喷管线放喷，井口压力28MPa；16：00两条放喷管线同时点火成功，火焰喷高50m以上，井口压力18MPa；27日10：20压井成功。

在从井喷到放喷管线点火近18h中，井口喷出含H_2S浓度极高的天然气随空气流动大面积扩散，硫化氢危险浓度与释放速率间的关系见图6-3-1。导致离气井较近的4个乡镇9.3万余人受灾，含有毒硫化氢的大气污染物扩散影响范围为事故地点周围约5km，居民死亡地点距井口距离不超过1.5km。事故损失最终认定：243人死亡，2142人住院治疗，65000人疏散，直接经济损失6423.31万元。

（2）大气污染事故原因分析

井喷的直接原因：起钻前循环泥浆时间短而没将井下岩屑气全部排出，起钻未按制度要求灌钻井液而造成井下液柱压力降低；水平气井钻井液密度的附加量不足等原因所产生压力降的叠加，导致井内液柱压力低于地层压力，地层流体严重侵入井内，造成溢流。因发现溢流不及时导致井喷。

大气污染原因：井喷发生后，负有现场安全责任的施工指挥者没有在最短的时间内安排放喷点火，失去了控制有害气体扩散的有利时机。含高浓度硫化氢的天然气随空气流动大面积扩散，短时间形成大范围H_2S沉积致死区，危及周围的生态环境，造成人民生命财产的重大损失，使事故态势扩大。

（3）对策措施

在钻井或修井过程中，若出现井喷失控，气藏内的天然气在地层压力作用下，将以极高的动能速度从井口喷出，若自始自终未遇火源，将在其自身动量与气象条件控制下，喷涌后与空气混合、扩散形成H_2S毒性云团。天然气喷射速率，将随着井内泥浆液柱的减小而增大，当井内的泥浆喷完后，达到最大喷射释放速率，其值取决于井的最大无阻流量。井喷点火后产生的主要污染物为SO_2，虽然持续时间可能较长，但国内外目前并没有发生过高含硫气田井喷释放的SO_2致死的情况，因此从井喷的角度考虑，SO_2的危险程度远低于H_2S。

根据《含硫化氢油气井安全钻井推荐作法》(SY/T 5087—2005)8.3.3规定：“井喷失控后，在人员的生命受到巨大威胁、人员撤离无望、失控井无希望得到控制的情况下，作为最后手段应按抢险作业程序对油气井井口实施点火。”高含硫化氢气田一旦发生井喷失控事故，大量硫化氢释放到环境中，对周围人群的生命安全造成巨大威胁，硫化氢危险浓度与释放速率间的关系见图6-3-1。因此，只要发生井喷失控无法控制，即井下闸板无法关断，就应当立即采取点火措施，以免造成不必要的人员伤亡。

发生井喷的过程主要是由泥浆溢流→井涌→井喷。在钻井过程中，井下监控措施监控发现井内泥浆溢流量达1m^{3}时报警，达到2m^{3}时马上采取关井措施。当所有关断措施全部失效，井口失控后，即发生井喷事故。由此看出，井喷不是突如其来的，由发生溢流开始一直到天然气从井口喷出，这段时间大约在20~60min。在发生井涌开始，井下阀门自动关断时间大约在1.5~3min左右。因此可以说，在工程上，天然气从井口喷出后即可通过井场的自动点火装置立即点火；若井场自动点火装置失灵，也可以通过远距离向井场放火枪实施点火，由于从井涌到井喷至少要20min，足够井场工作人员安全撤离并且做好远距离点火准备。所以，根据井喷硫化氢释放速率模拟计算，可以推测出一个天然气从井口喷出时间段，此时间段期间完全可以实现点火成功。那么，井喷发生后点火前的主要影响因子为H_2S，点火后的主要影响因子是SO_2从而可以大大降低大气污染和人身伤害。

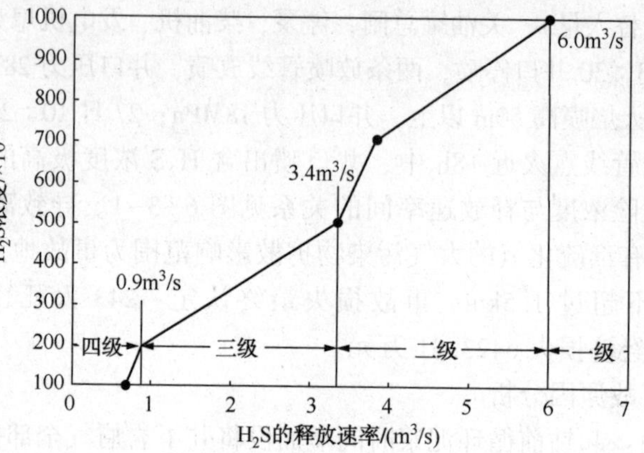

图6-3-1 硫化氢危险浓度与释放速率间的关系

6.3.4.3 固/危废污染应急处置

固/危废污染应急处置原则是：

(1) 封锁、隔离事故现场，采取措施防止污染范围扩大。

(2) 联系有资质的固/危废处置单位，尽快将污染物进行安全处置。

6.3.5 环境应急处置技术

泄漏物被控制后，要及时将现场泄漏物通过覆盖、稀释、吸附、固化等处理方式，使泄漏物得到安全可靠的处置，防止二次事故的发生。

6.3.5.1 覆盖

通常使用泡沫覆盖在泄漏物的表面，可以阻止泄漏物的挥发，降低泄漏物对大气的危害，防止泄漏物的燃烧。在使用过程中，泡沫覆盖必须和其他的收容措施，如围堤、沟槽等配合使用。通常泡沫覆盖只适用于陆地泄漏物。

实际应用时，要根据泄漏物的特性选择合适的泡沫，选用的泡沫必须与泄漏物相容。常用的普通泡沫只适用于无极性和基本上呈中性的物质；对于低沸点，与水发生反应，具有强腐蚀性、放射性或爆炸性的物质，必须使用专用泡沫；对于极性物质，只能使用属于硅酸盐类的抗醇泡沫。目前，还没有一种抗溶泡沫可以抑制所有类型的易挥发性危险化学品蒸气。只有少数几种抗溶泡沫可以有限地用于多数类型的危险品，但它们也是对一些材料有效，而对另一些几乎不起作用。

6.3.5.2 稀释

喷水雾可有效降低大气中的水溶性有害气体和蒸气的浓度，是控制有害气体和蒸气最有效的方法。对于不溶于水的有害气体和蒸气，也可以喷水雾驱赶，保护泄漏区内人员和泄漏区域附近的居民免受伤害。

喷水稀释时，将产生大量的被污染水。为了避免污染水流入附近的河流、下水道等敏感区域，喷水雾的同时必须修筑围堤或挖掘沟槽收容产生的大量污水。目前中国石化各沿江(河)企业都正在建设或已经建成了大型的事故应急池和雨水收集池，加强了企业应对环境风险的能力。

6.3.5.3 吸附

吸附就是固体吸附剂吸附液体而固化的过程，因此，吸附也被认为是一个固化的过程。所有的陆地泄漏和某些有机物的水中泄漏都可用吸附法处理。吸附法处理泄漏物的关键是选择合适的吸附剂。常用的吸附剂有炭材料、天然有机吸附剂、天然无机吸附剂、合成吸附剂。

利用吸附法进行物质分离已有漫长的历史，在化工和环境保护方面，吸附法主要用于净化废气、回收溶剂(特别适用于腐蚀性的氯化烃类化合物、反应性溶剂和低沸点溶剂)和脱除水中的微量污染物。后者的应用范围包括脱色、除臭味、脱除重金属、除去各种溶解性有机物和放射性元素等。在处理流程中，吸附法可作为离子交换、膜分离等方法的预处理，以去除有机物、胶体及余氯等，也可作为二级处理后的深度处理手段，以便保证回用水质量。利用吸附法进行水处理，具有适应范围广、处理效果好、可回收有用物料以及吸附剂可重复使用等优点，随着现有吸附剂性能的不断完善以及新型吸附剂的研制成功，吸附法在水处理中的应用前景将更加广阔。

6.3.5.4 固化法

通过加入能与泄漏物发生物理-化学反应的固化剂或稳定剂使泄漏物转化成稳定形式，以便于处理、运输和处置。有的泄漏物变成稳定形式后，由原来的有害变成了无害；有的泄漏物变成稳定形式后仍然有害，必须运至废物处理厂所进一步处理或在专用废弃场所掩埋。常用的固化剂有水泥、凝胶、石灰。

6.3.5.5 中和法

中和是在溢出的危险品中加入酸或碱，形成中性盐的过程。中和的反应产物是水和盐，有时是二氧化碳气体。如果使用固体物质用于中和处置，则会对泄漏物产生围堵的效果。中和应使用专用的药剂，以防产生剧烈反应或局部过热。当发生小规模的溢出事故时，应用中和方法能够快速有效地对泄漏物进行处置。

现场应用中和法要求最终 pH 值控制在 6~9 之间，反应期间必须监测 pH 值变化。只有酸性有害物和碱性有害物才能用中和法处理。对于泄入水体的酸、碱或泄入水体后能生成酸、碱的物质，也可考虑用中和法处理。

对于陆地泄漏物，如果反应能控制，常用强酸、强碱中和，这样比较经济；对于水体泄漏物，建议使用弱酸、弱碱中和。常用的弱酸有乙酸、磷酸二氢钠，有时可用气态二氧化碳。常用的强碱有碳酸氢钠水溶液、碳酸钠水溶液、氢氧化钠水溶液。这些物质也可用来中和泄漏的氯。有时也用石灰、固体碳酸钠中和酸性泄漏物。常用的弱碱有碳酸氢钠、碳酸钠和碳酸钙。

6.3.6 泄漏物控制技术

通过对泄漏物的有效回收，可以将其对环境或生命的危害及经济损失降至最低。泄漏物收集处置主要有以下方法。

6.3.6.1 修筑围堤

修筑围堤是控制陆地上的液体泄漏物最常用的收容方法。常用的围堤有环形、直线形、V形等。通常根据泄漏物流动情况修筑围堤拦截泄漏物。如果泄漏发生在平地上，则在泄漏点的周围修筑环形堤。

6.3.6.2 挖掘沟槽

挖掘沟槽分为陆上和水下两种形式。陆上挖掘沟槽是控制陆地上的液体泄漏物最常用的收容方法。通常根据泄漏物的流动情况挖掘沟槽收容泄漏物。如果泄漏物沿一个方向流动，则在其流动的下方挖掘沟槽；如果是四散而流，则在泄漏点的周围挖掘环形沟槽。

6.3.6.3 使用土壤密封剂避免泥土和地下水污染

使用土壤密封剂的目的是避免液体泄漏物渗入土壤中污染泥土和地下水。一般泄漏发生后，迅速在泄漏物要经过的地方使用土壤密封剂，防止泄漏物渗入土壤中。土壤密封剂既可单独使用，也可以和围堤或沟槽配合使用。直接用在地面上的土壤密封剂分为3类：反应性的、不反应性的和表面活性的。常用的反应性密封剂有环氧树脂、脲/甲醛和尿烷，这类密封剂要求在现场临时制成，能在恶劣的气候下较容易地成膜，但有一个温度使用范围。常用的不反应性密封剂有沥青、橡胶、聚苯乙烯和聚氯乙烯，温度同样是影响这类密封剂使用的一个重要因素。

6.3.6.4 修筑水坝

修筑水坝是控制小河流上的水体泄漏物最常用的拦截方法。通常在泄漏点下游的某一点横穿河床修筑水坝拦截泄漏物，拦截点的水深不能超过10m。坝的高度因泄漏物的性质不同而不同。对于溶于水的泄漏物，修筑的水坝必须能收容整个水体；对于在水中下沉而又不溶于水的泄漏物，只要能把泄漏物限制在坝根就可以，未被污染水则从坝顶溢流通过；对于不溶于水的漂浮性泄漏物，以一边河床为基点修筑大半截坝，坝上横穿河床放置管子将出液端提升至与进液端相当的高度，这样泄漏物被拦截，未被污染水则从河床底部流过。

6.3.6.5 设置表面水栅

表面水栅可用来收容水体的不溶性漂浮物。通常充满吸附材料的表面水栅设置在水体的下游或下风向处，当泄漏物流至或被风吹至时将其捕获。当泄漏区域比较大时，可以用小船拖曳多个首尾相接的水栅或用钩子钩在一起组成一个大栅栏拦截泄漏物。为了提高收容效率，一般设置多层水栅。使用表面水栅收容泄漏物的效率取决于污染液流、风及波浪。使用表面水栅的关键是栅栏材质必须与泄漏物相容。

6.3.7 环境应急监测

事故发生后，应按照应急指挥办公室的指令，协调应急监测人员，开展应急监测工作。具体监测布点、方法等参见本书第八章环境监测。

第7章 清洁生产

人类文明一开始就伴随着环境的破坏，但环境问题的出现及其严重化始于近代，伴随内燃机的发明以及煤炭和石油的利用，工业革命的发生使得环境破坏日趋严重。在19世纪之前，环境破坏还仅仅局限于局部范围，但是到20世纪80年代之后，全球规模的环境问题日渐突出，如全球气候变暖、臭氧层的耗损与破坏、生物多样性减少、酸雨蔓延、森林锐减、土地荒漠化、大气污染、海洋污染、固体废物污染等。这些环境问题与人口爆发、资源过度开发等相互交织在一起，构成了全球规模的复杂问题。伴随着环境问题规模的扩大，人们对于环境问题产生根源的思考也不断深刻，逐渐意识到：环境问题的发生，不单单是污染物对环境的破坏，而更是自然资源的过度利用和不合理的放置。

面对地球环境问题，人类被迫在政治、经济、环境、文化、生活方式、价值观等涉及人类生活的一切领域进行巨大的变革，由此人们提出了许多有关建立环境保护新体系的思想及方法论，如人类环境权、可持续发展、循环再利用型生产体系、环保型生活方式以及生态社会主义、循环经济等。其中，可持续发展是20世纪70年代末针对如何协调环境与发展的关系这一课题而提出来的，一经提出便迅速为世界各国所接受，并于1992年6月在巴西里约热内卢联合国环境与发展大会上正式确立下来，可持续发展被认为是解决人类自身危机的根本途径，并逐渐成为工业活动及人类行为的指导准则。清洁生产正是在这种背景下逐渐形成并发展起来的。

7.1 清洁生产发展历程

7.1.1 清洁生产在国际上的形成过程

清洁生产是在人们对于环境问题的关注过程中逐渐发展起来的。

发达国家由于经济快速发展，忽视对工业污染的防治，致使环境污染问题日益严重。公害事件不断发生，如马斯河谷烟雾事件(1930年)、洛杉矶光化学烟雾事件(1943年)、多诺拉烟雾事件(1948年)、伦敦烟雾事件(1952年)、水俣病事件(1953~1956年)、骨痛病事件(1955~1972年)、日本米糠油事件(1968年)、印度博帕尔事件(1984年)、切尔诺贝利核泄漏事件(1986年)、剧毒物污染莱茵河事件(1986年)，对人体健康造成极大危害，生态环境受到严重破坏，社会反映非常强烈。环境问题逐渐引起各国政府的极大关注，并采取了相应的环保措施和对策。例如增大环保投资、建设污染控制和处理设施、制定污染物排放标准、实行环境立法等，以控制和改善环境污染问题，取得了一定的成绩。但是通过多年的实践，这种仅着眼于控制排污口(末端)，使排放的污染物通过治理达标排放的办法，虽在一定时期内或在局部地区起到一定的作用，但并未从根本上解决工业污染问题。其原因在于：

第一，工业生产中所排放的污染物数量越来越大，污染物的种类越来越多，需要制定的标准越来越多，从而出现尽管实现达标排放，但是污染物的排放量仍然很大，必然产生越来越大的环境污染效果，再加上需要制定的新排放标准不能及时发布也造成控制污染物排放无标准可依的状态。

第二，由于污染治理技术有限，治理污染实质上很难达到彻底消除污染的目的。因为一般末端治理污染的办法是先通过必要的预处理，再进行深化处理后排放。而有些污染物是不能生物降解的，只是通过稀释来实现达标排放，而稀释排放，不仅污染环境，甚至有的治理不当还会造成二次污染；另外，有的治理只是将污染物转移，废气变废水，废水变废渣，废渣堆放填埋，污染土壤和地下水，形成恶性循环，破坏生态环境。

第三，只着眼于末端处理的办法，不仅需要投资，而且使一些可以回收的资源(包含未反应的原料)得不到有效的回收利用而流失，致使企业原材料消耗增高，产品成本增加，经济效益下降，从而影响企业治理污染的积极性和主动性。

因此，发达国家通过治理污染的实践，逐步认识到防治工业污染不能只依靠治理排污口(末端)的污染，要从根本上解决工业污染问题，必须“预防为主”，将污染物消除在生产过程之中，实行工业生产全过程控制。20 世纪 70 年代末期以来，不少发达国家的政府和各大企业集团(公司)都纷纷研究开发和采用清洁工艺(少废无废技术)，开辟污染预防的新途径，把推行清洁生产作为经济和环境协调发展的一项战略措施。发达国家通过“废物最小化”、“零排放”、“污染预防付费”、“有毒排放物清单优先削减”和“污染物削减”等计划，从源头削减污染，走出一条有别于单纯依赖末端治理的路子，联合国环境规划署在归纳上述做法的基础上，于 1989 年提出了“清洁生产”的战略。

7.1.2 清洁生产在我国的推行过程

我国清洁生产经过三十多年的发展总体上来说经历了清洁生产引进消化(1983~1992 年)、清洁生产立法(1993~2003 年)、清洁生产循序推进制度化(2003 年至今)三个阶段。

第一阶段(1983~1992 年)：清洁生产引进消化阶段。

1983 年，第二次全国环境保护会议，明确提出经济、社会、环境效益“三统一”的指导方针。

1989 年，联合国环境规划署提出推行清洁生产的行动计划后，清洁生产的理念和方法开始引入我国。1992 年 9 月，联合国环境署在厦门举办清洁生产培训班，首次引入清洁生产概念。

1992 年 8 月，国务院制定了《环境与发展十大对策》，提出“新建、改建、扩建项目时，技术起点要高，尽量采用能耗物耗小、污染物排放量少的清洁生产工艺”，清洁生产成为解决我国环境与发展问题的对策之一。发布“中国清洁生产行动计划”。

第二阶段(1993~2003 年)：清洁生产立法阶段。

1993 年 10 月在上海召开了第二次全国工业污染防治会议，会上确立了清洁生产在我国工业污染控制中的地位。

1994 年 3 月国务院常务会议讨论通过了《中国 21 世纪议程——中国 21 世纪人口、环境与发展白皮书》，专门设立了“开展清洁生产和生产绿色产品”这一领域。

1996 年 8 月，国务院颁布了《关于环境保护若干问题的决定》，明确规定所有大、中、小型新建、扩建、改建和技术改造项目，要提高技术起点，采用能耗物耗小、污染物排放量少的清洁生产工艺。

1997 年 4 月，原国家环保总局制定并发布了《关于推行清洁生产的若干意见》，要求地方环境保护主管部门将清洁生产纳入已有的环境管理政策中，以便更深入地促进清洁生产。为指导企业开展清洁生产工作，国家环保总局还编制了《企业清洁生产审核手册》以及啤酒、造纸、有机化工、电镀、纺织等行业的清洁生产审核指南。

1999 年 5 月，原国家经贸委发布了《关于实施清洁生产示范试点的通知》，选择北京、上海等 10 个试点城市和石化、冶金等 5 个试点行业开展清洁生产示范和试点。

1998 年 10 月中国国家环保总局原副局长王心芳代表我国政府在《国际清洁生产宣言》上郑重签字，我国成为《宣言》的第一批签字国之一。

2003 年 1 月 1 日，《中华人民共和国清洁生产促进法》正式实施。

第三阶段(2003 年至今)：清洁生产循序推进阶段。

随着《中华人民共和国清洁生产促进法》(以下简称《清洁生产促进法》)的出台，我国推进清洁生产工作发展迅速，建立了冶金、化工、轻工、有色、机械等行业清洁生产中心及760 多家清洁生产审核咨询服务机构，中央与地方制定颁布了《关于加快推行清洁生产的意见》、《清洁生产审核暂行办法》等一系列推进清洁生产的政策、法规和制度；发布了《工业企业清洁生产审核技术导则》、《工业清洁生产评价指标体系编制通则》以及 30 个行业清洁生产评价指标体系等清洁生产标准。中央财政设立了节能、节水、节材、综合利用及清洁生产专项资金，地方工业主管部门加大节能减排资金对清洁生产的支持力度，实施了一大批清洁生产技术改造项目。发布 3 批清洁生产技术导向目录、27 个重点行业清洁生产技术推行方案；石化、轻工、建材、有色、纺织等行业成功开发出一批先进的清洁生产技术。国家对于清洁生产的大力推动，为行业实施清洁生产提供了良好的机遇。

2012 年工业和信息化部、科技部、财政部制定发布了《工业清洁生产推行“十二五”规划》。

2012 年 2 月 29 日第十一届全国人民代表大会常务委员会第二十五次会议通过了经修改后的《中华人民共和国清洁生产促进法》，于 2012 年 7 月 1 日正式施行。

7.1.3 清洁生产的定义

《清洁生产促进法》给出如下的定义：清洁生产是指不断采取改进设计、使用清洁的能源和原料、采用先进的工艺技术与设备、改善管理、综合利用等措施，从源头削减污染，提高资源利用效率，减少或者避免生产、服务和产品使用过程中污染物的产生和排放，以减轻或者消除对人类健康和环境的危害。

《清洁生产促进法》给出的清洁生产定义包含两层含义，一是清洁生产的内容；二是清洁生产的目的。清洁生产的目的与制定法律的目的相一致。清洁生产的内容有“改进设计”、“清洁的原料和能源”、“先进的工艺技术与设备”、“综合利用”、“改善管理”，可见，采用清洁的工艺技术是推动清洁生产工作的关键，而且清洁生产是一个“不断”的、持续发展的过程，它滚动发展，逐步达到更高的水平。

联合国环境规划署将清洁生产定义为：

清洁生产是指将综合性预防的战略技术持续地应用于生产过程、产品和服务中以提高效率和降低对人类安全和环境的风险。

对生产过程来说，清洁生产是指节约能源和原材料，淘汰有害的原材料，减少和降低所有废物的数量和毒性。

对产品来说，清洁生产是指降低产品全生命周期（包括原材料开采到寿命终结的处置）对环境的有害影响。

对服务来说，清洁生产是指将预防战略结合到环境设计和所提供的服务中。

在《清洁生产促进法》颁布以前，我国一直沿用联合国环境署对清洁生产的定义。上述两个定义表述不同，但内涵是一致的。《清洁生产促进法》关于清洁生产的定义，借鉴了联合国环境规划署的定义，结合我国实际情况，表述更加具体、更加明确，便于理解。

7.1.4 清洁生产与末端治理的关系

清洁生产的思想是实行产品生命周期全过程控制，力争在生产的过程中降低或者消除污染物的产生量，将污染物消除在生产过程中，从而减少资源的消耗，提高资源利用率，减少污染物的排放，即通过减少产生量来实现减排。清洁生产是一种积极、主动的态度。末端治理模式主要着眼于末端，即对生产过程中已经产生的污染物实施无害化处理，实现减排。所以末端治理总是处于一种被动的、消极的地位。两者关系如图 7-1-1。

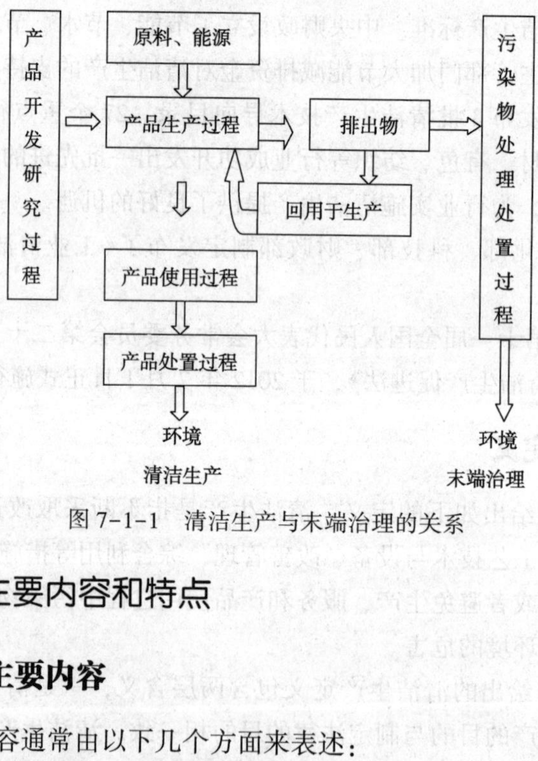

图 7-1-1　清洁生产与末端治理的关系

7.2 清洁生产的主要内容和特点

7.2.1 清洁生产的主要内容

清洁生产的主要内容通常由以下几个方面来表述：

（1）清洁及高效的能源和原材料利用。清洁利用矿物燃料，加速以节能为重点的技术进步和技术改造，提高能源和原材料的利用效率。

（2）清洁的生产过程。采用少废、无废的生产工艺技术和高效生产设备；尽量少用、不用有毒有害的原料；减少生产过程中的各种危险因素和有毒有害的中间产品；组织物料的再循环；优化生产组织和实施科学的生产管理等。

（3）清洁的产品。产品应具有合理的使用功能和使用寿命；产品本身及在使用过程中，对人体健康和生态环境不产生或少产生不良影响和危害；产品失去使用功能后，应易于回收、再生和复用等。

7.2.2 清洁生产的特点

（1）源头削减。清洁生产的最鲜明特点是在源头减少或者消除废弃物的产生，减少任何未经循环利用、处理或处置的有害物质和污染物以任何方式排入环境的量。

（2）清洁生产要求两个“全过程”控制。一是产品的生命周期全过程控制。即从原材料加工、提炼到产品产出、产品使用直到报废处置的各个环节采取必要的措施，实现产品整个生命周期资源和能源消耗的最小化。二是生产的全过程控制。即从产品开发、规划、设计、建设、生产、储运以及管理的全过程，采取措施，提高效率，防止生态破坏和污染的发生。

（3）持续改进是清洁生产最大的特点。清洁生产英文为 Cleaner Production，是比较级，是一个相对性的概念，含有连续不断、持续改进的过程。清洁生产是一个相对的、动态的概念。所谓清洁的工艺技术、生产过程和清洁产品是和现有的工艺和产品相比较而言的。推行清洁生产，本身是一个不断完善的过程，随着社会经济发展和科学技术的进步，需要适时地提出新的目标，争取达到更高的水平。

7.3 我国清洁生产政策法规

7.3.1 清洁生产法律法规

《清洁生产促进法》是我国第一部以污染预防为主要内容的专门法律，以立法的形式规定在全国范围内实施清洁生产。2002 年 6 月 29 日全国人大常委会通过，2003 年 1 月 1 日起施行。2012 年 2 月 29 日全国人民代表大会常务委员会通过了关于修改《中华人民共和国清洁生产促进法》的决定，修改后的《清洁生产促进法》已于 2012 年 7 月 1 日实施。

《清洁生产促进法》第三条规定“在中华人民共和国领域内，从事生产和服务活动的单位以及从事相关管理活动的部门，依照本法的规定，组织、实施清洁生产”。《清洁生产促进法》适用的主体包括工业企业、农业、服务行业及政府部门。

《清洁生产促进法》第五条规定，全国的清洁生产工作由国家发展和改革委员会综合协调，环保、工业、科技、财政和其他有关部门，按照各自的职责，负责有关的清洁生产促进工作。

《清洁生产促进法》明确了企业实施清洁生产的责任。对生产企业的清洁生产要求分为指导性要求、强制性要求和自愿性规定三种类型。有下列情形之一的企业，应当实施强制性清洁生产审核：

（1）污染物排放超过国家或者地方规定的排放标准，或者虽未超过国家或者地方规定的排放标准，但超过重点污染物排放总量控制指标的；

（2）超过单位产品能源消耗限额标准构成高耗能的；

（3）使用有毒、有害原料进行生产或者在生产中排放有毒、有害物质的。

污染物排放超过国家或者地方规定的排放标准的企业，应当按照环境保护相关法律的规定治理。

实施强制性清洁生产审核的企业，应当将审核结果向所在地县级以上地方人民政府负责清洁生产综合协调的部门、环境保护部门报告，并在本地区主要媒体上公布，接受公众监督，但涉及商业秘密的除外。

由此可见，存在两种情况，一种情况为污染物排放不达标或总量超标准的企业（简称“双超”企业）；另一种情况为“超过单位产品能源消耗限额标准构成高耗能的”（简称“超能耗”企业）、“使用有毒、有害原料进行生产或者在生产中排放有毒、有害物质的企业”（简称“双有”企业），这三类型企业应当定期进行清洁生产审核。按《清洁生产促进法》的条文，对于使用有毒、有害原料进行生产或者在生产中排放有毒、有害物质的企业，不实施清洁生产审核也是违法的。石油化工企业大都属于强制性清洁生产审核的范畴。

为了落实《清洁生产促进法》提出的任务，国务院、国家发展改革委、工信部、环保部等政府主管部门陆续颁布了相应配套的有关政策、指导意见、规定、管理办法等，形成了促进清洁生产的法规政策体系（见表 7-3-1）。

表 7-3-1　政府主管部门颁布的政策文件

时　间	政府主管部门	政 策 文 件	主 要 内 容
2003	国务院	转发 11 部委联合文件《关于加快推行清洁生产的意见》	提出推行清洁生产的总体工作意见
2004	原国家环保总局、国家发改委	《清洁生产审核暂行办法》（第 16 号令）	明确了清洁生产审核主要内容、方法、范围等。清洁生产审核分为自愿性审核和强制性审核
2005	原国家环保总局	《重点企业清洁生产审核程序的规定》（环发［2005］151 号）	首次明确解答了“审什么”、“谁来审”、“审到什么程度”三个问题，使强制性清洁生产审核有了实质性的法规政策依据，标志着强制性清洁生产审核有章可依、有规可循
2008	环境保护部	《关于进一步加强重点企业清洁生产审核工作的通知》（环发［2008］60 号）	明确了需重点审核的有毒有害物质名录，需强制清洁生产审核的重点企业范围及其评估、验收等要求
2009	工业和信息化部	《工业和信息化部关于加强工业和通信业清洁生产促进工作的通知》（工信部节［2009］461 号）	明确了工业和通信业领域推进清洁生产的工作重点和各项任务
	财政部、工信部	《中央财政清洁生产专项资金管理暂行办法》（财建［2009］707 号）	进一步规范了中央财政清洁生产专项资金的使用与管理，明确了应用示范项目、推广示范项目清洁生产专项资金申请报告要点
2010	环境保护部	《关于深入推进重点企业清洁生产的通知》（环发［2010］54 号）	明确了五个重金属污染防治重点防控行业、七个产能过剩行业及《重点企业清洁生产行业分类管理名录》21 个行业类别等三种类型行业强制实施清洁生产审核周期的要求
2012	工信部	工业清洁生产推行“十二五”规划（工信部联规［2012］29 号）	明确了“十二五”期间工业清洁生产推行的主要任务和重点工程

除国家层面的清洁生产法律法规政策文件外，各省（自治区、直辖市）也制定和发布了

推行清洁生产的实施办法和配套政策。我国形成了从国家到地方、从原则性规定到具体实施办法的清洁生产法律法规政策体系，从而有效地规范和指导各地区、各行业的清洁生产工作。

7.3.2 清洁生产标准

清洁生产标准是资源节约与综合利用标准化工作的重要组成部分。为贯彻实施《环境保护法》和《清洁生产促进法》，保护环境，指导企业实施清洁生产和推动环境管理部门的清洁生产监督工作，国家发展改革委、环保部自2006年以来分别组织编制清洁生产评价指标体系30个(其中石油与化工行业13个)、清洁生产标准58个(其中石油与化工行业12个)。

我国的行业清洁生产标准，是根据生产(服务)过程的8个方面，从污染预防思想出发，将清洁生产指标分为六大类，即生产工艺与装备要求(定性)，资源能源利用指标(定量)，产品指标(定量)，污染物产生指标(末端处理前)(定量)，废物回收利用指标(定量)，环境管理要求(定性)。在上述指标的基础上，根据行业特点、行业技术装备水平、管理水平和行业企业在清洁生产方面的发展趋势，又将每个指标分为三个等级：一级为国际清洁生产先进水平，二级为国内清洁生产先进水平，三级为国内清洁生产基本水平。其中，三级代表目前在国家技术许可的前提下，进行清洁生产的企业应该达到的最基本的水平，二级水平代表目前国内相关行业清洁生产的发展方向，一级水平则代表目前国际上相关行业清洁生产的发展方向。

清洁生产标准是企业进行清洁生产审核的关键依据。根据清洁生产标准中的各级指标，可以判断出生产过程各项数据的优劣，经科学分析，找出废物产生和排放的原因，有针对性地制定清洁生产方案并加以实施，达到减排的清洁生产目的。清洁生产标准还可以作为企业清洁生产审核实际效果的评判标准。

7.3.3 清洁生产相关产业政策

产业政策是国家加强和改善宏观调控、通过淘汰落后生产工艺、技术，限制生产淘汰落后产品等措施，抑制固定资产投资过快增长、制止部分行业盲目扩张、有效调整和优化产业结构、提升产业素质，保持国民经济持续、快速、健康发展的重要手段。

企业发展必须符合国家相关产业政策，判定企业是否符合国家相关的产业政策，依据如下几个方面。

①《产业结构调整指导目录(2013年修改)》。该目录以加快我国经济发展方式转变，推动产业结构调整和优化升级，完善和发展现代产业体系为目的。产业发展条目分为鼓励发展类、限制发展类和禁止发展类三大类，不属于上述三类且符合有关法律、法规、规划和政策规定的，为允许发展类。产业发展条目起到行业发展引领作用。

② 行业准入条件，如《氯碱(烧碱、聚氯乙烯)行业准入条件》、《电石行业准入条件》、《焦化行业准入条件》、《氟化工行业准入条件2012》、《黄磷行业准入条件》等。

③ 限制淘汰类目录也是国家产业政策重要组成部分。如《部分工业行业淘汰落后生产工艺装备和产品指导目录》、《高耗能落后机电设备(产品)淘汰目录(第一批、第二批、第三批)》，该目录为加快淘汰落后生产能力，促进工业结构优化升级而制定。

7.4 清洁生产的实施途径

清洁生产定义中已提出实施清洁生产的5个途径，一是改进设计，二是使用清洁的能源和原料，三是采用资源利用率高、污染物产生量少的先进的工艺技术与设备；四是改善管理；五是综合利用。另外，清洁生产也不排斥必要的末端治理，同时做好清洁生产也需要宣传和培训，通过开展清洁生产审核来发现清洁生产潜力和机会。下面分别进一步说明。

7.4.1 改进设计

7.4.1.1 采用清洁生产工艺技术、设备

首先要求规划与设计部门在新、改、扩建工程前的规划设计中考虑到如下因素："采用先进的清洁生产工艺与设备"。我们也可以将其称为清洁生产工艺，清洁生产工艺是源头控制污染的最佳措施，如石油开发中采用丛式井、分支井、小井眼井钻井工艺，可以大大减少废弃泥浆产生量，有效节约土地资源；改常规油气集输锅炉伴热为太阳能辅助电加热，可以取消锅炉，节约燃料，杜绝锅炉烟气排放。石油炼制中采用汽、柴油加氢精制工艺取代酸碱精制工艺，削减以至消除废酸碱液。采用催化原料油加氢脱硫工艺，在催化原料进入装置之前，先对其进行加氢脱硫预处理，使原料中硫、氮大幅度降低，从而为催化裂化装置提供了低含硫量的催化原料。催化原料的改善不仅可降低再生烟气中的SO_2含量，减少含硫废水等其他污染物的产生，而且对减少设备的腐蚀，提高产品质量也大有好处。

设备质量和其能耗参数对企业的清洁生产十分重要，如果采用质量好、效率高的节能设备，有助于提高效率，降低能耗和污染。如采油井使用永磁电机，每口井年节电1×10^4kW·h。使用带压作业装置，平均每口井减少废水产生量200m^3，节省作业周期，节约废水拉运和处理费用；采用陶瓷纤维作为加热炉隔热材料，隔热性能良好，改造后的加热炉炉壁温度可由70~80℃降为40~50℃，加热炉效率可提高1%~1.5%，在相同热负荷情况下，可节省燃料，减少一定量的烟气排放。使用变频机泵、用循环式采样设备替代放料式采样设备等，均对企业的清洁生产起重要作用。

7.4.1.2 优化产业结构及产品结构

我国之所以资源浪费、环境污染的问题非常突出，很大程度上在于企业至今仍在使用落后的生产技术、工艺、设备和产品。为解决"结构型"污染和资源能源的浪费，国家对浪费资源和严重污染环境的落后生产技术、工艺、设备和产品实行限期淘汰制度。制止低水平重复建设、加快产业结构调整，促进生产技术、工艺、设备和产品升级换代。

对于炼化企业而言，在产业结构上，扩大炼化企业单套装置的加工规模和综合加工能力，建设规模大于1000×10^4t/a的蒸馏装置，建设规模大于2000×10^4t/a的石油炼制企业；逐步关闭规模小于100×10^4t/a的小炼厂；建立液体原料和产品的管道化运输，可节约成本、减少污染。在工艺技术上，通过技术创新，实现高新技术对传统炼化工业的改造和升级；增加加氢精制能力；发展石油深加工工艺，做到"吃干榨净"，提高资源利用效率。在产品结构上，调整装置结构，选择合理的原油加工深度，提高产品质量，生产清洁燃料及化工产品。

7.4.2 使用清洁的能源和原料

尽量使用清洁的能源和原料。对于电力工业而言，使用水、风、核发电要比煤发电清洁得

多。对石油石化而言，使用轻质低硫原油或天然气要比使用重质高硫原油或煤炭要清洁得多。使用清洁能源和原料是实施清洁生产的最佳途径。但由于受客观条件所限，在实际应用中企业较难获取清洁的能源和原料。但从国家层面，要鼓励新能源的开发并给予政策上的支持。

7.4.3 采用先进的工艺技术与设备

7.4.3.1 改革工艺与设备

采用先进的工艺技术与设备与改进设计的思路基本相同。无论是在新企业的设计阶段还是在生产运行阶段，都要时刻考虑有利于清洁生产的技术更新。在生产运行阶段，应积极开发有利于清洁生产的新技术、新工艺和新设备。先进的清洁生产工艺技术与设备有如下特点：原料转化率高，废弃物产生量小，工艺流程短或生产周期短，生产装置规模大，自动化程度高，能量消耗小。因此，不但生产效率高、成本低、利润大，而且资源能源利用率高、污染物产生量小，甚至有的新工艺还可以消除某一种污染物的产生。

7.4.3.2 改进操作

改进操作是介于清洁生产工艺改进与加强管理之间的措施，是现有企业实施清洁生产的重要途径。油气田开发和石油炼制改进操作可从以下几方面考虑。

(1) 油气田开发

① 运用钻井“五个一”组合技术，即在井深小于2200m、井身剖面简单、泥浆性能要求不高的情况下，使用一个PDC钻头、一根螺杆、一趟钻、一星期完钻、一次电测成功，提高钻井时效。

② 在一般地区，注意地层变化，控制泥浆参数，抑制地层造浆，减少废弃泥浆量。

③ 在满足集输的条件下，适当降低管线、储罐保温温度，可以降低能耗。

④ 根据气温变化和区块原油含水水平，实施常温集输或间隙保温，降低能耗，减少废气污染物排放。

⑤ 根据地层情况，优化压裂液配制，减少返排液量。

(2) 石油炼制

① 实现连续操作，减少开车、停车次数，保持生产过程的稳定状态，减少因开停车造成的烃类损失。

② 在原有工艺基础上，适当改变工艺条件，如温度、流量、压力等，也能收到节能减排的效果。

③ 改进换热流程，近年来发展了换热流程优化计算程序，打破装置界限，借助计算机对生产装置的换热流程进行优化，提高热利用率。

④ 合理调度，油罐尽可能装到允许程度，尽量减少油罐进出次数。

⑤ 在罐车装卸油品时，在条件允许的情况下，应尽可能在降低温度时操作，减低油品损失。

7.4.4 综合利用

企业在实施清洁生产中，优先考虑的措施是减少生产过程中污染物的产生，其次再考虑废弃物的回收利用和循环使用。目前在企业有很多废弃物回收利用和循环使用的案例。

(1) 油气田开发

① 回用钻井废水，减少钻井新鲜水耗。

② 设置泥浆回收处理站，集中回收处理泥浆，大量减少废弃泥浆产生量。

③ 回收油井套管气，减少烃类无组织排放，降低能耗。

④ 回用锅炉冷凝水，降低能耗。

⑤ 循环使用作业洗井水，减少水耗，降低废水处理费用。

(2) 石油炼制

① 将流失的物料和生产中生成的废料经适当处理后，作为原料或原料替代物返回原生产流程中。

② 根据工艺过程对水质的不同要求，采取一水多用、重复串联使用等措施，以提高水利用率，降低用水量，削减排污量。

③ 回收火炬气等烃类气体，建立健全系统管网和回收利用体系(气柜、水封罐和压缩机等)，不正常工况时排出的火炬气进入气柜，回收利用。

④ 油品装车时可采用密闭装车油气回收设施，回收的油气可作为加热炉、锅炉的燃料。

⑤ 充分利用反应放出的热量，以降低能耗。

⑥ 废弃物经适当加工作为本企业或其他企业的原材料，或直接作为副产品出售。

7.4.5 加强管理

许多污染物产生和物料流失的环节是由于管理不善造成的。采取有效的管理措施可使企业在有限资金投入的情况下，实现清洁生产。清洁生产管理包括原料管理、设备管理、生产过程管理、产品质量管理、现场环境管理等。推行清洁生产可采取如下一些管理措施。

(1) 制定明确、可行的各项规章制度、操作规程和岗位责任制，特别是异常工况(开停工、检维修等)下的操作规程。各项制度中要充分体现污染物源头控制及节水节能要求，认真执行。建立能耗、物耗及污染物产生量台账。

(2) 安装必要物料计量及污染物监测仪表，加强计量监督。将节能、降耗、减污的目标分解到企业的各个层级，落实到各个岗位，纳入岗位责任制中。对生产过程中各种消耗指标和排污指标进行严格的监督，实行日公布、周小结、月分析的办法，及时发现问题，解决问题。

(3) 强化设备的维护保养制度，保证设备的完好率，消除物料的跑冒滴漏，减少非计划停工。

(4) 严格监督，公平奖惩。公平的奖惩有利于调动员工的积极性，并把员工的切身利益与企业推行清洁生产的实际效果结合起来。

7.4.6 清洁的末端处理

在我国《清洁生产促进法》中给出的清洁生产定义中并未涉及污染物的末端处理，清洁生产的要点是生产过程中的污染物控制，减少在生产过程的资源浪费及污染物的产生，但清洁生产本身是一个相对的概念，在目前的技术水平条件下，实现完全彻底的“零废物”产生是做不到的，产生废物难以避免，因此还需要对它们进行必要的处理和处置，使其对环境的危害降至最低，还需要建设必要的末端治理设施，来保证企业达到国家或者地方要求的“三废”排放标准，使其对环境的危害降至最低。但是，之所以这里将末端治理特别列出，主要是考虑到这里所介绍的末端治理和以前传统认识的末端治理还是有差别的：

(1) 末端处理只是一种采取其他预防措施之后的最后把关措施，而不像以往那样处于实际上优先考虑的地位。按照清洁生产的概念，采取污染防治行动的优先次序应该是：源削减，厂内循环，厂外循环，处理，焚烧，填埋。其目的是使废弃物和排放物无害化、减量化和固态化，便于最终的排放、堆埋和存放。

(2) 末端处理作为控制污染的最后把关措施，意味着它所需要处理的废物数量已经通过其他途径得到了明显的削减，这样可以降低处理的负荷，减少处理的费用。

(3) 厂内的末端处理往往作为厂外集中处理的预处理措施，如废水送往城市污水处理厂、固体废物送往集中的填埋场等。

(4) 厂内的末端处理技术也应该采用先进的清洁生产处理技术，提高资源能源利用效率，避免或者降低二次污染的产生和排放。

7.4.7 宣传与培训

由于清洁生产是将整体污染预防的思想贯穿于整个生产过程、渗透到生产过程每个环节，涉及企业的每一个管理者、技术人员和工人，如果宣传的不够，企业领导认识不高，就不会组织协调各有关部门开展此项工作。即使搞了清洁生产，也难以持久或达到较高的水平。如果员工清洁生产意识不高，清洁生产措施难以落实。在清洁生产审核中约60%~70%的方案为无、低费方案。低费方案的实施很大程度上需要员工改变已有的操作行为，变粗放操作为精细操作，难度较大。只有员工对清洁生产有了真正的认识，才能自觉自愿地改变自己的行为模式，积极主动地做有利于清洁生产的事，清洁生产才能落到实处。清洁生产必须动员全员参与，各相关部门协同配合，共同完成。因此，必须在企业内开展清洁生产宣传，对企业员工开展清洁生产培训，增强员工的清洁生产意识，使对清洁生产消极的员工转变为积极员工，主动参与到清洁生产从审核到方案实施的全过程中来。

7.4.8 清洁生产审核

清洁生产审核同样是企业实施清洁生产的重要方法，其目的是指导企业实现清洁生产。清洁生产审核过程可概述为通过全面系统的核查、评价原料、能源、废弃物产生量等状况；从原材料、工艺技术、生产运行管理等多途径，识别、寻找污染物减量的机会和方法，提出清洁生产方案并加以实施；同时提高企业管理者与广大职工的清洁生产意识。企业可通过清洁生产审核的方式取得上述清洁生产实施途径的综合效果。

7.5 清洁生产审核及其程序

7.5.1 清洁生产审核的定义、特点和目的

企业开展清洁生产，成熟的做法就是进行清洁生产审核。清洁生产审核有一套完整的程序，是企业实施清洁生产的核心。

7.5.1.1 清洁生产审核的定义

《清洁生产审核暂行办法》给出了清洁生产审核定义，清洁生产审核是指按照一定程序，对生产和服务过程进行调查和诊断，找出能耗高、物耗高、污染重的原因，提出减少有毒有害物料的使用、产生，降低能耗、物耗以及废物产生的方案，进而选定技术经济及环境可行的清洁生产方案的过程。

清洁生产审核是实施清洁生产最主要、最具可操作性的方法。它通过对企业生产的产品、生产过程及服务的全过程进行预防污染、提高效率的分析和评估，从而发现问题，提出解决方案，并通过方案的实施在源头减少或消除废弃物的产生，实现清洁生产“节能降耗，减污增效”的目标。

7.5.1.2 清洁生产审核的特点

(1) 鲜明的目的性

它的目的是消除、减少废弃物的产生，根据因果关系，它特别强调与节能、降耗、减污的一致和与现代企业管理的一致。

(2) 完整的系统性

它以生产过程为主体，考虑到影响废弃物产生的各个方面，设计了一套发现问题、分析问题、解决问题、持续实施的完整而系统的方法。

(3) 突出预防性

它不是传统的“末端治理”，它特别强调要在生产全过程和产品生命周期及服务领域做到源削减，预防污染，这一思想贯穿于审核的全过程。

(4) 符合经济性

生产全过程各个环节都要从源头削减和预防污染出发，提高资源的利用率，减少废弃物的产生，这就是要少用资源、能源，提高生产效率，降低成本，多出产品，减少末端治理的投资和运行费用，增加经济效益。事实上，已开展清洁生产审核的企业无不证明它会带来明显的经济效益。

(5) 强调持续性

它十分强调持续性，无论是审核重点的选择，还是方案的滚动实施均体现了从点到面、逐步改进的持续性原则。

(6) 注重可操作性

它的每一个步骤均能与企业的实际情况相结合，在审核程序上是规范的，在方案实施上是灵活的，当企业的经济等条件有限时，可先实施无、低费方案，积累资金，创造条件，逐步实施中、高费方案。

7.5.1.3 清洁生产审核的目的

通过清洁生产审核，可达到以下 5 个方面的目的：

(1) 核对有关单元操作、原材料、产品、用水、能源和废弃物的资料；

(2) 确定废弃物的来源、数量以及类型，确定废弃物削减的目标，制定经济有效的削减废弃物产生量的对策；

(3) 提高企业对由削减废弃物获得效益的认识；

(4) 确定企业效率低的“瓶颈”部位和管理不善的地方；

(5) 提高企业经济效益和产品质量。

由此可以看出，清洁生产审核可以判定生产过程中不合理的废物流和物料流失部位，进而分析其原因，提出削减它的可行方案并组织实施，从而减少废弃物的产生和排放，提高资源利用率，实现清洁生产的目标。

7.5.2 清洁生产审核的思路

清洁生产审核的出发点是源削减，通过审核查清生产效率低和物料流失的原因，从加强生产管理和改进工艺过程控制入手，提高生产效率，减少物料流失，同时也降低物耗、能耗和减少了废物的产生。清洁生产审核的核心是判明废弃物的产生部位，分析废弃物的产生原因，提出方案减少或消除废弃物。图 7–5–1 表述了清洁生产审核的思路。

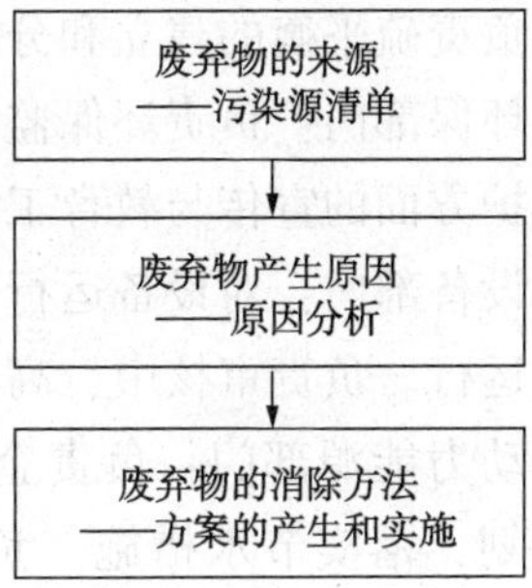

图 7–5–1 清洁生产审核的思路

7.5.3 清洁生产审核的程序

按照《清洁生产审核暂行办法》的要求，清洁生产审核程序原则上包括：审核准备、预审核、审核、方案的产生和筛选、实施方案的确定、编写清洁生产审核报告等。另外，清洁生产审核也是一轮之后有另外一轮，企业清洁生产审核具有持续性，还应该包括持续清洁生产的内容。现简介如下：

7.5.3.1 审核准备

本阶段的目的是通过宣传、教育和培训，使企业各级领导和员工对清洁生产有一个初步的、比较正确的认识，克服思想和观念上的障碍，了解企业清洁生产审核的目的、要求、内容和工作程序，组建机构，制定计划。本阶段的要点是：

(1) 取得领导支持

积极利用内部和外部的影响力，及时向企业领导宣传和汇报国际、国内推行清洁生产的大趋势和清洁生产审核可能给企业带来的正面效应，如节约资源能源、减少环境影响、提高经济效益、改善企业形象、促进技术进步、推动现代化管理、加强竞争力，以及介绍国内外同类企业(装置)实行清洁生产的实例，以取得领导和审核工作的大力支持。

(2) 组建清洁生产审核领导小组及其办公室

清洁生产领导小组组织审定企业清洁生产规划、计划、年度清洁生产目标；协调解决清洁生产工作中出现的重大问题；负责审核、批准重大清洁生产方案，确定方案实施责任部门、责任人。

审核领导小组由企业领导和有关部门负责人组成，必须具有权威性，有责有权、精干高效。特大型、大型企业分两个层次，即清洁生产领导小组和审核工作小组，中、小型企业可考虑一个层次。其成员应考虑到审核工作的需要和各自业务的结合，基本组成如下：

领导小组组长应由企业行政一把手担任，成员由生产、技术、环保、设备、动力能源、科研、计划、财务、审计、企业管理、供应销售等管理部门负责人组成。各有关成员单位的职责分别为：

经理办公室：负责协调、督办各部门环保、清洁生产方面的工作。

生产(调度)部门：制定节能降耗计划，落实节能降耗方案。根据环保设施的配套能力安排生产计划，优化检修计划。优化原料、优化工艺，减少生产过程中的能耗、物耗和污染物产生。负责物耗、加工损失率、火炬气回收等指标的统计和分析工作。

技术部门：负责审定清洁生产审核中的技术问题和技术方案，制定实施计划，并组织实施。负责硫平衡的建立和分析工作。负责能量消耗情况的统计和分析工作。

环保部门：负责环保监督管理，督促和评估各部门环保职责的落实。负责清洁生产及环境保护方面的宣传与教育工作。负责“三废”综合利用工作。

设备部门：对设备运行及检修的环保负责，努力避免和减少物料的漏失。保证环保设施完好运行。负责审核中、高费清洁生产方案设备方面的选型，并组织实施。

动力能源部门：负责企业用水用电用蒸汽、节水节电节约蒸汽的日常管理，制定节水计划，落实节水措施。负责审定清洁生产审核中提出的节水、节能及清洁能源方案，并组织实施。负责水平衡的建立和分析工作，负责取水量、排水量、蒸汽凝结水回用率、化学制水比、循环冷却水补水率、工业水重复利用率、含硫废水回用率等指标的统计和分析工作。

科研部门：负责开发清洁生产新技术，新材料，并推荐可供实施的先进技术，以持续开展清洁生产。

发展计划部门：将清洁生产思想贯穿于技术改造和新建项目工作中，优先选用清洁的原辅材料、清洁的能源和清洁的生产工艺，优先落实年度和长远计划安排的清洁生产方案资金。在企业的长远规划、计划中要有适合企业发展的清洁生产和环保规划内容。负责新建、扩建、改建项目的环保“三同时”。

财务部门：负责审核清洁生产方案的经济可行性，落实实施资金。负责方案实施后的经济效益评估分析，建立资源综合利用台账，按规定取得税收优惠。

企管部门：负责把清洁生产审核中提出的管理方案纳入企业管理体系，组织制定有关的制度和规定，制定清洁生产激励机制，以调动广大员工开展清洁生产的积极性。

人力资源部门：负责企业环保及清洁生产管理人员的配备，满足清洁生产工作的需要。负责把清洁生产知识纳入培训计划，并组织落实。

宣传部门：配合清洁生产理念、文化的宣传工作。

物资供应部门：负责采购对环境影响较低的设备、原辅材料。负责对具有回收利用价值的废弃物进行回收，其过程需符合环保要求。

销售部门：负责对固体废物去向以及对承包商的环境行为进行跟踪，确保其过程符合环保要求。

检验部门(含环境监测部分)：负责日常的环境监测工作。参与物料输出输入实测，提供清洁生产审核过程所需的分析数据。

工会：负责组织员工合理化建议活动，带动全体员工参与清洁生产工作。

生产作业单位：负责制定本部门(单位)清洁生产审核实施计划，负责清洁生产审核各阶段具体工作的实施，编写审核装置的清洁生产审核报告，开展持续清洁生产审核工作。

由于企业的管理机构不尽相同，所以审核领导小组的组成可参考上述意见并结合企业的实际而设置，但在分工和职责上一定要明确、清楚。

清洁生产办公室：清洁生产办公室在清洁生产领导小组领导下开展工作，负责企业清洁生产文化建设、清洁生产理念引领、清洁生产审核方法指导；对清洁生产审核工作进行检查、指导和协调；负责制定清洁生产管理制度；负责制定各部门清洁生产职责并检查履行情况；负责定期总结清洁生产工作，保证清洁生产持续开展。

清洁生产审核工作小组：由企业领导和各有关部门具体从事清洁生产审核并有分工的人员组成。各职能部门和生产单位要有明确的职责及固定的人员从事本单位清洁生产工作，并进入管理网络系统。

（3）制定工作计划

包括清洁生产审核各个阶段的主要工作内容、完成日期、参与单位和负责人等。

（4）开展宣传教育和培训

利用企业各种例会、有关文件和业务学习的机会进行宣传，编印、发放关于清洁生产及其审核的学习材料，举办讲座和经验交流，运用各种形式包括板报、广播、内部电视、网络等对全员进行宣传教育，克服各类障碍，提高对清洁生产的认识；分级组织培训，使学员明确清洁生产的目的和意义，掌握审核的工作方法。

7.5.3.2 预审核

本阶段的目的是通过对企业全貌进行调研，发现主要问题所在，从而确定审核重点和清洁生产目标。本阶段的要点是：

（1）企业现状调研

对企业的生产、经营、管理、废弃物产生、排放及处理情况进行文件资料和现场调查，从而初步评估企业能耗、物耗、废弃物的产生和排放现状。

（2）确定审核重点

在进行现状调研、现场考察和评估能耗、物耗、产生和排放废物情况的基础上，先确定备选审核重点，然后采用权重总和计分排序法，确定审核重点，亦即本次清洁生产审核的对象。

（3）设置清洁生产目标

制定目标时，应根据环保法规要求，本行业同类装置的先进水平、上级要求以及本企业的具体条件，针对审核重点确定近期(至本次审核为止)、中远期(2~5年)的工作目标。清洁生产目标除削减产、排废弃物指标外，还应包括提高产品收率、减少加工损失和节能、节水、降耗、回收利用等指标。

（4）提出并实施全企业范围内的无、低费清洁生产方案。

7.5.3.3 审核

本阶段的目的是通过审核重点的物料、水、能量和其他的平衡，发现物料流失多的环节和物耗、能耗高的部位，找出废弃物产生的原因。本阶段的要点是：

（1）全面介绍审核重点情况

参照预审核现状调研中的有关内容：如企业(装置)现状、生产现状、管理现状、废弃物产生和排放现状、废弃物处理现状、能源和资源单耗现状、企业(装置)主要技术经济指标等内容收集资料和信息，对审核重点进行制表和说明。此外，企业(装置)的主要技术经济指标还要与国内外同类企业(装置)进行类比，还要反映本企业(装置)历史最好生产水平。

（2）绘制工艺流程图

（3）实测输入、输出物流，建立物料平衡

建立物料平衡主要是寻找不合理的物料流失、资源和能源消耗、废弃物产生的部位和环节，为废弃物产生原因的分析提供依据。

① 编制物流输入、输出汇总表；

② 进行物料平衡实测和计算，编制物料平衡表。输入总量和输出总量之间的误差一般应小于5%。对贵重原、辅料和毒性物流的平衡偏差要更小，要满足行业要求。否则，须分析原因，必要时要进行物流的补测或重测；

③ 绘制物料平衡图，并标明各组成的数量和去向；

④ 绘制水、能量等(如催化剂、溶剂、其他特定物料等)平衡图；

⑤ 评估各个平衡。

通过各个平衡结果及其评估，查找物料不合理流失点和能源不合理消耗处，并分析废弃物产生的原因。

7.5.3.4 方案的产生和筛选

本阶段的目的是针对不合理的问题，产生、筛选、研制清洁生产方案，为下一阶段提供需进行可行性分析的方案。本阶段的要点是，通过车间员工提合理化建议、向专家咨询等各种方式产生清洁生产方案，剔除明显不合理方案后，无、低费方案可直接实施，对于中、高费方案，一般用权重总和计分排序法筛选出3~5个方案供下一阶段进行可行性分析。

7.5.3.5 实施方案的确定

本阶段的目的是对筛选出的中、高费方案进行分析和评估，确定实施方案。本阶段的要点是：

① 对每一个方案，要求按技术→环境→经济顺序进行评估。如前者不可行，则不必进行下一步的评估。

② 经济可行性分析的3个主要指标为：投资偿还期、净现值和内部投资收益率。

③ 投资偿还期：表示项目获得的年收益偿还原始投资的年限，其计算公式为：

投资偿还期=投资总费用/年增加现金流量

投资偿还期<基准年限，方案可接受。

④ 净现值：投资项目经济寿命期内(或折旧年限内)每年发生的净现金流量在一定折现率下，折现为同一时间点(一般为计算期初)的现值之和。

计算公式：

$$NPV = \sum_{j=i}^{n} \frac{F}{(1+i)^{i}} - I \tag{7-3-1}$$

净现值>0，方案可接受。

⑤ 内部投资收益率：投资项目在计算期内各年净现金流量现值累计为零时的受益率。

计算公式：

$$IRR = i_1 + \frac{NPV_1(i_2 - i_1)}{NPV_1 + |NPV_2|} \tag{7-3-2}$$

式中：NPV_1和NPV_2分别为贴现系数相对应的利率i_1和i_2时的净现值。i_1为净现值$NPV_1>0$时的利率，i_2为净现值$NPV_2<0$时的利率，i_1与i_2相差≤2%。

⑥ 确定实施方案。

方案入选的标准：

偿还期(N)：简单项目<2~3 年；费用较高的项目<5 年；费用高的项目<10 年。

$NPV \geq 0$，达偿还期后，或达盈利时为正值。

IRR≥基准收益率、行业收益率、或银行贷款利率均可接受。*IRR*≥公司税率或贷款利率，不同项目时选 *IRR* 最大者。

7.5.3.6 编写清洁生产审核报告

清洁生产审核报告是对清洁生产审核工作的总结，也是对下一步清洁生产审核工作的促进和指导。清洁生产审核报告在一般情况下应包括以下几个方面：企业基本情况、预审核、审核、备选方案的产生和筛选、方案的实施等。对于不同的行业，清洁生产审核报告的编写格式不尽相同，具体写法不同，但基本框架基本相同。审核报告中的内容，应在清洁生产审核过程中，边分析，边积累，最后汇总而成。清洁生产审核报告一般包括企业基本情况、清洁生产审核过程和结果、清洁生产方案汇总和效果预测分析、清洁生产方案实施计划、清洁生产方案实施后对企业技术经济指标的影响等。

7.3.3.7 持续清洁生产

企业生产过程中清洁生产的机会很多，企业在完成了针对审核重点的清洁生产审核工作以后，原来未被确定为审核重点的备选方案将重新成为审核重点，新一轮的清洁生产审核又将重新开始。根据实际情况，企业通常每 3~5 年进行一次清洁生产审核，因此清洁生产具有可持续性。企业应将清洁生产变成自觉行动。在持续清洁生产过程中，还应对原有的审核小组进行调整、补充和培训，提高工作水平，以适应形势发展的要求。持续清洁生产阶段工作内容和工作程序包括不断完善清洁生产组织机构、完善清洁生产管理制度和制定持续清洁生产计划。

7.6 清洁生产技术

清洁生产技术是实施清洁生产的核心。在清洁生产审核中提出的清洁生产方案，有高费、中费、低费、无费方案。低费、无费方案的实施依靠改善管理就可以来解决，不需要费用或只用少量的费用，在审核过程中可以边查边改，收效快，立竿见影。高、中费方案则涉及工艺技术的改造和设备的更新，即清洁生产技术，因而需要较大的费用和较长时间，只有等待项目实施完成后才能得到效益。采用高新的清洁生产技术是实施清洁生产的核心，采用先进的清洁技术的结果是生产成本降低、利润增加，经济效益显著；同时，污染物产生量减少，治理负担减轻，环境效益明显。

清洁技术可以分成两种类型：一种类型是成套技术的开发，根本工艺路线的创新，俗称为技术创新。这类技术的开发主要依靠企业内外专门的研究人员，研究开发的周期长，它可以极大地消除污染物，甚至可完全消除一种或多种污染物。另一种类型是局部技术路线的改革、某个设备的替换，俗称为技术改造。即是在改建扩建项目中，局部采用清洁生产技术，更换部分设备，采用更为自动化的控制系统，优化操作参数，提高产品效率，减少废物的产生，我们进行清洁生产审核提出的清洁生产中、高费方案皆属于这类技术。石油石化行业一些典型的清洁生产技术见表 7-6-1。

表 7-6-1　石油石化行业清洁生产技术

序号	技术类型	技术名称	适用范围	技术主要内容	解决的主要问题
1	使用清洁的能源和原料	太阳能辅助电加热集输	石油	我国南方地区日照时间较长，可以利用太阳能作为热源，冬天日照不足时，借助电加热，太阳能辅助电加热属油气集输清洁生产技术，太阳能集热器利用效率为 55%。江苏油田在李堡油田堡 1#集油站，通过铺设太阳能集热板以及在集水罐中安装电加热棒，有效利用太阳能与电加热供热技术；装置设有串联和并联两种形式	一般情况，油田开发地面建设都要设置锅炉，用于集输管线、储罐伴热，随之就要消耗燃料，排放锅炉烟气
2	使用清洁的能源和原料	环保泥浆的使用	石油	采用无毒高效润滑剂 FXJS 和油层保护防塌剂 SD-301，其化学毒性、生物毒性符合标准要求，且易生物降解，替代了 FCLS(含有重金属铬)的使用，不但从源头解决了钻井液对环境的伤害，而且满足保护油气层与钻井工程需要	该技术的应用不仅可大幅度提高机械钻速，缩短钻井周期，降低钻井综合成本，而且可减小原油消耗，控制有害钻井废弃物产生，节能减排成效显著
3	使用清洁的能源和原料	网电钻井技术	石油	油区高压网电经变压器变压，输出的交流电经原有电控系统分别驱动电机带动绞车、转盘和泥浆泵等设备工作。对钻机进行改造，对原动力部分由柴油机或者柴油发电机组提供动力改为高压电网变压供电，作为驱动钻机运转的动力	普通钻井一般都配备动力柴油机，给钻机和泥浆泵以动力，由此造成钻井井场厂界噪声严重超标，每口井的柴油消耗都在数十吨乃至 100 多吨
4	采用先进的工艺技术与设备	分支井技术	石油	多分支井技术是在水平井、定向井基础上发展起来的一种钻完井技术，通常指在一口主井眼中钻出若干个进入油气藏的分支井眼的技术，它可以从一个井眼中获得最大的总水平位移，在相同或不同方向上钻穿不同深度的多套油气层。分支井眼为水平井的分支井称为分支水平井	我国大多油气田均处于中后期开发阶段，据不完全统计，我国低压低渗油田、开发后期剩余油气田、黏稠油藏储量达数十亿吨。该技术可较大程度地降低油气流通道的建设和管理费用，增大泄油面积，提高油气采收率，对于剩余油藏的挖潜也是行之有效的手段之一
5	采用先进的工艺技术与设备	油井抽汲防污染技术	石油	抽汲防污染装置是由压帽，压环，密封橡胶，垫环，上腔体，下腔体，出油嘴等组成，是在抽汲防喷盒一级密封的基础上增加二级～三级不承压密封，密封胶皮采用柔软、易变形耐磨橡胶，密封效果好	抽汲钢丝绳表面凹凸不平，常用的无论是普通防喷盒还是液压防喷盒都只有一级承压密封，密封效果不好，在抽汲过程中会造成井架、井口采油树、地面和通井机污染
6	采用先进的工艺技术与设备	无水区钻井技术	石油	由一台奥南发动机作为动力，将动力传递给液压马达，通过链条传动到动力头，然后带动螺旋钻杆旋转钻进，井底的泥土则由钻杆外面的螺旋叶片旋转取出，以达到钻井的目的	JH 型钻机、QPY 型钻机、WTZ-30 型风动钻机适用于有水地区物探钻井作业，在西北等地区物探施工没有水源，普通钻机不能施工

续表

序号	技术类型	技术名称	适用范围	技术主要内容	解决的主要问题
7	采用先进的工艺技术与设备	加氢精制替代电化学精制技术	石油化工行业	采用加氢精制工艺，取代电化学精制，向油品中加入氢气，在一定温度、压力和催化剂的作用下，脱除油品中的不饱和烯烃、硫、氧、氮化合物等有害成分。硫、氧、氮等即变为硫化氢、水和氨，而后从油品中除去。加氢后的油品经过换热和冷却，依次进入高、低压分离器，分出含硫化氢气体，然后进入汽提塔，将残留在油品中的气体和轻馏分分离，塔底即为高质量的精制油品。高、低压分离器排出的硫化氢气体密闭送入制硫装置生产硫黄。含硫废水去含硫废水汽提装置处理	常压蒸馏和二次加工得到的汽油、煤油、柴油等油品，程度不同地含有硫和氮的化合物以及有机酸、酚和烯烃等，致使油品性质不安定，质量差，需要进行精制。此工艺可大幅度减少炼油企业特高污染物——碱渣，减轻了污染，改善了环境。同时减少了损失，提高了油品质量
8		催化裂化加氢脱硫技术	石油化工行业	催化裂化采用减压馏分油加氢脱硫工艺，在催化原料进入装置之前，先对其进行加氢脱硫预处理，使原料油中硫、氮大幅度降低，为催化裂化装置提供了低含硫量的催化原料油	催化原料的改善不仅可降低再生烟气中的 SO_2 含量，减少设备的腐蚀，提高产品质量，同时减少硫化物在催化剂再生烧焦时，随烟气和催化剂粉尘排放到环境中所造成的大气污染
9		使用硫转移催化剂减少催化再生烟气 SO_2 含量	石油化工行业	采用硫转移催化剂，控制再生烟气中 SO_2 的污染。用一种合适的金属氧化物随着催化剂一起循环，在再生器的氧化环境中，金属氧化物与 SO_2 或 SO_3 反应，形成固体化合物。在反应器中，固体化合物还原放出 H_2S，使金属氧化物再生。最后的效果是减少了再生器中的 SO_X，而增加了反应器中的 H_2S，这部分增加的 H_2S 与油气一起去分馏塔，分出的 H_2S 由管线送硫回收装置	解决了催化裂化装置催化剂再生过程中，烧焦烟气排入环境，因其含有 SO_2 而污染环境的问题
10		轻质油品及原油储存浮顶罐技术	石油化工行业	轻质油品及原油储存浮顶罐技术分为外浮顶储罐和内浮顶储罐技术。外浮顶储罐的浮顶是一个漂浮在贮液表面上的浮动顶盖，随着储液的输入输出而上下浮动，浮顶与罐壁之间有一个环形空间，这个环形空间有一个密封装置，使罐内液体在顶盖上下浮动时与大气隔绝，从而大大减少了储液在储存过程中的蒸发损失。内浮顶储罐是带罐顶的浮顶罐，也是固定顶罐和浮顶罐相结合的新型储罐。内浮顶储罐的顶部是拱顶与浮顶的结合，外部为拱顶，内部为浮顶	采用外浮顶罐储存油品时可比固定顶罐减少油品损失 80%左右。在密封相同情况下，与外浮顶相比可以进一步降低蒸发损耗，减少蒸发损失 85%～96%

续表

序号	技术类型	技术名称	适用范围	技术主要内容	解决的主要问题
11	采用先进的工艺技术与设备	同心套管式密封装车鹤管技术	储运销售	同心套管式密封装车鹤管技术是将2台单管鹤管合成为一台套管式鹤管。它采用的是同心管结构，内管为液相管，外管为气相管，双管合一，结构尺寸与单管鹤管相同。他的体积小，安全性强，操作轻便灵活，没有制肘，密封效果好，可与各种油气回收设备配套。它采用同心套管式旋转接头技术，使得内外管和旋转接头使用同一个旋转中心，无同轴和平行度要求易于保证制造质量。他采用聚四氟乙烯复合材料和机械密封技术来满足旋转接头的密封要求，可保证-80~200℃范围内不泄漏。他的内管及与油品相接触的部件均采用不锈钢材料，可确保长期不腐蚀，保证鹤管使用寿命长久	减少油品装车过程中的油品损失
12		储罐自动切水技术	储运销售	该技术是利用连通器原理和油水之间的密度差，有效地分离成品油中的水和切水中的油，并自动将回收的成品油送回成品油罐 目前国内采用的自动切水器均以重力为动力源，应用液体在储罐中液压和油水之间的密度差，产生较大的浮力	储罐的人工切水由于技术上和管理上的原因会造成较大的油品损耗和环境污染，还会造成火灾危险。采用自动切水技术，在正常情况下可将排放废水中的含油量从千分之几降到十万分之几，这就大大降低了油品损耗和对环境的污染，也有效地抑制了发生火灾的危险性
13	综合利用	套管气回收工艺	石油	在井口安装油套联通装置或抽气泵或单流阀，将套管气回收至出油流程内。套管气抽气工作原理：当抽油机上行程时，带动抽气泵柱塞上行，缸体内压力下降，这时排气凡尔关闭，吸气凡尔打开，套管气经吸入阀进入气缸后完成吸气工作。当抽油机下行程时，柱塞压缩气体，缸内压力增高，吸气凡尔自动关闭，排气凡尔打开，气体经排气阀排入油或气管线。反复循环完成抽气过程。套管气被抽汲后一方面使套压减小，动液面上升，沉没度增加，降低套管气对油层的压力，起到放大生产压差的作用；另一方面，由于泵的沉没压力上升，从而减小气体和充不满泵筒的影响，起到了降低套压，泵效增加，泵充满系数变大，达到增液增油目的	降低实施油井的套压，降低部分井套压高造成的动液面下降影响产量的问题。为区块原油集输保温提供能源，降低自用油的使用量，实现资源的综合利用，最终实现节能降耗

续表

序号	技术类型	技术名称	适用范围	技术主要内容	解决的主要问题
14	综合利用	密闭式蒸气凝结水回收工艺	石油	利用喷射泵的增压原理，解决离心泵在泵送高温饱和凝结水时的汽蚀问题；采用温差压降方式，解决喷射增压过程中喷射泵本身的汽蚀问题。这种双重设计，彻底解决了高温饱和水泵送时的汽蚀难题。凝结水回水器能加压0~170℃无腐蚀清洁液体，可在多种条件下把凝结水加压送回锅炉房或再利用，从而大幅度提高回水率和充分利用二次蒸汽，降低燃料气、软水、电等的无谓消耗。该项目技术稳定、可靠，管理方便	蒸汽锅炉原有设计是将饱和的高温凝结水排放掉或待冷却后进行开式回收，浪费了热能
15		作业废水循环利用技术	石油	对作业现场使用的12m^3储液池进行技术改进，实现油、水、砂三相自动分离，使作业废水实现循环利用。作业废水通过该装置经过初步沉淀、缓速沉降，使循环冲砂液实现油、砂、液的分离，保证冲砂液的入井标准	在油、水井投产、措施改造或一般维护作业施工时，经常需要进行冲砂、混排、洗井等作业施工。施工中一般使用两个以上的12m^3循环池，当循环池内含砂量过高时，需要用罐车进行拉运更新，既增加用水量，又增加了作业成本
16		含硫废水汽提技术	石油化工行业	通过蒸汽加热促使含硫废水中NH_4HS水解为H_2S和NH_3分子，利用H_2S相对挥发度比NH_3高、而溶解度比NH_3小的特性使H_2S和NH_3气体分离，通过不断由塔顶排出H_2S，侧线抽出NH_3，使NH_4HS不断水解，液相中H_2S和NH_3分子不断进入气相并分离，推动汽提连续运行。含硫废水汽提主要分为单塔和双塔汽提工艺	可有效降低含硫废水中的污染物，充分回收硫及氨资源，经汽提后的净化水可实现回用
17		焦化冷焦水密闭循环技术	石油化工行业	从焦炭塔溢流而出的高温冷焦水，先与部分低温冷焦水混合，使其水温低于100℃进入密闭沉降罐，减少夹带油气的挥发，废水在沉降罐中停留一定时间后，焦和油大部分得到沉降或上浮，达到初步净化分离。经初步分离后冷焦水还带有一定量比重接近于水的焦粉以及悬浮油，进入旋流器进一步分离，从旋流器出来的油(含大量水)返回沉降罐继续分离，净化后的水进入空冷器冷却，然后流入储罐，再去焦碳塔循环使用	解决了焦化生产过程中烃类及恶臭物质释放的面源污染问题
18		延迟焦化冷焦处理炼油厂“三泥”	石油化工行业	将污水处理场“三泥”在冷焦时打进焦化装置，利用焦炭塔内焦炭的热量将三泥中的水份和轻油汽化，350℃以上的重质油被焦化，并利用焦炭塔泡沫层的吸附作用，将三泥中的固体部分吸附。蒸发出来的水分、油气去放空塔，经分离、冷却后，废水排往含硫废水汽提装置进行净化处理，油品进行回收利用。本技术仅在生产燃料焦时适用	炼油废水处理通常采用“隔油-浮选-生化曝气”工艺，产生一定量的油泥、浮渣和剩余活性污泥，简称污水处理场“三泥”，是炼油企业普遍存在的固体废弃物之一

续表

序号	技术类型	技术名称	适用范围	技术主要内容	解决的主要问题
19	综合利用	催化剂磁分离技术	石油化工	采用催化剂磁分离技术处理从装置内卸出的平衡催化剂，将其中重金属污染较轻的部分加以回收，返回装置系统继续使用。通过不断置换，就会将装置中污染严重的一部分催化剂从系统中除掉，从而减少了系统内催化剂的重金属含量，使系统内催化剂的活性和选择性得以有效提高，可改善产品分布和提高高附加值产品收率，并降低加工成本	催化裂化装置在生产过程中定期排放一定数量被重金属污染的失效催化剂，作为废渣送进废渣填埋场
20		火炬气回收利用技术	石油化工	炼油生产装置在生产出现异常工况时，装置在卸压过程中的油气要经过低压瓦斯系统排到火炬烧掉。通过建立健全系统管网和回收利用体系(气柜、水封罐和压缩机等)，不正常工矿时排出的火炬气排入气柜，作为加热炉、锅炉的燃料，火炬气全部回收。火炬点火系统由电子计算机监控，保证安全万无一失。主要设备包括高压瓦斯、低压瓦斯管网、气体压缩机气柜、变频器、火炬自动点火装置	炼油生产装置在生产出现异常工况时，装置在卸压过程中的油气要经过低压瓦斯系统排到火炬烧掉
21		卸油油气回收系统	储运销售	卸油油气回收系统又叫一次油气回收系统，是指将加油站卸油时产生的油气通过密闭的方式收集进入油罐车油罐内的系统。基本原理是：油罐车卸下一定量的油品，根据压力平衡原理，需要吸进大致相等体积的气体补充，而加油站埋地油罐也因注入油品需要向外排出大致相等体积的油气。这些油气经过回气管道输回汽车油罐车罐内，从而完成油气循环的卸油过程	改造前油罐车和加油站埋地油罐都是开放式的，油罐车向埋地油罐卸油时，埋地油罐内汽油液面上方的油气空间被挤压而使油气直接排入大气中，这样既污染了环境、浪费了资源，又造成了一定的安全隐患
22		加油油气回收系统	储运销售	加油油气回收系统也叫二次油气回收系统，是指将给汽车油箱加汽油时产生的油气通过密闭方式收集进入埋地油罐的系统。安装加油油气回收系统后，加油枪和胶管等配套设备与传统的加油设备相比增加了回气管道，当加油机向汽车油箱加油时，以油气回收真空泵为辅助动力，通过油气回收加油枪、比例调节阀、拉断阀、同轴胶管、油气分离接头、油气回收管线等把汽车油箱里产生的油气收集到埋地油罐内，这样既避免了加油过程中油气的逸出，又维持了加油过程中埋地油罐内压力的平衡	安装加油油气回收系统前，汽车加油时，油箱内的油气直接从油箱口逸出。油气直接排入大气中，这样既污染了环境、浪费了资源，又造成了一定的安全隐患

7.7 中国石化清洁生产实践及其技术指标

7.7.1 中国石化的清洁生产实践

作为我国的特大型企业，中国石油化工集团公司(以下简称中国石化)坚持实施绿色低碳发展战略，长期致力于追求环境与生产经营的协调发展，始终重视全过程的污染防治工作，通过加强勘探、开发、建设、生产和销售等环节的环境保护管理，积极推行清洁生产，变“末端治理”为“源头治理”，做到增产不增污、增产还减污。

“十一五”期间，中国石化重视清洁产品的生产。中国石化用于油品质量升级、装置改造的投资供 492 亿元，国Ⅲ汽油质量升级项目于 2010 年 5 月已全面完成，国Ⅲ柴油质量升级项目于 2012 年 12 月全部建成投用，以 2010 年年产量计，分别减少二氧化碳排放量 2.5×10^4t/a 和 2.3×10^4t/a。

“十一五”期间，中国石化结合清洁生产工作的开展，制定了清洁生产相关制度和标准，建立了清洁生产企业评估、验收机制，先后有 59 套生产装置、21 家炼化企业通过了中国石化清洁生产企业验收，16 家企业通过了地方政府的清洁生产验收，6 家油田企业的 54 个下属单位通过了中国石化或者地方政府的清洁生产验收。

通过开展清洁生产，中国石化的各项清洁生产指标不断提高，实现了节能、降耗、减污、增效。“十一五”期间，在油气当量增加 9%、原油加工量增加 43%、乙烯产量增加 67% 的情况下，2010 年中国石化实现了外排废水达标率 97.67%，废气排放达标率(不含 FCC) 98.40%，工业固体废物基本得到合理妥善处理处置。2010 与 2005 年相比，工业取新水量 10.23×10^8t，减少 16.8%；工业水重复利用率 96% 以上；外排 COD 总量下降 21%，SO_2 排放总量下降 35%；万元产值排 COD 量下降 36.7%，万元产值取水量下降了 36.4%。

7.7.2 中国石化清洁生产技术指标

在清洁生产实践中，如何判断一个企业的清洁生产差距，如何使企业在推行清洁生产中正确制定自己的清洁生产目标，是企业在实施清洁生产中面临的一个难提，这就需要有一个相对准确的、具有时段性的统一标准，以帮助企业自我认识，自我改进。为此，中国石化在总结示范企业清洁生产审核的实践基础上，编制并发布了了《石油化工企业清洁生产标准》(Q/SH 0464—2012)和《油气田企业清洁生产规范》(Q/SH 0454—2012)，标准规定了油气田企业和石油化工企业清洁生产的定义和术语、管理要求、生产工艺与装备要求、污染物控制要求、资源能源利用要求、产品要求以及数据采集和计算方法，用于中国石油化工集团公司下属企业清洁生产审核和清洁生产企业的评定和验收。

第 8 章 环境监测

8.1 环境监测概况

环境监测是指按照有关技术规范规定的程序和方法，运用物理、化学、生物、遥感等技术，间断地或连续地监视、检测和分析环境污染因子的浓度及其可能对生态系统产生环境影响的过程，评价环境质量，编制环境监测报告的活动。

8.1.1 环境监测内容

(1) 化学指标：各种化学物质在空气、水体、土壤和生物体内等存在水平的监测；

(2) 物理指标：噪声与振动、电磁波、放射性等；

(3) 生态指标：由于人类生产和生活活动引起生态系统的变化，如水土流失和土壤沙漠化、生物种群的改变及温室效应和臭氧层破坏等。

环境监测技术不仅是各种分析测试技术，还应包括布点技术、采样技术、数理统计技术和综合评价技术等。

8.1.2 企业环境监测的任务与特点

每一项环境监测活动的目的都是根据环境管理需要而确定的，因此企业环境监测必须为本企业有效实施 HSE 与清洁生产、全过程污染控制管理、污染物达标排放及总量控制计划服务，其具体任务是：

(1) 对厂界空气、工厂和车间相应的废气、废水、固体废物排出点定期、定点采集样品进行常规监测，分析其中有害物质的浓度，检查是否符合国家的排放标准和企业实施 HSE 与清洁生产等内部管理的各种控制指标。

(2) 对企业内部各种“三废”治理设施要进行监视性监测，了解运行的效果，充分发挥它在环境保护工作中的效能。

(3) 对可能出现的高危害的排放点、容易造成污染事故的设施，要进行特定目的的警戒性监测，以便尽快发出报警，尽可能缩小危害的影响范围，减轻危害的后果。

(4) 在发生环境事件及正常工况时，进行应急监测，为采取有效措施提供依据。

(5) 配合石油化工新产品的研制、投产、要及时确定成品和半成品对环境的近期影响及潜在影响，以便揭示新的污染物质。

(6) 协助进行环境影响评价报告书的编制工作，为新建、扩建、改建过程的各个阶段、提供污染源的排放状况及相应的环境背景值、环境容量数据等。

(7) 参加系统的和地区的监测网络，开展石油、石化工业特殊污染物的测试技术的研究工作，并协助进行环境质量报告及各类环保报表的编写工作。

概括地说，企业环境监测的目的是及时、准确、全面地反映企业各种污染源的排放状况、污染物处理或处置设施的运行状况以及必要的环境质量现状和发展趋势，为企业的环境管理、环境规划、环境污染防治提供依据。

8.2 环境监测工作范围与内容

8.2.1 环境空气质量监测

8.2.1.1 环境空气监测方案的制定

制定环境空气监测方案的程序，首先要根据监测目的进行调查研究，收集必要的基础资料，然后经过综合分析，确定监测项目，设计布点网络，选定采样频率、采样方法和监测技术，建立质量保证程序和措施，提出监测结果报告要求及进度计划等。

8.2.1.2 环境空气样品的采集

进行环境空气样品的采集和保存是环境监测工作的重要环节，要采集到具有代表性，能准确反映环境空气污染状况的环境空气样品是十分重要的。样品的采集和保存是环境监测工作的重要环节，是整个分析测试工作的基础，如果采集到的样品缺乏代表性，或者在保存过程中丧失了这种代表性，那么不管后续的步骤是如何精雕细刻，都将会产生容易引起误导的监测结果，不能满足环境管理的需要。

(1) 环境空气采样位置和采样点

监测点位布设应根据本地区的污染源资料、气象资料和地理条件等因素，了解空气污染物排放源的特征、大小和分布，污染物的性质和排放规律，影响污染物迁移、扩散的环境条件(地形、地物等)及气象因素等，通过开展环境空气质量状况调查的方式然后根据监测目的正确的选择监测点。监测点包括：①环境空气质量评价点；②环境空气质量背景点、区域点；③污染监控点；④交通点；⑤信息发布点。

(2) 环境空气采样时间和频次

环境空气监测中的采样点、采样环境、采样高度及采样频率的要求，按《环境监测技术规范》(大气部分)执行。

(3) 环境空气采样方法

根据环境空气中气态污染物的理化特性及其监测分析方法的检测限，可采用相应气样捕集装置，通常采用气样捕集装置包括装有吸收液的多孔玻璃筛板吸收瓶(管)、气泡式吸收瓶(管)、冲击式吸收瓶、装有吸附剂的采样支管、聚乙烯或铝箔袋、采气瓶、低温冷缩管及注射器等，具体见 8.2.2.2。

8.2.1.3 环境空气监测项目

根据石油及石化企业废气排放特点及环境空气质量监测规范，环境空气质量的监测项目如表 8-2-1。

表 8-2-1 环境空气质量监测项目

必测项目	选测项目
二氧化硫、氮氧化物、颗粒物、一氧化碳、臭氧、总烃	总悬浮颗粒物、铅、氟化物、苯并[a]芘、其他特征污染物

8.2.1.4 环境空气测定方法

环境空气中污染物的测定方法见表 8-2-2。

表 8-2-2　环境空气中污染物测定方法

监测项目	分析方法名称	标准编号
二氧化硫	环境空气　二氧化硫的测定　甲醛吸收-副玫瑰苯胺分光光度法	HJ 482
	环境空气　二氧化硫的测定　四氯汞盐吸收-副玫瑰苯胺分光光度法	HJ 483
氮氧化物	环境空气　氮氧化物(一氧化氮和二氧化氮)的测定　盐酸萘乙二胺分光光度法	HJ 479
一氧化碳	环境空气　一氧化碳的测定　非分散红外法	GB 9801
臭氧	环境空气　臭氧的测定　靛蓝二磺酸钠分光光度法	HJ 504
	环境空气　臭氧的测定　紫外光度法	HJ 590
颗粒物(粒径小于等于 10μm)	环境空气　PM_{10} 和 $PM_{2.5}$ 的测定　重量法	HJ 618
颗粒物(粒径小于等于 2.5μm)	环境空气　PM_{10} 和 $PM_{2.5}$ 的测定　重量法	HJ 618
总悬浮颗粒物	环境空气　总悬浮颗粒物的测定　重量法	GB/T 15432
铅	环境空气　铅的测定　石墨炉原子吸收分光光度法(暂行)	HJ 539
	环境空气　铅的测定　火焰原子吸收分光光度法	GB/T 15264
	空气和废气　颗粒物中铅等金属元素的测定　电感耦合等离子体质谱法	HJ 657
苯并[a]芘	空气质量　飘尘中苯并[a]芘的测定　乙酰化滤纸　层析荧光分光光度法	GB 8971
	空气质量　飘尘中苯并[a]芘的测定　高效液相色谱法	GB/T 15439

8.2.2　废气污染源监测

8.2.2.1　废气监测方案的制定

制定废气监测方案同环境空气监测方案的程序相同。

8.2.2.2　废气样品的采集

工业企业应设污染源监控点，设置污染监测点的主要目的是控制污染源排放高浓度污染物时对周围环境的影响程度和范围，污染监控点依据排放源的强度和主要污染项目而定，应设置在源的主导风向和第二主导风向的下风向的最大落地浓度区内，一般在上风向布设 1、2 个点，下风向采用同心圆布点法或扇形布点法布设。若在下风向具有居民点、学校、医院等需要保护的人群活动频繁点，需要在这些区域增设监测点位。同时应在一些公众关注点、敏感点(如居民区、医院、学校等)设置信息发布点。

1）废气采样位置和采样点

(1) 有组织排放源

石化企业的废气有组织排放源是各生产装置的排气筒和锅炉的烟囱。

采样前，首先要在排气筒或烟囱上确定有代表性的采样断面作为采样位置，然后开设采样孔和设置必要的采样平台。采样位置应优先选择在垂直管段，并应避开烟道弯头和断面急剧变化的部位。

在采集废气中气态污染物的样品时，由于它在采样断面上分布比较均匀，可在排气筒的中心点直接采样。对于带有尘粒或雾状的废气，则要根据采样断面的形状和大小进行布点，按照规范的要求确定采样点的位置和数目。

(2) 无组织排放源

根据监测目的的不同，确定无组织排放源的采样位置：

① 企业周界设置监控点。一般应设于周界外 10m 范围内，并因地制宜设置 1~4 个监控点，以确定浓度的最高点。

② 在排放源的上、下风向分别设置参照点和监控点。按照监测规范的要求，在预期的距离区间设 1~4 个采样点，但距无组织排放源的最近距离不应小于 2m。

③ 恶臭污染物厂界的采样点应设置在工厂厂界的下风向侧，或有臭气方位的边界线上。

2) 废气采样时间和频次

(1) 有组织排放源

① 对于连续排放废气的排气筒，应进行连续 1h 的采样，获取小时平均值；也可以在 1h 内，以等时间间隔采集 4 个样品，计算其小时平均值。

② 若为间断性排放，排放时间小于 1h，应在排放时段内实行连续采样，并换算成小时平均值；

③ 恶臭污染源采样频率应按生产周期确定监测频率，并取其最大测定值。

(2) 无组织排放源

监控点和参照点的采样，一般采用连续 1h 采样并计算平均值。

3) 废气采样方法

(1) 有组织排放源

① 尘粒、油(烟)雾等颗粒物

a. 等速采样

为了取得代表性的样品，必须遵循等速采样的原则，即采样时，要维持采气速度与测点处废气的气流速度相等(相对误差应在 10%以内)，其方法有普通型采样管法(即预测流速法)、皮托管平行测速采样法、动压平衡型采样管法和静压平衡型采样管法 4 种。

b. 移动采样和定点采样

用一个滤筒在已确定的采样断面的采样点上移动采样，各点采样时间相等，该样品的测定值即是采样断面的平均浓度，也可在每个测点上各采一个样品，既得到了采样断面的平均浓度，又可了解烟道断面上颗粒物浓度的变化状况。

c. 间断采样

对有周期性变化的排放源，根据工况变化及其延续时间，进行分段采样，然后求出其时间加权平均浓度。

② 气态污染物

根据后续测试分析方法的不同，其采样方法可分实验室测试法和仪器在线测试法。

a. 实验室测试法

通过采样管将样品抽入到装有吸收液的吸收瓶或装有固体吸附剂的吸附管、真空瓶、注射器或气袋中，样品溶液或气态样品经化学分析或仪器分析得出污染物含量。

b. 仪器在线测试法

通过采样管和预处理系统(如除湿器等)，用抽气泵将样气送入分析仪器中，直接指示被测气态污染物的含量。

③ 采样时发生相变的气态污染物

在采样及后续的保存过程中，样品常会发生相变，如水蒸气的冷凝或某些污染物的挥发及升华，这时废气的组成就会产生改变，影响了测定结果的真实性。对于这种样品，就必须同时采集气相及其依存的液相，分别测定各自的体积和待测污染物的含量，而后再换算为原始样品中的含量。

(2) 无组织排放源

无组织排放源采样方法有直接采样法和富集浓缩采样法。

① 直接采样法

a. 注射器采样。

b. 塑料袋采样。

c. 采气管采样。

d. 真空瓶。

② 富集(浓缩)采样法

a. 溶液吸收法，用于采集空气中气态、蒸气态、某些气溶胶态的污染物质。吸收管分为如下几种：

气泡吸收管：适用于采集气态和蒸气态；

冲击式吸收管：适用于采集气溶胶态物质；

多孔筛板吸收管(瓶)：适用于采集气态、蒸气态、气溶胶态物质。

b. 填充柱阻留法，根据填充剂阻留作用的原理，分为如下几种：吸附型填充柱、分配型填充柱、反应型填充柱。

c. 滤料阻留法。

d. 低温冷凝法。

e. 静电沉降法。

f. 扩散(或渗透)法。

g. 自然积集法。

4) 采样效率

定义：采样方法或采样器的采样效率是指在规定的采样条件下所采集到的污染物量占其总量的百分数。

(1) 采集气态和蒸气态污染物质效率的评价方法

a. 绝对比较法：用标准气测定采样效率，采样效率 K 为：

$$K=C_1/C_0\times100\% \tag{8-1}$$

式中 K——采样效率，%；

C_1——测定浓度，mg/m^3；

C_0——标准气体浓度，mg/m^3。

b. 相对比较法：配制一定浓度范围的待测气体，串联 2~3 个采样管采集所配制的样品，采样效率 K 为：

$$K=C_1/(C_1+C_2)\times100\% \tag{8-2}$$

式中 K——采样效率，%；

C_1——第一个采样瓶测定浓度，mg/m^3；

C_2——第二个采样瓶测定浓度，mg/m^3；

C_0——标准气体浓度，mg/m^3。

K应大于90%，若K小于90%，应串三个管使用。

(2) 采集颗粒物效率的评价方法

a. 采集颗粒数效率：采集到的颗粒物粒数占总颗粒物粒数的百分数；

b. 质量采样效率：所采集到的颗粒物质量占颗粒物总质量的百分数。

质量采样效率≥颗粒数采样效率。

评价采集颗粒物方法的采样效率多用质量采样效率表示。

8.2.2.3 废气排放量的测定

为了实施排污总量的控制，必须在采样监测污染物排放浓度时，同步进行排气量和其他废气排放状态参数的测定，然后根据监测规范的要求，计算出相应的污染物在单元时间内的排放量(或称排放速率)。

(1) 排气量

排气筒内废气的流速采用皮托管(或S形皮托管)来测定，即通过测得的动压(H_d)，按下式计算：

$$v_s = K_P\sqrt{\frac{2gH_d}{\gamma}} \tag{8-3}$$

式中 v_s——测定断面烟气的平均流速，m/s；

K_P——比托管修正系数；

γ——管道内湿烟气的密度，kg/m^3；

H_d——测定断面的烟气平均动压，mmH_2O；($1mmH_2O = 9.80665Pa$)

g——重力加速度，$9.81m/s^2$。

废气排放量按以下公式计算：

a. 测定工况下的湿排气流量Q_s。按式(8-4)计算：

$$Q_s = 3600 \cdot F \cdot V \tag{8-4}$$

式中 Q_s——测定工况下湿排气流量，m^3/h；

F——测定断面面积，m^2；

V——测定断面的湿排气平均流速，m/s。

b 标准状态下干排气流量Q_{sn}按式(9-5)计算：

$$Q_{sn} = Q_s \cdot \frac{B_a + p_s}{101300} \cdot \frac{273}{273 + t_s}(1 - X_{sw}) \tag{8-5}$$

式中 Q_{sn}——标准状态下干排气流量，m^3/h；

B_a——大气压力，Pa；

p_s——排气静压，Pa；

t_s——排气温度，℃；

X_{sw}——排气中水分含量,%(体积分数)。

(2) 污染物排放量

废气中污染物的排放量有以下几种计算方法：

① 固定排气筒连续排放源按式(8-6)计算：

$$G_1 = C_1 Q_1 \times 10^{-6} \tag{8-6}$$

式中 G_1——排气筒废气中污染物的排放量，kg/h；

C_1——废气中污染物浓度的测定值(标准状态下)，mg/m^3；

Q_1——污染源废气排放量(标准状态下)，m^3/h。

② 废气中污染物在采样或保存时发生相变，在按式(8-6)计算的同时，需要对废气中污染物浓度进行修正，如式(8-7)所示：

$$C_2=(C_G V_G+C_L V_L)/(V_G+V_0) \tag{8-7}$$

式中 C_2——废气中污染物浓度的修正值(标准状态下)，mg/m^3；

C_G——样品气相中污染物浓度的测定值(标准状态下)，mg/m^3；

C_L——样品水相中污染物浓度的测定值，g/L；

V_G——样品气相体积(标准状态下)，m^3；

V_L——样品水相体积，mL；

V_0——样品水相体积换算成标准状态下的气相体积，m^3。

③ 无组织排放源可按式(8-8)估算：

$$G_1=C_3\times U_{10}Q_r \tag{8-8}$$

式中 G_1——面源污染物的排放量，kg/h；

C_3——污染物浓度的测定值，mg/m^3；

U_{10}——采样时当地的平均风速，m/s；

Q_r——面源源强的计算参数，与污染源等效半径有关，可查阅手册。

8.2.2.4 废气污染物监测项目

根据石油及石化企业废气排放特点，有组织排放和无组织排放废气的监测项目见表8-2-3。

表 8-2-3 废气污染物监测项目

废气		监测项目
工艺废气	催化裂化催化剂再生烟气	二氧化硫、氮氧化物、颗粒物、镍及化合物、一氧化碳、非甲烷总烃
	酸性气回收装置(硫黄)	二氧化硫、氮氧化物、颗粒物、非甲烷总烃
	酸性气回收装置(硫酸)	二氧化硫、氮氧化物、颗粒物硫酸雾、非甲烷总烃
	生产工艺废气及其收集处理排放口	二氧化硫、氮氧化物、颗粒物、镍及化合物、一氧化碳、硫酸雾、非甲烷总烃、硫化氢、沥青烟、苯并[a]芘、苯、甲苯、二甲苯、酚类、氯化氢、烟气黑度、其他特征污染物
燃料燃烧废气	油气回收处理装置	二氧化硫、氮氧化物、颗粒物、一氧化碳、非甲烷总烃
	工艺加热炉	非甲烷总烃
	取暖锅炉烟气	二氧化硫、氮氧化物、颗粒物、一氧化碳、烟气黑度、汞
	自备电厂锅炉烟气	二氧化硫、氮氧化物、颗粒物、烟气黑度、汞
	废物焚烧尾气	二氧化硫、氮氧化物、颗粒物、非甲烷总烃、其他特征污染物
贮运设施排气	油罐呼吸气	非甲烷总烃、其他特征污染物
	储油库汽油油气	非甲烷总烃
	加油站汽油油气	非甲烷总烃

续表

废　气	监 测 项 目
化工化纤工艺废气	苯、甲苯、二甲苯、氯苯类、环氧乙烷、甲醛、氯乙烯、丙烯腈、苯胺类、丙烯酰胺、联氨、乙醛、氰化氢、硝基苯、类酚类、丙烯醛、甲醇、非甲烷总烃、VOC
无组织排放	非甲烷总烃、其他特征污染物

8.2.2.5 废气污染物的测定方法

在选择污染物的测定方法时，必须优先选用国家标准方法或国家环保局颁布的行业标准方法，而后再选用石油、石化行业标准方法或已经得到规范化了的方法，在上述两类方法都尚未建立时可以使用企业自行建立的方法，但必须加以说明并附加验证性的技术文件。

石油石化行业主要污染物的测定方法见表 8-2-4。

表 8-2-4　废气中污染物的测定方法

监 测 项 目	分析方法名称	标 准 编 号
烟尘	锅炉烟尘测试方法	GB 5468
二氧化硫	固定污染源排气中二氧化硫的测定　碘量法	HJ/T 56
	固定污染源排气中二氧化硫的测定　定电位电解法	HJ/T 57
	固定污染源废气　二氧化硫的测定　非分散红外吸收法	HJ 629
氮氧化物	固定污染源排气中氮氧化物的测定　盐酸萘乙二胺分光光度法	HJ/T 43
	固定污染源排气中氮氧化物的测定　紫外分光光度法 l	HJ/T 42
	固定污染源废气　氮氧化物的测定 定电位电解法	HJ 693
	固定污染源废气 氮氧化物的测定 非分散红外吸收法	HJ 692
非甲烷总烃	固定污染源排气中非甲烷总烃的测定 气相色谱法 l	HJ/T 38
一氧化碳	固定污染源排气中一氧化碳的测定 非色散红外吸收法	HJ/T 44
氰化氢	固定污染源排气中氰化氢的测定 异烟酸-吡唑啉酮分光光度法	HJ/T 28
苯并[a]芘	固定污染源排气中苯并[a]芘的测定 高效液相色谱法	HJ/T 40
酚类	固定污染源排气中酚类化合物的测定 4-氨基安替比林分光光度法	HJ/T 32
丙烯腈	固定污染源排气中丙烯腈的测定 气相色谱法	HJ/T 37
丙烯醛	固定污染源排气中丙烯醛的测定 气相色谱法	HJ/T 36
甲醛	空气质量 甲醛的测定 乙酰丙酮分光光度	GB/T 15516
乙醛	固定污染源排气中乙醛的测定 气相色谱法	HJ/T 35
甲醇	固定污染源排气中甲醇的测定 气相色谱法	HJ/T 33
沥青烟	固定污染源排气中沥青烟的测定　重量法	HJ/T 45
氯气	固定污染源排气中氯气的测定 甲基橙分光光度法	HJ/T 30
	固定污染源废气 氯气的测定 碘量法（暂行）	HJ 547
氯化氢	固定污染源排气中氯化氢的测定 硫氰酸汞分光光度法	HJ/T 27
氯乙烯	固定污染源排气中氯乙烯的测定 气相色谱法	HJ/T 34
光气	固定污染源排气中光气的测定 苯胺紫外分光光度法	HJ/T 31
汞	固定污染源废气 汞的测定 冷原子吸收分光光度法(暂行)	HJ 543

续表

监测项目	分析方法名称	标准编号
苯胺类	空气质量 苯胺类的测定 盐酸萘乙二胺分光光度法	GB/T 15502
	大气固定污染源 苯胺类的测定 气相色谱法	HJ/T 68
硝基苯类	空气质量　硝基苯类化合物的测定盐酸萘乙二胺分光光度法点评	GB/T 15501
	环境空气 硝基苯类化合物的测定 气相色谱法	HJ 738
	环境空气 硝基苯类化合物的测定 气相色谱-质谱法	HJ 739

8.2.2.6 环境空气和废气中污染物浓度表示方法

(1) 污染物浓度表示方法

① 单位体积质量浓度(mg/m^3 或 $\mu g/m^3$)

定义：单位体积质量浓度是指单位体积空气中所含污染物的质量数。

② 体积比浓度(mL/m^3 或 $\mu L/m^3$；ppm 或 ppb)

定义：体积比浓度是100万体积空气中含污染气体或蒸气的体积数。

③ 两种单位换算关系：

$$C_v = 22.4 \times C_m / M \tag{8-9}$$

式中 C_v——以 ppm 表示的气体浓度，ppm；

C_m——以 mg/m^3 表示的气体浓度，mg/m^3；

M——污染物质的相对分子质量，g；

22.4——标准状态下(0℃，101.325kPa)气体的摩尔体积，L。

(2) 气体体积换算

把现场状态下的体积换算成标准状态下的体积：

$$V_0 = V_t \times 273 \times P / (273 + t) \times 101.325 \tag{8-10}$$

式中 V_0——标准状态下的采样体积，L 或 m^3；

V_t——现场状态下的采样体积，L 或 m^3；

t——采样时的温度，℃；

P——采样时的大气压力，kPa。

8.2.2.7 恶臭污染物的分析

恶臭测量方法大体分为仪器测量法和感官测量法，仪器分析法只能对一种或多种物质进行定量成分分析，不能说明对嗅觉反应情况，因而促进了感官测试方法的出现，感官测试法是通过嗅觉器官对气味强弱的感受程度描述气味大小。

(1) 感官测量法

① 臭气强度测量方法(直接测量法)

臭气强度测量方法是根据恶臭气味的强弱，分成不同的等级，分级的方法因国家地区不同，恶臭强度的分级也有所不同，如美国采用8级分级制，日本采用6级分级制，目前我国也引用了6级强度分级法。以无臭气作参比，求出样品气的稀释倍数，才能将臭气的强弱准确、定量地测定出来，从而使感觉强度转变成确切的定量数据，即为空气稀释法。

② 三点比较式臭袋法(稀释静态感官测量方法)

三点比较式臭袋法又称为臭气浓度法用无臭气作参比，对样品气进行稀释，稀释到刚好无臭时，所需的稀释倍数即为臭气浓度值(无量纲)。

(2) 仪器分析法

分析测定主要采用气相色谱仪(GC)、气相色谱/质谱联用仪(GC/MS)、离子色谱、高效液相色谱仪(HPLC)、紫外-可见分光光度计等；另外针对恶臭污染的测试，还有电子鼻、传感器、简易快速检测管等专用仪器。废气中主要恶臭污染物的测定方法见表8-2-5。

表8-2-5　废气中主要恶臭污染物的测定方法

监测项目	分析方法名称	标准编号
恶臭	空气质量　恶臭的测定　三点比较式臭袋法	GB/T 14675—93
三甲胺	空气质量 三甲胺的测定 气相色谱法	GB/T 14676—93
苯系物	空气质量 甲苯 二甲苯 苯乙烯的测定 气相色谱法	GB/T 14677—93
硫化氢	空气质量 硫化氢、甲硫醇、甲硫醚和二甲二硫的测定 气相色谱法	GB/T 14678—93
氨	空气质量 氨的测定 次氯酸钠-水杨酸分光光度法	GB/T 14679—93
二硫化碳	空气质量 二硫化碳的测定 二乙胺分光光度法	GB/T 14680—93
苯系物	环境空气 苯系物的测定 活性炭吸附二硫化碳解吸——气相色谱法	HJ 584—2010
	环境空气 苯系物的测定 固体吸附/热脱附气相色谱法	HJ 583—2010

8.2.3　水污染源监测

8.2.3.1　水污染原因

水污染是水体因某种物质的介入，而导致其化学、物理、生物或者放射性等方面特性的改变，从而影响水的有效利用，危害人体健康或者破坏生态环境，造成水质恶化的现象。

8.2.3.2　废水样品的采集

(1) 采样点位的设置要求

必须全面掌握与污染源废水排放有关的工艺流程、废水类型、排放规律、废水管网走向等情况的基础上确定采样点位。

布点应能准确反映企业外排废水情况。

采样口若为多个企业共用，采样点应设在其他企业排放废水未汇集处。若一个企业有多个排口，应同时对多个排口进行采样。

(2) 采样点的设置原则

① 第一类污染物是指能在环境和动物、植物中蓄积，对人体健康产生长远不良影响的污染物质(13种)；不分行业和废水排放方式，也不分受纳水体的功能类别，采样点位一律设在车间或车间处理设施的排放口或专门处理此类污染物设施的排口。

② 第二类污染物是指其长远影响小于第一类的污染物质，采样点位一律设在排污单位的外排口。

③ 进入集中式污水处理场和进入城市污水管网的污水采样点位应根据地方环境保护行政主管部门的要求确定。

④ 废水处理设施效率监测采样点的布设如下：

对整体废水处理设施效率监测时，在各种进入废水处理设施废水的入口和废水设施的总排口设置采样点。

对各废水处理单元效率监测时，在各种进入处理设施单元废水的入口和设施单元的排口设置采样点。

(3) 采样点的管理

采样点位应设置明显标志。采样点位一经确定，不得随意改动。

经设置的采样点应建立采样点管理档案，内容包括采样点性质、名称、位置和编号，采样点测流装置，排污规律和排污去向，采样频次及污染因子等。

经确认的采样点是法定排污监测点，如因生产工艺或其他原因需变更时，由当地环境保护行政主管部门和环境监测站重新确认。排污单位必须经常进行排污口的清障、疏通工作。进行排污口规范化整治，采样点满足废水测量流量和在线监测要求。

(4) 采样方法

采集的样品应有代表性，目前一般采集定时瞬间样品和按水量平均的全天混合样品。采样点可考虑：①在堰口落差处采样；②在输水泵或管道处采样；③在水流湍流部位，水下15~20cm 处采样。

对于存在不均匀性的污染物，或在采样及保存时发生相变化的水样，如测定水的浊度、水中石油类物质含量等时，应该单独采样。

要注意水样的保存与预处理，样品采集后最好能立即分析，间隔时间越短分析结果越可靠。当必须间隔一段时间才能进行分析时，要对样品进行符合规范要求的预处理，使样品妥善保存。

(5) 监测频率

外排废水一般每天一次，在水质波动时也可以增加常规项目的采样次数。具体采样频率按照 GB 8978—1996《污水综合排放标准》5.2 的规定执行。

厂界内废水要根据装置的运行情况和企业管理的阶段要求来确定。

(6) 废水样品的采集和保存

① 水样的类型

a. 瞬时水样：瞬时水样是指在某一时间和地点从水体中随机采集的分散水样。

b. 混合水样：是指在同一采样点于不同时间所采集的瞬时水样的混合样，有时称“时间混合样”，以与其他混合样相区别。

c. 综合水样：把不同采样点同时采集的各个瞬时样混合后所得到的样品称综合水样。

② 水样的运输与保存

a. 为避免水样在运输过程中震动、碰撞导致损失或沾污，将其装箱，并用泡沫塑料或纸条挤紧，在箱顶贴上标记。

b. 需冷藏的样品，应采取致冷保存措施，冬季应采取保温措施，以免冻裂样品瓶。

c. 水样的保存方法：有冷藏或冷冻法、加入化学试剂保存法两种。

冷藏或冷冻法：冷藏或冷冻的作用是抑制微生物活动，减缓物理挥发和化学反应速度。

加入化学试剂保存法：

加入生物抑制剂：为了抑制生物作用，可在样品中加入抑制剂。如在测氨氮、硝酸盐氮和 COD 的水样中，加氯化汞或三氯甲烷、甲苯作防护剂可抑制生物对亚硝酸盐、硝酸盐、铵盐的氧化还原作用；在测酚水样中用磷酸调至 pH 为 4 时，加入适量硫酸铜，即可抑制苯酚分解菌的活动。

调节 pH 值：测定金属离子的水样常用硝酸酸化至 pH1~2，既可防止重金属离子水解沉淀，又可避免金属被器壁吸附，同时在此酸性介质中还能抑制生物的活动，用此法保存，大多数金属可稳定数周；测定氰化物或挥发性酚的水样加入氢氧化钠调至 pH 为 12 时，使之生成稳定的酚盐等。

加入氧化剂或还原剂：测定汞的水样需加入硝酸(至 pH<1)和重铬酸钾(0.05%)，使汞保持高价态；测定硫化物的水样，加入抗坏血酸，可以防止被氧化；测定溶解氧的水样则需加入少量硫酸锰和碘化钾固定溶解氧等。

③ 水样的过滤或离心分离：

如果要测定水样中某组分的含量，采样后立即加入保存剂，分析测定时充分摇匀后再取样。如果测定可滤(溶解)态组分含量，所采水样应用 0.45um 微孔滤膜过滤，除去藻类和细菌，提高水样的稳定性，有利于保存。

如果测定不可过滤的金属时，应保留过滤水样用的滤膜备用。对于泥沙水样，可用离心方法处理。对含有机质多的水样，可用滤纸或砂芯漏斗过滤。用自然沉降后取上清液测定可滤态组分是不恰当的。

8.2.3.3 废水流量的测定

为了实施污染物总量控制，必须进行排放废水的流量测定。流量测量的对象不仅有封闭管道中的废水，还有敞开流道中的废水。因此，流量仪表可分为封闭管道流量计和敞开流道(明渠)流量计两类。

各类流量计都有各自的特点，因此必须按照流体特点及应用范围进行筛选，需要考虑的因素见表 8-2-6。

表 8-2-6　流量计选型考虑因素

仪表性能方面	准确度，重复性，线性度，测定范围，压力损失，上、下限流量，信号输出特性，响应时间
液体特性方面	流体压力，温度，密度，黏度，润滑性，化学性质，磨损，腐蚀，结垢，脏污，气体压缩系数，等熵指数，比热容，电导率，声速，导热系数，多项流，脉动流
安装条件方面	管道布置方向，流动方向，上下游管道长度，管道口径，维护空间，管道振动，接地，电、气源，附属设备(过滤，消气)，防爆
环境条件方面	环境温度、湿度，安全性，电磁干扰，维护空间
经济因素方面	购置费，安装费，维修费，效验费，使用寿命，运行费，备品备件

8.2.3.4 废水污染物的监测项目

外排废水的监测项目按照行业类型有不同要求，具体见相关行业标准、规范。石油石化各行业的监测项目见表 8-2-7。

表 8-2-7　外排废水监测项目

序　号	行业名称	监测项目
1	炼油	pH 值、氨氮、化学需氧量、挥发酚、硫化物、六价铬、石油类、悬浮物、总氮、总钒、总铬、总汞、总磷、总镍、总铅、总砷
2	化工化纤	pH 值、氨氮、化学需氧量、硫化物、六价铬、石油类、悬浮物、总氮、总铬、总磷、总镍、总铅、总砷、苯、苯胺类、丙烯腈、二甲苯(总量)、酚类、甲苯、甲醛、可吸附有机卤(AOX)、联氨(水合肼)、氯甲烷、氯乙烯、氰化物、四氯化碳、硝基苯类、乙苯、总镉、总铜、总锌、总有机碳(TOC)、阴离子表面活性剂、其他特征污染物

续表

序 号	行业名称	监测项目
3	油气田	pH值、氨氮、化学需氧量、挥发酚、硫化物、六价铬、石油类、悬浮物、总氮、总钒、总铬、总汞、总磷、总镍、总铅、总砷、总有机碳(TOC)、其他特征污染物
4	催化剂	pH值、氨氮、化学需氧量、六价铬、悬浮物、总钒、总铬、总汞、总磷、总镍、总铅、总砷、其他特征污染物
5	热电	pH值、化学需氧量、石油类、悬浮物、其他特征污染物
6	销售	化学需氧量、石油类、其他特征污染物
7	管道储运	pH值、化学需氧量、石油类、悬浮物、其他特征污染物
8	润滑油	pH值、化学需氧量、石油类、其他特征污染物
9	清净水	氨氮、化学需氧量、硫化物、石油类、其他特征污染物

厂界内废水的监测项目按照行业类型有不同要求，具体见相关行业标准、规范。石油石化各行业的监测项目见表8-2-8、表8-2-9。

表8-2-8 厂界内废水监测项目

行业名称	监测项目
炼油	pH值、氨氮、化学需氧量、挥发酚、硫化物、六价铬、石油类、悬浮物、总氮、总钒、总铬、总汞、总磷、总镍、总铅、总砷
有机化工废水	pH值、氨氮、化学需氧量、挥发酚、硫化物、石油类、悬浮物、其他特征污染物
合成橡胶	pH值、氨氮、化学需氧量、石油类
合成树脂及塑料	pH值、化学需氧量、石油类、悬浮物、其他特征污染物
化纤	pH值、氨氮、化学需氧量、氰化物、其他特征污染物
合成氨、尿素	pH值、氨氮、化学需氧量、氰化物、悬浮物、其他特征污染物
催化剂	pH值、氨氮、化学需氧量、六价铬、悬浮物、总钒、总铬、总汞、总磷、总镍、总铅、总砷、其他特征污染物
热电	pH值、化学需氧量、石油类、悬浮物、其他特征污染物
清净水	pH值、氨氮、化学需氧量、硫化物、石油类、悬浮物、总磷、其他特征污染物

表8-2-9 污水处理场监测项目

采样工段名称	监测项目
进水口	pH值、化学需氧量、石油类、硫化物、挥发酚、氨氮、悬浮物、生化需氧量、氰化物、特征污染物
外排监控池	pH值、化学需氧量、石油类、硫化物、挥发酚、氨氮、悬浮物、生化需氧量、氰化物、总磷、总氮、总铬、六价铬、总镍、总铅、总砷、总铜、总锌、总镉、总有机碳、特征污染物等

8.2.3.5 废水污染物的测定方法

废水污染物监测分析方法的选择原则是首先选用国家标准分析方法，统一分析方法或行业标准方法。在某些项目的监测中，尚无“标准”和“统一”分析方法时，可采用ISO、美国EPA和日本JIS方法体系等其他等效分析方法，但应经过验证合格，其检出限、准确度和精密度应能达到质控要求。石油石化行业主要污染物的测定方法见表8-2-10。

表8-2-10　废水中主要污染物的测定方法

监测项目	分析方法名称	标准编号
pH值	水质 pH值的测定　玻璃电极法	GB 6920
石油类	水质 石油类和动植物油类的测定 红外分光光度法	HJ 637
化学需氧量(COD)	水质　化学需氧量的测定　重铬酸盐法	GB 11914
	水质　化学需氧量的测定　快速消解分光光度法	HJ/T 399
	高氯废水　化学需氧量的测定　氯气校正法	HJ/T 70
	高氯废水　化学需氧量的测定　碘化钾碱性高锰酸钾法	HJ/T 132
高锰酸盐指数	水质　高锰酸盐指数的测定	GB 11892
氨氮	水质　氨氮的测定　纳氏试剂分光光度法	HJ 535
	水质　氨氮的测定　水杨酸分光光度法	HJ 536
	水质　氨氮的测定　蒸馏中和滴定法	HJ 537
	水质　氨氮的测定　气相分子吸收光谱法	HJ/T 195
生化需氧量	水质　五日生化需氧量(BOD_5)的测定　稀释与接种法	HJ 505
	水质生化需氧量(BOD)的测定　微生物传感器快速测定法	HJ/T 86
硝酸盐	水质　硝酸盐氮的测定　酚二磺酸分光光度法	GB 7480
	水质　硝酸盐氮的测定　紫外分光光度法(试行)	HJ/T 346
	水质　硝酸盐氮的测定　气相分子吸收光谱法	HJ/T 198
亚硝酸盐	水质　亚硝酸盐氮的测定　分光光度法	GB 7493
	水质　亚硝酸盐氮的测定　气相分子吸收光谱法	HJ/T 197
硫化物	水质　硫化物的测定　亚甲基蓝分光光度法	GB/T 16489
	水质　硫化物的测定　直接显色分光光度法	GB/T 17133
	水质　硫化物的测定　碘量法	HJ/T 60
	水质　硫化物的测定　气相分子吸收光谱法	HJ/T 200
氰化物	水质　氰化物的测定　容量法和分光光度法	HJ 484
	水质　氰化物等的测定　真空检测管-电子比色法	HJ 659
悬浮物	水质　悬浮物的测定　重量法	GB 11901
挥发酚	水质　挥发酚的测定　溴化容量法	HJ 502
	水质　挥发酚的测定　4-氨基安替比林分光光度法	HJ 503
钙	水质　钙的测定　EDTA滴定法	GB 7476
钙和镁	水质　钙和镁总量的测定　EDTA滴定法	GB 7477
	水质　钙和镁的测定　原子吸收分光光度法	GB 11905
总锌	水质　铜、锌、铅、镉的测定　原子吸收分光光度法	GB7475
	水质　锌的测定　双硫腙分光光度法	GB 7472

续表

监测项目	分析方法名称	标准编号
总磷(以P计)	水质 总磷的测定 钼酸铵分光光度法	GB/T 11893
	水质 总磷的测定 流动注射-钼酸铵分光光度法	HJ 671
总氮(以N计)	水质 总氮的测定 碱性过硫酸钾消解紫外分光光度法	HJ 636
	水质 总氮的测定 气相分子吸收光谱法	HJ/T 199
总铅	水质 铅的测定 双硫腙分光光度法	GB 7470
	水质 铜、铅、镉、锌的测定 火焰原子吸收分光光度法	GB 7475
总砷	水质 总砷的测定 二乙基二硫代氨基甲酸银分光光度法	GB 7485
总铬	水质 总铬的测定	GB 7466
六价铬	水质 六价铬的测定 二苯碳酰二肼分光光度法	GB 7467
总铜	水质 铜的测定 2，9-二甲基-1，10-菲啰啉分光光度法	HJ 486
	水质 铜的测定 二乙基二硫代氨基甲酸钠分光光度法	HJ 485
	水质 铜、锌、铅、镉的测定 原子吸收分光光度法	GB 7475
总镍	水质 镍的测定 火焰原子吸收分光光度法	GB 11912
	水质 镍的测定 丁二酮肟分光光度法	GB 11910
总镉	水质 镉的测定 双硫腙分光光度法	GB 7471
	水质 铜、锌、铅、镉的测定 原子吸收分光光度法	GB 7475
苯系物	水质 苯系物的测定 气相色谱法	GB 11890
总有机碳	水质 总有机碳的测定 燃烧氧化—非分散红外吸收法	HJ 501
丙烯腈	水质 丙烯腈的测定 气相色谱法	HJ/T 73
甲醛	水质 甲醛的测定 乙酰丙酮分光光度法	HJ 601
挥发性卤代烃	水质 挥发性卤代烃的测定 顶空气相色谱法	HJ 620
硝基苯类	水质 硝基苯类化合物的测定 气相色谱法	HJ 592
	水质 硝基苯类化合物的测定 液液萃取/固相萃取-气相色谱法	HJ 648
	水质 硝基苯类化合物的测定 气相色谱-质谱法	HJ 716
硫氰酸盐	水质 硫氰酸盐的测定 异烟酸-吡唑啉酮分光光度法	GB/T 13897
联氨(水合肼)	水质 肼的测定 对二甲氨基甲醛分光光度法	GB/T 15507
	水质 肼和甲基肼的测定 对二甲氨基苯甲醛分光光度法	HJ 674
可吸附有机卤素	水质 可吸附有机卤素(AOX)的测定 离子色谱法	HJ/T 83
	水质 可吸附有机卤素(AOX)的测定 微库仑法	GB/T 15959
阴离子表面活性剂	水质 阴离子表面活性剂的测定 亚甲蓝分光光度法	GB 7494
酚类	水质 挥发酚的测定 溴化容量法	HJ 502
	水质 挥发酚的测定 4-氨基安替比林分光光度法	HJ 503
氯化物	水质 氯化物的测定 硝酸银滴定法	GB 11896
	水质 氯化物的测定 硝酸汞滴定法(试行)	HJ/T 343
无机阴离子	水质 无机阴离子的测定 离子色谱法	HJ/T 84

8.2.4 噪声监测

8.2.4.1 厂界噪声的监测

为了执行GB 12348《工业企业厂界噪声标准》而制定了GB 12349《工业企业噪声测量方法》。

(1) 测点位置

① 测点(即传声器位置。下同)应选在法定厂界外1m，高度1.2m以上的噪声敏感处。如厂界有围墙，测点应高于围墙。

② 若厂界与居民住宅相连，厂界噪声无法测量时，测点应选在居室中央，室内限值应比相应标准值低10dB(A)。

(2) 测量仪器

测量仪器为精度Ⅱ级以上的声级计或环境噪声自动监测仪，其性能符合GB 3875《声级计电声性能及测量方法》之规定，应定期校验。并在测量前后进行校准，灵敏度相差不得大于0.5dB(A)，否则测量无效。测量时传声器加风罩。

(3) 测量条件

测量应在无雨、无雪的气候中进行，风力为5.5m/s以上时停止测量。

测量应在被测企事业单位的正常工作内进行。分为昼、夜间两部分，时段的划分可由当地人民政府按当地习惯和季节划定。

用声级计采样时，仪器动态特性为“慢”响应，采用时间间隔为5s；用环境噪声自动监测仪采样时，仪器动态特性为“快”响应，采用时间间隔不大于1s。

(4) 测量记录

围绕厂界布点。布点数目及间距视实际情况而定。在每一测点测量，计算正常工作时间内的等效声级，填入工业企业厂界噪声测量记录表。

① 稳态噪声测量1min的等效声级。

② 周期性噪声测量一个周期的等效声级。

③ 非周期性非稳态噪声测量整个正常工作时间的等效声级。

背景噪声的声级值应比待测噪声的声级值低10dB(A)以上，若测量值与背景值差值小于10dB(A)，按表8-2-11进行修正。

表8-2-11 噪声背景值的修正值

差值	3	4~6	7~9
修正值	−3	−2	−1

8.2.4.2 噪声源监测

(1) 机械设备噪声的测量

常见的机械噪声源有通风机、鼓风机、空压机等。测量这类机械噪声的选点原则是：尽可能接近发声的机器，使机器的马达声远大于背景噪声和反射声。测量它们的进气口噪声时，测点应选在进气口的轴向上，距进气管口平面的距离大于管口直径的1倍为宜，也可选在距管口中心0.5m、1m或2m处。

对于锅炉蒸汽或工艺性气体的放空噪声，测点选在与排放口成90°的方位，与管口距离取1m，考虑到温度和压力的影响，从安全问题着眼，距离可以适当增大。

对于一般设备，可根据设备的尺寸大小做不同的处理。

① 外形尺寸小于 300mm 的小型机器，测点距其表面为 300mm；

② 外形尺寸介于 300~1000mm 的中型机械设备，测点距其表面为 500mm；

③ 尺寸大于 1m 的大型机械设备，测点距表面为 1m；

④ 特大型的机器或危险性的设备，测点位置可以选在较远处，应按具体情况决定；

⑤ 各类机械设备的测量，均需按上述参考距离在机械设备四周均匀分布测点，一般取 4~8个。测试结果以算术平均值表示或以最大量值表示；

⑥ 各测点离地面高度以被测对象的半高为准，但不可小于 0.5m；

⑦ 频谱测量一般在最大声级的测点处进行。无论测量 A、C 声级还是测量频谱，同时都要测量停机时的本底噪声；

⑧ 在测量数据上必须标明测点位置、测量仪器型号，被测设备的性能参数和工作状况。

(2) 车间噪声的测量

车间内部的测点，要根据车间大小和声级波动情况选择。若车间较小且车间内各处的 A 声级的差别不大时[小于 3dB(A)]，只在车间内选择 1~3 个测点；若车间较大且车间内各处 A 声级的差别较大时[大于 3dB(A)]，则要按声级大小将车间划分为若干个区域，每个区域应包括工人经常活动和工作的地方，任意两个区域的 A 声级差应大于 3dB(A)，每个区域内设 1 个测点。

噪声若随时间变动时，则测量等效声级 L_{eq}。测点位置要求离开辐射物表面(例如墙面)应大于 1m。距离窗应大于 1.5m，距离地面应取 1.2~1.5m 高度。

8.2.4.3 测量数据的处理与表达

噪声是起伏无规的声波，要取得可靠的测量结果，对任何测点的一次测量中，都应连续读取相当多的测量数据。一般规定读取 100 个数据，按下述方法处理表达。

(1) 累积分布值

将 100 个测量值按从小到大的顺序排列，并以 L_{10} 表示第 10 个数据，L_{50} 表示第 50 个数据；L_{90} 表示第 90 个数据。L_{10}、L_{50}、L_{90} 即为累积分布值。它们的含义是：L_{10} 相当于噪声的平均峰值；L_{50} 相当于噪声的平均值；L_{90} 相当于噪声的背景值。

(2) 等效声级

噪声测量结果，一般都用等效声级表示。等效声级是指某一段时间内声级(A 声级)的能量的平均值。可由下式(8-11)求得：

$$L_{eq}=10\lg\frac{1}{n}\sum_{i=1}^{1}10\frac{L_i}{10} \tag{8-11}$$

式中 L_{eq}——等效声级(dB)；

L_i——第 i 个数据的声级值；

n——数据的个数。

如果白天和夜间都进行了测量，则可按上式求出白天等效声级和夜间等效声级值，然后按下式(8-12)求出昼夜等效声级值。

$$L_{dn}=10\lg\frac{16\times10^{0.1L_d}+8\times10^{0.1(L_n+10)}}{24} \tag{8-12}$$

式中 L_{dn}——昼夜等效声级值(dB)；

L_d——白天等效声级值(dB)；

L_n——夜间等效声级值(dB)。

因为一般人们的活动时间是：白天 06：00~22：00，有 16h，夜间 22：00~06：00 有

8h，所以在上式中，白天和夜间的计算系数分别为 16 和 8。另外，考虑到噪声在夜间比在白天对人的影响更大，所以夜间要加 10dB 进行计算。

8.2.5 固体废物的监测

固体废物指人类在生产、经营活动和生活中所产生的所有固态、半固态(泥状)和高浓度液态废物。固体废物可分为危险废物、一般工业固体废物和其他废物三大类。危险废物指具有腐蚀性、急性毒性、浸出毒性、反应性、传染性、放射性等一种及一种以上危害特性的废物。

我国于 1994 年在全国推行固体废物排污申报制度，并于 1996 年颁布固体废物防治法。根据我国固体废物申报登记的有关规定，在"废物名称和类别编号对应表"中，01～50#为危险废物，71～80#为一般工业废物，51～70#、81～99#为其他废物。

固体废物资源化，但在贮存、转移及处理过程中对大气、水和土壤环境也潜在着二次污染的可能性。对固体废物的试验、评价及其处置过程产生二次污染可能性的监测是有效控制固体废物污染和资源化技术研究的前提。

8.2.5.1 样品的采集与制备

(1) 样品的采集

固体废物的取样方法包括简单随机取样、分层随机取样及系统随机取样三种。简单随机取样是最常见的取样技术。

固体废物采样容器、贮存条件及保存时间见表 8-2-12。

表 8-2-12 固体废物采样容器、贮存条件及保存时间

项目	采样容器	保存条件	最大贮存时间
金属	聚乙烯或玻璃		180d
挥发性有机物(VOC)	玻璃	4℃	14d
半挥发性有机物(SVOC)	玻璃	4℃	14d，萃取后 40d
总石油烃(TpH)	玻璃	4℃	14d，萃取后 40d

(2) 样品的制备

① 金属分析 固态废物中的金属：取 1～2g 样品，用硝酸和过氧化氢消解。消解物再与硝酸或盐酸一起回流加热。

液态废物中的金属：取 100mL 样品，用硝酸和盐酸消解。

② 有机物分析 固态废物中的 VOC：取 1～5g 样品，加入 5mL 试剂水，置于吹脱-捕集浓缩仪，用惰性气体吹脱，吹出的有机物用一根装有硅胶、TeNax、活性炭的吸附柱捕集。

液态废物中的 VOC：取适量体积的样品，用试剂水稀释至 5mL，置于吹脱-捕集浓缩仪，用惰性气体吹脱，吹出的有机物用一根装有硅胶、TeNax、活性炭的吸附柱捕集。

固态废物中的 SVOC 及 TpH：取 5～30g 样品，用索氏提取器或超声波破碎仪萃取。萃取溶剂为二氯甲烷。萃取液干燥脱水后，用 KD 浓缩器浓缩。

液态废物中的 SVOC 及 TpH：取适量体积的样品，分别于碱性(pH>11)及酸性(pH<2)条件下，用二氯甲烷各萃取三次，合并萃取液。萃取液干燥脱水后，用 KD 浓缩器浓缩。

某些固体废物萃取液组成较为复杂，直接进样可能超过色谱的分辨能力，并导致色谱柱柱效下降和分析系统污染。因此，对含有大量杂质的萃取液，测定之前常需净化。常用的净化方法有酸碱分配、吸附柱色谱、凝胶渗透色谱、分配色谱、离子交换色谱和硫的脱除等。

8.2.5.2 分析测试方法

固体废物测试方法可参照1999年颁布了“HJ/T 25—1999工业企业土壤环境质量风险评价基准”和EPA的分析方法。该方法有三个方面，其一是有害特性鉴别及测试，其二是有机成分的测定，其三是金属的测定。详见表8-2-13。

表8-2-13 有害物质特性、有机成分、金属测定方法

性质	性别	认定标准	测定方法标准
有害特性的鉴别与测定	腐蚀性	GB 5085.1—1996《危险废物监别标准—腐蚀性监别》	GB/T 15555.12—95《固体废物、腐蚀性玻璃电报法》
	急性毒性	GB 5085.2—1996《危险废物鉴别标准—急性毒性初筛》	该标准附录《危险废物急性毒性初筛试验方法》
	浸出毒性	GB 5085.3—1996《危险废物鉴别标准—浸出毒性鉴别》	参照水质测定的国家标准及“矿石及有色金属分析手册”第146页，北京矿冶研究院分析室编待有关固体废物的国家标准方法发布后执行相应的国家标准
	易燃性	按EPA的资源保护与回收法(RCRA)规定	参照EPA方法1010《易燃性测定闭杯法或EPA方法1020易燃测定闭杯法》
	反应性	指在通常情况下不稳定极易发生剧烈的化学反应与水反应猛烈或形成可爆炸的混合物或产生有毒气体	《固体废弃物试验分析评价手册》北京(中国环境科学出版社1992)497~503页方法测定
	爆炸性	在常温常压下即可发生爆炸反应，或对热、对机械冲击有不稳定性可爆炸	
有机成分的测定	总石油烃(TpH)	TpH是综合性有机指标包括汽油范围有机物(GROs)和柴油范围有机物(DROs)	可参考EPA方法8015分析
	挥发性有机物	根据EPA分类方法VOC系25℃下饱和蒸气压在133Pa以上的有机物	可参考EPA方法8260分析采用吹脱-捕集/毛细管GC/MS法分析
	半挥发性有机物	根据EPA的分类方法，SVOC系25℃下饱和蒸气压在1.3×10^{-4}~133Pa之间的有机物	可参考EPA方法8270分析，采用溶剂萃取/毛细管GC/MS法分析
金属的测定		分析前要进行预处理，可参照EAP法3005、3010、3020、3040或3050进行溶解处理	可用原子吸收光谱法(AAS) 电感耦合等离子体原子发射光谱法ICP/AES及电感耦合等离子体质谱法(ICP/MS)分析

石化工业固体废物种类繁多，成分复杂，大多数固体废物中含有大量水、油等，为满足固体废物治理要求，应对固体废物中含水量、含油量和固定性残渣进行分析，其推荐分析方法见表8-2-14。

表 8-2-14　固体废物中含水量、含油量和固定性残渣进行分析方法

监测项目	分析方法	测定方法标准
水	污泥中含水量测定方法	推荐方法
油	污泥中含油量测定方法	推荐方法
固定性残渣	污泥中固定性残渣测定方法	推荐方法

8.2.6　应急监测

8.2.6.1　突发性污染事故的类型

突发性污染事故指在瞬时或短时间内排放大量污染物质，对环境造成严重污染和破坏，给人民的生命和国家财产造成重大损失的恶性事故，它没有固定的排放方式和排放途径。突发性污染事故可分为核污染事故、剧毒农药和有毒化学品的泄漏或扩散污染事故、易燃易爆物的泄漏爆炸污染事故、溢油事故及非正常大量排放废水造成的污染事故五类。这五类污染事故中，除核污染事故外，其余均与石化行业有关。

石化行业涉及原油、成品油、有毒化学品和易燃易爆物的生产、贮运或使用，也产生大量的废水，这些环节均潜在着污染事故的可能性。突发性污染事故具有如下特征：形式多样、发生突然、危害严重、处理处置困难等。

突发性污染事故一旦发生，应迅速实施监测，以确定污染物的种类、浓度、范围及可能的危害。应急监测是突发性污染事故处置、处理的前提和关键。应急监测不同于常规监测，通常在现场进行，监测方法应简便、快速，使用的仪器多为小型、便携、简易、快速的检测仪器。

8.2.6.2　应急预案

建立健全突发环境事件应急机制，提高企业应对涉及公共危机的突发环境事件的能力，维护社会稳定，保障公众生命健康和财产安全，保护环境，促进社会全面、协调、可持续发展是十分必要的。编写应急预案应包括以下内容：

(1) 编制目的、编制依据、事件分级，(Ⅰ级特别重大环境事件、Ⅱ级重大环境事件、Ⅲ级较大环境事件、Ⅳ级一般环境事件)、适用范围、工作原则。

(2) 组织体系、综合协调机构、有关类别环境事件专业指挥机构、企业突发环境事件应急领导机构、专家组。

(3) 信息监测、预防工作、预警及措施、预警支持系统。

(4) 应急响应、分级响应机制、应急响应程序、信息报送与处理、指挥和协调、指挥和协调机制、信息发布、安全防护、应急终止。

(5) 应急监测、监测对象、监测因子、监测方法、监测仪器、监测频次、监测布点、质量保证措施、评价标准、水质监测结果、大气监测结果、现场监测、实验室分析、数据分析。

(6) 资金保障、装备保障、通信保障、人力资源保障、技术保障、宣传、培训与演练、应急能力评价。

(7) 善后处置、保险、预案管理与更新、地方政府沟通与协作、奖励与责任追究、预案实施时间。

8.2.6.3　应急监测方法

(1) 有毒化学品泄漏污染事故

石油化工和基本有机化工的常见有毒化学品包括三碘化砷、叠氮化钠、铍、硒化镉、硝

酸汞、硝酸铊、氰化钠、氰化钾、氰化氢、氰化溴、羰基镍、1，2-二硝基苯、1，3-二硝基苯、1，4-二硝基苯、硝基苯、锑粉、硝酸亚汞、4，41-二氨基联苯、1，4-二丁基-2丁炔、2，4-二硝基甲苯、2，4-二硝基甲苯、2，4-二硝基苯酚钠及2-呋南甲醇等。

发生事故时，有毒化学品的污染程度和范围具有很强的时空性，所以对污染物的监测必须实施从静态到动态，从区域性乃至地区性的实时现场快速监测。

由于分析对象的时空变化非常迅速，决定了应急监测应具有以下特点：(1)简便和连续地监测；(2)能对浓度分布非常不均匀的各类样品进行选择性分析；(3)定性、定量分析均能快速地实现。这类监测技术主要包括：①试纸法；②水质快速检测管法-显色反应型；③气体快速检测管法-填充管型；④化学测试组件法；⑤便携式分析仪器测定法。

(2) 易燃易爆物的泄漏、爆炸污染事故

爆炸通常可分为物理爆炸、化学爆炸和核爆炸三种。若按易爆物的性质分类，可分为混合气体爆炸、气体分解爆炸、粉尘爆炸、混合危险物爆炸、爆炸性化合物爆炸及蒸气爆炸六种。常见爆炸事故多为化学爆炸。爆炸可直接造成破坏，也常伴随着火灾或有毒有害气体的泄漏，造成更为严重的危害。

石化行业涉及众多易燃易爆物的生产、贮运和使用，潜在火灾、爆炸事故的可能性。在发生事故时，有时还会产生新的有毒气体，而有时则是有毒气体或有毒化学品的爆炸。常见易爆有毒气体包括二氧化硫、三氟化氯、三氯化硼、五氟化磷、四氟化硅、四氟化硫、氟、氨、锑化氰、氯化氰、一氯甲烷、一溴甲烷、光气、磷化氢、一甲胺、一氧化碳、乙胺、二甲胺、1，3-丁二烯、三氟氯乙烯单体、环氧乙烷、硫化氢、氯乙烯、六氟化硫及液态烃气等，都可以在石化企业内存在。因此，企业应具备此类事故的预防及应急监测手段。

在爆炸现场可用快速检测管(如氮氧化物、汞蒸气、羰基镍、苯检测管)测定燃烧物和燃烧生成物的成分和浓度，以确定是否为有毒化学品爆炸或爆炸产物是否有毒性。检测管是一种内部填充化学显色指示剂的玻璃管，气体通过检测管后，根据变色的长度可定量或半定量地得出拟测定对象物的浓度。检测管常受到干扰气体影响，应注意其特征性及采取必要的抗干扰措施。

(3) 溢油污染事故

石油勘探、开发、加工及储运过程中，存在原油或油品外泄，即溢油的可能性。溢油具有扩散性、挥发性、溶解性、分散性、乳化性、氧化作用、生物降解作用及沉降作用等八大特性。

溢油事故的主要类型有：①井喷等造成的意外事故；②输油管道泄漏造成的事故；③石油集输站的输油槽溢满、输油管破裂、阀门及垫片渗漏造成的溢油事故；④油轮碰撞、爆炸或起火造成的事故；⑤油气或含油污染物的违章外排造成的事故；⑥操作失误造成的溢油事故。

溢油事故的监测目的有两种，即源和源强。

陆上的溢油源比较容易判定。水上或海上溢油源的判定工作比较困难和复杂。溢油源的确定需依托实验室进行指纹分析，常用的方法有气相色谱法、元素分析法、微分差示紫外光谱法、荧光光谱法、气相色谱-质谱联用法及液相色谱-傅里叶红外光谱联用法等。

源强的确定也并不容易，一般需从生产工况的调查来取得，也可以用目测或航测来确定水面浮油的面积，以进一步估算溢油量。

(4) 腐蚀性物质污染事故

腐蚀性物质指具有酸性、碱性、氧化性或吸水性的物质，主要包括强酸、强碱、氧化剂及脱水剂四类。常见的酸性腐蚀性物质包括氢氟酸、盐酸、硝酸、硫酸、磷酸等，常见碱性腐蚀性物质包括氢氧化钠和氢氧化钾。

腐蚀性物质污染事故的应急监测一般采用便携式 pH 计法。根据 GB 5085. 1—1996《危险废物鉴别标准-腐蚀性鉴别》的规定，当 pH 值大于或等于 12. 5，或者小于或等于 2. 0 时，该废物具有腐蚀性。若被污染的介质是水，可直接测定；若被污染的介质是固体，按固液比 1 : 5(体积比)加入蒸馏水，搅拌后测水相 pH 值。每次监测，在不同地点采集的样品不应少于两个，碱性腐蚀性物质的判定取最大 pH 测定值，酸性腐蚀性物质的判定取最小 pH 测定值。

8. 2. 7　连续自动监测

我国全国性的监测网络已经逐步形成，网络建设遵循发挥各自的特色和优势、彼此合作、相互补充的原则，取得了预期的结果。几年来的经验表明，网络运行的核心问题是信息的统一和共享，信息统一的基础是监测技术规范的统一，只有数据及时、准确，才能可比与偶合，才能实现信息共享。

工业企业是全国性环境监测网络的成员，同时本身也组成一个局域性的环境监测网络。本节仅对后者进行简要的讨论。

8. 2. 7. 1　连续自动监测系统的构成

企业环境监测网络的基础是连续自动的环境监测系统。

该系统由一个中心站和若干个子站构成，各子站设有污染源和各种环境要素的连续质量监测仪器、流量计及工况测定仪、气象、水文仪器等，设有微处理机采集各台在线仪器的监测数据，并具有自动校核、自动修正的功能。

子站的主要任务是：

① 预定的程序进行定时、定点的监测；

② 按照一定的时间间隔采集和处理监测数据；

③ 按照不同的需要进行显示、打印和短期储存；

④ 接受中心站的工作指令并按其要求发送监测数据。

中心站是网络的指挥中心和数据信息中心。其主要任务是：

① 向全网络发出各种工作指令，管理子站的日常监测工作；

② 对收集到的数据，经阅读、检验、建立及时的数据文件，然后再算出时(日、月、年)均值，并制作相应的报表及污染分布、趋势图；

③ 建立、组成数据库；

④ 向主管部门、企业和公众定时发布环境信息。

8. 2. 7. 2　自动监测系统的配置

连续自动监测系统一般由进样系统、在线分析仪表、数据采集仪(黑匣子)、数据传输网络(PSTN)、中心站(企业)计算机和软件系统组成。以企业废水排放口为例，其系统结构见图 8-2-1。

连续自动监测系统的信息响应部分是各台在线监测仪器。

流量计-废水流量计、废气流量计；

质量监测仪器-废水(COD、石油类、NH_3(NH_3-N)、pH、TOC 等)、废气(SO_2、CO、NO_x 等)。

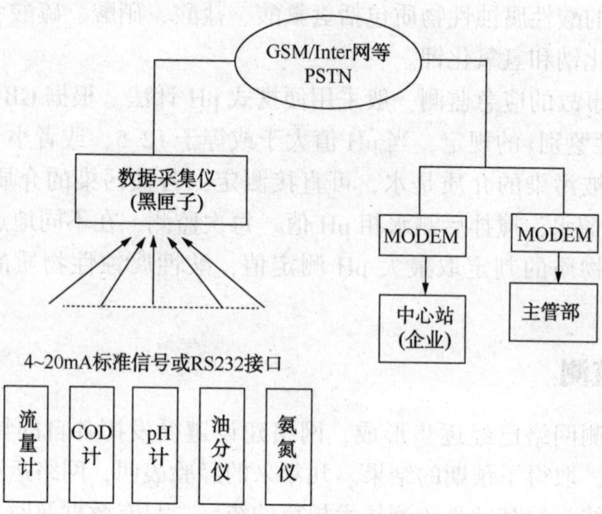

图 8-2-1　企业废水排放口连续自动监测系统结构

在线的质量监测仪器在测定原理上可以分成两类：一类是将实验室使用的标准方法仪器化，即自动化、电子计算机化，这种仪器测得的数据容易和实验室的数据相一致，但实验室操作步骤都被固化在仪器里，造成仪器的运动部件多、泵管系统较复杂、药剂使用量大、仪器的体积大而笨重，使得仪器的一次投资高、而且维护、维修的工作量也大为增加，从而提高了运行费用。另一类是开发新型的探头型的测量元件，这种仪器大体上比较精致，仪器运行稳定性高、费用低、容易操作和管理，但是它的测定值需要和标准方法进行对比。从目前看，第一类仪器还是占了一定的市场，但从长远来看，第二类仪器更具有发展潜力。

连续自动监测系统的操作和信息管理部分是电子计算机构筑的平台，它是整个系统的心脏部分。为了保证系统运行的可靠性和效能，一般设置二台计算机，一台是主机，与系统相联在线运行，另一台作辅机，进行运算管理，当主机发生故障，可代替其运行。

连续自动监测系统的信息传输部分是 PSTN 有线传输网(也可通过 GSM/Inter 网等传输)，在线监测仪器通过接口(需提供通讯协议)不间断地将监测数据(模拟量信号)传送至黑匣子(数据采集仪)。黑匣子以特定周期(20ms)记录以上数据，并经汇总、打包处理后储存起来。储存的数据通过公用电话网(PSTN)传输给中心站的数据采集服务器(计算机)，存放于该机的数据库中。如果数据采集服务器联接于局域网之上，就可实现监测数据共享。

8.2.7.3　连续自动监测系统的管理

连续自动监测系统是环境监测工作的一个手段，因此从普遍性原则来说，环境监测工作的管理程序对连续自动监测系统都是适用的。但是，它也还有自身的特点。因为连续自动监测系统提供的数据量、信息量都非常大，因而仪器长期运行的稳定性和数据的可靠性就成为关键。在连续自动监测系统质量保证/质量控制程序中，对所有使用的仪器都强调了校准和标准。

所谓仪器的校准，除进行日常的零点、满刻度校准外，按规定还必须进行定期的多点线性校准；所谓仪器的标准，指其标定值必须具有可追溯性，即要求从下至上，最终可追踪到国家标准，而从上至下，则是将国家标准逐级传递到每台日常工作的仪器上。用这种校准和标准的手段，来保证每台监测仪器所获得数据的准确可靠，使得整个监测网的数据具有最终可比性。

（1）标准的传递。分为流量的标准传递和标准参考物的传递。

（2）仪器的校准。分为监测仪器的校准和其他仪器的校准。

（3）数据的修正及审核。

8.3 监测数据的准确性及使用

8.3.1 环境监测质量保证

环境监测质量保证：是指为保证监测数据的准确性、精密性、代表性、完整性、可比性而应采取的措施。

代表性指在有代表性的时间、地点、并根据确定目的，获得的典型环境数据的特性；完整性是指按预期的计划取得的、反映监测对象变化规律的系统的周期性或连续性；准确性是指测试结果与客观实在的接近程度；精密性是指测量结果具有良好的平行性、重复性和再现性；数据可比性是指除采样、监测等全过程都可比外，还应包括标准物质和标准方法的准确性，传递系统和追溯系统，来实现不同时间，不同地点，数据的可比性和一致性。

准确的监测结果受到分析人员，分析方法、标准物、试剂、采样、运输、保存以及时间、空间、环境条件等多方面的影响。因此，包括规范的采样方法及样品运输保存方法、标准的监测分析方法、合格的分析人员、合格的实验室条件及实验操作、符合要求的实验器材及试剂等等在内的实验室内部、外部质量保证和质量控制体系，才是实现完整的准确一致的监测工作的基础条件。所以说该体系是一种保证监测数据科学性的可靠方法，也是科学管理实验室的有效措施。

环境监测的质量保证工作包括以下几个方面：

（1）监测分析人员需通过授权部门考核，持证上岗；

（2）实验室设计应符合有关环境监测站的设计规范要求；

（3）要制定合理的监测计划，该计划在技术上具有科学性、法律上具有有效性。根据需要和可能、经济效益等分析，确定监测数据的质量要求；

（4）确定相应的监测分析系统，并编写有关标准、规范、指南手册等。如：实验室的清洁、安全制度；环境监测人员技术培训和技术考核；采样点的设置、采样方法、样品处理和保证；监测分析方法的标准化和保证；质量控制程序的确认和实施；各种标准样品及试剂的认证、选择和供应；仪器设备的认证、选择和校准；

（5）监测数据的记录、整理和审定，监测报告的编写和上报，数据库的建立。

8.3.2 环境监测质量控制

环境监测质量控制是对分析监测过程进行控制的方法，它是质量保证的一部分。质量控制包括实验室内部和实验室间的质量控制，内部质量控制包括空白试验、现场采样对比实验，标准曲线核查，平行样和加标样的分析，盲码样分析等。利用质控图校核，也是实验室内部常用的自我控制质量的方法，特别是对于无人值守的连续自动监测系统尤为重要。外部质量控制，一般由常规监测之外有经验人员来执行，以便对数据进行独立评价。

8.3.2.1 现场质量控制

任何项目的分析结果只对样品负责，如果采集并送到实验室的样品本身已不能反映该采样口的真实情况，即使分析测试工作进行得再准确，分析结果也将失去它的代表性，从而产生误导的后果。现场质量控制工作的主要内容有以下几项：

（1）科学设定采样点，要能真实反映该地区，该排放口的真实情况，有代表性。

（2）做好采样前的准备工作，包括采样仪器设备、样品的储存容器以及与其相关的物品检查，是否达到标准的要求。

（3）按照分析项目规定的采样(样品保存)方法认真操作。

（4）做好记录，出现的任何情况都要真实记录下来。

（5）现场采样之后将样品按规定运送，包括接收、保存和登记等。

（6）采样中产生的质控样(如：平行双样、现场空白、装备空白、运输空白等)，都要按有关规定操作。

8.3.2.2 实验室内质量控制

实验室内质量控制又称内部质量控制。其目的在于控制分析人员的实验误差，使之达到容许限的范围，以保证测试结果的精密度和准确度能在给定的置信水平下，有把握达到规定的质量要求。它表现为分析工作者对分析质量进行自我控制及内部质控人员对其实施质量控制技术管理的过程。

分析项目确定之后，首先应该对所用分析方法做出正确的选择。应优先选用国家标准分析方法，国家标准分析方法尚未颁布的监测项目，可依次选用行业标准、行业规范及其他公认的统一方法，必要时应先进行等效实验，验证报告由上级监测部门认可后方可使用。

（1）基本实验

基本实验包括空白实验值测定、检出限的估算和标准曲线的绘制及检验，进行密码样分析以及绘制质量控制图等。

空白实验值在一定程度上反映着实验室的基本状况和分析人员的技术水平。它的大小和分散程度直接影响着这个方法的检出限和实验的精密度。

检出限是指所用方法在给定的可靠程度内，可以从零浓度样品(不含待测物质的样品)中测到待测物质的最小浓度或最小量。它是一个定性指标，即判定样品中存有浓度高于空白的待测物质。

使用光度法分析样品时，应绘制校准曲线以估算样品中待测组分。校准曲线包括标准曲线和工作曲线。工作曲线通常是用与样品的分析步骤完全相同的方式分析标准溶液所得的数据绘制的。标准曲线是在分析标准溶液时，同样品分析相比所用的分析步骤常有所省略的条件下进行的，例如，省略了样品前处理。

（2）监测质量控制技术

实验室质量控制的根本着眼点在于控制分析误差。通常使用的有平行样分析、加标回收率分析、盲码样和盲码样加标的分析及质量控制图等。

8.3.2.3 实验室间质量控制

实验室间质量控制也叫外部质量控制，是指由外部有工作经验和技术水平的第三方技术组织，对各实验室及分析人员进行定期和不定期的分析质量考查的过程。

实验室间质量控制的目的，在于使协同工作的实验室之间能在保证基础数据质量的前提下，提供准确可靠并一致可比的测试结果，即在控制分析测试随机误差达到最小的情况下，进一步控制系统误差。

实验室间质量控制必须在实行实验室内质量控制的基础上进行，需有足够的实验室参加，使所得数据的数量能满足数理统计的要求，也便于分析人员和数据使用者了解分析方法、分析误差以及数据质量等方面的内容。

实验室间质量控制分为实验室性能评价和实验室间质量控制考核两种。

实验室性能评价是指对实验室进行全面考察后，对其工作能力与水平所给予的整体评价。考察的内容涉及所有实验室工作的各个部分，如人员素质、实验室工作条件、质量保证制度以及工作完成情况等。

实验室间质量控制考核是了解各监测实验室的分析测试结果是否合乎质量要求的基本方法。可按不同级别分别进行。考核的方案设计可以包括用已知样核校各实验室的基准，用考核样品的测定结果评价各实验室所报数据的质量状况等。可以使用实验室间质量控制图对各实验室进行日常分析的质量控制。

8.3.2.4 常规的质量控制方法

（1）平行样分析

平行样分析是指将同一样品的两份或多份子样在完全相同的条件下进行同步分析。平行样分析反映的是分析结果的精密度。

比率：至少应按同批测试的样品数，随机抽取10%~20%样品做平行双样的测定。

符合判定：精密度应符合方法给定的室内标准差(或相对标准差)的要求，或按照方法的允许差进行判断。无论用哪种指标衡量，凡不符合要求时，即应找出原因所在，并重新分析原样品。

（2）加标回收率分析

加标回收率实验，可以反映分析方法是否存在系统误差。因此，在实际工作中，这是运用比较普遍的确定准确度的方法。

测定率：随机抽取10%~20%样品进行加标测定。

符合判定：按分析方法规定的水平判断，或在质量控制图中检验。二者都无依据时，可按95%~105%的域限做出判断。

进行加标回收率测定时，还应注意以下几点。

加标物的形态应该和待测物的形态相同；

加标量应和样品中所含待测物的测量精密度控制在相同的范围内，一般情况下规定：

加标量应尽量与样品中待测物含量相等或相近，并应注意对样品容积的影响；

当样品中待测物含量接近方法检出限时，加标量应控制在校准曲线的低浓度范围；

任何情况下，加标量均不得大于待测物含量的3倍；

加标后的测定值不应超出方法的测定上限的90%；

当样品中待测物浓度高于校准曲线的中间浓度时，加标量应控制在待测物浓度的半量。

（3）密码样和密码加标样分析

密码样分析：是由实验室的质量管理人员将一定数量的密码样(已知样)与常规样品(未

知样)同时安排给检测人员，检测人员在未知情的情况下进行样品检测。由质量管理人员对结果进行分析、评价和判断，用于检查或控制检测结果的可靠性和精密度。

密码加标样分析：是由实验室的质量管理人员在随机抽取的样品中加入适量的标准物质(或标准溶液)，与常规样品(未知样)同时安排给检测人员，测试结果由质量管理人员计算回收率。根据回收率情况评价或判断其检测结果或检测方法的可靠程度。

(4) 标准物质(或质控样)对比分析

由于标准物质(或质控样)的品种、规格所限，选用的标准物质(或质控样)的基体和浓度水平常常难与样品中待测物浓度的未知性以及同批样品的多样性等相匹配，所以使用标准物质(或质控样)对比分析控制质量时，也存在着明显的局限性。

(5) 方法比较分析

方法比较分析是对同一样品分别使用具有可比性的不同方法进行测定，并将测试结果进行比较。由于不同方法对样品的反应不同、所用试剂、仪器也多有差别，如果不同方法所得结果一致，则表示分析工作质量可靠，结果正确。多用于仲裁监测和标准物的定值。

(6) 质量控制图

质量控制图的理论基础是数理统计中的统计检验理论。该图以统计量的参数值为纵坐标，$\pm 3\sigma$ 为控制域限，限内表示测定结果的可接受域，$\pm 2\sigma$ 表示测定结果超出此范围即应引起注意的警告域限，$\pm\sigma$ 则为检查测定结果质量的辅助指标所在区间。

常用质量控制图有单值质量控制图(如：测定值质控图-x 图、回收率质控图-P 图和空白值的质控图-xb 图等)和均值质量控制图(如均值-极差质控图-$\bar{x}$-R 图)等。

建立质量控制图首先要分析质量控制样品。积累的数据应尽可能多地覆盖不同条件下的数据变化情况。一般每天测定一次，按照所选质量控制图的要求积累一定数量的数据。单值质控图，要在一段时间内积累 100 个数据。均值质量控制图，每天测定一次平行样，积累至少 20 个数据。然后计算各项统计量值，绘出原始图见图 8-3-1。

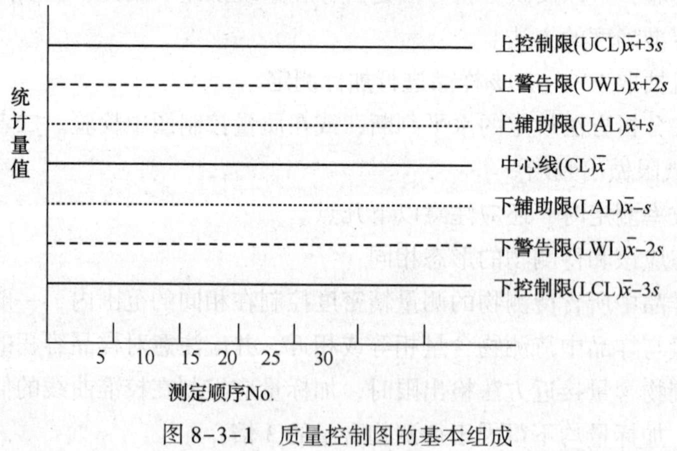

图 8-3-1 质量控制图的基本组成

质量控制图中各点的分布应在控制域内中心线两测随机排列。落在上下辅助线范围内的点数按正态分布概率衡量应为 68.3%。由于绘制质量控制图的数据数量有限，因此，落在此范围内的点数不得小于 50%。当按照上述指标检查，证明原始图的质量符合要求时，即表明确定质控图分析工作的质量是处于稳定的受控状况，此时即可用该图对常规分析的结果进行质量判断。

如果落在上、下控制线上或线外的点，表示为失控数据，应予以剔除。剔除后需补充新数据，重新计算统计量并绘原始图。如此反复进行直至落在控制域限内的点数符合要求为止。当各点连续出现在中心线一测的点数等于或大于 7 或连续 7 点递升(递降)时，表示工作中已出现系统误差，属失控状态。当失控点数出现在前部时，剔除这 7 个点，继续补充 7 个点，再重新计算统计量、绘原始图；当失控点数出现在后部时，剔除这 7 个点，应继续补充 10 个以上的数据，以说明工作的连续稳定受控；当相邻的三个点中两个点接近控制限时，表示工作质量异常，应立即中止实验，查明原因，并补充不少于 5 个数据，再重新计算，并绘原始图。

第9章　土壤及地下水污染防控与修复技术

9.1　概述

9.1.1　保护土壤、地下水的重要性

土壤和地下水是自然环境要素中非常重要的两个因子，是相互依赖的“孪生兄弟”，土壤和地下水既是重要的自然资源，也是重要的战略资源和可持续发展的重要因素，在保证居民生活用水、社会经济发展和生态环境平衡等方面起着不可替代的作用。

长期以来人们对地下水污染危害的认识不到位，特别是石油化工建设项目，对地下水污染的预防与治理不够重视，石化企业含油污水的跑、冒、滴、漏以及突发污染事故等，存在影响工厂区及周边的土壤和地下水环境质量风险。《全国地下水污染防治规划》(2011~2020年)也指出石油化工行业勘探、开采及生产等活动显著影响地下水水质，规划提出要防范石油化工行业污染地下水，借鉴国外地下水污染修复技术经验，在地下水污染问题突出的石油化工行业生产等区域，筛选典型污染场地，积极开展地下水污染修复试点工作。

针对石油化工行业的特点，开展预防和实施地下水污染的防治工作，探索地下水污染修复，改善石油化工厂区及周边的土壤和地下水环境质量，不仅是贯彻国家环境保护基本国策的要求，更是石油化工行业实现和谐和可持续发展的自发行动。

9.1.2　土壤及地下水污染预防和治理情况

一些发达国家十分关注土壤和地下水质量问题，尤其是由于污染对其现有使用功能的可能改变，已制定一系列的法律、法规和规章制度，规范石化企业的运营，降低土壤、地下水污染的风险。

早在20世纪70年代，美国国家环保局(EPA)就颁布了《油品污染预防规定》(PART112，40 CFR)，要求石油化工项目采取防渗措施以保护地下水和土壤。英国等欧洲国家也有同样的法律要求，在有关法律法规的框架内，确立污染土壤、地下水的控制与功能恢复技术开发与示范工程建设。

美国石油学会(API)、美国土木工程师学会(ASCE)、美国混凝土协会(ACI)等行业协会也出台了标准、规范和要求：如《地面储罐设备护拦区衬垫使用情况调查》(API PUBL 341—1998)、《石化设施次级阻隔设施设计》(ASCE)、《环境工程混凝土结构设计要求》(ACI 350R-01)等都涉及防渗设施的设计内容。

目前，随着国家环保制度的日益完善和公民环保意识的不断增强，我国石化项目的土壤及地下水污染预防与治理工作也逐步展开，但与西方发达国家相比，地下水污染防治技术研发相对落后、工程实践仍处于起步阶段，土壤及地下水污染防治的标准、规范及技术体系不完善，土壤及地下水污染控制与修复技术体系尚未形成。

9.2 土壤及地下水污染的预防和控制

9.2.1 防止地下水污染的总体防控原则

防止地下水污染措施坚持源头控制、合理分区、“可视化”及方案的可实施性，以及污染监测和应急处理的预防与控制相结合的总体防控原则。

(1) 全过程控制原则

针对工程可能发生的地下水污染，地下水污染防治按照“源头控制、末端防治、污染监控、应急响应”的原则，从污染物的产生、入渗、扩散、应急响应全阶段进行控制。

(2) 分区防治原则

根据工艺、设备、管线设计方案及操作工况、所涉及的物料及其可能泄漏的途径等进行地下水污染分区划分，不同分区采取与之相适应的防止地下水污染设计方案。污染区划分以环评报告提出的原则和方案，结合项目所在区域的实际情况进行确定。

(3) 可视化原则

加工、储存、输送可能污染地下水物料及污染物的设备、管线应尽量布置在地上，便于物质及污染物泄漏时的“早发现、早处理”。

(4) 可实施性原则

采用可靠的防止地下水污染的设计方案应具有可实施性，包括防渗材料、施工技术和施工接口/缝的处理方案等，应满足项目建设整体的进度要求。

9.2.2 防渗区域的划分

9.2.2.1 防渗区域的划分原则

石油化工企业的占地面积一般均较大，一个原油加工能力为 800×10^4t/a 的炼油厂占地约 3km^2，一个大型炼油化工一体化项目占地约 5km^2。对整个厂区统一都进行防渗处理，不符合石油化工工程和煤化工的工程特点，增加不必要的工程投资，延长工期，因此，根据不同区域或部位可能泄漏物对地下水可能污染影响，制定客观与科学合理的防渗分区方案，在保护地下水环境的前提下，尽可能降低工程投资。所以，对石油化工企业厂区进行污染防治分区是防渗设计的主要内容之一。

将石化项目厂区是否为隐蔽工程、发生物料泄漏是否容易发现和能否及时得到处理作为污染防治分区的划分原则。据此将石化企业厂区划分为重点污染防治区、一般污染防治区和非污染防治区三大区域。

非污染防治区：指没有污染物泄漏或泄漏物不会对地下水环境造成污染的区域或部位。

一般污染防治区：指对地下水环境有污染的物料或污染物泄漏后，容易发现和可及时处理的区域或部位；主要包括架空设备、容器、管道、地面、明沟等。

重点污染防治区：指对地下水环境有污染的物料或污染物泄漏后，不能发现和处理的区域或部位；主要包括地下管道、地下容器(储罐)、(半)地下污水池、油品储罐的罐基础等。

9.2.2.2 典型污染区划分举例

根据石化企业厂区污染防治分区的划分原则，结合工艺装置(单元)的特点和部位以及物料与污染物的性质，将石油化工企业按主体工艺装置区、储运工程区、公用工程区和辅助工程区等不同功能区进行了针对性的污染防治分区，典型污染防治分区表如表 9-2-1~表 9-2-4 所示。

表 9-2-1　主体装置工程区典型污染防治分区

装置、单元名称	污染防治区域及部位	污染防治区类别
地下管道	生产污水(初期雨水)、污油、各种废溶剂等地下管道	重点
地下罐	各种地下污油罐、废溶剂罐、碱渣罐、烯烃罐等基础的底板及壁板	重点
生产污水井及各种污水池	生产污水的检查井、水封井、渗漏液检查井、污水池和初期雨水提升池底板及壁板	重点
生产污水预处理	生产污水预处理池的底板及壁板	重点
储焦池	储焦池的底板及壁板	重点
液硫池	液硫池的底板及壁板	一般
生产污水沟	机泵边沟、油站、除盐水站边沟和生产污水明沟的底板及壁板	一般
地面	—	一般

表 9-2-2　储运工程区典型污染防治分区

装置、单元名称	污染防治区域及部位	污染防治区类别
原料油、轻质油品、液体化工品等储罐区	环墙式和护坡式罐基础	重点
	承台式罐基础	一般
	储罐到防火堤之间的地面及防火堤	一般
油泵及油品计量站	油泵及油品计量站界区内的地面	一般
铁路、汽车装卸车	装卸车栈台界区内的地面	一般
油气回收设施	油气回收设施界区内的地面	一般
铁路槽车洗罐站	洗罐站界区内的地面	一般
地下罐	地下凝液罐、污油罐、废溶剂罐等基础的底板及壁板	重点
地下管道	生产污水、污油、废溶剂等地下管道	重点
系统管廊	系统管廊集中阀门区的地面	一般

注：原料油、轻质油品、液体化工品等储罐区中不包含储存液硫、沥青、重质渣油的罐和液化烃球罐。

表 9-2-3　公用工程区典型污染防治分区

装置、单元名称		污染防治区域及部位	污染防治区类别
动力站	湿法除灰	储灰池的底板及壁板，冲灰沟的底板及壁板	重点
	锅炉事故油池	事故油池的底板及壁板	重点
	排污池、地坑	排污池及地坑的底板及壁板	重点
变电所	事故油池	事故油池的底板及壁板	重点
化学水处理站	酸碱罐区	环墙式和护坡式罐基础	重点
		承台式罐基础	一般
		酸碱罐至围堰之间的地面及围堰	一般
	酸碱中和池及污水沟	酸碱中和池的底板及壁板，污水沟的底板及壁板	重点
	水处理厂房	水处理厂房内的地面	一般

续表

装置、单元名称		污染防治区域及部位	污染防治区类别
循环水场	排污水池	排污水池的底板及壁板	重点
	冷却塔底水池及吸水池	塔底水池及吸水池的底板及壁板	一般
	加药间	房间内的地面	一般
雨水监控池		雨水监控池的底板及壁板	一般
事故水池		事故水池的底板及壁板	一般
污水处理场	地下生产污水管道	地下生产污水管道	重点
	污水处理场 调节罐、隔油罐和污油罐	环墙式和护坡式罐基础	重点
		承台式罐基础	一般
		罐至防火堤之间的地面及防火堤	一般
	污水处理场 生产污水、污油、污泥池，沉淀池、污水井	调节池、均质池、隔油池、气浮池、生化池、污油池、油泥池、浮渣池、沉淀池、和污泥池的底板及壁板；检查井、水封井和检漏井的底板及壁板	重点
	污水处理场 污泥储存池	污泥储存池的底板及壁板	重点
	污泥焚烧	污泥焚烧界区内的地面	一般

表 9-2-4　辅助工程区典型污染防治分区

装置、单元名称	污染防治区域及部位	污染防治区类别
散装且溶于水的原料及产品仓库	仓库内的地面	一般
液体化学品库	化学品库的室内地面	一般

9.2.3　石化项目防渗设计的技术要求

（1）防渗层的性能

一般污染防治区防渗层的防渗性能应不低于 1.5m 厚渗透系数为 1.0×10^{-7} cm/s 粘土层的防渗性能。重点污染防治区防渗层的防渗性能应不低于 6.0m 厚渗透系数为 1.0×10^{-7} cm/s 粘土层的防渗性能。

（2）防渗层的寿命

石油化工防渗工程的设计使用年限应不低于其防护主体（如设备、管道及建、构筑物）的设计使用年限；正常条件下，设计年限内的防渗工程不应对地下水环境造成污染。

根据调研，石化企业内各种生产功能单元的设计寿命是不同的，如油品储罐约 15 年，地下管道约 20 年，建、构筑物的设计使用年限约 50 年。

9.2.4　防渗工程的设计方案

9.2.4.1　源头控制措施

（1）主要包括在工艺、管道、设备、污水储存及处理构筑物采取相应措施，防止和降低污染物跑、冒、滴、漏；尽量“可视化”，做到污染物“早发现、早处理”。

（2）输送工艺介质的离心泵和转子泵的轴封应优先选配机械密封，输送水及类似水的介质，可根据具体条件确定密封型式。

（3）自采样、溢流、事故及管道低点排出的物料（如油品、溶剂、化学药剂等），应进入密闭的收集系统或其他收集设施。不得就地排放和排入排水系统。

（4）装置内应根据生产实际需要设收集罐，用以收集各取样点、低点排液等少量液体介质，并以自流、间断用惰性气体压送或泵送等方式送至相应系统。装置因事故或正常停工后，应尽量通过正常操作管道将装置内物料送往相应罐区。

（5）有毒有害介质设备的设备法兰及接管法兰的密封面和垫片适当提高密封等级，必要时采用焊接连接。设备的排净及排空口不采用螺纹密封结构，且不直接排放。搅拌设备的轴封选择适当的密封形式。

（6）对输送有毒有害介质的泵选用无泄漏泵(磁力泵、屏蔽泵等)。所有输送工艺物料的离心泵及回转泵采用机械密封，对输送重组分介质的离心泵及回转泵，适当提高密封等级(如增加停车密封、干气密封或采用串联密封等措施)。所有转动设备均提供集液盆式底座，并能将集液全部收集并集中排放。

（7）输送污水压力管道尽量采用地上敷设，重力收集管道可采用埋地敷设，埋地敷设的排水管道在穿越厂(库)区干道时采用套管保护。所有穿过污水处理构筑物壁的管道预先设置防水套管，防水套管的环缝隙采用不透水的柔性材料填塞。

（8）埋地管线宜采用钢管，连接方式应采用焊接，焊缝质量等级不应低于Ⅱ级，管道设计壁厚应加厚，腐蚀余量可取2mm，且外防腐的防腐等级应提高一级。

9.2.4.2 末端控制措施

在污染区地面进行防止地下水污染处理，防止洒落地面的污染物渗入地下，并把滞留在地面的污染物收集起来，集中送至污水处理场处理；末端控制措施的设计方案及要求如下。

（1）地面防渗设计要求

① 一般污染防治区地面防渗采用的抗渗钢纤维混凝土，强度等级不低于 C_{25}，抗渗等级不低于 P_6，其厚度不小于100mm。

② 混凝土防渗层应设置板缝，缩缝间距6~10m，胀缝间距20~30m。

③ 混凝土防渗层在墙、柱、基础交接处设衔接缝。

④ 混凝土防渗层内不得埋设水平管线。垂直穿越的管线应预埋套管，套管与混凝土防渗层按衔接缝处理。

⑤ 混凝土防渗层的嵌缝采用道路用硅酮密封胶；嵌缝板采用闭孔型聚乙烯泡沫塑料板或纤维板；背衬材料采用闭孔膨胀聚乙烯泡沫棒，尺寸大于缝宽的25%。

（2）罐区防渗设计要求

① 环墙式罐基础的防渗采用1.5mm厚的高密度聚乙烯(HDPE)膜(渗透系数不大于 1.0×10^{-12}cm/s)，膜上、膜下设置长丝无纺土工布保护层，其标称断裂强度不应小于30kN/m。防渗层由中心坡向四周，坡度不宜小于1.5%。环墙式罐基础的防渗设计典型样图如图9-2-1所示。

② 承台式罐基础的承台及承台以上环墙采用抗渗等级不低于 P_6 的抗渗混凝土，承台及承台以上环墙内表面刷聚合物防水涂料；承台顶面应找坡，由中心坡向四周，坡度不宜小于0.3%。承台式罐基础的防渗设计典型样图如图9-2-2所示。

③ 检漏井平面尺寸500mm×500mm，厚度不小于100mm，高出地面200mm，井底低于泄漏关300mm。检漏井采用抗渗混凝土，强度等级不低于 C_{25}，抗渗等级不低于 P_6。

④ 防火堤采用抗渗混凝土，抗渗等级不低于 P_6。防火堤的变形缝设置3mm厚不锈钢板止水带。

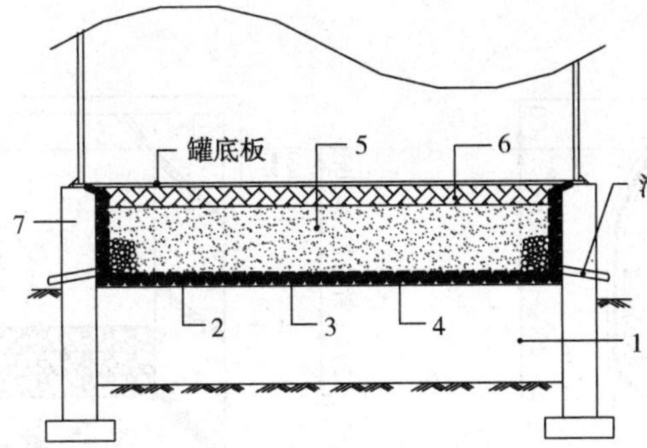

图 9-2-1 环墙式罐基础高密度聚乙烯(HDPE)膜防渗层示意图

1—罐基础填料层或原土夯实；2—膜下保护层；3—高密度聚乙烯(HDPE)膜；
4—膜上保护层；5—砂垫层；6—沥青砂绝缘层；7—环墙基础

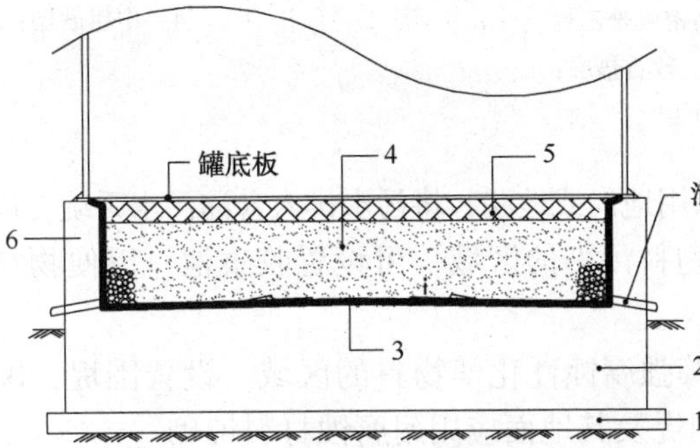

图 9-2-2 承台式罐基础防渗层示意图

1—混凝土垫层；2—钢筋混凝土承台；3—防水涂料层；
4—砂垫层；5—沥青砂绝缘层；6—环墙

(3) 水池防渗设计要求

① 一般污染防治区水池的混凝土强度等级不低于 C30，抗渗等级不低于 P6，结构厚度不小于 250mm。

② 重点污染防治区水池的混凝土强度等级不低于 C30，抗渗等级不低于 P8，结构厚度不小于 300mm。且水池内表面涂刷水泥基渗透结晶型或喷涂聚脲等防水涂料(涂刷水泥基渗透结晶型涂料，涂刷喷涂聚脲等防水涂料的厚度不应小于 1.5mm)。

(4) 地下管道防渗设计要求

当一、二级埋地管线采用非钢管时，地下管道防渗采用厚度不小于 1.5mm 的高密度聚乙烯(HDPE)膜，膜两侧设置长丝无纺土工布保护层，其标称断裂强度不应小于 30kN/m。地下管道防渗设计可采用 HDPE 防渗膜也可以采用抗渗混凝土管沟，其典型图样如图 9-2-3 和图 9-2-4 所示。

9.2.5 泄漏污染物检测与收集

泄漏污染物收集可分为地表污染物收集、储罐基础渗漏检测设施、地下污油(水)管道渗漏设施。

(1) 围堰收集

在操作或检修过程中，有可能泄漏油品、腐蚀性介质的区域，应根据物料性质不同分别设置围堰。围堰内的排水设施应符合下列要求：

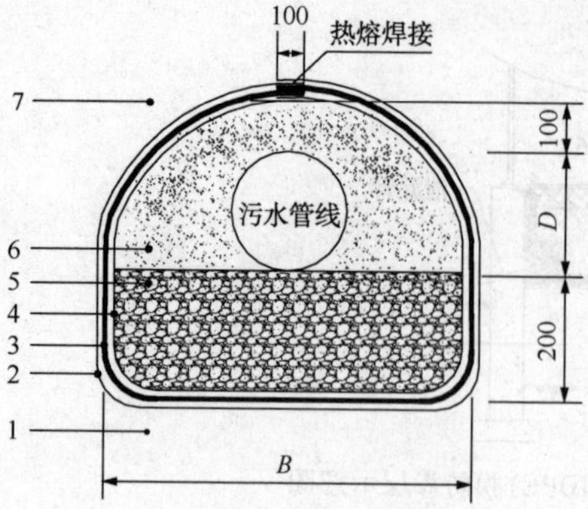

图 9-2-3　地下管道高密度聚乙烯（HDPE）膜防渗层示意图

1—基层；2—膜下保护层；3—高密度聚乙烯（HDPE）膜；4—膜上保护层；5—砂石垫层；6—中粗砂层；7—回填土层

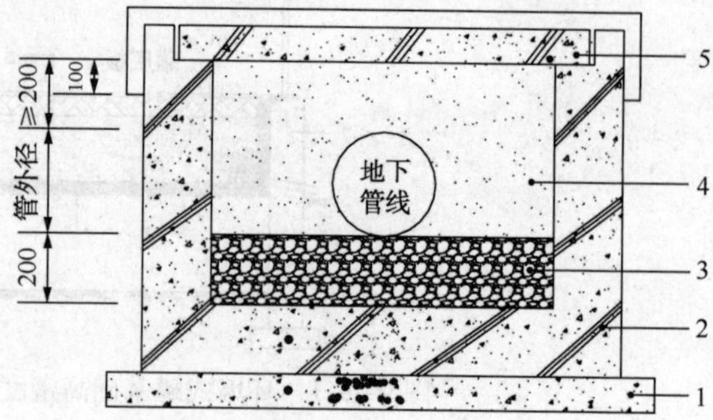

图 9-2-4　地下管道管沟防渗层示意图

1—混凝土垫层；2—管沟；3—砂石垫层；4—中粗砂层；5—管沟顶板

① 油品污染区域　可采用地沟或地漏，将污水排入含油污水系统，最终送至污水处理场。

② 腐蚀性介质或有毒物料污染的区域　可设置收集池，以便物料的收集和转移至相应储罐。

③ 储存、输送酸、碱等强腐蚀性化学物料的区域　设置围堤，围堤内的有效容积不应小于一个最大罐的容积，围堤及其地面应用耐腐蚀材料铺砌。

（2）储罐基础的渗漏检测

储罐基础设计应设置渗漏检测设施。罐基础环墙周边泄漏管的设置应符合现行国家标准《钢制储罐地基基础设计规范》GB 50473 的规定。当泄漏管低于地面标高时，泄漏孔对应位置处应设置检漏井，顶部设置活动防雨钢盖板。

（3）地下污油（水）管道渗漏收集与检查

① 地下污油（水）管道上宜设置渗漏液收集井，收集井间隔不宜大于 70m。

② 地下污油（水）管道渗漏液通过砂石导流层进入收集井，可用泵将渗漏液输送到检查井，之后输送到污水处理场处理。

③ 渗漏液收集井宜位于污油（水）检查井、水封井的上游，并宜与检查井、水封井合并布置。

④ 人工巡检地下管道的渗漏液收集井，检查渗漏情况。

地下污油（水）管道上宜设置渗漏液检漏井，典型样图如图 9-2-5 所示。

9.2.6　污染监控体系

实施覆盖生产区的地下水污染监控系统，包括建立完善的监测制度、配备先进的检测仪器和设备、科学、合理设置地下水污染监控井，及时发现污染、及时控制。

（1）监测井布设：应满足《地下水环境监测技术规范》HJ/T 164—2004 的要求。

（2）监测采样：定期人工监测采样。

（3）监测因子：根据建设项目产品方案，确定地下水监测因子。一般包括石油类、硫化物、挥发酚、苯、二甲苯、挥发性酚、总氰化物、氨氮、硝酸盐、亚硝酸盐氮等 10 项，同时进行水位测量（潜水、承压水同步观测）。

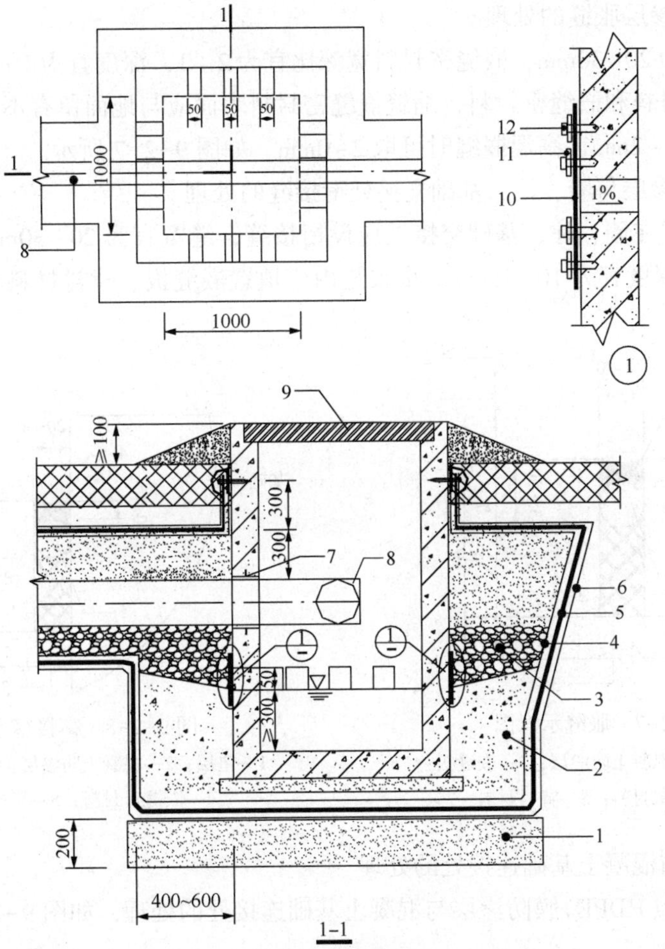

图 9-2-5　渗漏液检漏井防渗层示意图

1—砂垫层；2—素混凝土；3—卵石层；4—膜上保护层；5—高密度聚乙烯(HDPE)膜；6—膜下保护层；7—防水套管；8—排污管道；9—密闭井盖；10—土工布；11—高密度聚乙烯(HDPE)膜片；12—M8 膨胀螺栓

9.2.7　防渗设计应关注的难点问题

石化项目厂区防渗设计的难点在于防渗区域的不同接口和各种裂缝等薄弱环节的处理。若不同接口和各种裂缝等部位处理不好，则防渗工程的防渗效果将大打折扣。因此防渗工程的接口和各种缝的处理非常关键与重要，应特别关注并加强防范。

（1）缝处理

① 混凝土防渗层缩缝的处理

缩缝宜采用切缝，切缝宽度宜为 6~10mm，深度宜为 25~30mm。嵌缝密封料深度宜为 6~10mm；缝内应填置嵌缝密封料和背衬材料，缩缝嵌缝密封料表面应与地面留有不大于 3mm 的距离，低温嵌缝时可取 3~2mm，高温嵌缝时可取 2~0mm。如图 9-2-6 所示。

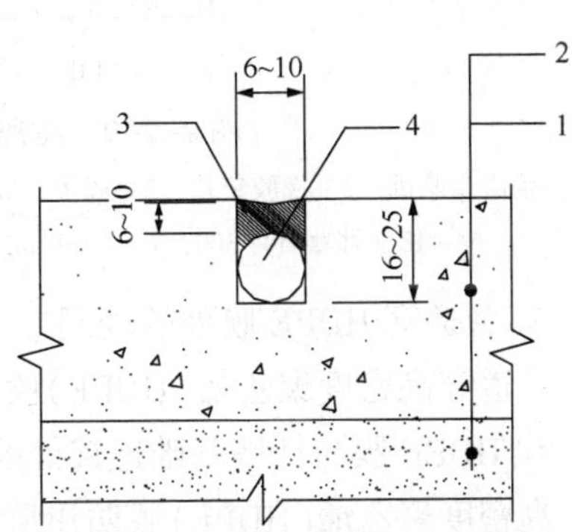

图 9-2-6　缩缝示意图

1—垫层；2—混凝土防渗层；3—嵌缝密封料；4—背衬材料

② 混凝土防渗层胀缝的处理

胀缝宽度宜为20~30mm；嵌缝密封料宽深比宜为2∶1，深度宜为10~15mm。缝内应填置嵌缝板、背衬材料和嵌缝密封料，缩缝嵌缝密封料表面应与地面留有不小于3mm的距离，低温嵌缝时可取3~2mm，高温嵌缝时可取2~0mm。如图9-2-7所示。

③ 混凝土防渗层与墙、柱、基础交接处衔接缝的处理

混凝土防渗层在墙、柱、基础交接处应设衔接缝，缝宽宜为20~30mm。嵌缝密封料宽深比宜为2∶1，深度宜为10~15mm。衔接缝内应填置嵌缝板、背衬材料和嵌缝密封料。如图9-2-8所示。

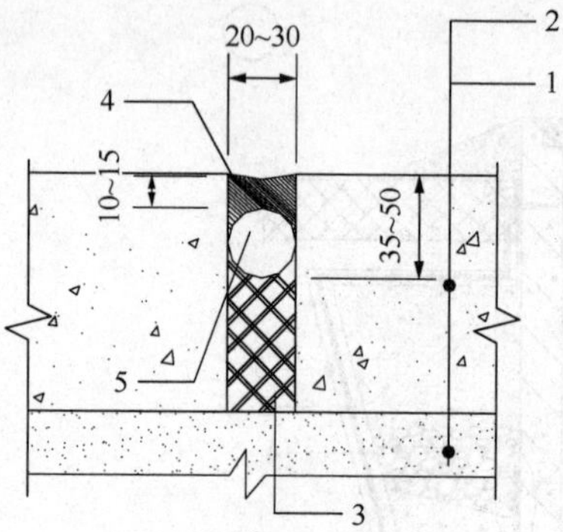

图9-2-7 胀缝示意图

1—垫层；2—混凝土防渗层；3—嵌缝板；4—嵌缝密封料；5—背衬材料

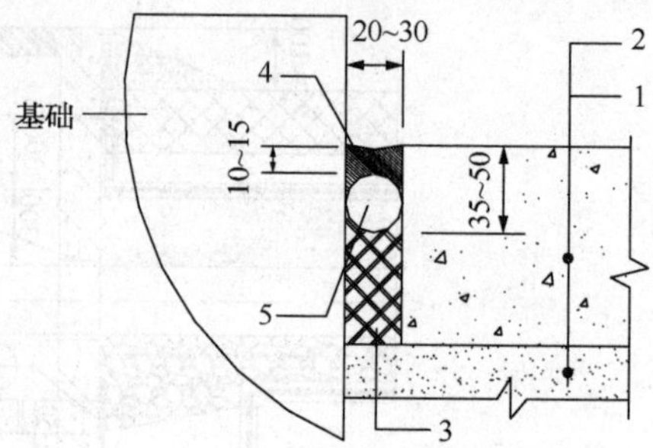

图9-2-8 衔接缝示意

1—垫层；2—混凝土防渗层；3—嵌缝板；4—嵌缝密封料；5—背衬材料

④ HDPE膜与混凝土基础连接处的处理

高密度聚乙烯(HDPE)膜防渗层与混凝土基础连接处的处理，如图9-2-9所示。

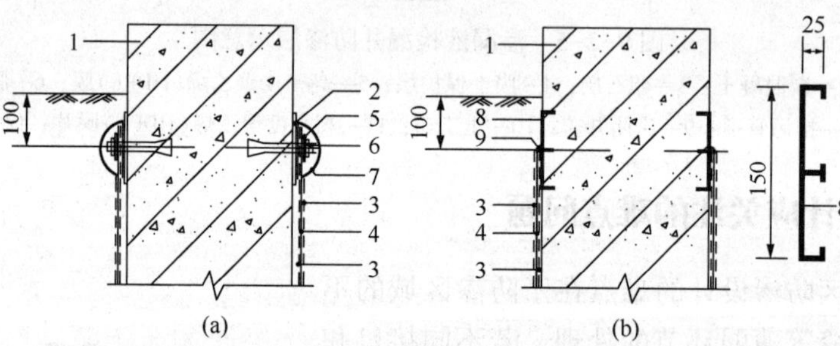

图9-2-9 高密度聚乙烯(HDPE)膜与基础连接示意图

1—混凝土基础；2—橡胶垫片；3—膜上、膜下保护层；4—高密度聚乙烯(HDPE)膜；5—扁钢压条-50mm×5mm；6—M8膨胀螺栓@300；7—1.00mmHDPE膜罩；8—高密度聚乙烯(HDPE)E型锁条；9—挤压焊接

⑤ 管道穿HDPE膜处的处理

管道穿高密度聚乙烯(HDPE)膜处的处理，如图9-2-10所示。

⑥ HDPE膜与环墙基础连接处的处理

高密度聚乙烯(HDPE)膜防渗层与环墙基础连接处的处理，如图9-2-11所示。

⑦ 罐区防火堤变形缝的处理

罐区防火堤变形缝处理，缝内应设置嵌缝板、背衬材料和嵌缝密封料，如图9-2-12所示。

(2) 隔断措施

为了防止污染物漫流到非污染区，应采取措施防止污染防治区污染物漫流到非污染区。如污染防治区设置围堰或边沟等，确保污染物不会漫流到非污染区。再如污染防治区地面应坡向排水口或排水沟，地面坡度不应小于 0.3%，排水沟底部坡度不宜小于 1%等。

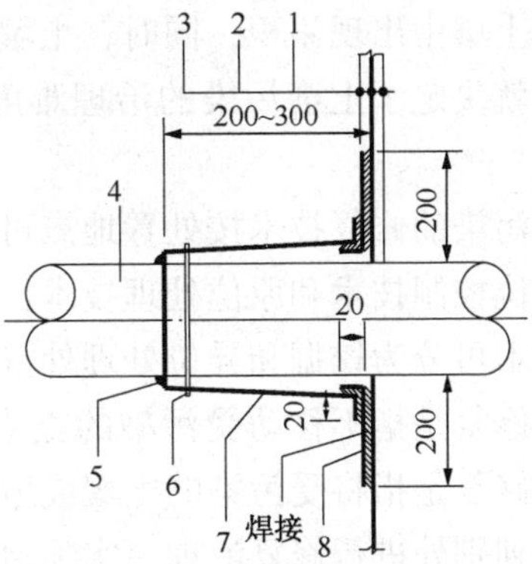

图 9-2-10　管道穿高密度聚乙烯(HDPE)膜示意图

1—膜下保护层；2—高密度聚乙烯(HDPE)膜；3—膜上保护层；4—管道；5—密封料；6—镀锌钢丝紧固；7—高密度聚乙烯(HDPE)膜套管；8—HDPE 膜管裙

(3) 地基处理

为防止地基的不均匀沉降引起防渗层产生裂缝，引发设备、基础发生裂缝和破坏，确保基层的均匀、可靠；对建设项目场地处于淤泥、淤泥质土、冲填土、杂填土及其他高压缩性土层等软弱地基时，设计应根据不同情况对地基土进行换土、机械压夯等方法进行加固等处理，之后方可进行防渗层的施工。

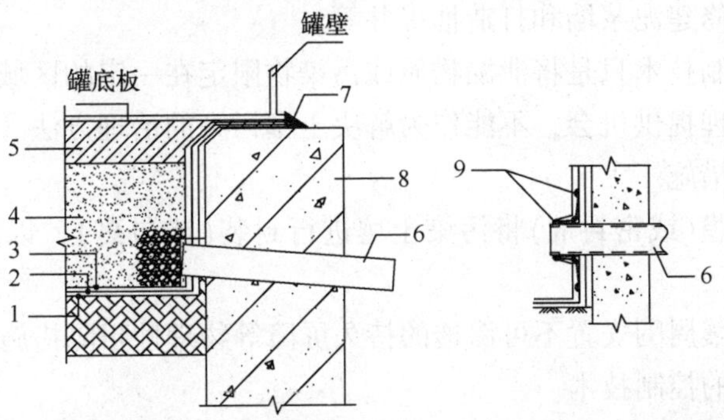

图 9-2-11　高密度聚乙烯(HDPE)膜与环墙式罐基础连接示意图

1—膜下保护层；2—高密度聚乙烯(HDPE)膜；3—膜上保护层；4—砂垫层；5—沥青砂绝缘层；6—泄漏管；7—沥青封口；8—环墙基础；9—挤压焊缝

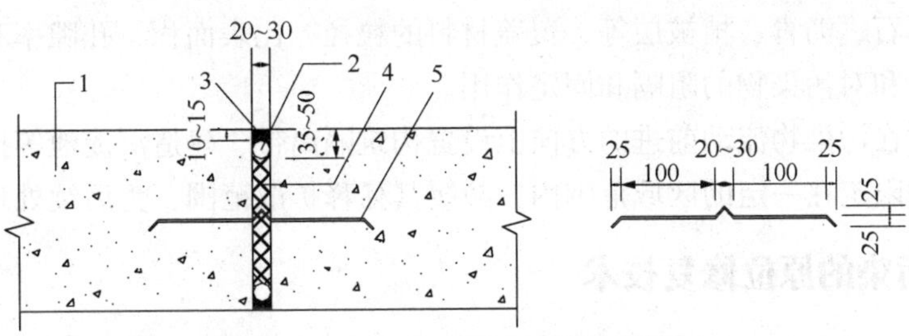

图 9-2-12　防火堤变形缝示意图

1—钢筋混凝土防火堤；2—背衬材料；3—嵌缝密封料；4—嵌缝板；5—止水带

9.3　土壤污染的修复技术

对于土壤污染最好的处理方案就是不做任何处理。在不违反法规的情况下，轻度污染可以依靠土壤的自净化功能进行修复，只是时间较长，但成本最低。否则，就需要采取治理措施。

土壤作为一种环境介质，其本身具有一定的自净能力，但是当污染超过一定阈值后，污染物便在土壤中出现累积，同时，土壤又具有地域差异性、生态系统复杂性和不可流动性等特性，这就决定了土壤污染的治理难度更大，治理技术比地表水和环境空气更复杂、费用更高。

土壤污染的修复技术按处置地点可分为原位修复技术和异位修复技术。原位修复技术又可分为原位控制技术和原位处理技术，常用的原位处理技术包括物理、化学和生物方法；异位修复技术可分为挖掘和异位处理处置技术。

原位修复是指不移动受污染的土壤，直接在场地发生污染的位置对其进行原地修复处理；异位修复是指将受污染的土壤或地下水从场地发生污染的原有位置挖掘或抽提出来，搬运或转移到别处进行修复治理。实际治理中应根据土壤污染类型、土壤性质等因素确定适用的治理方案。

以下对上述技术分别进行介绍。

9.3.1 土壤污染的原位控制技术

原位控制技术是指采用可阻止污染物迁移或阻断污染物暴露途径的技术措施，主要是缓解和消除场地污染物对人体健康和环境的威胁。场地污染原位控制技术措施一般包括帽封、隔离、围堵、限制、修建泥浆墙和打造抽提井等。

场地污染工程控制技术只是将泄漏物质或污染物限定在一定的区域范围内，减缓其稀释扩散范围，为后续处理提供机会，不能作为解决土壤污染的治理方法。

(1) 封装、围堵措施

封装是采用防护膜(或密封剂)将污染土壤进行封装(或包裹)，以防止污染物释放进入环境的控制技术。

围堵是在污染土壤周围安置不可渗透的持久屏障等物理性阻隔措施，以阻止泄漏物质或污染物释放进入环境的控制技术。

(2) 帽封、限制措施

帽封是在污染土壤顶部覆盖阻隔性物质或清洁填料，利用覆盖材料对污染物的阻隔、固定、吸附等作用控制污染物迁移的控制技术。覆盖材料可包括地工织物(纤维)、清洁土壤、黏土、砂土、砾石、沥青、植被层等。覆盖材料的粒径、比表面积、孔隙率和密度等直接关系到其吸附能力和对污染物的阻隔和固定作用。

限制是通过在污染物流动前进的方向上设置构筑隔离带、建造沉淀池等控制措施，将泄漏物质或污染物限定在一定的区域范围内，减缓其稀释扩散范围，为后续处理提供机会。

9.3.2 土壤污染的原位修复技术

原位土壤修复技术包括土壤气相抽提法、土壤冲涮法、固化/稳定化法、电动分离法、热处理法、化学氧化法、生物通风法、生物反应器、植物修复法等。

修复技术有时也称处理技术，是指用于清洁、治理场地中污染物质的各种处理、处置技术，包括改变污染物的结构，降低污染物的毒性、迁移性或体积的各种物理、化学或生物技术等。

(1) 物理、化学修复技术

① 土壤气相抽提法

通过专门的地下抽提(井)系统，利用抽真空或注入空气产生的压力驱使非饱和区土壤中的气体发生流动，从而将其中的挥发性和半挥发性有机物逐出，达到清除土壤污染物的目的。土壤气相抽提主要用于污染土壤原位处理，偶尔也用于异位处理。土壤气相抽提只适用于挥发性烃类、水溶性能差的物质的修复，修复时间较长。

土壤气相抽提可分为原位土壤气提技术、异位土壤气提技术和多相浸提技术。原位土壤气提技术适用于处理亨利系数大于 0.01 或者蒸气压大于 66.66Pa 的挥发性有机化合物，如挥发性有机卤代物或非卤代物，也可用于去除土壤中的油类、重金属、多环芳烃或二噁英等污染物；异位土壤气提技术适用于修复含有挥发性有机卤代物和非卤代物的污染土壤；多相浸提技术适用于处理中、低渗透型地层中的挥发性有机物。

该技术处理效能一般(往往不采取处理措施，使其自然挥发即可)，但在挥发出的气体对人类有害的情况下就需考虑采用，以确保在受污染地域上方不会出现大量的有害气体。该方法不适合处理易溶解的污染物。特点是需要气相收集井及真空泵，气体抽出后在地面处理，可以配合曝气法适用效果会更好一些。该技术的优点是可以穿过不渗透层，成本适中、比较合理；缺点是只适用于挥发性烃类，水溶性能差的物质，修复时间较长。处理示意图如图 9-3-1 所示。

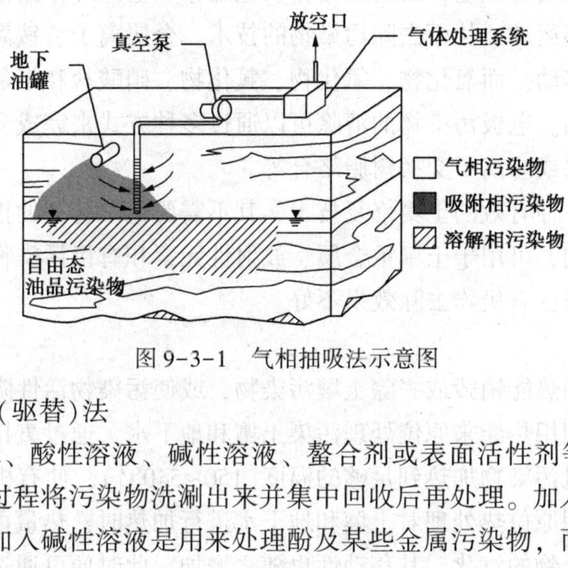

图 9-3-1 气相抽吸法示意图

② 原位土壤冲涮(驱替)法

将冲涮溶液(如水、酸性溶液、碱性溶液、螯合剂或表面活性剂等)注入土壤中冲涮受污染的土壤，借助此过程将污染物洗涮出来并集中回收后再处理。加入酸性溶液是用以去除金属及有机污染物，加入碱性溶液是用来处理酚及某些金属污染物，而表面活性剂则用以清除土壤中的油脂类污染物。

实践中需要对黏度较大、不溶于水的烃类进行回收处理(如润滑油)，由于不溶于水，抽取水时无法携带润滑油，这时可以加入表面活性剂，降低水的表面张力，使润滑油能部分溶解于水，然后再抽取进行处理，不过这种方法治理效果并不完美，因为并不是所有的污染物分子都能和表面活性剂、水进行接触、反应。

一般该技术都与其他就地生物处理技术配合使用，润滑油不是环境的主要污染物，所以我们有足够的时间进行处理，所以一般都是采用生物法处理，不过通过使用表面活性剂可以降低需要细菌降解的污染物数量。

需要注意的是，一般使用后的润滑油中都含有重金属，生物处理无法除去这些金属，而通过表面活性剂驱替法可以除去部分金属，所以说表面活性剂驱替法有助于降低土壤的毒性。

该技术优点是注入表面活性剂增加污染物水溶，增加处理速，处理成本合理，适合黏性油品。缺点是需要地面辅助处理设施，需要处理化学药剂。

由于投加的化学试剂易引起土壤的二次污染，因而该方法应用受到了限制。

③ 固化、稳定化法

将污染土壤(或危险废物)与能聚结成固体的材料(如水泥、沥青、化学药剂等)相混合，通过形成晶格结构或化学键，将土壤或危险废物捕获或者固定在固体结构中，从而降低有害组分的移动性或浸出性。其中，固化是将废物中的有害成分用惰性材料加以束缚的过程，而稳定化是将废物的有害成分进行化学改性或将其导入某种稳定的晶格结构中的过程，即固化通过采用具有高度结构完整性的整块固体将污染物密封起来以降低其物理有效性，而稳定化则降低了污染物的化学有效性。

固化、稳定化可分为原位和异位固化、稳定化修复技术。原位固化、稳定化技术适用于重金属污染土壤的修复，一般不适用于有机污染物污染土壤的修复；异位固化、稳定化技术通常适用于处理无机污染物质，不适用于半挥发性有机物和农药杀虫剂污染土壤的修复。

④ 电动分离法

在土壤上施加低强度直流电，通过电渗析、电迁移和电泳等作用使土壤孔隙中的水和荷电离子或粒子发生迁移运动，从而去除污染物的技术。金属离子、铵离子以及带正电荷的有机化合物向负极方向移动，而氯化物、氰化物、氟化物、硝酸盐和带负电的有机化合物等阴离子则向正极方向移动。电极污染物的清除可以通过多种方式来完成，如电镀、沉淀或共沉淀、抽吸电极附近的水或与离子交换树脂络合等。

电动修复技术是一种有效的土壤修复技术，其不需要化学药剂的投入，修复过程对环境几乎没有任何负面影响，可用于土壤重金属、放射性元素和有机污染物的去除，但电动修复技术对电荷缺乏的非极性有机物去除效果不好。

⑤ 热处理法

热处理法是指利用热能销毁或去除土壤污染物，或使污染物活性降低的处理技术。

原位热处理法是利用热能来原位处理污染土壤和地下水，通过直接或间接热交换，将污染介质及其所含的有机污染物加热到足够的温度(150~540℃)，使有机污染物从污染介质挥发或分离的过程。利用原位热处理对土壤和地下水进行加热时，热量可以摧毁或挥发其中的有机化合物，随着化合物的汽化，其移动性也随之增加，此时便可通过收集井对挥发物进行抽吸捕集，最后再采用异位处理等其他净化方法去除污染物。原位热处理技术尤其适用于处理低密度废水相液体，可以通过电阻加热、射频加热、动态地下搅拌、热传导、热水、热汽、蒸汽注射等方式往地下导热。

热处理法按温度可分成低温热处理技术(土壤温度为150~315℃)和高温热处理技术(土壤温度为315~540℃)。热处理修复技术适用于处理土壤中挥发性有机物、半挥发性有机物、农药、高沸点氯代化合物，不适用于处理土壤中重金属、腐蚀性有机物、活性氧化剂和还原剂等。

⑥ 化学氧化法

根据土壤中污染物的类型和属性选择适当的氧化剂，将药剂注入到土壤中，利用氧化剂与污染物之间的氧化—还原反应将污染物转化为无毒无害或毒性低、稳定性强、移动性弱的化合物，从而达到对土壤净化的目的。常用于处理污染土壤的氧化剂有臭氧、过氧化氢、次氯酸盐、氯气、二氧化氯、高锰酸钾和芬顿试剂(过氧化氢和铁)等，氰化氧化和脱氯是化学氧化处理的典型例子。

化学氧化处理法可适用于原位或异位处理污染土壤、淤泥、沉积物及其他固体废弃物，也适用于原位处理地下水。

(2) 土壤污染的原位生物修复技术

广义的生物修复是指一切以利用生物为主体的土壤污染治理技术，实现环境净化、生态效应恢复的生物措施。包括利用植物、动物和微生物吸收、降解、转化土壤和地下水中的污染物，使污染物的浓度降低到可接受的水平，或将有毒有害的污染物转化为无毒无害的物质，也包括将污染物稳定化，以减少其向周边环境的扩散。狭义的生物修复是指通过酵母菌、真菌、细菌等微生物的作用清除土壤和地下水中的污染物，或是污染物无害化的过程。生物修复技术适用于烃类及其衍生物，如汽油、燃油、乙醇、酮、乙醚等，不适合处理持久性有机污染物。

污染土壤生态修复应关注三个主要方面：土壤生态系统的自净功能是生态修复的基础；生物代谢过程、理化技术和环境因素的耦合是生态修复的关键；生态修复必须是生态安全的。

由于生物修复具有费用低、处理效果好、对环境影响低、无二次污染、不破坏植物生长所需要的土壤环境等优点，其在污染土壤修复方面具有广阔的应用前景。土壤污染的原位生态修复技术如下：

① 曝气法

曝气法属于生物处理技术，只需要把空气压缩通入土壤中饱和含水层，帮助生物降解，投资少(有时在厂里都有现成的压缩空气)，不过与其他就地处理方法相同，都需要较长的治理期，而且地层中的不渗透层也会限制其适用范围，在受污染面积较广的情况下，土壤通风可能无法覆盖所有区域，而且通风会加剧污染物的横向扩散，可能会增加受污染面积。因此本方法比较适合较小的受污染地块，特别是对于易挥发性污染物，既能加速污染物质挥发，也能促进生物降解。该技术的优点是成本低，治理时间适当，处理土壤深度能达到30m；缺点是受不渗透层限制，容易加速污染物横向扩散，需要设置通气孔。曝气法处理污染土壤示意图如图 9-3-2 所示：

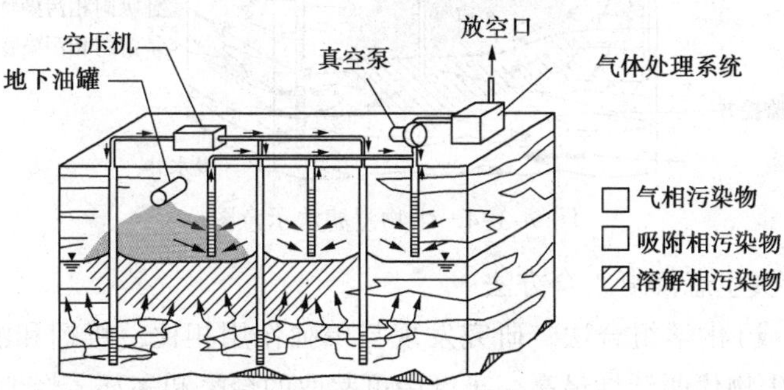

图 9-3-2 曝气法示意图

② 生物通风法

生物通风法是通过加快土壤中空气或氧气扩散，促进不饱和层中污染物生物降解的技术，生物通风修复技术严格控制在不饱和层的土壤中。具体的措施是向不饱和层打井，通气井的数量、井间的距离和供氧的速率根据污染物的分布、土壤类型等而定。生物通风法从流程上和气相抽吸法类似，不过生物通风法主要是通过生物降解作用降低土壤中污染物，而气相抽吸法主要是抽出土壤中挥发的气相污染物进行处理，因此生物通风法的通风量小于气相抽吸法。该技术优点是成本低，一般不需要气体处理设施，缺点是仅适合处理较少的污染物，且污染物容易被生物降解，不适用于非渗透性土壤，处理时间较长。生物通风法如图9-3-3所示。

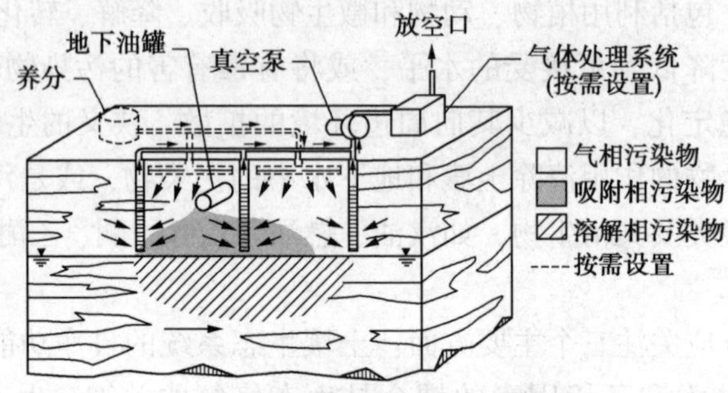

图 9-3-3　生物通风法示意图

③ 生物浸滤法

生物浸滤法是通过浸滤带将含氧和营养物的水补充到土壤中，促进土壤和地下水中污染物的生物降解，浸滤后的污染物流入地下水，抽到地面后进行处理。此方法大多用在各种石油污染的治理中，氧气可以用空气或纯氧，也可以加入过氧化氢或是硝酸盐、硫酸盐和三价铁。该方法和生物堆法有些类似，区别就是比生物堆法相对来说比较复杂(需注入空气确保土壤通风)，在污染区域小且污染物不会产生扩散的情况下适用。该技术优点是成本低，缺点是处理时间较长，对不溶性污染物效果不佳，矿物类沉积和细菌繁殖会堵塞浸滤带。如图9-3-4 所示：

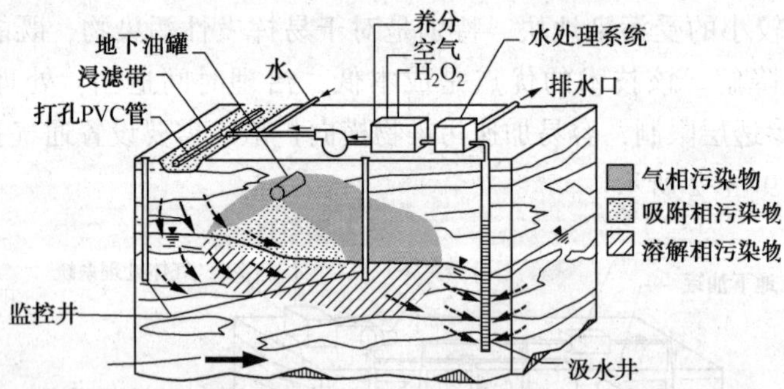

图 9-3-4　生物浸滤法示意图

④ 国内污染土壤生态修复组合方法

动物-物理和(或)化学组合法。研究发现与单独作用相比，蚯蚓和混合肥联合作用 84 天后，土壤土著微生物代谢活性最高，土壤中可萃取的烃类和多环芳烃消失量显著提高。

植物-动物组合法。研究发现接种环毛蚯蚓后，印度芥菜和黑麦草中锌的总累积量较无蚯蚓对照分别提高了 57.8%~131.6%、51.4%~150.5%。

植物-动物-物理和(或)化学组合法。研究发现与不加蚯蚓和秸秆的对照组相比，接种威廉腔环蚯蚓、表施秸秆，同时加入蚯蚓和秸秆，分别使黑麦草地上部铜富集系数提高了

31.22%~121.07%、2.12%~61.28%、25.56%~132.64%。

动物-微生物组合法。对蚯蚓和细菌组合对多氯联苯的降解效率的研究发现，9 周后二者联合作用下土壤表层 9cm 厚土壤中多氯联苯的清除率达到 50%，而二者单独作用下仅对 3cm 土壤表层产生作用。

植物-动物-微生物组合法。研究发现在灰化土上接种蚯蚓、菌根，种植黑麦草的组合方式，可以提高菌根的浸染率，促进黑麦草对镉的吸收和镉从植物的根部向地上部分转移的效率，从而提高镉污染土壤的修复效率。

9.3.3 土壤污染的异位修复技术

(1) 物理、化学修复技术

① 挖掘处理(置)法

指通过机械、人工等手段，将污染土壤从其原有的自然位置挖掘出来，运输到其他场所进行异地处理、处置或填埋。一般包括挖掘过程和挖掘土壤的后处理、处置和再利用过程。或将污染土壤(或固体废弃物)运到限定的区域内(山间、峡谷、平地和废矿坑内)进行有计划的填埋，使其发生物理、化学和生物学等变化，最终达到污染物减量化和无害化的目的。根据污染物性质和污染水平的不同，部分高危或高风险污染土壤(或危险废物)在填埋前需进行固化/稳定化处理。

在场地修复的各个阶段和多种修复技术实施过程中都可能采用挖掘技术，如场地环境评估、修复活动中和后评估阶段等。

② 热(焚烧)处理法

异位热处理法是将污染土壤置于加热室或焚烧炉中，在高温条件下摧毁或清除污染物。异位热处理一般耗时较少，热处理的同时还可以对污染土壤进行过筛、混合和持续搅拌等处理，因此处理效果较为稳定和均一。

a. 热解吸法

热解吸法是通过对污染土壤加热，增大有机污染物的饱和蒸气压，使吸附于土壤颗粒表面或土壤孔隙中的污染物挥发进入气相后除去。土壤热解吸是较为成熟的非燃烧热处理技术，常被用于处理有机污染土壤。低温热解吸又称低温热挥发、热脱附或土壤煅焙，是一种异位修复技术，将土壤加热至 100~500℃(约 200~1000℉)，把土壤中低沸点的挥发和半挥发性化合物(如石油烃)分离出来，并进行捕集和处理。

该技术是目前运营成本最高的，无论是中温(100~300℃)操作还是高温(300℃)以上焚烧，都是利用能源对水分进行灼烧，因此不是节能技术。热解吸法的优点是可以快速处理高浓度污染物；缺点是能耗高，营运成本高。如图 9-3-5 所示。

b. 焚烧法

在高温和有氧条件下，依靠污染土壤自身的热值或辅助燃料，使其焚化燃烧并将其中的污染物分解转化为灰烬、二氧化碳和水，从而达到污染物减量化和无害化的目的。焚烧法要求温度在 815~1200℃之间，通过焚烧锻烧，可净化土壤中的大部分有机污染物，但同时亦破坏土壤结构和组分，且处理成本高，实际应用较困难，且对焚烧过程中可能产生有毒物质要进行收集处理，因而不适用于处理大面积污染土壤。

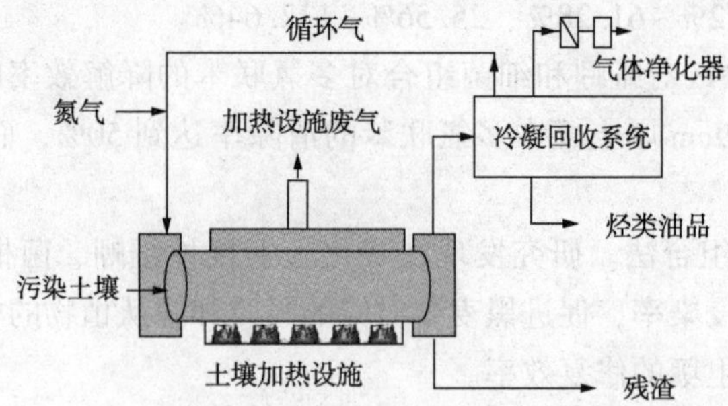

图 9-3-5　热解析法处理流程示意图

③ 化学淋洗法

指借助能促进土壤环境中污染物溶解或迁移作用的清水或溶剂，通过水力压头推动清洗液，将其注入被污染土层中，将附着在土壤颗粒表面的有机和无机污染物转移至水溶液(或溶剂)中，然后再将包含污染物的液体从土层中抽提出来，再对洗出液进行处理的技术，可分为原位和异位化学淋洗技术。原位化学淋洗技术适用于水力传导系数大于 10^{-3}cm/s 的多孔隙、易渗透的土壤，如沙土、砂砾土壤、冲积土和滨海土，不适用于红壤、黄壤等质地较细的土壤；异位化学淋洗技术适用于土壤黏粒含量低于 25%、被重金属、放射性核素、石油烃类、挥发性有机物、多氯联苯和多环芳烃等污染的土壤。

④ 溶剂萃取法

根据土壤溶液中某些物质在水和有机相间的分配比例不同，利用有机溶剂将土壤污染物选择性地转移到有机相进行物质分离或富集的过程。该技术首先在提取器中利用有机溶剂对污染土壤进行萃取，然后通过分离器将萃取液与土壤分离开来，在此过程中与有机物络合的金属也可与有机污染物一起被抽提出来。

多相萃取法将溶剂、超临界气体等注入地下，再采用真空抽提系统，将土壤污染物、游离相石油产品以及石油蒸气等混合物一并抽吸除去。

⑤ 化学氧化法

根据土壤中污染物的类型和属性选择适当的氧化剂，将药剂注入到土壤中，利用氧化剂与污染物之间的氧化-还原反应将污染物转化为无毒无害或毒性低、稳定性强、移动性弱的化合物，从而达到对土壤净化的目的。化学氧化法不会对环境造成二次污染，但操作比较复杂。

⑥ 超临界水氧化法

通过对水进行适当的加温和加压，利用水在超临界条件(温度大于 374℃，压力大于 22.1MPa)下能与有机物和氧气混溶的特性，提高有机污染物的氧化反应并实现完全氧化，生成 CO_2、H_2O 和 N_2等无毒物质，从而达到销毁土壤或地下水中有机污染物的目的。

(2) 污染土壤的异位生物修复技术

污染土壤的异位生物修复技术包括土耕法、生物堆法、堆肥法和生物反应器法等等。

① 土地耕作法

简称土耕法，又称土地处理，将污染土壤撒播于土地表面进行翻耕处理，同时进行施肥、施加石灰和灌溉等管理，改善土壤营养、水分和 pH 条件，为微生物提供良好环境，保证污染物的降解能够正常进行。

土耕法优点是成本低；缺点是修复所需时间长，占地面积大。如图 9-3-6 所示。

② 生物堆层法

生物堆层法简称生物堆法，将污染土壤挖出并堆积于装有渗透液收集系统的防渗区域，提供适量的水分和养分，并采用强制通风系统注入空气，利用土壤中好氧微生物的呼吸作用将有机污染物转化为 CO_2 和水，从而达到去除污染物的目的。

生物堆法的优点是不产生新的污染物，运营成本和投资成本均较低；缺点是要求土壤质地均匀，确保土壤通风和营养充足，有足够的处理场地。需要注意的是，对于土堆的渗出液要有合理的监控，确保土堆本身不会造成新的污染。

生物堆法处理示意图如图 9-3-7 所示。

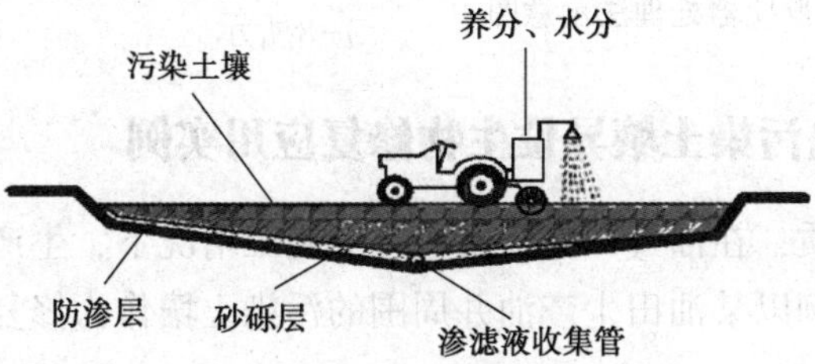

图 9-3-6　土耕法示意图

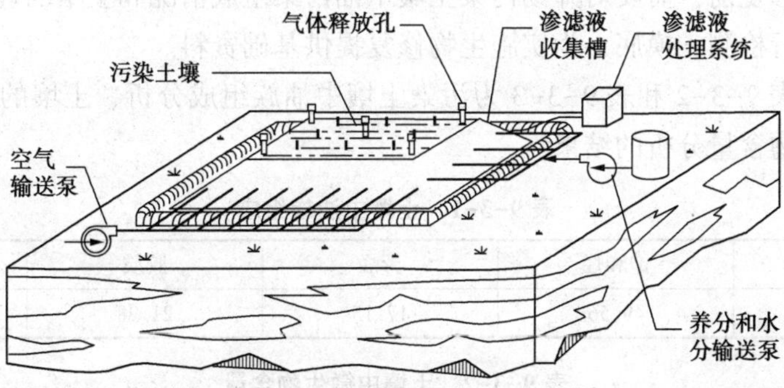

图 9-3-7　生物堆法处理流程示意图

③ 堆肥法

堆肥法是将受污染土壤与水(含水量至少 35%)、营养物、泥炭、稻草或动物肥料等混合，通过特定的堆制方式(如用机械或压力系统充氧并添加石灰调节 pH 值)，依靠自然界广泛存在的微生物将有毒有害的污染物进行降解和转化，并将治理达标后的土壤回填原地或用于农业生产，从而实现污染土壤的无害化和资源化。堆肥法包括风道式堆肥处理、好气静态堆肥处理和机械堆肥处理等。由于微生物的作用和土堆内部缺乏通风系统，堆肥中温度会升高，这是与生物堆层法的不同之处。

④ 生物泥浆反应器

土壤生物泥浆反应器是一种异位生物修复技术，是将受污染的土壤挖掘出来按一定比例与水混合搅拌成泥浆，通过在反应器提供微生物所需的最佳代谢条件(所需供氧量、营养物质)，以达到快速去除污染物的目的，其工艺类似于污水生物处理方法。处理后的土壤与水分离后，经脱水处理再运回原地；处理后的出水可循环使用。

与已有的土壤修复技术相比，生物泥浆反应器以水相为处理介质，污染物、微生物、溶解氧和营养物的传质速度很快，而且避免了复杂不利的自然环境变化，各种环境条件便于控

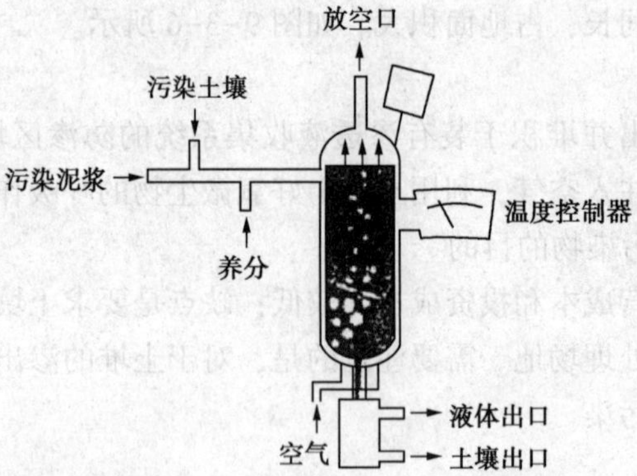

图 9-3-8　生物泥浆反应器处理法示意图

制在最佳状态，因此反应器处理污染物的速度明显加快。可对各种溶剂、石油烃、杀虫剂、多环芳烃、木材防腐剂和其他芳香族化合物等污染的土壤进行有效的修复。

该技术的优点是可以处理黏土，可以装载大量污染物，几乎能分解处理所有有机污染物；缺点是要求土壤质地均匀，需要足够的停留时间和混合搅拌，投资成本较高。生物泥浆反应器原理示意图如图 9-3-8所示。

9.3.4　油气田落地油污染土壤异位生物修复应用实例

鉴于油气田工作性质，在油气田作业及修井等施工情况下，生产井周围常存在落地油污染的土壤现象。以下实例以某油田生产油井周围的污染土壤作为修复对象。

(1) 前期准备阶段

开展微生物修复前，需要对井场污染土壤中油污染组成情况和土壤的理化指标以及拟选用微生物含量进行检测、摸底，为实施生物修复提供基础资料。

表 9-3-1、表 9-3-2 和表 9-3-3 为污染土壤中油族组成分析、土壤的营养元素含量分析和土壤的微生物含量分析的结果。

表 9-3-1　土壤中油族组成

石油族组成	饱和烃	芳烃	胶质	沥青质
含量/%	49.56	17.15	21.28	12.01

表 9-3-2　土壤中微生物含量

样品名称	细菌/$\times10^5$ cfu	烃降解菌/$\times10^4$ cfu	芳烃降解菌/$\times10^2$ cfu
修复前	1.02	0.08	0.67

表 9-3-3　土壤中营养元素含量　　$g \cdot kg^{-1}$

编　号	修　复　前	编　号	修　复　前
有机质含量	35.28	全氮含量	0.26
无机盐含量	23.51	持水量/%	5.51

从以上检查结果看，该区域土壤中饱和烃含量高达 50%左右，沥青质含量最在 12%左右。据资料介绍，受油品污染的土壤中，较容易被微生物降解的是饱和烃，较易难降解的为沥青质。由于，土壤中无机盐含量较高，微生物含量较低，营养元素含量较低，持水量较低，均不利于土壤中石油污染物的降解。

(2) 操作过程

① 井场清理

为了不妨碍正常的油井生产，需将井场石油污染土壤进行清理，本次清理了 2500m^2的石油污染土壤，集中在一个 30m×20m 的区域内，土壤平均厚度约 20cm，土壤总量约 180t。

② 辅料添加

为改善土壤的通气能力和防结块能力，本次修复在土壤中添加锯末、砂子等辅料，添加量为锯末 1.0%、砂子 1.0%。

在初步分析土壤含油量的基础上计算营养物的添加量，通常按 C：N：P = 100：10：1 的比例添加尿素和 KH_2PO_4。

③ 菌剂投加

辅料添加完毕后，进行了菌剂投加，菌剂以发酵液量形式投加，分三次投加，每次投加 2.5t。

④ 土壤翻耕与浇水

为了保证土壤中氧气、无机盐、水分和微生物分布的均匀性，在生物修复过程中，需对含油土壤进行机械翻耕，翻耕频率每周一次。由于夏秋季节降雨频繁，土壤湿度较为适宜，仅在土壤湿度较小时使用水罐车浇水两次。

（3）修复效果

① 检测结果

在对土壤实施操作之后，经过约半个月的稳定之后，就可以对土壤中含油量进行检测，观测土壤中的油含量变化，分析微生物对土壤的降解效果。通常在场地确定多个取样区域，每个区域取 5 个点混合均匀后测定含油量。

表 9-3-4 给出土壤在不同处理阶段，不同取样时间下含油量的变化情况。表 9-3-5 为计算土壤中原油的降解率。

表 9-3-4　含油量检测结果

日期	含油量/%				
	中	东南	东北	西南	西北
9.10	2.89	2.18	2.01	3.02	3.12
9.24	2.15	1.54	1.44	2.39	2.27
10.10	1.06	0.957	0.926	0.955	1.25
10.29	0.723	0.547	0.494	0.627	0.757

表 9-3-5　土壤中原油降解率变化情况

日期	降解率/%				
	中	东南	东北	西南	西北
9.24	25.6	29.4	28.3	20.9	27.2
10.10	63.6	56.1	53.9	68.4	59.9
10.29	74.9	72.8	75.4	79.2	75.7

从检测结果看，土壤油含量介于 2%~3%，总体水平不高，这是由于土壤受石油污染时间较短，位于地表 5cm 以内处，加上对修复土壤进行加料、翻耕、洒水等操作过程，致使土壤含油量总体不高。

② 污染土壤中原油降解分析

比较不同时间下，土壤的含油量数据可以发现，在加入菌液后的 14 天里，土壤含油量下降幅度较大，五个区域的平均降解率达到 26.2%，这是由于这一阶段土壤中易被微生物利用的组分较多。9 月 24 日添加第二批菌液，在随后的 16 天里含油量下降幅度更大(由降解率 26.2%增加至 60.4%)，说明加入的微生物已经适应土壤环境，且土壤中菌浓度较高，另外，本阶段土壤中易被降解的组分含量仍较高。10 月 10 日加入第三次菌剂，19 天后检测，本阶段含油量下降幅度减小(由上一阶段 60.4%的降解率增加至 75.8%)，说明土壤中易被降解的石油组分含量再减少，难降解的胶质沥青质所占比例增大。

由总降解率的数据来看，在微生物修复阶段 50 天的时间里，石油污染物降解幅度达到 70%以上，降解效果较好。但随着土壤中残留石油组分中难降解物质所占比例相对增大，降解速率将越来越慢。

9.4 地下水污染的修复技术

典型的地下水污染修复技术包括异位修复、监测自然衰减技术和原位修复。异位修复技术是指将受污染的地下水抽至表面再进行处理。这类技术能够彻底清除地下水中的污染，但是严重影响地下水所处的生态环境。自然衰减监测技术是利用地下水的稀释、弥散和沉淀等作用使污染物天热衰减，因此需要的修复时间很长。原位修复技术是指在人为干预的条件下省去抽出过程在原位将受污染地下水修复的技术。原位修复技术因其工程造价低，对地下水水质环境影响小等特点而受到越来越多的关注。

9.4.1 地下水污染的原位修复技术

地下水污染的原位修复技术根据修复机理不同，可分为物理化学修复、生物修复和可渗透反应墙修复技术等。

(1) 物理、化学修复技术

物理修复是根据污染物的物理性状(如挥发性)及其在环境中的物理过程(如电场行为)，通过机械分离、蒸发、电解和加热等物理手段，清除或转化土壤或地下水中的污染物；化学修复技术主要是利用氧化还原试剂与土壤及地下水中污染物发生反应从而达到净化目的的一种地下水污染原位修复技术。

地下水的物理、化学修复技术一般包括空气吹脱法、地下水曝气技术、循环井法、电动修复技术、围隔或围堵法、化学氧化法等。

① 空气吹脱

空气吹脱法，又称汽提法，是通过加压将空气注入受污染的地下水或地表水中，使其中的溶解性气体和易挥发的有机污染物穿过气液界面向气相扩散，从而达到脱除水中挥发性有机污染物的目的。

② 生物曝气

空气注入法，又称生物曝气法或原位吹脱法，是原位修复挥发性有机污染物污染地下水的一种有效技术，利用压力将空气或氧气注入到受污染的地下水中，产生气泡，促使含水层(饱和带)中的污染物逸出并挥发进入包气带(非饱和带)中，从而达到脱除地下水中挥发和半挥发性有机污染物的目的。

通常将土壤气相抽提与空气注入法相结合，联合应用于清除包气带中的气相污染物，抽出的污染气体需要在地面进行处理，而被添加到污染地下水和包气带中的氧气可有助于促进潜水面上下的污染物发生生物降解。

曝气修复过程中发生的质量迁移转化机制比较复杂，其中较为常见的有挥发、溶解、吸附/解吸和生物降解等。在曝气法过程操作中，污染物的传质通过对流、弥散和扩散等方式实现。地下水曝气过程是一个动力学过程，在不同修复阶段控制修复速率和效率的机理不尽相同，并且场地地质条件对其也有很大影响，各机理对曝气修复作用的贡献也不相同。

③ 循环井法

循环井法，是指首先建立地下水三维循环模式，通过注入井将空气注入到受污染的地下水，使水中的挥发性有机污染物随着气泡释放出来，再通过土壤气相抽提法抽吸并处理释放出的污染物。

地下水循环井在设计上将含水层的地下水自双漏筛井的一个漏筛段抽取至井内，再由另一个漏筛段排出，从而在井的周围的含水层产生了原地垂直地下水循环流，井内两段漏筛间的压力梯度差是这个循环流的驱动力。根据场地的具体条件，地下水在井中的流向可以为向上流也可以为向下流，由于无需将地下水抽离地面进行处理，因此其处理成本会大大降低，排放许可问题也不复存在。

④ 电动法修复技术

电动法修复技术是利用电动效应将污染物从土壤和地下水中去除的原位修复技术。

电动效应包括电渗析、电迁移和电泳。电渗析是在外加电场作用下土壤孔隙水的运动，主要去除非离子态污染物；电迁移是离子或络合离子向相反电极的移动，主要去除地下水中的带电离子；电泳是带电粒子或胶体在直流电场作用下的迁移，主要去除吸附在可移动颗粒上的污染物。

电动修复技术影响因素主要有土壤的类型和性质、电压和电流以及电极材料。

⑤ 化学氧化法

原位化学氧化(In-situ chemical oxidation，ISCO)作为原位处理地下水的技术之一，属于化学修复技术。根据地下水中污染物的类型和属性选择适当的氧化剂，将药剂注入到地下水中，利用氧化剂与污染物之间的氧化-还原反应将污染物转化为无毒无害或毒性低、稳定性强、移动性弱的化合物，从而达到对地下水净化的目的。ISCO 技术所采用的氧化剂种类很多，如有二氧化氯、Fenton 试剂(过氧化氢和铁)、高锰酸钾和臭氧等。

二氧化氯通常以气体的形式直接注入污染区，氧化其中的有机污染物，在反应过程中几乎不生成致癌性的三氯甲烷和挥发性有机氯。

Fenton 试剂是 1894 年法国科学家 Fenton 发现的。传统的 Fenton 反应 pH 值必须控制在 3 左右，这会使土壤生态系统遭到破坏，还会强化土壤中重金属的溶解而形成复合型污染。为此有人提出用 Fe(Ⅲ)的络合物代替 Fe(Ⅱ)离子的方法，在接近中性的土壤条件下与双氧水发生类 Fenton 反应而产生羟基自由基，从而达到氧化土壤及地下水中的农药和多环芳烃等污染物的目的。

高锰酸钾是一种固体氧化剂，具有较大的水溶性，可通过水溶液的形式导入受污染的土壤和地下水中。高锰酸钾适用的 pH 值范围较广，它不仅对三氯乙烯、四氯乙烯等含氯溶剂有很好的氧化效果，且对烯烃、酚类、硫化物和 MTBE 等其他污染物也很有效。

臭氧以气体的形式通过注射井进入污染区。臭氧的强氧化性不仅可以氧化大分子及多环类有机污染物，也可氧化分解柴油、汽油、含氯溶剂等。臭氧在水中的溶解度是氧气的 12 倍，因此它可迅速溶于水并与污染物反应。

(2) 地下水污染的原位生物修复技术

地下水污染原位生物修复技术是一种在饱和带利用土著或人工驯化的微生物降解污染物的原位修复方法。该方法实际监控自然衰减技术的拓展与改进，它增加了许多人为干预手段将空气、营养、能量注入含水层中促进微生物的降解等。

原位生物修复技术主要是通过向含水层中注入无机营养物质和适当的电子受体来刺激现有微生物的生长来降解有机污染物，另外也通过向被污染含水层内投加具有特殊新陈代谢能力的微生物来净化含水层。

① 自然衰减法

又称内禀修复或生物衰减，是指在没有人为作用的情况下，利用污染区域自然发生的物理、化学和生物学过程，如吸附、挥发、稀释、扩散、化学反应、生物降解、生物固定和生物分解等，降低污染物的浓度、数量、体积、毒性和迁移性等，大多数的场地污染物都会发生自然衰减，但是必须要有适当的条件和足够长的时间才能达到清理场地的目的。因此，可通过对场地的土壤或地下水进行定期监测，弄清自然衰减过程的运行情况，这一过程称之为受监控的自然衰减。

② 生物注射法

生物注射法亦称空气注射法。它是在传统气提技术的基础上加以改进形成的新技术。它主要是将加压后的空气注射到污染地下水的下部，气流加速地下水和土壤中有机物的挥发和降解。这种方法主要是抽提、通气并用，并通过增加及延长停留时间促进生物降解，提高修复效率。

该技术的使用会受到场所的限制，它只适用于土壤气提技术可行的场所，同时生物注射法的效果亦受到岩相学和土层学的影响，空气在进入非饱和带之前应尽可能远离粗孔层，避免影响污染区域，另外它在处理黏土层方面效果不理想。

③ 有机黏土法

利用人工合成的有机黏土有效去除有毒化合物。带正电荷的有机修饰物、阳离子表面活性剂通过化学键键合到带负电荷的黏土表面上合成有机黏土，黏土上的表面活性剂可以将有毒化合物吸附到黏土上从而去除或加强原位生物降解。

④ 抽提地下水系统和回注系统相结合法

这个系统主要是将抽提地下水系统和回注系统(注入空气或 H_2O_2、营养物和已驯化的微生物)结合起来，促进有机污染物的生物降解。

⑤ 其他

其他原位生物处理法包括生物反应器法、厌氧处理法和植物修复法等。

(3) 可渗透反应墙(permeable reactive barrier，PRB)技术

从广义上来讲，可渗透反应墙技术(简称 PRB 技术)是一种在原位对污染的羽状体进行拦截、阻断和补救的污染处理技术。在受污染地下水流经的方向建立一个由反应材料组成的反应墙，当地下水流经其中时，反应材料可通过吸附、沉淀、化学降解或生物降解等作用去除地下水中的污染物。

通过选择适当的填充材料，如零价铁、螯合剂、吸附剂和微生物等，可渗透反应墙可用来处理各种不同的污染物，包括有机污染物(如含氯溶剂)、无机污染物(如重金属)和放射核等。目前实验室研究的活性材料主要有活性炭、沸石、黏土矿物、煤炭、铝硅酸盐以及用于化学吸附的磷酸盐、石灰石、铁氧化合物、双金属及微生物材料等。其中，最常用的材料

是零价铁，因其能有效吸附和降解多种重金属和有机污染物，取材容易，价格便宜，使其应用最为普遍。

PRB 是近年来迅速发展的一种地下水污染的原位修复技术，它正在逐步取代运行成本高的抽出-处理(P&/T)技术。

9.4.2 地下水污染的异位修复技术

地下水污染的异位修复技术又称抽出-处理(Pump-Treat)技术(简称 P&T 技术)，是最早出现的地下水污染修复技术，也是地下水异位修复的代表性技术。自 20 世纪 80 年代开展地下水污染修复至今，地下水污染治理仍以 P&T 技术为主。传统的 P&T 技术是把污染的地下水抽出来，然后在地面上进行处理。近年来，随着污染治理研究的不断深入，该技术已有了更广泛的含义，只要在地下水污染治理过程中对地下水实施了抽取或注入的，都归类为 P&T 技术。

P&T 技术概念模型见图 9-4-1。

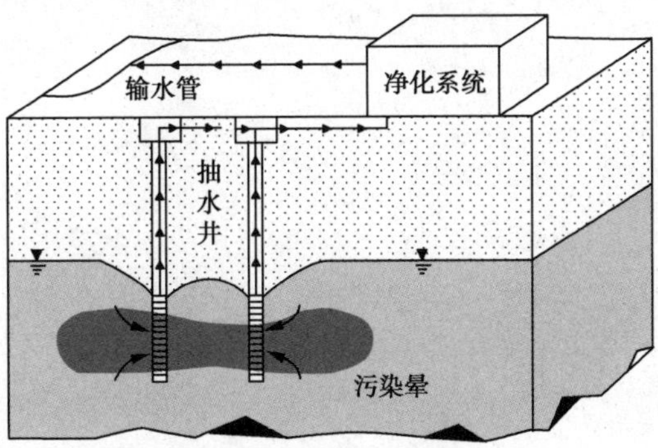

图 9-4-1　P&T 技术概念模型

P&T 技术由地下水动力控制过程和地上污染物处理过程组成。根据地下水污染范围，在污染场地布设一定数量的抽水井，通过水泵和水井将污染了的地下水抽取上来。在抽取过程中，水井水位下降，在水井周围形成地下水降落漏斗，使周围地下水不断流向水井，减少了污染扩散。抽取上来的地下水利用地面净化设备进行地下水污染治理。最后根据污染场地的实际情况，对处理过的地下水进行排放，可以排入地表径流、回灌到地下或用于当地供水等。

该技术适用范围广，对于污染范围大、污染晕埋藏深的污染场地也适用；但是其也存在明显的局限性：一是当非水相溶液出现时，由于毛细张力而滞留的非水相溶液几乎不太可能通过泵抽的办法清除；二是该技术开挖处理工程费用昂贵，而且涉及地下水的抽提或回灌，对修复区干扰大；三是如果不封闭污染源，当停止抽水时，拖尾和反弹现象严重；四是需要持续的能量供给，以确保地下水的抽出和水处理系统的运行，同时还要求对系统进行定期的维护与监测。

9.4.3 地下水污染治理需关注的几个问题

地下水污染的治理比地表水更加复杂、难度更大，在确定治理方案确定时，还需要考虑以下制约因素。

(1) 严格控制污染区域范围。防止地表水径流补给地下水，加大治理难度及工作量。

（2）掌握受污染区域的水文地质条件。污染区域的水文地质条件和特性会直接影响到地下水污染的治理方案及效果，因此通常调研、掌握要以水文地质条件，为地下水污染的治理提高保障。

（3）多种技术的组合使用。先使用物理法或水动力控制法将污染区封闭，然后尽量收集纯污染物如油类等，最后再使用抽出处理法或原位法进行治理。

（4）“治水还需先治土”。地下水和土壤是相互作用的，治理受污染的地下水而不治理土壤，雨水的淋滤或地下水位的波动，污染物会再次进入地下水体，形成交叉污染，不能根治地下水。

参考文献

[1] 中国石油化工集团公司安全环保局．石油石化环境保护技术．北京：中国石化出版社，2006.

[2] 屈撑囤，马云，谢娟等．油气田环境保护概论．北京：石油工业出版社，2009.

[3] 张博廉，刘锐，顾寒松等．臭氧高级氧化技术深度处理气田钻井废水应用研究[J]广东化工，2003，40(262)：50-51.

[4] 牟靖芳，杜国勇．浅谈洗井作业中 HSE 管理体系的变更管理[J]内蒙古石油化工，2009(1)：45-46.

[5] 陈俊武，曹汉昌．催化裂化工艺与工程．北京：中国石化出版社，1995.

[6] 马广大等．大气污染控制工程．北京：中国环境科学出版社，1985.

[7] 金国淼．除尘设备设计．上海：上海科学技术出版社，1985.

[8] 国家环保部．HJ/T 164—2004 地下水环境监测技术规范．北京：中国环境科学出版社，2004，1-22.

[9] 郝吉明，马广大等．大气污染控制工程．高等教育出版社，2004.

[10] 张海燕．国外烟气脱硫技术的发展与我国的现状．有色金属设计，2003.

[11] 钟秦．燃煤烟气脱硫脱硝技术及工程实例．北京：化学工业出版社，2002.

[12] 杨飏．二氧化硫减排技术与烟气脱硫工程．北京：冶金工业出版社，2004.

[13] 郝吉明，王书肖，陆永琪．燃煤二氧化硫污染控制技术手册．北京：化学工业出版社，2001.

[14] 陈振峰．燃煤电厂烟气脱硫技术综述．西北电力技术，2005.

[15] 关多娇，徐有宁．适合我国国情的烟气脱硫技术探讨．环境保护，2005.

[16] 童志叔．工业废气净化与利用．第一版．北京：化学工业出版社，2001.

[17] 吴必科，李云峰，曹宇飞．内回流循环流化床烟气脱硫运行特性分析．中国电力，2003，36(8).

[18] 涂霞．烟气循环流化床—悬浮吸收脱硫工艺．云南环境科学，2003，22，增刊．

[19] 葛介龙，王新龙，李文勇．NID 工艺在国内的应用与研究．环境工程，2002，20(1).

[20] 杨柳春．半干法烟气脱硫技术在我国的应用．江西能源，2005，(3).

[21] 李乐丰．氨法烟气脱硫工艺及应注意的问题．山东电力技术，1999，(6).

[22] 魏巍．烟气氧化镁法脱硫技术研究．山西能源与节能，2004，(3).

[23] 周至祥，段建中，薛建明．火电厂湿法烟气脱硫技术手册．中国电力出版社，2006，28.

[24] 陈光富，氧化镁脱硫工艺中亚硫酸镁转化成硫酸镁的研究．中国标准导报，2007，(1).

[25] 刘光启，马连湘，刘杰．化学化工物性手册(无机卷)．北京：化学工业出版社，2002.

[26] 龙辉，石金兴，王泓．引进的湿法烟气脱硫技术介绍及性能比较[J]．水利电力机械，2002，24(5).

[27] 樊宝德，杨晓婕．油库加油站油气回收与减排技术．北京：中国石化出版社，2009.

[28] 李汉勇．油气回收技术．北京：化学工业出版社，2008.

[29] 陈家庆，朱玲．油气回收与排放控制技术．北京：中国石化出版社，2010.

[30] 国家环境保护总局．GB 20590—2007 储油库大气污染物排放标准．北京：中国环境科学出版社，2007.

[31] 国家环境保护总局．GB 20592—2007 加油站大气污染物排放标准．北京：中国环境科学出版社，2007.

[32] 彭国庆．浅谈石油储运工作中的环境问题和对策．石油化工环境保护．

[33] 刘忠生，方向晨，王海波．炼油厂酸性水罐区气体污染物减排技术．炼油技术与工程，2011，39(11)：54.

[34] 刘忠生，李鹏，廖昌建．氧化脱硫醇尾气导致的原油加工损失项计算方法．炼油技术与工程，2011，41(5)：51.

[35] 周文．PDS 技术在天然气脱硫中的应用．石油与天然气化工，2001，30(5)：250.

[36] 徐双金，刘旭光，李开等.LO-CAT 工艺技术在隆昌天然气净化厂的应用.石油与天然气化工，2004，33(1)：24.

[37] 陆震维．有机废气净化技术．北京：化学工业出版社，2011.
[38] 黄维秋．油气回收基础理论及其应用．北京：中国石化出版社，2011.
[39]〔日〕近藤精一，石川达雄，安部郁夫著．李国希译．吸附科学．北京：化学工业出版社，2006.
[40] 陈忠喜，魏利．油田含油污泥处理技术及工艺应用研究．北京：科学出版社，2012.
[41] 舒政，郑川江，叶仲斌，等．油田含油污泥调剖技术研究进展[J]应用化工，2012，41(7)：1232-1235
[42] 赵雄虎，王风春．废弃钻井液处理研究进展 钻井液与完井液，2004，21(2)：43-48.
[43] 苏勤，何青水，张辉，等．国外陆上钻井废弃物处理技术．石油钻探技术，2005，38(5)：106-109.
[44] 刘建，蒲晓林，吴文兵．油田钻井废弃物处理技术概况．内蒙古石油化工，2011(23)：86-88.
[45] 吴戎，雷彬，杨林．钻井废弃物无害化处理技术研究及应用．油气田环境保护，2010，20(2)：21~24.
[46] 王学军等译．污染预防：理论与实践．北京：清华大学出版社，2003.
[47] 李飞．中华人民共和国清洁生产促进法释义．北京：法律出版社，2013.
[48] 齐红卫．企业清洁生产审核指南．北京：中国检察出版社，2000.
[49] 申满对，朱华兴，付倩倩．石化项目防渗设计的重点与难点问题探讨．炼油技术与工程，2012，42(4)：54-60.
[50] 刘亭亭，季鸣童，张志华．石油污染土壤的生态修复．广东化工，2010，37(12)：103-104.
[51] 刘凯，张健，杨万勤等．污染土壤生态修复的理论内涵、方法及应用．生态学杂志，2011，30(1)：162-169.
[52] 陈秀成，曹瑞钰．地下水污染治理技术的进展．中国给水排水，2001，17(4)：23-26.
[53] 刘志军．原位修复技术在地下水污染治理中的应用和研究．轻工科技，2012，(3)：91-92.
[54] 张文静，董维红，苏小四等．地下水污染修复技术综合评价．水资源保护，2006，22(5)：1-4.
[55] 中国石化工程建设公司．GB 50473—2008 钢制储罐地基基础设计规范．北京：中国计划出版社，2009，1-26.
[56] 国家环保部．全国地下水污染防治规划(2011—2020)，2011.11.